U0344244

有色金属材料的控制加工

CONTROL PROCESSING OF NON-FERROUS MATERIALS

谢水生　刘相华　编著
Xie Shuisheng　Liu Xianghua

内容简介

Introduction

本书分析和讨论了有色金属材料加工成形及工艺参数的控制，阐述了有色金属材料加工过程中的组织和性能控制。

全书分四部分17章：第一部分，即第1章为概述；第二部分由第2~10章组成，为有色金属材料的形状控制加工，分别阐述了有色金属材料的形状分类及控制加工方法、轧制(平轧)、挤压、拉伸(拔)、锻造、冲压、轧管、旋压和其他加工方法在加工成形有色金属材料时的变形特点及主要控制参数；第三部分由第11~15章组成，为有色金属材料的组织与性能控制，分别阐述了4种最常用有色金属铝及铝合金、铜及铜合金、钛及钛合金、镁及镁合金的组织性能特点与加工成形中的主要控制参数；第四部分为第16、17章，在简要介绍数值模拟技术的基础上，进一步阐述了数值模拟技术在有色金属加工过程中的应用。

本书可作为高等院校金属材料加工工程专业和材料成形与控制工程专业本科生、研究生的教学参考书，也可供材料科学与工程专业师生以及从事金属塑性加工工作的科技人员参考。

作者简介

About the Authors

谢水生，北京有色金属研究总院教授、博士生导师。现任有色金属材料制备加工国家重点实验室总工。1968 年毕业于南昌大学（原江西工学院）压力加工专业，1982 年于北京有色金属研究总院获得材料专业工学硕士学位，1986 年 4 月于清华大学金属塑性加工专业获工学博士学位。1990—1991 年在澳大利亚 Monash 大学访问学者，1995 年新加坡国立大学高级访问学者。1993 年被批准享受国务院政府特殊津贴。

社会兼职：南昌大学、燕山大学、江西理工大学、河南理工大学兼职教授；中国有色金属学会理事，合金加工学术委员会主任；中国机械工程学会北京市机械工程学会理事，压力加工学会主任；中国机械工程学会塑性加工学会理事，半固态加工学术委员会副主任；国家自然科学基金第十二、十三届工程与材料学部专家；“稀有金属”、“塑性工程学报”、“锻压技术”、“有色金属再生与应用”编辑委员会委员。

承担并负责：“高技术 863”课题 7 项；“国家自然科学基金资助”课题 9 项；国家攻关课题 6 项；国家支撑计划项目 2 项；国际合作课题 2 项。已获得国家专利 30 余项，国家科学技术进步二等奖一项、部级一等奖 6 项、二等奖 9 项、三等奖 5 项、四等奖多项，并在国内外刊物上发表论文 300 余篇。出版著作 23 部。指导和培养硕士、博士研究生和博士后 30 余名。

刘相华，1953 年 9 月生，东北大学教授，博士生导师。曾任东北大学研究院常务副院长，轧制技术及连轧自动化国家重点实验室主任。兼任中国汽车工程学会理事、中国金属学会轧钢学会理事、辽宁省塑性工程学会理事长。主要从事金属成形理论、工艺、设备、自动化等方面的研究，获得国家技术发明二等奖 1 项，国家科学进步二等奖 3 项，省部级科技奖励 35 项。出版学术著作 10 部。发表研究论文被 SCI 收录 300 多篇，被引用 7600 多篇次。指导的研究生中，有 96 人获得博士学位，86 人获得硕士学位。

学术委员会

Academic Committee

国家出版基金项目
有色金属理论与技术前沿丛书

编辑出版委员会

Editorial and Publishing Committee

国家出版基金项目
有色金属理论与技术前沿丛书

总序 / Preface

当今有色金属已成为决定一个国家经济、科学技术、国防建设等发展的重要物质基础，是提升国家综合实力和保障国家安全的关键性战略资源。作为有色金属生产第一大国，我国在有色金属研究领域，特别是在复杂低品位有色金属资源的开发与利用上取得了长足进展。

我国有色金属工业近30年来发展迅速，产量连年来居世界首位，有色金属科技在国民经济建设和现代化国防建设中发挥着越来越重要的作用。与此同时，有色金属资源短缺与国民经济发展需求之间的矛盾也日益突出，对国外资源的依赖程度逐年增加，严重影响我国国民经济的健康发展。

随着经济的发展，已探明的优质矿产资源接近枯竭，不仅使我国面临有色金属材料总量供应严重短缺的危机，而且因为“难探、难采、难选、难冶”的复杂低品位矿石资源或二次资源逐步成为主体原料后，对传统的地质、采矿、选矿、冶金、材料、加工、环境等科学技术提出了巨大挑战。资源的低质化将会使我国有色金属工业及相关产业面临生存竞争的危机。我国有色金属工业的发展迫切需要适应我国资源特点的新理论、新技术。系统完整、水平领先和相互融合的有色金属科技图书的出版，对于提高我国有色金属工业的自主创新能力，促进高效、低耗、无污染、综合利用有色金属资源的新理论与新技术的应用，确保我国有色金属产业的可持续发展，具有重大的推动作用。

作为国家出版基金资助的国家重大出版项目，《有色金属理论与技术前沿丛书》计划出版100种图书，涵盖材料、冶金、矿业、地学和机电等学科。丛书的作者荟萃了有色金属研究领域的院士、国家重大科研计划项目的首席科学家、长江学者特聘教授、国家杰出青年科学基金获得者、全国优秀博士论文奖获得者、国家重大人才计划入选者、有色金属大型研究院所及骨干企业的顶尖专家。

国家出版基金由国家设立，用于鼓励和支持优秀公益性出版项目，代表我国学术出版的最高水平。《有色金属理论与技术前沿丛书》瞄准有色金属研究发展前沿，把握国内外有色金属学科的最新动态，全面、及时、准确地反映有色金属科学与工程技术方面的新理论、新技术和新应用，发掘与采集极富价值的研究成果，具有很高的学术价值。

中南大学出版社长期倾力服务有色金属的图书出版，在《有色金属理论与技术前沿丛书》的策划与出版过程中做了大量极富成效的工作，大力推动了我国有色金属行业优秀科技著作的出版，对高等院校、研究院所及大中型企业的有色金属学科人才培养具有直接而重大的促进作用。

王淀佐

2010年12月

前言

Foreword

《有色金属材料的控制加工》是国家出版基金资助的“有色金属理论与技术前沿丛书”之一，是从有色金属材料成形的另一种思路来分析和考虑问题。它更加强调和突出了人们在选择和设计材料加工成形过程中的主动性以及目标与控制的配合；也是将模拟技术与控制技术有效结合，将有色金属材料的加工成形最优化。控制加工过程的主要任务是研究加工成形技术、加工参数的优化和过程控制的关系。

有色金属材料种类繁多，包括铝、铜、铅、锌、钛、镁、锑、锡、镍、钨、钼以及稀土元素等，达60多种。最常用的有色金属材料主要有铝、铜、镁、钛及其合金。

有色金属材料涉及到结构材料、功能材料、环境保护材料和生物医用材料等，其应用几乎涉及到国民经济和国防建设的所有领域，对促进国民经济的可持续发展具有极其重要的战略意义。因此，有色金属材料生产的技术水平、规模及其应用程度已经成为衡量一个国家综合国力的重要标志之一。

有色金属材料由于具有一系列优良的特性，是航空航天、交通运输、电子电器、能源动力、建筑桥梁、机械制造、日常用品、武器装备等民用和军用领域必不可少的材料。

本书从阐述有色金属材料的控制加工和对材料的组织和性能控制出发，来论述有色金属材料的加工成形。希望能有助于促进有色金属材料在国民经济中的应用。

本书共四部分17章：第一部分，即第1章为概述；第二部分，即第一篇（第2～10章）为有色金属材料的形状控制加工，主要阐述了有色金属材料的形状分类及控制加工方法，重点分析了轧制（平轧）、挤压、拉伸（拔）、锻造、冲压、轧管、旋压和其他加工方法在加工成形有色金属材料时的变形特点及主要控制参数；第三部分，即第二篇(第11~15章)为有色金属材料的组织与性能控制，分别阐述四种最常用的有色金属，铝与铝合金、铜及铜合金、钛与钛合金、镁与镁合金的组织性能特点及加工成形中主要的控制参数；第四部分，即第三篇(第16、第17章)为数值模拟技术在控制加工中的应用，该部分在简要介绍了数值模拟技术及在控制加工中的意义基础上，进一步阐述了数值模拟技术在控制加工中的应用。

本书的第1~10章由谢水生教授撰写；第11~13章由李靖博士与刘相华教授撰写；第14章由霍文丰博士与刘相华教授撰写；第15章由赵阳博士与刘相华教授撰写。第16章、第17章由谢水生教授撰写。全书最后由谢水生教授整理。

由于该书的命题是丛书主编提出的新命题，目前没有相关资料借鉴，尽管作者经过反复思考和斟酌，但难免在内容与命题的对应性上存在不足，在各章节的相互协调上也存在不恰当的地方。希望广大读者原谅，并提出宝贵的意见(邮箱：xiessbj@gmail.com)，以便进一步改进和提高。

著者

2013年10月

目录

Contents

第二篇　有色金属材料的组织与性能控制

第1章　概述

有色金属材料控制加工是基于金属塑性加工成形技术和现代控制技术的发展，是从另一种思路来分析和考虑有色金属材料的加工成形。它更加强调和突出了：人们在选择和设计材料加工成形过程中的主动性；目标与控制的配合。有色金属材料控制加工也是将模拟技术与控制技术有机和有效的结合，将有色金属材料的加工成形最优化。

1.1　有色金属材料的基本特点

有色金属材料的特点是种类繁多、涉及范围广。种类多达60多种，包括铝、铜、铅、锌、钛、镁、锑、锡、镍、钨、钼和稀土元素等。涉及到结构材料、功能材料、环境保护材料和生物医用材料等，是航空航天、交通运输、电子电器、能源动力、建筑桥梁、机械制造、日常用品、武器装备等民用和军用领域必不可少的材料，对促进国民经济的可持续发展具有极其重要的战略意义。有色金属材料生产的技术水平和规模及其应用程度已经成为衡量一个国家综合国力的重要标志之一。

根据有色金属材料的特点，它们的性能差异很大，用途也各不相同，但是都是国民经济发展不可缺少的重要材料。目前，应用最多、最广的有色金属材料主要有：铝及铝合金、铜及铜合金、钛及钛合金、镁及镁合金及其他有色金属材料，其中以铝、铜、镁、钛合金应用最多、最广，本书主要讨论这4种有色金属材料，它们的主要特点及应用如下。

1)铝及铝合金

铝合金作为最典型的轻质材料，材料密度为2.7 g/cm^3，具有密度小、比强度高、耐腐蚀、易成形、成本低等一系列优点，在汽车、建筑、食品及包装、电力、交通基础设施、航空航天、机械、电子等部门的传统或新型产品的制造中广泛应用，是十分重要的军民两用材料。铝是用量仅次于钢铁的第二大金属材料，铝工业在国家的经济建设和国防安全等方面发挥着基础性和战略性的作用。

2)铜及铜合金

铜具有良好的导电性，导热性，并具有较高的强度，材料密度为8.9 g/cm^3；同时，铜具有成形性好、耐腐蚀、抗菌等优良性能；铜与其他元素能制备出各种合金，具有特殊的性能。因此，铜及铜合金是功能和结构一体化的理想材料，在国民经济和国防建设中具有重要应用，是高新技术的发展必不可少的材料。特别，铜及铜合金是信息技术高速发展的关键材料。广泛应用于电力、家用电器、电子信息、机械制造、交通运输、建筑等相关行业。

3)钛及钛合金

金属钛材料密度为4.7 g/cm^3，具有密度小、比强度大、耐热和耐腐蚀性好等宝贵特性，在航空航天、航海造船、军械、化工、冶金、发电和汽车工业等领域有着十分重要的用途。同时，钛及钛合金在医疗、食品和体育用品等日常生活领域也有广泛的应用。钛是制造飞机和海上舰艇不可缺少的重要结构材料，它对增强国家的军事防御能力、实现国防现代化有着特殊的重要意义。

4)镁及镁合金

金属镁材料密度为1.74 g/cm^3，具有低密度、高比强度、高比刚度、良好的阻尼减震性、导热性、可切削加工性和回收性等特点，是目前工程应用中的最轻质金属结构材料，被称为新世纪的“绿色”工程材料。因此，镁及镁合金在交通工具、通讯器材、航空航天等具有轻量化需求的领域有着广泛的应用潜力和发展空间。同时，镁是地球上储量最丰富的元素之一，我国镁资源十分丰富。

1.2 有色金属材料的基本要求

根据不同领域的需求，对有色金属材料的要求是不同的。应用时对产品的基本要求是：产品必须要满足使用对形状与尺寸、组织与性能、表面质量与尺寸形状精度的要求，其中组织性能要求包括对力学性能、组织结构、功能性能和其他特殊性能的要求。

1.形状、尺寸及精度要求

材料在工程应用中，首先需要满足形状和尺寸的要求，有色金属材料也不例外。有色金属加工材的形状主要可以分为：板、带、箔、管、棒、型、线及锻件等(铸件除外)。根据使用要求，材料还需要满足尺寸大小及精度的要求。

2.组织与性能的要求

(1)力学性能要求：材料的力学性能主要包括抗拉强度、屈服强度、延伸率、疲劳强度、弹性、抗蠕变性能、抗软化温度等。

(2)组织性能要求：主要包括材料的组织结构、晶粒大小、组织的均匀性、杂质的含量、杂质的分布、缺陷的种类和分布等。

(3)功能性能要求：主要包括导电性、导热性、导磁性、隔热性能、屏蔽性(对电磁波)、发光性能、储能性能、材料的环保性能、材料的放射性等。

总之，要满足上述要求，首先是要对产品材料的选择和制备，然后就是如何通过控制加工来满足使用要求。

1.3　控制加工的意义

控制加工的意义就是如何选择合理的加工方法和控制好加工过程中的工艺参数，最有效地将材料加工成形，满足使用对形状、尺寸及精度、组织性能的要求。

根据使用对有色金属材料的要求，控制加工也就可以分为两大部分：材料形状加工、尺寸及精度的控制；材料组织与性能的控制，参见图 1 –1。由图可见控制加工是有色金属材料原材料到满足使用要求的重要环节之一。

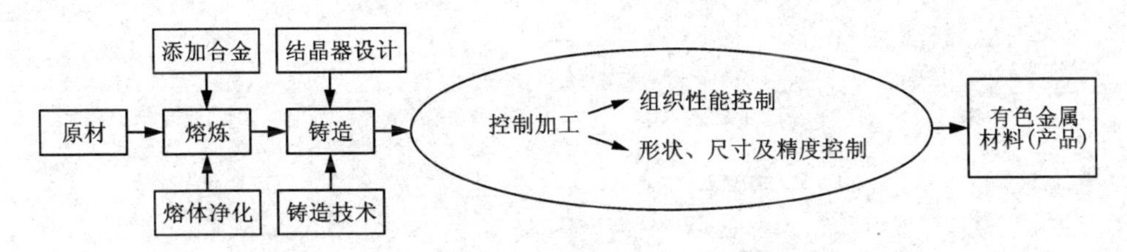

图 1 –1　有色金属材料加工的基本流程及控制加工

1.4　控制加工的主要方法

根据材料满足使用的基本要求，控制加工针对不同的要求，采取不同的控制手段，其主要的控制手段如下。

1. 形状、尺寸及精度控制加工

形状尺寸控制加工主要与加工成形的方法相关。因为，满足材料使用时的不同形状尺寸，需要选择不同的加工成形方法及控制其主要工艺参数。

材料的加工成形方法很多，可以分为常规加工方法和特种加工方法。本书在常规加工方法中主要介绍材料的制备、铸轧、轧制(平轧)、挤压、拉拔、锻造、冲压、焊接和介绍几种典型产品的控制加工实例；特种加工方法主要介绍旋压、旋锻、环轧、连续挤压和介绍几种典型产品的控制加工实例。

2. 组织与性能的控制加工

影响材料组织与性能的主要因素除了与加工成形方法和变形量有关以外，影响材料性能很重要的是热处理工艺。因此，组织与性能的控制的部分将重点讨论材料性能与热处理的关系。将分别分析和讨论：铝与铝合金组织性能的特点及控制；铜与铜合金组织性能的特点及控制；镁与镁合金组织性能的特点及控制；钛与钛合金组织性能的特点及控制。

第一篇

有色金属材料的形状控制加工

第 2 章　有色金属材料的形状分类及控制加工方法

有色金属材料的形状主要分为三大类：板、带、箔；管、棒、型、线；其他形状，如锻件、筒件、环件、冲压件等。根据材料的不同形状和性能要求，需要采取不同的控制加工成形方法，即选择最合理的方法来控制材料的变形，使材料最有效的成形为所需要的形状和尺寸。

不同的加工方法能控制材料按照一定的规律变形，从而成为使用所需要的形状、尺寸及性能。加工方法的选择和加工工艺参数的选择是控制加工的主要内容。

常用的加工方法有：轧制（平轧）、挤压、拉伸、锻造、冲压、轧管、连续挤压、旋压、旋锻、环轧，下面分别讨论各种加工方法的特点和主要控制参数。

一种加工方法有时需要通过改变使用的工模具才能适应成形不同形状类型的产品，如挤压可以通过改变模具的结构和模孔的形状，挤压出棒材、管材、型材或板材；锻造可以通过改变工具的种类或锻模的型腔形状和尺寸，锻造成形出不同形状及尺寸的锻件。

2.1　材料的形状与加工方法的关系

材料最常见的形状有板带材、管棒材、型材、锻件及冲压件。根据使用对材料的形状要求，需要采取不同的加工方法，因为不同的加工方法能够控制材料的不同变形形式，即满足不同使用的要求。常用的成形加工方法有轧制、挤压、拉拔、锻造和冲压等，控制材料成形不同形状产品所采用的主要加工方法参见图 2－1。通常，在成形加工之前还需要对材料进行熔炼和铸造，制备出进一步加工成形的坯料，如轧制用的坯料，一般采用铸造坯或铸轧坯；挤压用的坯料，一般为半连续铸造的圆柱或空心坯料；拉拔用的坯料，一般为连续铸轧或上引坯料等。

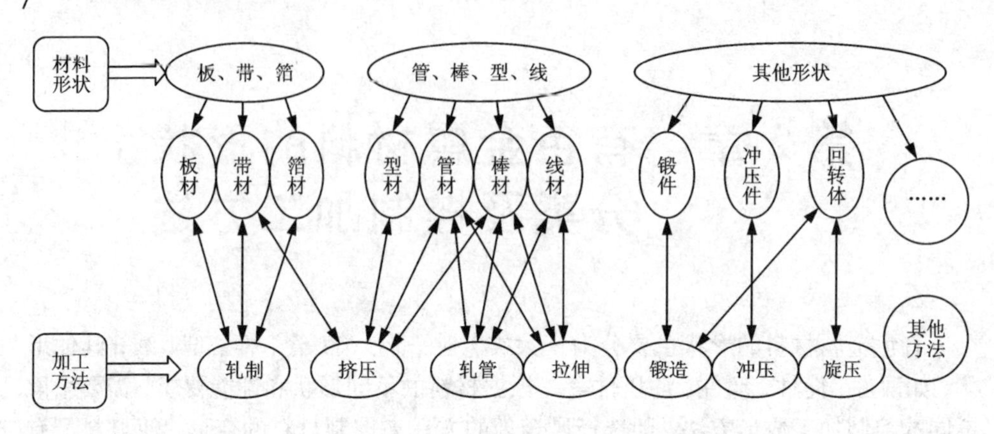

图 2－1　控制材料成形不同形状所采用的主要加工方法

2.2　材料的形状特点及分类

2.2.1　板、带、箔材的形状特点及分类

1. 板、带、箔材的形状特点

板、带、箔材的形状特点是材料的长度和宽度比厚度大很多，图 2－2 所示是铝板、带、箔产品的常见形式。

图 2－2　常见的铝板、带、箔产品

2. 板、带、箔材按产品的壁厚分类

有色金属板带产品按照厚度可分为超厚、厚、薄、特薄等几个类别。通常，厚度大于150 mm的板材称为超厚板，厚度大于8 mm的为厚板，厚度为2 ~ 8 mm的为中厚板，厚度为2 mm以下的为薄板，厚度小于0.5 mm的板材为特薄板，厚度小于0.20 mm的为箔材。一般，将厚度小于6 mm的板带材打成卷，又称为带卷(带材)；厚度大于6 mm的板带材基本上都以平板形式提供。

3. 板带箔材按产品的加工方法分类

板、带、箔材主要的加工成形方法是轧制成形，但是有少量的带材采用挤压方法成形。挤压方法提供的带材，一般是为进一步轧制(平轧)提供优良的坯料，常应用在高性能镁合金带材的生产中。近些年，发展较快的连续挤压也广泛应用于生产铜及铜合金扁带。因此，板、带、箔材按照加工方法可以分为轧制材和挤压材。

2.2.2　管材的形状特点及分类

1. 管材的形状特点

国家标准GB/T 8005.1—2008中对管材给出了定义：管材产品可以通过挤压或挤压后拉伸获得，也可以通过板材进行焊接获得。管材产品为沿其纵向全长，仅有一个封闭通孔，且壁厚、横断面都均匀一致的空心产品，并呈直线形或成卷交货。横断面形状有圆形、椭圆形、正方形、等边三角形或正多边形。图2 - 3是常见的管材形式。

图2 - 3　常见的管材形式

2. 管材按照产品的尺寸分类

管材按照产品的尺寸分类，以直径大小分类、以壁厚与直径的相对尺寸分类和以管材的长度分类，同时分类也都是相对的。

按照直径大小分类：通常以ϕ200 mm以上为大直径管材，以小于ϕ8 mm为小管。

按照壁厚与直径的相对尺寸比分类：分为薄壁管和厚壁管，薄壁管和厚壁管的分类是相对的；通常，厚壁管的壁厚一般为 5 ~ 35 mm；薄壁管的壁厚一般为 0.5 ~ 5 mm，铝合金的最小壁厚可为 0.1 mm。

按照管材的长度分类：这也是一种相对的说法，通常根据管材的长度划分为直管和盘管。

3. 管材按照产品的加工方法的分类

按照加工方法和管材的特点可以分：无缝管材、有缝管材和焊接管材。

通常，对锭坯采用穿孔针穿孔挤压，或将锭坯镗孔后采用固定针穿孔挤压，所得内孔边界之间无分界线或焊缝的管材称为无缝管；

对锭坯不采用穿孔挤压，而是采用分流组合模或桥式组合模挤压，所得内孔边界之间有一条或多条分界线或焊缝的管材称为有缝管材；

用轧制的板材或带材焊接而成的管材，在焊接边界之间有一条明显的分界线或焊缝的管材称为焊接管材。

2.2.3 棒线材的形状特点及分类

1. 棒线材的形状特点

国家标准 GB/T 8005.1—2008 中对棒材、线材给出了定义：棒材产品可以通过挤压或挤压后拉伸（又称冷拔）获得，为实心压力加工产品，并呈直线形交货。棒材产品沿其纵向全长，横断面对称、均一，且呈圆形、椭圆形、正方形、长方形、等边三角形、正五边形、正六边形、正八边形等正多边形。图 2 –4 是常见的棒材、线材产品。

图 2 –4 常见的棒材、线材产品

2. 按产品的尺寸形状分类

当横截面是圆的或接近圆的而且直径超过 10 mm 时，就称为圆棒。当横截面是正方形、矩形或正多边形时，以及当两个平行面之间的垂直距离（厚度）至少有一个超过 10 mm 时，可称为非圆形棒。

线材是指它的直径或两个平行面之间的最大垂直距离均应小于 10 mm（不管它具有什么形状的横截面）。

3. 按产品的加工方法分类

线材产品可以通过挤压或挤压后拉伸（又称冷拔）获得，为实心压力加工产品，并成卷交货。线材产品沿其纵向全长，横断面对称、均一，且呈圆形、椭圆形、正方形、长方形、等边三角形、正五边形、正六边形、正八边形等正多边形。通常，线材最后都是采用拉伸成形，只有很少量的是采用挤压（连续挤压）直接生产。

棒材（包括圆棒和非圆棒）可由热轧或热挤压方法生产，并且经过或不经过随后的冷加工制成最终尺寸。因此，棒材可以分为：热轧棒材、热挤压棒材、冷轧棒材、冷拉棒材。

2.2.4　型材的形状特点及分类

1. 型材的形状特点

型材可以说是横截面非圆（具有不规则截面）的管材和棒材。型材还可以分为恒断面型材和变断面型材。恒断面型材可分为实心型材、空心型材、壁板型材和建筑门窗型材等。常见的各种截面型材参见图 2－5。

图 2－5　常见的各种截面型材

2. 按产品的尺寸分类

型材按照尺寸的大小可以分为大型材、普通尺寸型材、小型材和微小型材。一般，将型材外接圆尺寸大于 200 mm 称为大型材；将型材外接圆尺寸小于 10 mm 的称为小型材；将型材外接圆尺寸小于 2 mm 的称为微小型材；其他尺寸为普通尺寸型材。

3. 按产品的加工方法和应用领域分类

型材一般都采用挤压(连续挤压)、拉拔和辊轧方法来生产，其中最主要的生产方法是挤压法。型材的应用领域很广，特别是铝型材的应用最为广泛。近年来，我国的铝合金型材的生产量和需求量已经占到铝加工材的 50% 左右。

2.2.5 锻件的形状特点及分类

1. 锻件的形状特点

锻件的形状一般都比较复杂，通常锻件在不同位置上的截面都不相同。锻件大致可以分为：饼类锻件；环、筒类锻件；轴杆类锻件；弯曲类锻件等。图 2－6 是几种典型的锻件。

图 2－6 几种典型的锻件

2. 按产品的尺寸分类

锻件按照尺寸可以分为大型锻件和一般锻件，大型锻件是指尺寸和质量特别大的锻件，如大型压力机的主缸、大型汽轮机的主轴、大型发电机的转子主轴、超大型核电发电机转子。目前，国外最大的锻件尺寸，直径达到 ϕ2800 mm，质量达到 600 t。因此，一般锻件直径大于 ϕ500 mm 就可称为大型锻件。

3. 按照锻件的锻造特点分类

锻件主要分为自由锻和模锻件两大类，它们还可以进一步进行细分。

1) 自由锻的分类

自由锻是一种通用性较强的工艺方法，能锻出各种形状锻件。按锻造工艺特点，自由锻件可分为四大类：饼类锻件，环、筒类锻件，轴杆类锻件，弯曲类锻件等。

(1) 饼块类锻件。此类包括各种圆盘。此类锻件的特点是径向尺寸大于高向尺寸，或者两个方向的尺寸相近。基本工序是镦粗，随后的辅助(修整)工序为滚圆和平整。

(2) 环、筒类锻件。此类包括各种圆环和各种圆筒等。锻造环、筒件的基本工序有镦粗、冲孔、芯轴扩孔、芯轴上拔长，随后的辅助(修整)工序为滚圆和校正。

(3) 轴杆类锻件。此类包括各圆形、矩形、方形、工字形截面的杆件等。锻造轴杆件的基本工序是拔长，对于横截面尺寸差大的锻件，为满足锻压比的要求，则应采用镦粗 - 拔长工序。随后的辅助(修整)工序为滚圆。

(4) 弯曲类锻件。此类包括各种弯曲轴线的锻件，如弯杆等。基本工序是弯曲，弯曲前的制坯工序一般为拔长，随后的辅助(修整)工序为平整。坯料多采用挤压棒料。

2) 模锻件的分类

模锻件按外形可分为等轴类和长轴类两大类。

(1) 等轴类锻件一般指在分模面上的投影为圆形或长、宽尺寸相差不大的锻件。属于这一类的锻件其主轴线尺寸较短，在分模面上锻件投影为圆形或长宽尺寸相差不大。模锻时，毛坯轴线方向与压力方向相同，金属沿高度、宽度和长度方向均产生变形流动，属于体积变形。模锻前通常需要先进行镦粗制坯，以保证锻件成形质量。

(2) 长轴类锻件的轴线较长，即锻件的长度尺寸远大于其宽度尺寸和高度尺寸。模锻时，毛坯轴线方向与压力方向相垂直，在成形过程中，由于金属沿长度方向的变形阻力远大于其他两个方向，因此金属主要沿高度和宽度方向流动，沿长度方向流动很少(即接近于平面变形方式)。因此，当这类锻件沿长度方向其截面积变化较大时，必须考虑采用有效的制坯工步，如局部拔长、辊锻、弯曲等，使坯料形状接近锻件的形状，坯料的各截面面积等于锻件各相应截面面积加上毛边面积，以保证模膛完全充满且不出现折叠、欠压过大等缺陷。

2.3 加工前坯料的制备

通常，生产有色金属加工材料或制品，必须制取加工的坯料，通常采用铸造方法来获得，因此常称为铸坯。制备有色金属坯料的基本方法有熔炉法和粉末冶金法两大类，其中熔炼铸造法占主导地位。

根据进一步加工的需要，坯料的形状有多种多样，制备的方法也不尽相同。如：轧制需要用的是圆(方)坯或板坯，通常圆(方)坯采用立式半连铸制备，板坯采用铸轧法或立式半连铸制备；挤压常用的是圆柱或空心圆坯料，通常采用立式半连铸或水平连续铸造制备；拉拔常用的是上引连铸坯或连铸连轧坯料。

坯料(铸锭)质量对使用材料的性能至关重要，有色金属产品对铸锭的组织、性能和冶金质量都有严格的要求，随着科学技术的发展，产品的不断升级，对有色金属产品的要求也在不断提高。

2.3.1 合金铸锭(坯)质量的要求

1. 化学成分的要求

随着对材料性能需求的不断提高，要求合金材料组织、性能的均匀和一致性，也就是对合金材料成分的控制和分析提出更高的要求。为了使组织均匀和性能一致，就要对合金主元素更加精确控制，确保熔次之间主元素一致，铸锭不同部位成分偏析最小。同时，为了提高材料的综合性能，对合金中的杂质要严格控制，对微量元素进行优化配比和控制。其次，对化学成分的分析的准确性和控制范围也要求越来越高。

2. 冶金质量的要求

铸锭的冶金质量对材料后序加工过程和最终的产品有着决定作用。长期生产实践表明约70%缺陷是铸锭带来的，铸锭的冶金缺陷必将对材料产生致命的影响。因此，合金材料对熔体净化质量提出了更高的要求，主要是以下方面：铸锭氢含量要求越来越低，根据不同材料要求，其氢含量控制有所不同，如以铝合金为例，一般说来制品要求的产品氢含量控制在0.15 ~0.2 mL/100 gAl以下；对于非金属夹杂物要求降低到最大限度，要求夹杂物数量少而小，根据产品的要求，其单个颗粒应小于10 μm或5 μm。

3. 铸锭组织的要求

铸锭组织对合金材料性有着直接的影响，一般说来铸锭组织缺陷有光晶、白斑、花边、粗大化合物等组织缺陷，这些缺陷对材料性能造成相当大影响，材料不能出现这些组织缺陷。此外，随着材料质量要求的不断提高，对铸锭的组织也提出更新更高的要求。

2.3.2　合金熔体的制备

1. 合金配制

合金的制备首先就是根据要求的材料成分进行原材料的准备。根据合金材料的成分要求进行配料，再根据各种不同合金的熔炼工艺进行熔炼，配制成需要的合金熔体。接着，需要对熔体进行处理，即对熔体进行净化、均匀化、除气、除渣。

2. 熔炼及熔体净化

铸锭的内部质量尤其是清洁度的要求在不断提高，而熔体净化是提高熔体纯洁度的主要手段，熔体净化可分为炉内处理和在线净化两种方式。

1）炉内处理

炉内熔体处理主要有气体精炼、熔剂精炼和喷粉精炼等方式。先进的炉内净化处理都采用了自动控制，较有代表性的有两种，一种是从炉顶或炉墙向炉内熔体中插入多根喷枪进行喷粉或气体精炼，但由于该技术存在喷枪易碎和密封困难的缺点未广泛应用。另一种是在炉底均匀安装多个可更换的透气塞，由计算机控制精炼气流和精炼时间，该方法是比较有效的炉内处理方法。

2）在线净化

炉内处理对合金熔体的净化效果是有限的，要进一步提高熔体纯洁度，尤其是进一步降低氢含量和去除非金属夹渣物，必须采用高效的在线净化技术。

（1）在线除气

在线除气是十分重要的，特别对某些合金尤其重要，如铝合金等。不同合金的除气方法不同，就铝合金的在线除气为例来说明。铝合金的在线除气装置种类繁多，典型的有：MINT 等采用固定喷嘴；SNIF，Alpur 等采用旋转喷头的设备。除气装置基本都采用 N_2 或 Ar 作为精炼气体，能有效去除铝熔体中的氢，如在精炼气体里加入少量的 Cl_2，CCl_4 或 SF_6 等物质，还能很好地除去熔体中碱金属和碱土金属。除气装置新的发展方向是在不断提高除气效率的同时，通过减小金属容积，消除或减少铸次间金属的放干，取消加热系统来降低运行费用。

（2）熔体过滤

过滤是去除熔体中非金属夹杂物最有效和最可靠的手段，从原理上讲有饼过滤和深过滤之分。过滤方式有多种，效果最好的有过滤管和泡沫陶瓷过滤板。目前，泡沫陶瓷过滤板使用方便，过滤效果好、价格低，在全世界广泛使用。对于较高质量要求的制品，发达国家普遍采用双级泡沫陶瓷过滤板过滤，其前面一级过滤板孔径较粗，后一级过滤板孔径较细，如 30/50 ppi，30/60 ppi 配置。

3. 熔体的检测

熔体和铸锭内部纯洁度的检测有测氢(氧)和夹杂物两种，前者的种类很多，目前世界上使用的测氢(氧)技术有几十多种，如减压凝固法、热真空抽提法、载气熔融法等。氢(氧)含量和夹杂物含量检测可有效监控熔体净化处理的效果，为提高和改进工艺措施提供依据。

2.3.3 坯料的铸造

1. 锭模铸造

锭模铸造，按其冷却方式可分为铁模和水冷模。铁模是靠模壁和空气传导热量而使熔体凝固，水冷模的模壁是中空的，靠循环水冷却，通过调节进水管的水压控制冷却速度。

锭模铸造按浇注方式可分为平模、垂直模和倾斜模 3 种。锭模的形状有对开模和整体模，目前国内应用较多的是垂直对开水冷模和倾斜模两种，如图 2－7 和图 2－8 所示。

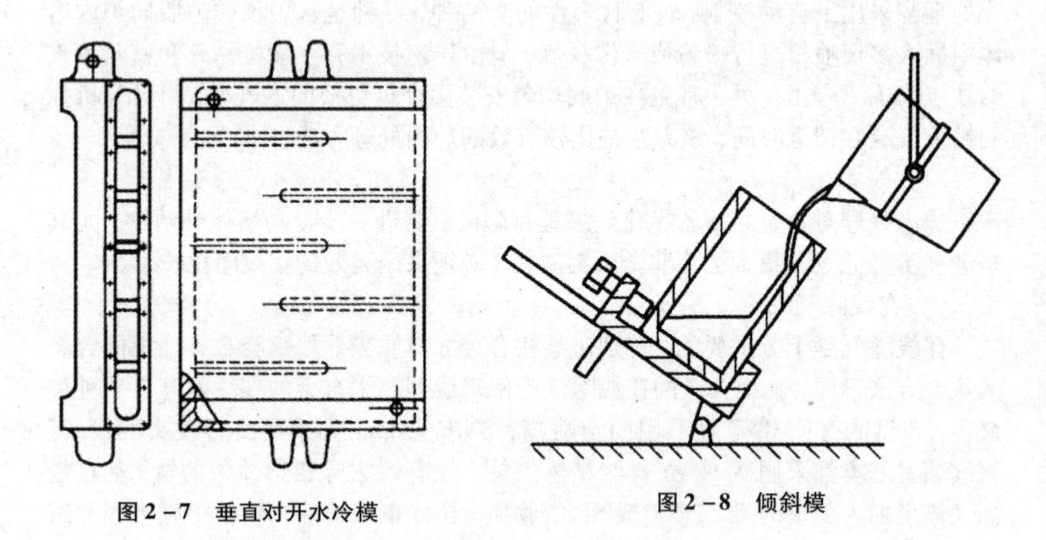

图 2－7 垂直对开水冷模

图 2－8 倾斜模

对开水冷模一般由对开的两侧模组成。两侧模分别通冷却水，为使模壁的冷却均匀，在两侧水套中设有挡水屏，为改善铸锭质量，使铸锭中气体析出，同时减缓铸模的激冷作用，常把铸模内表面加工成浅沟槽状。沟槽深约 2 mm，宽约 1.2 mm，沟槽间的齿宽约 1.2 mm。

倾斜模铸造中，首先将锭模与垂直方向倾斜成 30°～40°角，液流沿锭模窄面模壁流入模底，浇注到模内液面至模壁高的 1/3 时，便一边浇注一边转动模子，使在快浇到预定高度时模子正好转到垂直位置。倾斜模浇注减少了液流冲击和翻滚，提高了铸锭质量。

锭模铸造是一种比较原始的铸造方法，铸锭晶粒粗大，结晶方向不一致，中心疏松程度严重，不利于随后的加工变形，只适用于产品性能要求低的小规模制品的生产，但锭模铸造操作简单、投资少、成本低，因此在一些小加工厂仍广泛应用。

2. 连续(半连续)铸造

1)连续(半连续)铸造的基本特点

连续铸造是以一定的速度将金属液浇入到结晶器内，并连续不断地以一定的速度将铸锭拉出来的铸造方法。如只浇注一段时间把一定长度铸锭拉出来再进行第二次浇注叫半连续铸造。与锭模铸造相比，连续(半连续)铸造其铸锭质量好、晶内结构细小、组织致密，气孔、疏松、氧化膜废品少，铸锭的成品率高。缺点是硬合金大断面铸锭的裂纹倾向大，存在晶内偏析和组织不均等现象。

2)连续(半连续)铸造的分类

(1)按其作用原理分类

连续(半连续)铸造按其作用原理，可分为普通模铸造、隔热模铸造和热顶铸造。

普通模铸造是采用铜质、铝质或石墨材料做结晶器内壁，结晶槽高度在100～200 mm，也有小于100 mm的。结晶器起成形作用，铸锭冷却主要靠结晶器出口处直接喷水冷却，适用于多种合金、规格的铸造。

隔热模铸造的结晶器是在普通模结晶器内壁上部衬一层保温耐火材料，从而使结晶器内上部熔体不与器壁发生热交换，缩短了熔体到达二次水冷的距离，使凝壳水冷，减少了冷隔、气隙和偏析瘤的形成倾向。结晶器下部为有效结晶区。

同水平多模热顶铸造与普通模铸造相比，同水平多模热顶铸造装置在转注方面采用横向供流，热顶内的金属熔体与流盘内液面处于同一水平，实现了同水平铸造。同时取消了漏斗，可铸更小规格的铸锭(国外大规格硬合金圆锭也有)，简化了操作工艺。

隔热模铸造和同水平多模热顶铸造方法所铸造出的铸锭表面光滑、粗晶晶区小、枝晶细小而均匀，操作方便，可实现同水平多根铸造，生产效率高。但由于铸锭接触二次水冷的时间较早，这两种方法在铸造硬铝、超硬铝扁锭和大直径圆锭时，铸锭中心裂纹倾向大，故一般用于小直径圆锭和软合金扁锭的生产。

(2)按铸锭拉出方向分类

连续及半连续铸造按铸锭拉出的方向不同，可分为立式铸造和卧式铸造，上述3种铸造方法均可用在立式铸造上，后两种铸造方法可以用于卧式铸造。

立式铸造的特征是铸锭以竖直方向拉出，可分为地坑式和高架式，通常采用地坑式。立式半连续铸造方法在国内有着广泛的应用，这种方法的优点是生产的自动化程度高，改善了劳动条件。缺点是设备初期投资大。

卧式铸造又称水平铸造或横向铸造，铸锭沿水平方向拉出，如配以同步锯，可实现连续铸造。其优点是熔体二次污染小、设备简单、投资小、见效快、工艺控制方便、劳动强度低，配以同步锯时，可连铸连切，生产效率高，但由于铸锭凝固不均匀、液穴不对称、偏心裂纹倾向高，一般不适于大截面铸锭的铸造。

由于连续及半连续铸造的优点很多，目前在有色金属加工中广泛应用，起到不可替代的作用。图 2 -9 是水平式连续铸造机结构图，图 2 - 10 是水平连铸二流 350 mm × 20 mm 青铜板坯现场，图 2 - 11 是立式半连铸 420 mm × 200 mm 铜合金坯的现场。

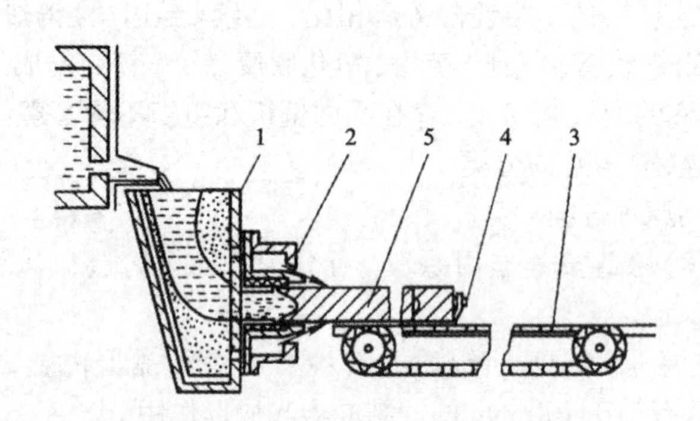

图 2 -9　水平式连续铸造机结构图

1—中间包；2—结晶器；3—铸锭牵引机构；4—引锭杆；5—铸锭

图 2 - 10　水平连铸二流 350 mm × 20 mm 青铜板坯

图 2 - 11　立式半连铸 420 mm × 200 mm 铜合金坯

3. 上引法连铸

1）上引连铸法的基本原理及特点

上引连铸法是利用真空将熔体吸入结晶器，通过经济区结晶器及其二次冷却而凝固成坯，同时通过牵引机构将铸坯从结晶器中拉出的一种连续铸造方法。

上引铜杆所用结晶器如图 2 - 12 所示。

结晶器主要由铜质水冷套、石墨质内衬管及真空室等组成。铸造时，结晶器的石墨内衬管垂直插人熔融铜液中，根据虹吸原理，铜液在抽成真空的石墨管内上升至一定高度，当铜液进入石墨管外侧冷却水套部位以后，铜液被冷却和凝固。与此同时，牵引装置也在不停地将已凝固的铜杆从上面引出。铜杆离开结晶器时的温度约 155℃。

上引连铸过程中，结晶器对铜杆的冷却称为一次冷却，铜杆离开结晶器以后通过辐射散热，称为二次冷却。

由于在结晶器中铜液的冷却和凝固所散发出的热量都是通过接触方式进行热传导的，而且铸坯发生收缩时即已离开了模壁，加上模内又处于真空状态，铸坯的冷却强度受到一定限制，生产效率比较低。因此，上引连铸坯带部是采取多个头（即多个结晶器）同时进行的生产方式。

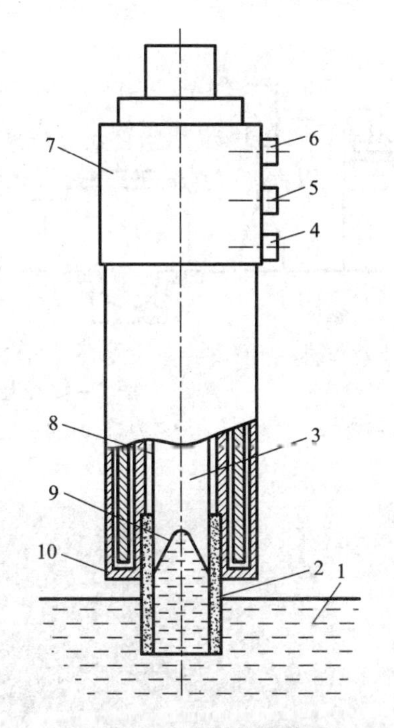

图 2 - 12　上引法连铸用结晶器的结构示意图

1—铜液；2—石墨内衬；3—铸造杆；4—进水口；5—出水口；6—抽真空口；7—结晶器头部；8—真空室；9—液穴；10—冷却水套

2）上引连铸的装置及应用

一套完整的连铸上引设备包含：熔炼炉、保温铸造炉、牵引系统和收线机四个部分。熔炼炉、保温炉通常采用工频感应电炉，也有的采用电阻炉。结晶器装载在牵引机的悬挂装置上。伺服电机依靠对电源的控制，使其具备在规定的时间内完成正转动、停歇、反转等多项功能，具有运行稳定、维护简单等特点。收线系统由杆长控制限位器、牵引机构、盘卷及托盘组成。在收取 ϕ10 mm 以下线杆的收线系统中，收杆托盘需配置旋转动力。图 2 - 13 为同时铸造 6 根铜线坯的上引式连铸装置示意图。图 2 - 14 为上引式连铸铜线杆的生产线。

目前，上引连铸法主要用来生产无氧铜铜杆。上引式连铸法也适合于黄铜等其他铜合金杆和铜管坯的生产。

上引连铸生产铜杆的规格大多在 ϕ8 ~ 32 mm 范围内，常见的有 ϕ8 mm，ϕ14 mm，ϕ17 mm 和 ϕ25 mm。铜杆直径尺寸要求系统（主要指结晶器能力）的冷

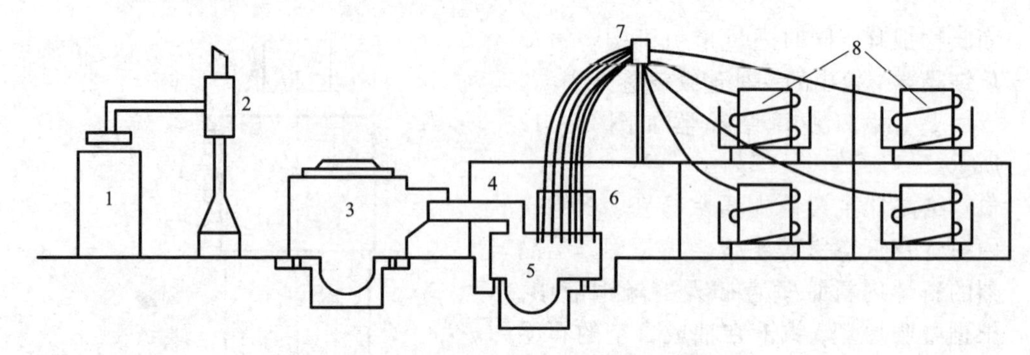

图 2－13　上引式连铸生产线示意图

1—料筒；2—加料机；3—感应熔化炉；4—流槽；5—感应保温炉；6—结晶器；7—夹持辊；8—卷线机

图 2－14　上引式连铸铜线杆的生产线

却能力越强。因此，目前上引连铸主要都应用在生产 ϕ20 mm 以下的铜线杆。

4. 连续铸轧

连续铸轧是直接将金属熔体"轧制"成半成品带坯或成品带材的工艺。这种工艺的显著特点是其结晶器为两个带水冷系统的旋转铸轧辊，熔体在其辊缝间完成凝固和受到热轧两个过程，而且是在很短的时间内(2～3 s)完成的，如图 2－15 所示。

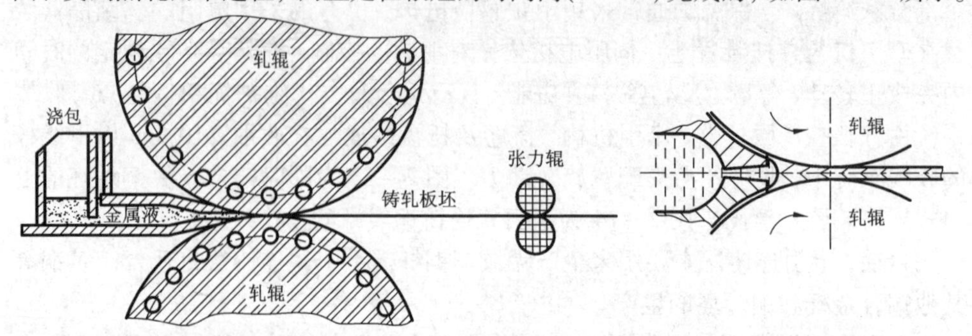

图 2－15　铸轧示意图

1）连续铸轧的特点

连续铸轧技术的突出优点在于其投资省、成本低、能耗小。使用一台铸轧机，可替代传统的DC铸造机、加热炉和开坯轧机。其设备费用仅为热轧开坯生产设备的1/3；由于省去了二次加热，能耗仅为传统生产方法的40%，后续轧制道次可减少2～3次；减少切头去尾使成品率提高15%左右。

目前，连续铸轧技术主要应用于有色金属的加工。应用于铝及铝合金的板坯生产中，能连续铸轧生产厚度6～7 mm的宽板坯，生产速度达1 m/min。

2）连续铸轧的分类

（1）按板坯厚度分类：常规铸轧，板坯厚度6～10 mm，铸轧速度一般小于1.5 m/min；薄板高速铸轧，板坯厚度1～3 mm，铸轧速度一般在5～12 m/min，最大可达30 m/mn以上。

（2）按辊径大小分类：标准型常用铸轧辊的辊径有ϕ650 mm、ϕ680 mm；超型常用铸轧辊的辊径有ϕ960 mm、ϕ980 mm、ϕ1000 mm、ϕ1050 mm、ϕ1200 mm。

（3）按轧辊驱动方式分类：联合驱动，是用一台电机驱动两个铸轧辊，上、下辊的辊径差要求小于1 mm，如两辊线速度有差异，结晶凝固前沿中心线不对称；单独驱动，即上、下轧辊分别由两台电机驱动，能较好的保证设定的结晶速度和表面质量。

（4）按轧辊和金属的流向分类：双辊水平下注式，两辊中心的平面与地面平行，或金属浇铸流向与地面垂直，简称垂直式铸轧机，生产方法示意图见2－16（a）；双辊垂直平注式，两辊中心的平面与地面垂直，或金属浇铸流向与地面水平线平行，简称水平式铸轧机，生产方法示意图见2－16（b）；双辊倾斜侧注式，金属浇铸流向与地面水平线成一定角度，一般为15°角，或两辊中心的平面与地面垂直线成一定角度，简称倾斜式铸轧机，生产方法示意图见2－16（c）。

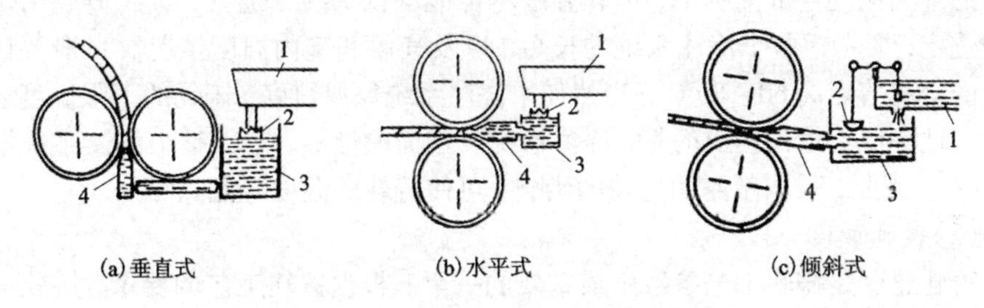

图2－16　几种连续铸轧生产方法的示意图

1—流槽；2—浮漂；3—前箱；4—供料嘴

3）连续铸轧技术要点

（1）铸轧浇注系统：铸轧浇注系统包括控制金属液面高度的前箱、横浇道、供料嘴底座和供料嘴4部分。它是用来作为液体金属流过的通道，必须具备良好的保温性能，是液体金属不过多的散失热量，保证铸轧正常进行。整个系统内，不应有潮气、油膜、氧化渣及其他杂物存在。开始生产前，铸轧浇注系统需进行预热，预热温度为300℃左右，保温4 h以上。

(2)金属液面高度：整个浇注系统是一个连通器。前箱内液体金属面的水平高度就决定着供料嘴出口处液体金属压力的大小。液面高度控制不好，铸轧过程就不能正常进行。若液面低，供应金属的压力过小，则铸轧板面易于产生孔洞；若液面过高，金属静压力过大，容易造成铸轧板面起棱，或在铸轧板面上出现被冲破的氧化皮，影响板面质量；液面如太高，假如供料嘴与铸轧辊间隙过大，易将氧化膜冲破，使液体金属进入间隙，造成铸轧中断。

(3)铸轧的热平衡条件：除了上述的浇注系统预热温度和金属液面高度这两个铸轧基本条件外，铸轧的热平衡则是建立连续铸轧的主要条件。所谓连续铸轧的热平衡，就是进入整个铸轧系统的热量，要等于从铸轧系统导出的热量。如果失去这个热平衡，连续铸轧将无法进行，或者铸轧不成形，或者液体金属冷凝在浇注系统之中。影响铸轧热平衡条件的有3个工艺参数，即铸轧温度、铸轧速度和冷却速度。

4)热平衡条件有3个主要的工艺参数

(1)铸轧温度

铸轧温度一般以金属出炉温度为准。因铝及其合金的熔炼温度过高，会导致吸气量增加，晶粒粗大，以及增加氧化烧损等缺陷，因此不宜过高。铸轧温度选得过低，使金属容易冷凝在浇注系统中；选择得过高，则不易成形，或板坯质量变坏。铸轧温度的选择，应充分考虑到液体金属从炉内经流槽入前箱，再进入浇道系统，最后从供料嘴送至铸轧机上，整个流程中温度的散失，不影响铸轧过程要求的金属流动性的前提下，铸轧温度尽可能的低一些。通常，金属铸轧出炉温度的选定，要考虑整个浇注系统的长短，以及气候和室内温度情况。一般要比所铸轧的金属熔点高60～80℃。当然如果浇注系统保温得好，铸轧的下限温度还可以适当地降低。值得提出的是，浇注系统敞露面的散热，约占整个浇注系统散热的40%。因此，采取敞露面加盖的措施，可使铸轧的温度降低。

(2)铸轧速度

铸轧速度是铸轧工艺参数中最重要的一个。根据铸轧工艺的要求，铸轧速度必须是无级调速。铸轧过程中冷却速度的调整，主要是靠铸轧速度，当然水冷强度也起着配合作用。

铸轧开始时，为了进一步预热浇注系统，铸轧速度要很高，一般为正常铸轧速度的1.5倍以上。随着预热的进行，供料嘴内温度均匀，就要逐渐增加冷却水量和降低铸轧速度。这个阶段液体金属不能成形，金属贴在铸轧辊上成为碎片不断被带出。当铸轧速度降到一定数值时，板坯开始局部立起，并不断扩至整个断面。铸轧速度的降低，就是增加液体金属在铸轧区内进行冷却的时间，有利于液体金属的成形和控制板坯的质量。如在降低铸轧速度之前，发现向外带出的碎片有硬块出现，则应重新提高铸轧速度，使供料嘴内温度均匀，然后再逐渐降低铸轧速度，最后调至正常铸轧速度范围，使之正常铸轧出板坯。

(3)冷却强度

在铸轧过程中，单位时间、单位面积上导出热量的大小称为冷却强度。冷却强度除和铸轧辊的水冷强度有关外，和铸轧速度、铸轧区高度以及辊套材料亦有很大关系。铸轧速度慢，就意味着液体金属在铸轧区停留的时间长，有充分时间向外导热。铸轧区长度增加，也就是冷却面积增加，有利于热的传导。另外，辊套材料的导热性能对冷却强度亦有很大影响。如选用铝合金作辊套材料铸轧时，则其铸轧速度可达1.1 m/min，而选用高合金钢作辊套材料时，则铸轧速度仅在0.6 m/min左右。

5.连铸连轧

连铸连轧即通过连续铸造机将金属熔体铸造成一定厚度(一般约20 mm厚)或一定截面积(一般约2000 mm^2)的锭坯，再进入后续的单机架或多机架热(温)板带轧机或线材孔型轧机，从而直接轧制成供冷轧用的板、带坯或供拉伸用的线坯及其他成品。虽然铸造与轧制是两个独立的工序，但由于其集中在同一条生产线上连续地进行，因而实现了连铸连轧生产过程。

显然，连铸连轧不同于连续铸轧，后者是在旋转的铸轧辊中，金属(一般应用于铝、铜)熔体同时完成凝固及轧制变形两个过程；但两种方法的共同点，均是将熔炼、铸造、轧制集中于一条生产线，从而实现了连续性生产，缩短了常规的熔炼—铸造—铣面—加热—热轧的间断式生产流程。

1)连铸连轧生产方法分类

连铸连轧按坯料的用途可分为两类，一类是板带坯连铸连轧，另一类是线坯连铸连轧。

(1)板带坯连铸连轧主要有以下几种方式。

①双钢带式：哈兹莱特法(Hazelett)及凯撒微型(Kaiser)法；

②双履带式：劳纳法(CasrterⅡ)、亨特－道格拉斯法(Hunter－Douglas)；

③轮带式：主要有美国波特菲尔德－库尔斯法(Porterfield Coors)、意大利的利加蒙泰法(Rigamonti)、美国的RSC法、英国的曼式法(Mann)等。

(2)线坯连铸连轧主要有以下几种方式·普罗佩兹法(Properzi)；塞西姆法(Secim)；南方线材公司法(SCR)；斯皮特姆法(Spidem)等，均是轮带式连铸机。

2)几种板带坯连铸连轧生产方法

(1)哈兹莱特(Hazelett)双钢带连铸连轧法

哈兹莱特法是由双钢带式连铸机及轧机组成的生产线，是由一台 Hazelett 铸造机及一台四辊轧机构成，铸造机宽度为 660 mm，可铸带坯 510 mm，厚度为 19 ~53 mm。该连铸连轧法除用于铸造铝带坯外，还广泛用于铸造铜、锌、铅以及钢铁带坯，连铸机后面可配置单机架、双机架或 3 机架轧机，组成连续生产线。

哈兹莱特连铸连轧生产线示意图如图 2 –17 所示。

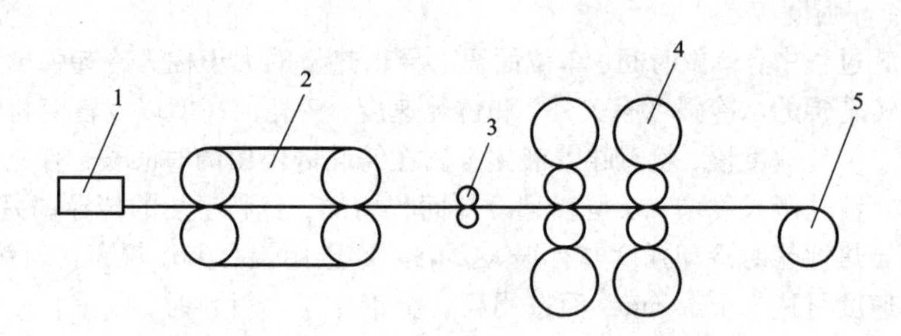

图 2 –17　Hazelett 连铸连轧生产线示意图

1—供流系统；2—连铸机；3—牵引机；4—热轧机；5—卷取机

①连铸机的主要构成。Hazelett 连铸机如图 2 – 18 所示，其由同步运行的两条无端钢带组成，钢带分别套在上下两个框架上，每个框架由 2 ~4 个导轮支承钢带(框架间距可以调整)，下框架上带有不锈钢窄带(绳)连接起来的金属块，构成结晶腔的边部侧挡块，它靠钢带的摩擦力与运动的钢带同步移动，两侧边部挡块的距离可以调整。

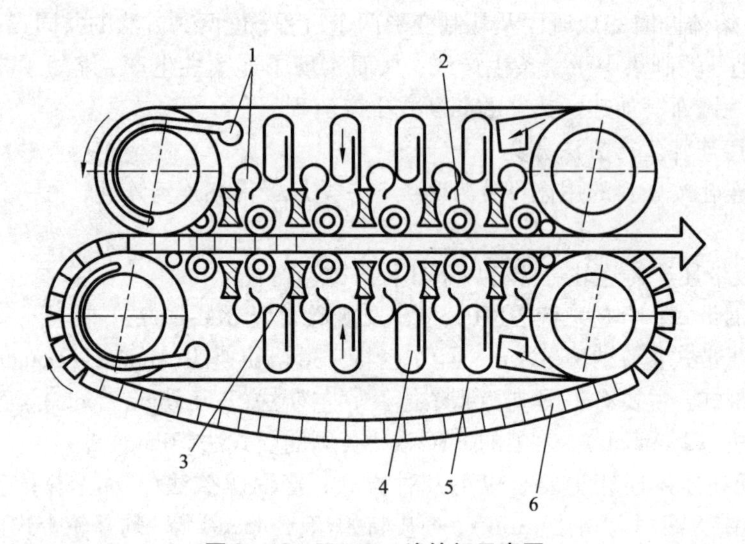

图 2 –18　Hazelett 连铸机示意图

1—水喷嘴；2—钢带支撑辊；3—回水挡板；4—集水器；5—钢带；6—边部挡块

框架内设有许多支撑辊，从上下钢带的内侧对应地顶紧钢带，并可调节、控制其张紧程度，保证钢带的平直度偏差。

钢带一般采用冷轧低碳特殊合金钢，用钨极惰性气体保护电弧焊接而成，使用前一般要做表面处理，处理方法有可以向表面喷涂特种涂料，如陶瓷涂层，避免铝熔体浸蚀钢带；另外也可进行喷丸处理，在钢带表面形成无数细小的坑，使铝熔体不能进入坑内凝固于钢带表面，这样可提高钢带使用寿命，但由于铸造条件恶劣，钢带寿命一般也只有8 h~14 d。与双辊铸轧不同，铸造过程中钢带对带坯不施加压力。

②生产过程。熔体通过流槽进入前箱，再通过供料咀进入铸造腔与上下钢带接触，钢带通过冷却系统高速喷水冷却带走金属熔体热量，从而凝固成铸坯。在出口端，钢带与铸坯分离，并在空气中自然冷却。钢带重新转动到入口端进行铸造，循环往复，从而实现连续铸造。带坯离开铸造机后，通过牵引机进入单机架或多机架热轧机，轧制成冷轧带坯，完成连铸连轧过程。

为保证铸造过程中钢带不形成热水汽层而影响传热效率，应保证冷却水流量及流速，一般水耗量15 t/min，要求水质清洁，不应有油及可见悬浮物，pH 6~8。

开始铸造前，根据生产要求调整好厚度及宽度，不同厚度的带坯可以通过调整连铸机上下框架的距离控制，宽度通过调整两侧边部侧挡块的距离控制，钢带表面必须保证清洁，必要时可用钢刷等工具清理表面的氧化皮、疤、瘤等异物，然后把引锭头推进钢带与边部侧挡块形成封闭的结晶腔。

开头时，应及时调整、控制钢带的移动速度，使之与熔体流量达到平衡，使熔体液面高度正好处于结晶腔开口处。

供料咀与钢带间隙约0.25 mm，引锭头与咀子前沿距离为70~150 mm。

生产过程中，宽度调整较为简单，只需按前面要求改变侧挡块位置即可，厚度调整比较繁琐，要更换侧挡块、冷却集水器、咀子等，还要按前面要求调整框架距离。

生产过程中，应保证带坯表面平整、厚度均匀，可以通过调整钢带张紧程度，从而保证钢带平直度偏差来控制，一般厚差≤0.1 mm，铸造速度一般3~8 m/min。

(2)双履带式劳纳法(Casrter Ⅱ)

代表性的双履带式连铸机有瑞士铝业公司的劳纳法(Casrter Ⅱ)及美国享特-道格拉斯(Hunter-Douglas)法。以劳纳法(Casrter Ⅱ)为例，其生产线示意图如图2-19所示。

该连铸机的工作原埋与哈兹莱特法基本相同，主要的区别在于构成结晶腔的上、下两个面不是薄钢带，而是两组作同一方向运动的急冷块，如图2-20所示。

急冷块一个个安装于传动链上，在传动链与急冷块之间有隔热垫，以保证其

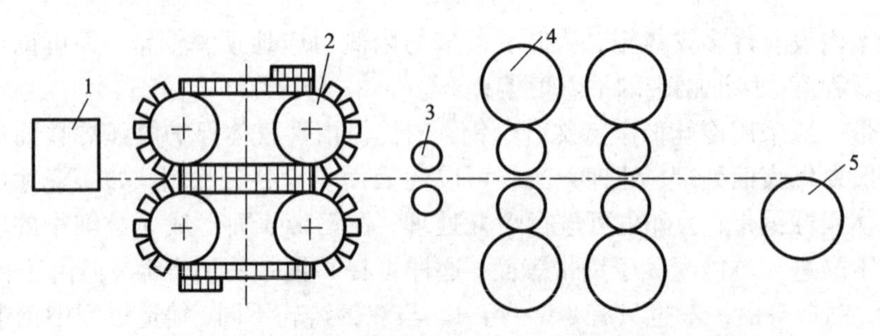

图 2-19　劳纳法(Casrter Ⅱ)连铸连轧生产线示意图

1—供流系统；2—连铸机；3—牵引机；4—热轧机；5—卷取机

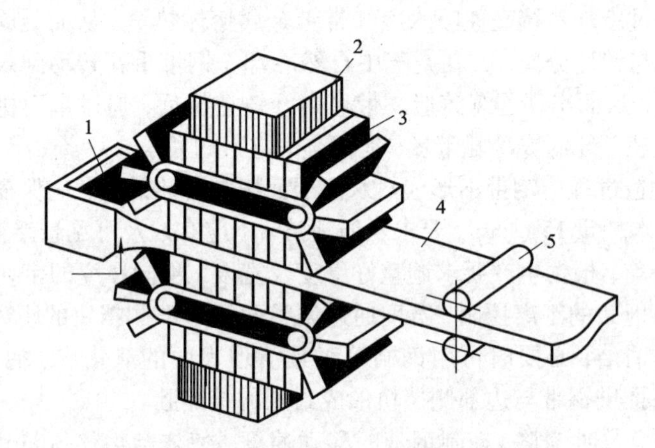

图 2-20　劳纳法(Casrter Ⅱ)连铸机示意图

1—供流装置；2—冷却系统；3—急冷块；4—带坯；5—牵引辊

受热后不产生较大的膨胀变形，由于急冷块在工作过程中不承受机械应力，不存在较大的变形，可以采用铸铁、钢、铜等材料制作。

当金属熔体通过供料咀进入结晶腔入口时，与上下急冷块接触，热量被急冷块吸收而使金属熔体凝固，并随着安装于传动链上的急冷块一起向出口移动，当达到出口并完全凝固后，急冷块与带坯分离。铸坯通过牵引辊进入热轧机(单、多机架)接受进一步轧制，加工成板带坯。急冷块则随着传动链传动返回，返回过程中，急冷块受到冷却系统的冷却，温度降低，达到重新组成结晶腔的需要，从而使连铸过程持续进行。

Caster Ⅱ连铸机可生产主要应用于合金1×××系、3×××系、5×××系铝合金，铸造速度决定于合金成分、带坯厚度及连铸机长度，一般为2~5 m/min，生产效率为8~20 kg/(h·mm^{-1})，可铸带坯厚度一般15~40 mm，宽度一般600~1700 mm。

该铸造法主要用于一般铝箔带坯。在铸造易拉罐带坯上，同样由于质量及综合效益等因素，无法同热轧开坯生产方式竞争。因此，全球仅有为数不多的生产线。

(3)轮带式带坯连铸连轧方法

轮带式连铸机由一个旋转的铸轮及同该轮相互包络的薄钢带构成。通过铸轮与钢带不的包络方式，形成了不同种类的连铸机。

轮带式连铸连轧生产线主要由供流系统、连铸机、牵引机、剪切机、一台或多台轧机、卷取机等组成，以曼式连铸机为例，其生产线配置示意图如图2-21所示。其工作原理是：铝熔体通过中间包进入供料咀，再进入由钢带及装配于结晶轮上的结晶槽环构成的结晶腔入口，通过钢带及结晶槽环把热量带走，从而凝固，并随着结晶轮的旋转，从出口导出，进入粗轧机或精轧机，实现连铸连轧过程。也可直接铸造薄带坯(0.5 mm)而不经轧制。

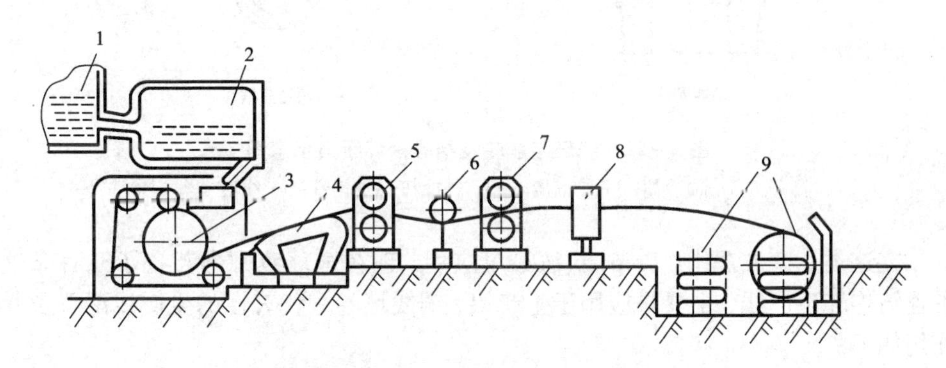

图2-21　曼式连铸连轧生产线示意图

1—熔炼熔；2—静置炉；3—连铸机；4—同步装置；5—粗轧机；6—同步装置；7—精轧机；8-液压剪；9—卷取装置

由于工艺及装备条件的限制，轮带式带坯连铸机一般用于生产宽度≤500 mm的带坯，厚度20 mm左右。经过热(温)连轧机组，可轧制生产2.5 mm左右的冷轧卷坯。目前，Properzi法最小厚度可达0.5 mm。

3)线坯连铸连轧生产方法

该生产线主要由供流系统、连铸机、多机架(8~17)二辊或三辊孔型轧机、剪切机、绕线机等组成。这种线坯生产方法与其他生产方法相比，有较明显的优势，生产效率很高，目前广泛应用在铝、铜线杆的生产中。

同轮带式带坏连铸机一样，线坯连铸机也主要是由旋转的结晶轮、包络钢带、张紧轮、冷却系统、压紧轮等构成，并且同样由于钢带与结晶轮不同的包络方式，形成了各种形式。

工作原理同带坯一样，只不过其结晶槽环形状不同，典型线坯结晶槽环如

图 2 -22 所示。当铸坯从结晶腔出口脱落后，被导入连轧机，通过多机架孔型轧制，将截面积 1000 ~4000 mm^2，近似梯形断面的铸坯不经加热直接轧制成直径一般为 ϕ8 ~20 mm 的线坯，并通过绕线机盘绕成卷。

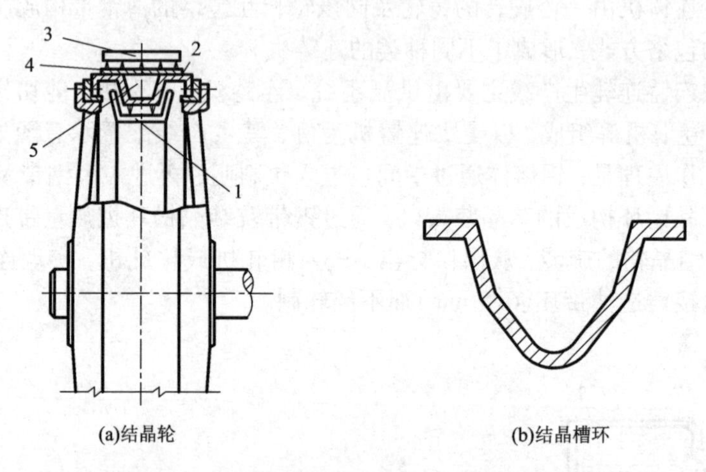

(a)结晶轮　　(b)结晶槽环

图 2 -22　线坯结晶轮及结晶槽环断面示意图

1—内冷却；2—结晶槽环；3—外冷却；4—钢带；5—线坯

在这类生产方法中，Properzi 法最早应用，现在全球范围内装备了几百条这种连铸连轧生产线，主要是应用于生产铝、铜线坯卷。代表性的生产线配置及其作用如下：

①熔化炉：通常采用竖式炉，带有连续加料机构，采用燃油或燃气完成金属的熔化。

②静置炉：熔化后的铝液转入静置炉，采用电阻带或硅碳棒加热、保温，进一步调整金属熔液的温度。

③净化及供流系统：完成金属熔体净化(除气、过滤)及输送，控制流量及分布。

④连铸机：实现连续铸坯。

⑤液压剪：剪去铸坯冷头，以便顺利喂入连轧机或用于其他情况下的快速切断。

⑥连轧机：一般为 8 ~17 机架，二辊悬臂式孔型轧机或三辊 Y 型轧机。

⑦飞剪：用于切断线坯，控制卷重。

⑧绕线机：将连轧机轧出的线坯绕成卷。

影响连铸连轧工艺过程及质量的主要铸造工艺参数为铸造速度、浇铸温度、冷却强度等。它们互相制约，相互影响。从工艺角度讲，低温、快速、强冷既对铸坯质量有益，可得到较细小，均匀的组织、枝晶间距小、致密；还可提高生产效率。但为了保证合适的进轧温度及与连轧机轧制速度相匹配，实现稳定的连铸连轧过程，必须选择适宜的工艺参数。如果铸造速度太大，若冷却强度不够，会使进轧温度太高，轧制过程容易出现脆裂、沾黏金属等，同时也会导致较高的轧制速度、较大的热效应，影响生产过程的稳定性；如果铸造速度太小，则需要的冷却强度较小，既影响到铸坯组织与性能和生产效率，也会对钢带、结晶轮寿命等产生不利影响。

线坯连铸连轧技术广泛应用于电工用铝杆、铜杆的生产，极大提高了生产效率和质量。

第3章　轧制（平轧）

轧制（平轧）是加工成形板、带、箔材的最主要方法，也是应用最多、最广的加工方法。2012年，我国生产的铝合金加工材3074万吨，其中板、带、箔材的产量占40%以上；我国生产的铜及铜合金加工材1154万吨，其中板、带、箔材的产量占14%以上。

3.1　轧制的基本原理及特点

3.1.1　轧制的基本特点

平轧是成形板、带、箔材的主要方法。平轧的两个轧辊轴心线平行，其旋转方向相反；轧件作垂直于轧辊轴心线的直线运动，进出料靠轧辊自动完成，轧制变形的示意图如图3－1所示。

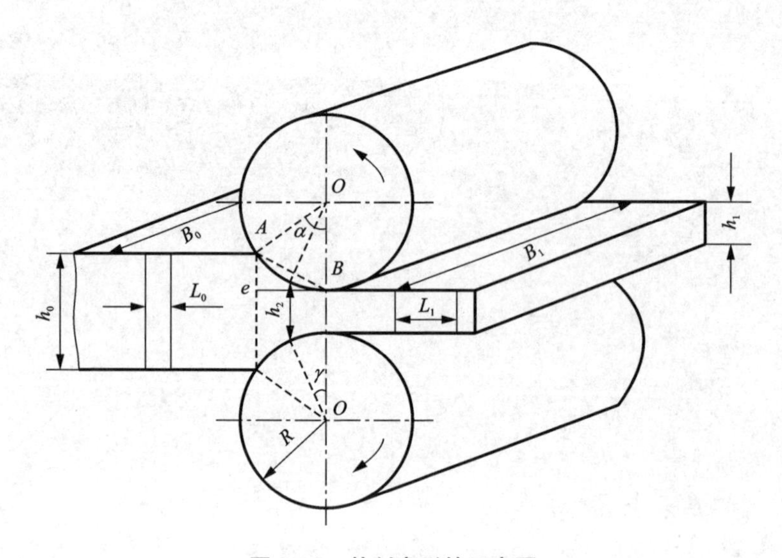

图3－1　轧制变形的示意图

轧制过程是靠旋转的轧辊与轧件之间形成的摩擦力将轧件拖进辊缝之间，并使之受到压缩产生塑性变形的过程。轧制可以在加热状态下进行(热轧)，也可以在低于再结晶的温度下进行(温轧)，也可以在室温下进行(冷轧)。在轧制过程中除使轧件获得一定形状和尺寸外，还必须使轧件具有一定的性能。

板、带、箔材轧制中主要的变形发生在长和高的方向。在一台轧机上，不能生产任意厚度的板、带材料，而有一个可轧厚度，即最大的进口厚度和一个最小的轧制厚度。同时，每道次轧下量也有一定的限度。同一种产品会有不同的压下规则来生产，但有一个最优的规则能保证获得最好的效果。控制加工就是对加工工艺过程进行优化，获得最好的效果。为此，首先必须对轧制变形过程的基本特点进行认识和了解。

3.1.2　轧制过程的建立

1. 轧件的轧制过程

轧件的轧制过程经历以下4个阶段：咬入阶段、拽入阶段、稳定轧制阶段和终了阶段。

(1)咬入阶段，见图3－2(a)。轧件开始接触旋转的轧辊，轧辊开始对轧件施加作用，将其拖入轧缝间，以便建立轧制过程。

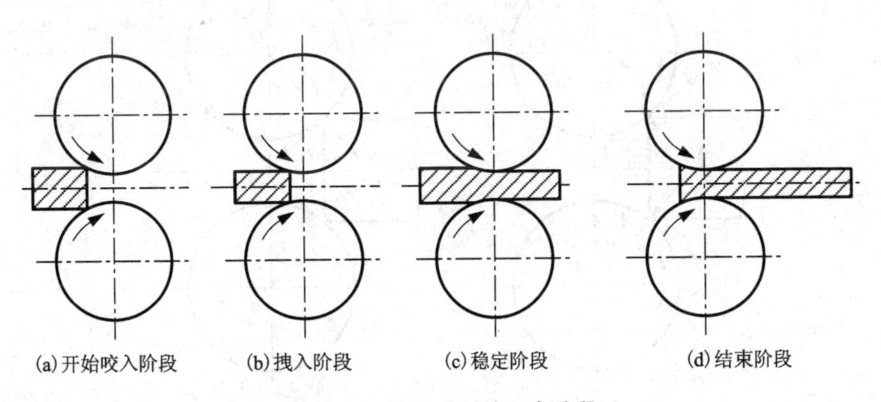

图3－2　轧制过程的四个阶段

(2)拽入阶段，见图3－2(b)。一旦轧件被旋转着的轧辊咬着后，轧辊对轧件的拖曳力增大，轧件逐渐充满辊缝，直至轧件前端到达两辊连心线位置为止。

(3)稳定轧制阶段，见图3－2(c)。轧件前端从辊缝间出来后，继续依靠旋转轧辊摩擦力对轧件的作用，连续、稳定地通过辊缝，产生所需的变形：高向压缩而纵向延伸。

(4)终了阶段，见图3－2(d)。从轧件后端进行辊缝间的变形区开始，直至轧件与轧辊完全脱离接触为止。

稳定阶段是轧制过程的主要阶段。金属在轧制区内的受力状态、流动和变形，以及轧制工艺控制、产品质量和精度控制、设备选择等，都是以稳定阶段作为研究板、带材轧制的主要对象。咬入过程虽在瞬间完成，但是它是轧制过程能否建立的先决条件。至于其他两个阶段，由于对轧制过程没有至关紧要的影响，这里就不去讨论了。

2.咬入条件

简单轧制过程中，当轧件前端与旋转轧辊接触时，接触点 A 和 A' 处，轧件受到轧辊的正压力 N 和切向摩擦力 T 的作用，见图 3－3。按库仑摩擦定律，$T=fN$（f 为咬入时轧辊与轧件的接触摩擦系数）。现将 N 和 T 分解成垂直分量 N_y 与 T_y，以及水平分量 N_x 与 T_x。其中两力的垂直分量 N_y 和 T_y 使轧件上、下两个方向上受到压缩，产生塑性变形。两力的水平分量 N_x 和 T_x，方向不同，作用也不同，其中 N_x 是将轧件推出轧辊的力，而 T_x 是将轧件拖拽入轧辊的力。显然，当 N_x 大于 T_x 时，咬不着轧件；N_x 小于 T_x 时，轧件才能咬入。由此可见，咬入的力学条件是 $T_x>N_x$。

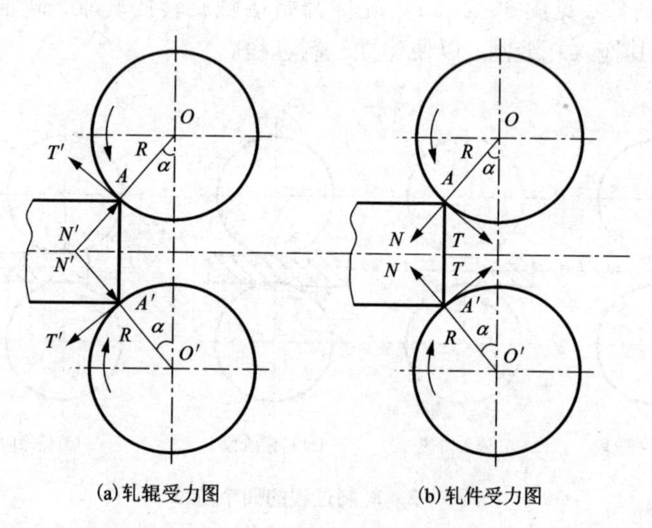

图 3－3　轧辊与轧件接触时的受力图

（a）轧辊受力图；（b）轧件受力图

由图 3－3 可知，

$$T_x=T\cos\alpha \qquad N_x=N\sin\alpha$$

式中：α 为咬入时的接触角

将 $T=fN$ 代入上式，得到咬入条件的表达式为

$$fN\cos\alpha>N\sin\alpha \quad 或\ \tan\alpha<f \qquad (3-1)$$

通常摩擦系数使用摩擦角 β 表示，即令 $\tan\beta = f$，于是咬入条件还可表达成

$$\alpha < \beta \tag{3-2}$$

当 $\alpha = \beta$ 时，称为咬入临界条件，并将此时的咬入角称为最大咬入角，用 α_{max} 表示。可见 $\alpha < \beta (= \alpha_{max})$ 为自然咬入轧件的充分条件，使轧制可以顺利进入稳定轧制阶段；当 $\alpha > \beta$ 时，轧辊不能自然咬入轧件，如需使轧辊咬着轧件，需增加水平推力，使水平合力向前作用才能咬入，否则无法进入稳定轧制过程。

上式中的咬入角 α，根据图3-3的轧制变形区的几何关系，可知

$$\cos\alpha = 1 - \Delta h/2R \tag{3-3}$$

式中：R 为轧辊半径；$\Delta h = H - h$，为绝对压下量，H、h 分别为轧制前后轧件的厚度。

3. 稳定轧制的条件

轧件咬入后，轧制进入拽入阶段，轧件与轧辊间的接触面随着轧件向辊间的充满而增加，因此轧辊对轧件的作用力点的位置也向出辊方向移动，使辊间的力平衡状态发生变化，见图3-4。如用 $\alpha_z = (\alpha_m + \delta)/2$ 表示轧件充满辊缝时轧件法向力(OR)与轧辊中心连线(OO)的夹角，则参照以上分析方法，确保拽入能进行的充分力学条件为

$$\tan\alpha_z < f \quad 或 \alpha_z < \beta \tag{3-4}$$

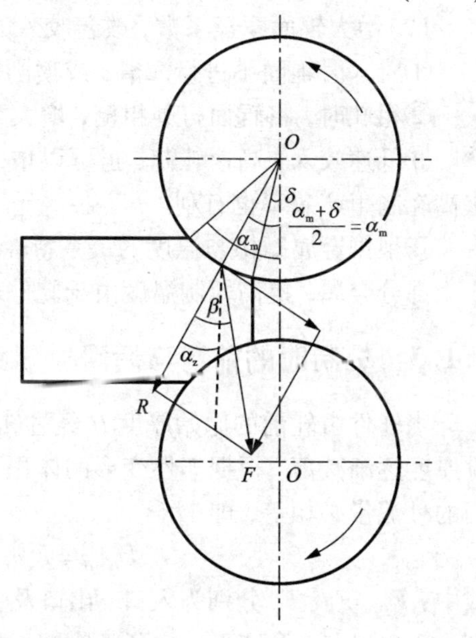

图3-4 轧件充满辊缝间的受力图

当轧件完全充满辊间后，如果单位压力沿接触弧内均匀分布，可认为其合力作用点在接触弧的中点，即可取 $\alpha_z = \alpha/2$。于是，$\alpha < 2\beta$ 为稳定轧制的充分条件；$\alpha = 2\beta$ 为稳定轧制的临界条件。由以上分析可知：

当 $\alpha < \beta$ 时，能自然咬入，并易于建立稳定轧制过程；

当 $\beta < \alpha < 2\beta$ 时，能顺利轧制，但不能顺利自然咬入，这时可实行强迫咬入(如对轧件施加水平推力)，建立轧制过程；

当 $\alpha > 2\beta$ 时，无法咬入，也无法保证轧制过程顺利进行。

轧制时咬入角 α 的大小，可用调辊法(逐渐抬高辊缝直到能咬入为止)和楔形件法(小头先喂入辊缝后，直到大头进不去出现打滑为止)等方法实测。

根据以上分析可知，凡减小轧辊咬入角和增大辊面对轧件摩擦系数的因素均有利于强化咬入和建立稳定轧制过程，这些措施通常有：

(1)减小轧辊咬入角，改善咬入的措施主要有：

①采用大直径轧辊，可减小接触角，并有利于加大压下量。

②减小压下量，虽可减小咬入角，但降低压下量，反要增加轧制道次。

③轧件前端做成楔形或圆弧形，以减小咬入角，随后可实行大压下量轧制。

④沿轧制方向施加水平推力进行强迫咬入，如用推锭机、辊道运送轧件的惯性力、夹持器、推力辊等对轧件施加水平推力，进行强迫咬入。

⑤咬入时抬高辊缝以利咬入，轧制时实行带负荷压下，增大稳定轧制时的变形量。

(2)增大辊面摩擦系数，改善咬入的措施主要有：

①咬入时辊面不进行润滑，或喷洒煤油等涩性油剂，增大辊面摩擦。

②粗轧时，将辊面打磨粗糙，增大摩擦，改善咬入条件。

③低速咬入，高速轧制，也可以增大咬入时的摩擦，改善咬入条件，同时对提高轧制生产效率也有利。

④根据金属摩擦与温度的关系特性，通过适当改变轧制温度来增大摩擦，对于大部分金属，提高轧制温度由于轧件表面氧化皮的存在，能增大摩擦等。

3.1.3 轧制时的前滑与后滑

当轧件由轧前的原始厚度 H 经过轧制压缩至轧后厚度 h 时，进入变形区的轧件厚度逐渐减薄，根据塑性变形的体积不变条件，则金属通过变形区内任意横断面的秒流量必相等，即

$$F_H v_H = F_x v_x = F_h v_h = \text{常数} \tag{3-5}$$

式中：F_H、F_h、F_x 分别为入口、出口及变形区内任意横断面的面积；v_H、v_h、v_x 分别为入口、出口及变形区内任意横断面的轧件的水平运动速度。

平辊轧制时金属质点相对辊面的流动与平锤压缩，特别是楔形锤头间压缩时金属的流动十分相似(见图3-5)，基本变形力学图都属于三向压应力状态，属于一向(高向)压缩、两向(轧向和宽向)延伸变形的应变状态，但也有许多自身的特点。金属轧制时轧件内金属质点的塑性流动外，还受到旋转轧辊的机械运动的影响，即轧制时金属质点的流动速度是上述两种运动速度的合成。这是轧制过程金属流动的明显特点之一。

金属塑性流动相对辊面的滑动或滑动趋势是：金属向入口侧(厚侧 AB 边)方向流动容易，而向出口侧(薄侧 CD 边)流动较困难。金属质点向入口侧流动形成后滑区，而向出口侧流动形成前滑区。因而，轧制时的流动分界面(中性面或中性线)偏向出口侧。于是，按金属塑性流动相对辊面的运动情况，接触弧面上有后滑区、中性面和前滑区。而将前滑区所对应的接触角定义为中性角，通常用 γ 表示。

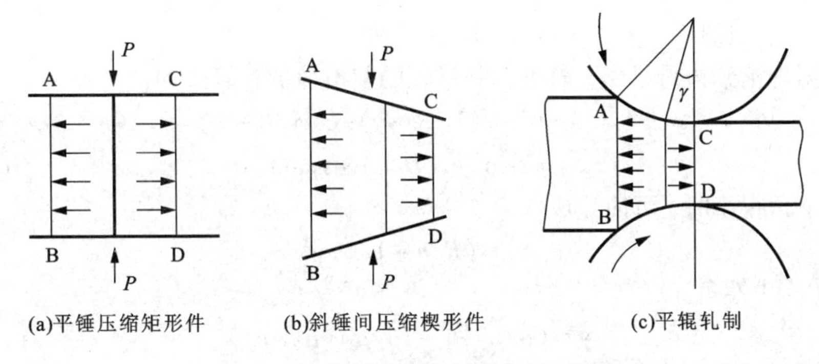

图3-5　轧制与压缩金属流动示意图

(a)平锤压缩矩形件；(b)斜锤间压缩楔形件；(c)平辊轧制

前滑区(轧制出口端)轧件产生相对辊面的向前滑动，即轧件的前进速度高于辊面线速；反之，后滑区轧件的速度低于辊面线速；只有在中性面上二者的速度才相等，见图3-6。因此，前滑(S_h)定义为：

$$S_h=(v_h-v_0)/v_0(100\%) \tag{3-6}$$

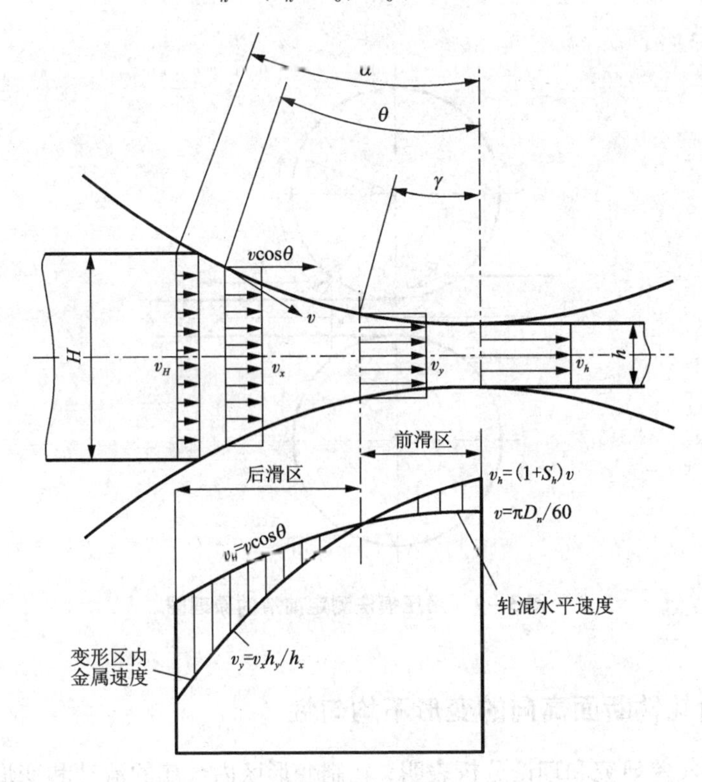

图3-6　轧制过程速度图示

式中: v_h——轧件流动速度; v_0——轧辊线速。

根据理论分析可导出, 简单轧制过程的前滑值的计算式为:

$$S_h=[h+D(1-\cos\gamma)]\cos\gamma/h-1$$

或

$$S_h=2\sin^2\gamma[(D/h)\cos\gamma-1] \tag{3-7}$$

当 γ 角很小时, 可简化成

$$S_h=(R/h-1/2)\gamma^2 \tag{3-8}$$

式中: γ 为中性角。

$$\gamma\approx(\alpha/2)[1-(1/\mu)(\alpha/2)] \tag{3-9}$$

实际上, 轧制时的前滑值一般为 2% ~10%。前滑对于带材、箔材轧制张力的调整, 连轧时各机架之间速度的匹配和协调均有重要实际意义。

前滑值可以用打有两个小坑点的轧辊轧制后, 通过测量轧件上压痕点的距离进行计算, 见图 3 -7, 且测量精度较高。其计算式为

$$S_h=(v_{ht}-v_{0t})/v_{0t}(100\%)=(L_h-L_0)/L_0(100\%) \tag{3-10}$$

式中: L_h 为时间 t 内轧件上压痕点间的长度; L_0 为时间 t 内轧辊上小坑点间的弧线长。

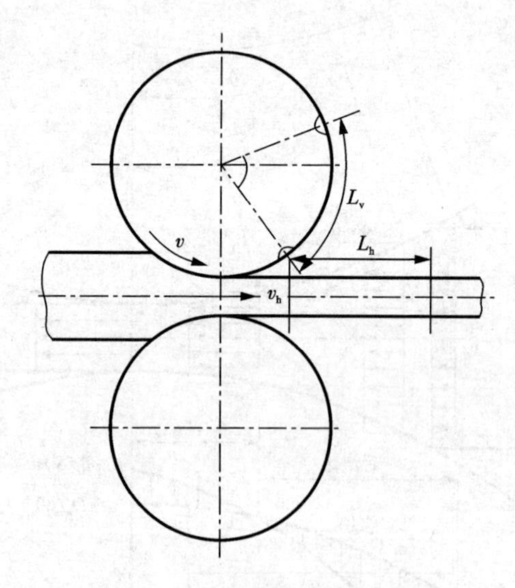

图 3 -7 用压痕法测定前滑的原理图

3.1.4 沿轧件断面高向的变形不均匀性

大量的实验研究和理论分析表明, 轧制变形区内金属的流动和变形是不均匀的。图 3 -8 所示为轧件通过变形区各垂直横断面的金属质点水平流速沿高向的

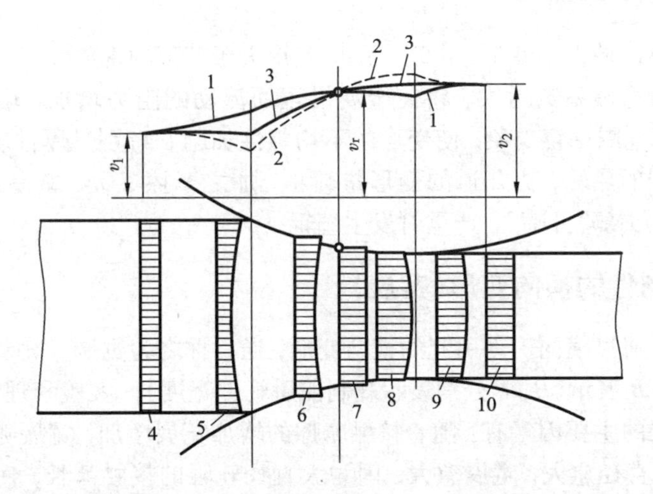

图3-8 变形区内的水平(下)/断面高向(上)速度分布(L/h_{cp} =0.8)

1—为变形区断面的上、下表面水平速度变化曲线；2—为变形区断面中心层的水平速度变化曲线；

3—为变形区断面离上、下表面1/4 高度的水平速度变化曲线；

4-10—是该位置断面沿高向的水平速度分布曲线图

不均匀分布情形，据此，常将轧制变形区划分成4个小区域，见图3-9：Ⅰ区内几乎没有发生塑性变形，称为难变形区；Ⅱ区为主要变形区，易于发生高向的压缩和纵向(轧向)的延伸变形；Ⅲ区和Ⅳ区由于受到前、后刚端反作用力作用所致，产生了一定的纵向压缩和高向变厚变形。

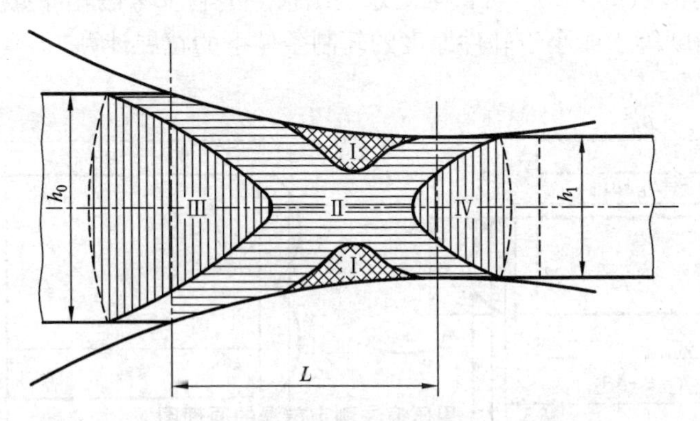

图3-9 轧制变形区示意图(L/h_{cp} >0.8)

变形区的形状系数(L/h_{cp})对轧制断面高向上变形不均匀分布的影响很大。如当$L/h_{cp}>1.0$，即轧件相对较薄时，压缩变形将深透到轧件芯部，出现中心层变形大于表层的现象；而当$L/h_{cp}<0.5$，即轧件相对较厚时，随着变形区形状系数的减小，外端对变形过程的影响变得突出，压缩变形难以深入到轧件芯部，只

限于表层附近区域发生变形，出现表层的变形大于芯部的现象。

其次接触摩擦系数增大，将使金属沿辊面流动的阻力增加，增大Ⅰ区的范围，甚至出现金属粘辊现象，使变形的不均匀性加剧。特别是厚件轧制时，如某些铝及铝合金的热轧，头几道的变形量较小，加之摩擦又大，常易于出现粘辊，因而导致轧件头部“开嘴”，严重时发生缠辊。

3.1.5 轧制件的横向变形(宽展)

轧制时金属沿横向流动引起的横向变形，通常称之为宽展。轧制时的宽展通常用 $\Delta B = b - B$ 表示(B、b 分别表示轧制前后轧件宽度)。实验和理论分析表明，影响轧制宽展的主要因素有：随着接触摩擦的增加宽展增加；宽展随压下量增加而增加；轧辊直径愈大，宽展愈大，因为大直径轧辊的接触弧长，使纵向阻力增大；宽展也与轧件宽度与接触弧长的比值(B/l)有关。当比值(B/l)小于一定范围时，随着轧件宽度增加，宽展也增加；但当比值(B/l)超过某定值时，摩擦引起的横向阻力加大，宽展不再增加，宽展将维持一较小值，见图3－10。可见各因素对宽展的影响是比较复杂的，宽展的计算还停留在经验水平，铝材等有色金属常用的轧制宽展计算公式有：

$$\Delta B = C(\Delta h/H)\sqrt{R\Delta h} \tag{3-11}$$

式中：C 为常数，对于铝及铝合金(当温度为400℃时)，C 可取0.45。

这一公式考虑了变形区长度和加工率等主要因素对宽的影响。实验结果表明，对于铝材热轧(400℃)，可得到满意的结果。但它未考虑轧件宽度的影响，故不适于轧件宽度等于或小于轧件厚度的轧制条件下的宽展计算。

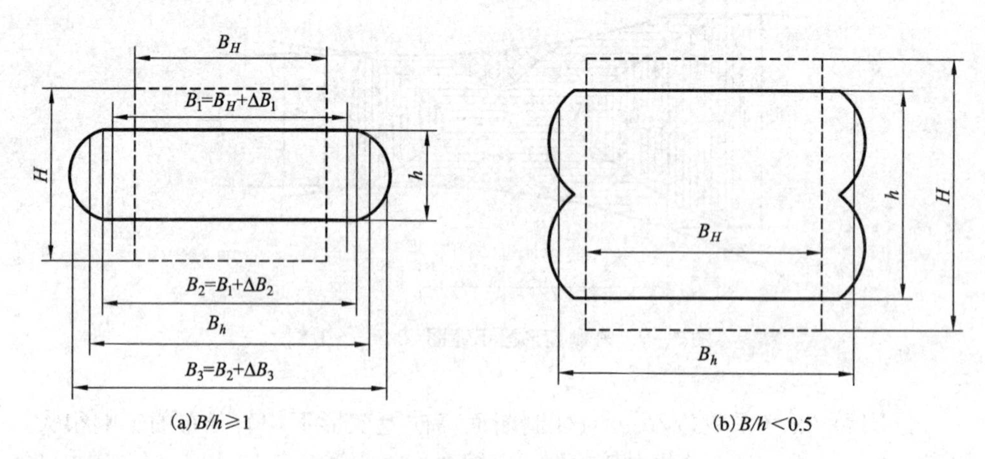

图3－10 宽展与轧件宽度的关系

3.2　轧制过程的变形指数及几何参数

3.2.1　轧制过程的变形指数

轧制变形过程，高向压缩是主导变形，是轧制问题研究的基础。当轧件高向受到轧辊压缩时，将使金属发生沿纵向和横向流动，即轧件高向(厚度)上的压缩变形，将引起轧件长度和宽度尺寸增大。但是纵向的延伸变形总是大大超过横向的扩展量(宽展)，这是因为辊面摩擦力对宽向流动的阻碍总是大于纵向许多，即相对纵向变形而言，横向的宽展总是较小的。通常把表示变形程度大小的指标称为变形指数。轧制时常用的变形指数见表3－1。

表3－1　轧制过程常用的变形指数

变形方向	变形指数		计算公式	意义及应用
	名称	符号		
高向变形	绝对压下量	Δh	$\Delta h = H - h$	表示轧制前后轧件厚度绝对的变化量，便于生产操作上，直接调整轧辊的辊缝值
	加工率	ε	1. $\varepsilon = \Delta h/H(\%)$ 2. $\varepsilon = \ln(H/h)$	①近似变形程度，生产现场使用方便 ②真实变形程度，常用于理论分析与计算。虽然准确，但使用不方便
宽向变形	绝对宽展	ΔB	$\Delta B = B_1 - B_0$	生产现场用于表示宽度的绝对增加值
	相对宽展	ε_b	$\varepsilon_b = \Delta B/B_0$	常用于理论分析
纵向变形	伸长率	δ	$\delta = [(l_1 - l_0)/l_0] \times 100\%$	主要用来表示材料拉伸试验的延伸性能
	延伸系数	λ	$\lambda = l_1/l_0$	用于理论分析与实际计算

根据金属塑性变形的体积不变条件，轧件轧制前后各变形指数间的关系为：

$$l_1/l_0 = (H/h) \times (B_0/B_1) \text{ 或 } H/h = (B_1/B_0) \times (l_1/l_0) \quad (3-12)$$

如以 F_0 与 F_1 表示轧制前后轧件的横断面积，则 $\lambda = F_0/F_1$ 或 $\lambda = (B_0/B_1)/(1-\varepsilon)$

冷轧时，常常可以忽略宽展，则

$$\lambda = h_0/h_1 = 1/(1-\varepsilon) \quad (3-13)$$

总变形量与各道次变形量之间的关系为：

$$F_0/F_n = (F_0/F_1)(F_1/F_2)(F_2/F_3)\cdots(F_{n-1})/F_n$$

或 $$\lambda_{总} = \lambda_1 \lambda_2 \lambda_3 \cdots \lambda_n \tag{3-14}$$

以及 $$\ln\lambda_{总} = \ln\lambda_1 + \ln\lambda_2 + \ln\lambda_3 + \cdots + \ln\lambda_n \tag{3-15}$$

式中：n 为轧制道次；$\lambda_{总}$为总延伸系数。

3.2.2 轧制变形区的几何参数

轧制时金属在两轧辊间发生塑性变形的区域称为轧制变形区。轧件与轧辊的接触弧（AB、A′B′），及轧件进入轧辊垂直断面（AA′）和出口垂直断面（BB′）所围成的区域，见图 3－11，称为几何变形区（也称理想变形区）。

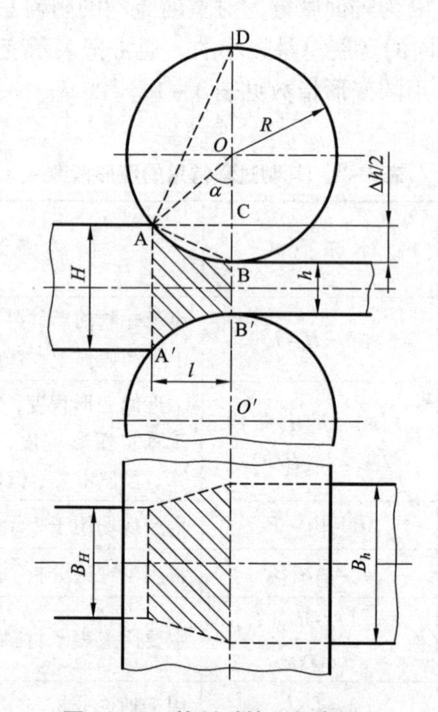

图 3－11 轧制时的几何变形区

实际上，在几何变形区的入辊、出辊断面附近区域，轧件多多少少也有塑性变形存在，分别称为前、后非接触变形区。另外厚轧件热轧时，往往变形不易深透，所以几何变形区内，也有部分金属不发生塑性变形，构成所谓难变形区。

描述轧制几何变形区的基本参数有：接触角 α、变形区长度 l（接触弧 AB 的水平投影）、轧件的平均厚度 $h_{cp} = (H + h)/2$、及变形区形状系数［（l/h_{cp} 和 B/h_{cp}）］，H、h 分别为轧件轧制前后的厚度，B 为轧件宽度。

1. 接触角

变形区内接触弧对应的中心角称为接触角 α（也称为咬入角，以弧度表示）。

根据几何关系，得接触角的计算式为：

$$\cos\alpha = 1 - \Delta h/2R \tag{3-16}$$

当 $\alpha < 10° \sim 15°$时，由于 $1-\cos\alpha = 2\sin^2\alpha/2 \approx \alpha^2/2$，所以上式可简化为

$$\alpha = \sqrt{\Delta h/R} \tag{3-17}$$

2. 变形区长度

接触弧(AB)的水平投影称为变形区长度 I。由几何关系，可得变形区长度的计算公式

$$I = \sqrt{D\Delta h - \Delta h^2/4}$$

常将根式中平方项忽略不计，其近似计算式

$$I = \sqrt{D\Delta h}\text{（当 }\alpha \leqslant 20°\text{时，其误差不大于 }1\%\text{）} \tag{3-18}$$

3. 变形区几何形状系数(也称为变形区的几何因子)

变形区的长度与轧件的平均厚度之比(l/h_{cp})称为几何形状系数。变形区几何系数对轧制时轧件内的应力状态有明显影响，对于研究轧制时金属的流动、变形及应力分布等有重要意义。由式(3-19)，可得其表达式为：

$$I/h_{cp} = 2\sqrt{D\Delta h}/(H+h) \tag{3-19}$$

3.3　轧制(平轧)的主要控制参数

根据加工材料的特点和材料加工的不同阶段，选择轧制加工的温度是不一样的，即分为热轧加工和冷轧加工。热轧的主要控制参数包括：铸锭(坯料)加热温度、热轧温度、热轧速度、热轧压下制度等；冷轧的主要控制参数包括：轧制速度、压下制度、板型控制等。根据设备能力和控制水平合理制定热、冷轧轧制制度，有利于提高产品质量、生产效率和设备利用率，保证设备安全运行。

3.3.1　铸锭(坯料)加热温度、速度及时间的控制

如采用热轧加工，铸锭在加工前就需要进行加热。

通常材料是在辐射式电阻加热炉、带有强制空气循环的电阻加热炉或天然气加热炉内进行。天然气加热炉加热速度快，温度均匀，有利于现代化连续性的大生产。

铸锭加热制度包括加热温度，加热及保温时间，炉内气氛。

加热温度必须满足热轧温度的要求，保证合金的塑性高，变形抗力低。热轧温度的选择是根据该合金的平衡相图、塑性图，变形抗力图，第二类再结晶图确定的，其计算方法按式(3-20)计算。

$$T = (0.65 \sim 0.95)T_{固} \tag{3-20}$$

式中：T 为热轧温度，℃；$T_{固}$ 为该合金的固相线温度，℃。

实际生产过程中，为补偿出炉到热轧开坯前的温降损失，保证热轧温度，金属在炉内温度应适当高于热轧温度。

加热及保温时间的确定应充分考虑合金的导热特性、铸锭规格、加热设备的传热方式以及装料方式等因素，在确保铸锭达到加热温度且温度均匀的前提下，应尽量缩短加热时间，以利于减少铸锭表面氧化，降低能耗，防止铸锭过热、过烧，提高生产效率。铸锭厚度越大所需的加热时间越长，铸锭的加热时间可按式(3－21)经验公式计算。

$$t = 20\sqrt{H} \tag{3-21}$$

式中：t 为铸锭加热时间，min；H 为铸锭厚度，mm。

3.3.2 热轧温度的确定

热轧温度包括开轧温度和终轧温度。合金的平衡相图、塑性图、变形抗力图，第二类再结晶图是确定热轧开轧温度范围的依据，热轧的终轧温度是根据合金的第二类再结晶图确定的，有色金属合金在热轧开坯轧制时的终轧温度一般都控制在再结晶温度以上。表3－2列出了部分有色金属合金板带材在热粗轧—热精轧上轧制时开轧温度和终轧温度的控制范围。

表3－2　部分铝及铝合金热轧开轧温度和终轧温度

合金	铸锭加热温度/℃		热粗轧轧制温度/℃		热精轧轧制温度/℃	
	温度范围	最佳温度	开轧温度	终轧温度	开轧温度	终轧温度
1000系	470～520	500	420～500	350～380	350～380	230～280
3003	480～520	500	450～500	350～400	350～380	250～300
5052	480～520	500	450～510	350～420	350～400	250～300
6061			410～500	350～420	350～400	250～300
7075			380～410	350～400	350～380	250～300
H96黄铜	750～875		850	750		
H62黄铜	625～800		625	800		
QSn4－0.3青铜	780～750		780	750		
QSn7)0.2青铜	850～750		850	450		

3.3.3　热轧速度

为提高生产效率，保证合理的终轧温度，在设备允许范围内尽量采用高速轧制。在实际生产过程中，应根据不同的轧制阶段，确定不同的轧制速度。

(1)开始轧制阶段，铸锭厚而短，绝对压下量较大，咬入困难，为了便于咬入，一般采用较低的轧制速度。

(2)中间轧制阶段，为了控制终轧温度和提高生产效率，在条件允许的情况下，采用高速轧制。

(3)最后轧制阶段，因带材变得薄而长，轧制过程温降损失大，带材与轧辊接触时间较长，为获得优良的表面质量和良好的板形，应根据实际情况，选用合适的轧制速度。

在变速可逆式轧机轧制过程中，轧制速度也应该分3个阶段，合理控制轧制速度：①开始轧制时为有利于咬入，轧制速度控制较低；②咬入后升速至稳定轧制，轧制速度较高；③抛出时降低轧制速度，实现低速抛出。这样，有利于减少对轧机的冲击，保护设备安全，减少带材的温降损失，提高生产效率。

3.3.4　热轧压下制度

1.总加工率的确定原则

首先，应该根据轧制加工的有色金属材料性能，确定该合金板带材的热轧总加工率，通常铝合金的热轧总加工率可达到90%以上。总加工率愈大，材料的组织愈均匀，性能愈好。当铸锭厚度和设备条件已确定时，热轧总加工率的确定原则是：

(1)合金材料的性质。纯及软合金，其高温塑性范围较宽，热脆性小、变形抗力低，因而其总加工率大；高合金材料，热轧温度范围窄，热脆性倾向大，其总加工率通常比软合金小。

(2)满足最终产品表面质量和性能的要求。供给冷轧的坯料，热轧总加工率应留足冷变形量，以利于控制产品性能和获得良好的冷轧表面质量；对热轧制品，热轧总加工率的下限应使铸造组织变为加工组织，以便控制产品性能，通常铝及铝合金热轧制品的总加工率应大于80%。

(3)轧机能力及设备条件。轧机最大工作开口度和最小轧制厚度差越大，铸锭越厚，热轧总加工率越大，但铸锭厚度受轧机开口度和辊道长度的限制。

(4)铸锭尺寸及质量，铸锭厚且质量好，加热均匀，热轧总加工率相应增加。

2.道次加工率的确定原则

制订道次加工率应考虑合金的高温性能，咬入条件，产品质量要求及设备能力。不同轧制阶段道次加工率确定原则是：

(1)开始轧制阶段，道次加工率比较小，一般为2% ~10%，因为前几道次主要是变铸造组织为加工组织，满足咬入条件。

(2)中间轧制阶段，随金属加工性能的改善，如果设备条件允许，应尽量加大道次变形量，对塑性好的合金材料道次加工率可达45%以上，如软铝合金可达50%，大压下量的轧制将产生大的变形热补充带材在轧制过程中的热损失，有利于维持正常轧制。

(3)最后轧制阶段，一般道次加工率减小。为防止热轧制品产生粗大晶粒，热轧最后道次的加工率应大于该材料的临界变形量(铝合金为15% ~20%)；热轧最后两道次温度较低，变形抗力较大，其压下量分配应保持带材良好的板形，厚度偏差及表面质量。

3.3.5 冷轧压下制度

冷轧压下制度主要包括总加工率的确定和道次加工率的分配。一般把两次退火之间的总加工率，称中间冷轧总加工率，而为控制产品最终性能及表面质量，所选定的总加工率称成品冷轧总加工率。

1. 中间冷轧总加工率

在合金塑性和设备能力允许的条件下，中间冷轧总加工率一般尽可能取大一些，以其最大限度的提高生产率。确定总加工率的原则是：

(1)充分发挥该合金塑性，尽可能采用大的总加工率，减少中间退火或其他工序，缩短工艺流程，提高生产率和降低成本。

(2)保证产品质量，防止因总加工率过大导致裂边、断带和表面质量恶化等，而且总加工率不能位于临界变形程度范围，以免退火后出现大晶粒及晶粒大小不均。

(3)充分发挥设备能力，保证设备安全运转，防止损坏设备部件或烧坏电机等事故出现。

实际生产中，中间冷轧总加工率的大小与设备结构、装机水平、生产方法及工艺要求有关。同一种合金，通常在多辊轧机及自动化装备水平高的轧机上，冷轧总加工率要大一些。

2. 成品冷轧总加工率

成品冷轧总加工率的确定，主要取决于技术标准对产品性能的要求。因此，应根据产品不同状态或性能要求，确定成品冷轧总加工率。

(1)硬或特硬状态产品，其最终性能主要取决于成品冷轧总加工率。根据技术标准对产品性能的要求，按金属力学性能与冷轧加工率的关系曲线，确定成品冷轧总加工率的范围。然后，通过试生产、性能检测，确定冷轧总加工率的大小。

(2)半硬状态产品，冷轧总加工率可以根据对其性能的要求，按金属力学性能与冷轧加工率的关系曲线确定；也可以利用冷轧至全硬状态后，经低温退火控制性能。

半硬状态产品，采用加工率控制性能，操作较方便，性能控制较准确且稳定。一般热处理设备较落后，或轧机能力较小及合金退火工艺要求极严的情况下，大多采用加工率控制性能。采用低温退火控制性能，在设备条件允许的情况下，可增大成品冷轧总加工率，减少工序，缩短生产周期，同时有利于板形及尺寸精度控制。但是，低温退火必须采用严格的退火工艺制度和先进的热处理设备，才能保证产品性能均匀稳定。一般现代化水平较高的工厂，大多采用低温退火控制性能。

(3)软状态产品的性能主要取决于成品退火工艺，但退火前的成品冷轧总加工率，对成品退火工艺及最终力学性能，也有很大影响。总加工率越大，再结晶退火温度可相应降低，退火时间缩短，且延伸率较高。

软态产品多数用来做深冲或冲压制品。因此除保证强度和延伸率之外，还要控制深冲值和一定的晶粒度。深冲值与晶粒度大小有关，所以软态产品应根据第一类再结晶图(加工率、退火温度和晶粒度的关系图)确定成品冷轧总加工率。

(4)对表面光亮度要求较高的产品，常用抛光轧辊进行抛光轧制。因为不给予一定的冷轧加工率产品就得不到光洁的表面，而加工率太大也起不到抛光表面的作用。所以，成品冷轧总加工率应预留一定的抛光轧制加工率(一般为3% ~5%)。

3.道次加工率的分配

冷轧总加工率确定之后，应合理分配各道次的加工率。分配道次加工率的基本要求是：在保证产品质量、设备安全的前提下，尽量减少道次，采用大加工率轧制，提高生产效率。具体分配道次加工率的一般原则是：

(1)通常第一道次加工率较大，以充分利用金属塑性，往后随加工硬化程度增加，道次加工率逐渐减小。

(2)保证顺利咬入，不出现打滑现象，轧制厚板带时需更注意。

(3)分配道次加工率，应尽量使各道次轧制压力相接近，对稳定工艺、调整辊型有利，尤其对精轧道次更重要。

(4)保证设备安全运转，防止超负荷损坏轧机部件与主电动机。生产中，根据设备、工艺条件及产品要求，可适当调整道次加工率。

冷轧的道次分配方法一般是先按等压下率分配，计算公式如下：

$$\varepsilon \approx \left[1-\left(\frac{h}{H}\right)^{\frac{1}{n}}\right] \times 100\% \tag{3-22}$$

式中：ε 为压下率，%；H 为坯料厚度，mm；h 为成品厚度，mm；n 为所需要轧制的道次。

轧制道次数的多少要结合材料塑性、设备条件、润滑条件、厚差控制、板形控制、表面控制的要求和平时工作经验进行安排。

3.3.6 冷轧张力

1. 张力的作用

张力是指前后卷筒给带材的拉力，或者机架之间相互作用使带材承受的拉力。通常带材轧制时必须使用张力，张力的主要作用为：

(1)降低单位压力，调整主电机负荷

张力的作用使变形区的应力状态发生了变化，减小了纵向的压应力，从而使轧制时金属的变形抗力减小，轧制压力降低，能耗下降。前张力使轧制力矩减少，而后张力使轧制力距增加。当前张力大于后张力，能减轻主电机负荷。

(2)调节张力可控制带材厚度

改变张力大小可改变轧制压力，从弹跳方程可知，轧出厚度也将随之发生变化。增大张力能使带材轧得更薄，因为张力便轧制压力降低，则轧辊弹性压扁与轧机弹跳减小，在不调压力情况下，可将轧件进一步压薄。

(3)调整张力可以控制板形

张力能改变轧制压力，影响轧辊的弹性弯曲从而改变辊缝形状。因此，通过调整张力大小控制辊型，实现板形控制。此外，张力能促使金属沿横向延伸均匀，以获得良好板形。

(4)防止带材跑偏，保证轧制稳定

轧制中带材跑偏的原因在于带材在宽度方向上出现了不均匀延伸，防止带材跑偏(带材偏离轧制中心线)是实现稳定轧制的重要措施。张力纠偏的原理在于：当轧件出现不均匀延伸时，沿宽度方向张力分布将发生相应的变化，延伸大的部分张力减小，而延伸小的部分则张力增大，从而自动具有纠偏作用。

张力纠偏同步性好、无控制滞后。张力纠偏的缺点是张力分布的改变不能超过一定限度，否则会造成裂边、压折甚至断带。

2. 张力的大小

轧制过程只有合理选择张力大小，才能充分发挥张力轧制的作用，从而很好地控制产品质量和稳定轧制过程。

张力大小的确定要视不同的金属和轧制条件而定，但至少要遵循 3 个原则：一是，最大张应力值不能大于或等于金属的屈服强度，否则会造成带材在变形区外产生塑性变形，甚至断带破坏轧制过程，使产品质量变坏；二是，最小张力值必须保证带材卷紧卷齐；三是，开卷张力要小于上道次的卷取张力，否则会出现层间错动，形成损伤。

实际生产中张应力的范围按下式选择：

$$q = (0.2 \sim 0.24) A_{p0.2} \tag{3-23}$$

式中：q 为张应力，MPa；$A_{p0.2}$ 为金属在塑性变形为 0.2% 时的屈服强度，MPa。

一般来说，后张力大于前张力，带材不易拉断，保证带材不跑偏，即较平稳地进入辊缝，降低轧制压力后张力比前张力更显著，但过大的后张力会增加主电机负荷。相反后张力小于前张力时，可以降低主电机负荷，在工作辊相对支撑辊的偏移很小的四辊可逆式带材轧机上，后张力小于前张力有利于轧制时工作辊的稳定性，能使变形均匀，对控制板形效果显著，但是过大的前张力会使带材卷的太紧，退火时易产生粘结，轧制时易断带。

3.3.7　厚度控制

高质量的冷轧带材不仅要求具有很小的“同板差”，而且要求在大批量生产中每卷的实际厚度都能保持高度一致。

轧制过程中对板带纵向厚度精度控制的影响因素很多，总的说来有两种情况：即对轧件塑性特性曲线形状与位置的影响，以及对轧机弹性特性曲线的影响。结果使两线的交点位置发生变化，产生了纵向厚度差。

板厚控制就是随着带材坯料厚度、性能、张力、轧制速度以及润滑条件等因素的变化，随时调整辊缝、张力或轧制速度的方法。

不同的冷轧机由于装机水平的差异，厚控系统的配置不一样，下面着重介绍现代高速冷轧机的厚度控制系统及其在生产过程中的厚差控制技术。

1. 厚度控制系统组成

现代高速冷轧机的板厚控制通过液压压下实现，而液压压下则由压下位置闭环或轧制压力闭环系统控制。厚控系统的组成如图 3 - 12 所示，主要由压下位置闭环，轧制压力闭环，厚度前馈控制，速度前馈控制，厚度反馈控制(测原仪监控)等几部分组成。其中压下位置闭环和轧制压力闭环是整个厚控系统的基础，厚控的最终操作通过这两个闭环中的一个实现。后面 3 个控制环节为更高级的控制环，它们给前两个闭环的给定值提供修正量。

当辊缝中没有轧件(辊缝设定)和穿带时，压下位置闭环工作。正常轧制时，轧制压力闭环工作(位置闭环断开，不参与控制)。当轧制压力低于某 最小值时，由压力闭环自动地转换到位置闭环控制。

当辊缝中没有轧件(辊缝设定)和穿带时，压下位置闭环工作。正常轧制时，轧制压力闭环工作(位置闭环断开，不参与控制)。当轧制压力低于某一最小值时，由压力闭环自动地转换到位置闭环控制。

2. 厚度测量

从上图及上述功能及工艺数学模型可知，厚度测量在整个厚度控系统中起着非常重要的监控作用，测厚系统本身的测量精度对整个厚度控制的精度具有决定

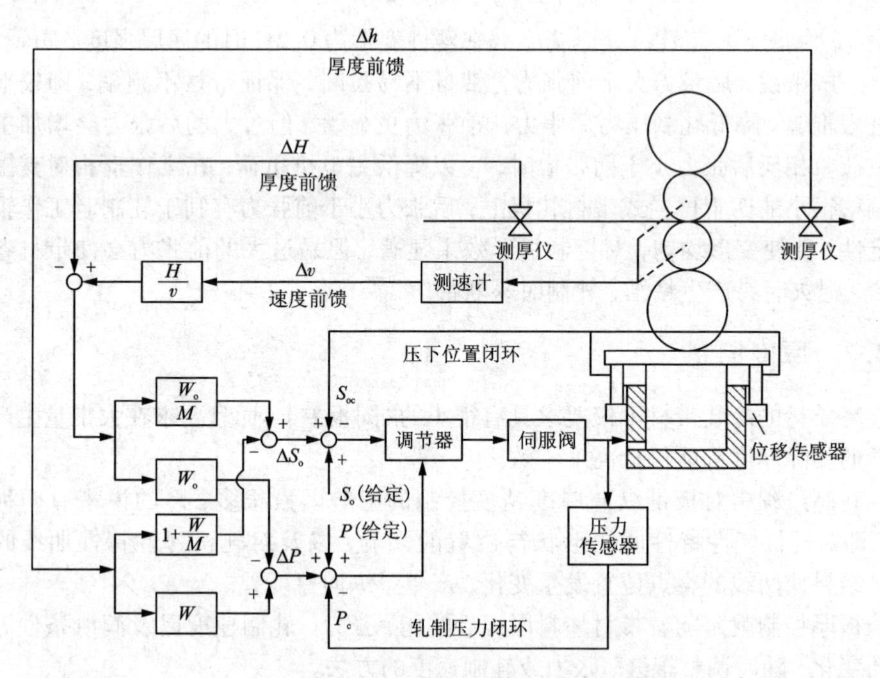

图 3-12　厚度控制系统的组成

W_o—轧制压力对入口厚度的偏导数$\partial P/\partial H$；M—轧机纵向刚度模数；W—轧件塑性刚度系数；ΔH—来料厚度偏差；Δh—出口厚度偏差；v—轧制速度；Δv—轧制速度增量；S_o—给定空载辊缝；ΔS_o—空载辊缝修正量；P—给定轧制力；ΔP—轧制压力修正量；S_{oc}—实测空载辊缝；P_c—实测轧制压力

性的作用。

现代高速冷轧机的厚度在线检测，一般采用同位素测厚仪和 X 射线测厚仪。在线测厚要求具有测量快速、连续、无接触和非破坏性的特性。同位素测厚仪的放射源具有半衰期长、放射剂量稳定、不受温度影响等优点，因此同位素测厚仪在高速冷轧机上得到广泛使用，这里重点介绍同位素测厚仪。

1)测量原理

同位素测厚仪的测量原理是基于放射源的射线穿过被测材料时，射线剂量的减少与材料的厚度成一定的函数关系的这一现象来实现对被测板材的厚度测量。根据吸收定律，当射线穿过被测板材后，射线强度 I_d 由公式(3-24)确定。

$$I_d = I_0 \times e^{-ud} \tag{3-24}$$

式中：I_0为没有板材时射线的强度；u 为被测板材对射线特有的吸收系数；d 为被测板材的厚度

上式经对数变换后为：

$$\ln I_d = \ln I_0 - ud$$

该式经整理后为：

$$d = (\ln I_0 - \ln I_d)/u \tag{3-25}$$

由上式可见，只要 I_0、I_d、u 确定，被测板材的厚度就确定了。公式(3－25)表示的是被测量板材厚度与放射源放射强度间的关系，是一个非电参数，而射线探测器(电离室)输出的是一个电流信号，最终控制计算机输入的测量信号是0～10 V的电压信号。因此，计算机在进行数据处理时，要将公式(3－25)转化为测量电压与板厚的函数关系。在实际应用中并不是用公式(3－25)来确定厚度的，而是采用刻度线(或查表的方法)来确定的。建立刻度曲线是通过系统定标来实现。这样射线探测器(电离室)根据射线被材料吸收的量，测出电流变化量，查刻度曲线得出被测板材的厚度。这就是同位素测厚系统测量厚度的基本原理。

2)测厚系统的定标

测厚系统的定标也就是确定被测板材的刻度曲线，并将建立的曲线存入计算机内。在线测量时采用查表法确定板材的测量厚度。此项工作多由制造厂商在实验室完成。

用于显示的厚度测量值 d_x 与非电参数 I_d 之间存在着函数关系，在实际应用中，d_x 还与射线的种类、能量、强度、屏蔽物、电离室、前置放大器等许多因素有关。

定标的方法基本上有两种：一是先测出某一种合金板材不同厚度的刻度曲线，固化在计算机的EPROM内，当现场测量时采用查表的方式计算测量值。刻度曲线是由制造厂家在出厂前建立的，它只有一条刻度曲线，并且不可更改。由于不同合金和材质的被测材料的刻度曲线基本上是平行的，因此在测量其他合金时，需要另加上一个补偿值。补偿值的取值要用标准板实际测量来决定，并不断加以修正。另一种是在现场定标，用不同合金不同厚度的标准板系列测出各种被测合金板材的刻度曲线存入计算机内。当测厚仪工作一段时间后，重新在现场进行定标。

3)同位素测厚仪系统的组成

高精度同位素测厚仪主要由两部分组成：测量机架和操作控制部分。测量机架包括放射源、电离室及高压电源、前置放大、A/D转换及C形测量机架；操作控制部分包括微型工业控制机数据处理系统、操作部分，测量数据显示器部分、数据打印机和净化电源。测量机架将板材的厚度信号转化为电信号，经计算机按前述计算公式处理后在CRT显示器或LED显示器上显示。测量头的工作稳定性和测量精度，决定了整个系统的精度。

3.3.8 板形控制

板形是指板带材的外貌形状，板形不良是指板面不平直，出现板形不良的直接原因是轧件宽向上延伸不均。出现板形不良的根本原因是轧件在轧制过程中，轧辊产生了有害变形，致使辊缝形状不平直，导致轧件宽向上延伸不均，从而产生波浪。板形典型缺陷的形式如图 3 - 13 所示。

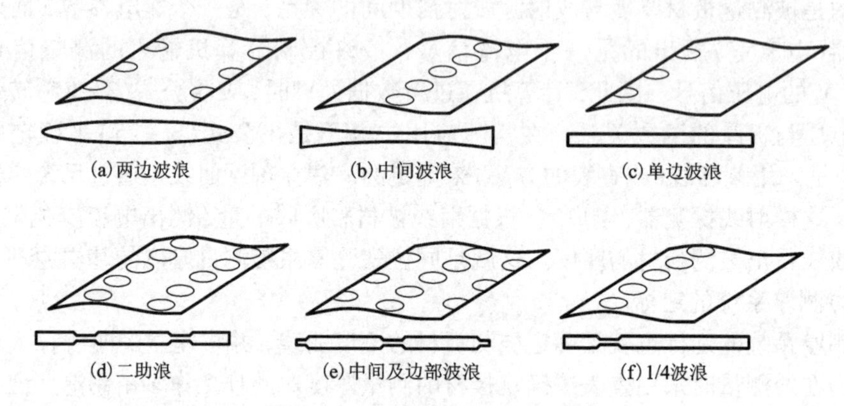

图 3 - 13　板形典型缺陷的形式

1. 不良板形的产生原因

板形直观来说是指板带材的翘曲度，其实质是板带材内部残余应力的分布。只要板带材内部存在残余应力即为板形不良，如残余应力不足以引起板带翘曲，称为“潜在”的板形不良；如残余应力引起板带失稳，产生翘曲，则称为“表观”的板形不良。板形不良结果的出现其实质是轧件宽向上的纵向延伸不均的结果，延伸小的部位在纵向受到拉应力的作用，延伸大的部位由于受相邻延伸小的部位制约，在纵向受到压应力的作用，当轧件变薄时，轧件的刚度也减小，故在压应力的作用下失稳起拱而成为间隔基本相同的波浪。

2. 影响冷轧产品板形的几个因素

凡是影响实际辊缝形状，从而影响纵向延伸的因素都会对板形产生影响，都需要在轧制过程中得到控制。具体来说，主要有以下因素：

(1)坯料板形要符合要求，即坯料断面形状良好是获得良好板形的先决条件。

(2)工作辊原始凸度的影响。工作辊原始凸度的选定要依据辊身长度、刚度、合金状态、坯料宽度、压下量及轧制时的热凸度等综合因素而定，原则是尽可能不用或少用液压弯辊系统而能达到良好的板形。

(3)正负弯辊。弯辊的作用是改变辊缝的形状，采用正弯时工作辊的挠度将减小，相当于增加了工作辊的原始凸度；采用负弯时，工作辊的挠度将增加，相当于减小了工作辊的原始凸度。一般情况下，开坯道次由于绝对压下量较大，工作辊的弯曲变形大，而且轧制速度较低，工作辊热膨胀小，这时应使用较大的正弯，之后道次随着速度的增加，工作辊的热凸度增加，这时应逐渐减小正弯，直至采用适当的负弯。

(4)张力对板形的影响。根据轧制理论我们知道张力能使轧制力减少，这样可以减轻主电机的负荷。同时张力的大小还影响到板形，因为张力改变了轧制压力，影响了轧辊的弹性弯曲，从而改变了辊缝形状。此外，张力促使金属沿横向上的纵向延伸均匀，因此，在生产过程中适当调整张力，可以获得良好的板形。

(5)压下量对板形的影响。为了最大限度地提高生产率，在合金塑性和设备能力允许的条件下应尽可能使用大压下量，一般第一道次绝对压下量较大，以充分利用合金的塑性，以后道次绝对压下量适当减小，分配时要根据设备结构、装机水平和坯料情况综合考虑，压下量越大，轧辊的弯曲变形就越大，辊缝的形状会发生变化，同时要注意正负弯辊的恰当调整，以利于板形的控制。

(6)轧制油冷却的影响。由于轧件和轧辊之间的磨擦和轧件自身变形产生的热量会使轧辊的温度不断升高，而且加工率大，轧制速度高时更为突出。为了保证连续稳定生产，必须及时把这部分热量带走，冷轧生产中常用轧制油冷却。但是由于轧辊受热和冷却条件沿辊身长度方向是不均匀的，如果不及时调整轧制油在辊身不同部位的强度和流量就会产生不同的波浪。生产过程中当出现中间波浪时可适当加大中间部分或减小两端的冷却量；当出现两边浪时，可适当增大两端部或减小中间部位的冷却量；当出现二肋浪时，可适当减小轧辊中间部位的冷却量或加大二肋部位的冷却量。这样，通过调整轧辊不同部位轧制油的分布达到控制板形的目的。

(7)中间退火消除轧件内部应力以控制板形。如果坯料横断面厚度不均匀，在轧制过程中轧件沿宽度方向上的纵向延伸会不均匀，出现内应力。延伸较大部分的金属被迫受压，延伸较小部分的金属被迫受拉，当延伸较大部分所受附加压力超过临界时，就会形成不同的波浪现象，如果通过中间退火消除内应力，将会使板形得到一定程度的控制，但是这样势必会增加能耗，因此，这种方法在生产过程中一般很少用。

3.板形控制

板形控制的实质就是如何减少和克服这种有害变形。要减少和克服这种有害变形，需要从两方面解决：一是从设备配置方面，包括板形控制手段和增加轧机刚度；二是从工艺措施方面。

板形控制手段现在已普遍采用的有弯辊控制技术、倾辊控制技术和分段冷却控制技术；其他已开发成熟的板形控制手段还有抽辊技术(HC 系列轧机)，涨辊技术(VC 和 IC 系列轧机)，交叉辊技术(PC 轧机)，曲面辊技术(CVC、UPC 轧机)和 NIPCO 技术等。增加轧机刚度如轧机由二辊向四辊、六辊等发展。从工艺措施方面包括轧辊原始凸度的给定，变形量与道次分配等。

不同型式的冷轧机其板形控制系统的配置差别很大，新技术也很多，具体请参考专门资料的介绍。

3.3.9 冷轧制时的摩擦与润滑

现代化冷轧机的轧制力达到千吨以上，轧制速度则接近2000 r/min。金属在这样高速变形过程中产生很大的变形抗力，一方面由于金属内部分子间的摩擦产生大量的热能；另一方面，带材的减薄(延伸)又不可避免地使轧辊与轧件表面发生相对运动。所以在冷轧过程中，为了减小轧辊与带材之间的摩擦、降低轧制力和功率消耗，使带材易于延伸，提高产品质量，需要在轧辊和带材接触面间加入工艺润滑冷却液。

润滑是在相对运动的两个接触表面之间加入润滑剂，从而使两摩擦面之间形成润滑膜，将直接接触的表面分隔开，变干摩擦为润滑剂分子间的内摩擦，从而降低磨损，延长设备使用寿命，提高工件的表面质量。

润滑与摩擦的关系密切。摩擦的类别取决于摩擦条件，从润滑角度来讲，常按摩擦面之间有无润滑材料及润滑剂的状态来划分，一般分为干摩擦、液体摩擦、边界摩擦和混合摩擦。

摩擦面之间没有润滑剂存在时发生的摩擦，称为干摩擦。在有流体润滑过程中呈现的摩擦现象称为流体摩擦，一般也叫液体摩擦。边界摩擦又称边界润滑，它是相对运动的两表面被极薄的润滑剂吸附层隔开，能够起到降低摩擦和减少磨损的作用。混合摩擦包括液体摩擦、边界摩擦和干摩擦3部份。

目前冷轧设备大量使用矿物油作为润滑、冷却介质。选择冷轧工艺润滑油时，一般要注意以下几方面：

(1)适当的油性，即在极大的轧制压力下，仍能形成边界油膜，以降低摩擦阻力和金属变形抗力；减少轧辊磨损，延长轧辊使用寿命；增大压下量，减少轧制道次，节约能量消耗。但也要考虑到轧辊与带材之间必须的摩擦力，才能使带材顺利咬入轧辊。摩擦系数过低，轧辊和带材将会打滑，所以润滑性能必须适当。

(2)良好的冷却能力，即能最大限度地吸收轧制过程中产生的热量，达到恒温轧制，保证轧辊辊形，使轧件厚度保持均匀，板形质量良好。

(3)对轧辊和轧件表面有良好的冲洗清洁作用，去除外界混入的杂质、污物，提高轧件的表面质量。

(4)良好的理化稳定性，在轧制过程中，不与金属起化学反应，不影响金属的物理性能及表面质量。

(5)良好的退火清洁性，在热处理过程中，要求工艺润滑油不因其残留在带材表面，而发生严重的退火烧结现象。

(6)过滤性能好，在现代高速冷轧机上，为了提高带材表面质量，在线采用高精度的过滤装置(如硅藻土)来去除油中的杂质，此时，要求工艺润滑油过滤性能良好，满足轧机大流量的需求。

(7)氧化安定性好，延长工艺润滑油的使用寿命，降低生产成本。

(8)不应含有损害人体健康的物质和带刺激性的气味。

(9)油源广泛，易于获得，成本低。

第4章　挤压

挤压是生产管、棒、型材的主要方法，特别是在铝合金型材生产方面应用最为广泛。2012年，我国生产的铝合金加工材为3074万吨，其中铝型材的产量达到1400万吨，铝型材产量占铝合金加工材产量的45%以上。

4.1　挤压的特点及分类

4.1.1　挤压的特点

挤压是将预先制备的坯料放入容器(称挤压筒或凹摸)，施加压力，使材料由容器的开口处(通过模孔)被挤出成形的一种压力加工方法，金属挤压的基本原理参见图4-1。挤压时变形材料的基本应力状态为三向压应力，在这种应力状态下有利于提高材料的工艺塑性。挤压的应变状态是二相压缩变形和一向伸长变形，即沿轴向伸长。采用挤压可以生产各种形状的棒、型和管材。

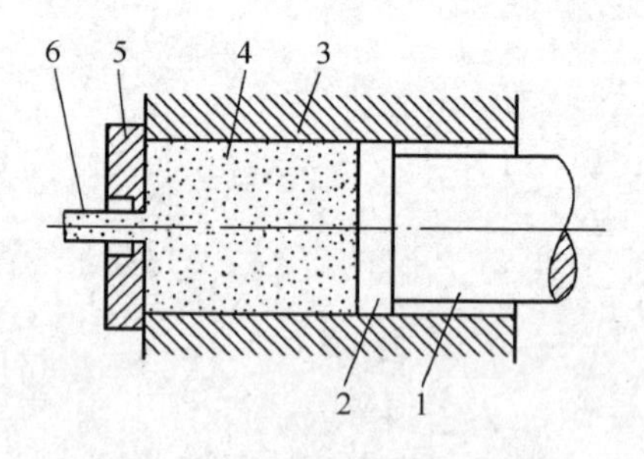

图4-1　金属挤压的基本原理

1—挤压轴；2—挤压垫片；3—挤压筒；4—坯料；5—挤压模；6—挤压制品

4.1.2　挤压方法的分类

(1)按坯料与挤压筒相对位移的不同分类有正挤压、反挤压、侧向挤压和多向挤压。

(2)按温度制度的不同分类有热挤压、冷挤压和温挤压。

(3)按动态载荷的不同分类有慢速挤压、快速挤压、冲击挤压和爆炸挤压。

(4)按连续性的不同分类普通(分段)挤压、连续挤压、半连续挤压。

(5)其他类型挤压有分流组合模挤压、静液挤压、有效摩擦挤压、同步挤压、异步挤压、多坯料挤压、冲挤、爆炸挤压、震动能挤压、扩径挤压、阶段断面型材挤压、渐变断面型材挤压。

4.1.3　几种常用的挤压方法

根据分类挤压方法种类很多，但是常用的方法不多，主要是正挤压、反挤压和连续挤压，几种挤压方法的原理图如图4－2所示。

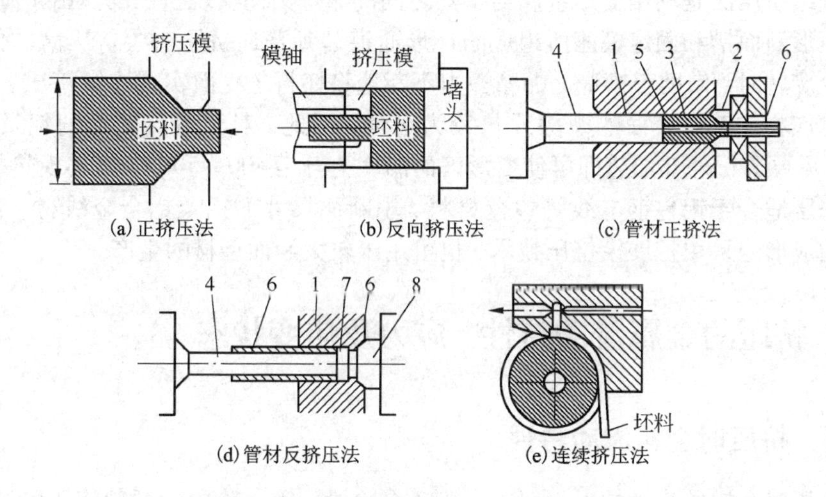

图4－2　常用的挤压方法

1—挤压筒；2—模子；3—穿孔针；4—挤压轴；5—锭坯；6—管材；7—垫片；8—堵头

1. 正向挤压(正挤压)

正挤压时，金属流动方向与挤压轴方向相同，锭坯与挤压筒有较大的相对运动，所需挤压力较大。但是，正挤压操作方便，技术成熟，工模具较简单，生产灵活性大，可获得优良表面的制品等特点，是有色金属材料成形加工中最广泛使用的方法之一。对于挤压圆形截面棒料，通常采用圆锥模挤压。对于不同的材料和不同的变形量，采用圆锥模挤压模角有一个最佳值。最佳模角挤压时，挤压力最低，材料的变形也最均匀。挤压生产型材时，通常采用平模或分流组合模挤压。平模挤压时，模口的定径带的长度设计是一个重要的因素。分流组合模挤压时，分流孔的设计是非常重要的。

2. 反向挤压(反挤压)

金属挤压时制品流出方向与挤压轴运动方向相反的挤压，称为反挤压。反挤压时，金属流动方向与挤压轴的运动方向相反，坯料相对于挤压筒没有明显的位移，这节省了用以克服挤压筒与坯料之间的摩擦所作的附加功，挤压力小，金属流动也比较均匀，成品率较高。但是，反挤压技术和操作较为复杂，间隙时间较正挤压长，生产效率较低，通常应用于生产一些塑性较差的金属。近年来，随着专用反挤压机的研制成功和工模具技术的发展，反挤压获得了越来越广泛的应用。

上述两种方法的一个共同特点是挤压生产的不连续性，前后坯料的挤压之间需要进行分离压余、充填坯料等一系列辅助操作，影响挤压生产的效率，不利于连续生产长尺寸的制品。

3. 连续(Conform)挤压

连续挤压法是利用变形金属与工具之间的摩擦力而实现挤压的。由于旋转槽上的矩形断面槽和固定模座所组成的环形通道起到普通挤压法中挤压筒的作用，当槽轮旋转时，借助于槽壁上的摩擦力不断地将坯料送入而实现连续挤压。连续挤压时坯料与工具表面的摩擦发热较为显著，因此，对于熔点较低的铝及铝合金，不需要进行外部加热即可使变形区的温度上升至400～500℃ 而实现热挤压。连续挤压适合于铝包钢电线等包覆材料、小断面尺寸的铝及铝合金线材、管材、型材的成形。采用扩展模挤压技术，也可用于较大断面型材的生产。

4.2 挤压的金属流动特性、应力及应变状态

4.2.1 挤压时金属流动特性

挤压时金属的流动情况一般可分为3个阶段。第一阶段为开始挤压阶段，又称为填充挤压阶段。金属受挤压轴的压力后，首先充满挤压筒和模孔，挤压力直线上升直至最大，参见图4－3。在卧式挤压机上采用正挤压法挤压，其填充过程如图4－4所示。第二阶段为基本挤压阶段，也叫平流挤压阶段，见图4－5。当挤压力达到突破压力(高峰压力)，金属开始从模孔流出瞬间即进入此一阶段。一般来说：在此阶段中金属的流动相当于无数同心薄壁圆管的流动，即坯料的内外层金属基本上不发生交错或反向的紊乱流动，坯料在同一横断面上的金属质点均以同一速度或保持一定的速度进入变形区压缩锥。靠近挤压垫片和模子角落处的金属不参与流动而形成难变形的阻滞区或死区，在此阶段中挤压力随着坯料的长度减少而下降。第三阶段为终了挤压阶段，或称紊流挤压阶段。在此阶段中，随着挤压垫片(已进入变形区内)与模子间距离的缩小，迫使变形区内的金属向着挤压轴线方向由周围向中心发生剧烈的横向流动。同时，两个死区中的金属也向模孔流动，形成挤压加工中所特有的“挤压缩尾”等缺陷，图4－6所示。在此阶段中挤压力有重新回升的现象。此时应结束挤压操作过程。

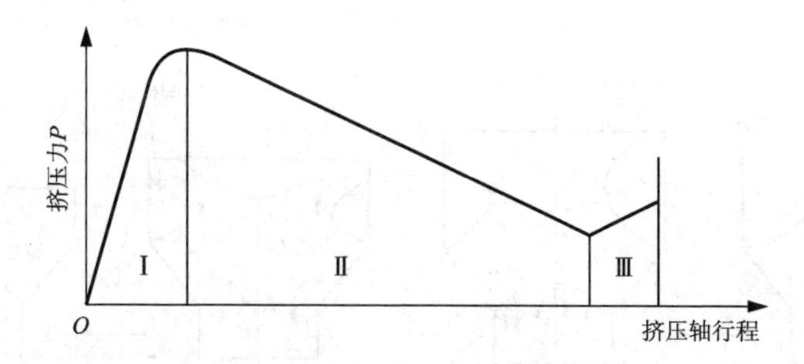

图4-3 挤压力与挤压轴行程的示意图

Ⅰ—开始挤压阶段(填充过程);Ⅱ—基本挤压阶段;Ⅲ—终了挤压阶段

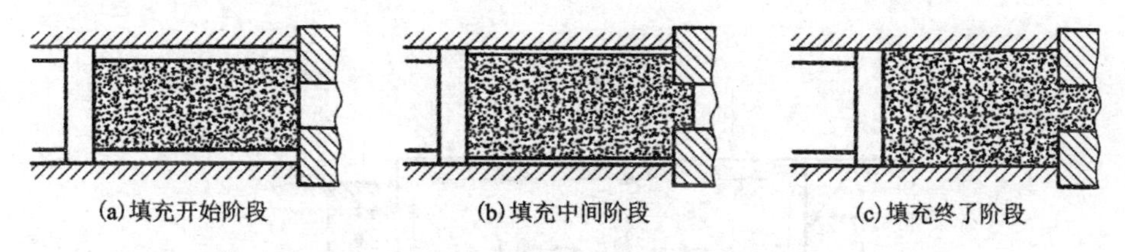

图4-4 平面模正挤压金属坯料的填充过程

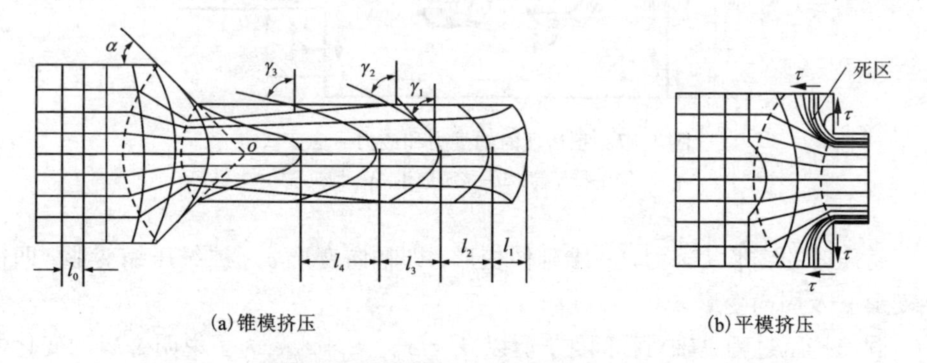

图4-5 正挤压时金属的流动特征(基本挤压阶段)示意图

4.2.2 挤压金属的应力-应变状态

挤压时,金属的应力和变形是十分复杂的,并根据挤压方法和工艺条件而变化。单孔挤压模挤压圆棒时的应力-应变状态见图4-7所示。挤压金属所受外力有:挤压轴的正向压力P,挤压筒壁和模孔壁的作用力P',在金属与垫片、挤压筒及模孔接触面上的摩擦力T(其作用方向与金属流动方向相反)。这些外力的作用就决定了挤压时的基本应力状态是三向压应力状态,即轴向压应力σ_e,径向压应力σ_r,周向和环向压应力σ_θ。这种应力状态有利于发挥材料的工艺塑性,对塑性变形是极其有利的。

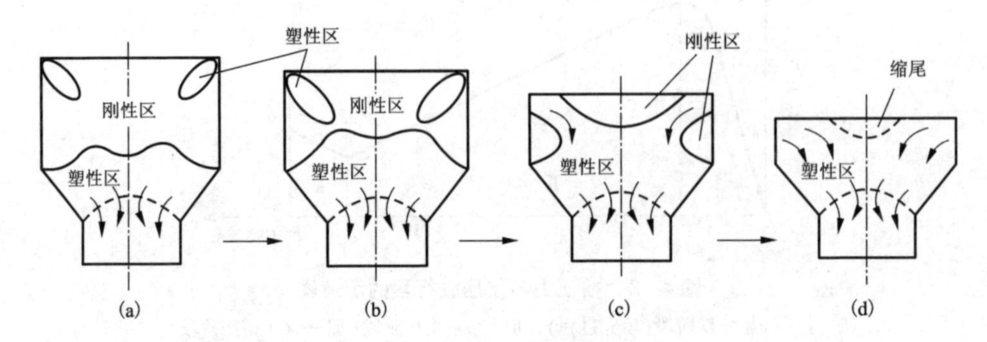

图4-6　终了挤压阶段塑性区的变化与金属流动示意图

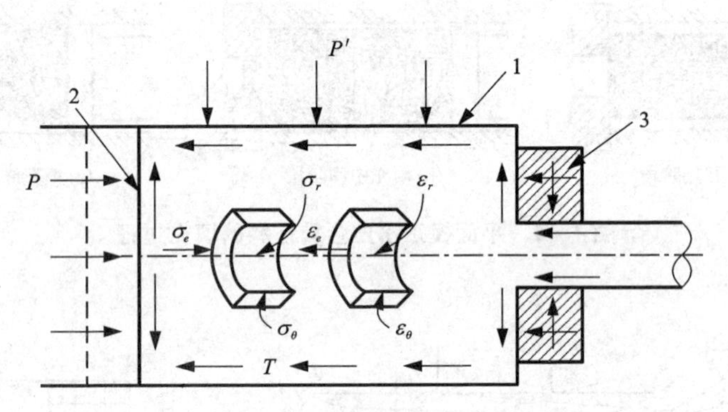

图4-7　正挤压时的受力和应力-应变状态

1—挤压筒；2—挤压垫片；3—模具

挤压时的变形状态为：一维延伸变形，即轴向变形 ε_e；二维压缩变形，即径向变形 ε_r及周向变形 ε_θ。

圆筒挤压过程是轴对称问题，所以 $\sigma_r=\sigma_\theta$，$\varepsilon_r=\varepsilon_\theta$。为了说明金属的变化情况，分析其应力分布参见图4-8所示。在挤压过程中，由于模孔的存在，金属内部的应力状态可分为对着模孔的区域Ⅰ和在Ⅰ区周围的区域Ⅱ。在Ⅰ区的应力分布是 $|\sigma_e|<|\sigma_r|=|\sigma_\theta|$。在Ⅱ区内则 $|\sigma_e|>|\sigma_r|=|\sigma_\theta|$。在中心线上部与下部分别表示Ⅰ区 的 σ_r及 σ_e的分布。在Ⅱ区的 σ_e及 σ_r相应表示在上、下两周边线上。σ_e及 σ_r在横断面的分布是中心部分小而靠周边部分大。在挤压时，应力一应变状态十分复杂，变形是极不均匀的，从而会产生很大的残余应力。

在大多数挤压过程中，周边层的主拉伸变形要比中心层大。因此，周边层的拉伸弹性变形大于中心层的拉伸弹性变形。按照内力相互平衡的条件，就会导致周边层为完全消除弹性变形而产生的收缩要小一些。而中心层为完全消除弹性变形而产生的收缩要大一些。结果，从模孔流出来的挤压制品内，中心层产生了纵向压缩应

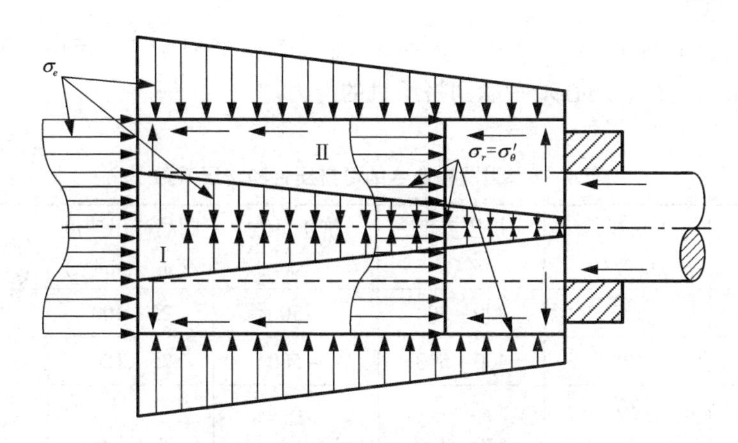

图4-8　挤压时的应力分布图

力，而其周边层则产生残余拉伸应力。在挤压(未进行随后加工)的圆棒中，纵向残余应力的分布特征如图4-9(a)，径向和切向见图4-9(b)和图4-9(c)。

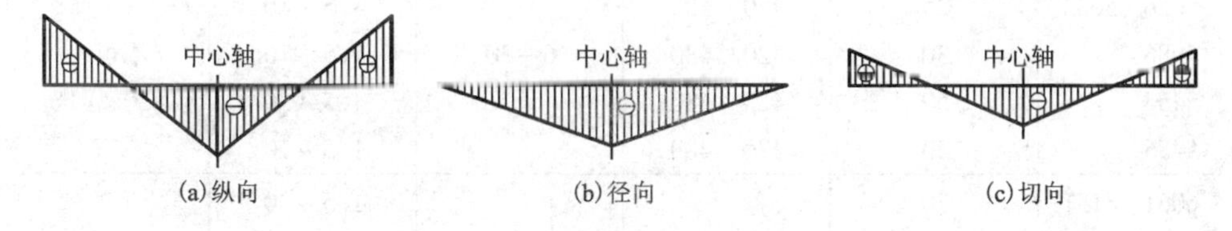

图4-9　挤压棒材的残余应力分布示意图

4.3　挤压的主要控制参数

4.3.1　挤压系数的选择

挤压系数是表示材料可挤压性的指数(也称为可挤压性指标)与挤压条件范围。挤压系数的选择主要决定挤压材料的挤压性能及挤压温度，铝及铝合金的可挤压性和挤压系数参见表4-1。

挤压系数的大小对产品的组织、性能和生产效率有很大的影响。当挤压系数过大时，则铸锭长度必须缩短(挤出长度一定时)，几何废料也随之增加。同时，由于挤压系数的增加需要挤压力也增加。如果挤压系数选择过小，产品力学性能满足不了技术要求。生产实践经验表明，一般要求挤压系数 $\lambda \geqslant 8$。型材的 λ 为10～45，棒、带材的 λ 为10～25。在特殊情况下，对 ϕ200 mm及以下的铸锭，可以采用 $\lambda \geqslant 4$；对于 ϕ200 mm以上的铸锭可以采用 $\lambda \geqslant 6.5$。挤压小截面型材时，根据挤压的合金不同，可以采用较大的 λ，如纯铝和6063 合金小型材，可以采用 $\lambda \geqslant 80 \sim 200$。此外，还必须考虑到挤压机的能力。

表 4 - 1　铝及铝合金的可挤压性和挤压系数

合金	可挤压性指数*	挤压温度/℃	挤压系数/λ	制品流出速度/(m · min⁻¹)	分流模挤压
1100	150	400 ~ 500	~ 500	25 ~ 100	可
1200	125	400 ~ 500	~ 500	25 ~ 100	可
2011	30				
2014, 2017	20	370 ~ 480	6 ~ 30	1.5 ~ 6	不可
2024	15				
3003, 3004	100	400 ~ 480	6 ~ 30	1.5 ~ 30	可
3203	100	400 ~ 480	6 ~ 30	1.5 ~ 30	可
5052	60	400 ~ 500		1.5 ~ 30	
5056, 5083	25	420 ~ 480		1.5 ~ 10	
5086	30	420 ~ 480	6 ~ 30	1.5 ~ 10	不可
5454	50	420 ~ 480		1.5 ~ 30	
5456	20	420 ~ 480		1.5 ~ 10	
6061, 6151	70			1.5 ~ 30	
6N01	90	430 ~ 520	30 ~ 80	15 ~ 80	可
6063, 6101	100			15 ~ 80	
7001, 7178	7	430 ~ 500	6 ~ 30	1.5 ~ 5.5	不可
7003	80	430 ~ 500	6 ~ 30	1.5 ~ 30	可
7075	10	360 ~ 440		1.5 ~ 5.5	不可
7079	10	430 ~ 500	6 ~ 30	1.5 ~ 5.5	不可
7N01	60	430 ~ 500		1.5 ~ 30	可

注：* 16063 的可挤压指数为 100 时的相对值。

4.3.2　模孔个数的选择

模孔个数选择主要由型材截面积的外形复杂程度、产品质量和生产管理情况来确定。主要考虑以下因素。

(1)对于形状、尺寸复杂的的空心和高精度型材，最好采用单孔。

(2)对于尺寸、形状简单的型材和棒材可以采用多孔挤压。简单型材 1 ~ 4 孔，最多 6 孔；较复杂型材 1 ~ 2 孔；棒材和带材 1 ~ 4 孔，最多 12 孔，在特殊情况下可达24孔以上。

(3)考虑模具强度以及模面布置是否合理。

4.3.3 模具类型的选择

一般的实心型材和棒材可选用平面模；空心型材或悬臂太大的半空心型材选择平面分流组合模；硬合金采用桥式模，软合金采用平面分流模；对于形状简单的特宽软型材亦可选用宽展模。

4.3.4 挤压筒直径的选择

对于大型挤压工厂，一般均配有挤压能力由大到小的多台挤压机和一系列不同直径的挤压筒。选择时应保证模孔至模外缘以及模孔之间必须留有一定的距离，否则会造成不应有的废品以及成层、波浪、弯曲、扭拧与长度不齐等缺陷。以挤压铝合金为例，根据经验，模孔距模筒边缘和各模孔之间的最小距离必须满足一定的尺寸要求，参见表4-2所示。为排孔时简单与直观起见，可绘制成1∶1的排孔图。

表4-2 模孔距模边缘和各模孔之间的最小距离

挤压机/MN	挤压筒直径/mm	模直径/mm	压型嘴出口径/mm	孔与筒边最小距离/mm	孔与孔最小距离/mm
50	500	360	400	50	50
	420	360、265	400	50	50
	360	300、265	400	50	50
	300	300、265	400	50	50
20	200	200	155	25	24
	170	200	155	25	24
12	130	148	110	15	20
	115	148	110	15	20
7.5	95	148	110	15	20
	85	148	110	15	20

4.3.5 几何废料尺寸的确定

为了取得最佳经济效果，制订工艺时应合理的确定切头切尾尺寸，即尽可能少的几何废料，提高成品率。铝合金棒材、型材切头切尾长度参见表4-3。

表4－3　铝合金棒材、型材切头切尾长度

制品种类	型材壁厚或棒材直径/mm	前端切去的最小长度/mm	尾端切去的最小长度/mm	
			硬合金	软合金
型材	≤4.0	100	500	500
	4.1～10.0	100	600	600
	>10.0	300	800	800
棒材	≤26	100	900	1000
	27～38	100	800	900
	40～105	150	700	800
	110～125	220	600	700
	130～150	220	500	600
	160～220	220	400	500
	230～300	300	300	400

注：硬合金指7A04，2A11，2A12，2A14，2A80，2A50，5A05，5A06等；软合金指2A02，3A21，5A02，1100合金等。

4.3.6　挤压温度的选择

1. 有色金属材料的力学性能与温度的关系

通常，材料的伸长率和断面收缩率是描述材料的塑性变形能力的重要指标之一。有色金属材料基本都是随着加工温度的升高而变形能力提高。表4－4为最常用6063铝合金在不同温度下的力学性能，表4－5为普通纯铜在不同温度下的力学性能，图4－10为镁在静镦粗条件下的极限镦粗比与温度的关系曲线。

表4－4　6063铝合金（T1状态）在不同温度下的力学性能

温度/℃	抗拉强度 σ_b/MPa	屈服强度 $A_{p0.2}$/MPa	伸长率 δ/%
－196	234	110	44
－80	179	103	36
－28	165	97	34
24	152	90	33
100	152	97	18
149	145	103	20
204	62	45	40
260	31	24	75
316	23	17	80
371	16	14	105

表4-5 普通纯铜在不同温度下的力学性能

代号、成分及状态	温度 θ/℃	抗拉强度 σ_b/MPa	伸长率 δ/%	断面收缩率 ψ/%
T1, 99.97% Cu, 冷加工25%	20	338	18	58
	150	294	15	60
	250	224	14	47
	375	107	54	72
	500	62	58	94
	625	36	56	96
	750	22	52	98
	875	14	79	95
	1000	8	77	100
T2, 99.95% Cu-0.03% O_2, 轧制和退火态	20	215	52.2	70.5
	300	185	50	76.2
	450	150	40	56
	500	123	28	38
	600	75	17.5	37.3
	700	50	21	38
	800	35	17	33
	900	20	16	34

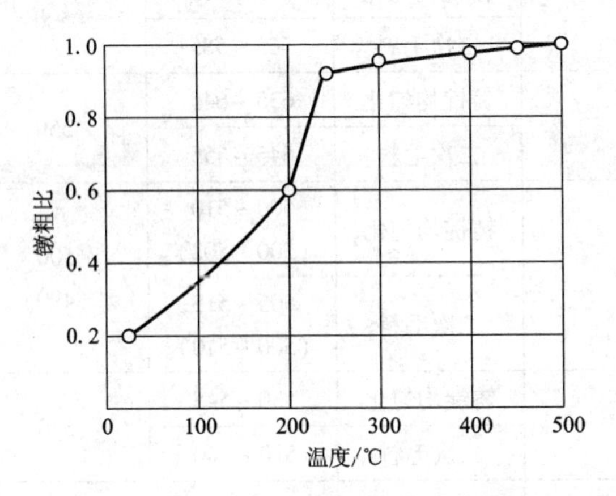

图4-10 镁在静镦粗条件下的极限镦粗比与温度的关系曲线

2. 确定挤压温度的原则

(1)合金的塑性图与状态图，了解合金最佳塑性温度范围和相变情况，避免在多相和相变温度下变形。

(2)挤压时温度条件的特点，影响温度条件变化的因素和调节方法以及温升情况。

(3)尽可能地降低合金变形抗力，减少挤压力和作用在模具上的载荷。

(4)保证挤压制品中的温度分布均匀。

(5)保证最大的流出速度。

(6)保持温度不超过该合金的临界温度，以免塑性降低产生裂纹。

(7)保证挤压制品的组织均一和力学性能最佳。

(8)保证挤压制品的尺寸精度。

(9)还应该考虑铸锭的冶金学特点：结晶组织的特点；合金化学成分的波动；金属间化合物的特点；疏松程度、气体和其他非金属杂质的含量等。

(10)铸锭加热温度上限应稍低于合金低熔点共晶熔化温度。常用铝合金过烧温度及挤压温度上限如表 4-6 所示。

表 4-6 常用铝合金过烧温度及挤压温度上限

<table>
<tr><th>合金牌号</th><th>状 态</th><th>过烧温度/℃</th><th>铸锭最高允许加热温度/℃</th><th>最高挤压温度/℃</th></tr>
<tr><td>纯铝，6A02，4A01，6061，6063，6005</td><td>铸态或均匀化</td><td>659</td><td>550</td><td>480</td></tr>
<tr><td rowspan="2">5A02</td><td>铸锭均匀化</td><td>560 ~ 575</td><td rowspan="2">500</td><td rowspan="2">480</td></tr>
<tr><td>二次毛料</td><td>565 ~ 585</td></tr>
<tr><td rowspan="2">3A21</td><td>铸锭均匀化</td><td>635 ~ 645</td><td rowspan="2">550</td><td rowspan="2">480</td></tr>
<tr><td>二次毛料</td><td>645 ~ 655</td></tr>
<tr><td rowspan="2">2A11
(2A12)</td><td>铸锭均匀化</td><td>500 ~ 510
(500 ~ 502)</td><td rowspan="2">500
(490)</td><td rowspan="2">450
(450)</td></tr>
<tr><td>二次毛料</td><td>505 ~ 515
(500 ~ 510)</td></tr>
<tr><td rowspan="2">2A50</td><td>铸锭均匀化</td><td>530 ~ 545</td><td rowspan="2">520</td><td rowspan="2">450</td></tr>
<tr><td>二次毛料</td><td>530 ~ 560</td></tr>
<tr><td rowspan="2">2A14</td><td>铸锭均匀化</td><td>500 ~ 510</td><td rowspan="2">490</td><td rowspan="2">450</td></tr>
<tr><td>二次毛料</td><td>505 ~ 515</td></tr>
</table>

续表 4-6

合金牌号	状 态	过烧温度/℃	铸锭最高允许加热温度/℃	最高挤压温度/℃
2A80	铸锭均匀化	535~550	520	450
	二次毛料	540~560		
7A04，7A09	铸锭均匀化	490~500	455	450
	二次毛料	505~515		

4.3.7 挤压速度的选择

1. 挤压速度对制品的质量、组织、性能及尺寸的影响

(1)挤压速度低，金属热量逸散得多，造成挤压制品尾部出现加工组织。

(2)挤压速度越快，金属流动得越不均匀。挤压速度过快，会使铸锭表面的氧化物、赃污物提前流入制品内部而形成缩尾。因此，当进入结尾阶段时，应降低挤压速度。

(3)挤压速度高，由于热量来不及逸散，加之变形热和摩擦热的作用，使金属的温度不断升高，其结果导致在制品的表面上出现裂纹。或由于模子工作带和流出金属制品外层之间的摩擦作用，所引起的外层金属的附加拉应力也随着增加，如与基本应力叠加后的合应力值超过金属在该温度下的抗拉强度时，使制品表面出现裂纹。附加拉应力的产生—积累—达到极值—开裂释放是周期性的，所以表面裂纹也与之相应呈周期性变化，挤压速度的上限应以不产生挤压裂纹为准。所以，在保证产品组织、性能的前提下，适当降低挤压温度，则可以有效的提高挤压速度，从而提高了挤压机的生产效率。但是，挤压速度过快时，变形时的热效应也随之增高，易造成模子工作带粘金属，导致金属表面产生麻面和外形精度变劣。

(4)挤压速度过快或控制不当时，挤压筒内金属的平衡供给与模孔阻力不相适应时，将会使制品产生波浪、扭拧、间隙或尺寸不均(如制品宽厚比较大时)、型材的扩口和并口等缺陷严重，甚至报废。

2. 影响挤压速度的因素

(1)挤压时合理的挤压速度与挤压材料的性质、铸锭的状态、挤压温度、变形程度及制品的形状尺寸、模子结构和工艺润滑等因素有关。

(2)不同的材料和不同合金具有不同的挤压速度，合金的塑性越好，则允许的挤压速度越高，合金成分越复杂，合金元素总含量越高，其塑性越差，允许的挤压速度越低。如：3A21 铝合金可达 80 m/min；5A05，5A06，2A12，7A04 等铝合金的挤压速度不大于 5 m/min；紫铜可达 80 m/min；H62 黄铜可达 50 m/min；Hal77－2 黄铜为 20 m/min；钛合金的挤压速度为 5 m/min。

(3)铸锭均匀化处理后可以提高塑性，其挤压速度比不经过均匀化处理的提高 20%～40%。

(4)挤压时，因变形不均匀性与产生裂纹的倾向性是随挤压温度的提高而提高，所以提高挤压温度时必须相应地降低挤压速度。同时，同一铸锭在挤压过程中，由于变形热和摩擦热的作用，变形区内的温度随着挤压过程的进行而逐渐升高，其挤压速度越快温升越高，有时，此温升可达 100℃左右。当变形区内金属温度超过其最高许可的临界温度时，则金属进入热脆状态而开始形成裂纹。所以为了获得沿长度方向和断面上组织、性能均匀，表面质量良好的制品，挤压速度在挤压后期应逐渐降低，或采用梯度加热法。合理的加热梯度制度不仅可以在制品长度上获得组织与力学性能而且制品的表面质量好，生产效率高。

(5)变形程度越大，变形热效应越高，允许的挤压速度越低；制品的外形越复杂、尺寸精度越高，挤压速度越低。

(6)模子工作带越宽，摩擦阻力越大，对制品表面产生的附加拉应力也越大，产生裂纹的倾向性也越大，挤压速度也必须随之降低。当模子硬度低、工作带不光，易粘金属，制品表面质量差，因而也要降低挤压速度。

3. 合理选择挤压速度的原则

(1)首先要考虑和保证制品的表面质量(表面裂纹、扭拧、波浪、间隙、扩口和并口等)，在设备能力允许的前提下，挤压速度应越快越好。

(2)挤压速度的大小与合金及状态、铸锭大小、挤压方法、工模具、挤压系数、制品断面复杂程度、模孔个数、挤压温度、润滑条件等因素有关。

(3)减少挤压时金属流动的边界摩擦和不均匀性，如采用反向挤压，正确的模具设计等，也可以提高金属的挤压速度。

(4)随着制品外形尺寸、挤压筒尺寸、挤压系数的增加均会降低挤压速度。

(5)挤压制品的外形越复杂、尺寸精度要求越高，挤压速度越低。多孔挤压速度比单孔挤压速度低。

(6)挤压空心型材时，为了保证焊缝质量要采用较低的挤压速度。

(7)铸锭均匀化退火后其挤压速度比不均匀化退火的挤压速度高。

(8)各种合金的铸锭加热温度与挤压速度的关系见表 4－7 所示；平均挤压速度见表 4－8 所示。

表4－7　铸锭加热温度－挤压速度关系

合金	高温挤压		低温挤压	
	铸锭加热温度/℃	金属流出速度/($m \cdot mim^{-1}$)	铸锭加热温度/℃	金属流出速度/($m \cdot mim^{-1}$)
6A02	480～500	5.0～8.0	260～300	12～30
2A50	380～450	3.0～5.0	280～300	8～12
2A11	380～450	1.5～2.5	280～300	7～9
2A12	380～450	1.0～1.7	330～350	4.5～5
7A04	370～420	1.0～1.5	300～320	3.5～4

注：采用水冷模挤压单孔棒材可提高挤压速度一倍左右，采用液氮冷却也能提高挤压速度。

表4－8　各种铝合金挤压制品的挤压温度与平均速度规范

合金	制品	加热温度/℃		金属平均流出速度/($m \cdot mim^{-1}$)
		铸锭	挤压筒	
2A14	圆棒、方棒和六角棒	380～440	360～440	1～2.5
2A12		380～440	360～440	1～3.5
2A05		380～440	360～440	3～6
2A80，2A70，5A02		320～430	350～400	3～15
7A04		350～430	330～400	1～2
1A70～8A06		390～440	360～430	40～250
3A21		390～440	360～430	25～120
5A05，5A06		400～450	380～440	1～2
6A02，6061，6063	一般型材	430～510	400～480	8～25，6063为15～120
2A12，2A06	一般型材	380～460	360～440	1.2～2.5
	高强度和空心型材	430～460	400～440	0.8～2
	壁板和变断面型材	420～470	400～450	0.5～1.2
2A11	一般型材	330～460	360～440	1～3
7A04	固定断面和	370～450	360～430	0.8～2
	变断面型材壁板	390～440	390～440	0.5～1
5A02，5A03，5A05，5A06，3A21	实心、空心和壁板型材	420～480	400～460	0.6～2
6061	装饰型材	320～500	300～450	12～60
6061，6A02，6063	空心建筑型材	400～510	380～460	8～60，6063为20～120
6A02	重要型材	490～510	460～480	3～15

4.3.8 挤压工模具的选择

挤压工模具的结构形状、表面状态、模孔排列、加热温度对金属的流动有很大的影响，设法提高金属流动的均匀性，是设计、制造挤压工模具的一个十分重要的问题。

1. 工模具结构和形状的影响

挤压最常采用的模子主要有平面模和锥形模。模角 α 越大，则金属流动越不均匀，用平面模挤压时，出现变形不均匀性的最大值。同时，随着模角的增大，死区的高度也逐渐增加。模角对金属流动的影响示于图 4－11 中，由图 4－11 可见，锥模较平模的流动均匀。但是，当 $\alpha \leqslant 60°$时，易于把铸锭表面的脏物、缺陷带入制品而影响产品的表面品质。为了保证产品品质，同时兼顾金属流动均匀和挤压力不过分增大，在挤压管材和中间毛料时，通常取锥形模的 α 为 60°～65°，而对于表面品质要求特别高的棒材和型材来说，一般采用平面模（$\alpha = 90°$）来进行挤压。

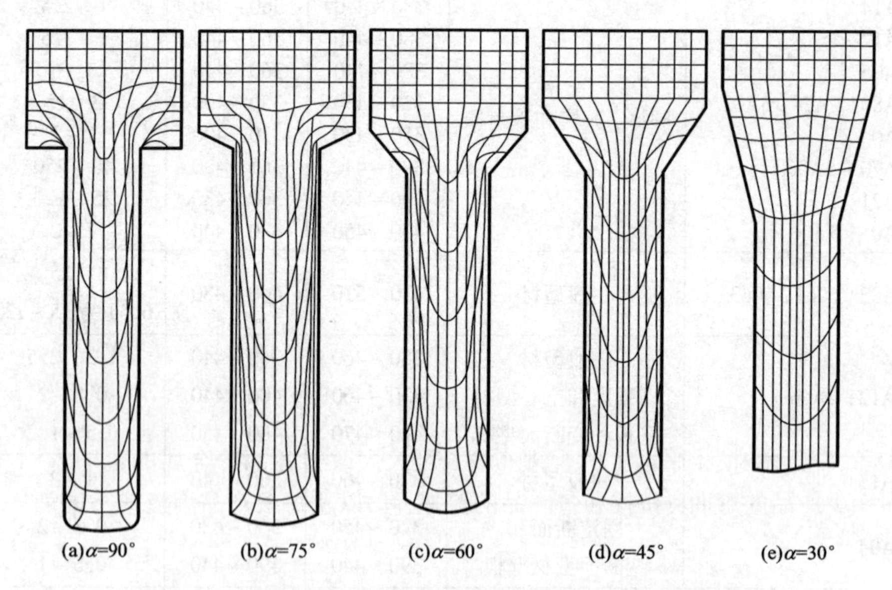

图 4－11　不同模角对金属流动的影响示意图（挤压比 $\lambda = 10$）

为了减少非接触变形，获得精确形状和尺寸的产品，在模子压缩锥到工作带的过渡处应做成一定的圆角，而且要有一定长度的工作带。在挤压断面形状复杂的异形材时，为了获得均匀的流速，调整工作带的形状和长度是有益的，这也是设计型材模具的关键技术之一。

此外，在挤压管材和空心型材时，穿孔针的结构和形状及锥度、舌型模和平面分流组合模的结构、分流孔的大小和形状、焊合室的形状和尺寸、宽展模的宽展角、变断面模子中过渡区的结构和形状等都对金属的流动有很大的影响。在设计模子时应特别注意选择合理的结构和形状，以获得较均匀的金属流动。图4－12为用分流组合模挤压铝合金空心型材时的金属流动景象。

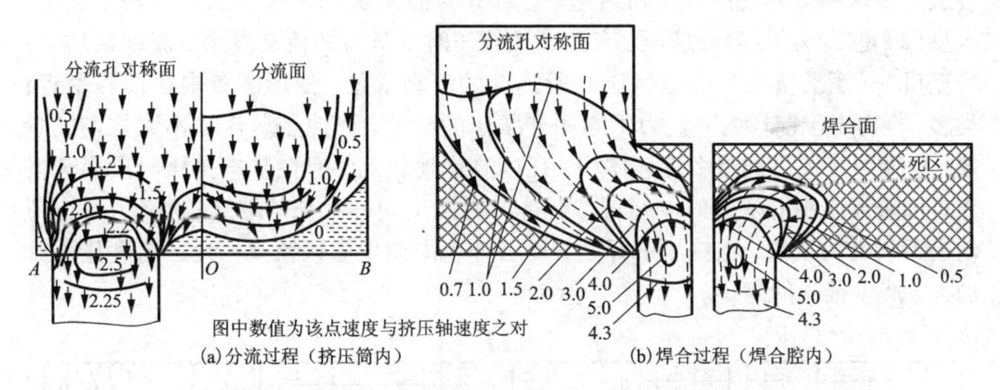

图4－12 平面分流组合模挤压铝合金空心型材时的金属流动速度分布图

2. 模孔排列的影响

模孔的排列从两个方面来影响金属的流动特性：一是，距离挤压筒中心的远近，接近中心的部分，金属流动快，而远离中心的部分由于受到挤压筒壁摩擦阻力的影响而使金属流速减慢；二是，塑性变形区内供给各模孔或模孔各部分的金属量的分配，供应充足的部分流速较快，反之，供应不足的部分则金属流速减慢。因此，为了增加金属流动的均匀性，模孔应尽量对称地布置在模子平面上。在设计多孔模时，各模孔的中心应布置在距离中心某一合适距离的同心圆上。在设计异形材挤压模时，应使易流出的厚壁部分远离中心，而把难于流入的薄壁部分靠近中心。模孔在模子平面上的合理布置，可大大改善各部分金属的流动均匀性，从而减少产品的弯曲、扭拧和各产品的流速差，以及每根产品因流速不同而产生的表面擦伤。

3. 表面状态的影响

工模具表面越光洁、过渡越圆滑、润滑条件越好，则挤压时的金属流动越均匀。

4. 加热温度的影响

在挤压时，锭坯横断面上的温度越均匀，则挤压时的流动越均匀。因而应尽量减少挤压筒、挤压垫片、穿孔针和模子与变形金属之间的温度差。在挤压过程中，挤压筒加热保温、工模具预热等措施是十分重要的。

5. 其他因素的影响

铸锭长度、变形程度、挤压速度等对金属的流动均匀性也有一定影响，如铸锭前端长度为1～1.5D筒的部分，金属流动极不均匀；变形程度过大或过小时，金属流动都不均匀；金属的流速过快，会增大金属流动的不均匀性等。

根据上面分析可知，由于各种因素错综复杂的影响，使挤压时金属的流动特性表现出多种多样的形式。归纳起来，可分为如图4－13所示的4种基本类型。类型(a)是反挤压、静液挤压、有效摩擦挤压时所具有的流动景象，流动最均匀；类型(b)是润滑挤压和冷态挤压时所具有的流动景象，变形区集中在模孔附近；类型(c)为由于锭坯内外抗力不同和外摩擦的影响，而使金属流动不太均匀的景象，由变形区扩展到整个锭坯体积，死区高度比较高，但在基本挤压阶段尚未发生外部金属向中心流动时的情况，在挤压后期出现不太长的缩尾；类型(d)为流动最不均匀的景象，在挤压一开始，外层金属即向中心区流动，死区高度显著增加，故产生很长的缩尾。

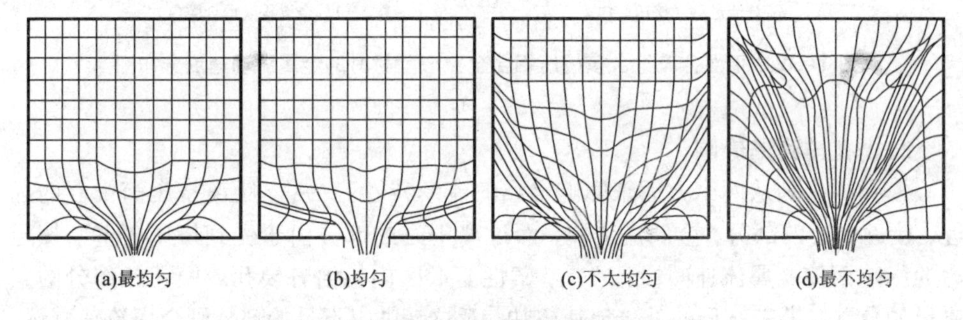

图4－13　平面挤压时金属的典型流动类型

4.3.9　挤压润滑的选择

1. 接触摩擦力的影响

挤压时流动的金属与工具间存在接触摩擦力，其中以挤压筒壁上的摩擦力对金属流动的影响最大。当挤压筒内壁上的摩擦力很小时，变形区范围小且集中模孔附近，金属流动比较均匀；而当摩擦力很大时，变形区压缩锥和死区的高度增大，金属流动则很不均匀，以至促使锭坯外层金属过早地向中心流动形成较长的缩尾。

通常，接触摩擦力对金属的流动均匀性起不良的影响。但是，在某些情况下，可以有效地利用金属与工具之间接触摩擦和冷却作用来改善金属的流动，如在挤压管材时，由于锭坯中心部分的金属受到穿孔针摩擦作用和冷却作用，而使其流速减缓，从而使金属流动变得较为均匀，减短产生缩尾的长度；在挤压断面壁厚变化急剧的复杂异形型材时，在设计模孔时利用不同的工作带长度对金属产生不同的摩擦作用来调节型材断面上各部分的流速，从而减少型材的扭拧、弯曲度，提高产品的精度；近年来发展起来的"有效摩擦挤压(连续挤压)"，则是利用摩擦力作为一种推动力来实现挤压过程。

2. 挤压润滑的选择

挤压过程中，常使用润滑剂来降低金属与挤压筒壁、穿孔针以及模子表面之间的摩擦，减少它们之间的黏着与工模具的磨损。

润滑剂的使用，往往会导致制品表面污染，以及润滑剂可能流入制品中心，形成更加明显的"挤压缩尾"。因此，在塑性较好的金属(如铝合金)棒材和型材的挤压中，多年来一直采用"无润滑挤压"。在管材及空心材挤压中也只是对模面及穿孔针表面进行润滑。但是，在采用组合模挤压空心制品时禁止使用润滑剂。

近年来，世界各国为了能在吨位有限的挤压机上挤压大且复杂的低塑性合金型材，为了提高挤压速度以及获得组织性能较均匀的挤压材，对润滑挤压方法进行了较广泛的研究。同时，在工模具结构、润滑剂研究方面的突破，使润滑挤压法有了很大的发展。

挤压润滑剂的选择应该根据挤压变形材料的特性、采取的挤压方式、挤压材料和工模具的温度来选择。如：热挤压铝及铝合金用的润滑剂应有足够的活性吸附组分，在高温下具有高黏度的组分，保持润滑膜完整性的细微弥散组合，无毒、无味、适当的燃点等特点。目前，我国常用的有色金属工艺润滑剂的组成如表 4－9所示。

表 4－9　我国常用的有色金属工艺润滑剂的组成

挤压材料	工艺润滑剂的配比，$w/\%$	使用范围
铝及铝合金	30～40 粉状石墨＋60～70 国产 1 号汽缸油	润滑挤压筒
铝及铝合金	10 石墨＋10 滑石粉＋10 铅丹＋70 汽缸油	润滑挤压筒
铝及铝合金	10～20 粉状石墨＋60～70 汽缸油＋10～20 铅丹	润滑挤压筒
铝及铝合金	30～40 硅油＋50～60 土状石墨＋10 二硫化钼	润滑穿孔针
钛及钛合金	二硫化钼水剂	棒材
钛及钛合金	氧化锌＋肥皂	管材

第5章　拉伸(拔)

拉伸是生产棒材、型材、管材和线材的主要方法之一，它特别适合于生产直径小、长度大的管材和线材。拉伸加工成形常常与其余加工方法(如挤压、轧制)配合，作为其他加工方法的下一道加工工序。我国的铜合金产品有一半是棒、线材，这些产品大部分都需要采用拉伸方法来进行后续加工成形。

5.1　拉伸的特点及分类

5.1.1　拉伸的特点

金属坯料在外加拉力作用下，使之通过模孔，以减小它的横截面，而获得与模孔相应几何形状与尺寸制品的塑性加工方法，称为拉拔法或拉伸法。使用不同的工模具，可拉制各种棒材、型材、管材和线材。拉伸(拔)过程的示意图如图5－1所示，其具体特点如下：

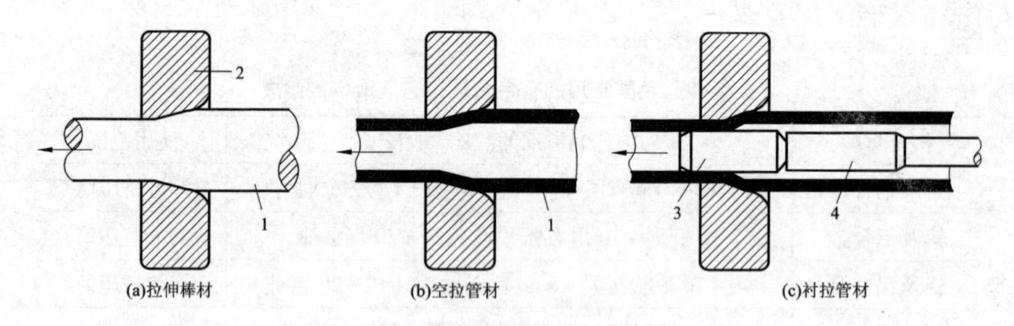

图5－1　拉伸过程示意图

1—坯料；2—模子；3—芯头；4—芯杆

①拉伸制品尺寸精确，表面光洁。

②拉伸法适于连续高速生产断面小的长制品，如可生产数千米长的制品。

③拉伸法使用的设备和工具简单、投资少、占地面积小、生产紧凑、维护方便、有利于生产多种规格的制品。

④冷拉伸时，由于冷作硬化，可以大大提高制品的强度，但影响拉伸道次的

加工量。

⑤拉伸法时常速度快，但道次变形量和两次退火间的总变形量小，生产中需要多次拉伸和退火，尤其是生产硬铝合金和小规格制品时，效率低、周期长，容易产生表面划伤。

⑥拉伸时金属受到较大的拉力和摩擦力的作用，能量消耗较大。

5.1.2　拉伸的分类

按制品截面形状，拉伸可分为实心材拉伸和空心材拉伸。

1. 实心材拉伸

实心材拉伸主要包括棒材、型材及线材的拉伸，如图5－2所示。图5－2(a)为整体模拉伸；图5－2(b)为二辊模拉伸；图5－2(c)为四辊模拉伸。

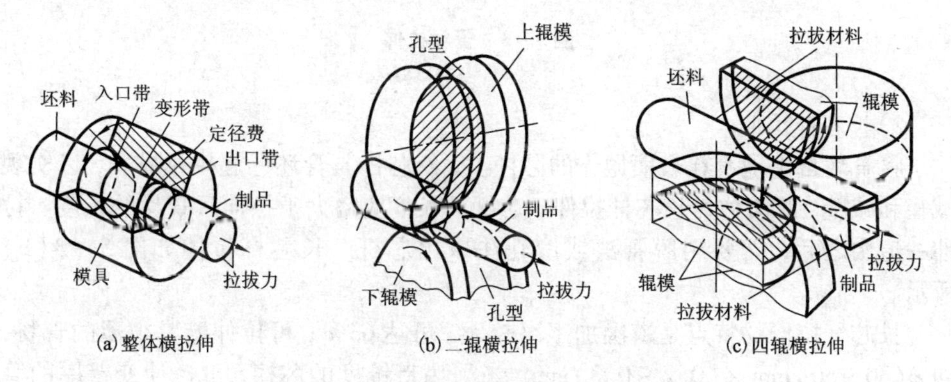

图5－2　棒材、型材及线材的拉伸示意图

2. 空心材拉伸

空心材拉伸主要包括圆管及异性管材的拉伸，对于空心材拉伸有如图5－3所示的几种基本方法。

1)空拉

拉伸时，管坯内部不放芯头，即无芯头拉伸，主要以减小管坯的外径为目的，包括减径、整径和异形管成形拉伸，如图5－3(a)所示。减径的目的就是把与成品壁厚相近而直径大于成品的管材，用空拉的方法减缩其直径达到接近成品的要求。

空拉伸后的管材壁厚一般会略有变化，壁厚增加或者减小，根据外径与壁厚的比值来确定其增厚还是减薄。经多次空拉的管材，内表面粗糙，严重时会产生裂纹，如空拉伸壁厚较薄的管材，内表面容易产生皱折。因此，空拉法适用于小直径管材、异形管材、盘管拉伸以及减径量很小的减径与整形拉伸。

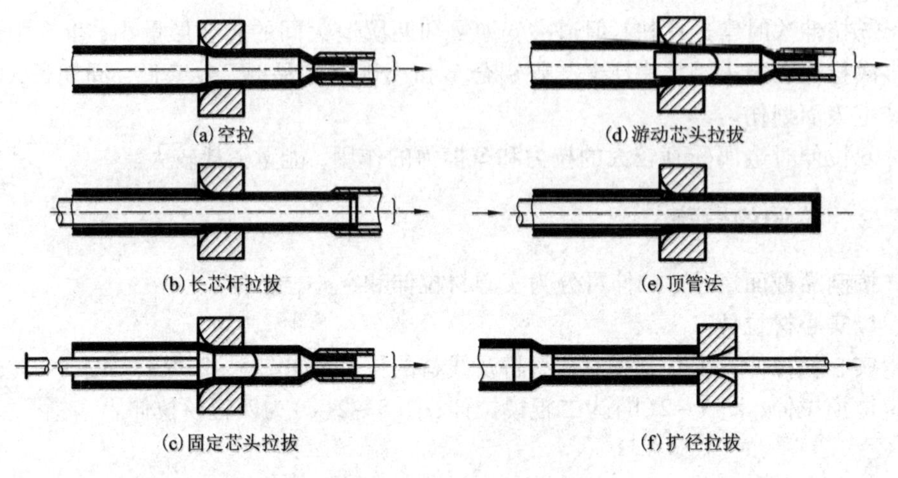

图5－3 管材拉伸

2)长芯杆拉伸

将管坯自由地套在表面抛光的芯杆上，使芯杆与管坯一起拉过模孔，以实现减径和减壁，此法称为长芯杆拉伸。芯杆的长度应略大于拉伸后管材的长度。拉伸一道次之后，需要用脱管法或滚轧法取出芯杆。长芯杆拉伸如图5－3(b)所示。

长芯杆拉伸的特点是道次加工率较大，可达63%；可拉伸壁厚很薄的管材，如ϕ(30～50)mm×(0.2～0.3)mm；当采用带锥度的芯棒，可拉伸变壁厚的管材；但由于需要准备许多不同直径的长芯杆和增加脱管工序，增加了工具费用及劳动强度，通常在生产中很少采用，它适用于薄壁管材以及塑性较差的金属管材的生产。

3)固定芯头拉伸

固定芯头也叫短芯头拉伸，拉伸时将芯杆尾端固定，将芯头固定在芯杆上，管坯通过模孔实现减径和减壁，如图5－3(c)所示。固定芯头拉伸过程是一种复合拉伸变形，开始变形时，属于空拉阶段，管材直径减小，壁厚变化不大。当管材内表面与芯头接触时，变为减径和减壁阶段，这时的主应力图和主变形图都是两向压缩、一向拉伸或伸长，也就是金属仅沿轴向流动，因此，管材直径减小、壁厚变薄、长度增长。

固定芯头拉伸时，只需更换拉伸芯头，工具费用较少，更换容易，其管材内表面质量比空拉的要好，此法管材生产中应用最广泛，但拉伸细管比较困难，而且不能生产长管。

4)游动芯头拉伸

游动芯头拉伸是在拉伸过程中芯头不予固定，而是处于自由平衡状态，通过芯头与模孔之间形成的环形来达到减壁减径目的，如图5-3(d)所示。游动芯头拉伸是管材拉伸较为先进的一种方法，非常适用于小规格长管和盘管生产，其拉伸速度快，生产效率高，最大速度可达720 m/min；对于提高拉伸生产率、成品率和管材内表面质量极为有利。与固定芯头拉伸相比，能降低3%~25%的拉伸力。游动芯头拉伸适合于软合金、小规格管材，对工艺条件和技术要求较高，装芯头和碾头较慢，故不可能完全取代固定芯头拉伸。

5)顶管法

顶管法又称艾尔哈特法。将芯杆套入带底的管坯中，操作时管坏连同芯杆一同由模孔中顶出，从而对管坯进行加工，如图5-3(e)所示。在生产中适合于生产 ϕ300~400 mm以上的大直径管材。

6)扩径拉伸

管坯通过压入芯头(杆)扩径后，直径增大，壁厚和长度减小，扩径拉伸法适用于直径大、壁厚较厚和长度与直径的比值小于10的管材，以免在扩径时产生失稳。这种方法主要是受设备能力限制，不能生产大直径的管材时采用，如图5-3(f)所示。

5.1.3 拉伸的主要变形参数

1.延伸系数(延伸率)λ

延伸系数表示拉伸一道次后金属材料的长度增加倍数或拉伸前后横断面的面积之比。根据体积不变条件，可以得到关系式，即：

$$\lambda = L_H/L_Q = F_Q/F_H \tag{5-1}$$

式中：F_Q、L_Q 表示拉伸前金属坯料的断面积及长度；F_H、L_H 表示拉伸后金属制品的断面积及长度。

2.加工率(断面减缩率)ε，ε 通常以百分数表示

加工率表示拉伸一道次后金属材料横断面积缩小值与其原始值之比，即：

$$\varepsilon = (F_Q - F_H)/F_Q = 1 - 1/\lambda \tag{5-2}$$

3.相对伸长率μ，μ 通常也以百分数表示

相对伸长率表示拉伸一道次后金属材料长度增量与原始长度之比，即：

$$\mu = (L_H - L_Q)/L_Q = \lambda - 1 \tag{5-3}$$

4.断面收缩率ψ

断面收缩率为制品拉伸后的断面积与拉伸前的断面积之比，即：

$$\psi = F_Q/F_H = 1/\lambda \tag{5-4}$$

5.2 拉伸变形的应力与应变分析

5.2.1 圆棒拉伸变形的应力与变形

1. 应力与变形状态

拉伸时，变形区中的金属所受的外力有：拉伸力 p、模壁给予的正压力 N 和摩擦力 T，如图 5－4 所示。

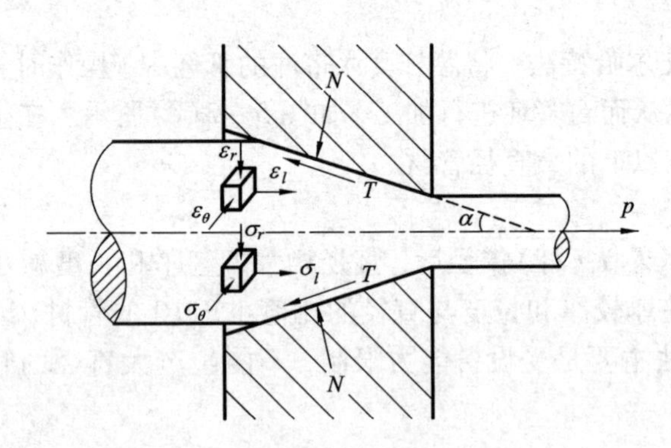

图 5－4　拉伸时的受力与变形状态

拉伸力 p 作用在被拉棒材的前端，它在变形区引起主拉应力 σ_l。正压力与摩擦力作用在棒材表面上，它们是由于棒材在拉伸力作用下，通过模孔时，模壁阻碍金属运动形成的。正压力的方向垂直于模壁，摩擦力的方向平行于模壁，且与金属的运动方向相反。摩擦力的数值可由库伦摩擦定律求出。

金属在拉伸力、正压力和摩擦力的作用下，变形区的金属基本上处于两向压应力(σ_r、σ_θ)和一向拉应力(σ_l)的应力状态。由于被拉金属是实心圆形棒材，应力呈轴对称应力状态，即 $\sigma_r = \sigma_\theta$。变形区中金属所处的变形状态为两向压缩(ε_r、ε_θ)和一向拉伸(ε_l)。

2. 金属在变形区内的流动特点

为了研究金属在锥形模孔内的变形与流动规律，通常采用网格法。图 5－5 所示为采用网格法获得的在锥形模孔内的圆断面实心棒材子午面上的坐标网格变化情况示意图。通过对坐标网格在拉伸前后的变化情况分析，得出如下规律。

1)纵向上的网格变化

拉伸前在轴线上的正方形格子 A，经拉伸后变成矩形，内切圆变成椭圆，其长轴和拉伸方向一致。由此可得出，金属轴线上的变形是沿轴向延伸，在径向和周向上被压缩。

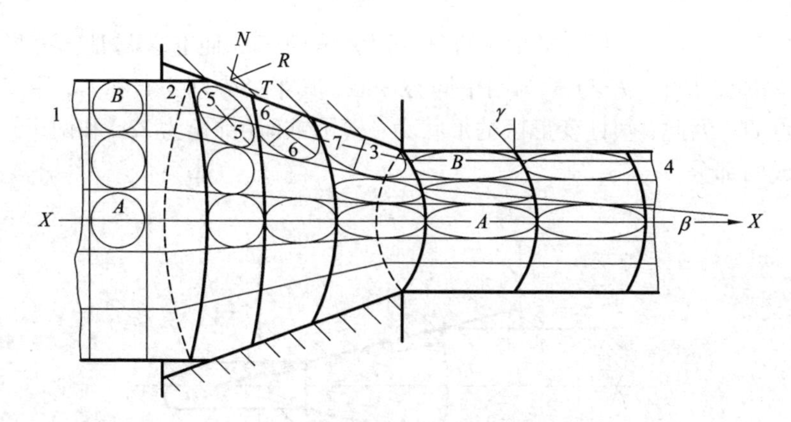

图5-5 拉伸圆棒时断面坐标网格的变化

拉伸前在周边层的正方形格子B，经拉伸后变成平行四边形，在纵向上被拉长，径向上被压缩，方格的直角变成锐角和钝角。其内切圆变成斜椭圆，它的长轴线与拉伸轴线相交成β角，这个角度由入口端向出口端逐渐减少。由图可见，在周边上的格子除了受到轴向拉长、径向和轴向压缩外，还发生了剪切变形γ。产生剪切变形的原因是金属在变形区中受到正压力N与摩擦力T的作用，而在其合力R方向上产生剪切变形，沿轴向被拉长，椭圆形的长轴(5-5、6-6、7-7等)不与1-2线重合，而是与模孔中心线($X-X$)构成不同的角度，这些角度由入口到出口端逐渐减小。

2)横向上的网格变化

在拉伸前，网格横线是直线，自进入变形区开始变成凸向拉伸方向的弧形线，表明平的横断面变成凸向拉伸方向的球形面。由图可见，这些弧形的曲率由入口到出口端逐渐增大，到出口端后保持不再变化。这说明在拉伸过程中周边层的金属流动速度小于中心层的，并且随模角、摩擦系数增大，这种不均匀流动更加明显。拉伸往后往往在棒材后端面所出现的凹坑，就是由于周边层与中心层金属流动速度差造成的结果。

由网格还可以看出，在同一横断面上椭圆长轴与拉伸轴线相交成β角，并由中心层向周边层逐渐增大，这说明在同一横断面上剪切变形不同，周边层的变形大于中心层。

综上所述，圆形实心材拉伸时，周边层的实际变形要大于中心层。这是因为在周边层除了延伸变形之外，还包括弯曲变形和剪切变形。

3.变形区的形状

根据棒材拉伸时的滑移线理论可知，假定模子是刚体，通常按速度场把棒材变形分为三个区：Ⅰ区和Ⅲ区为非塑性变形区或称弹性变形区；Ⅱ区为塑性变形区，如图5－6所示。Ⅰ区与Ⅱ区的分界面为球面F_1，而Ⅱ区与Ⅲ区分界面为球面F_2。一般情况下，F_1与F_2为两个同心球面，其半径分别为r_1和r_2，原点为模子锥角顶点O。因此，塑性变形区的形状为：模子锥面（锥角为2α）和两个球面F_1、F_2所围成的部分。

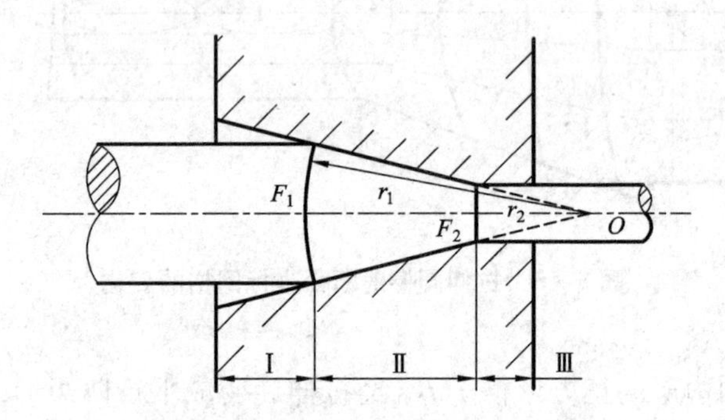

图5－6　棒材拉伸时变形区的形状

根据固体变形理论，塑性变形皆在弹性变形之后，并且伴有弹性变形；而在塑性变形之后必然有弹性恢复。因此，当金属进入塑性变形区之前肯定有弹性变形，当金属从塑性变形区出来之后，在定径区会观察到弹性后效作用，表现为断面尺寸有少许的增大和网格的横线曲率有少许减小。在正常情况下定径区也是弹性变形区。在弹性变形区中，由于受拉伸条件的作用，可能出现以下几种异常情况。

1)非接触直径增大

当无反拉力或反拉力较小时，在拉模入口处可以看到环形沟槽，这说明在该区出现了非接触直径增大的弹性变形区(图5－7)。

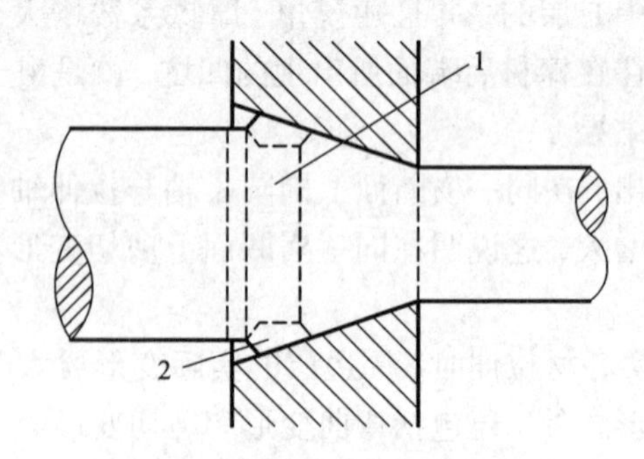

图5－7　坯料的非接触直径增大

1—非接触直径增大区；2—轴向应力和径向应力为压应力，而周向应力为拉应力区在非接触直径增大区内，金属表面层受轴线和径向压应力，而周向为拉应力。同时，仅发生轴向压缩变形，而径向和周向为拉伸变形。

坯料非接触直径增大的结果，使本道次实际的压缩率增加，入口端的模壁压力和摩擦阻力增大。由此引起拉模入口端易过早磨损和出现环形沟槽。同时，随着摩擦力、模角增大及道次压缩率减小，金属的倒流量增多，从而拉模入口端环形沟槽的深度加深，导致使用寿命明显降低。同时，由沟槽中剥落下来的屑片还能使棒或线材表面出现划痕。

2）接触直径减小

在带反拉力拉伸的过程中，会使拉模的入口端坯料直径在进入变形区以前发生直径变细，而且随着反拉力的增大，非接触直径减小的程度增加。因此，可以减小或消除非接触直径增大的弹性变形区。这样，该道次实际的道次压缩率将减小。

3）出口直径增大或缩小

在拉伸的过程中，坯料和拉模在力的作用下都将产生一定的弹性变形。因此，当拉伸力去除后，棒或线材的直径将大于拉模定径带的直径。一般随着线材断面尺寸和模角增大、拉伸速度和变形程度提高，以及坯料弹性模数和拉模定径带长度的减小，则棒或线材直径增大的程度增加。

但是，当摩擦力和道次压缩率较大，而拉伸速度又较高时，则变形热效应增加，从而棒或线材的出口直径会小于拉模定径带的直径，简称缩径。

4）纵向扭曲

当棒材或线材沿长度方向存在不均匀变形时，则在拉伸后，沿其长度方向上会引起不均匀的尺寸缩短，从而导致纵向弯曲、扭拧或打结，会危害操作者的安全。

5）断裂

当坯料内部或表面有缺陷或加工硬化程度较高或拉伸力过大等使安全系数过低时，会在拉模出口弹性区内引起脆断。

4. 变形区内的应力分布规律

根据光弹性实验，拉伸变形区内的应力分布如图5-8所示。

5.2.2 管材拉伸时的应力与变形

拉伸管材与拉伸棒材最主要的区别是前者失去轴对称变形的条件，这就决定了它的应力与变形状态同拉伸实心圆棒时的不同，其变形不均匀性、附加剪切变形和应力也皆有所增加。

1. 空拉

空拉时，管内虽然未放置芯头，但其壁厚在变形区内实际上常常是变化的，由

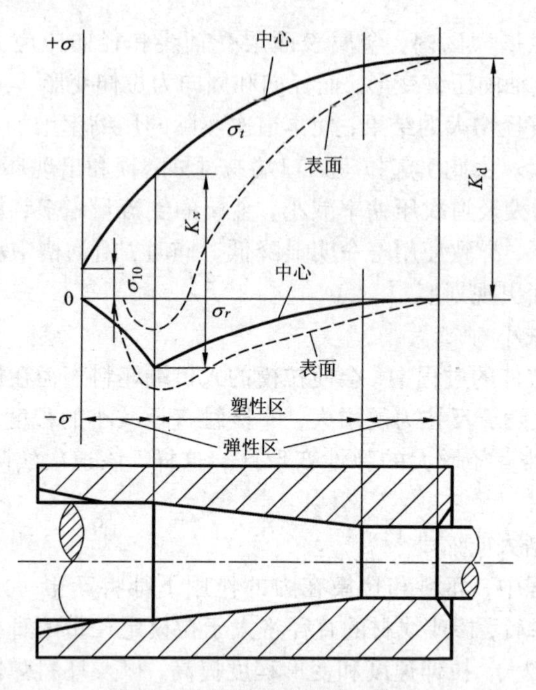

图 5-8　变形区内的应力分布

于不同因素的影响，管子的壁厚最终可以变薄、变厚或保持不变。掌握空拉时的管子壁厚变化规律和计算，是正确制订拉伸工艺规程以及选择管坯尺寸所必需的。

1) 空拉时的应力分布

空拉时的变形力学图如图 5-9 所示，主应力图仍为两向压、一向拉的应力状态，主变形图则根据壁厚增加或减小，可以是两向压缩、一向延伸或一向压缩、两向延伸的变形状态。

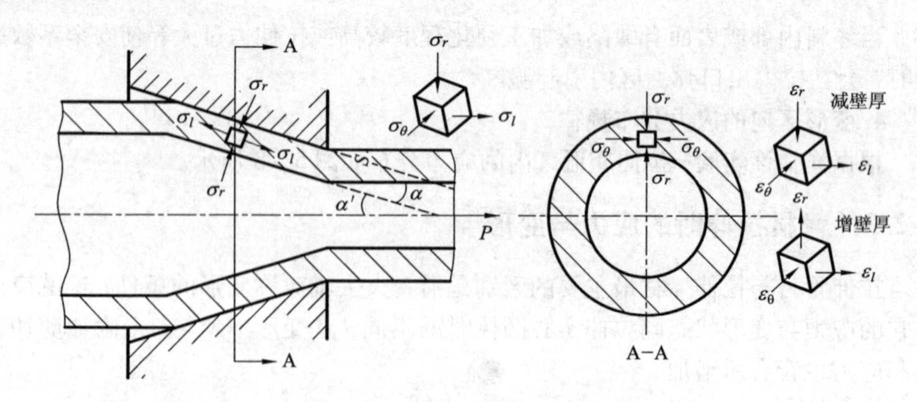

图 5-9　空拉管材时的应力与变形

空拉时，主应力 σ_l、σ_r 与 σ_θ 在变形区轴向上的分布规律与圆棒拉伸时的相似，但在径向上的分布规律则有较大差别，其不同点是径向应力 σ_r 的分布规律是由外表面向中心逐渐减小，到管子内表面时为零。这是因为管子内壁无任何支撑物以建立起反作用力之故，管子内壁上为两向应力状态。周向应力 σ_θ 的分布规律则是由管子外表面向内表面逐渐增大。因此，空拉管时，最大主应力是 σ_l，最小主应力是 σ_θ，σ_r 居中(指应力的代数值)。

2)空拉时变形区内的变形特点

空拉时变形区的变形状态是三维变形，即轴向延伸、轴向压缩，径向延伸或径向压缩。由此可见，空拉时变形特点就在于分析径向变形规律，亦即在拉伸过程中壁厚的变化规律。

在塑性变形区内引起管壁厚变化的应力是 σ_l 与 σ_θ，它们的作用正好相反，在轴向拉应力 σ_l 的作用下，可使壁厚变薄，而在周向压应力 σ_θ 的作用下，可使壁厚增厚。那么在拉伸时，σ_l 与 σ_θ 同时作用的情况下，对于壁厚的变化就要看 σ_l 与 σ_θ 哪一个应力起主导作用来决定壁厚的减薄与增厚。

根据金属塑性加工力学理论，应力状态可以分解为球应力分量和偏差应力分量，将空拉管材时的应力状态分解，有如下3种管壁变化情况，如图5-10所示。

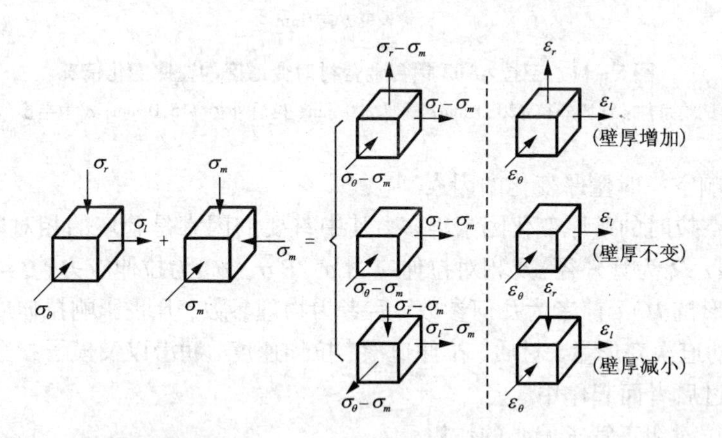

图5-10 空拉管材时的应力状态分解

由上述分解可以看出，某一点的径向变形是延伸还是压缩或为零，主要取决于

$$\sigma_r - \sigma_m \left(\sigma_m = \frac{\sigma_1 + \sigma_r + \sigma_\theta}{3} \right) \tag{5-5}$$

的代数值。

当 $\sigma_r - \sigma_m > 0$，亦即 $\sigma_r > \frac{1}{2}(\sigma_1 + \sigma_\theta)$ 时，则 ε_r 为正，管壁增厚。

当 $\sigma_r - \sigma_m = 0$，亦即 $\sigma_r = \frac{1}{2}(\sigma_1 + \sigma_\theta)$ 时，则 ε_r 为零，管壁厚不变。

当 $\sigma_r - \sigma_m < 0$，亦即 $\sigma_r < \frac{1}{2}(\sigma_1 + \sigma_\theta)$ 时，则 ε_r 为负，管壁变薄。

空拉时，管壁厚沿变形区长度上也有不同的变化，由于轴向应力 σ_l 由模子入口向出口逐渐增大，而周向应力 σ_θ 逐渐减小，则 σ_θ/σ_l 比值也是由入口向出口不断减小，因此管壁厚度在变形区内的变化由模子入口处壁厚开始增加，达最大值后开始减薄，到模子出口处减薄最大，如图 5-11 所示。管子最终壁厚，取决于增壁与减壁幅度的大小。

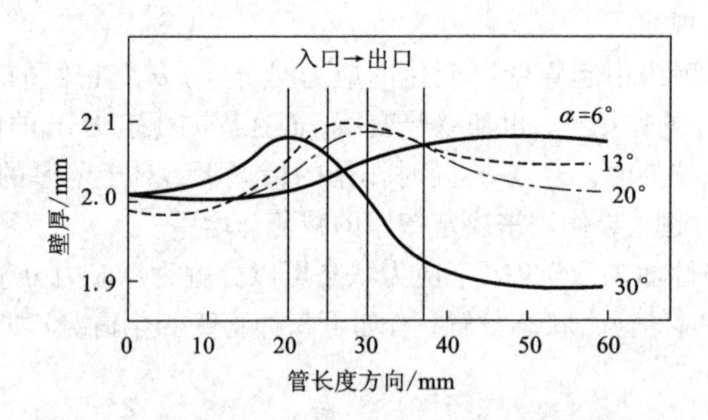

图 5-11　空拉 6A02 铝合金管材时变形区的壁厚变化情况

（试验条件：管坯外径 ϕ20.0 mm；壁厚 2.0 mm；拉后外径 ϕ15.0 mm；α 为半模角）

3）影响空拉时壁厚变化的因素

影响空拉时的壁厚变化因素很多，其中首要的因素是管坯的相对壁厚 S_0/D_0（S_0 为壁厚；D_0 为管外径）及相对拉伸应力 $\sigma_1/\beta\overline{\sigma}_s$（$\sigma_1$ 为拉伸应力；$\beta = 1.155$；$\overline{\sigma}_s$ 为平均变形抗力），前者为几何参数，后者为物理参数，凡是影响拉伸应力变化的因素，包括道次变形量、材质、拉伸道次、拉伸速度、润滑以及模子参数等工艺条件都是通过后者而起作用。

4）空拉对纠正管子偏心的作用

在实际生产中，由挤压或斜轧穿孔法生产的管坯壁厚总会是不均匀的，严重的偏心将导致最终成品管壁厚超差而报废。在对不均匀壁厚管坯拉伸时，空拉能起自动纠正管坯偏心的作用，且空拉道次越多，效果就越显著。

空拉能纠正管子偏心的原因可以作如下的解释：偏心管坯空拉时，假定在同一圆周上径向压应力 σ_r 均匀分布，则在不同的壁厚处产生的周向压应力 σ_θ 将会不同，厚壁处的 σ_θ 小于薄壁处的 σ_θ。因此，薄壁处要先发生塑性变形，即周向压缩，径向延伸，使壁增厚，轴向延伸；而厚壁处还处于弹性变形状态，那么在薄壁处，将有轴向附加压应力的作用，厚壁处受附加拉应力作用，促使厚壁处进入塑性变形状态，增大轴向延伸，显然在薄壁处减少了轴向延伸，增加了径向延伸，即增加了壁厚。因此，σ_θ值越大，壁厚增加的也越大，薄壁处在σ_θ作用下逐渐增厚，使整个断面上的管壁趋于均匀一致。

应指出的是，拉伸偏心严重的管坯时，不但不能纠正偏心，而且由于在壁薄处周向压应力σ_θ作用过大，会使管壁失稳而向内凹陷或出现皱折。特别是当管坯$S_0/D_0 \leqslant 0.04$时，更要特别注意凹陷的发生。由图5－12可知，出现皱折不仅与S_0/D_0比值有关，而且与变形程度也有密切关系，该图中Ⅰ区就是出现皱折的危险区，称为不稳定区。

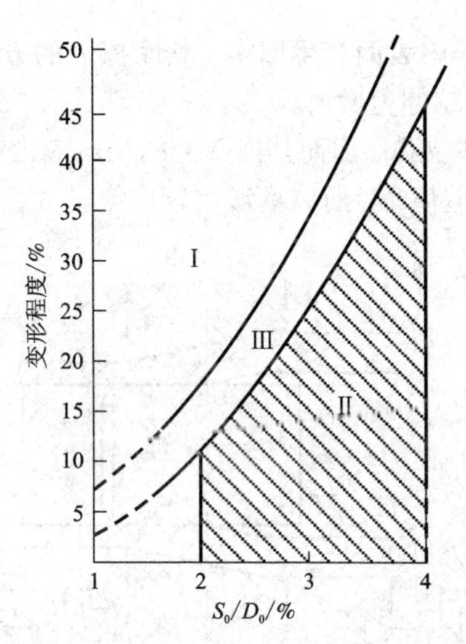

图5－12　管坯S_0/D_0与临界变形量间的关系

Ⅰ—不稳定区；Ⅱ—稳定区；Ⅲ—过渡区

另外，衬拉纠正偏心的效果与通常人们所想象的相反，没有空拉时的效果明显。因为在衬拉时径向压力N使σ_r值变大，妨碍了壁厚的调整，而衬拉之所以也能在一定程度上纠正偏心，主要是靠衬拉时的空拉段的作用。

2. 衬拉(有芯头拉伸)

对各种衬拉方法的应力与变形做如下分析。

1)固定短芯头拉伸

固定芯头拉伸也叫短芯头拉伸，其目的是减薄壁厚和减小外径，提高管材的力学性能和表面质量。拉伸时，芯头穿进管材内孔，与拉伸模内孔形成一个封闭环形，金属通过环形间隙，从而获得与此环形间隙尺寸大小相同的成品管材。在拉伸过程中，由于管子内部的芯头固定不动，接触摩擦面积比空拉和拉棒材时的都大，故道次加工率较小。此外，此法难以拉制较长的管子。这主要是由于长的芯杆在自重作用下易产生弯曲，芯杆在模孔中难以固定在正确的位置上。同时，长的芯杆在拉伸时弹性伸长量较大，易引起“跳车”而在管子上出现“竹节”地缺陷。

固定短芯头拉伸时，管子的应力与变形如图5－13所示，图中Ⅰ区为空拉段，Ⅱ区为减壁段。在Ⅰ区内管子应力和变形特点与管子空拉时一样。而在Ⅱ区内，管子内径不变，壁厚与外径减小，管子的应力和变形状态同实心棒材拉伸应力与变形状态一样。在定径段，管子一般只发生弹性变形。固定短芯头拉伸管子所具有的特点如下：

(1)芯头表面与管子内表面产生摩擦，其摩擦力的方向与拉伸方向相反，因而使轴向应力 σ_l 增加，拉伸力增大。

(2)管子内部有芯头支撑，因而其内壁上的径向应力 σ_r 不等于零。由于管子内层与外层的径向应力差值小，所以变形比较均匀。

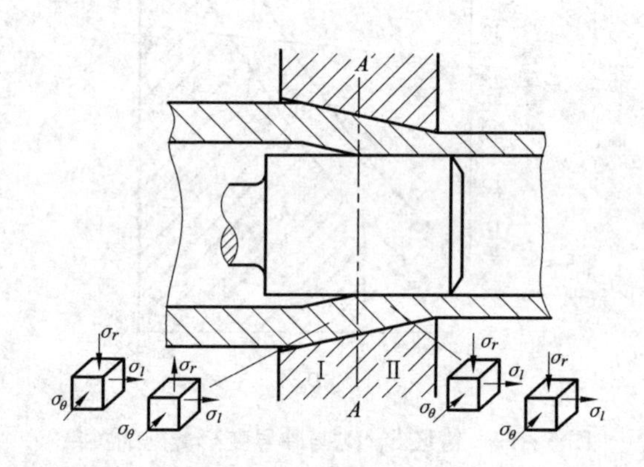

图5－13 固定短芯头拉伸时的应力与变形

2)长芯杆拉伸

长芯杆拉伸是把管材套在长芯杆上，使其与管材一起拉过模孔。芯杆的直径等于制品的内径，芯杆的长度一定要大于成品管材的长度。长芯杆拉伸管子时的应力和变形状态与固定短芯头拉伸时的基本相同，如图5－14所示，变形区亦分为3个部分，即空拉段Ⅰ、减壁段Ⅱ及定径段Ⅲ。但是长芯杆拉伸也有其本身的特点：管子变形时沿芯杆表面向后延伸滑动，故芯杆作用于管内表面上的摩擦力方向与拉伸方向一致。在此情况下，摩擦力不但不阻碍拉伸过程，反而有助于减小拉伸应力，继而在其他条件相同的情况下，拉伸力下降。与固定短芯头拉伸相比，变形区内的拉应力减少30%～35%，拉伸力相应地减少15%～20%。所以长芯杆拉伸时允许采用较大的延伸系数，并且随着管内壁与芯杆间摩擦系数增加而增大。通常道次延伸系数为 2.2，最大可达 2.95。

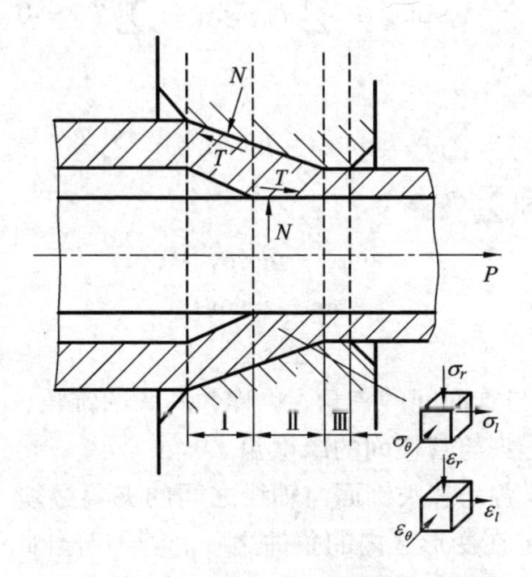

图 5 – 14　长芯杆拉伸时的应力与变形

3)游动芯头拉伸

在拉伸时，芯头不固定，依靠其自身的形状和芯头与管子接触面间力平衡使之保持在变形区中。在链式拉伸机上有时也用芯杆与游动芯头连接，但芯头不与芯杆刚性连接，使用芯杆的目的在于向管内导入芯头、润滑与便于操作。

(1)芯头在变形区内的稳定条件

游动芯头在变形区内的稳定位置取决于芯头上作用力的轴向平衡。当芯头处于稳定位置时，作用在芯头上的力如图 5 – 15 所示。

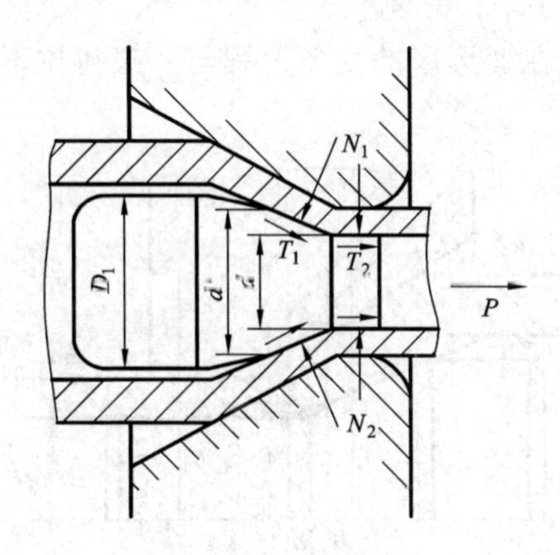

图 5 – 15　游动芯头拉伸时在变形区的受力情况

游动芯头拉伸时，芯头的受力平衡方程式为：

$$\sum N_1 \sin\alpha_1 - \sum T_1 \cos\alpha_1 - \sum T_2 = 0 \qquad (5-6)$$

因为$\sum T_1 = f\sum N_1$

$$\sum N_1(\sin\alpha_1 - f\cos\alpha_1) = \sum T_2$$

由于$\sum N_1 > 0$和$\sum T_2 > 0$

故

$$\sin\alpha_1 - f\cos\alpha_1 > 0$$

$$\tan\alpha_1 > \tan\beta$$

$$\alpha_1 > \beta \qquad (5-7)$$

式中：α_1为芯头轴线与锥面间的夹角，也称为芯头的锥角，(°)；f为芯头与管坯间的摩擦系数；β为芯头与管坯间的摩擦角。

上式的$\alpha_1 > \beta$，即游动芯头锥面与轴线之间的夹角必须大于芯头与管坯间的摩擦角，它是芯头稳定在变形区内的条件之一。若不符合此条件，芯头将被深深地拉入模孔，造成断管或被拉出模孔。

为了实现游动芯头拉伸，还应满足$\alpha_1 \leqslant \alpha$，即游动芯头的锥角$\alpha_1$小于或等于拉伸模的模角$\alpha$，它是芯头稳定在变形区内的条件之二，若不符合此条件，在拉伸开始时，芯头上尚未建立起与$\sum T_2$方向相反的推力之前，使芯头向模子出口方向移动挤压管子造成拉断。

另外，游动芯头轴向移动的几何范围，有一定的限度。芯头向前移动超出前极限位置，其圆锥段可能切断管子；芯头后退超出后极限位置，则将使其游动芯头拉伸过程失去稳定性。轴向上的力的变化将使芯头在变形区内往复移动，使管子内表面出现明暗交替的环纹。

（2）游动芯头拉伸时管子变形过程

游动芯头拉伸管子在变形区的变形过程与一般衬拉不同，变形区可分5部分，如图5－16所示。

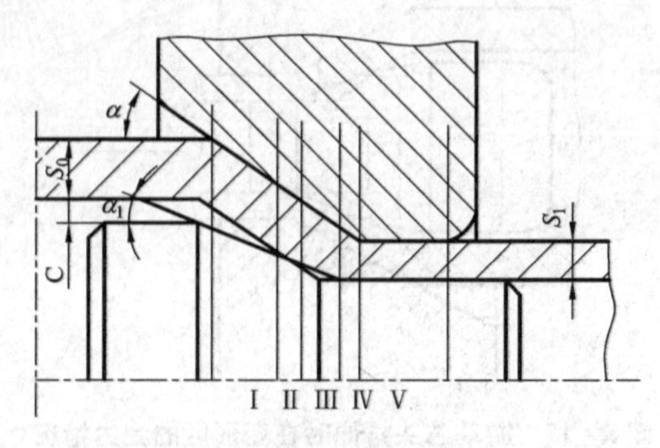

图5－16　游动芯头拉伸时的变形区

Ⅰ：空拉区，在此区管子内表面不与芯头接触。在管子与芯头的间隙C以及其他条件相同情况下，游动芯头拉伸时的空拉区长度比固定短芯头的要长，故管坯增厚量也较大。空拉区的长度可以近似地用下式确定

$$L_1 = \frac{C}{\tan\alpha - \tan\alpha_1} \tag{5-8}$$

此区的受力情况及变形特点与空拉管的相同。

Ⅱ：减径区，管坯在该区进行较大的减径，同时也有减壁，减壁量大致等于空拉区的壁厚增量。因此可以近似地认为该区终了，断面处管子壁厚与拉伸前的管子壁厚相同。

Ⅲ：第二次空拉区，管子由于拉应力方向的改变而稍微离开芯头表面。

Ⅳ：减壁区，主要实现壁厚减薄变形。

Ⅴ：定径区，管子只产生弹性变形。

在拉伸过程中，由于外界条件变化，芯头的位置以及变形区各部分的长度和位置也将改变，甚至有的区可能消失。例如，芯头在后极限位置时，Ⅴ区增长，Ⅲ、Ⅳ区消失。芯头在前极限位置时，Ⅲ区增长，Ⅴ区消失。芯头向前移动超出前极限位置，其圆锥段可能切断管材；芯头后退超出后极限位置不可能实现游动芯头拉伸。

(3)芯头轴向移动几何范围的确定

芯头在前、后极限位置之间的移动量，称为芯头轴向移动几何范围，以 I_j 表示，如图5-17所示。

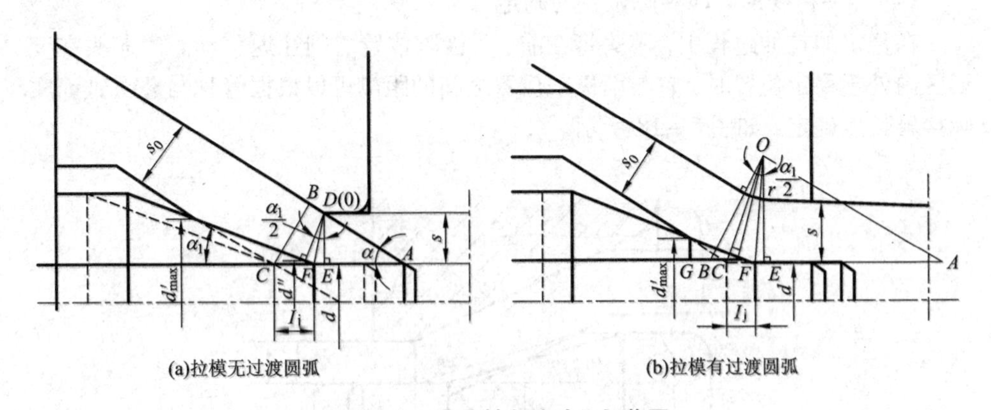

图5-17 芯头轴向移动几何范围

芯头在前极限位置时，$OD = OE = S$；芯头在后极限位置时，$BC = S_0$，如图3-15(a)所示。

$$I_j = \frac{S_0}{\sin\alpha} - \left(\frac{S}{\tan\alpha} + S\tan\frac{\alpha_1}{2}\right) = S\frac{\frac{S_0}{S} - \cos\alpha}{\sin\alpha} - S\tan\frac{\alpha_1}{2} \qquad (5-9)$$

或

$$I_j = \frac{S_0\cos\frac{\alpha_1}{2} - S\cdot\cos\left(\alpha - \frac{\alpha_1}{2}\right)}{\sin\alpha\cos\frac{\alpha_1}{2}} \qquad (5-10)$$

如果拉伸压缩带与工作带交接处有一过渡圆弧 r，如图 3-47(b)，则

$$I_j = \frac{(s_0 + r)\cos\frac{\alpha_1}{2} - (s + r)\cos\left(\alpha - \frac{\alpha_1}{2}\right)}{\sin\alpha\cos\frac{\alpha_1}{2}} \qquad (5-11)$$

芯头在前极限位置时，管材与芯头圆锥段开始接触的芯头直径为

$$d'_{max} = 2\left[(S + r)\tan\frac{\alpha_1}{2} + \frac{S_0 - S}{\tan(\alpha - \alpha_1)}\right]\sin\alpha_1 + d$$

管材与芯头圆锥面最终接触处的芯头直径为

$$d'' = 2(S + r)\tan\frac{\alpha_1}{2}\sin\alpha_1 + d \qquad (5-12)$$

芯头轴向移动几何范围是表示游动芯头拉管过程稳定性的基本指数，也就是指芯头在前、后极限位置之间轴向移动的正常拉管范围。该范围愈大，则愈容易实现稳定的拉管过程。

(4)芯头在变形区内实际位置的确定

在稳定的拉伸过程中，芯头将在前、后极限位置之间往返移动。当芯头在变形区内处于稳定位置时，它与前极限位置之间的距离可以根据管材与芯头锥面实际接触长度确定，如图 5-18 所示。

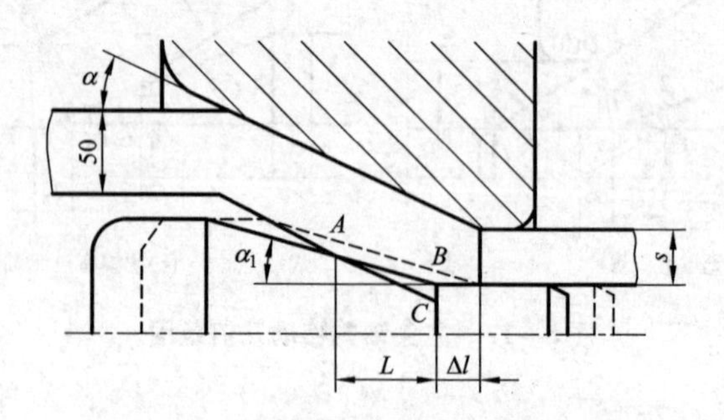

图 5-18　芯头在变形区内实际位置的确定

$$\Delta l = \frac{(S_0 - S\cos\alpha)\cos\alpha_1 - l\sin(\alpha - \alpha_1)}{\sin\alpha\cos\alpha_1} \qquad (5-13)$$

式中：Δl 为芯头与前极限位置之间的距离，mm；l 为管材与芯头圆锥面实际接触长度的水平投影长度，mm。

(5)影响芯头在变形区位置的主要因素

芯头在变形区内的实际位置，取决于芯头上作用力的平衡条件，则

$$N_2 f\pi dl = N_1\pi\left(\frac{d'+d}{2}\right)\left(\frac{d'-d}{2\sin\alpha_1}\right)\cos\alpha\sin\alpha_1 - N_1 f\pi\left(\frac{d'+d}{2}\right)\left(\frac{d'-d}{2\sin\alpha_1}\right)\cos\alpha_1$$

$$d' = \sqrt{d\left(d+\frac{N_2}{N_1}l\frac{4f\tan\alpha_1}{\tan\alpha_1 - f}\right)} \tag{5-14}$$

式中：l 为芯头前端定径圆柱段长度，mm；$\frac{N_2}{N_1}$为芯头在变形区内的正压力之比，近似取$\frac{N_2}{N_1}\approx 23$；$d'$为管坯内表面开始与芯头接触处的芯头直径，mm。

4)扩径

扩径是一种用小直径的管坯生产大直径管材的方法，扩径有两种方法：压入扩径与拉伸扩径，如图 5－19 所示。

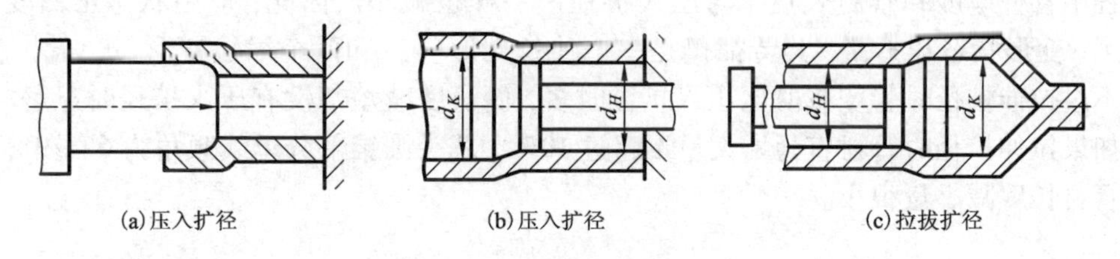

(a)压入扩径　　(b)压入扩径　　(c)拉拔扩径

图 5－19　扩径制管材的方法

(1)压入扩径法

它适合于大而短的厚壁管坯，若管坯过长，在扩径时容易产生失稳。通常管坯长度与直径之比不大于 10。为了在扩径后易于从管坯中取出芯杆，应有一定的锥度，在 3000 mm 长度上斜度为 1.5～2 mm。

压入扩径有两种方法：一种是从固定芯头的芯杆后部施加压力，进行扩径成形，如图 5－19(a)所示；另一种方法是采用带有芯头的芯杆固定到拉伸机小车的钳口中，把它拉过装在托架上的管子内部，进行扩径成形，如图 5－19(b)所示。一般情况下，压入扩径是在液压拉伸机上进行。压入扩径时，变形区金属的应力状态是纵向、径向两个压应力(σ_l、σ_r)和一个周向拉应力(σ_θ)(图 5－20)。这时，径向应力在管材内表面上具有最大值，在管材外表面上减小到零。用压入法扩径时，管材直径增大，同时管壁减薄，管长减短。因此，在这一过程中发生一个伸长变形(ε_θ)和两个缩短变形(ε_r、ε_1)。

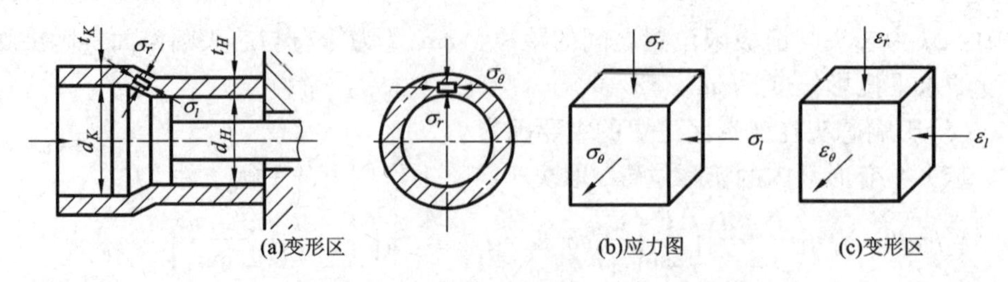

图 5-20 压入扩径法制管时的应力与变形

(2)拉伸扩径法

适合于小断面的薄壁长管扩径生产。可在普通链式拉伸机上进行。扩径时首先将管端制备成数个楔形切口，把楔形切口端向四周掰开形成漏斗，以便把芯头插入。然后把掰开的管端压成束，形成夹头，将此夹头夹入拉伸小车的夹钳中进行拉伸。此法不受管子的直径和长度的限制。

拉伸扩径时金属应力状态为两个拉应力(σ_θ、σ_l)和一个压应力(σ_r)，如图 5-21 所示。压应力σ_r从管材内表面上的最大值减小到外表面上的零。这一过程中管壁厚度和管材长度，与压入扩径法一样也减小。因此，应力状态虽然变了，变形状态却不变，其特征仍是一个伸长变形(ε_θ)和两个缩短变形(ε_r、ε_1)。不过拉伸扩径时管壁减薄比压入扩径时多，而长度减短却没有压入扩径时显著。如果拉伸扩径时管材直径增大量不超过 10%，芯头圆锥部分母线倾角为 6°~9°，管材长度减小量很小。

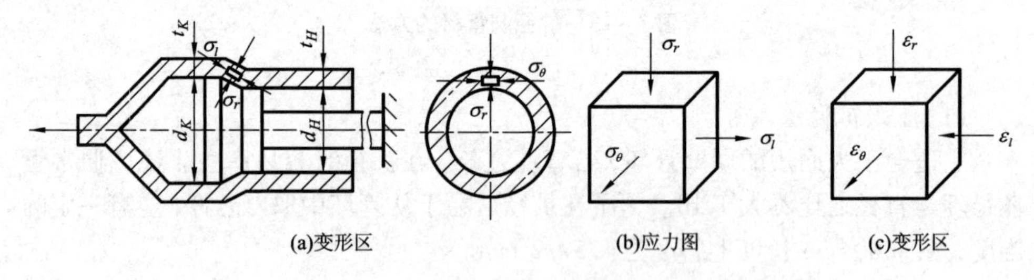

图 5-21 拉伸扩径法制管时的应力与变形

扩径后的管壁厚度可按下式计算

$$t_K = \sqrt{\frac{d_K^2 + 4(d_H + t_H)t_H}{2}} - d_K \tag{5-15}$$

式中：d_H 和 d_K 为扩径前后的管材内径，mm；t_H 和 t_K 为扩径前后的管材壁厚，mm。

两种扩径方法的轴向变形的大小与管子直径的增量、变形区长度、摩擦系数以及芯头锥部母线对管子轴线的倾角等有关。

扩径法制管时，不管是压入法还是拉伸法，工具都是固定在芯杆上的圆柱－圆锥性钢芯头、硬质合金芯头或复合芯头，如图5－22所示。

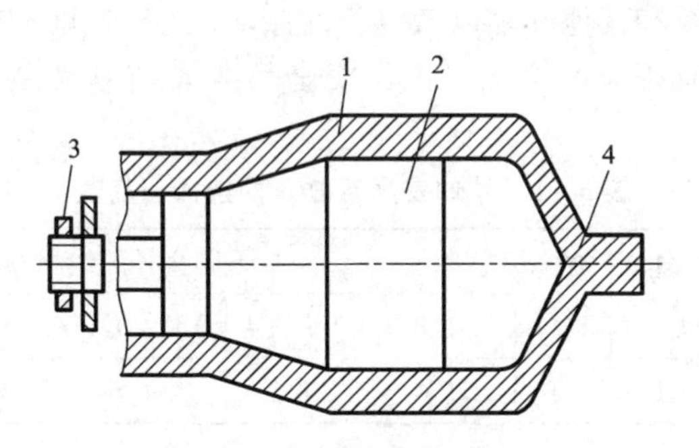

图5－22 扩径制管用芯头

1—管材；2—芯头；3—螺栓固定件；4—管子前端

在大多数情况下，有色金属及合金进行冷拉即可。如果拉伸的金属塑性不足或变形抗力大，则坯料在拉伸前要预热，可采用电阻炉或感应炉加热。

5.2.3 实现拉伸的基本条件

实现拉伸的基本条件是拉伸变形过程应该满足拉伸安全系数 K。

拉伸过程与挤压、轧制、锻造等加工过程不同，它是借助于在被加工的金属前端施以拉力实现的，因此拉伸变形率受到被加工材料前端的强度极限限制。拉伸力与被拉金属出模口处的横断面积之比称为单位拉伸力，即拉伸应力。实际上，拉伸应力就是变形末端的纵向应力。

拉伸应力应小于金属出模口的屈服强度。如果拉伸应力过大，超过金属出模口的屈服强度，则可引起制品出现细颈，甚至拉断。因此，拉伸时一定要遵守下列条件。

$$\sigma_1 = \frac{P_1}{F_1} < \sigma_s \tag{5-16}$$

式中：σ_1 为作用在被拉金属出模口横断面上的拉伸应力，MPa；p_1 为拉伸力，MN；F_1 为金属出模口的横断面面积；σ_s 为金属出模口后的屈服强度，MPa。

被拉金属出模口的抗拉强度 σ_b 与拉伸应力 σ_1 之比为称安全系数 K，即

$$K = \frac{\sigma_b}{\sigma_1} \tag{5-17}$$

所以，实现拉伸过程的基本条件 $K>1$，安全系数的选择应与被拉伸金属的直径、状态(退火或硬化)以及变形条件(温度、速度、反拉应力等)有关。一般应取 K 在1.40～2.00之间，如果 $K<1.40$，则由于加工率过大，可能出现断头、拉断；

当 $K>2.00$ 时，则表示此加工率不够大，未能充分利用金属的塑性。制品直径越小，壁厚越薄，K 值应取大一些。这是因为随着制品直径的减小，壁厚的变薄，被拉金属对表面微裂纹和其他缺陷以及设备的振动，还有速度的突变等因素的敏感性增加，因而 K 值应相应的增加。拉伸安全系数 K 与制品品种、直径的关系见表 5－1。

表 5－1 拉伸安全系数 K 的选择一览表

拉伸材特征	厚壁管材、棒材	薄壁管材	不同直径的线材/mm				
			>1.0	1.0～0.4	0.4～0.1	0.10～0.05	0.050～0.015
安全系数 K	≥1.35～1.4	1.0	≥1.4	≥1.5	≥1.6	≥1.8	≥2.0

应该注意的是：游动芯头成盘拉伸与直线拉伸有重要区别，管材在卷筒上弯曲过程，承受负荷的不仅是横断面，还有纵断面。每道次拉伸的最大加工率受管材横断面和纵断面允许应力值的限制。与此同时，在卷筒反作用力的作用下，管材横断面形状可能产生畸变，由圆形变成近似椭圆。

从管材与卷筒接触处开始，在管材横断面上产生拉伸应力与弯曲应力的叠加，即使弯曲管材的不同断面及同一断面的不同处，应力均不同。在管材与卷筒开始接触处，断面外层边缘的拉应力达到极大值。此时实现拉伸过程的基本条件发生变化，即

$$K=\frac{\sigma_b}{\sigma_1+\sigma_W} \tag{5-18}$$

式中：σ_W 为最大弯曲应力，MPa。

因此，盘管拉伸的道次加工率必须小于直线拉伸的道次加工率，弯曲应力 σ_W 随卷筒直径的减小而增大。用经验公式可计算卷筒的最小直径：

$$D\geqslant 100\frac{d}{s} \tag{5-19}$$

式中：d 为拉伸后管材外径，mm；s 为拉伸后壁厚，mm。

5.3 拉伸前的准备

5.3.1 夹头制作

1. 线材夹头制作(碾头)

为了实现线材的拉伸变形，需将线毛料的一端制成小于模孔直径的夹头，以便顺利穿模，进行拉伸。

制作夹头的方法有压力加工法，如碾压；有机械加工法，如车削、铣制；还有化学腐蚀法等；对于圆形线材而言，常用碾压法。碾头时，按照碾头机轧槽大小逐渐碾压。每碾一次，线坯要旋转60°~90°。制成的夹头为圆滑的锥形，不应有飞边、折叠、压扁等缺陷。碾头长度为100~150 mm。

2. 管材夹头制作

为了使管坯能够顺利穿入模孔以实现拉伸，须保证有一端无椭圆，以便顺利装入芯头。对于工艺中需重新打头的应切掉夹头。管坯可通过锻打或辗制的方法制作夹头。对于软合金的管坯及经过热处理后的硬合金管坯可以在冷状态下进行打头。对于未经热处理的硬合金管坯，在打头之前必须在端头加热炉内加热后趁热打头。

端头加热制度如表5-2所示，管坯打头长度列于表5-3。

表5-2　铝合金管材打头加热制度

合　金	加热温度/℃	管坯壁厚及加热时间/min		
		3 mm以下	3~5 mm	5 mm以上
2A11，2A12 5A03，5A05，5A06，5083	220~400 250~420	20	30	40

表5-3　管坯打头长度

管坯种类	管坯外径	打头长度	管坯种类	管坯外径	打头长度
空拉管坯	$D<60$ $60\leqslant D<140$ $D\geqslant 140$	150~200 200~250 250~350	衬拉管坯	$D<100$ $100\leqslant D<160$ $D\geqslant 160$	200~250 250~350 350~400

淬火后需打头的管材，必须在淬火出炉后2 h之内于冷状态下完成。

对于小直径管材(ϕ18 mm以下)最好在旋锻碾头机上碾头。直径较大的管材在空气锤上打头或在液压锻头机上打头。液压锻头机工作时无噪音、无冲击，是较先进的环保型打头设备。

打过头的管材，如果在以后的加工中还需进行中间退火或其他热处理时，在打头的同时要在夹头的根部钻一个孔，以便在热处理时，保证热空气的流通。

旋压碾头机和液压锻头机上制成的夹头形如瓶口状，有利于拉伸变形的稳定性。要求夹头各部位光滑过渡，特别是肩头处的金属不应高出直径，以防止产生擦划伤。空气锤上锻打的夹头断面如图5-23。

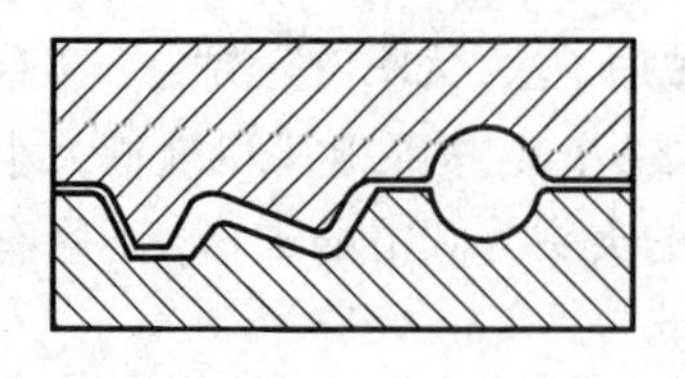

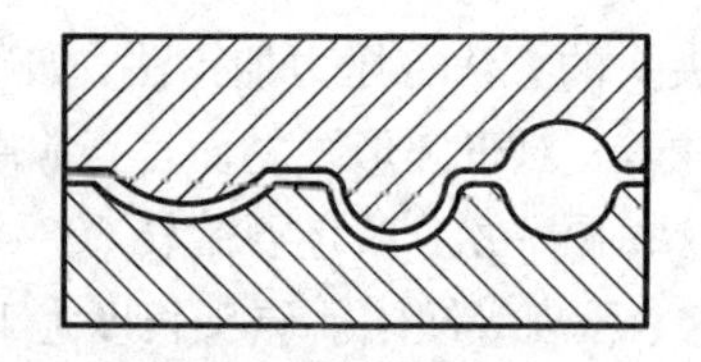

图 5－23　锤砧及夹头断面

5.3.2　退火

除纯铝和变形量不大的软铝合金、紫铜可不进行退火之外。其他材料都需要进行拉伸前退火处理。

1. 退火分类

1) 毛料退火

在挤压过程中，由于热挤压时金属流动不均匀，在金属内部产生残余应力降低了金属的塑性，影响冷拉伸。尤其是可热处理强化合金，易于产生淬火效应。所以，硬合金毛料在拉伸前应进行退火，以消除残余应力和淬火效应，提高塑性。

2) 中间退火

冷变形到一定程度，冷作硬化增加，塑性下降，无法进行下一道次拉伸，这时需要进行退火。这种退火称为中间退火。

2. 几种有色金属材料的退火制定

1) 铝及铝合金

常用铝合金线材毛料退火及中间退火工艺制度见表 5－4。表 5－5 为铝合金管材退火制度。

表 5－4　常用铝合金线材毛料退火及中间退火工艺制度

种类	合金	加热温度/℃	保温时间/min	冷却方式
毛料退火、中间毛料退火	L1 ~ L5，1070A，1060，1050A，1035，1200，8A06，3A21，4A01，5A02，5052	370 ~ 410	90	出炉冷却
	5A03，5A05，5B05，5A06，5356，5083，5183，5A33	390 ~ 430	120	出炉冷却
	2A04，2B11，2A12，2B12，2A16，2B16，2A10(直径≥8.0 mm)	370 ~ 390	90	保温后，冷却速度<30℃/h，冷至270℃以下出炉
	2A01，2A10(直径<8.0 mm)	370 ~ 410	120	出炉冷却
	7A03，7A084，7A19	350 ~ 380	120	保温后，冷却速度<50℃/h，冷至170℃以下出炉

表5－5　铝合金管材退火制度

拉伸方式	合　金	金属温度/℃	保温时间/h	冷却方式
带芯头拉伸	2A11，2A12，2A14，2017，2024	430～460	3.0	冷却速度不大于30℃/h，冷却到270℃以下出炉
	5A02，5052，3A21	470～500	1.5	空冷
	5A03，5A05，5A06，5056，5083	450～470	1.5	
	1070A，1060，1050A，1035，1200，8A06，6A02，6061，6063，6082	410～440	2.5	
减径	2A11，2A12，2A14，2017，2024	430～450	1.5	冷却速度不大于30℃/h，冷却到270℃以下出炉
	5A02，5A03，5A05，5A06，5052，5056，5083			空冷
型管成形	2A11，2A12，2A14，2017，2024，5052，5A05，5056，5083	430～450	2.5	硬合金冷却速度以不大于30℃/h，冷却到270℃以下出炉；其他合金空炉冷却

2）铜及铜合金

铜及铜合金棒材中间退火温度见表5－6；铜及铜合金管材中间退火温度见表5－7。

表5－6　铜及铜合金棒材中间退火温度

合金版号	中间退火温度/℃	合金版号	中间退火温度/℃
紫铜、H96	600～650	QSn4－3 Sn6.5－0.1 QSn7－0.2	600～650
H68	580～640		
H65	580～620		
H62	600～640	QCd0.1	570～620
HMn58－2	600～650	QAl9－2	700～750
HPb59－1	650～680	QAl9－4	730～780
HFe59－1－1 HFe58－1－1 HSn62－1	650～680	QAl10－4－4	730～780
		QAl10－3－1.5	650～750
		QSi1－3	650～750
HPb63－3 HPb58－2.5	500～550	QSi3－1	650～700
		QSi1.8－0.5	620
HMn57－3－1	600～650	B10、B30、BMn40－1.5	700～780
HPb63－0.1	620～660	BZn15－20	600～650

表5-7 铜及铜合金管材中间退火温度

合金牌号	壁厚/mm	中间退火温度/℃	合金牌号	壁厚/mm	中间退火温度/℃
紫铜、H96	<1.0	520~550	HSn70-1 (B、AB)H68	1.0~1.75	600~620
	1.0~1.75	530~580		1.8~2.5	640~660
	1.8~2.5	550~600		2.6~4.0	680~700
	2.6~4.0	550~580		>4.0	640~670
	>4.0	570~600	HAl77-2	<1.0	600~650
	<1.0	600~650		1.0~1.75	650~680
	1.0~1.75	520~600		1.8~2.5	680~700
H85	1.0~1.75	620~640		2.6~4.0	660~690
	1.8~2.5	630~650	QSn4-0.3	1.0~1.75	600~650
	2.6~3.0	640~660		1.8~2.0	600~650
	>3.1	660~680		2.1~4.0	650~700
H80	1.0~1.75	620~630		>4.0	650~700
	1.8~2.5	620~650	BFe10-1-1 BFe30-1-1 BZn15-20	1.0~1.75	700~750
	>2.5	630~670		1.8~2.5	700~780
H65	1.8~2.7	580		2.6~4.0	760~780
	2.8~3.3	600	BMn40-1.5	1.0~2.0	750~800
	3.3~5.0	620		>2.0	800~850
	>5	640			
H62 H63	1.8~2.5	520~620			
	2.6~3.5	550~620			
	>3.5	580~630			

3)钛及钛合金

钛及钛合金完全退火工艺制度见表5-8。

表5-8 钛及钛合金完全退火工艺

合金牌号	管材			棒材、线材及铸件		
	加热温度/℃	保温时间/min	冷却方式	加热温度/℃	保温时间/min	冷却方式
TA0, TA1, TA2, TA3	630~815	15~120	空冷或更慢冷	630~815	60~120	空冷或更慢冷
	520~570	15~120	空冷或更慢冷			
TA0-1(焊丝)				650~750	60~240	真空炉冷
TA5	750~850	10~120	空冷	750~850	60~240	空冷
TA6	750~850	10~120	空冷	750~850	60~240	空冷

续表 5－8

合金牌号	管材			棒材、线材及铸件		
	加热温度/℃	保温时间/min	冷却方式	加热温度/℃	保温时间/min	冷却方式
TA7	700～850	10～120	空冷	700～850	60～240	空冷
TA7EL1	700～850	10～120	空冷	700～850	60～240	空冷
TA9	600～815	15～120	空冷或更慢冷	600～815	60～240	空冷或更慢冷
TA10	600～815	15～120	空冷或更慢冷	600～815	60～240	空冷或更慢冷
TA11	760～815	60～480	A①	900～1000	60～120	B②

注：T_β 表示相应的 β 转变温度。

①炉冷至480℃以下，双重退火，要求第二阶段在790℃保温15 min，空冷。

②空冷或更快冷，随后在595℃保温8 h，空冷。

3. 拉伸中注意事项

(1)拉伸前要根据加工工艺要求，选择尺寸合适的模子，并仔细检查模子工作表面情况，拉伸一捆后，应停车检查表面质量和尺寸，符合相应技术标准要求后方可继续进行生产。

(2)要经常检查设备运行状态和工艺参数，以防对线材表面质量造成影响。

(3)线毛料进入拉伸前，要充分润滑。

(4)要保证模盒纵向中心线与卷筒圆周相切。

(5)要经常检查线材表面质量及尺寸偏差。

(6)如发现毛料表面缺陷影响线材表面质量时，要认真及时进行清理。

(7)退火后的毛料，应及时将料分开，防止拉伸时料与料相互粘连而划伤表面。

5.3.3　刮皮和去毛刺

带芯头拉伸的管材在第一次和最后一次拉伸之前，应对管坯外表面上存在的划道、毛刺、起皮、磕碰伤等局部缺陷进行刮皮修伤，以便消除表面缺陷，保证拉制管材的外观质量。刮皮一般在打头之后进行。空拉的管材正常情况下无需刮皮，但对表面较严重的划伤、磕碰伤等缺陷应及时刮皮修理，避免因变形量较小而无法消除。

5.4 拉伸的主要控制参数

5.4.1 毛料(坯)尺寸偏差的控制

道次拉伸变形量受到该材料的抗拉强度极限限制，一般都不大，因此应该严格控制拉伸毛(坯)料的尺寸偏差。同时，为了提高拉伸生产效率毛料长度也有一定的要求。铝合金挤压线毛料尺寸偏差及长度要求见表5-9。中间毛料的尺寸偏差按表5-10所示。

表5-9 铝合金线毛料尺寸偏差及长度

线毛料直径/mm	允许下偏差/mm	允许上偏差/mm	单根毛料长度/m
10.5	-0.5	+0.2	≥15
12.0	-0.5	+0.2	≥12

注：①每批毛料中允许有30%的短尺，但其长度不小于10 m；

②当挤压线毛料的长度有限时，将几根毛料焊接在一起进行拉伸。

表5-10 铝合金中间毛料尺寸偏差

直径/mm	0.8~5.0	5.1~7.5	7.5以上
允许偏差/mm	±0.05	±0.08	±0.10

5.4.2 线材加工率(延伸率)的确定(配模)

1. 道次加工率的确定原则

(1)在保证线材尺寸偏差、表面质量及力学性能符合技术规范的前提下，尽量减少拉伸道次。

(2)在不发生拉断和拉细的前提下，充分利用金属塑性，提高道次加工率。

(3)尽量减少模子的磨损和动力消耗。

(4)确保设备正常运行。

2. 几种合金的道次加工率确定

在设备能力和金属塑性允许且符合配模原则的情况下，应尽量采用较大的加工率。加工率太小，可能发生线材局部性能不合格和在淬火后的粗大晶粒；加工率过大，将出现断线次数增加，以及产生拉伸跳环、挤线和擦伤等缺陷。

1)铝合金

常用的铝合金道次加工率与两次退火间的加工率按表5-11控制。

除焊条线之外，凡要求产品力学性能的铝合金线材，成品最终变形量按表5－12控制。

表5－11　每道次及两次退火间的加工率

合金	道次加工率/%	两次退火间加工率/%
纯铝,3A21,5052,5A02,5A03,4A01	15～50	不限
2A01,2B11,2B12,2A10,2A12,5183,5A05,5A06,5B05,5356,5A33	10～40	<80
2A04,2A16,6061,6063,7A03,7A04,7A19,7075	10～35	<75

表5－12　要求产品力学性能的铝合金线材最终变形量一览表

线材种类及合金	最终冷变形量/%	线材种类及合金	最终冷变形量/%
2A10 合金铆钉线材	≥50	其他合金铆钉线材	≥40
2A04 合金铆钉线材	≥60	1050A 导线所有焊条线	85～95
7xxx 合金铆钉线材	55～75		不限

注：成品线材直径为8.0 mm及以上者例外

2)铜合金

拉制成品铜及铜合金棒材加工率和延伸系数见表5－13所示。

表5－13　拉制成品棒材加工率和延伸系数

合金牌号	状态	成品直径/mm	成品		合金牌号	状态	成品直径/mm	成品	
			加工率/%	延伸系数λ				加工率/%	延伸系数λ
紫铜、H96		≤40 >40	25～55 15～28	1.33～2.00 1.18～1.39	h68		5～40 41～80	24～36 17～24	1.16～1.56 1.20～1.34
H62 HMn58－2 HPb63－3		5～40 41～80	12～30 10～20	1.14～1.43 1.11～1.25	QSn6.5－0.1 QSn6.5－0.4 QSn7－0.2	T	6～60	32～40	1.47～1.67
HPb59－1 HSn62－1 HFe58－1－1		5～40 41～80	10～30 8～15	1.11～1.43 1.09～1.08	QBe2.0 QBe2.15 QBe2.5	Y	5～40	22～36	1.28～1.56
HPb63－3	Y	5～9.5 >9.5～14	43～50 40～45	1.75～2.00 1.67～1.82	QAl9－2 QCd1.0	Y T	5～40 5～60	12～20 40～62	1.18～1.25 1.67～2.64
		>14～20 >20～30	35～40 30～36	1.54～1.67 1.43～1.53	BZn15－20	Y	5～20 21～30 31～40	24～30 21～30 18～25	1.23～1.43 1.26～1.43 1.22～1.34
QSi3－1	Y	40～50	18～36	1.22～1.53		M	5～40	15～30	1.18～1.43
QSn6.5－0.1 QSn6.5－0.4 QSn7－0.2 QSn4－3	Y	5～40	20～36	1.22～1.56	BFe10－1－1 BFe30－1－1 BMn40－1－1.5	Y	16～25 16～25	18～30 18～25	1.22～1.43 1.22～1.34

3)钛合金

常用钛合金的道次加工率分配规范参见表5-14。工业纯钛的道次延伸系数和两次退火间总延伸系数见表5-15。

表5-14　常用钛合金的道次加工率分配规范

直径/mm	3.5~8.0	0.8~3.0	0.55~0.75	0.20~0.50	<0.20
加工率/%	15~20	15~22	15~22	5~8	5~8

表5-15　工业纯钛的道次延伸系数和两次退火间总延伸系数

品种	直径/mm	道次延伸系数	两次退火间总延伸系数	备注
线材	4~8	1.17~1.25	3.12~4.00	氧化或涂层
	4~0.5	1.25~1.28	2.50~4.00	氧化或涂层
	0.5~0.20	1.05~1.09	2.50	氧化或涂层
棒材	≤15	1.20~1.42	1.60~2.20	带金属包皮拉伸
管材	≤30	1.12~1.33	1.45~1.65	空拉

5.4.3　空拉圆管的变形量的确定(配模)

1.变形量确定的原则

1)拉伸的稳定性

对于壁厚较薄的管材，即$t/D \leqslant 0.04$时，必须使道次减径量不大于临界变形量ε_d临，否则会出现拉伸失稳现象，管材表面出现纵向凹下。

2)合理的延伸系数

空拉时的延伸系数应根据管材的工艺及状态来确定，相关数据参见表。

为了提高最终成品管材的尺寸精度，减小弯曲度，最后一道次空拉选用整径模空拉方式。其延伸系数较小，一般整径量为0.5~1 mm，小直径管材选下限，大直径管材选上限。当直径大于ϕ120 mm时，由于整径量太小，容易产生空拉或脱钩，所以整径量可适当增大，根据管材直径大小，一般为2~4 mm。

3)合理的壁厚的变化

空拉时管材壁厚的变化趋势在前面已经定性分析过，它既与合金特点有关，也与空拉时的工艺有关。

2.空拉圆管变形量的确定(配模)

常用的两种配模方法如下。

1)公式计算法配模

不同的变形程度和壁厚变化的配模计算公式(适用于小直径管材)。

当模角 $\alpha=12°$，道次变形量 $\varepsilon_d=10\%$ 时，管毛料壁厚计算公式为：

$$t_0=\frac{t_1}{1+0.191\frac{D_0-D_1}{D_0+D_1}[4.5-11.5(\frac{t_1}{D_0}-\frac{t_1}{D_1})]} \tag{5-20}$$

当模角 $\alpha=12°$，道次变形量 $\varepsilon_d=20\%$ 时，管毛料壁厚计算公式为：

$$t_0=\frac{t_1}{1+0.09\frac{D_0-D_1}{D_0+D_1}[8.0-22.8(\frac{t_1}{D_0}-\frac{t_1}{D_1})]} \tag{5-21}$$

当模角 $\alpha=12°$，道次变形量 $\varepsilon_d=30\%$ 时，管毛料壁厚计算公式为：

$$t_0=\frac{t_1}{1+0.056\frac{D_0-D_1}{D_0+D_1}[12.2-37(\frac{t_1}{D_0}-\frac{t_1}{D_1})]} \tag{5-22}$$

式中：t_0为管坯壁厚，mm；t_1为成品管壁厚，mm；D_0为管坯直径，mm；D_1为成品管直径，mm。

2)经验配模法

表 5-16 列出了几种不同铝合金、状态空拉减径 1 mm，$t/D<0.20$ 时，管材壁厚增加值。表 5-17 是空拉时管材毛坯的壁厚与成品壁厚的关系值。表 5-18 是成品直径为 ϕ12 mm 以下的管材空拉工艺。表 5-19 是壁厚 0.5～0.75 mm 小直径管材空拉减径工艺。空拉铜及铜合金圆管两次退火间道次延伸系数见表 5-20 所示。

表 5-16　空拉减径 1 mm 时管材壁厚增加值(mm)

合金	毛坯不退火	毛坯退火	合金	毛坯不退火	毛坯退火
6063 6A02	0.0222	0.0222	纯铝	0.0132	0.0131
5052，5A02	0.0163	0.0195	2024，2A12，2A11	0.0203	0.0205
3004，3A21	0.02～0.03	—			

表 5-17　几种铝合金空拉时管材毛坯的壁厚与成品壁厚的关系值

成品管外径 ϕ/mm	不同合金的毛坯尺寸/mm				
	1070A	3A21	6A02	5A03	2A12
6×0.5	16×0.40	16×0.35	16×0.35		16×0.35
6×1.0	18×0.95	18×0.88	18×0.88	18×0.86	18×0.82
10×0.5	16×0.44	16×0.40	16×0.40		16×0.40
10×1.5	18×1.47	18×1.42	18×1.42	18×1.39	18×1.40
12×2.5	18×2.6	18×2.48	18×2.48	18×2.48	18×2.48

表 5－18　壁厚 1.0～2.5 mm 铝合金小直径管材空拉减径工艺

成品管外径 φ/mm	合金	成品管壁厚 /mm	道次配模直径/mm			
			1	2	3	4
6	2A11，2A12，5A02，5A03	1.0～1.5	17/12.5	9.5	7.2	6.0
	纯铝，3A21，6063		15.5/11.5	8.0	6.0	
8	2A11，2A12，5A02，5A03，3A21	2.0	17/14	11.5	9.5	8.0
	纯铝	2.0	17/12.5	9.5	8.0	
	2A11，2A12，5A02，5A03	1.0～1.5				
	3A21	1.5				
	纯铝	1.0～1.5	15.5/11.5	8.0		
	3A21	1.0				
10	2A11，2A12，5A02，5A03，3003	2.0	17/14	11.5	10.0	
	2A11，2A12，5A02，5A03，3003	1.0～1.5	17/12.5	10.0		
	纯铝	1.0～1.5				
	纯铝	1.0	15.5/10.0			
12	2A11，2A12，5A02，5A03	1.0～2.5	17/14.0	12.0		
	纯铝 3A21	2.0～2.5				
	纯铝 3A21	1.0～1.5	15.5/12.0			

注：管坯外径为 φ18 mm。表中带“/”者为倍模拉伸。

表 5－19　壁厚 0.5～0.75 mm 铝合金小直径管材空拉工艺

成品管直径 φ/mm	道次配模直径/mm				
	1	2	3	4	5
6	15.5/15.0	12.5/11.5	10.5/9.5	7.5	6.0
8	15.5/15.0	12.5/11.5	10.5/9.5	8.0	—
10	15.5/15.0	12.5/11.5	10.0	—	—
12	15.5/15.0	13.0/12.0	—	—	—
14	15.5/14.0	—	—	—	—
15	15.5/15.0	—	—	—	—

注：管坯直径 φ16 mm。表中带“—”者为倍模拉伸。

表5－20 空拉铜及铜合金圆管两次退火间道次延伸系统

外径/mm	壁厚/mm	合金牌号	从退火算起的空拉道次			
			1	2	3	4
3～10	0.5～2.0	T2～4、H96	1.25～1.55	1.20～1.50	1.20～1.50	1.35～1.25
		H62	1.25～1.45	1.20～1.45		
10～30	0.5～2.0	T2～4、H96	1.20～1.50	1.20～1.30		
		H62	1.20～1.40			
		HSn70－1	1.30～1.40			
		BZn15－20	1.30～1.50			
		H68	1.25～1.30			
	2.0～5.0	T2～4、H96	1.25～1.37	1.20～1.37		
		H62	1.20～1.45	1.25～1.40		
		BZn15－20	1.20～1.30	1.20～1.30	1.30～1.40	

5.4.4 芯头拉伸管材变形量的确定(配模)

管材芯头拉伸分短芯头、长芯头和游动芯头拉伸，下面主要讨论管材短芯头拉伸配模计算。管材短芯头拉伸主要是确定壁厚减薄量和外径收缩量，并最后确定总变形量及管坯规格。下面以铝合金为例，分析配模的基本原则。

(1)适当安排壁厚减薄量

短芯头拉伸铝合金管材时，由于合金的塑性不同，其变形量的大小也不尽相同。塑性较好的纯铝、3A21、6063、6A02等合金，在满足实现拉伸过程的条件下，应给予较大的变形量以提高生产效率。对于变形较困难的高镁合金，则应适当控制变形量，除满足实现拉伸过程，还要保证制品的表面质量。当拉伸变形量增大时，因金属变形热和摩擦热会迅速提高金属与工具的温度，导致润滑效果的变差，造成芯头粘金属，划伤管材表面。

根据实际经验，铝合金材料按拉伸由难到易程度的顺序为：5A06，5A05，5083，7001，2A12，5A03，2A11，5A02，3A21，6A02，6061，6063，纯铝。

表5－21是各种铝合金短芯头拉伸时，两次退火间的最大道次壁厚减缩比(t_0/t_1)。按每道次壁厚的绝对减少量来分配拉伸道次时，可以参照表5－22中的经验值。

表 5 - 21　短芯头拉伸时铝合金的两次退火间各道次 t_0/t_1 值

合金	两次退火间各道次的 t_0/t_1 最大值			
	1	2	3	4
纯铝，3A21，6063，6A02	1.3	1.3	1.2	空拉
	1.4	1.4	空拉	
2A11，2A12，5A02，5052	1.3	1.1	空拉	
5A03	1.3	空拉		
5A05，5A06	1.15	空拉		

注：1. 高镁合金最好用锥形芯头。每道次减壁量不大于 0.22 mm；2. 空拉整径量为 0.5 ~ 1.0 mm；3. 2A11 2A12 5A02 等合金管材，在两次退火间只安排一次短芯头拉伸，如果需进行第二次短芯头拉伸时，壁厚减缩比一般不大于 1.1。

表 5 - 22　铝合金管材短芯头拉伸道次壁厚减薄量经验值

合 金	成品壁厚 /mm	毛坯壁厚 /mm	道次减壁量/mm			
			1	2	3	4
1035 1050 1060 8A06 3A21 6A02 6063	1.0	2.0	0.4	0.3	0.3	①
	1.5	2.5	0.6	0.4	①	
	2.0	3.5	1.0	0.5	①	
	2.5	4.0	0.8	0.7	①	
	3.0	4.0	1.0	①		
	3.5	5.0	1.0	0.5	①	
	4.0	5.5	1.5	①		
	4.5	6.0	1.5	①		
	5.0	6.0	1.5	①		
5A02 2A11	1.0	2.0	0.4②	0.3②	0.3	①
	1.5	2.5	0.5②	0.5②	①	
	2.0	3.0	0.6②	0.4	①	
	2.5	3.5	0.6②	0.4	①	
	3.0	4.0	1.0②	①		
	3.5	4.5	1.0②	①		
	4.0	5.0	1.0②	①		
	4.5	5.0	1.0②	①		
	5.0	6.0	1.0②	①		

续表5-22

合金	成品壁厚/mm	毛坯壁厚/mm	道次减壁量/mm			
			1	2	3	4
5A03 2A12	1.0	2.0	0.4②	0.3②	0.3	①
	1.5	2.0	0.3②	0.2	①	
	2.0	3.0	0.6②	0.4②	①	
	2.5	3.5	0.6②	0.4②	①	
	3.0	4.0	0.7②	0.3	①	
	3.5	4.5	0.7②	0.3	①	
	4.0	5.0	0.7②	0.3	①	
	4.5	5.5	0.7②	0.3	①	
	5.0	6.0	0.7②	0.3	①	
5A05 5A06	3.0	3.0	0.2②	0.15②	0.15	①
	3.5	4.0	0.2②	0.15②	0.15	①
	4.0	4.5	0.2②	0.15②	0.15	①
	4.5	5.0	0.2②	0.15②	0.15	①
	5.0	5.0	0.2②	0.15②	0.15	①

注：①该道次是整径拉伸，整径量为0.5~1.0 mm；大直径管材的整径量可达到2~4 mm；
②在该道次拉伸之前，必须进行毛坯退火；
③3A21、6A02合金毛坯，在第一道次拉伸之前必须进行退火；
④小直径管材壁厚减壁量尽量要小，大直径管材壁厚减壁量可适当大些。

2)毛料壁厚的确定

短芯头拉伸管毛料壁厚的确定，首先要满足工艺流程是最合理的，其次是保证成品管材符合技术标准的要求。

由于拉伸管毛料多为热挤压制品，表面质量较差，因此在拉伸前须刮皮修理。为了在拉伸过程中能消除刮刀痕迹和较浅的缺陷，从毛料到成品的壁厚减薄量不得小于0.5~1 mm。因各种合金的冷变形程度不同，其减壁量一般为高镁合金减壁0.5 mm，硬合金减壁1.0 mm，软合金减壁1.5 mm。

对于软状态、半软状态以及淬火制品，其最终性能由热处理方法来控制，而冷作硬化管材必须用控制拉伸变形量来保证其性能指标。现行国家标准中，冷作硬化的拉伸管有1060，1050，1A30，8A06，5A02，3A21等几种合金。组织生产时，各种合金的最终冷作量(最末一次退火后的总变形量)应符合表5-23的规定。

表5-23 冷作硬化状态管材冷变形量

合金牌号	冷作变形量	
	t_0/t_1	$\delta\%$
1060 1050	≥1.35	≥25
1A30 8A06	≥2.0	≥55
5A02	≥1.25	≥25
3A21	≥1.35	≥25

3）减径量的控制

为了在管毛料内能顺利地装入芯头，在管毛料内径与芯头之间应留有一定间隙。由于拉伸后的管材内径即为芯头的直径，所以保留的间隙应是拉伸时内径的减径量。带芯头拉伸时，每道次的内径减径量3~4 mm。当管材的内径大于100 mm或弯曲度较大时，第一道拉伸的减径量可选取4 mm。对于内径小于25 mm，且壁厚大于3 mm的管材，为了避免减径量过大而增加内表面的粗糙度，减径量可适当减小。短芯头拉伸时减径量可参照表5-24。

表5-24 短芯头拉伸时的减径量

管材内径/mm	>150	100~150	30~100	<30
退火后第一道拉伸，内径减径量/mm	5	4	3	2
后续各道次拉伸，内径减径量/mm	4	3	2~3	1~2

根据拉伸道次和道次减径量，可以求得成品管材所用管毛料的内径，公式如下：

$$d_0 = d_1 + n \cdot \Delta + \Delta_{整} \tag{5-23}$$

式中：d_0为管毛料内径，mm；d_1为成品管内径，mm；n为短芯头拉伸道次；Δ为道次减径量，mm；$\Delta_{整}$为成品整径量，mm。

4）拉伸力计算及校对各道次安全系数

对于新的管材规格或新的合金材料，制定短芯头拉伸工艺时，必须进行拉伸力计算即校对各道次安全系数，以便确定在哪一台拉伸机上拉伸。

5）管毛料长度的确定

管材的长度对拉伸管的质量有直接关系，一般最终拉伸长度不超过6 m。当拉伸长度超过6 m时，因芯头温度升高而使管材内表面质量下降，尤其是Al-Mg系合金管材内表面质量更难保证；另外在装料时容易形成封闭内腔，空气排不出来而使装料困难；其三，对拉伸设备要求长度要长，设备费用上升。当毛坯长度较短时，拉伸头尾料较多，几何废料上升，生产效率较低。计算管毛料长度 L_0 公式为：

$$L_0 = \frac{L_1 + L_{余}}{\lambda} + L_{夹} \tag{5-24}$$

式中：L_1 为成品管长度，mm；$L_{余}$ 为因管毛料和成品管壁厚偏差影响而需留出的余量，对于不定尺管材可取零，对于定尺管材取 500 ~ 700 mm；λ 为延伸系数；$L_{夹}$ 为拉伸夹头长度，mm。管材直径小于 50 mm 时，$L_{夹}$ 为 200 mm；管材直径 50 ~ 100 mm 时，$L_{余}$ 取 250 mm；管材直径 100 ~ 160 mm 时，$L_{余}$ 取 350 mm；管材直径大于 160 mm 时，$L_{夹}$ 取 400 mm。

铝合金的配模原则也适用于其他有色金属合金。固定短芯头拉伸常见铜及铜合金管材道次延伸率系数见表 5－25 所示；固定短芯头拉伸常见铜及铜合金圆管两次退火间道次延伸系数见表 5－26 所示；固定短芯头拉伸铜及铜合金管减壁量见表 5－27 所示；游动芯头直条方式拉伸铜及铜合金管道次延伸系数见表 5－28 所示。

表 5－25　固定短芯头拉伸常见牌号的铜及铜合金管材道次延伸系数

管坯尺寸/mm		合金牌号	道次				
直径	壁厚		1	2	3	4	5
3 ~ 10	0.5 ~ 2.0	T2 ~ 4, H96	1.45 ~ 1.50	1.40 ~ 1.48	1.40 ~ 1.48	1.38 ~ 1.42	1.40 ~ 1.25
		H62	1.50 ~ 1.70	1.35 ~ 1.45	1.30 ~ 1.40		
10 ~ 30	0.5 ~ 2.0	T2 ~ 4, H96	1.40 ~ 1.48	1.35 ~ 1.48	1.30 ~ 1.40	1.30 ~ 1.35	
		H62	1.40 ~ 1.70	1.25 ~ 1.50			
		HSn70 - 1	1.50 ~ 1.90	1.30 ~ 1.50	1.30 ~ 1.40	1.20 ~ 1.40	
		BZn15 - 20, H68	1.30 ~ 1.45	1.25 ~ 1.45	1.20 ~ 1.40		1.25 ~ 1.30
	2.0 ~ 5.0	T2 ~ 4, H96	1.30 ~ 1.48	1.30 ~ 1.40			
		H62	1.30 ~ 1.50	1.20 ~ 1.40			
		BZn15 - 20, H68	1.25 ~ 1.35	1.20 ~ 1.30	1.20 ~ 1.25		
30 ~ 75	1.0 ~ 2.0	T2 ~ 4, H96	1.35 ~ 1.50	1.30 ~ 1.45	1.30 ~ 1.35	1.20 ~ 1.35	1.25 ~ 1.30
		H62	1.30 ~ 1.55	1.15 ~ 1.40	1.15 ~ 1.25		
	2.0 ~ 5.0	T2 ~ 4, H96	1.20 ~ 1.45	1.27 ~ 1.40	1.25 ~ 1.30		
		H62	1.20 ~ 1.40	1.10 ~ 1.15			
	5.0 ~ 10.0	T2 ~ 4, H96	1.15 ~ 1.40	1.15 ~ 1.22			
		H62	1.20 ~ 1.30	1.10 ~ 1.15			
75 ~ 150	2.5 ~ 5.0	T2 ~ 4, H96	1.20 ~ 1.60	1.15 ~ 1.30	1.15 ~ 1.25		
		H62	1.30 ~ 1.55	1.15 ~ 1.25	1.15 ~ 1.25		
	5.0 ~ 10.0	T2 ~ 4, H96	1.15 ~ 1.30	1.10 ~ 1.25			
		H62	1.10 ~ 1.25	1.10 ~ 1.15	1.10 ~ 1.40		
150 ~ 360	2.0 ~ 5.0	T2 ~ 4, H96	1.15 ~ 1.35	1.10 ~ 1.20	1.15 ~ 1.25		
	5.0 ~ 10.0		1.10 ~ 1.25	1.05 ~ 1.15			

表 5-26　固定短芯头拉伸铜及铜合金圆管两次中间退火的道次延伸系数

合金牌号	两次退火间		
	总延伸系数 λ_Σ	道次数 n	道次延伸系数 λ
T2~4，H96	不限	不限	1.20~1.70
H68,HSn70-1,HAl77-2,HAl70-1.5	1.67~3.30	2~3	1.25~1.60
H62	1.25~2.23	1~2	1.18~1.43
QSn4-0.3,QSn7-0.2,QSn6.5-0.1	1.67~3.3	3~4	1.18~1.43
BFe10-1-1,BFe30-1-1	1.67~3.30	3~4	1.18~1.43
HPb59-1	1.18~1.54	1~2	1.18~1.25
HSn62-1	1.25~1.83	1~2	1.18~1.33
NCu28-2.5-1.5,NCu40-2-1	1.43~2.23	2~3	1.18~1.33

表 5-27　固定短芯头拉伸铜及铜合金管减壁量(mm)

合金牌号 / 管坯壁厚	紫铜、H96	H68、HSn70-1		HAl77-2、H62		HPb59-1	白铜	QSn4-0.3
		退火后		退火后		退火后		
		第1道	第2道	第1道	第2道	第1道		
1.0以下	0.2	0.2	0.1	0.2	0.1	0.15	0.20	0.15
1.0~1.5	0.4~0.6	0.25~0.35	0.10~0.15	0.20~0.30	0.10~0.15	0.20	0.20~0.30	0.15~0.30
1.5~2.0	0.5~0.7	0.35~0.50	0.15~0.20	0.25~0.40	0.10~0.20	0.20	0.30~0.40	0.30~0.40
2.0~3.0	0.6~0.8	0.50~0.60	0.25	0.35~0.50	0.10~0.25	0.25	0.40~0.50	0.40~0.50
3.0~5.0	0.8~1.0	0.60~0.80	0.20~0.30	0.70~0.80	0.25~0.30		0.50~0.55	0.50~0.60
5.0~7.0	1.0~1.4	0.8	0.30~0.40				0.55~0.70	0.60~0.70
7.0以上	1.2~1.5							

表 5-28　游动芯头直条方式拉伸铜及铜合金管道次延伸系数

合金牌号	道次最大延伸系数		平均道次延伸系数	两次退火间总延伸系数
	第1道	第2道		
紫铜	1.72	1.90	1.65~1.75	不限
HAl77-2	1.92	1.58	1.70	3
H68、HSn70-1	1.80	1.50	1.65	2.5
H62	1.65	1.40	1.50	2.2

5.4.5　拉伸润滑

内外表面润滑、带芯头拉伸的管坯，在拉伸前必须充分润滑内表面。

1)铝及铝合金的润滑

铝合金拉伸润滑剂多采用38号或72号汽缸油。通过油泵将润滑油经给油嘴喷涂到管材内表面上。为了改善油的流动性，允许加入少量机油或把油加热到100℃左右，但拉伸时一定要等到润滑油冷却至室温后进行。

2)钛及钛合金的润滑

钛及钛合金拉伸前的润滑通常需要先进行预处理，及涂覆覆盖层，然后再涂覆润滑剂，钛及钛合金的覆盖层、润滑剂和施用方法见表5-29。

表5-29 钛及钛合金的覆盖层、润滑剂和施用方法

品种	覆盖层物质①	润滑剂	施用方法
管材	氟磷酸盐②	二硫化钼水剂	涂层晾干后再涂二硫化钼水剂
	空气氧化	氧化锌+肥皂	在已氧化的表面上涂氧化锌肥皂混合物
棒材	氟磷酸盐	二硫化钼水剂	涂层晾干后再涂二硫化钼水剂
	铜皮	20号-30号机油	挤压后铜皮不去除
线材	氧化退火后涂1号(2号或3号)③④⑤	二硫化钼(或加肥皂水)	涂层晾干后再拉伸
	氧化退火后涂2号(4号⑥)	肥皂粉+硫磺粉	涂层晾干后再拉伸

注：①工艺制度：温度20~35℃，浸泡时间1~10 min；

②氟磷酸盐：1000 mL溶液+50 g $Na_3PO_4 \cdot H_2O$+20 g KF或NaF+26 g HF(50.3%)；

③1号：石墨乳∶水∶水胶∶洗衣粉=14∶7∶1∶0.25；

④2号：生石灰∶食盐=1∶1；

⑤3号：生石灰∶石墨粉∶透平油=2∶4∶1；

⑥4号：12% Na_2SO_4+12% CaO+0.3% Na_3PO_4+0.2% NaCl+余量水。

所有的拉伸方法都必须润滑管材外表面和拉伸模。润滑油应纯净，无水分、机械杂质或金属屑。润滑油在循环使用中应进行过滤并定期更换。

第6章 锻造

通常，锻造成形是以一次塑性加工的棒材、板材、管材或铸件为毛坯生产零件及其毛坯。锻造成形又称为体积成形，受力状态主要是三向压应力状态，是生产高性能、高质量产品的主要方法。由于有色金属锻件具有一系列的优越性，在航空航天、汽车、船舶、交通运输、兵器、电讯等工业部门备受青睐，应用范围越来越广泛，如飞机的起落架、框架、肋条、发动机部件、动环和不动环，航天器上的锻环、轮圈、翼梁和机座等。据统计，2011 年，铝锻件在铝材中的比例已经达到3.0%左右，即70 万吨/年左右。

6.1 锻造的特点及分类

6.1.1 锻造的特点

(1)在锻造过程中，坯料发生明显的塑性变形，有较大量的塑性流动。通过锻造能消除金属的铸态疏松、焊合孔洞，锻件的力学性能一般优于同样材料的铸件。机械中负载高、工作条件严峻的重要零件，除形状较简单的可用轧制的板材、型材或焊接件外，多采用锻件。

(2)锻造是在金属整体性保持的前提下，依靠塑性变形发生物质转移来实现工件形状和尺寸变化的，不会产生切屑，因而材料的利用率高。

(3)在锻造过程中，除尺寸和形状发生改变外，金属的组织、性能也能得到改善和提高，尤其是对于采用铸造坯，经过塑性加工将使其结构致密、粗晶破碎细化和均匀，从而使性能提高。此外，塑性流动所产生的流线也能使其性能得到改善。

(4)锻造加工产品的尺寸精度和表面质量高。锻造加工由于具有上述特点，不仅原材料消耗少、生产效率高、产品质量稳定，而且还能有效地改善金属的组织性能，使它成为金属加工中极其重要的手段之一，因而在国民经济中占有十分重要的地位。

6.1.2　锻造的分类

1. 按锻造方式分类

1）自由锻造

自由锻造是金属铸锭开坯及锻制棒材、饼材、环材等的基本方法之一。其目的是改善金属材料内部组织结构，提高其综合性能，直接锻制成具有一定形状的产品，或作为开坯工序为挤压、轧制等提供中间坯料。自由锻造用的另外一类坯料为铸锭或粉末冶金烧结成的坯料。前者常常具有粗大的柱状晶，而且有害杂质又多聚集在晶界，削弱了晶间强度。后者因不够细密及疏松孔隙多，使材料的塑性降低，容易断裂。只有通过锻造变形和再结晶的作用才能改善材料性质，这是锻造工艺所要达到的主要目的。

自由锻造使用的设备主要是锻造水压机和蒸汽－空气锤。采用快锻水压机和精锻机可以生产组织均匀、尺寸比较精确的锻件。常用的自由锻造方法有镦粗、拔长、冲孔和扩孔等，参见图6－1。

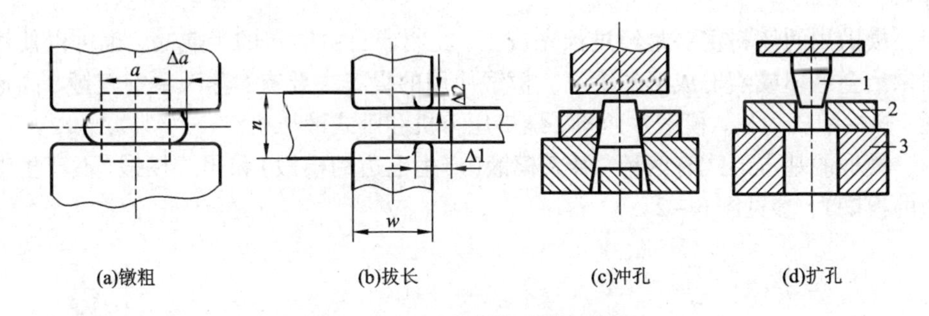

图6－1　几种自由锻造的示意图

（1）镦粗

镦粗是使坯料高度减少、横截面增加的工序。主要用于从截面较小的坯料制造大截面的锻件特别是饼件或环件，或者是为了增加铸造组织破碎的程度，使锻件得到较均匀的组织性能，提高拔长锻造比。

（2）拔长

拔长是使坯料横截面减小、长度增加的锻造工序。坯料的截面积和锻件成品截面积之比称为锻比，为了能破碎坯料的铸造组织，锻比应该大于3。为了增加锻比，可以把拔长工序和镦粗工序结合起来进行。一般塑性较高的材料拔长时可以使用平砧，对于中等塑性或低塑性材料，以及对锻件内部组织要求较高时可采用型砧。

(3)冲孔

冲孔是在坯料上制造出透孔或盲孔的锻造工序。常用的冲孔方法有实心冲孔、空心冲头冲孔和垫环上冲孔。

(4)扩孔

扩孔是减小空心坯料壁厚而同时增加其内外直径的锻造工序。扩孔方法主要有冲头扩孔和马扛扩孔，冲头扩孔时坯料切向受拉应力，每次扩孔量不大。马扛扩孔时坯料切向拉应力很小，不易产生裂纹，适用于锻造薄壁的环形件。

2)模锻

模锻是一种批量生产金属锻件的工艺方法，它是金属材料在一定形状的模腔内变形，可以生产出形状和尺寸都接近成品零件的模锻件。和自由锻造相比，模锻可以节省零件的机加工工作量和材料的消耗，提高劳动生产率以及提高整批产品的质量稳定性。使用模锻工艺可以制造形状十分复杂的锻件，可以使锻件获得良好的纤维组织以及高的力学性能。但是模锻需要使用大功率的锻压设备和昂贵的模具，一般在对零件的组织性能有较高要求而且生产批量比较大时，选用模锻才适合。

模锻用的坯料主要是经过预先挤压、轧制或自由锻造的半成品，也可以使用粉末冶金毛坯或喷射成形的毛坯。模锻使用的设备主要有：蒸汽－空气锤、高速锤、热模锻压力机、模锻水压机、螺旋压力机和卧式锻压机。

模锻的基本形式有两种：开式模锻(产生毛边的模锻)和闭式模锻(不产生毛边的模锻)，参见图6－2。

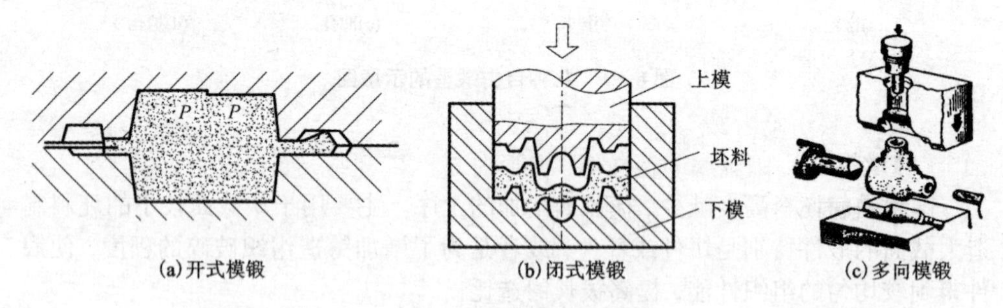

(a)开式模锻　(b)闭式模锻　(c)多向模锻

图6－2　几种模锻的示意图

(1)开式模锻

通常，开式模锻的模具分为上下两部分，分别安装在上下活动横梁上。开式模锻的成形过程可以分为4个阶段：①镦粗变形，坯料的高度减小，并可带有局部压入变形，径向尺寸增大，直到和模腔内壁接触为止。②形成毛边，金属的流动受到模腔的阻碍，有助于流向模腔的高度方向，并开始流向毛边槽。③充满型腔，由于毛边的阻碍作用，金属逐渐充满型腔，并流向毛边槽。④挤出多余金属，形成锻件。

(2)闭式模锻

闭式模锻的锻模的可动部分和不可动部分在金属开始变形之前就形成了封闭的模腔，坯料在完全封闭的状态下变形。闭式模锻时由于应力状态好，可以提高材料的塑性；由于不形成毛边，金属流线沿锻件外形分布而不会被切断，锻件的组织性能也有所提高。

(3)多向模锻

多向模锻也是闭式模锻的一种形式，它是在多向模锻水压机上，采用具有多分模面的组合锻模，制造形状复杂的空心多分支锻件的工艺。多向模锻实质上是一种以挤压为主、挤压和模锻综合的成形工艺。由于可以制造形状复杂、尺寸精度高的模锻件，又适用于锻造温度范围窄的难变形合金的成形，多向锻造得到了广泛应用，如飞机起落架、导弹喷管、高压阀体、高压容器、管接头、盘轴组合件等重要零件。

2.按变形温度分类

1)热锻

热锻是在金属再结晶温度以上进行的锻造。提高温度能改善金属的塑性，有利于提高工件的内在质量，使之不易开裂。高温度还能减小金属的变形抗力，降低所需锻压机械的吨位。但热锻工序多，工件精度差，表面不光洁，锻件容易产生氧化、脱碳和烧损。

2)冷锻

冷锻是在低于金属再结晶温度下进行的锻造，通常所说的冷锻多专指在常温下的锻造。在常温下冷锻成形的工件，其形状和尺寸精度高，表面光洁，加工工序少，便于自动化生产。许多冷锻件可以直接用作零件或制品，而不再需要切削加工。但冷锻时，因金属的塑性低，变形时易产生开裂，变形抗力大，需要大吨位的锻压机械。

3)温锻

在高于常温、但又不超过再结晶温度下的锻造称为温锻。温锻的精度较高，表面较光洁而变形抗力不大。

4)等温锻造

等温锻是在整个成形过程中坯料温度保持恒定值。等温锻是为了充分利用某些金属在等一温度下所具有的高塑性，或是为了获得特定的组织和性能。等温锻需要将模具和坯料一起保持恒温，所需费用较高，仅用于特殊的锻压工艺，如超塑性成形。

6.2 锻造成形的金属流动及应力-应变

锻造成形的基本变形工序有镦粗、拔长、冲孔、扩孔、弯曲等，模锻一般是锻造成形的最后一道工序，各工序具有各自的变形特点，相差较大，下面分别讨论。

6.2.1 镦粗

1. 镦粗变形的金属流动特点

用平砧镦粗圆柱坯料时，随着高度的减小，金属不断向四周流动。由于坯料和工具之间存在摩擦，镦粗后坯料的侧表面将变成鼓形，同时造成坯料内部变形分布不均。如图6-3所示，通过采用网格法的镦粗实验可以看到，根据镦粗后网格的变形程度大小，沿坯料对称面可分为3个变形区。

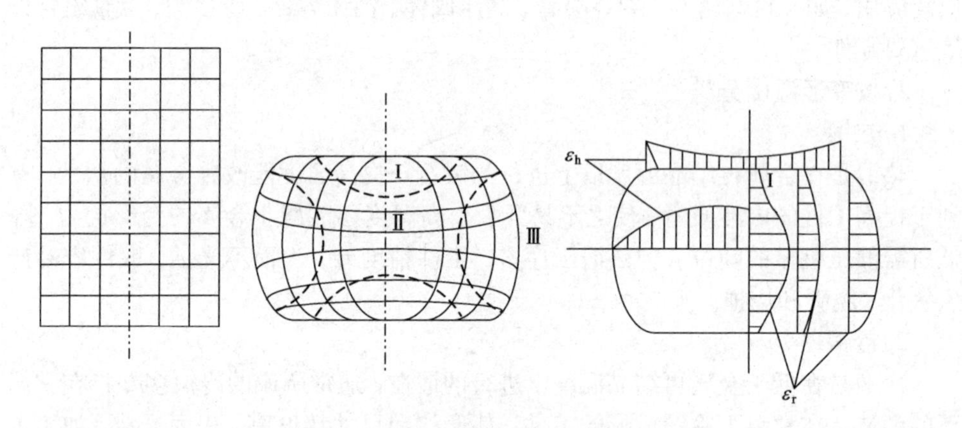

图6-3 圆柱坯料镦粗时的变形分布

(1) Ⅰ区：难变形区，该变形区处于坯料两端面的中部，由于受摩擦力和砧子激冷影响最大，该区域的变形十分困难。

(2) Ⅱ区：大变形区，该变形区处于坯料中段的中部，因受摩擦影响较小，应力状态有利于变形，因此变形程度最大。

(3) Ⅲ区：小变形区(又称为自由变形区)，其变形程度介于Ⅰ区与Ⅱ区之间。因鼓形部分存在切向拉应力，很容易引起表面产生纵向裂纹。

对不同高径比尺寸的坯料进行镦粗时，产生鼓形特征和内部变形分布也不同。如图6-4所示。

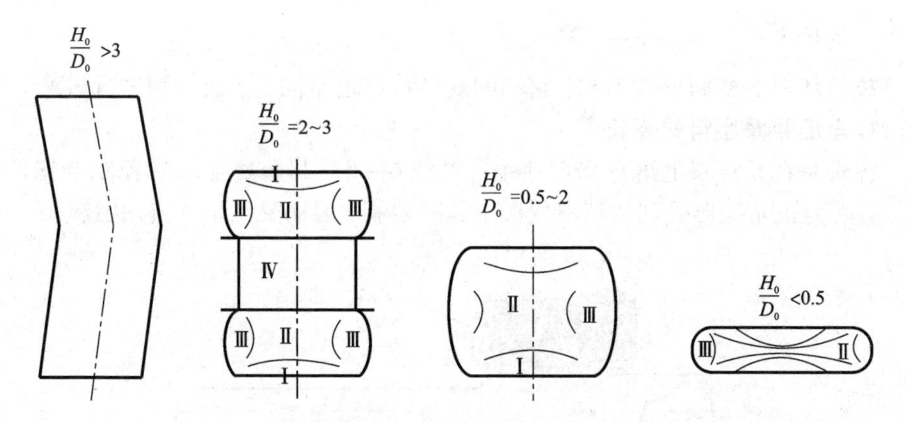

图6－4　不同高径比坯料镦粗时鼓形情况与变形分布

当高径比 C_i'时，坯料容易失稳而弯曲。尤其当坯料端面与轴线不垂直，或坯料有初弯曲，或坯料各处温度和性能不均，或砧面不平时，更容易产生弯曲。弯曲的坯料如果不及时校正而继续镦粗则产生折迭。

高径比为 $P_i' = m_i'\sigma F_i'$时，在坯料的两端先产生双鼓形，形成 *I*、Ⅱ、Ⅲ、Ⅳ4 个变形区。其中，区域 *I*、Ⅱ、Ⅲ同前所述，坯料中部为均匀变形区Ⅳ，该区受摩擦影响小，内部变形均匀分布，侧表面保持圆柱形。如果继续镦粗到 $H_1 = 2D_1$ 时，则由双鼓形变开始变化成为单鼓形。

高径比为 $H_0/D_0 = 0.5 \sim 2$ 时，只产生单鼓形，坯料变形均匀，形成 3 个变形区。

高径比为 $H_0/D_0 \leqslant 0.5$ 时，由于相对高度较小，两个难变形区相遇，变形抗力急剧上升，锻造过程难以进行。

由此可见，坯料在镦粗过程中，鼓形的形式是不断变化的。

2. 镦料时坯料不同截面形状的应力－应变特点

镦料时，坯料的截面形状不同，其截面上的变形情况也不一样。圆形截面的变形特点是：在变形过程中截面形状基本保持为圆形截面；而矩形截面坯料在平砧间镦粗时，由于沿横截面的长度和宽度两个方向上受到的摩擦阻力不同，变形体内各处的情况也是不同的，由于长度方向的阻力大于宽度方向的阻力，当坯料在高度方向被压缩后，金属沿宽度方向的伸长应变较大，长度方向伸长应变较小，因此矩形坯料镦粗时，随着镦粗的不断进行，矩形截面慢慢趋于形成椭圆形，最后趋于圆形截面。

6.2.2 拔长

拔长坯料的截面形状不同，它们的变形特点也不同，下面分别进行讨论。

1.矩形截面坯料的拔长

拔长是在长坯料上进行局部压缩，见图6-5。其金属变形和流动与镦粗相近，但因为压缩变形受到两端不变形金属的限制，因而又区别于自由镦粗。

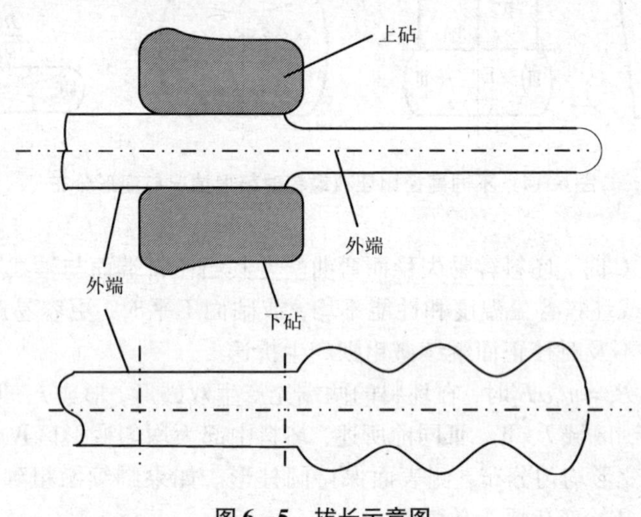

图6-5 拔长示意图

矩形截面坯料拔长时，当相对送进量较小时，即送进长度 l 与宽度 a 之比，l/a 较小时，金属多沿轴向流动，轴向的变形程度 ε_l 较大，横向的变形程度 ε_a 较小；随着 l/a 的不断增大，ε_l 逐渐减小，ε_a 逐渐增大。ε_l 和 ε_a 随 l/a 变化的情况如图6-6所示。由图中可看出，在 $l/a=l$ 处，$\varepsilon_l>\varepsilon_a$，即拔长时沿横向流动的金属量少于沿轴向流动的金属量。而在自由镦粗时，沿轴向和横向流动的金属相等。显然，拔长时，由于两端不变形金属的作用，阻碍了变形区金属的横向流动。

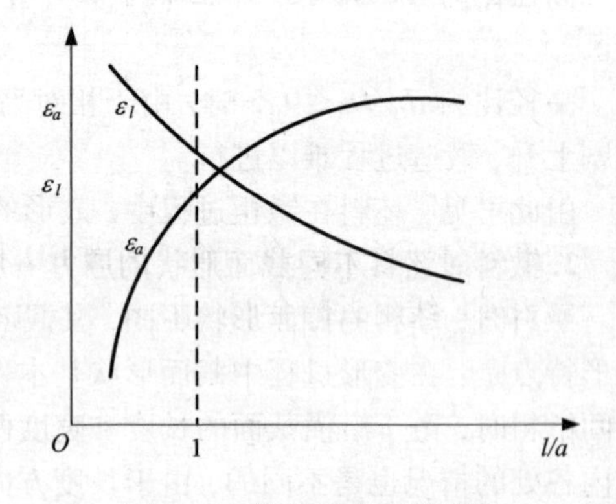

图6-6 拔长时变形的分析

拔长变形的主要控制参数是送进量和压下量，它们对拔长变形状态影响显著：

(1)当送进量较大($l>0.5h$)时，见图6-7，轴心部分变形大，处于三向压应力状态，有利于焊合坯料内部的孔隙、疏松，而侧表面的切向受拉应力。

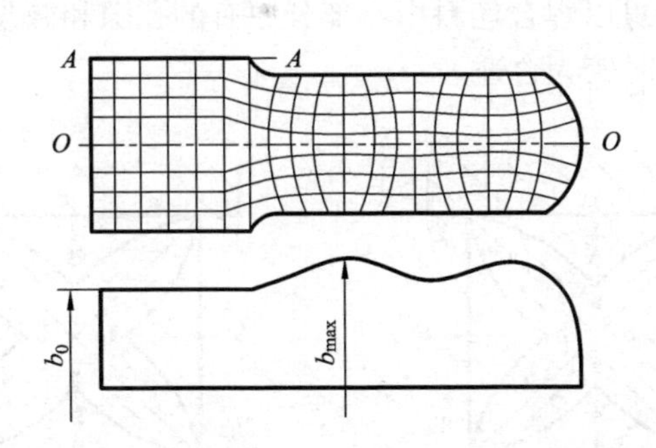

图6-7 拔长时坯料纵向剖面的金属流动变化

(2)当送进量过大($l>h$)和压下量也很大时，此处可能展宽过多而产生较大的拉应力引起开裂。但拔长时由于受两端未变形部分或称为外端牵制，变形区内的变形分布和镦粗时略有不同，即接触面A—A也有较大的变形，由于工具摩擦的影响，该接触面中间变形小，两端变形大，其总变形程度与沿0—0是一样的，但沿接触面A—A及其附近的金属主要是由于轴心区金属的变形而被拉着伸长的。因此，在压缩过程中一直受到拉应力，与外端接近的部分受拉应力最大，变形也最大，因而常易在此处产生表面横向裂纹。由此可见，拔长时，外端的存在加剧了轴向附加应力，尤其在边角部分，由于冷却较快，塑性降低，更易开裂。

一般情况下，坯料被压缩时，沿横截面上金属流动的情况，如图6-8(a)所示，A区(难变形区)金属带着它附加的A区金属向轴心方向移动，B区金属带着靠近它的B区金属向增宽方向流动，因此A、B两区金属向着两个相反的方向流动。当坯料翻转90°，再锻打时，A、B两区相互调换，见图6-8(b)。但其金属的流动仍沿着两个相反的方向，因而DD_1和EE_1便成为两部分金属的相对移动线，在DD_1和EE_1线附近的金属变形最大。当多次反复地翻转锻打时，A、B两区金属流动的方向不断改变，其剧烈的变形产生了很大的热量，使得两区内温度剧升，此处的金属很快地过热，甚至发生局部熔化现象。因此，在切应力作用下，很快地沿对角线产生破坏。当坯料质量不好，锻件加热时间较短，内部温度较低，或打击过重时，由于沿对角线上金属流动过于剧烈、产生严重的加工硬化现象，也促使金属很快地沿对角线开裂。

(3)在拔长大锭料时，即$l<0.5h$，这时坯料内部变形也是不均匀的，变形情况如图6-9所示，上部和下部变形大，中部变形小，变形主要集中在上、下两部分，中间部分锻不透，轴心部分沿轴向受附加拉应力。当拔长铸锭坯料和低塑性材料时，轴心部位原有的疏松等缺陷将进一步扩大，易在拔长的轴向产生横向

裂纹。

综合以上分析可见：送进量过大和过小都不好；只有送进量适当时，坯料可以很好地锻透，而且可以焊合坯料中心部分原有的孔隙和微裂纹。根据经验一般认为 $l/h=0.5\sim0.8$ 时较为合适。

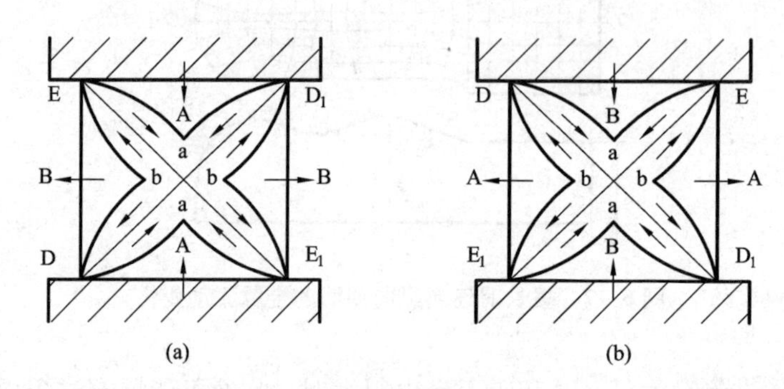

图 6－8　拔长时坯料横截面上金属流动情况

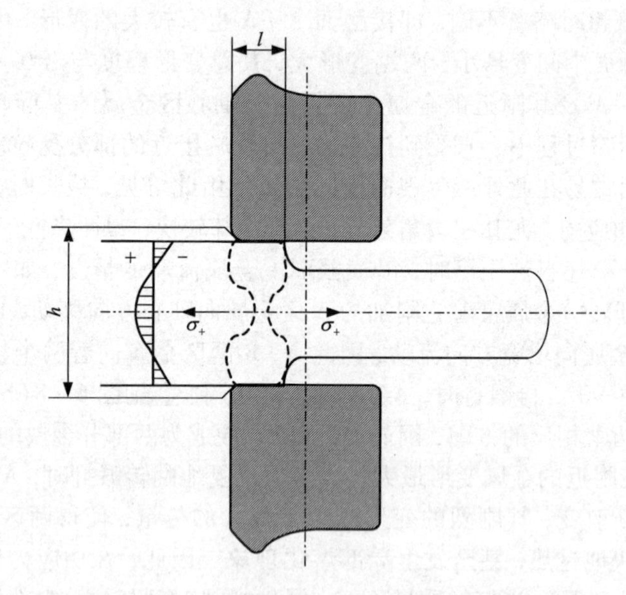

图 6－9　小送进量拔长时变形和应力情况

2. 圆截面坯料的拔长

用平砧拔长圆截面坯料，当压下量较小时，接触面较窄、较长时，沿横向阻力最小，所以金属横向流动多，轴向流动少，显然，拔长的效率很低。用平砧采用小压缩量拔长圆截面坯料时，不仅生产效率低，而且易在锻件内部产生纵向裂纹，见图6－10。产生裂纹的原因在于工具与金属接触时，首先是线接触，然后接触区域逐渐扩大。接触面附近的金属受到的压应力大，工具与坯料之间的摩擦力也随之增大，而且由于接触温度降低较快，使其变形抗力增加，导致ABC区域成为难变形区。在压力作用下，ABC区就像一个刚性楔子。继续压缩时，通过AB、BC面沿着与其垂直的方向，将应力σ_b传给坯料的其他部分，使坯料中心部分受到合力σ_r的作用。另一方面，由于在坯料上、下端的压应力大，变形主要集中在上、下部分，金属沿横向流动，结果对轴心部分金属产生附加拉应力。

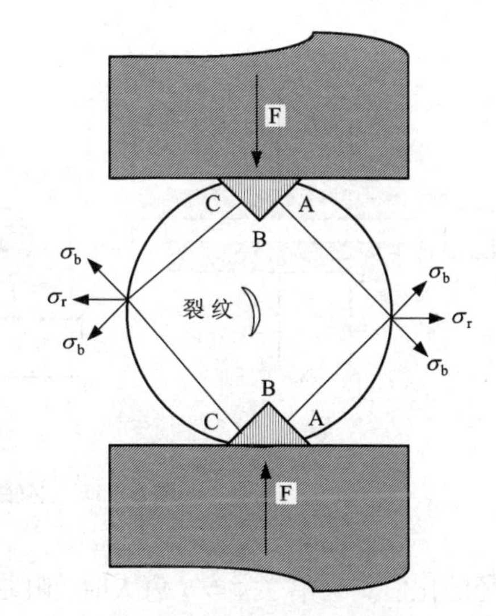

图6－10 平砧小压下量圆截面坯料的受力情况

上述分析中附加拉应力和合力方向是一致的，均对轴心部分产生拉应力，在此拉应力作用下，使坯料中心部分原有的孔隙、微裂纹继续发展和扩大。当拉应力的数值大于金属的强度极限时，金属就开始破坏，产生纵向裂纹。

拉应力的数值与相对压下量$\Delta h/h$有关，当变形量较大时($\Delta h/h>30$)，难变形区的形状也改变了，相当于矩形截面坯料在平砧下拔长，轴心部分处于三向压应力状态。

3.空心件拔长

空心件拔长一般叫芯轴拔长。芯轴拔长是一种减小空心坯料外径而增加其长度的锻造工序，用于锻制长筒类锻件，见图6－11(a)。

芯轴上拔长与矩形截面坯料拔长一样，被上、下砧压缩的那一段金属是变形区，其左右两侧金属为外端。变形区又可分为A、B区，见图6－11(b)。A区是直接受力区，B区是间接受力区，B区受力和变形主要是由于A区变形引起的。

(1)在平砧上进行芯轴拔长时金属流动特点

A区金属沿轴向和切向流动，见图6－11(b)、6－11(c)。A区金属轴向流动时，借助于外端的作用拉着B区金属一起伸长；而A区金属沿切向流动时，则受到外端的限制，因此，芯轴拔长时，外端对A区金属切向流动的限制愈强烈，愈有利于变形金属的轴向伸长；反之，则不利于变形区金属的轴向流动。如果没有外端存在，则环形件(在平砧上)将被压成椭圆形，变成扩孔成形了。

(2)拔长时外端的影响

外端对变形区金属切向流动限制能力与空心件相对壁厚(即空心件壁厚与芯

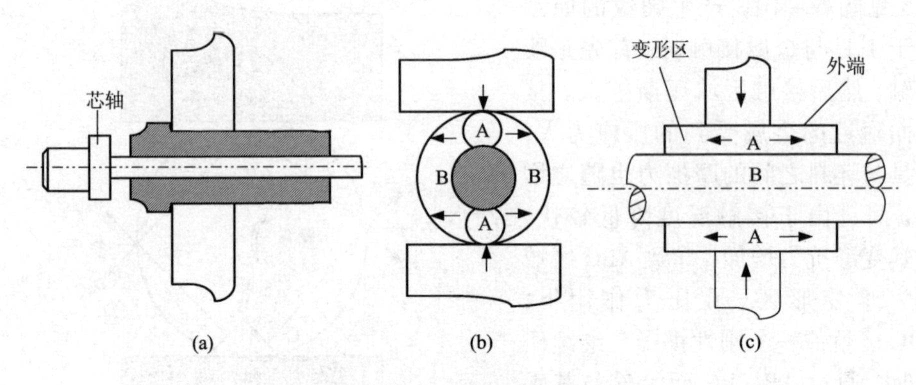

图6-11 芯轴拔长示意图

轴直径的比值 t/d)有关。t/d 愈大时，限制的能力愈强。当 t/d 较小时，外端对变形区切向流动限制的能力较小。为了提高拔长效率，可以将下平砧改为V形型砧，借助于工具的横向压力限制A区金属的切向流动。若 t/d 很小，可以把上、下砧都采用V型砧。

因此，为提高拔长效率和防止孔壁产生裂纹，对于厚壁锻件($t/d>0.5$)，一般采用上平砧和下V形型砧；对于薄壁空心锻件($t/d\leqslant 0.5$)，上、下均采用V形型砧。

6.2.3 冲孔

在坯料上锻制出通孔或盲孔的工序叫作冲孔。冲孔是局部加载、整体受力、整体变形。坯料分为直接受力区(A区)和间接受力区(B区)两部分，见图6-12。冲孔变形的应力-应变特点如下。

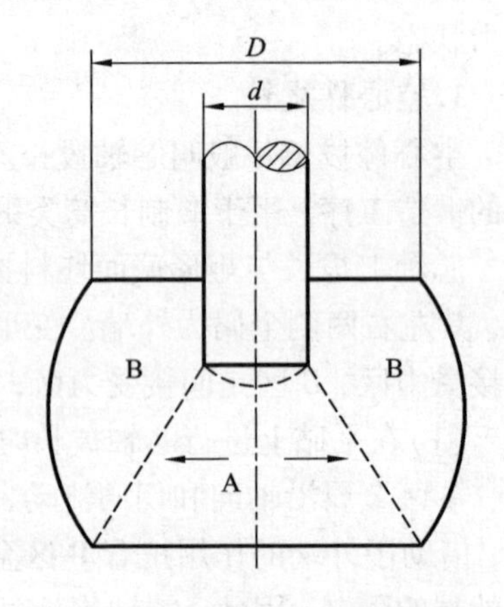

图6-12 开式冲孔变形区分布

1.A区金属的变形特点

A区金属的变形可看做是环形金属包围下的镦粗。A区金属被压缩后高度减小，横截面积增大，金属沿径向外流，但受到环壁的限制，故处于三向受压应力状态。通常A区内金属不是同时进入塑性状态，在冲头端部下面的金属由于摩擦力作用成为难变形区，当坯料较高时，由于沿加载方向受力面积逐渐扩大，应力的绝对值逐渐减小，造成变形是由上往下逐渐发展。随着冲头的下降，变形区也逐渐下移。由于是环形金属包围下的镦粗，故冲孔时单位压力比自由镦粗时要大，环壁愈厚，单位冲孔力也愈大。单位冲孔力的公式为：

$$p=\sigma_s(2+1.1\ln\frac{D}{d}) \tag{6-1}$$

可见 D/d 愈大，即环壁愈厚时，单位冲孔力 p 也愈大。

2. B 区的受力和变形

B 区的受力和变形主要是由于 A 区的变形引起的。由于作用力分散传递的影响，B 区金属在轴向也受一定的压应力，愈靠近 A 区其轴向压应力愈大。冲孔时坯料的形状变化情况与 D/d 关系很大，如图 6－13 所示。一般有 3 种可能的情况：

①$D/d\leqslant 2\sim3$ 时，拉缩现象严重，外径明显增大，见图 6－13(a)；

②$D/d=3\sim5$ 时，几乎没有拉缩现象，而外径仍有所增大，见图 6－13(b)；

③$D/d>>5$ 时，由于环壁较厚，扩径困难，多余金属挤向端面形成凸台，见图 6－13(c)。

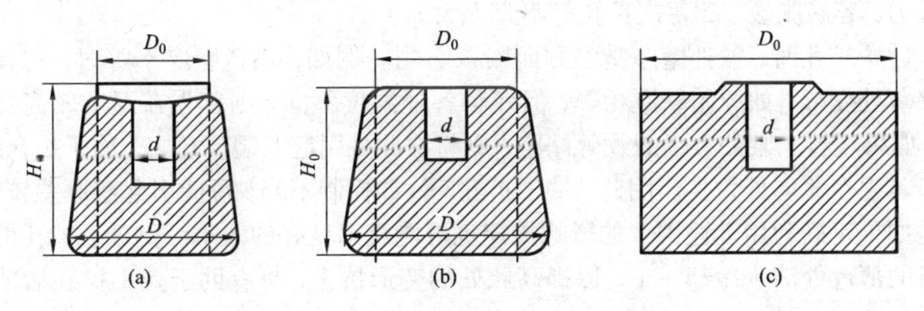

图 6－13　冲孔时坯料形状变化的情况

坯料冲孔后的高度，一般是小于或等于坯料原高度 H_0。随着总孔深度的增加，坯料高度将逐渐减小。但当超过某极限值后，坯料高度又增加，这是由于坯料底部产生翘底的缘故。当 D/d 的比值越小，拉缩现象越严重。由于 A 区的金属是同一连续整体，被压缩的 A 区金属必将拉着 B 区金属同时下移。作用的结果使上端面下凹，而高度减小。

6.2.4　扩孔

扩孔工序用于锻造各种带孔锻件和圆环锻件，常用的扩孔方法有冲子扩孔和芯轴扩孔，见图 6－14。

1. 冲子扩孔

冲子扩孔，如图 6－14(a)所示，坯料径向受压应力，切向受拉应力，轴向受力很小。坯料尺寸的相应变化是壁厚减薄，内外径扩大，高度有较小变化。冲子扩孔所需的作用力可产生较大的径向分力，并在坯料内产生数值更大的切向拉应

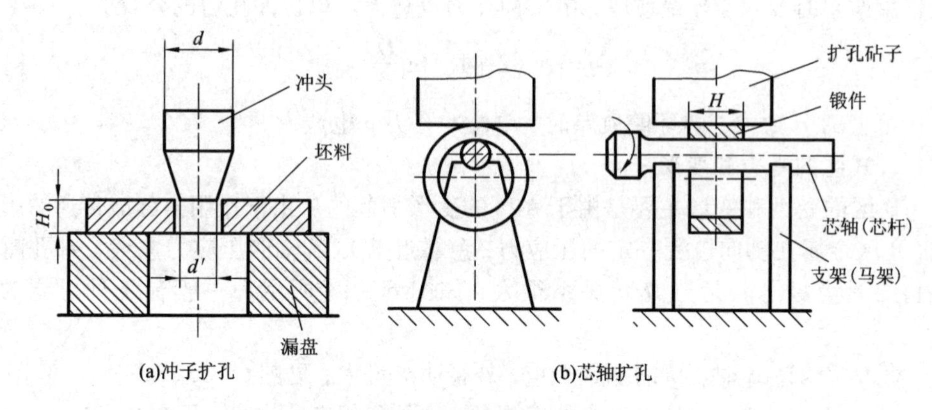

(a)冲子扩孔　　(b)芯轴扩孔

图6-14　常用的扩孔方法

力。另外坯料处于异号应力状态，较易满足塑性条件。由于冲子扩孔时坯料切向受拉力，容易胀裂，故每次扩孔量不宜太大。

冲子扩孔时，锻件壁厚受多方面因素影响。例如，坯料壁厚不等时，将首先在壁薄处变形；如原始壁厚相等，但坯料各处温度不同，则首先在温度较高处变形；如果坯料上某处有微裂纹等缺陷，则将在此处引起开裂。总之，冲子扩孔时，变形首先在薄弱处发生。因此，冲子扩孔时，如控制不当，可能引起壁厚差较大。但是如果正确利用上述因素的影响规律也可能获得良好的效果。例如，扩孔前将坯料的薄壁处沾水冷却一下，以提高此处的变形抗力，将有助于减小扩孔后的壁厚差。

2. 芯轴扩孔

芯轴扩孔时，变形区金属沿切向和宽度(高度)方向流动。这时除宽度(高度)方向的流动受到外端的限制外，切向的流动也受到限制，如图6-14(b)所示。

芯轴扩孔时变形区金属主要沿切向流动。在扩孔的同时增大内、外径，其原因是:

①变形区沿切向的长度远小于宽度(即锻件的高度)。

②芯轴扩孔锻件一般壁较薄，外端对变形区金属切向流动的阻力远比宽度方向的小。

③芯轴与锻件的接触面呈弧形，有利于金属沿切向流动。

因此，芯轴扩孔时锻件尺寸变化是壁厚减薄，内外径扩大。宽度(高度)稍有增加。由于变形区金属受三向压应力，故不易产生裂纹破坏。因此，芯轴扩孔可以锻制薄壁的锻件。

6.2.5 弯曲

将坯料弯成所规定外形的锻造工序称为弯曲，这种方法可用于锻造各种弯曲类锻件，如起重吊钩、弯曲轴杆等。

坯料在弯曲时，弯曲变形区的内侧金属受压缩，可能产生折叠，外侧金属受拉伸，容易引起裂纹。而且弯曲处坯料断面形状要发生畸变，见图6-15，断面面积减小，长度略有增加。弯曲半径越小，弯曲角度越大，上述现象则越严重。

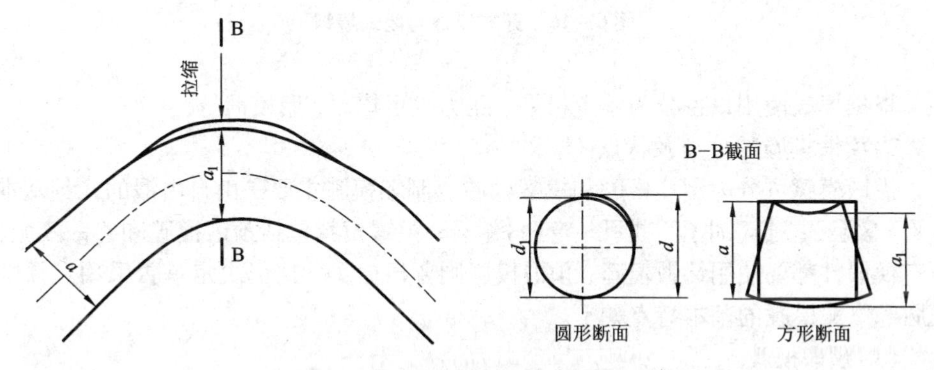

图6-15 弯曲时断面形状的畸变

由于弯曲具有上述变形特点，在确定坯料形状和尺寸时，考虑到弯曲变形区断面减小，一般坯料断面应比锻件断面稍大(增大10%~15%)，锻时先将不弯曲部分拔长到锻件尺寸，然后再进行弯曲成形。此外，要求坯料加热均匀，最好仅加热弯曲段。

当锻件有数处弯曲时，弯曲的次序一般是先弯端部，其次弯与直线相连接的地方，最后再弯其余的部分。

6.2.6 模锻

模锻是在模锻设备上，利用高强度锻模，使金属坯料在具有一定形状和尺寸的模膛内受冲击力或静压力产生塑性变形，从而获得所需形状、尺寸以及内部质量要求的锻件加工方法。在模锻变形过程中，由于模膛对金属坯料流动的限制，因而锻造终了时可获得与模膛形状相符的模锻件。

1)模锻的分类

模锻按模锻时有无飞边可把模锻分为开式模锻和闭式模锻，参见图6-16。模锻时，多余金属由飞边处流出，由于飞边厚度较薄，径向阻力增大，可以使金属充满模膛，这种方式被称为开式模锻。闭式模锻是在成形过程中，模膛是封闭的，特别有利于低塑性材料的成形。

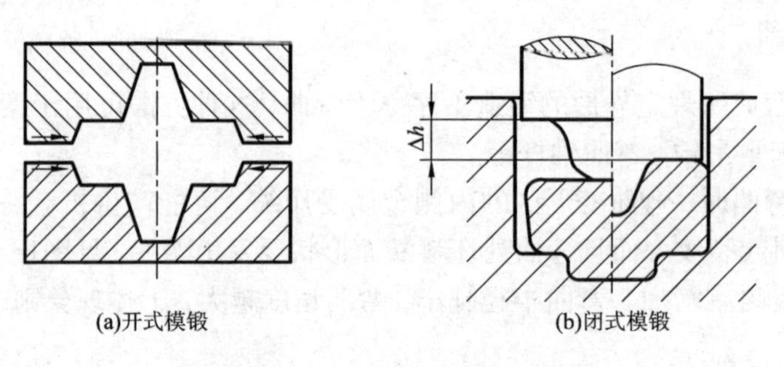

图 6－16　开式模锻与闭式模锻

根据模锻使用设备分为锤上模锻、压力机上模锻、胎模锻等。

2)模锻模膛的分类及特点

模锻模膛可分为制坯模膛和模锻模膛。制坯模膛主要是由自由锻的几种基本变形(镦粗、拔长、冲孔、扩孔、弯曲)组合；模锻模膛包括预锻模膛和终锻模膛。所有模锻件都要使用终锻模膛，预锻模膛则要根据实际情况决定是否采用。预锻模膛和终锻模膛的基本特点如下。

(1)预锻模膛

用于预锻的模膛称为预锻模膛。对于模锻外形较为复杂的锻件，常采用预锻工步，使坯料先变形到接近锻件的外形与尺寸，以便合理分配坯料各部分的体积，避免折迭的产生，并有利于金属的流动，易于充满模膛，同时可减小终锻模膛的磨损，延长锻模的寿命。预锻模膛和终锻模膛的主要区别是前者的圆角和模锻斜度较大，高度较大，一般不设飞边槽。只有当锻件形状复杂、成形困难，且批量较大的情况下，设置预锻模膛才是合理的。

(2)终锻模膛

使金属坯料最终变形到所要求的形状与尺寸。由于模锻需要加热后进行，锻件冷却后尺寸会有所缩减，所以终锻模膛的尺寸应比实际锻件尺寸放大一个收缩量。

模锻的变形特点比较复杂，不同模锻件及同一模锻件的不同部位的变形特点都相差很大，需要具体问题具体分析。由于模锻的变形是基本变形的组合，因此其每一段的变形特点，基本上可以用一种或两种基本变形来描述。

6.3 锻造的主要参数控制

6.3.1 锻造加热温度及范围的控制

1. 确定锻造温度范围的原则和方法

通常金属材料的强度会随着自身温度的升高而下降，塑性提高。因此，通过加热可以提高锻造坯料的塑性，降低变形抗力，以改善其锻造的性能。而且，随着加热温度的升高，金属材料的抗力降低，可以用较小的锻打力使锻件获得较大的变形而不破裂，大大降低了设备吨位。但加热温度过高，也会使锻件质量下降，甚至造成废品。

锻造温度范围是指开始锻造温度（始锻温度）和结束锻造温度（终锻温度）之间的一段温度区间。

1）锻造温度范围的确定原则

应能保证金属在锻造温度范围内具有较高的塑性和较小的变形抗力，并能使制定出的锻件获得所希望的组织和性能。在此前提下，锻造温度范围应尽可能取得宽一些，以便减少锻造火次，降低消耗，提高生产效率，并方便操作等。

2）确定锻造温度范围的基本方法

运用合金相图、塑性图、抗力图及再结晶图等，从塑性、变形抗力和锻件的组织性能3个方面进行综合分析，确定出合理的锻造温度范围，并在生产实践中进行验证和修改。

合金相图能直观地表示出合金系中各种成分的合金在不同温度区间的相组成情况。一般单相组织比多相组织塑性好、抗力低。多相组织由于各相性能不同，使得变形不均匀，同时基体相往往被另一相机械地分割，故塑性低，变形抗力提高。锻造时应尽可能使合金处于单相状态以便提高工艺塑性和减小变形抗力，因此，首先应根据相图适当地选择锻造温度范围。

塑性图和抗力图是对某一具体牌号的金属，通过热拉伸、热弯曲或热镦粗等试验所测绘出的关于塑性、变形抗力随温度而变化的曲线图。为了更好地符合锻造生产实际，常用动载设备和静载设备进行热墩粗试验，这样可以反映出变形速度对再结晶、相变以及塑性、变形抗力的影响。

再结晶图表示变形温度、变形程度与锻件晶粒尺寸之间的关系，是通过试验测绘的。它对确定最后一道变形工序的锻造温度、变形程度具有重要参考价值。对于有晶粒度要求的锻件（例如高温合金锻件），其锻造温度常须要根据再结晶图来检查和修正。

2. 几种常用有色金属的锻造温度及范围

对于铝合金、钛合金、铜合金等，往往须要综合运用各种方法，才能确定出合理的锻造温度范围。

1)铝合金的锻造温度及范围

铝合金的锻造温度及范围选取见表6-1和表6-2。

表6-1 铝合金锻造加热温度选择

合金种类	合金牌号	锻造温度/℃		加热温度 (+10~-20)/℃	保温时间 /(min·mm^{-1})
		始锻	终锻		
锻铝	6A02	480	380	480	1.5
	2A50, 2B50, 2A70, 2A80, 2A90	470	360	470	
	2A14	460	360	460	
硬铝	2A01, 2A11, 2A16, 2A17	470	360	470	
	2A02, 2A12	460	360	460	
超硬铝	7A04, 7A09	450	380	450	3.0
防锈铝	5A03	470	380	470	1.5
	5A02, 3A21	470	360	470	
	5A06	470	400	400	

表6-2 铝合金的(推荐用)锻造温度范围

铝合金	锻造温度/℃	铝合金	锻造温度/℃	铝合金	锻造温度/℃
1100	315~405	2618	410~455	7010	370~440
2014	420~460	3003	315~405	7039	382~438
2025	420~450	4032	415~460	7049	360~440
2218	405~450	5083	405~460	7075	382~482
2219	427~470	6061	432~482	7079	405~455

2)镁合金的锻造温度及范围

镁合金锻造温度范围确定的原则与铝合金相似，为了获得晶粒细小、组织均匀，力学性能合格的锻件，控制终锻温度十分重要。随着终锻温度的提高，合金的抗拉强度下降。为了得到最高的抗拉强度指标，同时考虑到终锻温度下的合金的塑性不至于太低，变形抗力不至于过大，终锻温度应该在270~290℃之间，镁合金的 MB2 和 MB5 的终锻温度与力学性能的关系见表 6 - 3。

表 6 - 3　终锻温度对镁合金锻件力学性能的影响

终锻温度/℃	AZ40M(MB2)		AZ61M(MB5)	
	σ_s/MPa	δ/%	σ_s/MPa	δ/%
225 - 230	323	9.2	381	7.6
270 - 280	304	10.8	341	9.6
290 - 300	291	11.2	330	9.7
320 - 330	264	12.4	315	10.2
380 - 400	255	18.2		

3)钛合金的锻造温度及范围

(1)开坯

钛合金的始锻(开坯)温度在β转变点以上 150 ~ 250℃，这时，铸造组织的塑性最好。开始时应轻击、快击使锭料变形，直到打碎初生粗晶粒组织为止。变形程度必须保持在 20% ~ 30% 范围内。把锭料锻成所需截面，然后切成定尺寸毛坯。

铸造组织破碎后，塑性增加。聚集再结晶是随温度升高、保温时间加长和晶粒的细化而加剧的，为了防止产生聚集再结晶，必须随晶粒细化逐步降低锻造温度，加热保温时间也要严格加以控制。

(2)多向反复镦拔

钛合金是在β转变点温度以上 80 ~ 120℃始锻，交替进行 2 ~ 3 次镦粗和拔长，同时交替改变轴线和棱边。这样使整个毛坯截面获得非常均匀、具有β区变形特征的再结晶细晶组织。如毛坯是在轧机上轧制，可不必进行此种多向镦拔。

(3)第二次多向反复镦拔

与第一次多向反复镦拔方式一样，但始锻温度取决于锻后是：半成品(即下一道工序的毛坯)还是交付产品。若是作下一道工序的毛坯，始锻温度可比β转变温度高 30 ~ 50℃；若是交付产品，始锻温度则在β转变温度以下 20 ~ 40℃。

由于钛的导热率低，在自由锻设备上镦粗或拔长坯料时，若工具预热温度过低，设备的打击速度低，变形程度又较大，往往在纵剖面或横截面上形成 X 形剪切带。水压机上非等温镦粗时尤其如此。这是因为工具温度低，坯料与工具接触造成金属坯料表层激冷，变形过程中，金属产生的变形热又来不及向四周热传导，从表层至中心形成较大的温度梯度，结果金属形成强烈流动的应变带。变形程度愈大，剪切带愈明显，最后在符号相反的拉应力作用下形成裂纹。因此，在自由锻造钛合金时，打击速度应快些，尽量缩短毛坯与工具的接触时间，并尽可能预热工具到较高的温度，同时还要适当控制一次行程内的变形程度。

锻造时，锻件棱角处冷却最快。因此拔长时必须多次翻转毛坯，并调节锤击力，以免产生锐角。锤上锻造时，开始阶段要轻打，变形程度不超过5%～8%，随后可以逐步加大变形量。

(4)钛合金锻造的加热工艺

为了制定钛合金的加热工艺，首先需要解决钛合金加热的特点，其特点如下：

①钛合金与铜、铝、铁和镍相比，钛的导热率低，加热的主要困难是：采用表面加热方法时，加热时间相当长。大型坯料加热时，截面温差大。与铜、铁、镍基合金不同，钛合金的导热率是随着温度的提高而增加。

②钛合金加热的第二个特点是，当提高温度时它们会与空气发生强烈的反应。当在650℃以上加热时，钛与氧强烈反应，而在700℃以上时，则与氮也发生反应，同时形成被这两种气体所饱和的较深表面层。例如，当采用表面加热方式把直径350 mm的钛坯料加热到1100～1150℃时，就需要在钛与气体强烈反应的温度范围中保温3～4 h以上，则可能形成厚度1 mm以上的吸气层。这种吸气层会恶化合金的变形性能。

③在具有还原性气氛的油炉中加热时，吸氢特别强烈，氢能在加热过程中扩散到合金内部，降低合金的塑性。当在具有氧化性气氛的油炉中加热时，钛合金的吸氢过程显著减慢；在普通的箱式电炉中加热时，吸氢更慢。

由此可知，钛合金毛坯应在电炉中加热。当不得不采用火焰加热时，应使炉内气氛呈微氧化性，以免引起氢脆。无论在哪类炉子中加热，钛合金都不应与耐火材料发生作用，炉底上应垫放不锈钢板。不可采用含镍量超过50%的耐热合金板，以免坯料焊在板上。

为了使锻件和模锻件获得均匀的细晶组织和高的力学性能，加热时，必须保证毛坯在高温下的停留时间最短。因此，为解决加热过程中钛合金的导热率低和高温下吸气严重的问题，通常采用分段加热。在第一阶段，把坯料缓慢加热到650～700℃，然后快速加热到所要求的温度。因为钛在700℃以下吸气较少，分段加热时，氧在金属中总的渗透效果比一般加热时小得多。

采用分段加热可以缩短坯料在高温下的停留时间。虽然钛在低温时导热系数低，但在高温时导热系数与钢相近，因此，钛加热到700℃后，可比钢更快地加热到高温。

对于要求表面质量较高的精密锻件，或余量较小的重要锻件(如压气机叶片、盘等)，坯料最好在保护气氛中加热(氩气或氦气)，但这样投资大，成本高，且出炉后仍有被空气污染的危险，因此生产中常采用涂玻璃润滑剂保护涂层，然后在普通箱式电阻炉中加热。玻璃润滑剂不仅可避免坯料表面形成氧化皮，还可减少 α 层厚度，并能在变形过程中起润滑作用。

工作时若短时间中断，应将装有坯料的炉子的温度降至 850℃，待继续工作时，以炉子功率可能的速度将炉温重新升至始锻温度。当长时间中断工作时，坯料应出炉，并置于石棉板或干砂上冷却。

3. 加热时间及加热速度的确定

加热时间是指坯料装炉后从开始加热到出炉所需要的时间，包括加热各阶段的升温时间和保温时间。加热时间可按传热学理论计算，但因计算复杂，与实际差距大，生产中很少采用。工厂中常用经验公式、经验数据、试验图线确定加热时间，虽有一定局限性，但很方便。

1）装料炉温的确定

金属坯料在低温阶段加热时，由于处于弹性变形状态，塑性低，很容易因为温度应力过大而引起开裂。对于导热性差及断面尺寸大的坯料，为了避免直接装入高温炉内的坯料因加热速度过快而引起断裂，坯料应先装入低温炉中加热，故须要确定坯料装料时的炉温。

可按坯料断面最大允许温差来确定装料炉温。根据对加热温度应力的理论分析，圆柱体坯料表面与中心的最大允许温差（℃）计算式如公式(6－2)：

$$[\Delta t]=\frac{1.4[\sigma]}{\beta E} \tag{6-2}$$

式中：$[\sigma]$为材料的许用应力，MPa，可按相应温度下的强度极限计算；β 为线膨胀系数，℃$^{-1}$)；E 为弹性模量，MPa。

由上式算出最大允许温差，再按不同热阻条件下最大允许温差与允许装料炉温的理论计算曲线，便可订出允许装料炉温。生产实践表明，上述理论计算方法所得的允许炉温偏低，还应参考有关经验资料与试验数据进行修正。

2）加热速度的确定

金属加热速度是指加热时温度升高的快慢。通常是指金属表面温度升高的速度，其单位为℃/h，也可用单位时间加热的厚度来表示，其单位为 mm/min。

加热速度高则可以使坯料更快地达到所规定的始锻温度，使坯料在炉中停留时间缩短，从而可以提高炉子的单位生产率，减少金属氧化和提高热能利用效率。

将炉子本身可能选到的最大加热速度称为最大可能的加热速度；为保证坯料加热质量及完整性所允许的最大加热速度称为坯料允许的加热速度，前者取决于炉子结构、燃料种类及其燃烧情况、坯料的形状尺寸及其在炉中安放方法等。后者受加热时产生的温度应力的限制，与坯料的导温性、力学性能及坯料尺寸有关。

根据加热时坯料表面与中心的最大允许温差而确定的圆柱体坯料最大允许加热速度可按下式计算:

$$[c]=\frac{5.6a[\sigma]}{\beta ER^2} \tag{6-3}$$

式中:$[\sigma]$为许用应力,MPa,可用相应温度的强度极限计算;a 为导温系数,m^2/h;β 为线膨胀系数,$℃^{-1}$;E 为弹性模量,MPa;R 为坯料半径,m。

由上式可见,坯料的导温系数愈大,强度极限愈大,断面尺寸愈小,则允许的加热速度愈大。反之,允许的加热速度愈小。

对导温性好,断面尺寸小的坯料,其允许的加热速度很大,即使炉子按最大可能的加热速度加热,也不可能达到坯料所允许的加热速度。因此对于这类坯料,如碳钢和有色金属,当直径小于200 mm时,不必考虑坯料允许的加热速度,而以最大可能的加热速度加热。

导温性差、断面尺寸大的坯料,允许的加热速度较小。对于直径较大的坯料可采用分段加热规范,其实质就是降低加热速度,这势必引起加热时间的延长。

在高温阶段,金属塑性已显著提高,可用最大可能的加热速度加热。当坯料表面加热至始锻温度时,如果炉子也停留在该温度下,则需较长的保温时间才能将坯料热透。保温时间过长,坯料会产生过热或过烧。为避免产生这些缺陷,生产上常用提高温度头的办法来提高加热速度,以缩短加热时间。所谓温度头,是指炉温高出始锻温度之数值。

对于导温性好和截面尺寸较小的坯料,由于实际的加热温度远小于允许的加热速度,完全可以采用快速加热方法。

3)均热保温时间的选择

当采用多段加热规范时(如三段加热),加热过程包括几次均热保温阶段。低温装炉温度下,保温的目的是减小坯料断面温差,防止因温度应力而引起破坏。在中间温度下的保温目的是为了减小前段加热料断面上的温差,减小温度应力,并可缩短坯料在锻造温度下的保温时间,以防止产生组织应力裂纹。锻造温度下的保温,是为了防止坯料中心温度过低,引起锻造变形不均,并且还可以借高温扩散作用,使坯料组织均匀化,以提高塑性,减少变形不均,提高锻件质量。如铝合金在锻造温度下保温时间比较长,有利于强化相溶解,组织均匀、提高塑性。为了防止高温下强烈的氧化、脱碳、合金元素烧损和吸氢等,对大多数金属坯料都必须尽量缩短高温停留时间,以热透就锻为原则。

保温时间的长短,应要从保证锻件质量、生产效率等方面进行综合考虑。特别是始锻温度下的保温时间尤为重要。因此,对始锻温度下的保温时间规定有最小保温时间和最大保温时间。

最小保温时间是指能够使坯料断面温差选到规定的均匀程度所需最短的保温时间。最大保温时间是针对生产中可能发生的特殊情况而规定的。

4)几种有色金属的加热时间

有色金属多采用电阻炉加热。其加热时间从坯料入炉开始计算。

铝合金和镁合金按1.5～2 min/mm，铜合金按0.75～1 min/mm，钛合金按0.5～1 min/mm。当坯：料直径小于50 mm时取下限，直径大于100 mm时取上限。钛合金的低温导热性差，故对于铸锭和直径大于l00 mm的坯料，要求在850℃以前进行预热，预热时间可按lmin/mm计算，在高温段的加热时间则按0.5 min/mm计算。铝、镁、铜3类合金，导热性都很好，故不需要分段加热。

6.3.2 加热方式的选择

根据加热使用的能源，加热炉可以分为燃料炉和电加热炉两大类。燃料炉是利用燃料(煤、燃气、燃料油等)在炉内燃烧产生热量，直接对锻件进行加热。由于我国燃料供应充裕，因此该方法加热在我国适用性广、成本低，但该方法劳动条件差、炉温控制复杂，而且生产过程常伴随污染；电加热炉是利用电流通过电阻产生热量，进而实现对工件进行加热。常用设备有电阻加热炉、感应炉、接触加热装置。同燃料炉加热相比，电加热炉具有温度控制容易，污染小，劳动条件好，易于实现自动化。

1.燃料加热

燃料加热是利用固体(煤、焦炭等)、液体(重油、柴油等)或气体(煤气、天然气等)燃料燃烧时所产生的热能对坯料进行加热。

燃料在燃料炉内燃烧产生高温炉气(火焰)，通过炉气对流、炉围(护墙和炉顶)辐射和炉底热传导等方式，使金属坯料得到热量而被加热。在低温(650℃以下)炉中，金属加热主要依靠对流传热，在中温(650～1000℃)和高温(1000℃以上)炉中，金属加热则以辐射方式为主。通常，在高温锻造炉中，辐射传热量可占到总传热量的90%以上。

燃料炉选择燃料的原则是：①满足炉子工艺和热工过程，对燃料性质(如成分、发热量、燃烧温度等)提出的要求；②考虑炉子工艺和热工操作及自动化的要求；③根据燃料资源、燃料加工工业的发展水平，以及联合企业的燃料平衡情况，综合分析各类因素，确定选用燃料品种的最优方案。

2.电阻加热炉

根据产生电阻热的发热体不同，有电阻炉加热、接触电加热和盐浴炉加热等。

1)电阻炉加热

电阻炉工作原理如图6－17所示。利用电流通过炉内电热体时产生的热量来加热金属。在电阻炉内，辐射传热是加热金属的主要方式，炉底间金属接触的传导传热次之。自然对流传热可忽略不计，但在空气循环电炉中，对流传热是加热金属的主要方式。

电阻炉与火焰炉相比，具有结构简单、炉温均匀、便于控制、加热质量好、无烟尘、无噪声等优点，但使用费较高。

2）接触电加热

接触电加热的原理示于图 6－18 所示，将被加热坯料直接接入电路，当电流通过坯料时，因坯料自身的电阻产生电阻热使坯料得到加热。由于坯料电阻值很小，要产生大量的电阻热，必须通入很大的电流。因此在接触电加热中采用低电压大电流，变压器的副端空载电压一般为 2～15 V。

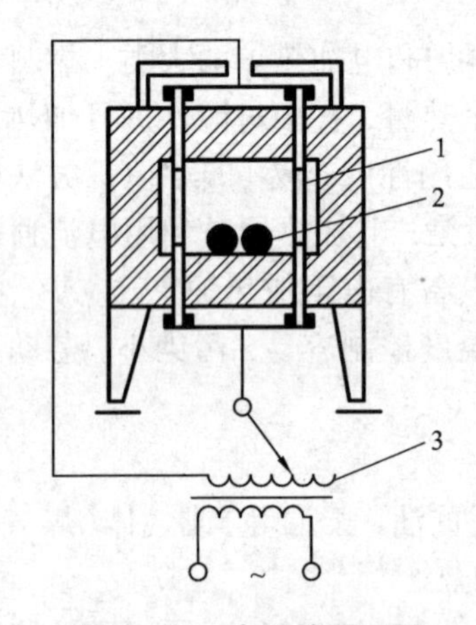

图 6－17　电阻炉原理图

1—电热件（碳化硅棒）；2—坯料；3—变压器

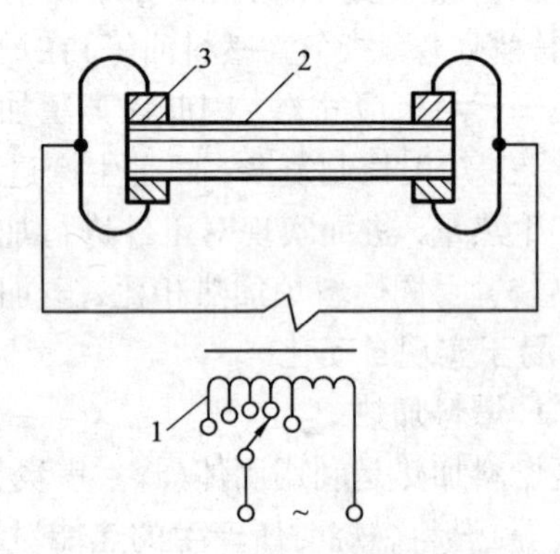

图 6－18　接触电加热原理图

1—变压器；2—坯料；3—触头

接触电加热具有设备构造简单、热效率高（达 75%～85%）、操作简单、耗电少、成本低等优点。特别适于细长棒料加热和棒料局部加热，加热细长棒料的效果比感应加热还好。但是它要求被加热的坯料表面光洁、下料规则、端面平整，而且加热温度的测量和控制也比较困难。

3）盐浴炉加热

内热式电极盐浴炉工作原理如图 6－19 所示，在电极间通以低压交流电流，利用盐液导电产生大量的电阻热，将盐液加热至要求的工作温度。通过高温盐液的对流和热传导，将埋在加热介质中的金属加热。盐浴炉加热速度比电阻炉快，加热温度均匀，因坯料与空气隔开，减少或防止了氧化脱碳现象，但盐液表面辐射热损失很大，辅助材料消耗大，劳动条件也差。

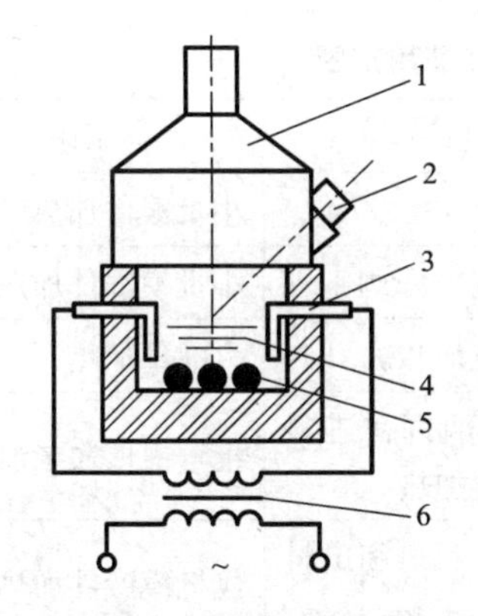

图6-19 电极盐浴炉原理图

1—排烟罩；2—高温计；3—电极；
4—熔盐；5—坯料；6—变压器

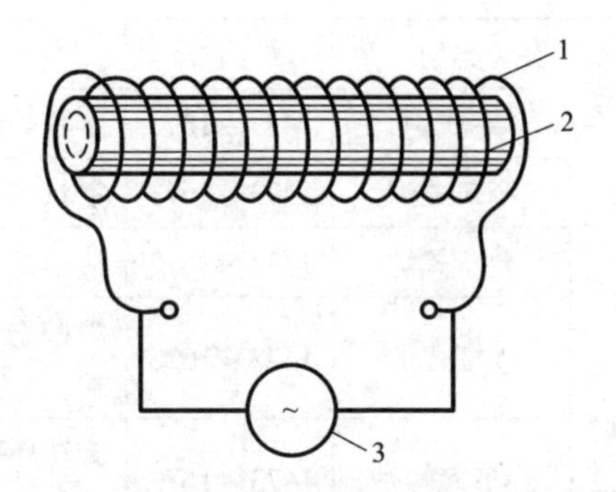

图6-20 感应加热示意图

1—感应器；2—坯料；3—电源

3. 感应加热

感应加热的原理如图6-20所示，在感应器通入交变电流产生的交变磁场作用下，置于交变磁场中的金属坯料内部便产生交变电势并形成交变涡流。由于金属毛坯电阻引起的涡流发热和磁滞损失发热，使坯料得到加热。由于感应加热时的趋肤效应，金属坯料表层的电流密度大，中心电流密度小，电流密度大的表层厚度即电流透人深度 a 为：

$$a = 5030\sqrt{\frac{\rho}{\mu f}} \tag{6-4}$$

式中：f 为电流频率，μ 为相对磁导率，ρ 为电阻率。

由于趋肤效应，感应加热时热量主要产生于坯料表层，并向坯料心部热传导。对于大直径坯料，为了提高加热速度，应选用较低电流频率，以增大电流透入深度。而对于小直径坯料，由于截面尺寸较小，可采用较高电流频率，这样能够提高加热效率。

按所用电流频率不同，感应加热通常被分为：工频加热（$f = 50$ Hz），中频加热（$f = 50 \sim 1000$ Hz）和高频加热（$f > 1000$ Hz）。锻造加热多采用中频加热。

感应加热速度非常快，不用保护气氛也可实现少氧化加热（烧损率一般小于0.5%），感应加热规范稳定，便于机械化自动化操作，宜装在生产流水线上。其缺点是：设备投资大，耗电量较大，一种规格感应器所能加热的坯料尺寸范围很窄。

4. 几种常用加热炉的特点和适用范围

几种常用加热炉的特点和适用范围见表6-4所示。

表 6-4 常用加热炉的特点和适用范围

设备类型		炉温/K	结构特点	用途
燃料加热炉	室式炉	1473 ~ 1673	室状炉膛，有炉门	小批锻件加热
	窄口式炉	1473 ~ 1673	室状炉膛，炉口低宽，无炉门	小批模锻件加热
	台车式炉	1473 ~ 1673	活动炉底，有牵引机构和炉门	大锻件加热
	连续式炉	1423 ~ 1623	炉膛分段加热，排烟口在进料端，工件在炉内连续加热	批量锻件连续加热
	环形底转炉	1473 ~ 1673	旋转环形炉底，有进料口和出料口各 1 个	成批模锻件加热
	盘形底转炉	1473 ~ 1673	旋转盘形炉底，有进料口和出料口各 1 个	成批模锻件加热
	敞焰少氧化炉	1473 ~ 1673	下部为燃烧室，上部为预热室	精密锻件，少氧化加热
	振底式炉	1473 ~ 1673	震动炉底，突然停止或后退，利用惯性将工件震动前进	成批锻件连续加热
电加热炉	室式电炉	1273 ~ 1473	室状炉膛，电阻元件加热，有密封炉门	高温合金、钛合金加热
	空气双环电炉	723 ~ 823	电阻元件加热，有扇风机叶轮使空气循环，密封炉门	铝合金镁合金加热
	盐浴炉	1473 ~ 1573	盐浴电阻加热	小锻件，少氧化加热
	工频感应加热		无变频设备，有电容器组，感应圈加热	适合 ϕ150 mm 以下棒材
	中频感应加热		有变频设备，感应圈加热，结构复杂	适合 ϕ20 - 160 mm 以下棒材
	高频感应加热		有变频设备，感应圈加热，结构复杂	适合 ϕ20 mm 以下棒材
	接触加热		结构简单，加热快，耗电少	适合 ϕ80 mm 以下棒材

6.3.3 自由锻造的主要参数选择

自由锻造的主要工序有镦粗、拔长、冲孔和扩孔，它们的变形特点在前面已经比较详细的进行了阐述，下面分别讨论它们的变形参数选择。

1. 镦粗变形的主要控制参数

1）坯料高径比的选择

首先，坯料尺寸(重量)的选择是要满足锻件的尺寸(重量)的要求。坯料高径比的选择应该根据镦粗变形的特点：高径比为 $P_i' = m_i'\sigma F_i'$时，在坯料的两端先产生双鼓形，继续镦粗到 $H_1 = 2D_1$ 时，锻件由双鼓形变开始转变成为单鼓形；高径比为 $H_0/D_0 = 0.5 \sim 2$ 时，只产生单鼓形，坯料变形均匀，形成3个变形区。因此，镦粗变形的坯料高径比应该选择在 $H_0/D_0 = 0.5 \sim 2$，特殊情况可取到2.5。

2)坯料截面形状的选择

坯料根据金属流动的特点，在平砧镦粗圆柱(方)形坯料，坯料的横截面都将趋于圆形。因此，坯料的截面形状的选择可根据原料的供应情况进行选择。

2.拔长(延伸)变形的主要控制参数

1)矩形截面坯料拔长的主要控制参数

拔长变形的主要控制参数是送进量和压下量，它们对拔长变形状态影响显著。通常以相对压缩程度 ε_n 和进料比 l_{n-1}/a_{n-1}来描述。

(1)相对压缩程度 ε_n 的确定

相对压缩程度 ε_n 大时，压缩所需的遍数和总的压缩次数就少，故生产率高。但在实际生产中，ε_n 常受到材料塑性的限制。ε_n 不能大于材料塑性允许值。对于塑性高的材料，每次压缩后应保证宽度与高度之比小于2.5。否则，翻转90°再压时可能使坯料弯曲。

(2)进料比 l_{n-1}/a_{n-1}的确定

进料比 l_{n-1}/a_{n-1}小时，ε_l 大，即在同样的相对压缩程度下，横截面减小的程度大，可以减少所需的压缩遍数。但是送进比 l_{n-1}/a_{n-1}小时，对于一定长度的毛坯。压缩一遍所需的送进次数增多。因此有必要确定一个最佳的送进值。实际生产中确定送进量时常取$(1 \sim 0.4)b$，其中 b 为平砧的宽度。

2)圆形截面坯料拔长的主要控制参数

用平砧拔长圆截面坯料，当压下量较小时，接触面较窄，轴向流动少，拔长的效率很低。因此，用平砧直接由大圆到小圆的拔长是不合适的。为保证锻件的质量和提高拔长效率，生产中常采用下面两种方法：

(1)在平砧下拔长时，先将圆截面坯料压成矩形截面，再将矩形截面坯料拔长。拔长到一定尺寸后，再压成八边形，最后压成圆形，如图6-21所示，其主要变形阶段是矩形截面坯料的拔长。

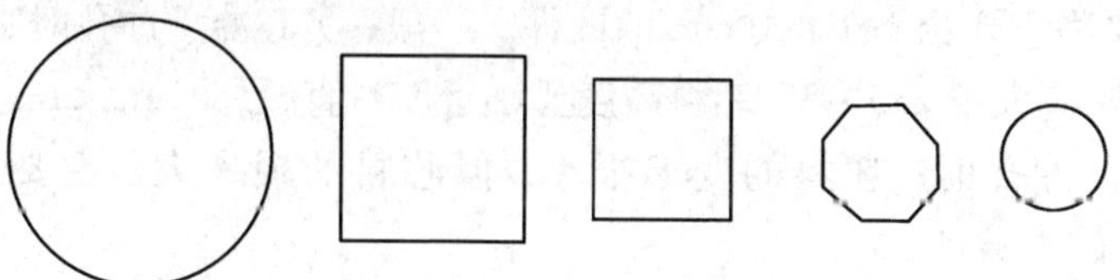

图6-21 平砧拔长圆截面坯料时截面变化过程

(2)在型砧(或摔子)内进行拔长。它是利用工具的侧面压力限制金属的横向流动，迫使金属沿轴向伸长，见图6－22。在型砧内拔长与平砧相比可提高生产率20%～40%，在型砧(或摔子)内拔长时的应力状态可以防止内部纵向裂纹的产生。

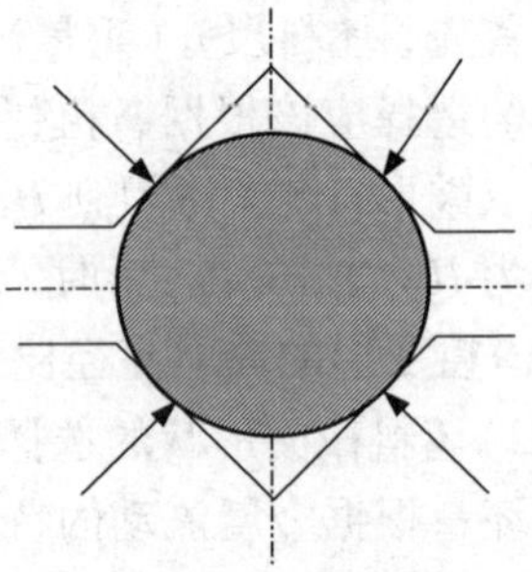

图6－22　型砧拔长

3. 冲孔的主要控制参数

1)冲孔方法的选择

常用的冲孔方法有3种：实心冲子冲孔、空心冲子冲孔、在垫环上冲孔，见图6－23。应该根据冲孔坯料的厚度、冲孔直径大小、坯料厚度与冲孔直径的比值来选择冲孔方法。通常，冲孔直径大可以选择空心冲头；坯料厚度与冲孔直径的比值大可以采用双面冲孔；坯料厚度较薄可以采用在垫环上冲孔。

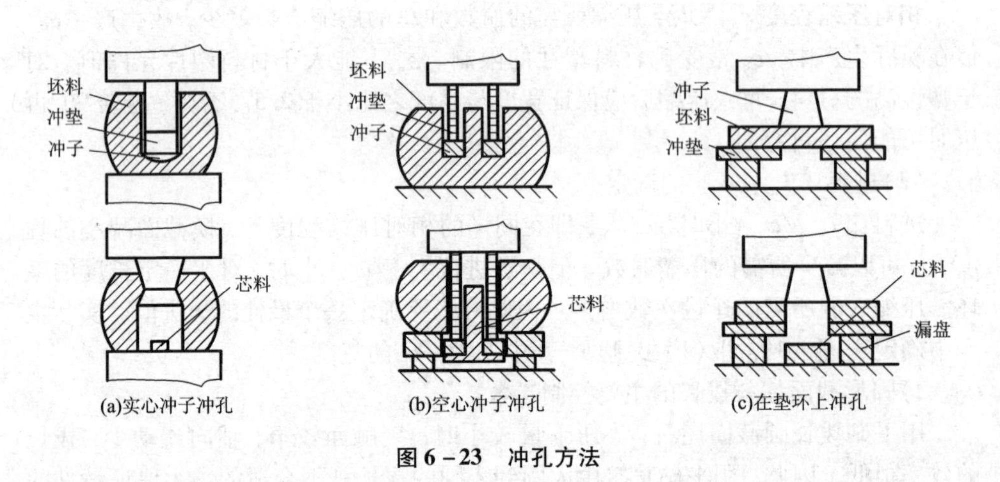

(a)实心冲子冲孔　(b)空心冲子冲孔　(c)在垫环上冲孔

图6－23　冲孔方法

2)冲孔参数的选择

实心冲子冲孔时：当冲到深为坯料高度的70～80%时，将坯料翻转180°，再用冲子从另一面，把孔冲穿。因此，又叫双面冲孔，其优点是操作简单，芯料损失较少，主要用于孔径小于400 mm的锻件。一般，实心冲子冲孔时，坯料直径与孔径之比 D/d 应大于2.5～3，坯料高度要小于坯料直径，即 $H_0 < D_0$。

空心冲子冲孔时：坯料的变形很小，但芯料的损失大，主要用于孔径在400 mm以上的大锻件。

垫环上冲孔时：坯料形态变化小，但芯料的损失大，这种方法只适合于高径比 $H_0/D_0 < 0.125$ 的薄形锻件。

4. 扩孔的主要控制参数

自由锻中，常用的扩孔方法有冲子扩孔和芯轴扩孔，它们的主要控制参数如下。

1）冲子扩孔

冲子扩孔时坯料切向受拉力，容易胀裂，故每次扩孔量不宜太大。同时，冲子扩孔时，如控制不当，可能引起壁厚差较大。因此，扩孔前将坯料的薄壁处沾水冷却一下，以提高此处的变形抗力，将有助于减小扩孔后的壁厚差。

扩孔前坯料的高度尺寸按下式计算：

$$H_0 = 1.05H \tag{6-5}$$

式中：H_0 为扩孔后坯料高度；H 为锻件高度。

冲子扩孔适用于厚壁锻件（外径与内径之比 $D/d = 1.7 \sim 2.5$）的情况，锻件的厚度不能太小，必须保证 $H > 0.125D$，否则扩孔时会出现翻边变形。

2）芯轴扩孔

芯轴扩孔时锻件尺寸变化是壁厚减薄，内外径扩大。宽度（高度）稍有增加。因此，芯轴扩孔可以锻制薄壁的锻件。为保证壁厚均匀，锻件每次转动量和压缩量应尽可能一致。为提高扩孔的效率，可以采用窄的上砧，上砧宽度 $b = 100 \sim 150$ mm。

6.3.4　模锻的主要参数选择与控制

模锻具有生产效率较高，能锻造形状复杂的锻件，并且尺寸较精确，表面质量较好，加工余量较小等特点。但是，成形金属是在具有一定尺寸和形状的模膛内进行变形，金属的流动受到模具的限制，模膛的形状和尺寸决定了锻件的形状尺寸和质量。因此，合理的设计锻模的形状和尺寸十分重要，即需要合理的设计模锻模膛的主要结构参数。

模锻模膛包括预锻模膛和终锻模膛。所有模锻件都要使用终锻模膛，预锻模膛则要根据实际情况决定是否采用。在批量不是十分大的情况下，通常都采用自由锻进行制坯（预锻）。因此，下面主要讨论终锻模的设计过程，即模锻的主要参数选择与控制。

1. 分模线的选择

模锻件通常都在两块或两块以上的模块所组成的模具型槽中成形。组成模具型槽的各模块的分合面称为锻模的分模面。分模面与模锻件表面的交线称为模锻件的分模线。分模线是模锻件的最重要、最基本的结构要素。模锻件分模线位置合适与否，不仅关系到模锻件质量、锻造操作和模锻件原材料利用率而且严重地影响模具和模锻件的制造周期和成本费用等一系列问题。

1）分模线按其形状的分类

(1)直线分模线

直线分模线是最常见和最简单的分模线，其特点是制模简单，有利于锻造操作和锻后切毛边，尽量可能采用直线分模线。

(2)折线分模

由两个或两个以上不在同一平面的分模面，它的特点是制模较平直分模复杂，一般在使用时容易产生模具错移，通常模具应有防止错移的锁扣。

(3)弯曲分模线

弯曲分模线的特点是分模面不是平面而是各种形状的曲面或曲面与平面的组合。它的优点是适应了零件形状和锻造工艺的需要，可以锻出复杂的模锻件，并达到节约原材料和减少机械加工时的目的。在使用弯曲分模时也容易产生模具错移，模具必须有防止错移的锁扣和导壁。

2)选择分模线位置的基本原则

(1)保证模锻件能容易的从模膛中取出，即在模锻件的侧表面上不得有内凹形状，并应有一定的斜度。

(2)有利于金属充填模具型槽，尽可能多的获得镦粗充填成形的良好效果。分模面的位置应使模膛的深度最小和宽度最大。一般情况下，分模线应选择在模锻件的最大水平投影尺寸位置上。

(3)由于铝合金模锻件金属流动方向是决定一个模锻件力学性能好坏的关键因素之一，多数铝合金模锻件均要求检验金属流线方向，应尽可能使金属流线沿模锻件截面外形分布，避免纤维组织被切断。

(4)使模具结构简单，制造方便，并能提高模锻件精度。在保证模锻件质量的前提下，对能在一个型槽成形的简单模锻件，应将分模位置定在模锻件顶端平面上，这样既能降低模具造价，又能避免错移，提高模锻件精度。

(5)不改变零件基本形状，尽量模锻出非加工表面，对加工表面也应尽量减少模锻件凹槽和孔等的机械加工余量，使模锻生产过程中的所需金属量最省。

(6)由于毛边处的金属流动最不均匀，所以应尽可能不要位于零件工作时受载最大的位置。

(7)应使切边、放料等操作方便。有切边模时，应使切边时定位方便，切边模结构简单。

(8)对薄形模锻件，选择分模线位置要确保切边时有足够的定位高度。

2.拔模斜度的选择

为使锻件容易出模，在锻件的出模方向应设有斜度，称为拔模斜度。模锻斜度可以是锻件侧表面上附加的斜度，也可以是侧表面上的自然斜度。锻件冷缩时与模壁之间间隙增大部分的斜度称为外模锻斜度(α)，与模壁之间间隙减小部分的斜度称为内模锻斜度(β)，见图6-24。

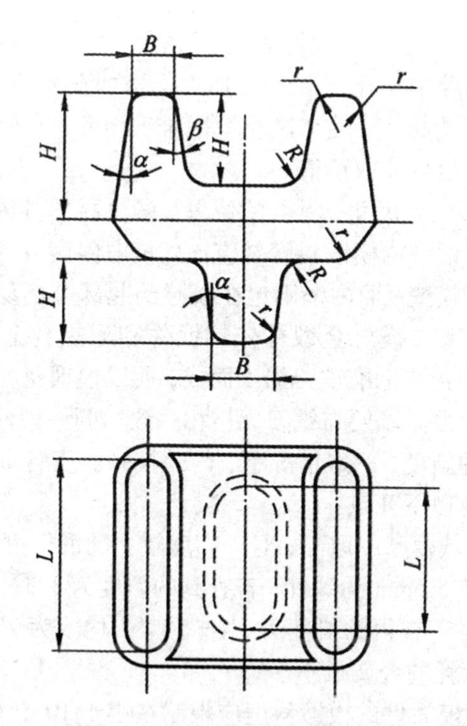

图6-24 模锻斜度和圆角半径

模锻时金属被压入模膛后，锻模也受到弹性压缩，外力去除后，模壁在弹性作用下而夹住锻件。同时由于金属与模壁间存在摩擦，故锻件不易取出。为了易于取出锻件，模壁需要一定的斜度 α，模锻好的锻件侧面也具有相同斜度 α。这样，锻件在模膛成形后，模壁就会产生一个脱模分力 $F\sin\alpha$ 来抵消模壁对锻件的摩擦阻力 $F_r\cos\alpha$，从而减少取出锻件所需的力，见图6-25，即：

$$F_{取} = F_r\cos\alpha - F\sin\alpha = F(\mu\cos\alpha - \sin\alpha) \tag{6-6}$$

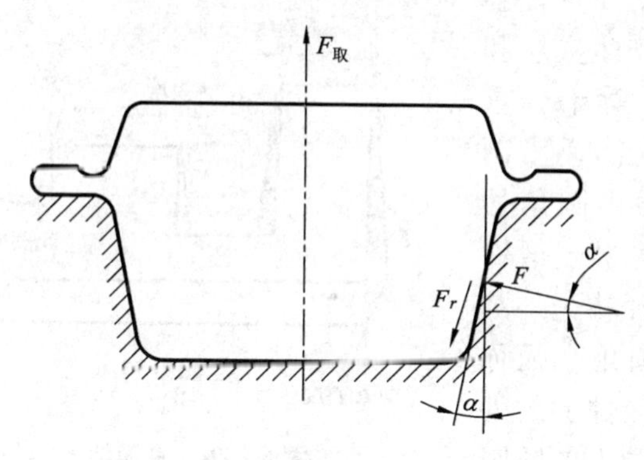

图6-25 锻件出模受力分析

由公式(6－6)中可以看出，模锻斜度 α 越大，取出力越小。α 大到一定值后，锻件就会自行从模膛中脱开。由于 α 加大会增加金属消耗和机械加工余量，同时模锻时金属所遇阻力也大，使金属充填困难。因此，在保证锻件能顺利取出的前提下，模锻斜度应尽可能取小值。

模锻斜度与锻件形状和尺寸、斜度的位置、锻件材料等因素有关，可以查阅相关国家标准。通常，锻件内模锻斜度 β 应比外模锻斜度 α 大一级，因为锻件在冷却时，外壁趋向离开模壁，而内壁则包在模膛凸起部分不易取出。不同模锻材料所需模锻斜度不同，铝、镁合金锻件较钢锻件和耐热合金锻件所需模锻斜度小。模膛上的斜度是用指状标准铣刀加工而成，所以模锻斜度应选用3°，5°，7°，10°，12°，15°等标准度数。以便与铣刀规格相一致。同一锻件上的外模锻斜度或内模锻斜度不易用多种斜度，一般情况下，内外模锻斜度各取其统一数值。在确定模锻斜度时还应注意以下几点：

(1)为使锻件容易从模膛中取出，对于高度较小的锻件可以采用较大的斜度。如生产中对于高度小于50 mm的锻件，若查到的斜度为3°时，应改为5°；对于高度小于30 mm的锻件，若查得的斜度为3°或5°时，均改为7°。此时因锻件高度不大，由增加斜度而消耗的金属量不多。

(2)大多数铝合金模锻件的模锻斜度应限制在小于10°，对非加工表面，应小于5°为好。

(3)应注意上、下模膛深度不同的模锻斜度的匹配关系，此时称为匹配斜度，见图6－26。匹配斜度是为了使分模线两侧的模锻斜度相互接头，而人为地增大了的斜度。

(4)自然斜度是锻件倾斜侧面上固有的斜度，就是将锻件倾斜一定的角度所得到的斜度。只要锻件能够形成自然斜度，就不必另外增设模锻斜度。

3. 圆角半径的选择

锻件圆角半径对于保证金属流动、防止锻件产生夹层和提高锻模使用寿命等十分重要。因此，在锻件上各垂直剖面上交角处必须做出圆角处理，不允许呈现尖角状。锻件上的凸出的圆角半径称为外圆角半径 r，凹入的圆角半径称为内圆角半径 R。锻件上的外圆角相当于模具模膛上的凹圆角，其作用是避免锻模在热处理时和模锻过程中因应力集中而开裂，并保证锻件

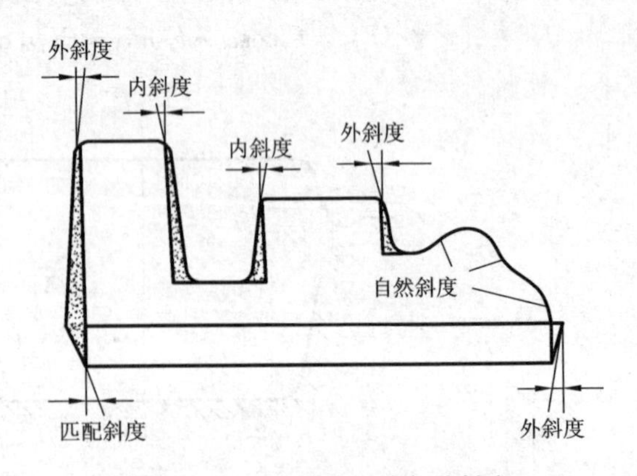

图6－26 模锻件上的各种斜度

充满成形。如果外圆角半径过小，金属充满模膛就十分困难，而且容易引起锻模崩裂，见图6-26；若外圆角半径过大，机械加工余量将受到影响。锻件上的内圆角相当于模具模膛上的凸圆角，其作用是使金属易于流动充填模膛，防止产生折迭和模膛过早被压塌，见图6-27顶部。如果锻件内圆角半径过小，模锻时金属流动形成的纤维会被割断，见图6-28，导致力学性能下降，或使模具模膛产生压塌变形，影响锻件出模，也可能产生折迭，使锻件报废；如果内圆角半径太大，将使机械加工余量和金属损耗增加，对于某些锻件，内圆角半径过大，会使金属过早流失，导致充不满现象发生。

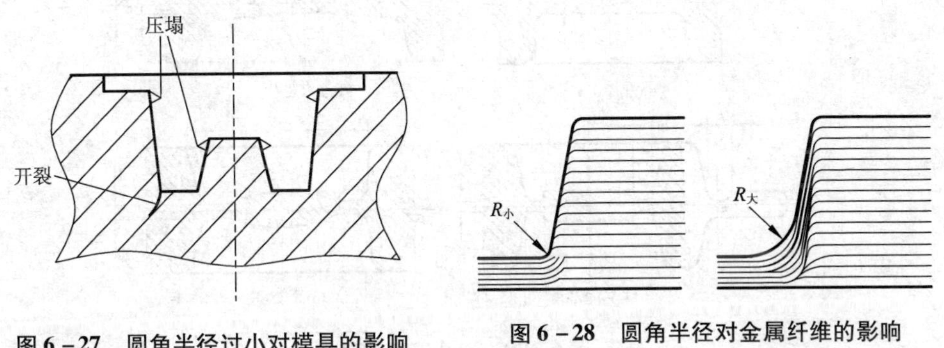

图6-27 圆角半径过小对模具的影响

图6-28 圆角半径对金属纤维的影响

圆角半径与锻件形状和尺寸有关，也可以参考相关国家标准。同时，在确定锻件圆角半径时应注意以下3点：

①为保证制造模具所用的刀具标准化，圆角半径(mm)应按以下标准数值选取：1.0，1.5，2.0，2.5，3.0，5.0，8.0，10.0，15.0，12.0。

②圆角半径 r 和 R 的大小，取决于所在部位尺寸比例，可根据圆角处的高度 h 与相对高度 h/b 选取，同一锻件的圆角半径应力求统一。当锻件高度不大时，为保证锻件外圆角半径 r 处实际的加工余量，外圆角半径 r 取锻件的单边余量，内圆角半径 R 取为 r 的2~3倍。

③圆角半径的选择还与金属成形方式有关，当用镦粗法成形时，由于金属易于充满模膛，外圆角半径可以选取小一些；若用挤压法成形时，金属难于充满，外圆角半径可以取大些。金属流动剧烈的部位，为了避免夹层等缺陷，内圆角半径 R 应适当加大。

4. 冲孔连皮尺寸的选择

对于有内孔的模锻件，模锻不能直接锻出透孔，必须在孔内保留一层连皮形成盲孔，中间留一层金属，然后在切边压力机上冲除，这层金属就称为连皮。连皮厚度对锻件的充满程度、模具的磨损和金属利用率等因素影响较大。因此连皮的形式可根据锻件孔尺寸和模膛选择，如图 6－29 所示，模锻件常采用以下 4 种连皮；连皮厚度也应设计合理，若连皮过薄，锻件成形需要较大的打击力，并容易发生锻不足现象，从而导致模膛凸出部分加速磨损或打塌；若连皮太厚，会使锻件冲除连皮困难，使锻件形状走样造成金属浪费。所以在设计有内孔的锻件时，必须正确设计连皮的形状和尺寸。

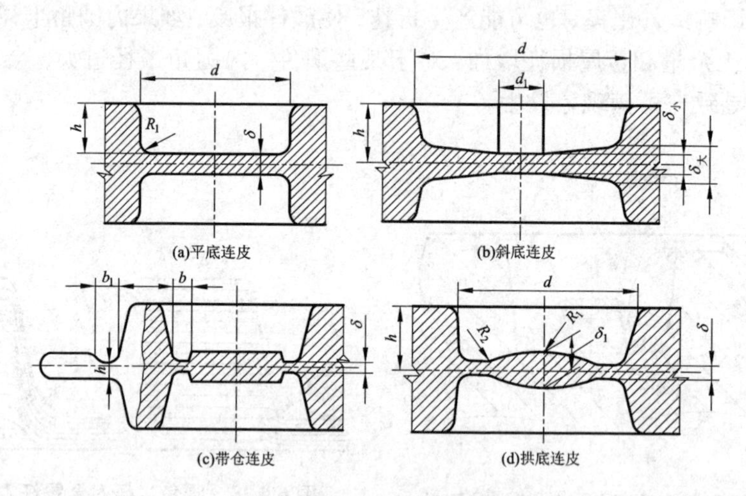

图 6－29　冲孔连皮的形式

1）平底连皮

平底连皮是较常用的一种形式，见图 6－29（a）。平底连皮适用于直径不大的孔（$d < 2.5h$ 或 $25\ \text{mm} < d < 60\ \text{mm}$），其厚度 δ 和圆角半径 R_1 可根据公式(6－7)计算。

$$\delta = 0.45\sqrt{d - 0.25h - 5} + 0.6\sqrt{h}\,(\text{mm}) \tag{6-7}$$

式中：d 为锻件内孔直径；h 为锻件内孔深度之半。

因模锻成形过程中金属流动激烈，连皮上的圆角半径 R_1 应比锻件其他内圆角半径 R 大一些，可按公式(6－8)确定。

$$R_1 = R + 0.1h + 2\,(\text{mm}) \tag{6-8}$$

2）斜底连皮

斜底连皮适用于较大的内孔（$d > 2.5h$ 或 $d > 60\ \text{mm}$）时采用，见图 6－29（b）。对于较大的孔，若仍用平底连皮，则锻件内孔处的多余金属不易向四周排除，而且由于金属流动激烈容易在连皮四周处产生折迭，模膛内的冲头也会过早的磨损或压塌，为此采用斜底连皮。斜底连皮的特点是：由于增加了连皮周边的厚度，即有助于排除多余金属，又有助于避免形成折叠。但斜底连皮在被冲出时容易引起锻件变形。斜底连皮的主要尺寸为：

$$\delta_{大} = 1.35\delta \quad (6-9)$$

$$\delta_{小} = 0.65\delta \quad (6-10)$$

$$d_1 = (0.25 \sim 0.3)d \quad (6-11)$$

式中：δ 为按平底连皮计算的厚度，mm；d_1 为考虑坯料在模膛中定位所需平台直径，mm。

3）带仓连皮

对于锻制比较大的孔，在预锻模膛中采用斜底连皮，而在终锻模膛可采用带仓连皮，见图6-29(c)。其原因是由于内孔中多余金属不能全部向外排出，而是挤入连皮仓部，这样可以避免折迭。带仓连皮的优点是周边较薄，容易冲除，而且锻件形状不走样。带仓连皮的厚度 δ 和宽度 b，可按飞边槽桥部高度 $h_{飞边}$ 和桥部宽度 b_1 来确定。仓部体积应能够容纳预锻后连皮上的多余金属。

$$\delta = h_{飞边} \quad (6-12)$$

$$b = b_1 \quad (6-13)$$

4）拱底连皮

若锻件内孔很大，$d > 15h$，而高度又很小时，由于金属向外流出困难，应采用拱底连皮，见图6-29(d)。拱底连皮可避免在连皮周边产生折迭或穿筋裂纹，可以容纳更多的金属，且冲除较省力。其尺寸可按下式确定(R_2 由作图选定)：

$$\delta = 0.4\sqrt{d} \quad (6-14)$$

$$R_1 = 5h \quad (6-15)$$

如果用自由锻制坯，孔径大于100 mm的锻件，可以先冲通孔，然后再模锻成形。此时，锻模中的连皮可按飞边槽结构设计。

模锻件的连皮将损耗一部分金属，为了节约金属，在生产中可把连皮用来生产其他小锻件，或者同时锻出两种锻件，见图6-30。

5）压凹

对于直径小于25 mm的小孔一般不在锻件上作出，因为对于这样的小孔，锻模冲头部分极易压塌磨损。有时为了使锻件充填饱满，采用压凹的形式，此时不是为了节省金属，而是通过压凹变形使小头充分变形，例如连杆小头常采用压凹，以利于小头成形，见图6-31。

5. 冷缩率的选择

为保证金属在锻造冷缩后能达到锻件要求的尺寸，设计模具时，应将冷锻件各尺寸放大，即加上冷缩量。

冷缩率与金属物理性能、锻件终锻温度及外形尺寸有关。几种有色金属合金的冷缩率见表6-5。对于终锻温度高，尺寸大的锻件取上限；对于小形件或细长、扁薄易冷件则不必考虑。

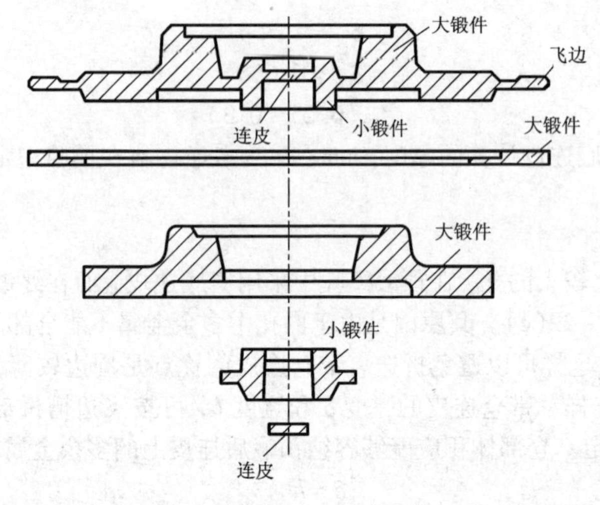

图 6 - 30　复合模锻

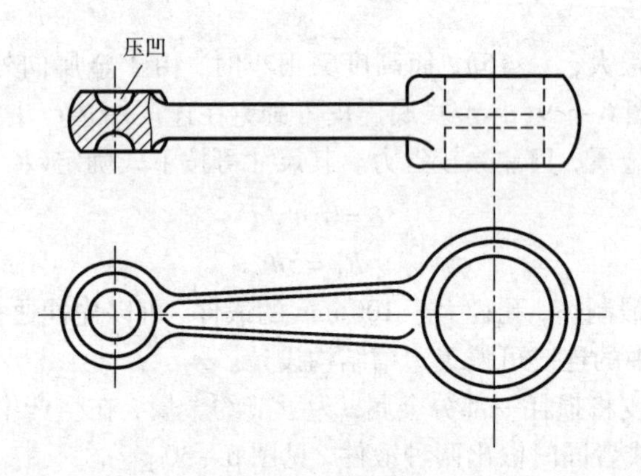

图 6 - 31　锻件压凹

表 6 - 5　几种有色金属锻件的冷缩率(%)

终锻温度	镁合金	铝合金	铜钛合金
较低(一般锻件)	0.5 ~ 0.8	0.6 ~ 1.0	0.7 ~ 1.1
较高	0.8 ~ 1.0	1.0 ~ 1.2	1.1 ~ 1.4

6. 模锻件的余量与公差的确定

由于在模锻过程中存在模锻不足(欠压)、锻模磨损以及上下模错移等因素，使得模锻件的形状发生变化，尺寸在一定范围内波动；又由于为锻件出模需要，模具型槽带有模锻斜度；形状复杂的长轴类模锻件还可能发生翘曲、扭拧变形，从而导致锻件与零件在尺寸和形状上有较大的差异。同时，为了有表面质量要求的零件机械加工需要，在相应的部位必须预留加工余量。

锻件的主要公差项目有：尺寸公差(包括长度、宽度、厚度、中心距、角度、模锻斜度、圆弧半径和圆角半径等)，形状位置公差(包括直线度、平面度、深孔轴的同轴度、错移量、剪切端变形量和杆部变形量等)，表面技术要素公差(包括表面粗糙度、直线度和平面度、中心距、毛刺尺寸、残留毛边、顶杆压痕深度及其他表面缺陷等)。

确定锻件机械加工余量和锻件公差的方法一般都离不开查表法和经验法。在查表法和经验法中，又可将所使用的方法归纳为按锻件形状和尺寸确定锻件机械加工余量和锻件公差的“尺寸法”和按锻锤吨位大小的“吨位法”。

生产中往往使模锻件在水平方向上的机械加工余量比高度方向上的余量留得大些，主要是考虑到模锻件错移的影响。对于不同的材料，其机械加工余量也是不同的。有的标准(GB 8545—87)规定，机械加工余量根据模锻件的最大边长尺寸来确定如表6－6所示。

表6－6 模锻件的单面加工余量(mm)

模锻件最大边长	单面加工余量	模锻件最大边长	单面加工余量
≤50	1.0	>1250～1600	4.5
>50～120	1.5	>1600～2000	5.0
>120～250	2.0	>2000～2500	6.0
>250～400	2.5	>2500～3150	7.0
>400～630	3.0	>3150～4000	8.0
>630～1000	3.5	>4000～5000	9.0
>1000～1250	4.0	>5000～6300	10.0

模锻件公差受到锻压力不足、模具磨损、锻压设备和锻模弹件变形、终锻温度、锻模温度的稳定性等因系的影响。特别突出的是锻压力不足和型槽磨损，导致锻件尺寸偏差。因此，锻件尺寸偏差一般采用非对称偏差。在表6－7和表6－8列出了铝合金模锻毛坯的各种尺寸偏差和其形状的允许畸变。在表中规定了3个精度等级为4、5、6级。4级精度为用于模锻件非加工表面的结构要素尺寸；5级精度为用丁模锻件外形非加工表面之间的尺寸；6级精度为用于模锻件外形加工面之间的尺寸。

表 6－7　模锻毛坯垂直(垂直于分模面)尺寸偏差(双向磨损)(mm)

模锻毛坯在分模面上的投影面积/cm^2	精度等级					
	4		5		6	
	上	下	上	下	上	下
6.0 以下	+0.2	-0.1	+0.3	-0.15	+0.5	-0.2
6.0~10	+0.25	-0.12	+0.35	-0.2	+0.6	-0.3
10~16	+0.3	-0.15	+0.4	-0.2	+0.7	-0.3
16~25	+0.35	-0.15	+0.5	-0.3	+0.8	-0.4
25~40	+0.4	-0.2	+0.6	-0.3	+1.0	-0.5
40~80	+0.5	-0.3	+0.8	-0.4	+1.2	-0.6
80~160	+0.6	-0.3	+1.0	-0.5	+1.5	-0.7
160~320	+0.8	-0.4	+1.2	-0.5	+2.0	-0.8
320~480	+1.0	-0.5	+1.5	-0.6	+2.5	-1.0
480~800	+1.2	-0.6	+1.8	-0.7	+3.0	-1.2
800~1250	+1.4	-0.7	+2.1	-0.8	+3.5	-1.5
1250~1700	+1.6	-0.8	+2.4	-1.0	+4.0	-1.8
1700~2240	+1.8	-0.9	+2.8	-1.2	+4.5	-2.0
2240~3000	+2.1	-1.0	+3.2	-1.4	+5.0	-2.2
3000~4000	+2.4	-1.2	+3.6	-1.6	+5.5	-2.5
4000~5300	+2.7	-1.3	+4.0	-1.8	+6.0	-2.8
5300~6300	+2.9	-1.4	+4.3	-1.9	+6.5	-3.0
6300~8000	+3.2	-1.6	+4.8	-2.2	+7.1	-3.2
8000~10000	+3.6	-1.8	+5.3	-2.4	+7.7	-3.5
10000~12500	+3.9	-1.9	+5.8	-2.7	+8.4	-3.8
12500~16000	+4.3	-2.1	+6.4	-3.0	+9.2	-4.2
16000~20000	+4.8	-2.4	+7.1	-3.3	+10.0	-4.5
20000~25000	+5.3	-2.6	+7.8	-3.7	+11.0	-5.0

表6－8 模锻毛坏的水平（平行于分模面）尺寸偏差（双向磨损）（mm）

模段毛坯尺寸 /mm	精度等级					
	4		5		6	
	上	下	上	下	上	下
16 以下	+0.3	−0.15	+0.4	−0.2	+0.5	−0.3
16～25	+0.4	−0.2	+0.5	−0.25	+0.6	−0.4
25～40	+0.5	−0.25	+0.6	−0.35	+0.7	−0.45
40～60	+0.6	−0.3	+0.8	−0.4	+0.9	−0.6
60～100	+0.8	−0.4	+1.0	−0.6	+1.2	−0.8
100～160	+1.0	−0.6	+1.2	−0.8	+1.5	−1.0
160～250	+1.2	−0.8	+1.5	−1.0	+2.0	−1.2
250～360	+1.5	−1.0	+1.8	−1.2	+2.5	−1.5
300～500	+1.8	−1.2	+2.1	−1.5	+3.0	−2.0
500～630	+2.1	−1.4	+2.4	−1.8	+3.5	−2.2
630～800	+2.4	−1.6	+2.7	−2.0	+4.0	−2.5
800～1000	+2.7	−1.8	+3.0	−2.4	+4.5	−3.0
1000～1250	+3.0	−2.0	+3.5	−2.8	+5.0	−3.5
1250～1600	+3.3	−2.3	+4.0	−3.2	+5.5	−4.0
1600～2000	+3.6	−2.6	+4.5	−3.6	+6.0	−4.5
2000～2500	+4.0	−3.0	+5.0	−4.0	+6.5	−5.0
2500～3150	+4.5	−3.3	+5.9	−4.5	+7.6	−5.8
3150～4000	+5.0	−3.7	+6.7	−5.2	+8.6	−6.7
4000～5000	+5.6	−4.2	+7.5	−5.9	+9.7	−7.6
5000～6300	+6.2	−4.8	+8.4	−6.7	+10.9	−9.7
6300～8000	+6.9	−5.4	+9.5	−7.6	+12.4	−10.0

7. 飞边槽的设计和选择

飞边槽用以增加金属从模膛中流出的阻力，促使金属充满整个模膛，同时容纳多余的金属，还可以起到缓冲作用，减弱对上下模的打击，防止锻模开裂。飞边槽的常见形式如图6－32所示，图6－32(a)为最常用的飞边槽形式，图6－32(b)用于不对称锻件，切边时须将锻件翻转180°，图6－32(c)用于锻件形状复杂，坯料体积偏大的情况，图6－32(d)设有阻力沟，用于锻件难以充满的局部位置。飞边槽在锻后利用压力机上的切边模去除。

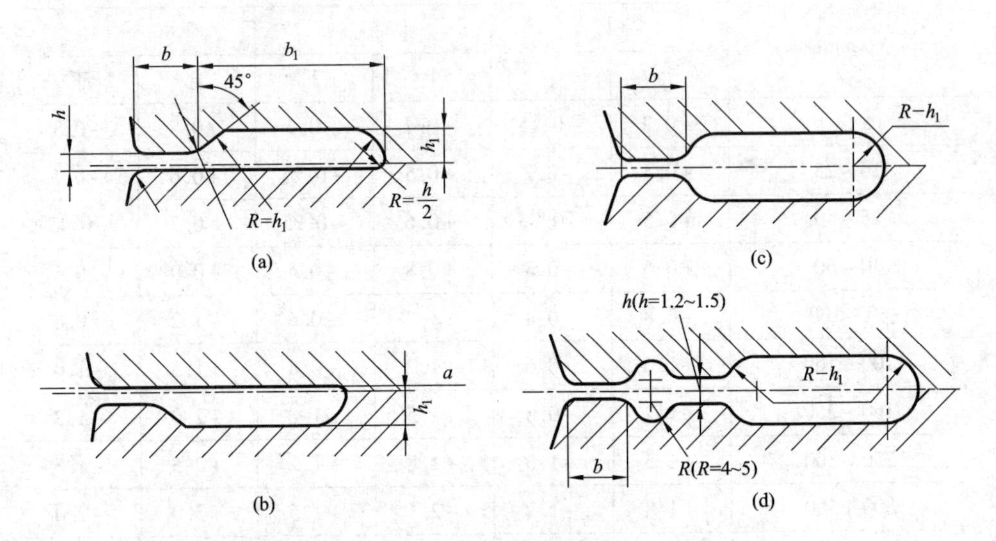

图6－32　飞边槽形式

6.3.5　锻造过程中的摩擦与润滑条件选择

锻造过程中减少摩擦，不仅可以降低锻造力，节约能源消耗，还可以提高模具寿命。减少摩擦能使变形体的变形分布更加均匀，有助于提高产品的组织性能。减少摩擦的重要方法之一就是采用润滑。由于锻造过程的方式不同，以及工作温度差异，所选用的润滑剂也不同。玻璃润滑剂多用于高温合金及钛合金锻造；对于钢的热锻，水基石墨是应用很广泛的润滑剂；对于冷锻，由于压强很高，锻造前还需要进行磷酸盐或草酸盐处理。

1.金属热成形时的摩擦

金属热成形时的摩擦是指热态塑性变形的金属与工具、型槽表面之间的摩擦。它表现为两种不同金属之间的摩擦，如软硬金属之间的摩擦、两种金属表面氧化膜的接触摩擦、以及热变形时内层金属被挤出形成新生表面之间的摩擦。新生表面因时间短而未被氧化，吸附力大和实际接触面积增大而加剧摩擦。

热成形时，由于坯料的不均匀变形，在摩擦较剧烈的部位会有润滑不良或缺乏润滑的状况。热成形一般希望减少摩擦，但有时为了使难成形部位能充满型槽，反而要增大其他部位的摩擦，以利于坯料的均匀变形。

金属塑性变形过程中，坯料和工具、模具接触表面之间的摩擦作用将导致如下结果：变形力增大10%～100%；锻件内部和表面质量下降；锻件尺寸精度降低；模具磨损加剧，寿命缩短。

塑性成形中的摩擦又可分为内摩擦和外摩擦。内摩擦是指整个变形体内各个质点间的相互作用，这种作用发生在晶粒界面或晶内的滑移面上，并阻碍变形金属的滑移变形。外摩擦表现为在两个物体的接触面上产生的阻碍其相对运动。金属塑性成形中的内摩擦出现在晶内变形和晶间变形过程中，它直接和多晶体的塑性变形过程相联系，外摩擦则只出现在变形金属与工具相接触的部分。

外摩擦一般可分为：

①干摩擦，无润滑又无湿气的摩擦叫干摩擦，实际上是指无润滑的摩擦；

②边界摩擦，两接触面之间存在一层极薄的润滑膜，其摩擦不取决于润滑剂的粘度，而取决于两表面的特征和润滑剂的特性；

③流体摩擦，具有连续的流体层隔开的两物体表面的摩擦；

④混合摩擦，是干摩擦和流体摩擦或边界摩擦与流体摩擦的混合形式。

塑性变形中的摩擦特点：

①压力高，塑性变形中的摩擦不同于机械传动过程中的摩擦，它是一种高压下的摩擦。锻造成形时，与工具接触的工件表面所承受的压力高达 300 ~ 1000 MPa。

②温度高，锻造塑性变形过程一般是在高温下进行。在高温下金属材料的组织和性能均发生变化。表面生成的氧化皮对塑性变形中的摩擦和润滑带来很大影响。如在热变形中表面生成的氧化皮一般比变形金属软，在摩擦表面上它能起到一定的润滑作用；当氧化皮插入变形金属中，便会造成金属表面质量的恶化。冷变形和温变形时，在摩擦表面生成的氧化皮往往比变形金属硬。此时，如果氧化皮脱落在工具和金属坯料表面上就会使摩擦加剧，工具磨损加快，金属表面质量恶化。

2. 润滑剂应具备的条件

由于金属塑性变形时不断产生新的金属表面，而且在高温下还要承受很大的变形压力，所以防护润滑剂应具备如下条件：

(1) 在金属表面能形成致密而连续的薄膜，能随变形金属一起流动并承受高温和高压。

(2) 金属塑性变形时，接触压力、金属流动速度和静压力都在很宽的范围内变化。

(3) 高温下不与变形金属和工具发生化学反应，不对金属和模具产生腐蚀作用。

(4) 有一定绝热作用，以利于金属均匀变形，避免工作过热和锻件迅速冷却。

(5) 满足不同变形工艺需要的特征（如防护润滑剂的可去除性，薄膜在多次变形中的不破坏性等）。

(6) 能具有脱模作用。

(7)涂覆工艺简单或能适应涂覆工艺机械化、自动化要求。

(8)应无毒或低毒，不产生烟雾或有害气体。

(9)供应方便，价格便宜。

3.几种常用的润滑剂

1)油基润滑剂

它属于液体润滑剂，是目前应用较多的一种热模锻润滑剂，包括矿物润滑油、机油或汽缸油中加入添加剂而制成的矿物润滑脂、动物油(猪油、牛油等)、植物油(棕榈油、蓖麻子油、花生油、菜子油等)和植物脂(蓖麻脂等)，以及按热模锻的要求在矿物润滑油、脂中加入添加剂(油性添加剂、极压添加剂、黏度指数添加剂、降凝添加剂、抗氧化添加剂等)自行调配而成的热模锻润滑油。

油基润滑剂的特征如下：

(1)中温润滑特性好，高温(500℃以上)才失去润滑效果。着火点低，受热汽化燃烧温度低。使用矿物油脂的模锻预热温度范围见表6-9，超过预热温度，矿物油脂便会立刻稀释、流走或燃烧掉。

表6-9 使用矿物油脂的模锻预热温度范围

润滑油脂名称	润滑油脂代号	闪点/℃	模具预热温度范围/℃
5#高速机械油(锭子油)	HJ-5	110	—
10#机油	HJ-10	165	150~185
20#机油	HJ-20	170	150~185
30#机油	HJ-30	180	200~260
40#机油	HJ-40	190	200~260
90#机油	HJ-90	220	200~300
24#汽缸油	HG-24	240	290~300
52#汽缸油	HG-52	300	290~350
72#合成汽缸油	HG-72	340	290~350
1#复合钙基润滑脂	HZFG-1	—	200~300
1#复合钙基润滑脂	HZFG-4	—	290~350

(2)流动性、黏附性(涂覆性)好，易形成均匀致密的薄膜。

(3)有一定冷却模具的作用。

(4)矿物油脂形成的气体压力较大，易导致型槽裂纹扩大，而且气体易阻塞在型槽较深部位，造成锻件充不满。

(5)黏污工作场地、设备和操作者，产生的烟雾影响视线、污染环境、影响生产。

2)油基石墨润滑剂

油基石墨润滑剂又称油基胶体石墨，是将粉状石墨按比例搅拌与矿物油(低号机油、锭子油等黏度低的油料)中成胶状或半胶状的润滑剂。粉状石墨最好搅拌于经预热稀释的汽缸油或润滑脂中。

这种润滑剂的特点是，除具有油料润滑剂的特性外，由于石墨粉的加入，可大大提高中温(350~540℃)的润滑性能，所以是铝、镁合金模锻时应用效果较好的热模锻润滑剂。但灰黑色的石墨对有色金属模锻件的表面、操作者和生产环境都有污染，因而影响其推广使用。

石墨粉的摩擦系数为0.11~0.19温度高于371℃时，摩擦系数开始增大，而且在540℃以下时，其化学性能保持稳定。这种润滑剂的导热性较好，所以它对型槽的隔热作用不大。只有配合其他物质后，才能改善其脱模和冷却模具的性能。油基石墨润滑剂配置的比例可根据工艺需要而定。

在液压锻压机上模锻铝合金锻件时，目前我国最广泛使用的是下列3种石墨与锭子油或汽缸油混合的润滑剂：

①80%~90%10#锭子油+10%~20%石墨；

②70%~80%汽缸油+20%~30%石墨；

③70%~85%锭子油+10%~20%汽缸油+5%~10%石墨。

同时，必须指出，含有石墨的润滑油，用于铝合金模锻有严重缺点，其残留物不易去除，嵌在锻件表面上的石墨粒子可能引起污点、麻坑和腐蚀。因此，锻后必须清理表面。

3)水基石墨润滑剂

水基石墨润滑剂是以水为载体的润滑剂，随着越来越多的自动喷涂润滑剂系统投入使用，近年迅速发展起来的一种模具润滑剂。它采用超细微粒化的石墨胶体加水稀释后应用。在铝合金模锻中取得了良好的效果，得到了广泛的应用。它也特别适用于钛合金在800~1200℃的温度下模锻、模具温度为200~450℃时，这种润滑剂具有良好的脱模、冷却模具、绝热浸润和成膜的性能，而且对环境没有污染。

水基石墨润滑剂是以水为基体或以石墨粉为固体基料外加黏结剂、脱模剂的一种悬浮液。固体基料为石墨粉。当其粒度为2~4 μm时，润滑性能最好。另外，还添加少量的三氧化二硼、磷酸盐、水玻璃及某些无机聚合物(如聚氯化磷氮)等，这些材料在高温下成熔融状态，并且有一定的润滑和黏结作用。

在水基石墨润滑剂中可以添加某些铵盐、碳氢化合物或能在高温下分解产生气体的无机盐类物质作为脱模剂。添加悬浮剂是为了改善润滑剂的悬浮性能。

喷涂水基石墨润滑剂的厚度要恰当控制。当润滑剂的厚度小于10 μm时，摩擦系数将增大到0.2以上，而润滑剂层厚度为20～40 μm时，摩擦系数则可减小到0.1以下。

铝合金模锻时，石墨和水的混合液中还应加入皂类。模具形状复杂时，多余的石墨润滑剂必须用压缩空气吹净。镁合金锻压时，在模具温度较低时，可喷涂石墨的水悬浮剂；当模具温度较高时，则需要喷涂煤油混合悬浮液。

在模锻生产中采用水基石墨润滑剂，不但可以延长模具寿命、改善填充性和提高锻件精度，而且不产生烟尘和气味，可是生产现场的劳动条件得到改善。

4）硫化钼油料混合润滑剂

二硫化钼油料混合润滑剂是二硫化钼按比例搅拌于油基润滑剂而成的。有时可加入石墨粉和氧化铝粉，并调配成胶状或半胶状的混合润滑剂。其典型配比如下：

5% MoS_2 +20% 石墨粉 +10～40#机油。这种润滑剂可用于铝合金模锻件。

二硫化钼的抗压能力强，模锻时不易被挤出。而且二硫化钼薄膜导热性差，可减轻模具的受热和相应增加模具的续冷时间，从而可防止模具过热并延长其使用寿命。

二硫化钼与有机润滑剂混合使用后，有一定的脱模作用，但脱模力较小。但二硫化钼沉淀和残余物沉积在型槽底部边沿时，易造成锻件局部充不满。

二硫化钼氧化释放出的硫离子和 SO_2，其中一部分与摩擦面上的金属发生化学作用（从型槽表面就可看出），其余部分则被氧化而散布在空气中并与空气中的水分子作用生成亚硫酸。亚硫酸污染空气，刺激人的黏膜，影响食欲，所以二硫化钼产品不宜高配置使用。

二硫化钼及石墨粉均不溶于油，应按比例混合并用手工或机械搅拌均匀后方可使用。二硫化钼在油中会缓慢沉淀，因此使用前需搅拌均匀才能保证润滑质量。常用的二硫化钼润滑剂主要性能指标见表6－10所示。

表6－10　二硫化钼润滑剂主要性能指标

名称	代号	滴点/℃	针入度(1/10 mm)
二硫化钼复合钙基润滑脂	1号	230	260－300
	2号	240	180－220
	3号	220	240－280
	4号	210	290－330
	5号	180	290－330

续表 6-10

名称	代号	滴点/℃	针入度(1/10 mm)
二硫化钼复合钙基润滑脂	ZFG-1E	180	310-350
	ZFG-2E	200	260-300
	ZFG-3E	220	210-250
	ZFG-4E	240	160-200
二硫化钼复合铝基润滑脂	ZFU-1E	180	310-350
	ZFU-2E	200	260-300
	ZFU-3E	220	210-250
	ZFU-4E	240	160-200

5)玻璃防护润滑剂

玻璃是一种良好的高温防护润滑剂的固体基料，其特点如下：

①能形成可靠的液态动能状态，因为玻璃防护润滑剂在高温下能在模具与金属材料的接触表面上呈现理想的零摩擦状态。

②防护性好，能防止变形金属表面的氧化、合金元素的贫化、渗氢、脱碳等。

③高温下，玻璃与金属表面具有良好的浸润性能。

④对所涂覆的金属材料，玻璃具有很好的中性性能。玻璃的成分选择适宜时，可以对金属材料及模具不产生腐蚀作用。

⑤玻璃层的去除比较困难。

在400~2200℃范围内都可以选择到适宜的玻璃作润滑剂。玻璃是良好的模锻防护润滑剂的固体材料。在不锈钢的热挤压和高温合金、钛合金、铝镁合金、铜合金、难熔金属等的模锻或挤压时，均可成功地使用玻璃做防护润滑剂，参见表6-11。玻璃的成分不同，使用温度也不同。在1000℃以上的温度应用硅酸盐玻璃；中温(700~1000℃)范围主要用硼酸盐、硼硅酸盐、铅硼硅酸盐玻璃；在400~700℃范围内，建议采用磷酸盐玻璃。

表6-11 热锻钛合金用玻璃润滑剂

牌号	使用温度/℃	适用材料和工艺
FR-2	850~1000	钛合金热模锻
FR-4		钛合金模锻、冲压 TC_4 钛合金
FR-5		TC_9 精锻及大型盘件模锻
FR-6		TC_4 钛合金挤杆工艺等温锻

续表 6 – 11

牌号	使用温度/℃	适用材料和工艺
T – 38	925 ± 10	钛合金无余量精锻
T – 40		钛合金无余量精锻
BR – 14	900 ~ 1000	钛合金等温锻造
WY – 1	800 ~ 950	钛合金($\alpha+\beta$ 相)热模锻
WY – 2	900 ~ 950	钛合金(β 相)热模锻

第 7 章　冲压

冲压也是二次塑性成形的方法，它将板料(或带料)、箔料、薄壁管、薄型材进一步加工成成形产品。在铝加工产品中，冲压生产的最典型产品是飞机和汽车零部件、铝合金锅碗瓢盆及饮料罐；在铜合金加工产品中，冲压生产的最典型产品是各种电机电器的接插件。

7.1　冲压的特点及分类

1. 冲压的特点

冲压是利用冲模在冲压设备上对板料施加压力(或拉力)，使其产生分离或变形，从而获得一定形状、尺寸和性能制件的加工方法。冲压加工的对象一般为金属板料(或带料)、薄壁管、薄型材等。板厚方向的变形一般不侧重考虑，因此也称为板料冲压。通常，冲压是在室温状态下进行(不用加热，显然处于再结晶温度以下)，故也称为冷冲压。冲模、冲压设备和板料是构成冲压加工的 3 个基本要素。

冲压生产靠模具和压力机完成加工过程，与其他加工方法相比，在技术和经济方面有如下特点：

(1)冲压件的尺寸精度由模具来保证，具有一模一样的特征，所以质量稳定，互换性好。

(2)由于利用模具加工，可获得其他加工方法所不能或难以制造的，壁薄、质量轻、刚性好、表面质量高、形状复杂的零件。

(3)冲压加工一般不需要加热毛坯，也不像切削加工那样，大量切削金属，所以它不但节能，而且节约金属。

(4)对于普通压力机每分钟可生产几十件，而高速压力机每分钟可生产几百上千件，所以它是一种高效率的加工方法。

2. 冲压的分类

冲压可以分为分离工序与成形工序两大类。分离工序又可分为落料、冲孔和切断等。目的是在冲压过程中使冲压件与板料沿一定的轮廓线相互分离，如表 7 - 1 所示；成形工序可分为弯曲、拉深、翻孔、翻边、胀形、缩口等，目的是使冲压毛坯在不破坏的条件下发生塑性变形，并转化成所要求制件形状，见表 7 - 2 所示。

表 7－1　分离工序

类别	组别	工序名称	工序简图	特点
分离工序	冲裁	落料	废料　工件	将板料沿封闭轮廓分离，切下部分是工件
		冲孔	工件　废料	将毛坯沿封闭轮廓分离，切下部分是废料
		切断		将板料沿不封闭的轮廓分离
		切边	废料　工件	将工件边缘的多余材料冲切下来
		剖切		将已冲压成形的半成品切开成为两个或数个工件
		切舌		沿不封闭轮廓，将部分板料切开并使其下弯

表7-2 成形工序

类别	组别	工序名称	工序简图	特点
成形工序	弯曲	压弯	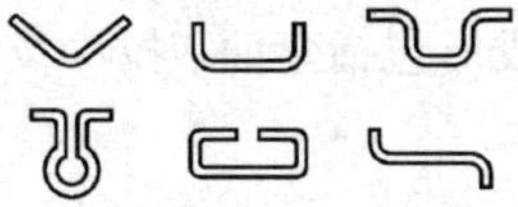	将材料沿弯曲线弯成各种角度和形状
		卷边	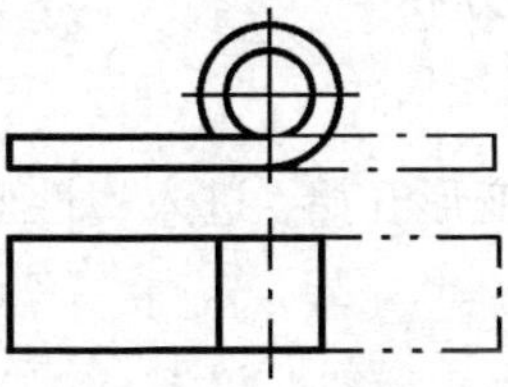	将毛坯端部弯曲成接近封闭的圆筒形
	拉深	拉深	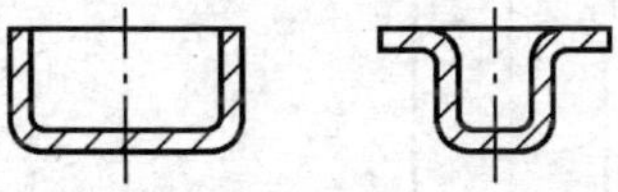	将板料毛坯冲制成各种开口的空心件
	成形	翻边	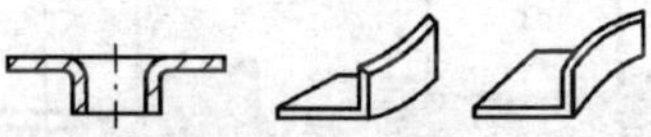	将工件的孔边缘或工件的外缘翻成竖立的边
		缩口		使空心件或管状毛坯的径向尺寸缩小
		胀形	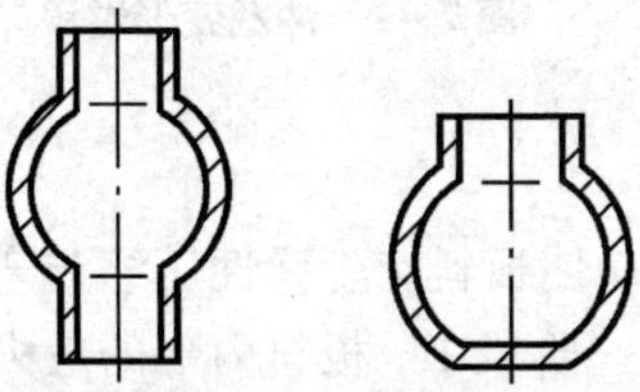	使空心件或管状毛坯向外扩张，胀出所需的凸起曲面
		起伏成形	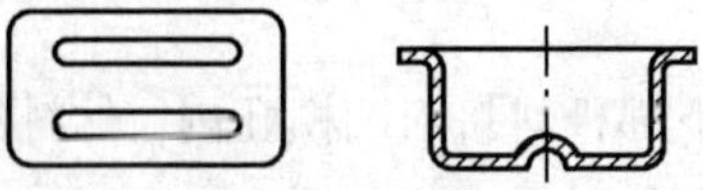	在板料或工件的表面上制成各种形状的凸筋或凹窝
		校形	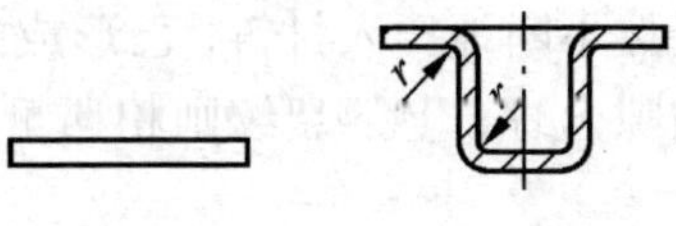	将翘曲的平板件压平或将成形件不准确的地方压成准确形状

7.2 冲压变形及受力分析

冲裁变形与成形变形(成形包括弯曲、拉深及成形)的受力情况区别较大，因此下面分别讨论。

7.2.1 冲裁变形及受力分析

1. 变形过程

冲裁变形过程，从弹性变形开始，进入塑性变形，最后以断裂分离告终，如图 7－1 所示。

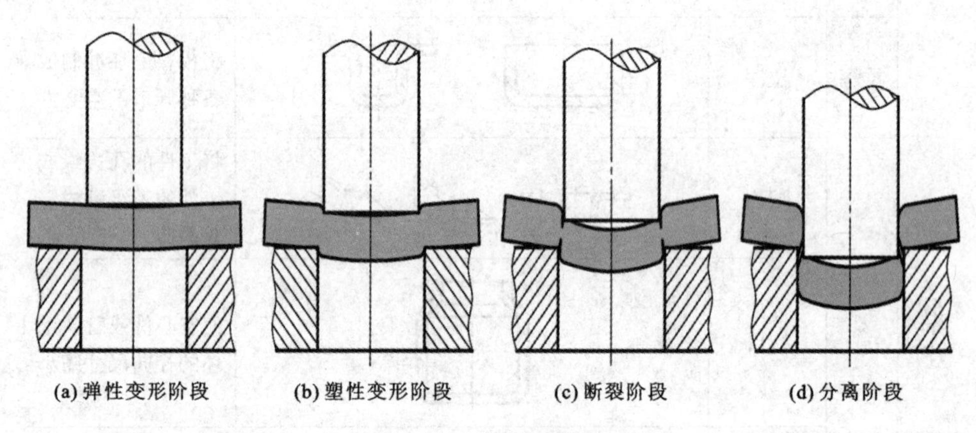

图 7－1 冲裁变形过程

1) 弹性变形阶段

由于凸模加压于板料，使板料产生弹性压缩与弯曲，板料底面相应部分材料略挤入凹模洞口内。在这一阶段中，板料内部的应力没有超过弹性极限，如凸模卸载后，板料立即恢复原状。

2) 塑性变形阶段

凸模切入板料并将下部板料挤入凹模孔内，材料的应力达到极限应力值，材料产生微小裂纹。

3) 断裂分离阶段

裂纹产生后，凸模仍然不断地压入材料，已形成的微裂纹沿最大剪应变速度方向向材料内延伸，若间隙合理，上下裂纹则相遇重合，板料就被拉断分离，形成光亮的剪切断面。

2. 冲裁曲线(力 -行程图)

图7-2为冲裁时冲裁力与凸模行程曲线。图中AB段相当于冲裁的弹性变形阶段，凸模接触材料后，载荷急剧上升，当凸模刃口一旦挤入材料，即进入塑性变形阶段后，载荷的上升就缓慢下来，如BC段所示。虽然由于凸模挤入材料使承受冲裁力的材料面积减小，但只要材料加工硬化的影响超过受剪面积减小的影响，冲裁力就继续上升，当两者达到相等影响的瞬间，冲裁力达最大值，即图中的C点。此后，受剪面积的减少超过了加工硬化的影响，于是冲裁力下降。凸模继续下压，材料内部的微裂纹迅速扩张，冲裁力急剧下降，如图CD段所示，此为冲裁的断裂阶段。

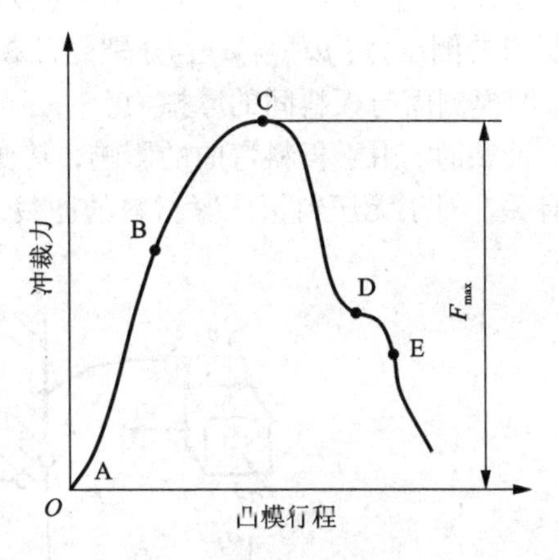

图7-2　冲裁力与凸模行程曲线

3. 冲裁变形区的受力分析

图7-3是冲裁时板料受到凸、凹模端面的作用力。由于凸、凹模之间存在间隙，使凸、凹模施加于板料的力产生一个力矩M，其值等于凸、凹模作用的合力与稍大于间隙的力臂a的乘积。

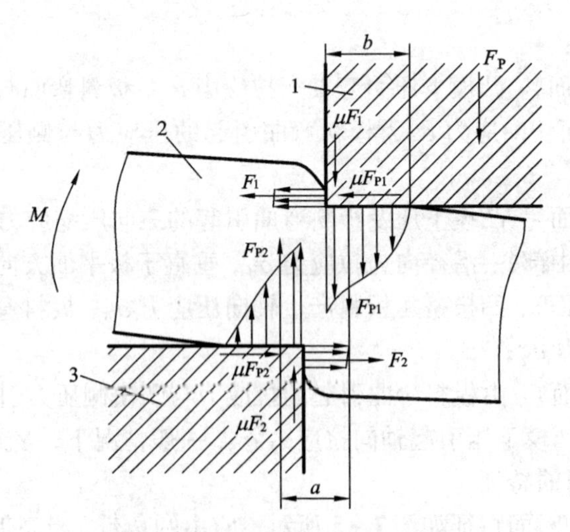

图7-3　冲裁时作用于板料上的力

1—凸模；2—板料；3—凹模

图中：F_{p1}、F_{p2}分别是凸、凹模对板料的垂直作用力；F_1、F_2分别是凸、凹模对板料的侧压力；μF_{p1}、μF_{p2}分别是凸模端面与板料间摩擦力；μF_1、μF_2分别是凸、凹模侧面与板料间的摩擦力。

冲裁时，由于板料弯曲的影响，其变形区的应力状态是复杂的，且与变形过程有关。对于无压料板压紧材料的冲裁，其变形区应力状态如图 7-4 所示。

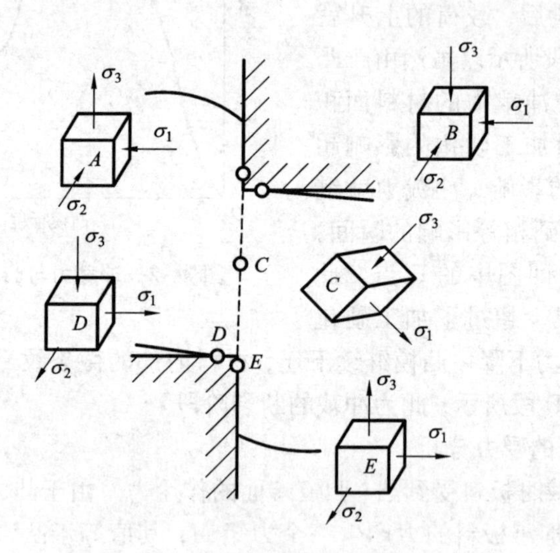

图 7-4　冲裁时板料的应力状态图

在图 7-4 中：

A 点（凸模侧面）：凸模下压引起轴向拉应力 σ_3，板料弯曲与凸模侧压力引起径向压应力 σ_1，而切向应力 σ_2 为板料弯曲引起的压应力与侧压力引起的拉应力的合成应力；

B 点（凸模端面）：凸模下压及板料弯曲引起的三向压缩应力；

C 点（断裂区中部）：沿径向为拉应力 σ_1，垂直于板平面方向为压应力 σ_3；

D 点（凹模端面）：凹模挤压板料产生轴向压应力 σ_3，板料弯曲引起径向拉应力 σ_1 和切向拉应力 σ_2；

E 点（凹模侧面）：由板料弯曲引起的拉应力与凹模侧压力引起压应力合成产生应力 σ_1 与 σ_2，凸模下压引起轴向拉应力 σ_3，一般情况下，该处以拉应力为主。

4. 冲裁件断面的特征

冲裁件正常的断面特征如图 7-5 所示。它由圆角带、光亮带、断裂带和毛刺 4 个特征区组成。

1）圆角带（又称塌角）

该区域的形成主要是当凸模刃口刚压入板料时，刃口附近的材料产生弯曲和伸长变形，材料被带进模具间隙的结果。

2）光亮带（又称剪切面）

该区域发生在塑性变形阶段，当刃口切入金属板料后，板料与模具侧面挤压而形成的光亮垂直的断面。通常占全断面的1/3～1/2，是断面上质量最好的部分。

3）断裂带

该区域是在断裂阶段形成。是由刃口处产生的微裂纹在拉应力的作用下不断扩展而形成的撕裂面，其断面粗糙，具有金属本色，且带有斜度。

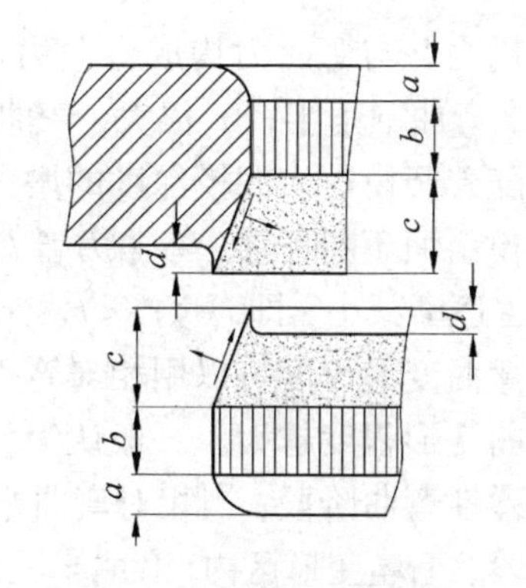

图7－5 冲裁件的断面特征

a—圆角带；b—光亮带；c—断裂带；d—毛刺

4）毛刺

毛刺的形成是由于在塑性变形阶段后期，凸模和凹模的刃口切入被加工板料一定深度时，刃口正面材料被压缩，刃尖部分是高静水压应力状态，使微裂纹的起点不会在刃尖处发生，而是在模具侧面距刃尖不远的地方发生，在拉应力的作用下，裂纹加长，材料断裂而产生毛刺。在普通冲裁中毛刺是不可避免的。

7.2.2 弯曲变形及受力分析

1.弯曲变形过程

弯曲变形的过程一般经历弹性弯曲变形、弹塑性弯曲变形、塑性弯曲变形3个阶段，如图7－6所示。

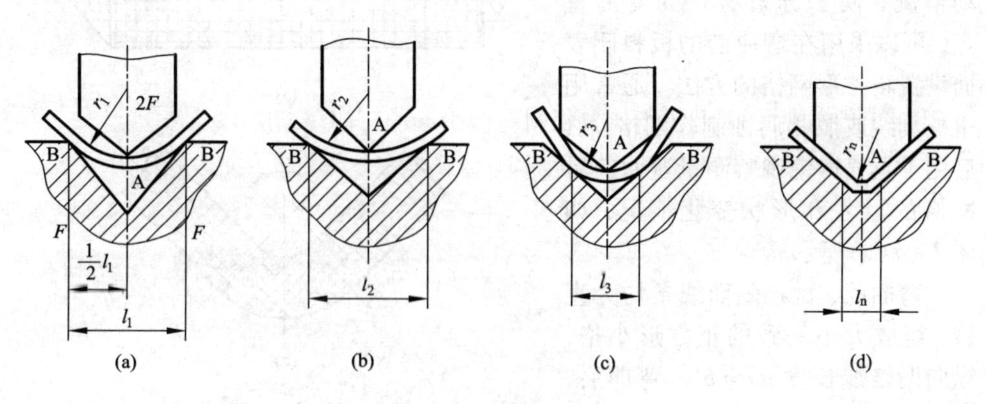

图7－6 弯曲过程

弯曲开始时，模具的凸、凹模分别与板料在A、B处相接触。设凸模在A处施加的弯曲力为$2F$，见图7－6(a)。这时在B处，凹模与板料的接触支点则产生反作用力并与弯曲力构成弯曲力矩 $M = Fl_1/2$，使板料产生弯曲。在弯曲的开始阶段，弯曲圆角半径 r_1 很大，弯曲力矩很小，仅引起材料的弹性弯曲变形。

随着凸模进入凹模深度的增大，凹模与板料的接触处位置发生变化，支点 B 沿凹模斜面不断下移，弯曲力臂 l 逐渐减小，即 $l_n < l_3 < l_2 < l_1$。同时，弯曲圆角半径 r 也逐渐减小，即 $r_n < r_3 < r_2 < r_1$，板料的弯曲变形程度进一步加大。

弯曲变形程度可以用相对弯曲半径 r/t 表示，t 为板料的厚度。r/t 越小，表明弯曲变形程度越大。一般认为，当相对弯曲半径 $r/t > 200$ 时，弯曲区材料处于弯曲弹性弯曲阶段；当相对弯曲半径 r/t 接近 200 时，材料开始进入弹－塑性弯曲阶段，毛坯变形区内（弯曲半径发生变化的部分）料厚的内外表面首先开始出现塑性变形，随后塑性变形向毛坯内部扩展。在弹－塑性弯曲变形过程中，促使材料变形的弯曲力矩逐渐增大，弯曲力臂 l 继续减小。

凸模继续下行，当相对弯曲半径 $r/t < 200$ 时，变形由弹－塑性弯曲逐渐过渡到塑性变形。这时弯曲圆角变形区内弹性变形部分所占比例已经很小，可以忽略不计，视板料截面都已进入塑性变形状态。最终，B 点以上部分在与凸模的 V 形斜面接触后被反向弯曲，再与凹模斜面逐渐靠紧，直至板料与凸、凹模完全贴紧。

若弯曲终了时，凸模与板料、凹模三者贴合后凸模不再下压，称为自由弯曲。若凸模再下压，对板料再增加一定的压力，则称为校正弯曲，这时弯曲力将急剧上升。校正弯曲与自由弯曲的凸模下止点位置是不同的，校正弯曲使弯曲件在下止点受到刚性镦压，减小了工件的回弹。

2. 板料弯曲的塑性变形特点

为了观察板料弯曲时的金属流动情况，便于分析材料的变形特点，可以采用在弯曲前的板料侧表面设置正方形网格的方法。通常用机械刻线或照相腐蚀制作网格，然后用工具显微镜观察测量弯曲前后网格的尺寸和形状变化情况，如图 7－7(a)所示。

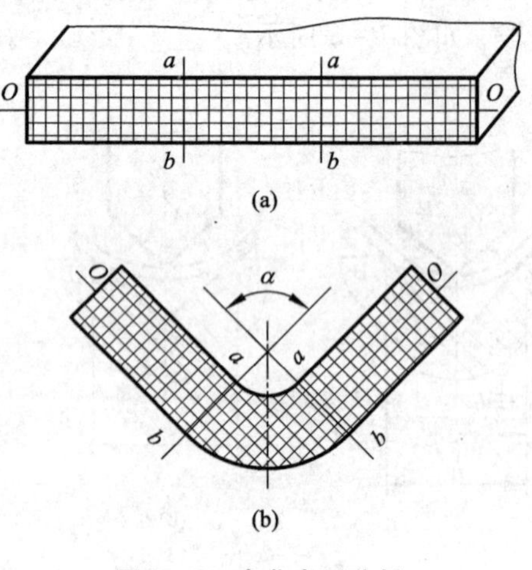

图 7－7　弯曲变形分析

弯曲前，材料侧面线条均为直线，组成大小一致的正方形小格，纵向网格线长度 $aa = bb$。弯曲后，通过观察网格形状的变化，如图 7－7(b)所示，可以看出弯曲变形具有以下特点：

1）弯曲圆角部分是弯曲变形的主要区域

可以观察到位于弯曲圆角部分的网格发生了显著的变化，原来的正方形网格变成了扇形。靠近圆角部分的直边有少量变形，而其余直边部分的网格仍保持原状，没有变形。说明弯曲变形的区域主要发生在弯曲圆角部分。

2)弯曲变形区内存在中性层

在弯曲圆角变形区内，板料内侧(靠近凸模一侧)的纵向网格线长度缩短，愈靠近内侧愈短。比较弯曲前后相应位置的网格线长度，可以看出内圆弧为最短，远小于弯曲前的直线长度，说明内侧材料受压缩变形。而板料外侧(靠近凹模一侧)的纵向网格线长度伸长，愈靠近外侧愈长。最外侧的圆弧长度为最长，明显大于弯曲前的直线长度，说明外侧材料受到拉伸变形。

从板料弯曲外侧纵向网格线长度的伸长过渡到内侧长度的缩短，中间存在一层金属纤维材料的长度在弯曲前后保持不变，这一金属层称为应变中性层(见图7-7中的$O-O$层)。当弯曲变形程度很小时，应变中性层的位置基本上处于材料厚度的中心，但当弯曲变形程度较大时，可以发现应变中性层向材料内侧移动，变形量愈大，内移量愈大。

3)变形区横断面的变形

板料的相对宽度b/t(b是板料的宽度，t是板料的厚度)对弯曲变形区的材料变形有很大影响。一般将相对宽度$b/t>3$的板料称为宽板，相对宽度$b/t\leqslant 3$的称为窄板。

窄板弯曲时，宽度方向的变形不受约束。由于弯曲变形区外侧材料受拉引起板料宽度方向收缩，内侧材料受压引起板料宽度方向增厚，其横断面形状变成了外窄内宽的扇形，见图7-8所示。变形区横断面形状尺寸发生改变称为畸变。

宽板弯曲时，在宽度方向的变形会受到相邻部分材料的制约，材料不易流动，因此其横断面形状变化较小，仅在两端会出现少量变形，见图7-8，横断面形状基本保持为矩形。

3.弯曲变形区的应力和应变状态

板料塑性弯曲时，变形区内的应力和应变状态取决于弯曲变形程度以及弯曲毛坯的相对宽度b/t。如图7-8所示，取材料的微小立方单元体表述弯曲变形区的应力和应变状态，σ_θ、ε_θ分别表示切向(长度方向)应力、应变，σ_r、ε_r分别表示径向(厚度方向)的应力、应变，σ_b、ε_b分别表示宽度方向的应力、应变。从图中可以看出，对于宽板弯曲或窄板弯曲，变形区的应力和应变状态在切向和径向是完全相同的，仅在宽度方向有所不同。

1)应力状态

在切向：外侧材料受拉，切向应力σ_θ为正；内侧材料受压，切向应力σ_θ为负。切向应力为绝对值最大的主应力。外侧拉应力与内侧压应力间的分界层称为应力中性层。当弯曲变形程度很大时，应力中性层有明显的向内侧移动的特性。

应变中性层的内移总是滞后于应力中性层，这是由于应力中性层的内移，使

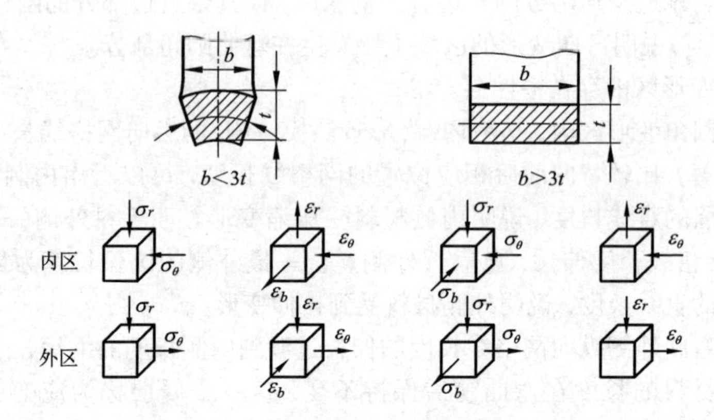

图 7-8　自由弯曲时的应力-应变状态

外侧拉应力区域不断向内侧压应力区域扩展，原中性层内侧附近的材料层由压缩变形转变为拉伸变形，从而造成了应变中性层的内移滞后于应力中性层。

在径向：由于变形区各层金属间的相互挤压作用，内侧、外侧同为受压，径向应力 σ_r 均为负值。在径向压应力 σ_r 的作用下，切向应力 σ_θ 的分布性质产生了显著的变化，外侧拉应力的数值小于内侧区域的压应力。只有使拉应力区域扩大，压应力区域减小，才能重新保持弯曲时的静力平衡条件，因此，应力中性层必将内移，相对弯曲半径 r/t 越小，径向压应力 σ_r 对应力中性层内移的作用越显著。

在宽度方向：窄板弯曲时，由于材料在宽度方向的变形不受约束，因此内、外侧的应力均接近于零。宽板弯曲时，在宽度方向材料流动受阻、变形困难，结果在弯曲变形区外侧产生阻止材料沿宽度方向收缩的拉应力，σ_b 为正，而在变形区内侧产生阻止材料沿宽度方向增宽的压应力，σ_b 为负。

由于窄板弯曲和宽板弯曲在板宽方向变形的不同，所以窄板弯曲的应力状态是平面的，宽板弯曲的应力状态是三维的。

2）应变状态

在切向：外侧材料受拉，切向应变 ε_θ 为正；内侧材料受压缩，切向应变 ε_θ 为负，切向应变 ε_θ 为绝对值最大的主应变。

在径向：根据塑性变形体积不变条件 $\varepsilon_\theta+\varepsilon_r+\varepsilon_b=0$，$\varepsilon_r$、$\varepsilon_b$ 必定和最大的切向应变 ε_θ 符号相反。因为弯曲变形区外侧的切向主应变 ε_θ 为拉应变，所以外侧的径向应变 ε_r 为压应变；而变形区内侧的切向主应变 ε_θ 为压应变，所以内侧的径向应变 ε_r 为拉应变。

在宽度方向：窄板弯曲时，由于材料在宽度方向上可自由变形，所以变形区外侧应变 ε_b 为压应变，而变形区内侧应变 ε_b 为拉应变。宽板弯曲时，因材料流动受阻，弯曲后板宽基本不变。故内外侧沿宽度方向的应变几乎为零（$\varepsilon_b \approx 0$），仅在两端有少量应变。

综上所述，可知窄板弯曲的应变状态是三维的，而宽板弯曲的应变状态是平面的。

4.弯曲变形卸载后的回弹

1）弯曲回弹现象

常温下的塑性弯曲和其他塑性变形一样，在外力作用下产生的总变形由塑性变形和弹性变形两部分组成。当弯曲结束外力去除后，塑性变形留存下来，而弹性变形则完全或部分消失，弯曲变形区外侧因弹性恢复而缩短，内侧因弹性恢复而伸长，产生了弯曲件的弯曲角度和弯曲半径与模具相应尺寸不一致的现象。这种弯曲回弹（简称回弹）现象是弯曲变形的一大特点。

弯曲件的回弹现象通常表现为两种形式：一是，弯曲半径的改变，由回弹前弯曲半径 r_t 变为回弹后的 r_0；二是，弯曲角度的改变，由回弹前弯曲中心角度 α_t（凸模的中心角度）变为回弹后的工件实际中心角度 α_0，如图7－9所示。确定回弹值的方法：若弯曲中心角 α 两侧有直边，则采用两侧直边之间的夹角 θ（称作弯曲角）来表示，参见图7－10，弯曲角 θ 与弯曲中心角度 α 之间的换算关系为 $\theta = 180° - \alpha$。

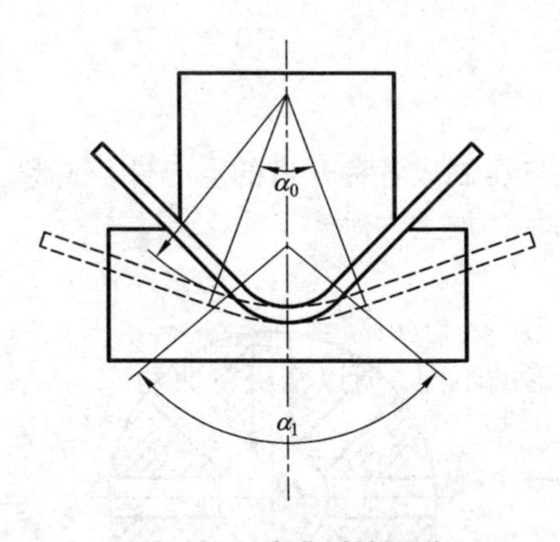

图7－9 弯曲时的回弹

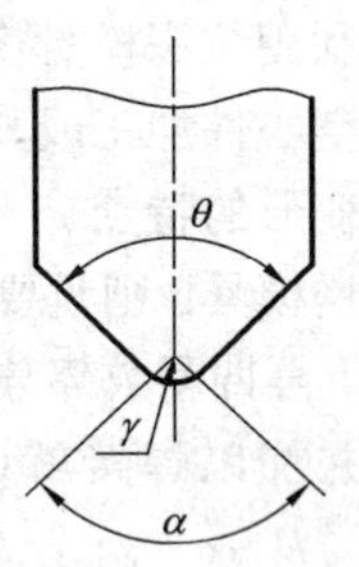

图7－10 弯曲角 θ 与弯曲中心角度 α

2）影响回弹的主要因素

（1）材料的力学性能

材料的屈服点 σ_s 愈高，弹性模量 E 愈小，弯曲变形的回弹也愈大。因为材料的屈服点 σ_s 愈高，材料在一定的变形程度下，其变形区断面内的应力也愈大，因而引起更大的弹性变形，所以回弹值也大。而弹性模量 E 值愈大，则抵抗弹性变形的能力愈强，所以回弹值愈小。

(2)相对弯曲半径 r/t

相对弯曲半径 r/t 愈小，则回弹值愈小。因为相对弯曲半径 r/t 愈小，变形程度愈大，变形区总的切向变形程度增大，塑性变形在总变形中占的比例增大，而相应弹性变形的比例则减少，从而回弹值减少。反之，相对弯曲半径 r/t 愈大，则回弹值愈大。这就是曲率半径很大的工件不易弯曲成形的原因。

(3)弯曲中心角 α

弯曲中心角 α 愈大，表示变形区的长度愈大，回弹累积值愈大，故回弹愈大。

(4)模具间隙

压制 U 形件时，模具间隙对回弹值有直接影响。间隙大，材料处于松动状态，回弹就大。在无底凹模内作自由弯曲时，回弹最大。

(5)弯曲件形状

形状复杂的弯曲件一次弯成时，由于各部分相互牵制以及弯曲件表面与模具表面之间的摩擦影响，改变了弯曲件各部分的应力状态，使回弹困难，因而回弹角减小。

(6)弯曲方式

弯曲力的大小不同使得回弹值亦有所不同。校正弯曲时，校正力愈大，回弹愈小。因为校正弯曲时，校正力比自由弯曲时的弯曲力大得多，使变形区的应力-应变状态与自由弯曲时有所不同。

7.2.3 拉深变形及受力分析

拉深是利用拉深模具将冲裁好的平板毛坯压制成各种开口的空心件，或将已制成的开口空心件加工成其他形状空心件的一种加工方法。

1. 拉深变形的特点

如果不用模具，则只要去掉图 7-11 中的阴影部分，再将剩余部分沿直径 d 的圆周弯折起来，并加以焊接就可以得到直径为 d，高度为 $h=\frac{D-d}{2}$，周边带有焊缝，口部呈波浪的开口筒形件。这说明圆形平板毛坯在成为筒形件的过程中必须去除多余材料。但是，圆形平板毛坯在拉深成形过程中并没有去除多余材料。因此，只能是多余的材料在模具的作用下产生了塑性流动。可以作坐标网格试验了解材料产生了怎样的流动，即拉深前在毛坯上画一些由等距离的同心圆和等角度的辐射线组成的网格，如图 7-12 所示，然后进行拉深，通过比

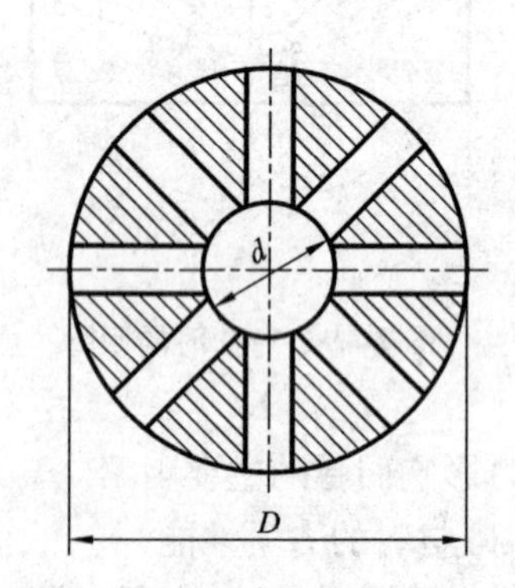

图 7-11 拉深时的材料转移示意图

较拉深前后网格的变化可以获得材料的流动情况。拉深后筒底部的网格变化不明显，而侧壁上的网格变化很大，拉深前等距离的同心圆拉深后变成了与筒底平行的不等距离的水平圆周线，愈到口部圆周线的间距愈大，即：

$$a_1 > a_2 > a_3 > \cdots > a \tag{7-1}$$

拉深前等角度的辐射线拉深后变成了等距离、相互平行且垂直于底部的平行线，即：

$$b_1 = b_2 = b_3 = \cdots = b \tag{7-2}$$

原来的扇形网格 dA_1，拉深后在工件的侧壁变成了等宽度的矩形 dA_2，离底部越远矩形的高度越大。测量此时工件的高度，发现筒壁高度大于环行部分的半径差 $(D-d)/2$。这说明材料沿高度方向产生了塑性流动。

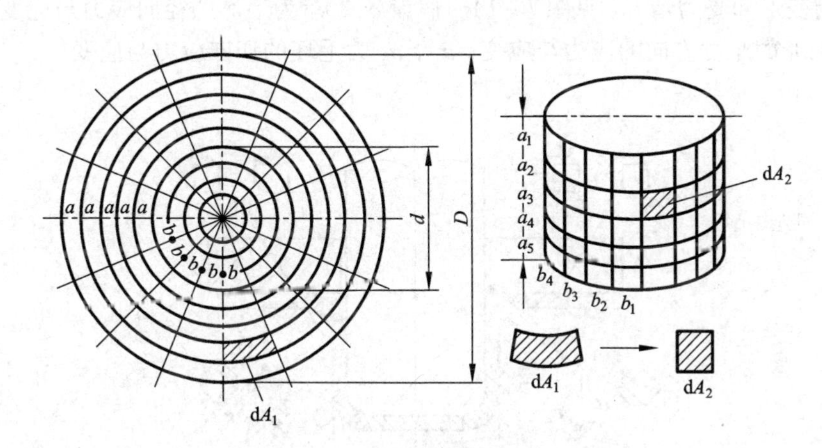

图 7-12 拉深网格的变化

这些金属是怎样往高度方向流动，可从变形区任选一个扇形格子来分析，如图 7-13 所示。从图中可看出，扇形的宽度大于矩形的宽度，而高度却小于矩形的高度，因此扇形格拉深后要变成矩形格，必须宽度减小而长度增加。很明显扇形格只要切向受压产生压缩变形，径向受拉产生伸长变形就能产生这种情况。而在实际的变形过程中，由于有所谓的多余材料存在（图 7-11 中的三角形部分），拉深时材料间的相互挤压产生了切向压应力（见图 7-13），凸模提供的拉深力产生了径向拉应力。故 $(D-d)$ 的圆环部分在径向拉应力和切向压应力的作用下径向伸长，切向缩短，扇形格子就变成了矩形格子，使高度增加。

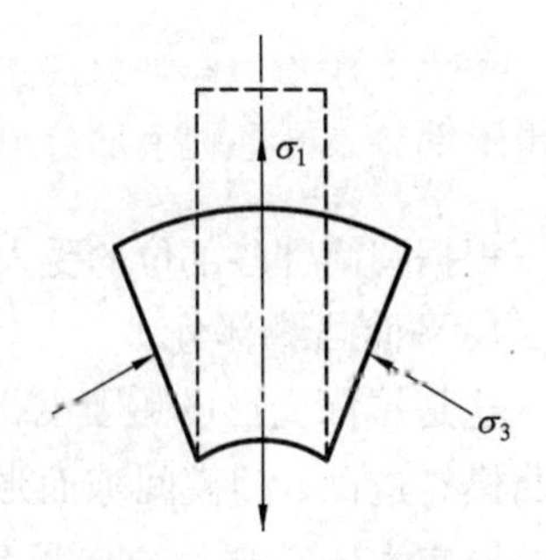

图 7-13 拉深时扇形单元的受力与变形情况

综上所述，拉深变形过程可描述为：处于凸缘底部的材料在拉深过程中变化很小，变形主要集中在处于凹模平面上的$(D-d)$圆环形部分。该处金属在切向压应力和径向拉应力的共同作用下沿切向被压缩，且愈到口部压缩的愈多，沿径向伸长，且愈到口部伸长得愈多。该部分是拉深的主要变形区。

2. 拉深变形过程的应力和应变状态

拉深过程中，材料的变形程度由底部向口部逐渐增大。因此，拉深过程中毛坯各部分的硬化程度也不一，应力与应变状态各不相同。随着拉深的不断进行，留在凹模表面的材料不断被拉进凸、凹模的间隙而变为筒壁，因而即使是变形区同一位置的材料，其应力和应变状态也在时刻发生变化。

现以带压边圈的直壁圆筒形件的首次拉深为例，说明在拉深过程中某一时刻毛坯的变形和受力情况，见图 7－14。假设σ_1，ε_1为毛坯的径向应力与应变；σ_2，ε_2为毛坯的厚度方向的应力与应变；σ_3，ε_3为毛坯的切向应力与应变。

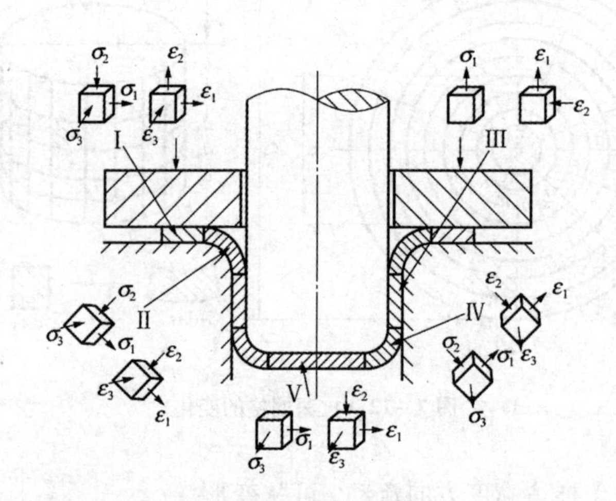

图 7－14　拉深中毛坯的应力－应变

根据圆筒件各部位的受力和变形性质的不同，将整个毛坯分为如下 5 个部分。

1）平面凸缘部分

这是拉深变形的主要变形区，也是扇形格子变成矩形格子的区域。此处材料被凸模拉进凸、凹模间隙而形成筒壁。这一区域主要承受切向的压应力σ_3和径向的拉应力σ_1，厚度方向承受由压边力引起的压应力σ_2的作用，是二压一拉的三向应力状态，参见图 7－14 所示。

切向产生压缩变形ε_3，径向产生伸长变形ε_1，厚向的变形ε_2取决于σ_1和σ_3之间的比值。当σ_1的绝对值最大时，则ε_2为压应变，当σ_3的绝对值最大时，ε_2为拉应变。因此该区域的应变也是三向的。

2）凹模圆角部分

这是凸缘和筒壁部分的过渡区，有与凸缘部分相同的特点，即径向受拉应力 σ_1 和切向受压应力 σ_3 作用外，厚度方向上还要受凹模圆角的压力和弯曲作用产生的压应力的作用。此区域的应变状态也是三向的：ε_1 是绝对值最大的拉应变，ε_2 和 ε_3 是压应变，此处材料厚度减薄。

3）筒壁部分

它将凸模的作用力传给凸缘，因此是传力区。σ_1 是凸模产生的拉应力，由于材料在切向受凸模的限制不能自由收缩，σ_3 也是拉应力，但是拉应力很小。因此变形与应力均为平面状态。其中 ε_1 为伸长应变，ε_2 为压缩应变。

4）凸模圆角部分

这部分是筒壁和圆筒底部的过渡区，材料承受筒壁较大的拉应力 σ_1、凸模圆角的压力和弯曲作用产生的压应力 σ_2 和切向拉应力 σ_3。此处往往成为整个拉深件强度最薄弱的地方，是拉深过程中的"危险断面"。

5）圆筒底部

这部分材料处于凸模下面，直接接收凸模施加的力并由它将力传给圆筒壁部，因此该区域也是传力区。由于凸模圆角处的摩擦制约了底部材料的向外流动，故圆筒底部变形不大，一般可忽略不计。

3. 拉深成形的起皱与拉裂

由上面的分析可知，拉深时毛坯各部分的应力－应变状态不同，而且随看拉深过程的进行应力－应变状态还在变化，这使得在拉深变形过程中产生了一些特有的现象。

1）起皱

拉深时凸缘变形区的每个小扇形块在切向均受到 σ_3 压应力的作用。当 σ_3 过大，扇形块又较薄，σ_3 超过此时扇形块所能承受的临界压应力时，扇形块就会失稳弯曲而拱起。当沿着圆周的每个小扇形块都拱起时，在凸缘变形区沿切向就会形成高低不平的皱褶，这种现象称为起皱，如图7－15所示。起皱在拉深薄料时更容易发生，而且首先在凸缘的外缘开始，因为此处的 σ_3 值最大。

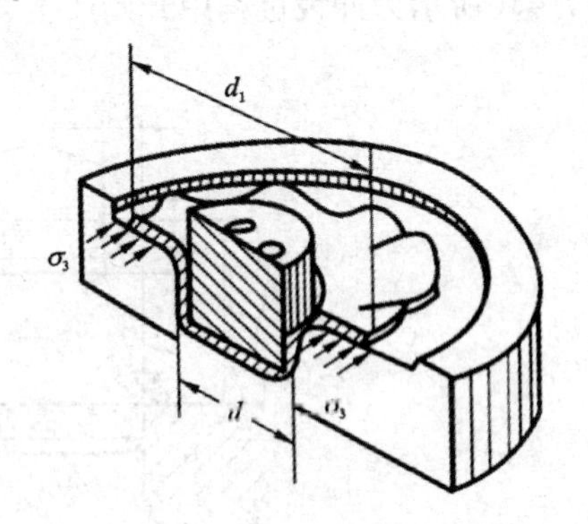

图7－15 毛坯凸缘的起皱情况

2）拉裂

拉深工件的厚度沿底部向口部方向是不同的。在圆筒件侧壁的上部厚度增加最多，约为30%；而在筒壁与底部转角稍上的地方板料厚度最小，厚度减少了将近10%，该处拉深时最容易被拉断。当该断面的应力超过材料此时的强度极限时，零件就在此处产生破裂。即使拉深件未被拉裂，由于材料变薄过于严重，也可能使产品报废。

为防止拉裂，可根据板材的成形性能，采用适当的拉深比和压边力，增加凸模的表面粗糙度，改善凸缘部分变形材料的润滑条件，合理设计模具工作部分的形状，选用拉深性能好的材料等措施。

7.3 冲压变形的主要工艺参数确定与控制

7.3.1 冲裁主要参数选择与控制

1. 冲裁模具间隙

模具间隙是冲裁变形的重要工艺参数，冲裁单面间隙是指凸模和凹模刃口横向尺寸的差值的一半，常用 c 表示。考虑到模具制造中的偏差及使用中的磨损、生产中通常只选择一个适当的范围作为合理间隙，只要间隙在这个范围内，就可冲出良好的制件，这个范围的最小值称为最小合理间隙 c_{min}，最大值称为最大合理间隙 c_{max}。考虑到模具在使用过程中的磨损将使间隙增大，故设计与制造新模具时要采用最小合理间隙值 c_{min}。确定合理间隙的方法有理论计算法，经验公式法和实用间隙表。

1)理论计算法

理论计算法的主要依据是保证上下裂纹会合，以便获得良好的断面。图7－16所示为冲裁过程中开始产生裂纹的瞬时状态。

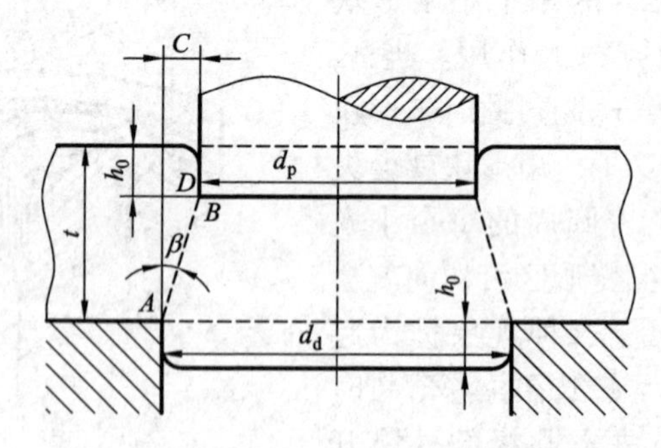

图7－16 冲裁过程中产生裂纹的瞬时状态

根据图中三角形 ABC 的关系可求得间隙值 c 为：

$$c=(t-h_0)\tan\beta=t\left(1-\frac{h_0}{t}\right)\tan\beta \tag{7-3}$$

式中：h_0为凸模切入深度；β为最大剪应力方向与垂线方向的夹角。

从上式看出，间隙 c 与材料厚度 t、相对切入深度 h_0/t 以及裂纹方向 β 有关。由于理论计算方法在生产中使用不方便，故目前间隙值的确定广泛使用的是经验公式与图表。

2）经验公式

根据研究与使用经验，对于尺寸精度、断面垂直度要求高的制件应选用较小间隙值，对于断面垂直度与尺寸精度要求不高的制件，应以降低冲裁力、提高模具寿命为主，可采用较大间隙值。其值可按下列经验公式选用：

$$c = mt \tag{7-4}$$

式中：m 取值如下：黄铜、纯铜取5%；铜合金、铝合金取6%～10%。

3）实用间隙表

表7－3是汽车拖拉机行业和电子、仪器仪表行业推荐的间隙值。

表7－3　电器仪表行业冲裁模初始双面间隙（$2c$）一览表（mm）

材料名称		磷青铜（硬） 铍青铜（硬）		H62、H65（硬） 2A12；		H62、H68（半硬） 纯铜（硬）； 磷青铜（软）； 铍青铜（软）		H62、H68（软） 紫铜（软）； 3A21；5A02； 2A12（退火）	
力学性能	HBS	≥190		140～190		70～140		≤70	
	σ_b/MPa	≥600		400～600		300～400		≤300	
厚度 t/mm		$2c_{min}$	$2c_{max}$	$2c_{min}$	$2c_{max}$	$2c_{min}$	$2c_{max}$	$2c_{min}$	$2c_{max}$
0.3		0.04	0.06	0.03	0.05	0.02	0.04	0.01	0.03
0.5		0.08	0.10	0.06	0.08	0.04	0.06	0.025	0.045
0.8		0.12	0.16	0.10	0.13	0.07	0.10	0.045	0.075
1.0		0.17	0.20	0.13	0.16	0.10	0.13	0.065	0.095
1.2		0.21	0.24	0.16	0.19	0.13	0.16	0.075	0.105
1.5		0.27	0.31	0.21	0.25	0.15	0.19	0.10	0.14
1.8		0.34	0.38	0.27	0.31	0.20	0.24	0.13	0.17
2.0		0.38	0.42	0.30	0.34	0.22	0.26	0.14	0.18
2.5		0.49	0.55	0.39	0.45	0.29	0.35	0.18	0.24
3.0		0.62	0.65	0.49	0.55	0.36	0.42	0.23	0.29
3.5		0.73	0.81	0.58	0.66	0.43	0.51	0.27	0.35
4.0		0.86	0.94	0.68	0.76	0.50	0.58	0.32	0.40
4.5		1.00	1.08	0.78	0.86	0.58	0.66	0.37	0.45
5.0		1.13	1.23	0.90	1.00	0.65	0.75	0.42	0.52
6.0		1.40	1.50	1.00	1.20	0.82	0.92	0.53	0.63
8.0		2.00	2.12	1.60	1.72	1.17	1.29	0.76	0.88

2.凸模与凹模刃口尺寸确定

1)确定模具刃口尺寸及公差的原则

(1)落料件尺寸由凹模尺寸决定，冲孔时孔的尺寸由凸模尺寸决定。故设计落料模时，以凹模为基准，间隙取在凸模上；设计冲孔模时，以凸模为基准，间隙取在凹模上。

(2)考虑到冲裁中凸、凹模的磨损，设计落料模时，凹模基本尺寸应取尺寸公差范围的较小尺寸；设计冲孔模时，凸模基本尺寸则应取工件孔尺寸公差范围内的较大尺寸。这样，在凸、凹模磨损到一定程度的情况下，仍能冲出合格制件。凸、凹模间隙则取最小合理间隙值。

(3)确定冲模刃口制造公差时，应考虑制件的公差要求。如果对刃口精度要求过高(即制造公差过小)，会使模具制造困难，增加成本，延长生产周期；如果对刃口精度要求过低(即制造公差过大)，则生产出来的制件可能不合格，会使模具的寿命降低。若制件没有标注公差，则对于非圆形件按国家标准“非配合尺寸的公差数值”IT14 级处理，冲模则可按 IT11 级制造；对于圆形件，一般可按 IT6 ~ IT7 级制造模具。冲压件的尺寸公差应按“入体”原则标注为单向公差，落料件上偏差为零，下偏差为负；冲孔件上偏差为正，下偏差为零。

2)确定刃口尺寸的公式

由于模具加工方法不同，凸模与凹模刃口部分尺寸的计算公式与制造公差的标注也不同，刃口尺寸的计算方法可分为两种情况。

(1)凸模与凹模分开加工

采用这种方法，是指凸模和凹模分别按图纸加工至所要求尺寸。要分别标注凸模和凹模刃口尺寸与制造公差(凸模 δ_p、凹模 δ_d)，它适用于圆形或简单形状的制件。为了保证初始间隙值小于最大合理间隙 $2c_{max}$，必须满足下列条件：

$$|\delta_p| + |\delta_d| \leqslant 2c_{max} - 2c_{min} \tag{7-5}$$

也就是说，新制造的模具应该是 $|\delta_p| + |\delta_d| + 2c_{min} \leqslant 2c_{max}$。否则制造的模具间隙已超过允许变动范围 $2c_{min} \sim 2c_{max}$。

下面对落料和冲孔两种情况分别进行讨论。

①落料：设工件的尺寸为 $D_0 - \Delta$，根据计算原则，落料时以凹模为设计基准。首先确定凹模尺寸，使凹模基本尺寸接近或等于制件轮廓的最小极限尺寸，再减小凸模尺寸以保证最小合理间隙值 $2c_{min}$。各部分分配位置见图 7－17(a)。其计算公式如下：

$$D_d = (D_{max} - x\Delta)_0^{+\delta_d} \tag{7-6}$$

$$D_p = (D_d - 2c_{min})^0_{-\delta_p} = (D_{max} - x\Delta - 2c_{min})^0_{-\delta_p} \tag{7-7}$$

②冲孔：设冲孔尺寸为 $d + \Delta$，根据以上原则，冲孔时以凸模为设计基准，首先确定凸模刃口尺寸，使凸模基本尺寸接近或等于工件孔的最大极限尺寸，再增

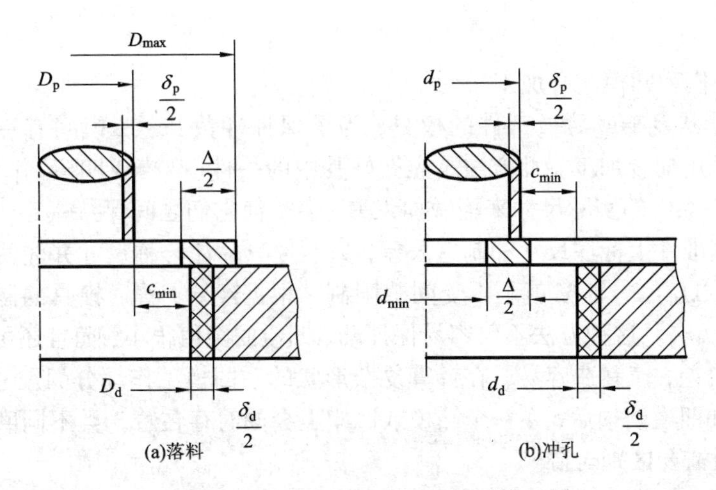

图7－17 凸、凹模刃口尺寸的确定

大凹模尺寸以保证最小合理间隙 $2c_{\min}$。各部分分配位置见图7－17(b)，凸模制造偏差取负偏差，凹模取正偏差。其计算公式如下：

$$d_p=(d_{\min}+x\Delta)^{0}_{-\delta_p} \tag{7-8}$$

$$d_d=(d_p+2c_{\min})_0^{+\delta_d}=(d_{\min}+x\Delta+2c_{\min})_0^{+\delta_d} \tag{7-9}$$

式中：D_d 为落料凹模基本尺寸，mm；D_p 为落料凸模基本尺寸，mm；$D_{\max}$ 为落料件最大极限尺寸，mm；d_d 为冲孔凹模基本尺寸，mm；d_p 为冲孔凸模基本尺寸，mm；$d_{\min}$为冲孔件孔的最小极限尺寸，mm；Δ 为制件公差，mm；$2c_{\min}$为凸、凹模最小初始双面间隙，mm；δ_p 为凸模下偏差，可按 IT6 选用，mm；δ_d 为凹模上偏差，可按 IT7 选用，mm；x 为系数，是为了使冲裁件的实际尺寸尽量接近冲裁件公差带的中间尺寸，与工件制造精度有关，可查表7－4或按下列关系取值：

当制件公差为 IT10 以上或大批量生产时，取 $x=1$；

当制件公差为 IT11～13 或中批量生产时，取 $x=0.75$；

当制件公差为 IT14 者或小批量生产时，取 $x=0.5$。

表7－4 系数 x

材料厚度 t	非圆形			圆形	
	$x=1$	$x=0.75$	$x=0.5$	$x=0.75$	$x=0.5$
	工件公差 Δ				
<1	≤0.16	0.17～0.35	≥0.36	<0.16	≥0.16
1～2	≤0.20	0.21～0.41	≥0.42	<0.20	≥0.20
2～4	≤0.24	0.25～0.44	≥0.50	<0.24	≥0.24
>4	≤0.30	0.31～0.59	≥0.60	<0.30	≥0.30

(2)凸模和凹模配合加工

对于形状复杂或薄板工件的模具，为了保证冲裁凸、凹模间有一定的间隙值，必须采用配合加工。此方法是先做好其中的一件(凸模或凹模)作为基准件，然后以此基准件的实际尺寸来配做加工另一件，使它们之间保持一定的间隙。因此，只在基准件上标注尺寸和制造公差，另一件只标注公称尺寸并注明配做所留的间隙值。这样 δ_p 与 δ_d 就不再受间隙限制。根据经验，普通模具的制造公差一般可取 $\delta=\Delta/4$。这种方法不仅容易保证凸、凹模间隙值很小，而且还可放大基准件的制造公差，使制造容易。在计算复杂形状的凸凹模工作部分的尺寸时，可以发现凸模和凹模磨损后，在一个凸模或凹模上会同时存在着3类不同磨损性质的尺寸，这时需要区别对待。

第一类：凸模或凹模磨损会增大的尺寸；

第二类：凸模或凹模磨损后会减小的尺寸；

第三类：凸模或凹模磨损后基本不变的尺寸。

如图7-18所示的工件，其中尺寸的 a、b、c 对凸模来说是属于第二类尺寸，对于凹模来说则是第一类尺寸；尺寸 d 对于凸模来说属于第一类尺寸，对于凹模来说属于第二类尺寸；尺寸 e，对凸模和凹模来说都属于第三类尺寸。下面分别讨论凸模或凹模这三类尺寸的不同计算方法。

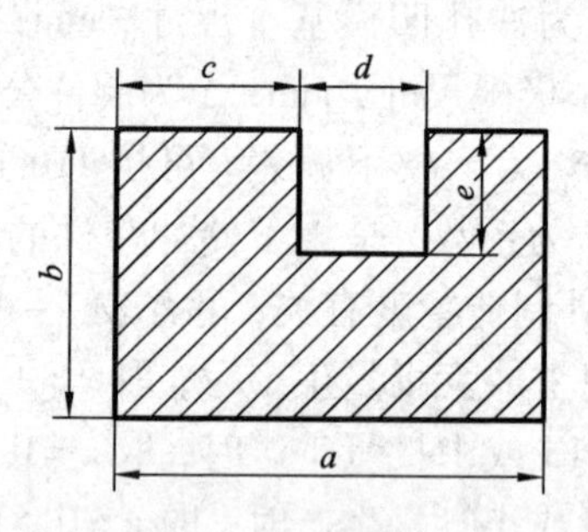

图7-18　复杂形状冲裁件的尺寸分类

对于落料凹模或冲孔凸模在磨损后将会增大的第一类尺寸，相当于简单形状的落料凹模尺寸，所以它的基本尺寸及制造公差的确定方法就与式(7-6)相同的式(7-10)确定。

第一类尺寸：$A_j=(A_{max}-x\Delta)_0^{+0.25\Delta}$　　(7-10)

对于冲孔凸模或落料凹模在磨损后将会减小的第二类尺寸，相当于简单形状的冲孔凸模尺寸，所以它的基本尺寸及制造公差的确定方法就与式(7-8)相同的下式确定。

第二类尺寸：$B_j = (B_{min} + x\Delta)^{0}_{-0.25\Delta}$ (7-11)

对于凸模或凹模在磨损后基本不变的第三类尺寸不必考虑磨损的影响，凸、凹模的基本尺寸按式下计算。

第三类尺：$C_j = (C_{min} + 0.5\Delta) \pm 0.125\Delta$ (7-12)

7.3.2 弯曲主要参数选择与控制

1. 弯曲模工作尺寸的确定

1）凸模圆角半径

当弯曲件的相对弯曲半径 r/t 较小时，取凸模圆角半径等于或略小于工件内侧的圆角半径 r，但不能小于材料所允许的最小弯曲半径 r_{min}。若弯曲件的 r/t 小于最小相对弯曲半径，则应取凸模圆角半径 $r_t > r_{min}$，然后增加一道整形工序，使整形模的凸模圆角半径 $r_t = r$。

当弯曲件的相对弯曲半径 r/t 较大（$r/t > 10$），精度要求较高时，必须考虑回弹的影响，根据回弹值的大小对凸模圆角半径进行修正。

2）凹模圆角半径

凹模入口处圆角半径 r_a 的大小对弯曲力以及弯曲件的质量均有影响，过小的凹模圆角半径会使弯矩的弯曲力臂减小，毛坯沿凹模圆角滑入时的阻力增大，弯曲力增加，并易使工件表面擦伤甚至出现压痕。

3）弯曲凹模深度

凹模深度要适当，若过小则弯曲件两端自由部分太长，工件回弹大，不平直；若深度过大则凹模增高，多耗模具材料并需要较大的压力机工作行程。

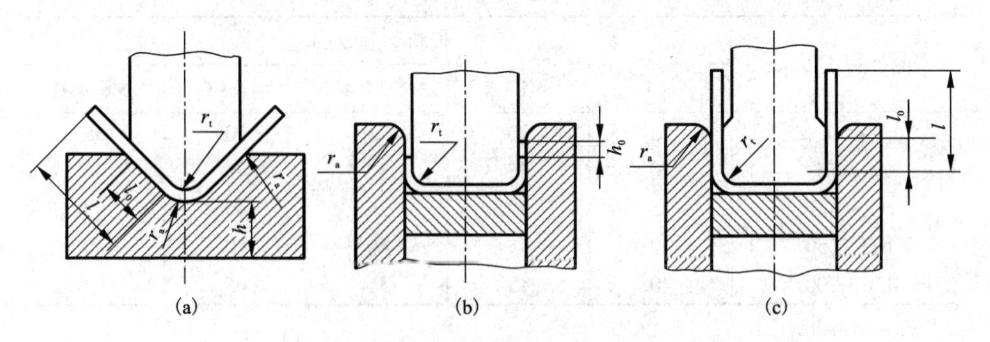

图7-19 弯曲模工作部分尺寸

对于V形弯曲件，凹模深度及底部最小厚度如图7-19（a）所示，数值查表7-5。

表 7－5　弯曲 V 形件的凹模深度及底部最小厚度值

弯曲件边长 l/mm	板料厚度/mm					
	≤2		2～4		>4	
	h	l_0	h	l_0	h	l_0
10～25	20	10～15	22	15	—	—
>25～50	22	15～20	27	25	32	30
>50～75	27	20～25	32	30	37	35
>75～100	32	25～30	37	35	42	40
>100～150	37	30～35	42	40	47	50

对于 U 形弯曲件，若直边高度不大或要求两边平直，则凹模深度应大于工件的深度，如图 7－19(b)所示，图中 h_0 查表 7－6。如果弯曲件直边较长，而且对平直度要求不高，凹模深度可以小于工件的高度，见图 7－19(c)，凹模深度 h_0 值查表 7－7。

表 7－6　弯曲 U 形件凹模的 h_0 值

板料厚度 t/mm	≤1	1～2	2～3	3～4	4～5	5～6	6～7	7～8	8～10
h_0/mm	3	4	5	6	8	10	15	20	25

表 7－7　弯曲 U 形件的凹模深度 l_0

弯曲件边长 l/mm	板料厚度 t/mm				
	<1	>1～2	>2～4	>4～6	>6～10
<50	15	20	25	30	35
50～75	20	25	30	35	40
75～100	25	30	35	40	40
100～150	30	35	40	50	50
150～200	40	45	55	65	65

4）弯曲凸、凹模的间隙

V 形件弯曲时，凸、凹模的间隙是靠调整压力机的闭合高度来控制的。但在模具设计中，必须考虑到模具闭合时使模具工作部分与工件能紧密贴合，以保证弯曲质量。

对于 U 形件弯曲，必须合理确定凸、凹模之间的间隙，间隙过大则回弹大，工件的形状和尺寸误差增大。间隙过小会加大弯曲力，使工件厚度减薄，增加摩擦，擦伤工件并降低模具寿命。有色金属材料弯曲U形件凸、凹模的单面间隙值一般可按下式计算：

$$\frac{Z}{2}=t_{\min}+Ct \qquad (7-13)$$

式中：$\frac{Z}{2}$为凸、凹模的单面间隙，mm；t为板料厚度的基本尺寸，mm；$t_{\min}$为板料的最小厚度和最大厚度，mm；C为间隙系数，其值按表7-8选取。

表7-8 间隙系数C值

弯曲件高度 h/mm	b/h≤2				b/h>2				
	板料厚度 t/mm								
	<0.5	0.6~2	2.1~4	4.1~5	<0.5	0.6~2	2.1~4	4.2~7.6	7.6~12
10	0.05	0.05	0.04	—	0.10	0.10	0.08	—	—
20	0.05	0.05	0.04	0.03	0.10	0.10	0.08	0.06	0.06
35	0.07	0.05	0.04	0.03	0.15	0.10	0.08	0.06	0.06
50	0.10	0.07	0.05	0.04	0.20	0.15	0.10	0.06	0.06
70	0.10	0.07	0.05	0.05	0.20	0.15	0.10	0.10	0.08
100	—	0.07	0.05	0.05	—	0.15	0.10	0.10	0.08
150	—	0.10	0.07	0.05	—	0.20	0.15	0.10	0.10
200	—	0.10	0.07	0.07	—	0.20	0.15	0.15	0.10

注：b为弯曲件宽度。

当工件精度要求较高时，间隙值应适当减小，可以取$\frac{z}{2}=(0.95\sim1)t$。

5）U形件弯曲模工作尺寸的确定

（1）当弯曲件标注外形尺寸时，应以凹模为基准件，先确定凹模尺寸，然后再减去间隙值确定凸模尺寸，参见图7-20（b）。

当弯曲件为双向对称偏差时，凹模尺寸为：

$$L_A=\left(L-\frac{1}{2}\Delta\right)_0^{+\delta A} \qquad (7-14)$$

当弯曲件为单向偏差时，凹模尺寸为：

$$L_A=\left(L-\frac{3}{4}\Delta\right)_0^{+\delta A} \qquad (7-15)$$

凸模尺寸为：

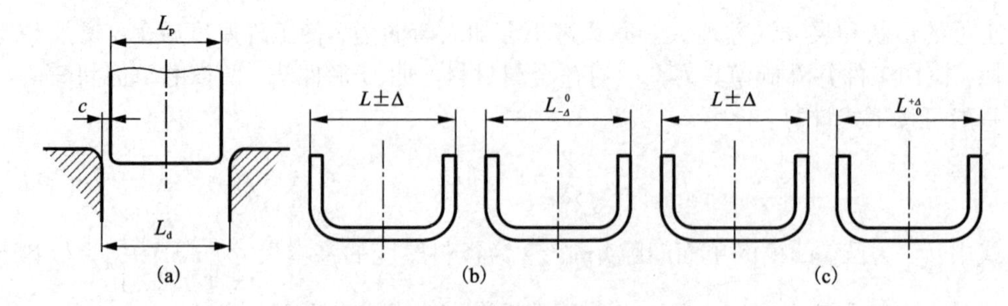

图 7－20　弯曲模及工件的尺寸标注

$$L_T = (L_A - Z)_{-\delta T}^{0} \tag{7-16}$$

或者凸模尺寸按凹模实际尺寸配制，保证单面间隙值 $Z/2$。

(2)当弯曲件标注内形尺寸时，应以凸模为基准件，先确定凸模尺寸，然后再增加间隙值确定凹模尺寸，参见图 7－20(c)。

当弯曲件为双向对称偏差时，凸模尺寸为:

$$L_T = \left(L + \frac{1}{2}\Delta\right)_{-\delta T}^{0} \tag{7-17}$$

当弯曲件为单向偏差时，凸模尺寸为:

$$L_T = \left(L + \frac{3}{4}\Delta\right)_{-\delta T}^{0} \tag{7-18}$$

凹模尺寸为:

$$L_A = (L_T + Z)_{0}^{+\delta A} \tag{7-19}$$

或者凹模尺寸按凸模实际尺寸配制，保证单面间隙值$\dfrac{Z}{2}$。

式中: L 为弯曲件的基本尺寸，mm; L_T、L_A为凸模、凹模工作部分尺寸，mm; Δ 为弯曲件公差，mm; δ_T、δ_A 为凸模、凹模制造公差，选用 IT7～IT9 级精度，mm; $Z/2$ 为凸模与凹模的单面间隙，mm。

2. 回弹值的确定

由于回弹直接影响了弯曲件的形状误差和尺寸公差，在模具设计和制造时，必须预先考虑材料的回弹值，修正模具相应工作部分的形状和尺寸。

1)小半径弯曲的回弹

当弯曲件的相对弯曲半径 $r/t<(5\sim8)$时，弯曲半径的变化一般很小，可以不予考虑，而主要考虑弯曲角度的回弹变化。角度的回弹值称作回弹角，以弯曲前后工件弯曲角度变化量 $\Delta\theta$ 表示。回弹角 $\Delta\theta = \theta_0 - \theta_t$，式中: θ_0为工件弯曲后的实际弯曲角度; θ_t 为回弹前的弯曲角度(即凸模的弯曲角)。可以运用查表法，即查取有关手册的回弹角修正经验数值。

当弯曲角不是 90° 时，其回弹角则可用以下公式计算:

$$\Delta\beta=\frac{\beta}{90^{\circ}}\Delta\theta \tag{7-20}$$

式中：$\Delta\beta$ 为当弯曲角为 β 时的回弹角；β 为弯曲件的弯曲角；$\Delta\theta$ 为当弯曲角为90°时的回弹角。

2）大半径弯曲的回弹

当相对弯曲半径 $r/t>(5\sim8)$ 时，卸载后弯曲件的弯曲圆角半径和弯曲角度都发生了变化，凸模圆角半径和凸模弯曲中心角以及弯曲角可按纯塑性弯曲条件进行计算：

$$r_{t}=\frac{r}{1+\frac{3\sigma_{s}r}{Et}}=\frac{1}{\frac{1}{r}+\frac{3\sigma_{s}}{Et}} \tag{7-21}$$

$$\alpha_{t}=\frac{r}{r_{t}}\alpha \tag{7-22}$$

$$\theta_{t}=180^{\circ}-\alpha_{t} \tag{7-23}$$

式中：r 为工件的圆角半径，mm；r_t 为凸模的圆角半径，mm；α 为工件的圆角半径 r 所对弧长的中心角，(°)；α_t 为凸模的圆角半径 r_t 所对弧长的中心角，(°)；σ_s 为弯曲材料的屈服极限，MPa；t 为弯曲材料的厚度，mm；E 为材料的弹性模量，MPa；θ_t 为凸模的弯曲角，(°)。

3. 减少回弹的措施

1）调整工艺流程

对一些硬材料和已经冷作硬化的材料，弯曲前先进行退火处理，降低其硬度以减少弯曲时的回弹，待弯曲后再淬硬。在条件允许的情况下，甚至可使用加热弯曲。

2）采用拉弯工艺

对于相对弯曲半径很大的弯曲件，由于变形区大部分处于弹性变形状态，弯曲回弹量很大。这时可以采用拉弯工艺，如图7－21所示。

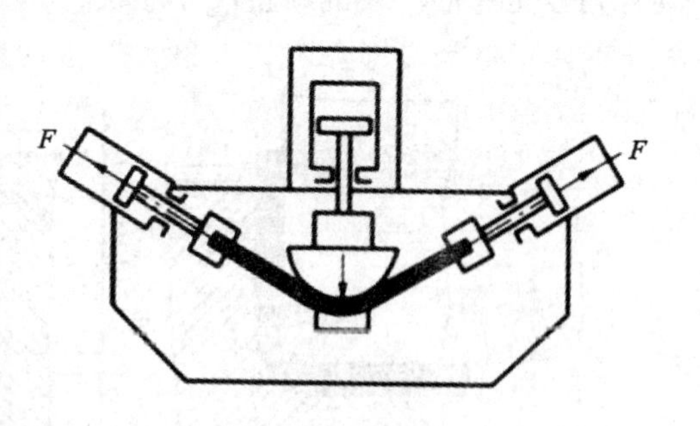

图7－21 拉弯工艺

工件在弯曲变形的过程中受到了切向（纵向）拉伸力的作用。施加的拉伸力应使变形区内的合成应力大于材料的屈服极限，中性层内侧压应变转化为拉应变，从而材料的整个横断面都处于塑性拉伸变形的范围（变形区内、外侧都处于拉应变范围）。卸载后内外两侧均为收缩变形，变形方向一致，因此可大大减少弯曲件的回弹。

3）从模具结构上采取措施

(1)补偿法

利用弯曲件不同部位回弹方向相反的特点，按预先估算或试验所得的回弹量，修正凸模和凹模工作部分的尺寸和几何形状，以增加与回弹方向相反的变形来补偿工件的回弹量。如图7－22所示，双角弯曲时，可以将弯曲凸模两侧修去回弹角，并保持弯曲模的单面间隙等于最小料厚，促使工件贴住凸模，开模后工件两侧回弹至垂直。或者将模具底部做成圆弧形，利用开模后底部向下的回弹作用来补偿工件两侧向外的回弹。

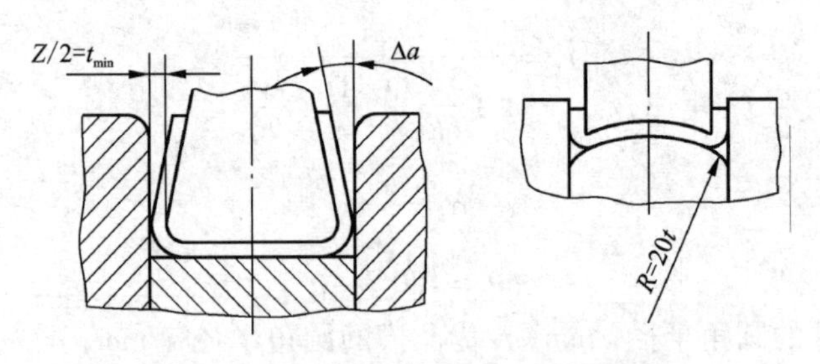

图7－22　用补偿法修正模具结构

(2)校正法

当材料厚度在0.8 mm以上，塑性比较好，而且弯曲圆角半径不大时，可以改变凸模结构，使校正力集中在弯曲变形区，加大变形区应力－应变状态的改变程度(迫使材料内外侧同为切向压应力、切向拉应变)。从而使内外侧回弹趋势相互抵消。图7－23(a)所示为单角校正弯曲凸模的修正尺寸形状。图7－23(b)所示为双角校正弯曲凸模的修正尺寸形状。

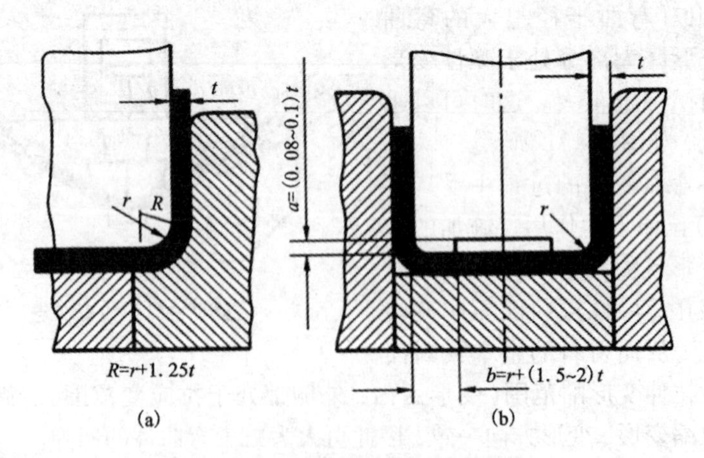

图7－23　用校正法修正模具结构

7.3.3 拉深主要参数选择与控制

圆筒形件是最典型的拉深件，本节主要讨论圆筒形件的拉伸控制参数，圆筒形件的拉伸控制参数主要有毛坯尺寸、拉深次数、半成品尺寸、拉深力和功以及如何确定模具工作部分的尺寸等。

1. 拉深件毛坯尺寸的确定

1) 计算拉深件毛坯尺寸的理论依据

(1) 体积不变原理

拉深前和拉深后材料的体积不变。对于不变薄拉深，因假设变形中材料厚度不变，则拉深前毛坯的表面积与拉深后工件的表面积认为近似相等。

(2) 相似原理

毛坯的形状一般与工件截面形状相似。如工件的横断面是圆形的、椭圆形的，则拉深前毛坯的形状基本上也是圆形的和椭圆形的，并且毛坯的周边必须制成光滑曲线，无急剧的转折。

图7-24所示的零件其毛坯即为圆形。这样，当工件的重量、体积或面积已知时，其毛坯的尺寸就可以求得。具体的方法有等重量法、等体积法、等面积法、分析图解法和作图法等，生产中用得最多的是等面积法。

2) 确定毛坯尺寸的具体步骤

(1) 确定修边余量

由于材料的各向导性以及拉深时金属流动条件的差异，拉深后工件口部不平，通常拉深后需切边，因此计算毛坯尺寸时应在工件高度方向上(无凸缘件)或凸缘上增加修边余量δ。修边余量δ的值可根据零件的相对高度查表7-9、表7-10。

表7-9 无凸缘拉深件的修边余量δ(mm)

拉深高 h/mm	拉深相对高度 h/d 或 h/B			
	>0.5~0.8	>0.8~1.6	>1.6~2.5	>2.5~4
≤10	1.0	1.2	1.5	2
>10~20	1.2	1.6	2	2.5
>20~50	2	2.5	3.3	4
>50~100	3	3.8	5	6
>100~150	4	5	6.5	8
>150~200	5	6.3	8	10
>200~250	6	7.5	9	11
>250	7	8.5	10	12

表 7－10　有凸缘拉深件的修边余量 δ(mm)

凸缘直 D/mm	凸缘相对直径			
	<1.5	>1.5～2	>2～2.5	>2.5～3
<25	1.8	1.6	1.4	1.2
>25～50	2.5	2.0	1.8	1.6
>50～100	3.5	3.0	2.5	2.2
>100～150	4.3	3.6	3.0	2.5
>150～200	5.0	4.2	3.5	2.7
>200～250	5.5	4.6	3.8	2.8
>250	6.0	5.0	4.0	3.0

注：①B 为正方形的边宽或长方形的短边宽度；②对于高拉深件必须规定中间修边工序；③对于材料厚度小于 0.5 mm 的薄材料作多次拉深时，应按表值增加 30%。

(2)计算工件表面积

为了便于计算，把零件分解成若干个简单几何体，分别求出其表面积后再相加。图 7－24 的零件可看成由圆筒直壁部分(A_1)，圆弧旋转而成的球台部分(A_2)以及底部圆形平板(A_3)3 部分组成。

圆筒直壁部分的表面积为：

$$A_1 = \pi d(h+\delta) \tag{7-24}$$

式中：d 为圆筒部分的中径。

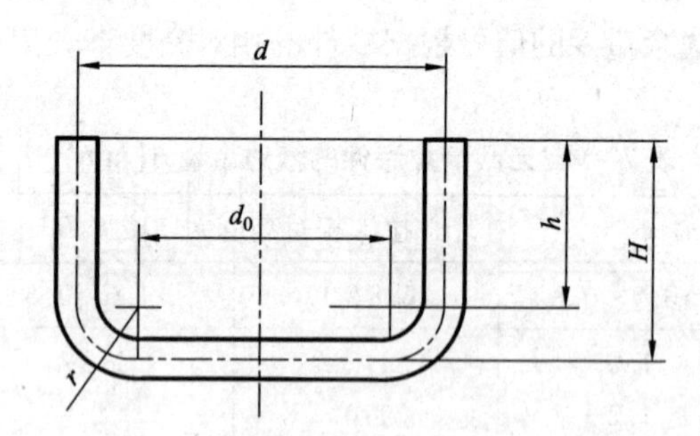

图 7－24　圆筒零件毛坯的计算

圆角球台部分的表面积为：

$$A_2 = 2\pi\left(\frac{d_0}{2}+\frac{2r}{\pi}\right)\frac{\pi r}{2} = \frac{\pi}{4}(2\pi r d_0 + 8r^2) \tag{7-25}$$

式中：d_0为底部平板部分的直径；r 为工件中线在圆角处的圆角半径。

底部表面积为：

$$A_3 = \frac{\pi}{4} d_0^2 \tag{7-26}$$

工件的总面积为 A_1，A_2 和 A_3 部分之和，即：

$$A = \pi d(h+\delta) + \frac{\pi}{4}(2\pi r d_0 + 8r^2) + \frac{\pi}{4} d_0^2 \tag{7-27}$$

(3)求出毛坯尺寸 设毛坯的直径为 D，根据毛坯表面积等于工件表面积的原则：

$$\frac{\pi}{4} D^2 = \pi d(h+\delta) + \frac{\pi}{4}(2\pi r d_0 + 8r^2) + \frac{\pi}{4} d_0^2$$

所以：

$$D = \sqrt{d_0^2 + 4d(h+\delta) + 2\pi r d_0 + 8r^2} \tag{7-28}$$

2. 拉深系数的确定

1)拉深系数 m

拉深系数是指拉深后圆筒形件的直径与拉深前毛坯(或半成品)的直径之比。图7-25所示是用直径为 D 的毛坯拉成直径为 d_n、高度为 h_n 工件的工艺顺序。第一次拉成 d_1 和 h_1 的尺寸，第二次半成品尺寸为 d_2 和 h_2，依此最后一次即得工件的尺寸 d_n 和 h_n。其各次的拉深系数为：

$$m_1 = d_1/D;\ m_2 = d_2/d_1;\ \cdots;\ m_{n-1} = d_{n-1}/d_{n-2};\ m_n = d_n/d_{n-1} \tag{7-29}$$

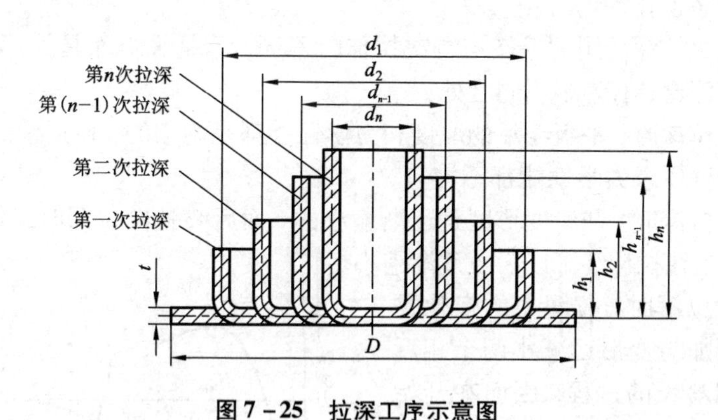

图7-25 拉深工序示意图

工件的直径 d_n 与毛坯直径 D 之比称为总拉深系数，即工件所需要的拉深系数。

$$m_{总} = \frac{d_n}{D} = \frac{d_1 d_2 \cdots d_{n-1} d_n}{D d_1 \cdots d_{n-2} d_n} = m_1\ m_2 \cdots m_{n-1} m_n \tag{7-30}$$

拉深系数的倒数称为拉深程度或拉深比，其值为：

$$K_n = \frac{1}{m_n} = \frac{d_{n-1}}{d_n} \tag{7-31}$$

2)拉深系数的确定

无凸缘圆筒形工件有压边圈和无压边圈时的拉深系数分别可查表7-11。

表7-11 无凸缘筒形件带压边圈时的极限拉深系数

拉深系数	毛坯相对厚度 $t/D/\%$					
	0.08~0.15	0.15~0.3	0.3~0.6	0.6~1.0	1.0~1.5	1.5~2.0
$m1$	0.60~0.63	0.58~0.60	0.55~0.58	0.53~0.55	0.50~0.53	0.48~0.50
$m2$	0.80~0.82	0.79~0.80	0.78~0.79	0.76~0.78	0.75~0.76	0.73~0.75
$m3$	0.82~0.84	0.81~0.82	0.80~0.81	0.79~0.80	0.78~0.79	0.76~0.78
$m4$	0.85~0.86	0.83~0.85	0.82~0.83	0.81~0.82	0.80~0.81	0.78~0.80
$m5$	0.87~0.88	0.86~0.87	0.85~0.86	0.84~0.85	0.82~0.83	0.80~0.82

注：①表中数据适用于H62黄铜。对拉深性能较差的硬铝等应比表中数值大1.5%~2.0%。而对塑性较好的软铝应比表中数值小1.5%~2.0%。

②表中数据运用于未经中间退火的拉深。若采用中间退火，表中数值应小2%~3%。

③表中较小值适用于大的凹模圆角半径 $r_d=(8\sim15)t$，较大值适用于小的圆角半径 $r_d=(4\sim8)t$。

3)后续各次拉深的特点

后续各次拉深所用的毛坯与首次拉伸时不同，不是平板而是筒形件。因此，它与首次拉深比，有许多不同之处：

①首次拉深时，平板毛坯的厚度和力学性能都是均匀的，而后续各次拉深时筒形毛坯的壁厚及力学性能都不均匀。

②首次拉深时，凸缘变形区是逐渐缩小的，而后续各次拉深时，其变形区保持不变，只是在拉深终了以后才逐渐缩小。

③首次拉深时，拉深力的变化是变形抗力增加与变形区减小两个相反的因素互相消长的过程，因而在开始阶段较快的达到最大的拉深力，然后逐渐减小到零。而后续各次拉深变形区保持不变，但材料的硬化及厚度增加都是沿筒的高度方向进行的，所以其拉深力在整个拉深过程中一直都在增加，直到拉深的最后阶段才由最大值下降至零，参见图7-26。

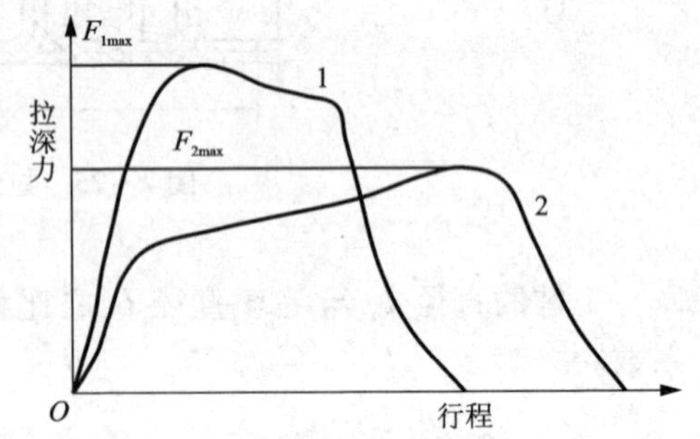

图7-26 首次拉深与二次拉深的拉深力

1—首次拉深；2—二次拉深

④后续各次拉深时的危险断面与首次拉深时一样，都是在凸模的圆角处，但首次拉深的最大拉深力发生在初始阶段，所以破裂也发生在初始阶段，而后续各次拉深的最大拉深力发生在拉深的终了阶段，所以破裂往往发生在结尾阶段。

⑤后续各次拉深变形区的外缘有筒壁的刚性支持，所以稳定性较首次拉深为好。只是在拉深的最后阶段，筒壁边缘进入变形区以后，变形区的外缘失去了刚性支持，这时才易起皱。

⑥后续各次拉深时由于材料已冷作硬化，加上变形复杂(毛坯的筒壁必须经过两次弯曲才被凸模拉入凹模内)，所以它的极限拉深系数要比首次拉深大得多，而且通常后一次都大于前一次。

3. 拉深模工作部分结构与尺寸的确定

拉深模工作部分的尺寸指的是凹模圆角半径 r_d，凸模圆角半径 r_p，凸、凹模的间隙 c，凸模直径 D_p，凹模直径 D_d 等，如图 7－27 所示。

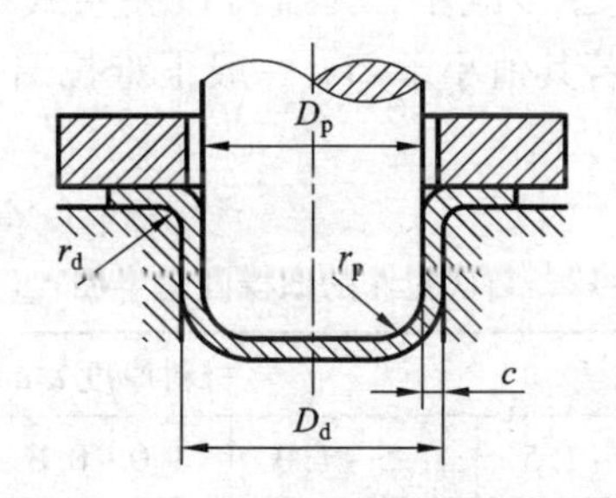

图 7－27　拉深模工作部分的尺寸

1)凹模圆角半径 r_d

拉深时，材料在经过凹模圆角时不仅因为发生弯曲变形需要克服弯曲阻力，还要克服因相对滑动引起的摩擦阻力，所以 r_d 的大小对拉深工作的影响非常大。主要有以下影响：

(1)拉深力的大小

当 r_d 小时，材料滑过凹模时产生较大的弯曲变形，结果需承受较大的弯曲变形阻力，此时凹模圆角对板料施加的厚向压力加大，引起摩擦力增加。当弯曲后的材料被拉入凸、凹模间隙进行校直时，又会使反向弯曲的校直力增加，从而使筒壁内总的变形抗力增大，拉深力增加，变薄严重，甚至在危险断面处拉破。在这种情况下，材料变形受限制，必须采用较大的拉深系数。

(2)拉深件的质量

当 r_d 过小时，坯料在滑过凹模圆角时容易被刮伤，结果使工件的表面质量受损。而当 r_d 太大时，拉深初期毛坯没有与模具表面接触的宽度加大，由于这部分材料不受压边力的作用，因而容易起皱。在拉深后期毛坯外边缘也会因过早脱离压边圈的作用而起皱，使拉深件质量不好，在侧壁下部和口部形成皱褶。尤其当毛坯的相对厚度小时，这个现象更严重。在这种情况下，也不宜采用大的变形程度。

(3)拉深模的寿命

当 r_d 小时，材料对凹模的压力增加，摩擦力增大，磨损加剧，使模具的寿命降低。所以 r_d 的值既不能太大也不能太小。在生产上一般应尽量避免采用过小的凹模圆角半径，在保证工件质量的前提下尽量取大值，以满足模具寿命的要求。通常可按经验公式计算：

$$r_d = 0.8\sqrt{(D-d)t} \tag{7-32}$$

式中：D 为毛坯直径或上道工序拉深件直径，mm；d 为本道拉深后的直径，mm。

首次拉深的 r_d 可按表 7－12 选取。

后续各次拉深时 r_d 应逐步减小，其值可按关系式 $r_{dn} = (0.6 \sim 0.8) r_{d(n-1)}$ 确定，但应大于或等于 $2t$。若其值小于 $2t$，一般很难拉出，只能靠拉深后整形得到所需零件。

表 7－12　首次拉深的凹模圆角半径 r_d(mm)

拉深方法	材料厚度 t/mm				
	2.0～1.5	1.5～1.0	1.0～0.6	0.6～0.3	0.3～0.1
无凸缘拉深	$(4\sim7)t$	$(5\sim8)t$	$(6\sim9)t$	$(7\sim10)t$	$(8\sim13)t$
有凸缘拉深	$(6\sim10)t$	$(8\sim13)t$	$(10\sim16)t$	$(12\sim18)t$	$(15\sim22)t$

注：当材料性能好，且润滑好时表中数据可适当减小。

2)凸模圆角半径 r_p

凸模圆角半径对拉深工序的影响没有凹模圆角半径大，但其值也必须合适的 r_p 太小，拉深初期毛坯在 r_p 处弯曲变形大，危险断面受拉力增大，工件易产生局部变薄或拉裂，且局部变薄和弯曲变形的痕迹在后续拉深时将会遗留在成品零件的侧壁上，影响零件的质量。而且多工序拉深时，由于后继工序的压边圈圆角半径应等于前道工序的凸模圆角半径，所以当 r_p 过小时，在以后的拉深工序中毛坯沿压边圈滑动的阻力会增大，这对拉深过程是不利的。因而，凸模圆角半径不能太小。若凸模圆角半径 r_p 过大，会使 r_p 处材料在拉深初期不与凸模表面接触，易产生底部变薄和内皱，如图 7－28 所示。

一般，首次拉深时凸模的圆角半径为：

$$r_p = (0.7 \sim 1.0) r_d \tag{7-33}$$

以后各次 r_p 可取为各次拉深中直径减小量的一半，即：

$$r_{p(n-1)}=\frac{d_{n-1}-d_n-2t}{2} \tag{7-34}$$

式中：$r_{p(n-1)}$ 为本道拉深的凸模圆角半径；d_{n-1} 为本道拉深直径；d_n 为下道拉深的工件直径。

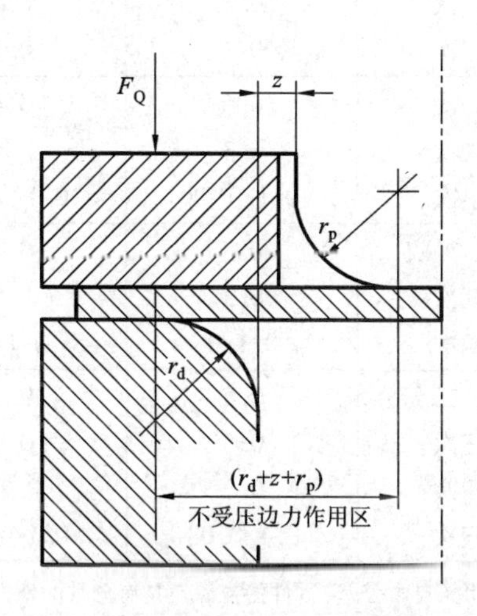

图 7－28　拉深初期毛坯与凸模、凹模的位置关系

最后一次拉深时 r_{pn} 应等于零件的内圆角半径值，即：$r_{pn}=r_{零件}$。但 r_{pn} 不得小于料厚。如必须获得较小的圆角半径时，最后一次拉深时仍取 $r_{pn}>r_{零件}$，拉深结束后再增加一道整形工序，以得到 $r_{p零件}$。

3）凸模和凹模的间隙 c

拉深模间隙是指单面间隙。间隙的大小对拉深力、拉深件的质量、拉深模的寿命都有影响。若 c 值太小，凸缘区变厚的材料通过间隙时，校直与变形的阻力增加，与模具表面间的摩擦、磨损严重，使拉深力增加，零件变薄严重，甚至拉破，模具寿命降低。间隙小时得到的零件侧壁平直而光滑，质量较好，精度较高。

间隙过大时，对毛坯的校直和挤压作用减小，拉深力降低，模具的寿命提高，但零件的质量变差，冲出的零件侧壁不直。

因此，拉深模的间隙值也应合适，确定 c 时要考虑压边状况、拉深次数和工件精度等。其原则是：既要考虑板料本身的公差，又要考虑板料的增厚现象，间隙一般都比毛坯厚度略大一些。采用压边拉深时其值可按下式计算：

$$c=t_{max}+\mu t \tag{7-35}$$

式中：μ 为考虑材料变厚，为减少摩擦而增大间隙的系数，可查表 7－13。

表 7-13　增大间隙的系数 μ

拉深次数	拉深工序/次	材料厚度/mm		
		0.5~2	2~4	4~6
1	第一次	0.2/0.1	0.1/0.08	0.1/0.06
2	第一次	0.3	0.25	0.2
	第二次	0.1	0.1	0.1
3	第一次	0.5	0.4	0.35
	第二次	0.3	0.25	0.2
	第三次	0.1/0.08	0.1/0.06	0.1/0.05
4	第一、二次	0.5	0.4	0.35
	第三次	0.3	0.25	0.2
	第四次	0.1/0	0.1/0	0.1/0
5	第一、二次	0.5	0.4	0.35
	第三次	0.5	0.4	0.35
	第四次	0.3	0.25	0.2
	第五次	0.1/0.08	0.1/0.06	0.1/0.05

注：表中数值适用于一般精度（自由公差）零件的拉深。具有分数的地方，分母的数值适用于精密零件（IT10~IT12 级）的拉深。

不用压边圈拉深时，考虑到避免起皱可按照下列公式计算凸模和凹模的间隙 c。

$$c=(1\sim1.1)t_{max} \tag{7-36}$$

t 为材料的名义厚度；t_{max} 材料的最大厚度，其值为 $t_{max}=1+\delta$，其中 δ 为材料的正偏差。式中较小的数值用于末次拉深或精密拉深件，较大的数值用于中间拉深或精度要求不高的拉深件。

在用压边圈拉深时，间隙数值也可以按表 7-14 取值。

表 7-14　有压边时的单向间隙 c

总拉深次数	拉深工序	单边间隙	总拉深次数	拉深工序	单边间隙
1	第一次拉深	$(1\sim1.1)t$	4	第一、二次拉深	$1.2t$
2	第一次拉深	$1.1t$		第三次拉深	$1.1t$
	第二次拉深	$(1\sim1.05)t$		第四次拉深	$(1\sim1.05)t$
3	第一次拉深	$1.2t$	5	第一、二、三次拉深	$1.2t$
	第二次拉深	$1.1t$		第四次拉深	$1.1t$
	第三次拉深	$(1\sim1.05)t$		第五次拉深	$(1\sim1.05)t$

注：①t 为材料厚度，取材料允许偏差的中间值；②当拉深精密工件时，对最末一次拉深间隙取 $c=t$。

对精度要求高的零件，为了使拉深后回弹小，表面光洁，常采用负间隙拉深，其间隙值为 $c=(0.9\sim0.95)t$，c 处于材料的名义厚度和最小厚度之间。采用较小间隙时拉深力比一般情况要增大20%，故这时拉深系数应加大。当拉深相对高度 $H/d<0.15$ 的工件时，为了克服回弹应采用负间隙。

4）凸模、凹模的尺寸及公差

工件的尺寸精度由末次拉深的凸、凹模的尺寸及公差决定，因此除最后一道拉深模的尺寸公差需要考虑外，首次及中间各道次的模具尺寸公差和拉深半成品的尺寸公差没有必要作严格限制，这时模具的尺寸只要取等于毛坯的过渡尺寸即可。若以凹模为基准时，凹模尺寸为：

$$D_d=D^{+\delta_d} \tag{7-37}$$

凸模尺寸为：

$$D_p=(D-2c)_{-\delta_p} \tag{7-38}$$

对于最后一道拉深工序，拉深凹模及凸模的尺寸和公差应按零件的要求来确定。

当工件的外形尺寸及公差有要求时，如图7-29(a)所示，以凹模为基准。先确定凹模尺寸，因凹模尺寸在拉深中随磨损的增加而逐渐变大，故凹模尺寸开始时应取小些。其值为：

$$D_d=(D-0.75\Delta)^{+\delta_d} \tag{7-39}$$

凸模尺寸为：

$$D_p=(D-0.75\Delta-2c)_{-\delta_p} \tag{7-40}$$

当工件的内形尺寸及公差有要求时，如图7-29(b)所示，以凸模为基准，先定凸模尺寸。考虑到凸模基本不磨损，以及工件的回弹情况，凸模的开始尺寸不要取得过大。其值为：

$$D_p=(d+0.4\Delta)_{-\delta_p} \tag{7-41}$$

凹模尺寸为：

$$D_d=(d+0.4\Delta+2c)^{+\delta_d} \tag{7-42}$$

凸、凹模的制造公差 δ_p 和 δ_d 可根据工件的公差来选定。工件公差为IT13级以上时，δ_p 和 δ_d 可按IT6～8级取，工件公差在IT14级以下时，δ_p 和 δ_d 按IT10级取。

4. 无凸缘件的拉深次数和工序尺寸的确定

1）拉深次数的确定

（1）判断能否一次拉出

判断零件能否一次拉出，仅需比较实际所需的总拉深系数 $m_{总}$ 和第一次允许的极限拉深系数 m_1 的大小即可。若 $m_{总}>m_1$，说明拉深该工件的实际变形程度比第一次容许的极限变形程度要小，所以工件可以一次拉成。若 $m_{总}<m_1$，则需

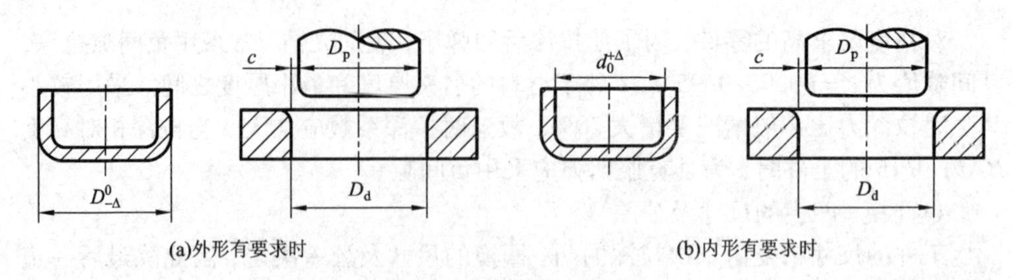

图 7－29　拉深零件尺寸与模具尺寸

要多次拉深才能够成形零件。

(2)计算拉深次数

计算拉深次数 n 的方法有多种，生产上经常用推算法辅以查表法进行计算，参见表 7－15 所示。就是把毛坯直径或中间工序毛坯尺寸依次乘以查出的极限拉深系数 m_1，m_2，…，m_n 得各次半成品的直径。直到计算出的直径 d_n 小于或等于工件直径 d 为止。则直径 d_n 的下角标 n 即表示拉深次数。

表 7－15　无凸缘筒形件拉深的相对高度 h/d 与拉深次数的关系

拉深次数	毛坯相对厚度 t/D/%					
	0.08～0.15	0.15～0.3	0.3～0.6	0.6～1.0	1.0～1.5	1.5～2.0
1	0.38～0.64	0.45～0.52	0.5～0.62	0.57～0.71	0.65～0.84	0.77～0.94
2	0.7～0.9	0.83～0.96	0.94～1.13	1.1～1.36	1.32～1.60	1.54～1.88
3	1.1～1.3	1.3～1.6	1.5～1.9	1.8～2.3	2.2～2.8	2.7～3.5
4	1.5～2.0	2.0～2.4	2.4～2.9	2.9～3.6	3.5～4.3	4.3～5.6
5	2.0～2.7	2.7～3.3	3.3～4.1	4.1～5.2	5.1～6.6	6.6～8.9

注：①该表数据适合应用于软合金材料；②大的 h/d 适用于首次拉深工序的大凹模圆角 $r_d=(8\sim15)t$。小的 h/d 适用于首次拉深工序的小凹模圆角 $r_d=(4\sim8)t$。

5. 有凸缘圆筒形零件的拉深参数确定

有凸缘筒形件的拉深变形原理与一般圆筒形件是相同的，但由于带有凸缘，如图 7－30 所示，其拉深方法及计算方法与一般圆筒形件有一定的差别。

有凸缘拉深件可以看成是圆筒形件在拉深未结束时的半成品，即只将毛坯外径拉深到等于法兰边(即凸缘)直径 d_f 时，拉深过程就结束。因此，其变形区的应力状态和变形特点应与圆筒形件拉深时变形特点相同。

与直壁圆筒形件的不同点是：当 $r_p=r_d=r$ 时，宽凸缘件毛坯直径的计算公式为：

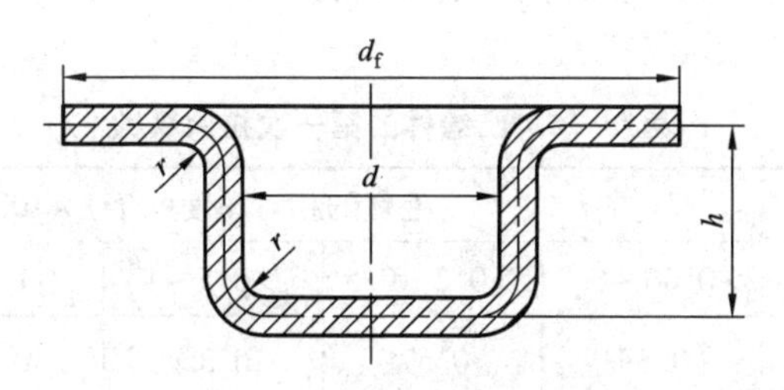

图7-30 凸缘件毛坯的计算

$$D=\sqrt{d_f^2+4dh-3.44dr} \tag{7-32}$$

根据拉深系数的定义，宽凸缘件总的拉深系数仍可表示为：

$$m=\frac{d}{D}=\frac{1}{\sqrt{(d_f/d)^2+4h/d-3.44r/d}} \tag{7-33}$$

式中：D 为毛坯直径，mm；d_f 为凸缘直径，mm；d 为筒部直径(中径)，mm)；r 为底部和凸缘部的圆角半径(当料厚大于1 mm时，r 值按中线尺寸计算)。

由上式可知，凸缘件的拉深系数决定于3个尺寸因素：相对凸缘直径 d_f/d，相对拉深高度 h/d 和相对圆角半径 r/d。其中 d_f/d 的影响最大，而 r/d 的影响最小。

由于宽凸缘拉深时材料并没有被全部拉入凹模，因此同圆形件相比这种拉深具有自己的特点：宽凸缘件的拉深变形程度不能用拉深系数的大小来衡量；宽凸缘件的首次极限拉深系数比圆筒件要小；宽凸缘件的首次极限拉深系数值与零件的相对凸缘直径 d_f/d 有关。

由式(7-33)可知，d_f/d 越大，则极限拉深系数越小。由此可看出，宽凸缘件的首次极限拉深系数不能仅根据 d_f/d 的大小来选用，还应考虑毛坯的相对厚度，如表7-16所示。由表可见，当 $d_f/d<1.1$ 时，有凸缘筒形件的极限拉深系数与无凸缘圆筒形件的基本相同。随着 d_f/d 的增加，拉深系数减小，到 $d_f/d=3$ 时，拉深系数为0.33。这并不意味着拉深变形程度很大。因为此时 $d_f/d=3$，即 $d_f=3d$，而根据拉深系数又可得出 $D=3d$，二者相比较即可得出 $d_f=D$，说明凸缘直径与毛坯直径相同，毛坯外径不收缩，零件的筒部是靠局部变形而成形，此时已不再是拉深变形了，变形的性质已经发生变化。

当凸缘件总的拉深系数一定，即毛坯直径 D 一定，工件直径一定时，用同一直径的毛坯能够拉出多个具有不同 d_f/d 和 h/d 的零件，但这些零件的 d_f/d 和 h/d 值之间要受总拉深系数的制约，其相互间的关系是一定的。d_f/d 大，则 h/d 小；d_f/d 小，则 h/d 大。因此，也常用 h/d 来表示第一次拉深时的极限变形程度，如表7-17所示。如果工件的 d_f/d 和 h/d 都大，则毛坯的变形区就宽，拉深的难度就大，一次不能拉出工件，只有进行多次拉深才行。

表 7-16　凸缘件的第一次拉深系数

凸缘相对直径 d_f/d	毛坯的相对厚度$(t/D)\times 100$				
	>0.06~0.2	>0.2~0.5	>0.5~1	>1~1.5	>1.5
≈1.1	0.59	0.57	0.55	0.53	0.50
>1.1~1.3	0.55	0.54	0.53	0.51	0.49
>1.3~1.5	0.52	0.51	0.50	0.49	0.47
>1.5~1.8	0.48	0.48	0.47	0.46	0.45
>1.8~2.0	0.45	0.45	0.44	0.43	0.42
>2.0~2.2	0.42	0.42	0.42	0.41	0.40
>2.2~2.5	0.38	0.38	0.38	0.38	0.37
>2.5~2.8	0.35	0.35	0.34	0.34	0.33
>2.8~3.0	0.33	0.33	0.32	0.32	0.31

注：该表数据适用于软金属材料。

表 7-17　凸缘件第一次拉深的最大相对高度 h/d

拉深系数 m	毛坯的相对厚度$(t/D)\times 100$				
	2.0~0.5	1.5~1.0	1.0~0.6	0.6~0.3	0.3~0.15
m_1	0.73	0.75	0.76	0.78	0.80
m_2	0.75	0.78	0.79	0.80	0.82
m_3	0.78	0.80	0.82	0.83	0.84
m_4	0.80	0.82	0.84	0.85	0.86

注：①该表数据适用于软金属材料；②较大值适用于零件圆角半径较大的情况，即 r_d，r_p 为 $(10\sim20)t$。较小值适用于零件圆角半径较小的情况，即 r_d，r_p 为 $(4\sim8)t$。

6. 宽凸缘零件的拉深

宽凸缘件的拉深方法有两种：一种是中小型 $d_f<200$ mm、料薄的零件，通常靠减小筒形直径，增加高度来达到尺寸要求，即圆角半径 r_p 及 r_d 在首次拉深时就与 d_f 一起成形到工件的尺寸，在后续的拉深过程中基本上保持不变，如图 7-31(a)所示。这种方法拉深时不易起皱，但制成的零件表面质量较差，容易在直壁部分和凸缘上残留中间工序形成的圆角部分弯曲和厚度局部变化的痕迹，所以最后应加一道压力较大的整形工序。

另一种方法如图 7-31(b)所示。常用在 $d_f>200$ mm 的大型拉深件中。零件的高度在第一次拉深时就基本形成，在以后的整个拉深过程中基本保持不变，通过减小圆角半径 r_p 及 r_d，逐渐缩小筒形部分的直径来拉成零件。此法对厚料更为合适。用本法制成的零件表面光滑平整，厚度均匀，不存在中间工序中圆角部分的弯曲与局部变薄的痕迹。但在第一次拉深时，因圆角半径较大，容易发生起皱，当零件底部圆角半径较小，或者对凸缘有不平度要求时，也需要在最后加一道整形工序。在实际生产中往往将上述两种方法综合起来用。

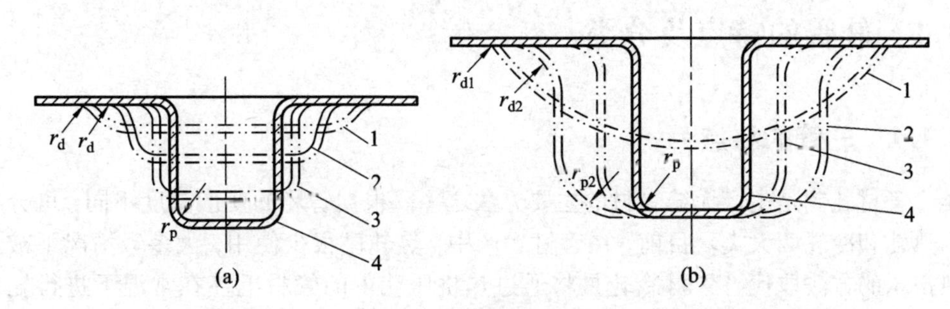

图7-31 宽凸缘件的拉深

1、2、3、4所示的截面形状，分别是第一次、第二次、第三次和第四次拉伸后的截面形状

第8章　轧管

8.1　轧管的特点及分类

8.1.1　轧管的特点

管材轧制是生产无缝管材的主要方法之一。根据管坯的变形温度不同，可分为热轧和冷轧两大类。目前，在管材生产中，热轧已很少使用，大多数情况下被热挤压的方法取代。管材冷轧是将通过热挤压获得的管材毛坯在常温下进行轧制，从而获得成品管材的加工方法。

通过冷轧后获得的管材表面光洁，组织和性能均匀，壁厚尺寸精确。与拉伸法相比，冷轧法还具有道次加工率大、生产效率高等优点。但是，经冷轧后的管材，外径偏差较大，须经拉伸减径或整径才能获得成品尺寸管材。此外，通过轧制法还可以生产各种异型管材，变断面管材和锥形管等。

8.1.2　冷轧管机的分类

冷轧管机的种类很多，目前我国有色金属加工中常用的有周期式二辊冷轧管机和周期式三辊冷轧管机。除此之外，还有行星冷轧管机、连续冷轧管机、多线冷轧管机、横向多辊旋压机等。这些新型冷轧管机具有生产效率高，加工率大等优点，但由于设备和工具制造复杂，更换管材规格困难，设备和工具费用大，而未被广泛采用。

1)二辊轧的主要特点

二辊轧变形的主要工具是一对变断面孔型的锥形芯头，它们之间形成的间隙在机头往返运动中重复的变化，使管材直径减少，壁厚变薄。二辊轧的特点：道次减径量较大，道次加工率也较大，生产率高；设备比较复杂，更换工具不太方便，工具的制造也比较复杂；产品的表面光洁度和尺寸精度较多辊轧制的差一些。

2)多辊轧的特点

轧制变形的主要工具是3个或3个以上带有变断面的孔槽的轧辊和圆柱形的芯头以及支撑轧辊的滑道，轧辊与芯头之间形成的间隙，在机头往返运动的过程中，随滑道曲线的变化而变化，使管材直径减少，管壁变薄。多辊轧制的特点是：道次减径量小，减壁量大，可以达到比较大的减壁量与减径量的比值；由于轧辊直径小，弹性变形比较小。可以轧制薄壁管和特薄壁管，而且尺寸精度高；变形比较均匀，有利于轧制难变形的金属管材；设备比较简单，工具制造和更换比较方便，灵活性较大；道次变形量小，生产效率比较低。二辊轧机和多辊轧机轧管示意图见图 8－1 所示。

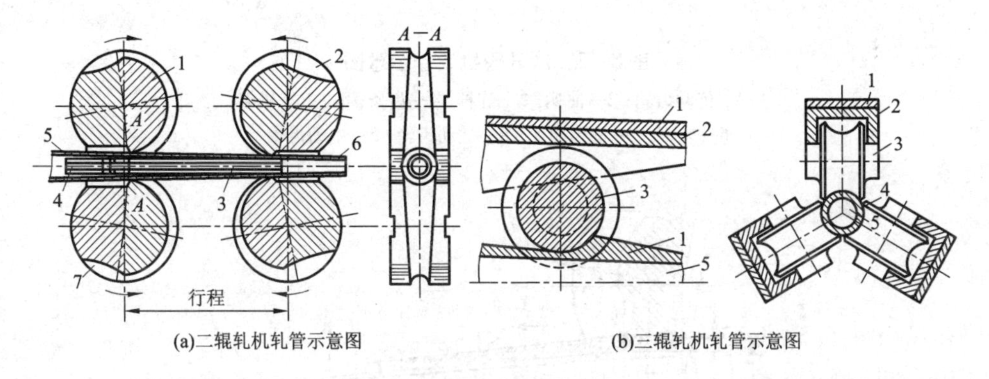

(a)二辊轧机轧管示意图　　(b)三辊轧机轧管示意图

图 8－1　管材轧制

8.2　管材轧制变形及受力

8.2.1　二辊式冷轧管的变形过程

二辊式冷轧管机是一种周期式轧机，其工作原理如图 8－2 所示。主传动 1 通过曲柄 2 和连杆机构 3 带动机架 5 做往复运动，轧机机架上装有一对轧辊 6，轧辊通过固定在机座上的齿条 4，主动齿轮 9 和被动齿轮 8 将机架的往复运动同时转变为轧辊的周期性转动。冷轧管机的主要工具由一个带有一定锥度的芯头和一对带有逐渐变化孔槽的孔型构成。工作机架往复运动的同时，轧辊同时转动。轧制管坯在芯头和孔型的间隙内反复轧制，实现了管坯外径的减小和壁厚的减薄，工作机架在前极限位置时，管坯和芯头要翻转 60°～120°转角，以便在反行程时管坯继续轧制。

二辊式冷轧管轧制过程可分为送料、前轧、回转和回轧 4 个过程。

1. 送料过程

当工作机架在后极限位置时，如图 8－3(a)所示，两个轧辊处在进料段，孔型与管坯没有接触。通过送料机构将管坯向前送入一定的长度 m(称为送料量)，

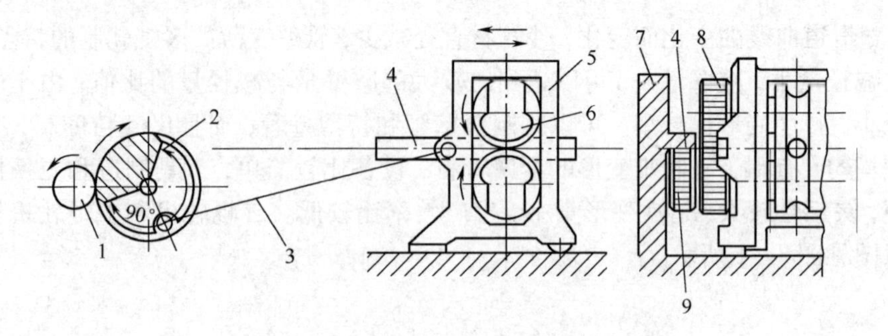

图 8－2　冷轧管机工作示意图

1—主传动齿轮；2—曲柄；3—连杆；4—齿条；5—工作机架；
6—轧辊；7—固定机座；8—被动齿轮；9—主动齿轮

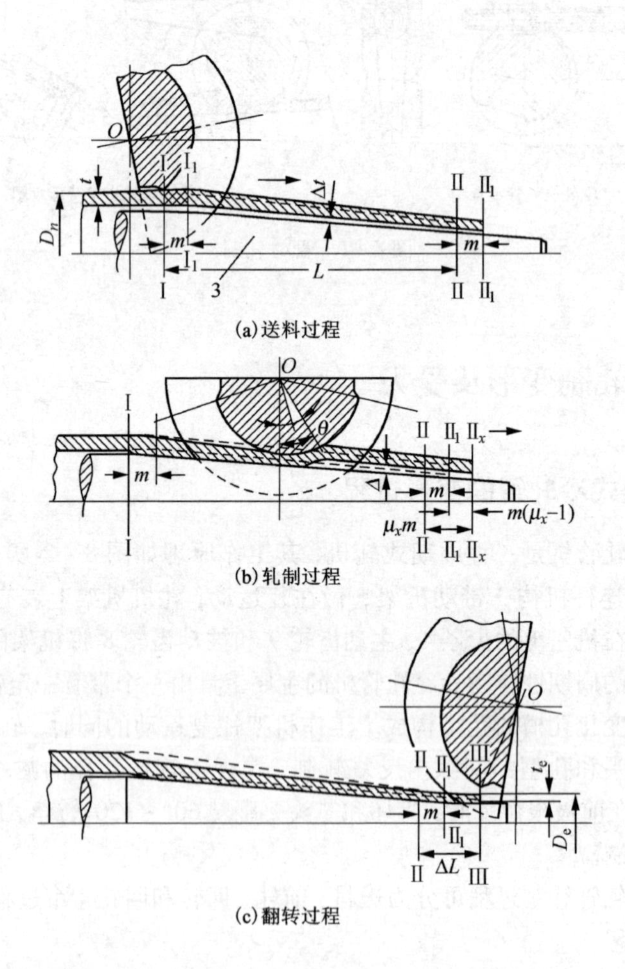

图 8－3　二辊式冷轧管机轧制过程示意图

即管坯Ⅰ－Ⅰ截面移动到$Ⅰ_1$－$Ⅰ_1$截面位置。截面Ⅱ－Ⅱ也同时移动到$Ⅱ_1$－$Ⅱ_1$位置。管坯的所有断面都向前移动 m。此时，管坯锥体与芯头间产生一定的间隙 Δt。

2. 前轧过程

当工作机架向前移动时，轧辊和孔型同时旋转，孔型滚动压缩管坯，使管坯在由孔型和芯头组成的断面逐渐减小的环形间隙内进行减径和减壁。管材轧制时，管坯首先与芯头表面接触，而后进行轧制。未被轧制的管坯与芯头表面的间隙 Δt 则要增大，如图 8－3(b)所示。轧制过程的变形区(又称瞬时变形区)由 3 部分组成，见图 8－4：θ 为咬入角区，θ_1为减径角区，θ_2为压下角区。在减径角区使管坯直径减小至内表面与芯头接触。压下角区管坯的直径和壁厚同时被压缩，实现管坯直径的减小和壁厚的减薄。在轧制过程中，咬入角 θ，减径角 θ_1和压下角 θ_2是变化的。咬入角 $\theta=\theta_1+\theta_2$。压下角对应的水平投影为 $ABCD$ 可近似看作梯形，减径角对应的水平投影为 $CDGFE$。

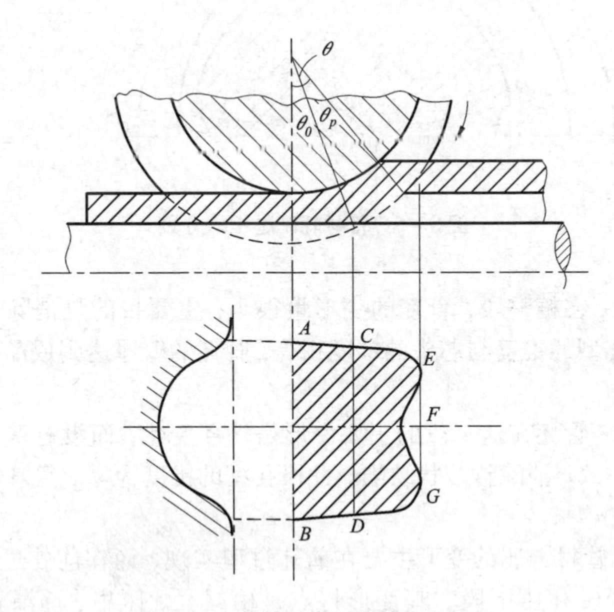

图 8－4　前轧时变形区的水平投影

在整个前轧过程中，管坯的变形过程可分为 4 段，即减径段、压下段、精整段和定径段，如图 8－5 所示。

(1)减径段：管坯在减径段，只有减径变形，由于管坯和芯头表面没有接触，壁厚将略有增加，管坯壁厚增加的规律与拉伸减径变形时壁厚增加的规律相同，与合金和尺寸规格等因素有关。

(2)压缩段：管坯的变形主要集中在这一阶段。由于孔型在这一阶段的平均锥度较大，因此，管坯在此阶段发生很大的外径减小和壁厚减薄，轧制管材的壁厚已接近成品管材壁厚。

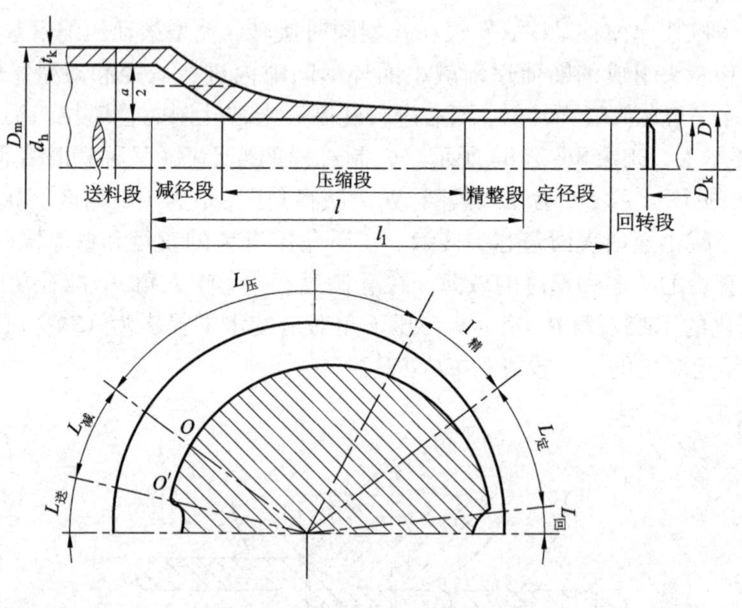

图 8-5　管材轧制过程的分段

(3)精整段：在精整段，管坯的变形量很小，主要目的是消除轧制管材的壁厚不均。此段孔型的锥度与芯头的锥度相等，管坯的壁厚达到成品管材的壁厚和要求的偏差范围。

(4)定径段：管坯在这一段的主要变形是外径变化，而没有壁厚减薄。目的是使管材外径一致，消除竹节状缺陷。此段孔型的锥度为零。管坯已与芯头不再接触。

因此，冷轧管材金属的变形主要在前轧过程实现，而在前轧过程中，变形又主要集中在减径段和压下段。其变形特点是由减径、压扁、逐渐转到壁厚被压缩，并在孔型和芯头间发生强制宽展。

3. 回转过程

当轧辊处在轧制行程前极限位置时，如图 8-3(c)轧辊孔槽处在回转段，孔型与管坯锥体不接触，管坯由回转机构通过芯杆、芯头和卡盘带动翻转 60°~120°。

4. 回轧过程

管坯回转后，随着工作机架的返回运动，对管坯进行回轧，消除前轧时造成的椭圆度，壁厚不均度和管材表面楞子等，以利于下一个周期的轧制。完成一个周期的轧制过程后，一个送料量的管坯被轧制，所得到的一段管材就是轧制成品管材。

8.2.2　二辊式冷轧管的应力－应变状态

1. 轧辊及芯头对管坯的压力

管坯在轧制过程，受芯头和孔型的共同压力，在这个压力的作用下，管坯发生了塑性变形。管坯的受力状态见图8－6。在变形区内，p_0为管坯压下角区的压力，p_p 为减经角区的压力。p_0和 p_p 都是垂直于管坯轧制锥体的接触表面，并可分解为p_0'、p_0''和 p_p' p_p''。其中p_0'和 p_p'为垂直于轧制中心线的径向分量，p_0''和 p_p'' 为平行于轧制中心线的轴向分量。

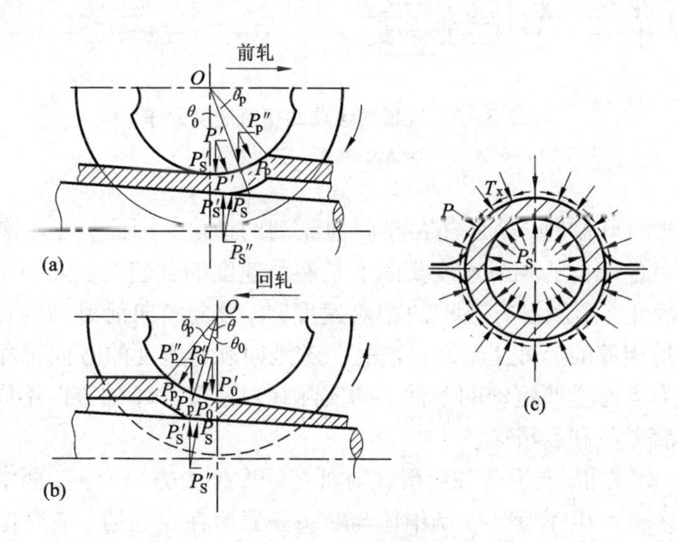

图8－6　孔型和芯头对管坯的压力

芯头在压下角区对管坯的作用力 p_S 同样可分解为 p_S'和 p_S''。由于 p_S 是 p_0的反作用力，所以 p_S''与 p_p''大小相等，方向相反。同时，减径区的轴向分力 p_p''又通过管坯与芯头间的摩擦作用到芯头上。因此，无论在前轧，还是在回轧过程，芯头都将受到轴向力的作用。轴向力的大小取决于管坯材质的变形抗力，轧制送料量，和孔型尺寸等条件。材质的变形抗力越大，需要的轧制力也越大。送料量的大小和孔型尺寸的设计，又直接决定了咬入角的大小。当芯头所受轴向力很大时，有可能造成连接芯头的芯杆的弯曲和断裂。

2. 外摩擦力

管材轧制时，孔型在转动过程，由于孔槽上各点的半径不同，轧制过程的线速度也不同，因此对于管坯的摩擦也不同。为了减少孔型对管坯的相对滑动，冷轧管机在设计时，主动齿轮的节圆直径要小于被动齿轮的节圆直径。被动齿轮的节圆直径与轧辊直径相等。图 8－7 为冷轧管时金属的相对速度分布，由图可见，孔槽上与主动齿轮直径相等的各点上相对速度为零。而直径大于主动齿轮节圆直径的各点的相对速度为负值，直径小于主动齿轮节圆直径的各点的相对速度为正值。

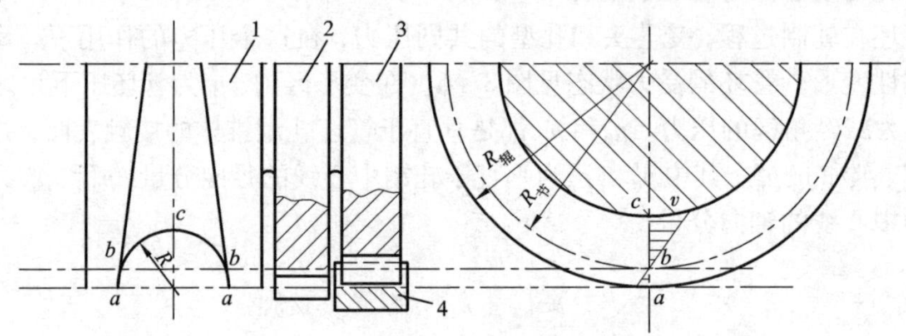

图 8－7　孔槽对金属的相对速度分布

1—孔型；2—从动齿轮；3—主动齿轮；4—齿条

由于在管材轧制时，金属还存在向前流动的速度，因此，管坯锥体上各部位与孔形孔槽上各部位的相对速度实际上是两个速度的合速度。如图 8－8 所示，v_1 为假设管坯静止，金属没有流动的相对速度，v_2 为金属向前流动的速度。v_2 在锥体上各点都是相等的，而且无论是前轧，还是回轧，速度的方向都相同。v_1 和 v_2 的合速度即为考虑金属流动的条件下的实际相对速度。$v_{合}$ 的方向不同，在轧制区分别形成了前滑区和后滑区。

由图 8－8 可知，前滑区和后滑区对管坯的摩擦力方向相反，两个摩擦力的合力作用于管坯上。由于管坯轧制锥体与芯头是紧抱在一起的，最终这个力将通过芯头作用到连接芯头的芯杆上。

为了尽可能减少孔形摩擦的不均匀性，冷轧管机设计中，主动齿轮节圆直径小于被动齿轮的节圆直径。一般情况，主动齿轮的节圆直径比被动齿轮节圆直径小 5% 左右。最合理的主动齿轮节圆直径应等于孔型孔槽的平均直径。对于大规格的冷轧管机，由于轧机轧制规格范围大，设计中配备有两种规格节圆直径的主动齿轮。生产中应根据不同的孔型规格选择合理的主动齿轮。这样，才能有效地减小孔型孔槽对管坯的滑动摩擦，减少孔槽的不均匀摩损，有利于提高轧制管材的表面质量和孔型的使用寿命。但是，冷轧管机轧辊的更换十分困难，而且装配精度要求很高。通常在有色金属加工中，管材是多规格、多品种、小批量生产。企业应根据主要的品种规格选定其中一种主动齿轮，便能基本适用生产要求。表 8－1 为常见二辊式冷轧管机的主要工艺性能。

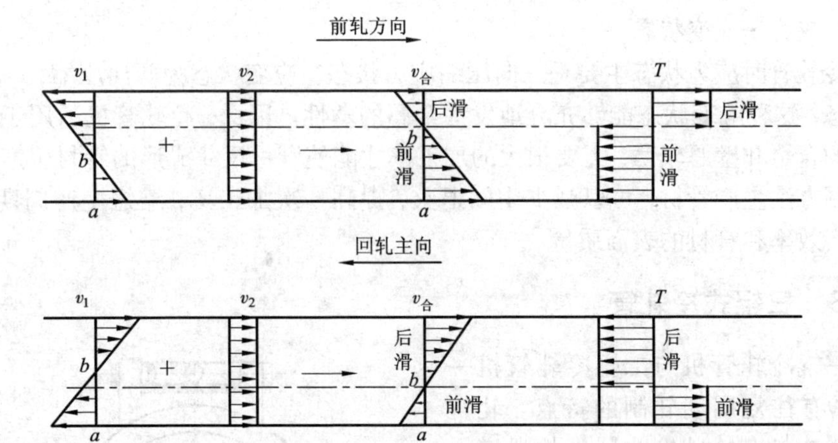

图 8－8　冷轧管时的运动学特性

V_1—假设金属静止，没有流动的相对速度；V_2—轧制金属流动速度；$V_合$—实际相对速度；T—摩擦力

表 8－1　冷轧管机的主要工艺性能

名称单位	LG30	LG55	LG80	XIIT75	XIIT32
管坯外径范围/mm	22～46	38～67	57～102	57～102	22～46
管坯壁厚范围/mm	1.35～6	1.75～12	2.5～20	2.5～20	1.35～6
成品管外径范围/mm	16～32	25～55	40～80	40～80	16～32
成品管壁厚范围/mm	0.4～5	0.75～10	0.75～18	0.75～18	0.4～5
断面最大减缩率/%	88	88	88	88	88
外径最大减小量/mm	24	33	33	32	24
壁厚最大减缩率/%	70	70	70	70	70
管坯长度范围/mm	1.5～5	1.5～5	1.5～5	1.5～5	1.5～5
送料量范围/mm	2～14	2～14	2～	2～30	2～14
轧辊直径/mm	300	364	434	434	300
轧辊主动齿轮节圆直径/mm	280	336	406 或 378	406 或 378	280
轧辊被动齿轮节圆直径/mm	300	364	434	434	300
工作机架行程长度/mm	453	624	705	705	453
允许最大轧制力/MN	6.5	11.0	17.0	17.0	6.5
轧辊回转角度/(°)	185°39′20″	212°59′20″	199° 213°43′	199° 213°43′	185°39′3″

3. 应力 - 应变状态

冷轧管时应力状态主要是三向压缩应力状态。应变状态为两向压缩，一向拉伸状态，这种应变状态能够充分地发挥金属的塑性。因此，冷轧管机适用于塑性偏低的合金和壁厚较薄，需要很大的加工率才能使管材尺寸成形的管材生产。采用轧制方法生产管材，可以减少中间退火，提高一次加工率，缩短生产周期，提高生产效率和管材的表面质量。

8.2.3 三辊式冷轧管

三辊冷轧管机与二辊冷轧管机一样，具有往复周期轧制的特点。轧辊是在3个具有特殊曲线斜面的滑道上往复滚动，滑道的曲线与二辊式冷轧管机孔型展开曲线类似，当孔型在滑道的左端时，滑道曲线的高度最小，3个轧辊离开的距离最大，孔型组成的圆的外径最大，与圆柱形芯头组成的环形的断面也最大。当轧辊由左向右运动时，由于滑道高度的逐渐增加，3个孔型组成的圆的外径也逐渐减小，如图8 - 1(b)所示。管坯在孔型和芯头的压力下发生塑性变形，达到外径的缩小和壁厚的减薄。轧辊前进到最前端后，开始反方向运动，进入到回轧过程。轧辊返回到左端极限位置后，管坯通过回转机构和送料机构，对管坯进行翻转和一定的送料量，开始下一个轧制周期。管坯在周期的反复轧制下，获得成品管材的尺寸要求。图 8 - 9 为四线三辊冷轧管机示意图。

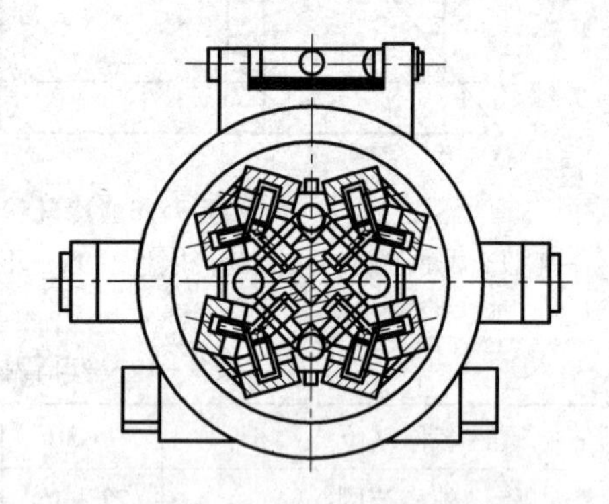

图8 - 9 四线三辊冷轧管机示意图

8.2.4 冷轧管时的力及其计算

1. 二辊式冷轧管轧制力的计算

1)轧管过程的轧制力分布

在管材冷轧过程中，机架行程的不同位置上，轧制力的大小是不同的。在一个轧制行程上，轧制力在孔型长度方向的分布变化见图8 - 10。

由图可见，管材轧制过程中轧制力最大发生在压下段，在这一阶段材料的瞬时加工率最大，金属的变形程度最大，使得压下区水平投影面积最大。在减径段和精整段轧制力较小。

2)轧制力计算

在轧制过程中，金属对轧辊的全压力 p_{Σ} 为：

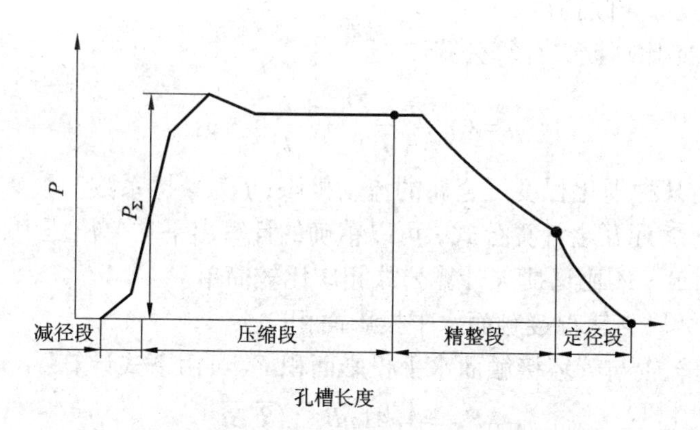

图8-10　轧制力在孔型长度方向上变化示意图

$$p_\Sigma = \overline{p} F_\Sigma \quad (8-1)$$

式中：$\overline{p}$ 为金属对轧辊的平均单位压力；F_Σ 为金属与轧辊接触面的水平投影面积。

由上式可知，只要计算出管材轧制时，金属对轧辊的平均单位压力和金属与孔型接触面积，就可以计算出轧制过程的全压力。

(1)计算平均单位压力

平均单位压力可采用Ю·Φ谢瓦金公式和ДИ比辽捷夫公式进行计算。

①按Ю·Φ谢瓦金公式计算

工作机架正行程时的平均单位压力$\overline{p}_{正}$为：

$$\overline{p}_{正} = [n + f(\frac{t_0}{t_x} - 1) \cdot \frac{R_0}{R_x} \cdot \frac{\sqrt{2R_x \Delta t_z}}{t_x}] \cdot \sigma_b \quad (8-2)$$

工作机架反行程时的平均单位压力$\overline{p}_{反}$为：

$$\overline{p}_{反} = 1.15\sigma_b + (2 \sim 2.5) f(\frac{t_0}{t_x} - 1) \frac{R_0}{R_x} \frac{\sqrt{2R_x \Delta t_f}}{t_x} \cdot \sigma_b \quad (8-3)$$

以上两式中：σ_b 为在该变形程度下被轧金属的流动应力；n 为考虑平均主应力影响系数，一般取1.02～1.08；f 为摩擦系数，对铝合金取0.08～0.10；t_0为管坯壁厚；t_x 为计算断面的管材壁厚；R_0为轧辊主动齿轮半径；R_x 为计算断面孔槽顶部的轧辊半径；Δt_Z 为计算断面正行程时的壁厚压下量；Δt_f 为计算断面反行程时的壁厚压下量。

Δt_Z 和 Δt_f 可分别由下式确定：

$$\Delta t_Z = 0.7\lambda_\Sigma m(\tan\alpha - \tan\beta) \quad (8-4)$$

$$\Delta t_f = 0.3\lambda_\Sigma m(\tan\alpha - \tan\beta) \quad (8-5)$$

以上两式中：λ_Σ 为计算断面的压延系数；m 为送料量；α 为该段孔型母线倾

斜角；β 为芯头母线倾斜角。

②按 Д·И 比辽捷夫计算公式：

$$\bar{p}=(1+\frac{f\sqrt{2R_0}}{7.9}\cdot\frac{t_0}{t_x})\cdot\sigma_b \tag{8-6}$$

式中：σ_b 为在某种硬化程度下金属的流动极限；f 为摩擦系数。

利用 Ю·Φ 谢瓦金计算公式，可以精确的计算出平均单位压力，但计算过程复杂。而利用 Д·И 比辽捷夫计算公式相应比较简单。

(2)计算金属与轧辊接触面水平投影面积

轧制过程轧辊与管坯接触面水平投影面积 F_{Σ} 可由下式计算：

$$F_{\Sigma}=1.41\eta B_x\sqrt{R_x\Delta t} \tag{8-7}$$

式中：η 系数，一般取 1.26～1.30；B_x 为计算断面的轧槽宽度；Δt 为计算断面的壁厚压下量，工作机架正行程时取 Δt_z，反行程时取 Δt_f。

在轧制高强度有色金属(如高强铝合金)时，孔型的孔槽在轧制力的作用下，将发生弹性变形。由于孔槽的弹性变形会使孔槽压扁，轧辊与管坯接触面面积将有一定的增加量。考虑这种因素，轧辊与管坯接触面水平投影面积由下式计算：

$$F_{\Sigma}=1.41\eta B_x\sqrt{R_x\Delta t}+3.9\times10^{-4}\sigma_b R_x(\frac{\pi}{4}R_0-\frac{2}{3}R_x) \tag{8-8}$$

式中：σ_b 为在该变形程度下金属的流动极限；R_x 为所求断面工作锥半径；R_0为轧辊半径。

应用公式(8-1)、(8-6)、(8-7)可以精确的计算冷轧管时的合压力。为了计算简便，可采用下列经验公式：

$$p_{\Sigma}=[1+\frac{f\sqrt{D_Z}}{7.9}(\frac{t_0}{t_x})](\eta D_X\sqrt{2R_X\Delta t})\cdot\sigma_b \tag{8-9}$$

式中：D_Z 为轧辊直径；D_X 为计算断面孔槽直径。

2. 二辊冷轧管的轴向力计算

在轧管过程中，工作锥除受轧辊给予的轧制压力外，还在其轴向受到轧辊的作用力，这个力为轴向力。轴向力的存在，会造成芯杆、芯头的断裂和弯曲，从而产生管材废品及设备与工具故障。

1)轴向力产生的原因

轴向力产生的主要原因是轧制力在水平方向上的投影不为零和轧辊与工作锥之间存在摩擦力。

与一般的轧制不同，轧管是一种“强制性”的轧制过程，表现为管材由孔型中出来的速度不决定于轧辊的“自然轧制半径”，而是决定于工作机架的运动速度，也就是轧辊主动齿轮的节圆圆周线速度。

所谓“轧制半径”，就是圆周速度与金属由轧辊中出来的速度相等的轧辊半径。在平辊轧制时，如果不考虑前滑，轧制半径等于轧辊的半径。而在带有孔槽的轧辊上轧制时，孔槽上各点与轧件接触处的半径不相同，靠近孔槽顶部的轧辊半径小，线速度也小，而靠近孔槽开口部的轧辊半径大，线速度也大。这种情况下，轧制半径 $R_{轧}$ 为：

$$R_{轧}=\frac{1}{2}(R_0+R_{制}) \tag{8-10}$$

式中：R_0 为轧辊半径；$R_{制}$ 为圆制品断面半径，或制品外接圆半径。

在轧管时，由于孔型中孔槽的断面是变化的，那么轧制半径也是一个变值见图8-11。在轧制开始阶段，轧制半径 $R_{轧}$ 小于轧辊主动齿轮节圆半径 $R_{齿}$，而在轧制结束阶段，轧制半径又大于主动齿轮节圆半径。

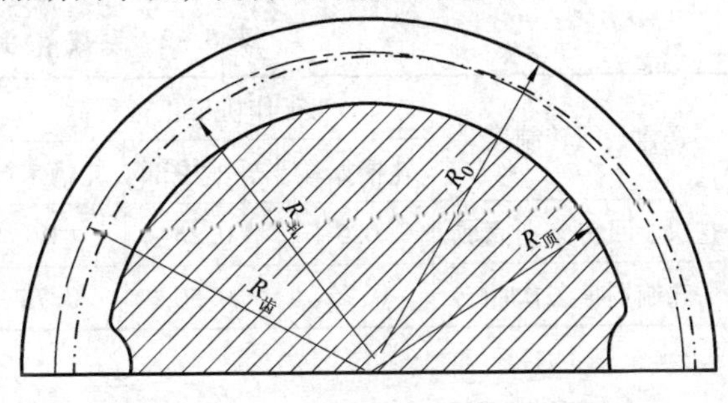

图8-11　冷轧管机孔槽的轧制半径

管材轧制过程中，在轧制开始阶段，轧制半径 $R_{轧}$ 小于主动齿轮节圆半径 $R_{齿}$，而轧制终了阶段轧制半径大于主动齿轮节圆半径 $R_{齿}$。同时，冷轧管机机架正行程时，管子的尾端是出料端，而头端则为进料端。在工作机架反行程时，尾端则成了进料端而头端成为出料端。因此，工作机架正行程时，轧制的开始阶段，管坯尾部向前移动；轧制的终了阶段，管坯尾部向后移动。轧管时，管坯尾端是靠在送料小车的卡盘上。因此管坯向前移动时受拉力，这个拉力通过芯杆最终作用于芯杆小车。而管坯向后移动时受压力，这个压力最终作用于送料小车的卡盘。工作机架反行程时，管坯的前端是自由的出料端，管坯的尾端为固定的进料端，此时，轧制的开始阶段管坯受拉力，而终了阶段管坯受压力。

2）轴向力的计算

二辊式轧管，轧辊对于管坯的轴向力可由下式计算：

（1）工作机架正行程时的平均轴向力

$$\overline{Q}_{正}=p_{\Sigma正}\cdot\left[(\pi-2K_{\varphi}\varphi_{开})\cdot\left(f-\sqrt{\frac{\Delta t_{正}}{4.94R_{顶}}}\right)-3.81f(R_{齿}-R_{顶})\cdot\sqrt{\frac{t_x}{R_x R_{齿}\ \Delta t_{正}}}\right] \tag{8-11}$$

（2）工作机架反行程时的平均轴向力：

$$\overline{Q}_{反}=p_{\Sigma反}\cdot\ (\pi-2K_{\varphi}\cdot\varphi_{开})\cdot\left(f+\sqrt{\frac{\Delta t_{反}}{4.94R_{顶}}}\right)$$

$$-5.56f\frac{R_0-R_x\sin\varphi_{开}}{R_{顶}}\cdot\left[\frac{R_0-R_{齿}}{R_x}-\sin(k_{\Phi}\cdot\varphi_{开})\right] \qquad (8-12)$$

以上式中：$\varphi_{开}$ 为孔槽开口角度；f 为摩擦系数；K_φ 为表示孔槽开口处的金属参与变形的程度，其值见表 8-2；$p_{\Sigma正}$、$p_{\Sigma反}$分别为工作机架正、反行程时的平均全压力；Δt 为轧制时的瞬时壁厚压下量；$R_{顶}$ 为孔槽顶部轧辊半径。$R_{齿}$ 为主动齿轮节圆半径；R_x 为计算断面的孔槽半径；t_x 为计算断面处工作锥壁厚。

表 8-2　系数 k_φ 值

送进、回转制度	工作机架正行程			工作机架反行程		
	轧槽始端	轧槽中部	轧槽末端	轧槽始端	轧槽中部	轧槽末端
送进、回转分别完成	0.5	0.25	0	1.0	0.85	0.75
一轧制周期二次回转	0.75	0.50	0.75	0.75	0.60	0.50

3. 多辊轧机轧制力的计算

多辊轧管机特点是芯头为没有锥度的圆柱形，孔型孔槽的半径不变。在轧制过程的开始阶段，孔型间隙较大，孔槽表面不接触管坯表面。随着工作机架的向前移动，孔型在滑块曲线上运动，孔型间隙逐渐变小，孔型孔槽组成的直径逐渐变小，孔槽表面接触管坯并对管坯进行碾轧。多辊轧机的孔型上没有动力转动，靠工作机架带动并通过孔型孔槽与管坯的摩擦力实现转动。因此，孔槽与管坯的单位压力升高将对管坯形成较大的拉应力。其结果使金属的塑性相应降低。这是多辊冷轧管机的不利因素之一。

多辊冷轧管机的全压力计算公式如下：

$$p_\Sigma = K\overline{\sigma_b}\cdot(D_0+D_1)\sqrt{m\lambda_\Sigma(t_0-t_1)\frac{R_{辊}}{L_{1d}}} \qquad (8-13)$$

式中：σ_{b0}和σ_{b1}分别为管坯和轧制后的变形抗力；$\overline{\sigma_b}$为被轧金属的平均变形抗力，$\overline{\sigma_b}\approx\frac{1}{2}(\sigma_{b0}+\sigma_{b1})$；$D_0$为管坯外径；$D_1$为轧制管材外径；$R_{辊}$为轧辊轧制半径，$R_{辊}\approx R_{颈}\frac{L_1}{L-L_1}$，$R_{颈}$为轧辊外径；$L$ 为摇杆长度；L_1为摇杆与辊架连杆连接之点到摇杆轴的距离；L_{1d}为压缩段长度，$L_{1d}=L_{压}\cdot\frac{L_1}{L-L_1}$，$L_{压}$ 为为滑道压缩段长度；K 为系数，取 1.6~2.2；m 为送料量；λ_Σ为总压延系数。

8.3 管材轧制的主要控制参数

8.3.1 管坯的准备与质量要求

轧制管坯一般采用热挤压方法生产，也可采用旋压方法生产，由于旋压管材的表面和尺寸都比较差，必须经过拉伸后，才能满足冷轧管坯的基本要求。

1.管坯外径的确定

管材轧制坯料的外径等于冷轧管机孔型的大头尺寸，而孔型大头的尺寸应该按以下方法进行设计。

1)确定芯头锥度

二辊式轧管机的芯头锥度 $2\tan\alpha$，可根据典型的合金和尺寸规格确定，一般选择范围在0.005~0.03之间。

锥度过大：轧制时具有较大的轴向力，易造成芯杆的弯曲和拉断；变形不均匀；孔型开口度加大，轧出的管材出现竹节状压痕；从而必须减小送料量。

锥度过小：送料时轧制锥体脱离芯头的力也将增加，易造成管坯的插头；减小了轧制管材壁厚的调整范围。

2)确定芯头大头圆柱部分直径

芯头大头圆柱部分直径 D 按下式确定：

$$D = d + L2\tan\alpha \tag{8-14}$$

式中：d 为芯头定径段端头直径；L 为轧管机孔型工作段长度；$2\tan\alpha$ 为芯头锥度；

$$d = d_1 + 2\Delta P_1 \tag{8-15}$$

式中：d_1为轧制管材内径；ΔP_1为轧制管材与芯头间间隙，取0.025 mm。

3)确定管坯的内径尺寸

$$d_0 = D + 2\Delta P_0 \tag{8-16}$$

式中：d_0为管坯内径；D 为芯头大头圆柱部分直径；ΔP_0为芯头大头圆柱部分与管坯间的间隙，一般取3~5 mm。

4)设定管坯的壁厚

根据工厂生产的典型合金和规格，选择合理的压延系数，计算管坯的壁厚。在铝合金轧管时，压延系数一般取2~5间，对软合金，压延系数可适当加大。为了使管坯毛料挤压生产的方便，管坯的壁厚可只取到整数部分。

5)设定管坯的外径

$$D_0 = d_0 + 2t_0 \tag{8-17}$$

式中：D_0为管坯外径；d_0为管坯内径；t_0为管坯壁厚。

根据设定的管坯外径和轧制管材外径，即可进行孔型设计，孔型的大头尺寸为管坯外径，小头尺寸为轧制管材外径。由于冷轧后的管材，必须经过拉伸减径或整径后，才能成为成品管材。因此，冷轧管机的孔型规格可取一定的间隔配备一对孔型。间隔过大，则增加拉伸减径量；间隔过小，则生产中更换孔型频繁。一般情况下，每间隔 5 mm 配备一对孔型。冷轧管机常用孔型规格见表 8 - 3。

表 8 - 3　冷轧管机常用孔型规格

LG80		LG55		LG30	
成品外径/mm	孔型规格/mm	成品外径/mm	孔型规格/mm	成品外径/mm	孔型规格/mm
≤55	73 × 56	≤30	43 × 31, 45 × 31	≤15	26 × 16, 31 × 18
56 ~ 60	78 × 61	31 ~ 35	48 × 36, 50 × 36	≤17	31 × 18
61 ~ 65	83 × 66	36 ~ 40	53 × 41, 55 × 41	18 ~ 20	33 × 21
66 ~ 70	88 × 71	41 ~ 45	58 × 46, 60 × 46	21 ~ 25	38 × 26
71 ~ 75	93 × 76	46 ~ 50	63 × 51, 65 × 51	26 ~ 30	43 × 31
76 ~ 80	98 × 81	51 ~ 55	68 × 56, 70 × 56		

2. 管坯壁厚的确定

对于同一种规格的管材，不同的合金应选择不同的压延系数。对于同一种合金的管材不同的规格和不同的轧管机，由于不均匀变形程度不同，合理的压延系数也要有所区别。一般情况下：大规格管材和/或采用大型号孔型，轧制过程不均匀变形程度大，压延系数要选择小一些；对于小规格管材和/或采用小型号孔型时，可以选择较大的压延系数。不同机台和合金的合理压延系数范围可参照表 8 - 4。应当注意，在选择管坯壁厚时，要兼顾管坯的挤压工艺的合理性、成品管材的定尺长度和冷轧管机的工艺性能。

表 8 - 4　不同合金和机台的压延系数参推荐值

机台 \ 合金	1 × × ×, 3A21 6A02, 6061, 6063	2A12, 2A11 5A02, 5A03	5A06, 5A05 7A04, 7A09
LG30	2 ~ 8	2 ~ 5.5	2 ~ 4
LG55	2 ~ 6	2 ~ 5	2 ~ 3.5
LG80	2 ~ 5	1.5 ~ 4	1.5 ~ 3

3. 管坯的质量要求

(1) 表面要求

管坯的内外表面应光滑，不得有裂纹，擦伤、起皮、石墨压入等缺陷存在。

(2)组织要求

管坯的显微组织不得过烧。低倍组织不得有成层、缩尾、气泡、气孔等。

(3)尺寸要求

管坯的外径偏差要控制在 ±0.5 mm 内；不圆度不超过直径的 ±3%；端头切斜控制在 2 mm 内；弯曲度不大于 1 mm/m，全长不大于 4 mm。

管坯平均壁厚偏差为 ±0.25 mm，管坯的壁厚允许偏差根据工艺和成品管材的壁厚精度确定。具体可按下式计算：

$$S_0 = \frac{t_0}{t_1} \cdot S_1 \qquad (8-18)$$

式中：S_0为管坯允许偏差；S_1为成品管材允许偏差；t_0为管坯壁厚；t_1为成品管材壁厚。

根据 GB 4436 和 GB/T 4436 要求，高精级和普通级管材管坯壁厚允许偏差分别见表 8－5 至表 8－8。

表 8－5　GB 4436、GB_n 221、GJB 2379 高精级管材管坯壁厚允许偏差

成品壁厚/mm		0.5	0.75	1.0	1.5	2.0	2.5	3.0	3.5	4.0	4.5	5.0
允许偏差/mm		±0.05	±0.08	±0.10	±0.14	±0.18	±0.20	±0.25	±0.25	±0.28	±0.36	±0.40
管坯壁厚/mm	1.5	0.30	0.32	0.30								
	2.0	0.40	0.43	0.40	0.37							
	2.5	0.50	0.53	0.50	0.47	0.45						
	3.0	0.60	0.64	0.60	0.56	0.54	0.48					
	3.5	0.70	0.75	0.70	0.65	0.63	0.56	0.58				
	4.0	0.80	0.85	0.80	0.75	0.72	0.64	0.67	0.57			
	4.5	0.90	0.96	0.90	0.84	0.81	0.72	0.75	0.64	0.63		
	5.0	1.00	1.07	1.00	0.93	0.90	0.80	0.83	0.71	0.70	0.80	
	5.5							0.92	0.79	0.77	0.88	0.88
	6.0							1.00	0.86	0.84	0.96	0.96
	6.5								0.93	0.91	1.04	1.04
	7.0								1.00	0.98	1.12	1.12
	7.5								1.07	1.05	1.20	1.20
	8.0								1.14	1.12	1.28	1.28
	8.5									1.06	1.36	1.36
	9.0									1.18	1.44	1.44
	9.5										1.52	1.52
	10.0										1.60	1.60

表 8－6 GB 4436 普通级管材管坯壁厚允许偏差

成品壁厚/mm	0.5	0.75	1.0	1.5	2.0	2.5	3.0	3.5	4.0	4.5	5.0
允许偏差/mm	±0.08	±0.10	±0.12	±0.18	±0.22	±0.25	±0.30	±0.35	±0.40	±0.45	±0.50
管坯壁厚/mm 1.5	0.48	0.40	0.36								
2.0	0.64	0.53	0.48	0.48							
2.5	0.80	0.67	0.60	0.60	0.55						
3.0	0.96	0.80	0.72	0.72	0.66	0.60					
3.5	1.12	0.93	0.84	0.84	0.77	0.70	0.70				
4.0	1.28	1.07	0.96	0.96	0.88	0.80	0.80	0.80			
4.5	1.44	1.20	1.08	1.08	0.99	0.90	0.90	0.90	0.90		
5.0	1.60	1.33	1.20	1.20	1.10	1.00	1.00	1.00	1.00	1.00	
5.5						1.10	1.10	1.10	1.10	1.10	1.10
6.0						1.20	1.20	1.20	1.20	1.20	1.20
6.5							1.30	1.30	1.30	1.30	1.30
7.0							1.40	1.40	1.40	1.40	1.40
7.5								1.50	1.50	1.50	1.50
8.0									1.60	1.60	1.60
8.5									1.70	1.70	1.70
9.0										1.80	1.80
9.5											1.90
10.0											2.00

表 8－7 GB/T 4436 高精级管材管坯壁厚允许偏差

成品壁厚/mm	0.5	0.75	1.0	1.5	2.0	2.5	3.0	3.5	4.0	4.5	5.0
允许偏差/mm	±0.05	±0.05	±0.08	±0.10	±0.10	±0.15	±0.15	±0.20	±0.20	±0.20	±0.20
管坯壁厚/mm 1.5	0.30	0.20	0.24								
2.0	0.40	0.27	0.32	0.27							
2.5	0.50	0.33	0.40	0.33	0.25						
3.0	0.60	0.40	0.48	0.40	0.30	0.36					
3.5	0.70	0.47	0.56	0.47	0.35	0.42	0.35				
4.0	0.80	0.53	0.64	0.53	0.40	0.48	0.40	0.46			
4.5	0.90	0.60	0.72	0.60	0.45	0.54	0.45	0.51	0.45		
5.0	1.00	0.67	0.80	0.67	0.50	0.60	0.50	0.57	0.50	0.44	
5.5						0.66	0.55	0.63	0.55	0.49	0.44
6.0						0.72	0.60	0.69	0.60	0.53	0.48
6.5								0.74	0.65	0.58	0.52
7.0								0.80	0.70	0.62	0.56
7.5									0.75	0.67	0.60
8.0									0.80	0.71	0.64
8.5									0.85	0.76	0.68
9.0										0.80	0.72
9.5										0.84	0.76
10.0										0.89	0.80

表8-8　GB/T 4436普通级管材管坯壁厚允许偏差

成品壁厚/mm		0.5	0.75	1.0	1.5	2.0	2.5	3.0	3.5	4.0	4.5	5.0
允许偏差/mm		±0.12	±0.12	±0.15	±0.20	±0.20	±0.30	±0.30	±0.40	±0.40	±0.50	±0.50
管坯壁厚/mm	1.5	0.72	0.48	0.45								
	2.0	0.96	0.64	0.60	0.53							
	2.5	1.20	0.80	0.75	0.67	0.50						
	3.0	1.44	0.96	0.90	0.80	0.60	0.72					
	3.5	1.68	1.12	1.05	0.93	0.70	0.84	0.70				
	4.0	1.92	1.28	1.20	1.07	0.80	0.96	0.80	0.91			
	4.5	2.16	1.44	1.35	1.20	0.90	1.08	0.90	1.03	0.90		
	5.0	2.40	1.60	1.50	1.33	1.00	1.20	1.00	1.14	1.00	1.11	
	5.5						1.32	1.10	1.26	1.10	1.22	1.10
	6.0							1.20	1.37	1.20	1.33	1.20
	6.5								1.49	1.30	1.44	1.30
	7.0								1.60	1.40	1.55	1.40
	7.5									1.50	1.66	1.50
	8.0									1.60	1.77	1.60
	8.5										1.88	1.70
	9.0										1.99	1.80
	9.5											1.90
	10.0											2.00

4.管坯的退火

除软合金(如1×××，3A03，5A02，6A02铝合金)外，其他合金管坯均应进行压延前的毛料退火。当压延系数大于4时，管坯必须进行退火，以便提高金属的塑性。

(1)常见铝合金管坯的退火制度

常见铝合金管坯的退火制度见表8-9，表中保温开始时间从两只热电偶都达到金属要求最低温度时开始计算，冷却出炉时必须两只热电偶都达到规定温度以下。

表8-9　常见铝合金管坯退火制度

管坯分类	合金	定温/℃	金属温度/℃	保温时间/h	冷却方式
挤压生产管坯	2A11，2A12，2A14	420~470	430~460	3	炉内<30℃/h，冷却270℃以下出炉
	7A04，7A09	400~440	400~430	3	炉内<30℃/h，冷却150℃以下出炉
	5A02，5A03，5056，5A05	370~420	370~400	2.5	空冷
	5A06	310~340	315~335	1	空冷

续表 8－9

管坯分类	合金	定温/℃	金属温度/℃	保温时间/h	冷却方式
二次压延管坯	2A12，2A11，7A04，7A09	340～390	350～370	2.5	炉内 <30℃/n，冷却 340℃以下出炉
	5A03，5A02，5083	370～410	370～390	1.5	空冷
	5056　5A05	370～420	370～400	2.5	空冷
	5A06	310～340	315～335	1	空冷

(2)常见钛合金管坯的退火制度

钛及钛合金管材完全退火工艺见表 8－10 所示，钛合金管材真空退火制度见表 8－11 所示。

表 8－10　钛及钛合金管材完全退火工艺

合金类型	合金牌号	板材、带材、箔材及管材		
		加热温度/℃	保温时间/min	冷却方式
工业纯钛	TA0，TA1	630～815	15～120	空冷或更慢冷
	TA2，TA3	520～570	15～120	空冷或更慢冷
α 型	TA5	750～850	10～120	空冷
	TA6	750～850	10～120	空冷
	TA7	700～850	10～120	空冷
	TA7ELI	700～850	10～120	空冷
	TA9	600～815	15～120	空冷或更慢冷
	TA10	600～815	15～120	空冷或更慢冷
	TA11	760～815	60～480	
α＋β 型	TC3	700～850	15～120	空冷或更慢冷
	TC4	700～870	15～120	
	TC10	710～850	15～120	空冷或更慢冷
	TC16	680～790	15～120	
	TC18	740～760	15～120	空冷

表8-11 管材真空退火制度

合金牌号	坯料退火和中间退火			成品退火		
	温度/℃	保温时间/min	出炉温度/℃	温度/℃	保温时间/min	出炉温度/℃
TA1, TA2, TA3	700~750	60	≤200	650~680	45~60	100~150
TA5, TA7	800~850	60	≤200	800~850	60	100~150
TC1, TC2	750~780	60	≤200	700~750	45~60	≤150
TC4	800	60	≤200	700~750	45~60	≤450
TC10≤	800	60~90	≤200	800	60	≤150

8.3.2 轧管工艺的确定

1. 冷轧管机的孔型选择

冷轧管机的孔型制造工艺复杂，材料昂贵，同时更换也比较困难。因此，不可能对每一种规格配置一对孔型。只能对一定的间隙范围采用一对孔型。而对管材外径则靠拉伸工艺控制。冷轧管机的孔型选择见表8-3。

2. 芯头的选择

冷轧管机的芯头一般标有大头和工作段头端两个尺寸，可参照公式(8-14)和公式(8-15)进行选择。为了便于轧制管材壁厚的调整，芯头一般每隔0.25 mm配置一种芯头规格。根据孔型的磨损程度和孔型间隙的调整，有时要选择相邻规格芯头。

3. 轧制壁厚的确定

由于冷轧管机生产的半成品管材必须经拉伸减径，而管材拉伸减径时壁厚要有相应的变化。因此，管材的轧制壁厚必须考虑到后道拉伸工序时壁厚的变化。管材拉伸时壁厚的变化与管材的合金、外径与壁厚之比、拉伸减径量、拉伸道次、拉伸模模角大小、倍模等因素有关。一般要在计算和实测的基础上确定最佳的压延壁厚。

由于管材坯料挤压时存在尺寸的不均匀性，压延管材的平均壁厚要控制在$^{+0.02}_{-0.01}$mm范围内。同时，实测壁厚与轧制公称壁厚的偏差，按表8-12控制。

表8-12 轧制管材实测壁厚与公称壁厚的允许控制偏差范围

成品壁厚/mm	0.5	0.75~1.0	1.5	2.0~2.5	3.0~3.5
GB 2379—1995	±0.04	±0.07	±0.12	±0.15	±0.20
GBn 221—1984	±0.04	±0.07	±0.12	±0.15	±0.20
GB 6893—1986	±0.06	±0.09	±0.15	±0.20	±0.25

4. 冷轧管送料量

送料量大小直接影响到轧机的生产效率、轧制管材的质量、设备与工具的安全和使用寿命。当送料量过大时，轧制管材将出现飞边、棱子、壁厚不均甚至裂纹等严重缺陷。同时，过大的送料量又直接导致轧制力和轴向力的增加，加大了孔型、芯头和设备的过快磨损和破坏。当送料过小时，轧机的生产效率也将明显下降。因此，在保证产品质量和设备、工具安全的前提下，选用尽可能大的送料量。

确定冷轧管机的送料量，要考虑轧制管材的合金性质、压延系数，孔型精整段的设计长度等。一般情况，要保证被轧制管材在精整段要经过 1.5 ~2.5 个轧制周期。具体通过下式计算：

$$m=\frac{L_{精}}{k\lambda} \tag{8-19}$$

式中：m 为允许的最大送料量；$L_{精}$ 为孔型精整段长度；λ 为压延系数；k 为系数，取 1.5 ~2.5。

计算的最大允许送料量，并非在任何情况下都能采用，要根据轧制管材的质量和能使轧机正常运行而定。有时，在轧制时由于轴向力过大造成管材坯料端头相互切入（插头）使轧制过程不能正常进行。最佳的送料量要根据现场的实际情况合理确定和调整。表 8 - 13 为二辊式冷轧铝合金管允许的最大送料量。表 8 - 14 为轧制工业纯钛的送进量。表 8 - 15 为二辊冷轧铜及铜合金管延伸系数，表 8 - 16 为轧制冷凝管用铜合金的延伸系数及送进量。

表 8 - 13　二辊式冷轧铝合金管允许的最大送料量

轧制壁厚	允许的最大送料量/mm					
	2A12, 2A11, 5A03, 5A05, 5A06, 5056, 7A04, 5083, 7A09			1 × × ×	6A02	3A21
	LG30	LG55	LG80	LG30	LG55	LG80
0.35 ~0.70	3.0			3.0		
0.71 ~0.87	3.5	4.0		4.5	5.0	
0.81 ~0.90	4.5	4.5	4.0	5.0	6.0	6.0
0.91 ~1.0	5.0	5.5	5.0	5.5	7.0	7.5
1.01 ~1.35	5.5	7.0	6.5	7.0	8.0	8.5
1.36 ~1.50	7.0	8.5	8.5	8.0	11.0	11.5
1.51 ~2.0	8.0	9.5	10.0	9.0	13.0	13.5
2.01 ~2.50	10.0	12.5	13.0	11.0	15.0	16.0
2.50 以上	12.0	14.0	15.0	13.0	16.0	17.0

表8－14 制工业纯钛的送进量

<table>
<tr><td rowspan="2">轧机型号</td><td colspan="2">送进量</td></tr>
<tr><td>轧后壁厚/mm</td><td>送进量/(mm·次$^{-1}$)</td></tr>
<tr><td>LD－120</td><td>0.25～2.00
2.10～5.00</td><td>2.0～4.0
4.1～8.0</td></tr>
<tr><td>LG－80</td><td>0.75～2.50
0.26～8.00</td><td>2.0～5.0
4.1～14.0</td></tr>
<tr><td>LG－55</td><td>0.60～2.50
2.60～6.00</td><td>3.0～5.0
4.0～14.0</td></tr>
<tr><td>LG－30</td><td>0.40～2.5
2.60～6.00</td><td>3.0～7.0
4.0～14.0</td></tr>
<tr><td>LD－60</td><td>0.20～1.50
1.50～4.00</td><td>3.0～5.0
4.0～7.0</td></tr>
</table>

表8－15 二辊冷轧铜及铜合金管延伸系数

轧机机型	LG30	LG55	LG80
紫铜延伸系数	4.5～9.5	5.5～9.0	9.0～12.5
铜合金延伸系数	3.0～10	4.5～6.5	3.5～8.0

表8－16 轧制冷凝管用铜合金的延伸系数及送进量

<table>
<tr><td rowspan="2">轧机型号</td><td colspan="4">机架双行程次数/(次·mm^{-1})</td><td>送进量/mm</td></tr>
<tr><td>孔型系列
/mm×mm</td><td>延伸系数</td><td>轧机
允许次数</td><td>H68A，HAl77－2，HSn70－1，HSn70－1，HSn70－1，HSn 70－1AB，BFe10－1－1，BFe30－1－1</td><td>H68A，HAl77－2，HSn70－1，HSn70－1B，HSn70－1AB，BFe10－1－1，BFe30－1－1</td></tr>
<tr><td>LG80</td><td>100×85
85×60
60×45
65×38</td><td>1.65～2.86
1.8～3.5
1.8～4
5～3</td><td>60～70</td><td>60～65</td><td>2～30
(常用3～10)</td></tr>
<tr><td>LG55</td><td>65×45
65×38
55×32</td><td>1.86～6.08
5.24～3.13
2.34～5.46</td><td>68～90</td><td>75～85</td><td>2～30
(常用8～10)</td></tr>
<tr><td>LG30</td><td>36×24
30×20</td><td>3.0～10</td><td>80～120</td><td>900～100</td><td>2～30
(常用8～10)</td></tr>
</table>

5. 冷轧管的工艺润滑

为有利于金属的塑性变形和对工作锥和工具进行冷却，提高轧制管材表面质量。管材轧制时要进行工艺润滑。对润滑剂要求具备良好的润滑效果，对被轧材料不产生腐蚀，对人身无害等条件。目前多采用纱绽油做工艺润滑剂。

冷轧管机都配置有专门的工艺润滑专门机构。对润滑油要进行循环过滤。润滑油要求清洁，不得有砂粒和金属屑等脏物，并定期进行分析。润滑油的杂质含量要少于3%。表8－17为冷轧钛材时的工艺润滑与冷却剂。

表8－17　冷轧管材的工艺润滑与冷却剂

轧机型号	内表面用润滑剂	外表面用润滑剂	冷却剂
LG80，LG55，LG30	汽缸油；氯化石蜡	氯化石蜡和二硫化钼粉剂；氯化石蜡和滑石粉	压缩空气（0.25～0.41 MPa）乳液
LG120，LG60，LG30	氯化石蜡；汽缸油	10～30号机油	10～30号机油
LG15，LG8	10～30号机油	10～30号机油	10～30号机油

第9章　旋压

9.1　旋压的特点和分类

旋压是用于成形薄壁空心回转体工件的一种金属压力加工方法。它是借助旋轮等工具作进给运动，加压于随芯模沿同一轴线旋转的金属毛坯，使其产生连续的局部塑性变形而成为所需空心回转体零件。旋压包含普通旋压和强力旋压两大类。

9.1.1　普通旋压

普通旋压的变形特征是金属板坯在变形中主要产生直径上的收缩或扩张，由此带来的壁厚变化是从属的。由于直径上的变化容易引起失稳或局部减薄，因此普通旋压过程一般是分多道次进给来逐步完成。在现代化的旋压机上，针对不同规格工件的不同技术特点，普通旋压可分为拉旋、缩旋、扩旋3种基本形式，图9-1为拉深旋压成形图示。

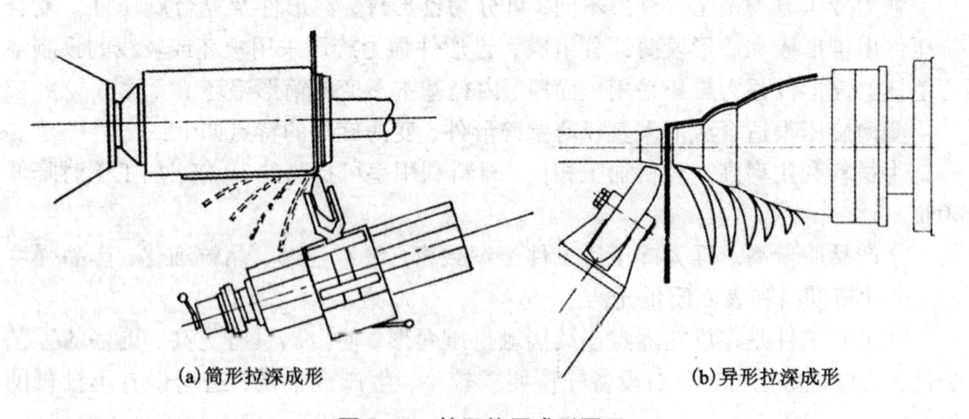
(a)筒形拉深成形　　(b)异形拉深成形

图9-1　拉深旋压成形图示

普通旋压优点主要有：

①模具制造周期较短，费用低于成套冲压模50%～80%。

②普通旋压为点变形，旋压力可比冲压力低80%～90%。

③可在一次装夹中完成成形、切边、制梗咬接等工序。

④热旋成形时，旋压工件的加热，比其他加工方法方便。

9.1.2 强力旋压

强力旋压又称变薄旋压，分为流动旋压和剪切旋压。流动旋压成形筒形件，剪切旋压成形异形件，参见图9－2。

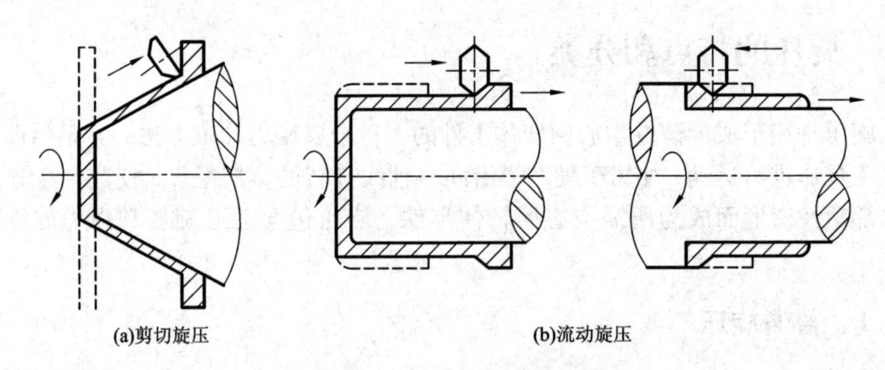

图9－2 剪切旋压和流动旋压

强力旋压是在普通旋压的基础上发展起来的，其成形过程为：芯模带动坯料旋转，旋轮作进给运动，使毛坯连续地逐点变薄，并贴靠芯模而成为所需要的工件。旋轮的运动轨迹是由靠模板或导轨来确定的。

强力旋压分类按工件外形不同，可分为锥形件、筒形件及复合旋压件。复合旋压件由锥形段和筒形段两部分组成。锥形件强力旋压采用板坯或较浅的预制空心毛坯。筒形件强力旋压采用短而厚、内径基本不变的筒形毛坯。

变薄旋压很适合成形大直径薄壁筒形件，变薄旋压的特点如下：

①材料利用率高。与机加工相比，材料利用率可提高约10倍，加工工时降低40%。

②产品质量高。强力旋压后工件组织致密、纤维连续、晶粒细化、产品强度高、尺寸精度高和表面质量光洁。

③由于工件是在旋轮逐点连续接触挤压变形，使金属具有更高、更好的工艺塑性，成形性好。同时，对设备吨位要求较小，生产成本低，适用于有小批量的生产。

④模具磨损小、寿命长、费用低，节省模具费用。与拉深成形同类制件相比，旋压的模具费仅是拉深模具费用的1/10。

变薄旋压，按旋轮进给方向与坯材料流动方向的异同，可分为正旋与反旋。正旋指坯料的延伸方向与旋轮进给方向相同，反旋指坯料的延伸方向与旋轮进给方向相反。

按旋压时加温与否，可分为冷旋和热旋。

按旋轮及芯模与毛坯的相对位置，可分为外旋和内旋，内旋如图9-3所示。按旋压工具不同又可分为旋轮旋压和滚珠旋压，滚珠旋压见图9-4。按旋轮数量不同，可分单轮和多轮旋压。

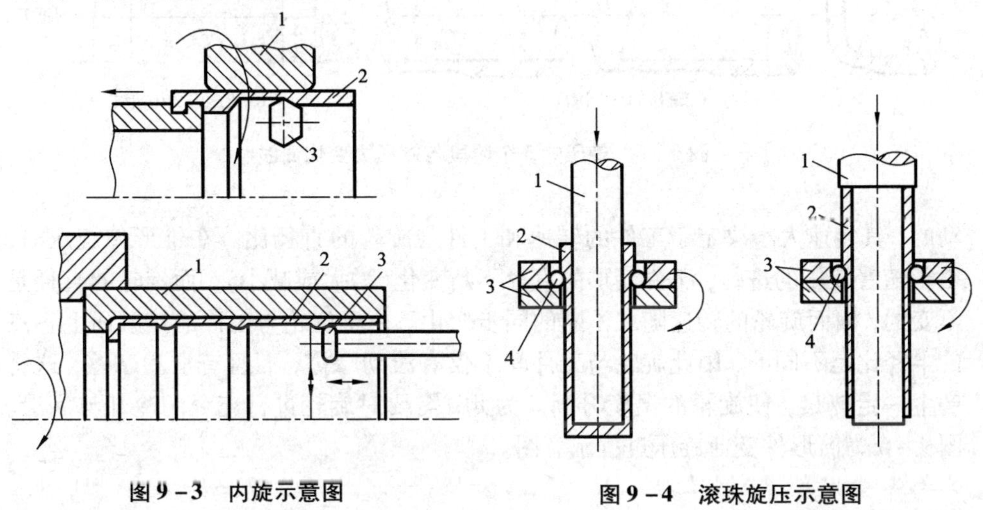

图9-3 内旋示意图　　图9-4 滚珠旋压示意图

9.2 旋压变形及受力分析

9.2.1 变薄旋压

变薄旋压的变形过程可分为起旋、稳定旋压和终旋3个阶段：起旋阶段是从旋轮接触毛坯旋至达到所要求的壁厚减薄率，该阶段壁厚减薄率逐渐增大，旋压力相应递增，直至达到极大值；当旋轮旋压毛坯达到所要求的壁厚减薄率后，旋压变形进入稳定阶段，该阶段的旋压力和变形区的应力状态基本保持不变；终旋阶段是从距毛坯末端5倍毛坯厚度处开始至旋压终了，该阶段毛坯刚性显著下降，旋压件内径扩大，旋压力逐渐下降。筒形件3个阶段的旋压状态和旋压力变化曲线如图9-5所示。

9.2.2 强力旋压

强力旋压的主体运动是芯模带动工件的旋转运动，工件的成形主要是依靠旋轮逐点连续挤压旋转运动的工件变形来完成的。工件在旋转时，受到旋轮的阻碍，而产生变形。同时，借助于摩擦力使旋轮旋转。因此，旋轮的旋转运动是被

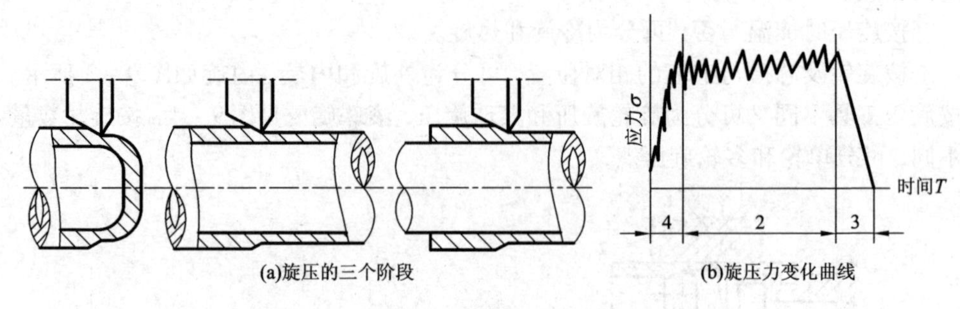

(a)旋压的三个阶段　　(b)旋压力变化曲线

图 9-5　旋压的 3 个阶段与旋压力变化曲线

动的，其转速大小决定于工件的转速和工件与旋轮的直径比。在锥形件旋压时，由于随着旋压的进行，工件变形的直径不断变化(增大或减小)，而旋轮的直径是不变的，因而旋轮的转速随之不断的同步变化。由于旋轮与工件的接触面上各点的半径比是不同的，因此旋轮与工件间不仅有滚动摩擦，而且有滑动摩擦，这将产生一定热量，使旋轮的温度升高。为此，需要对旋轮进行充分的冷却与润滑。图 9-6 为筒形件变薄旋压过程示意图。

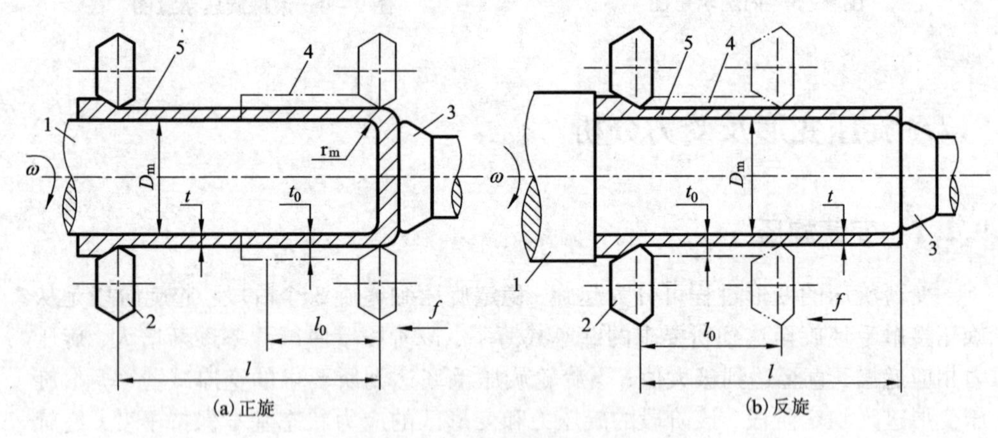

(a)正旋　　(b)反旋

图 9-6　筒形件变薄旋压过程

1—芯模；2—旋轮；3—尾顶；4—坯料；5—旋压件

旋压变形是沿螺旋线逐步推进，完成整个工件的成形过程。强力旋压的壁厚变形示意图，见图 9-7。图中，t_0 为坯厚，Z_0为分流距，t_0'为含堆积量的厚坯。

强力旋压的旋轮和工件都是旋转体，两者互相接触加压时，作为刚体的旋轮将压入工件，其接触面为旋轮工作表面的一部分，接触面的轮廓是旋轮形体与工件形体的相贯线。从图 9-7 纵剖面分流图可看出，在工件被旋轮碾压一圈的体

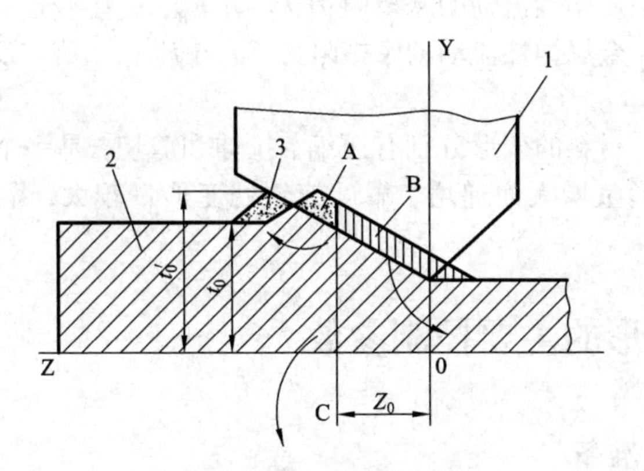

图9-7 变薄变形示意图

1—旋轮；2—坯料；3—堆积

积中，以距 Y 轴为 Z_0 的分流线为界，面积 B 的金属向后流向旋压件的壁部，面积 A 的金属向前流动形成隆起3。箭头 C 表示有少量金属沿周向流动。金属隆起导致 t_0 增至 t_0'，增大变形量与变形力。当隆起量不变时，旋压变形基本稳定。

在筒形件变薄旋压塑性变形过程中，旋轮与工件的接触面存在着强烈的滑动摩擦。如图9-8所示。

正旋时，变形区流速为 u_S，相对旋轮的流速 u_{x1} 与相对芯模的流速 u_{x2} 方向不同。未变形区流速为 $u_S - u_S'$，已变形区流速为 u_S，与变形区流速相同。

反旋时，变形区流速 u_S 与未变形区流速相同，相对旋轮的流速 u_{x1}' 与相对芯模的流速 u_{x2}' 方向不同。已变形区流速为 $u_S + u_S''$。

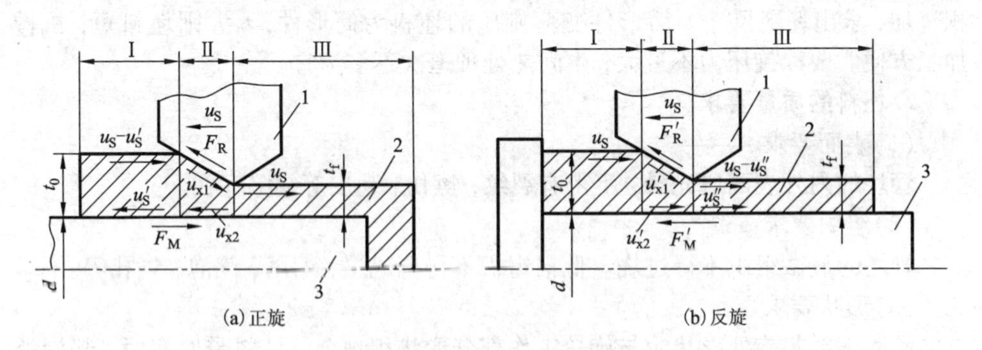

图9-8 旋轮与工件接触区及摩擦

1—旋轮；2—工件；3—芯模；

Ⅰ—未变形；Ⅱ—变形区；Ⅲ—已变形区

在变形区，金属塑性流动的摩擦阻力 F_R 与 F'_R，就旋轮而言，均向着床头方向。就芯模而言，金属塑性流动的摩擦阻力 F_M 与 F'_M在正旋与反旋不同过程中方向相反。

变薄旋压时，材料的变形分别有压缩、拉伸和剪切，是一个综合的变形。金属畸变量，随变形量增大而递增，靠近旋轮处变形量较大，靠进芯模处变形量较小。

9.3 旋压变形的主要控制参数

9.3.1 坯料的准备

1. 坯料尺寸及精度的控制

筒形件旋压坯料要有较高的尺寸精度，坯料内径与芯模配合，其尺寸精度应以变形金属塑流稳定为目的。如坯料与芯模直径的间隙小，则有利于对中。为了便于装模，中小件的直径间隙为0.10~0.2 mm，大件则达0.30~0.60 mm以上。坯料壁厚差应≤0.1~0.2 mm，垂直度误差应≤0.05~0.10 mm。粗糙度一般为 $R_a=3.2\sim6.4\ \mu m$ 为宜。

变薄旋压坯料尺寸计算原则依据体积不变规律。变薄旋压时，坯料内径与工件内径大致相同，坯料与工件应符合如下关系：

$$(D_m + t_0/2)t_0 l_0 = (D_m + t/2)tl \tag{9-1}$$

式中：D_m为芯模直径；t_0、l_0分别为坯料的壁厚和工件的长度；t、l 分别为工件的壁厚和工件的长度。

对于壁厚变化的筒形件，应逐段求出工件的体积后，进行叠加，即纵向截面积叠加，求出坯料尺寸。筒形件变薄旋压的坯料为筒形件，t_0大则坯料短，机械加工方便。要以旋压力不过大，中间热处理道次不多为宜。

2. 坯料的质量要求

(1)表面要求

管坯的内外表面应光滑，不得有裂纹，擦伤、起皮等缺陷存在。

(2)组织要求

管坯的显微组织不得过烧。低倍组织不得有成层、缩尾、气泡、气孔等。

(3)形状要求

厚壁坯料起旋处形状应与旋轮工作部分形状相吻合。坯料带厚底时，起旋处宜越过底部，参见图9-9。

9.3.2 旋压工艺参数的控制

旋压的主要工艺参数有壁厚减薄率 ψ_t %，芯模转速 n，旋轮进给比f，芯模与

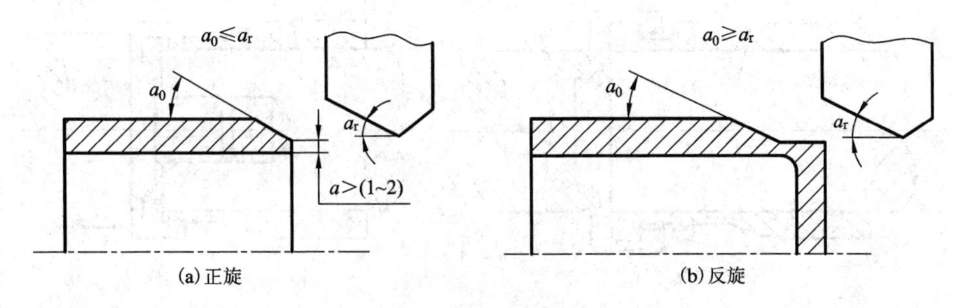

图9－9　起旋示意图

旋轮的间隙δ，还有旋压温度、旋压道次、旋轮运动轨迹、旋轮结构参数等。工件壁厚减薄率要小于被旋材料的极限减薄率。当工件累计减薄率超过材料的极限减薄率时，要考虑中间退火或采用热旋工艺。筒形件变薄旋压工艺参数要求如下。

1. 起始和终旋点位置确定

在首道次旋压时，终旋点位置应距坯料尾端$1.5\sim6t_0$以上，随后道次则宜距前一道次终点1～3 mm以上。带厚法兰时，在法兰与旋压段之间要设卸荷段；运动段不小于3～8 mm，非运动段不小于2～3 mm，参见图9－10。

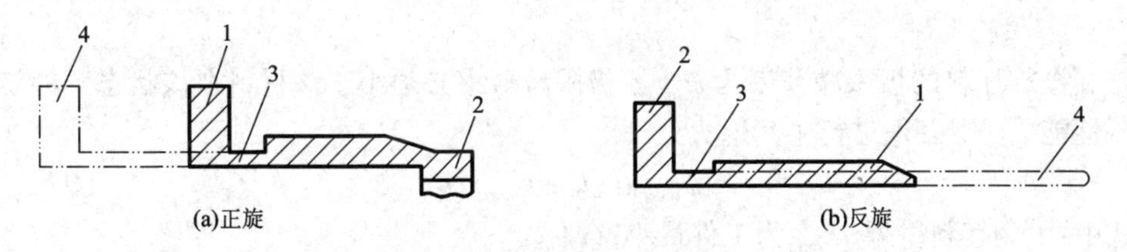

图9－10　终旋卸荷段

1—运动端；2—非运动端；3—卸荷槽；4—工件；

正旋压适用范围较宽，旋压力较小，直径精度优于反旋压。反旋压的芯模及行程较短，其应用限于不带底的工件。对于不带底的筒形件也可以采用正旋压，但需增加适当工装，详见图9－11。

2. 变形材料的极限减薄率

极限减薄率主要决定于该材料的塑性变形能力、材料所处的状态、变形温度和变形条件。常用的旋压铝合金有纯铝、耐热铝、防锈铝、硬铝、超硬铝及锻铝等十余种。纯铝强度低，塑性变形性能好，加工硬化是其唯一的强化途径。大直径无缝高纯铝筒是采用离心铸坯，热开坯旋压及冷旋压成形，用于化工行业耐蚀效果良好。几种常用的旋压铝合金不同状态与不同温度的旋压性能见表9－1所示。

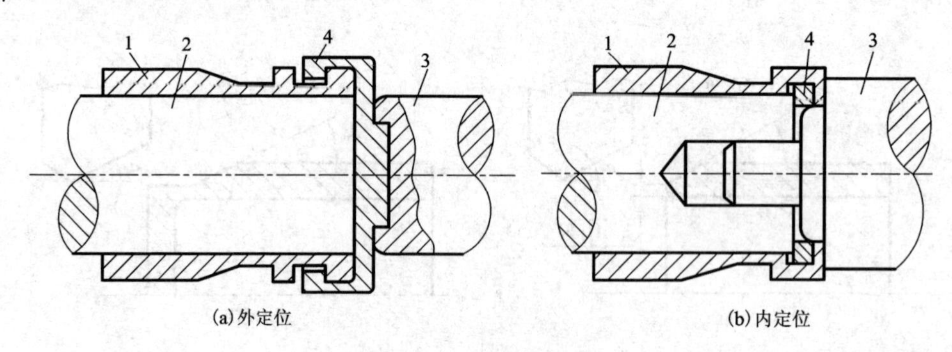

图9-11 不带底正旋压

1—坯料；2—芯模；3—尾顶；4—定位环

表9-1 几种铝合金不同状态与不同温度的旋压性能

材料	坯料状态	累计减薄率%	工 艺	材料	坯料状态	累计减薄率%	工 艺
5A06	挤压管坯	60	冷旋管材	3A21	挤压管坯	80	冷旋管材
5A06	环轧坯	75	热开坯温旋	2A12	挤压管坯	40	冷旋管材
5A02	挤压管坯	70	冷旋管材	6A02	挤压管坯	80	冷旋管材
5A02	离心铸坯	85	热开坯温旋	7A04	挤压管坯	60	温旋管材

被旋坯料的极限减薄率为$\psi_{t\max}$，极限减薄率必须小于该材料在该状态下的旋压性能，否则必须进行中间退火处理。

$$\psi_{t\max} = (t_0 - t_{f\min})/t_0 \tag{9-2}$$

式中：t_0为坯料壁厚；$t_{f\min}$为工件最小壁厚。

3. 减薄率与道次

减薄率反映工件的变形程度，道次减薄率ψ_{tn}为，

$$\psi_{tn} = (t_n - t_{n+1})/t_n \times 100\% \tag{9-3}$$

式中：t_n为第n道次变形前的壁厚；t_{n+1}为第n道次变形后的壁厚。

变薄旋压道次减薄率对工件内径的胀缩量及精度有影响。在总减薄率确定后，根据工艺条件和工件尺寸精度要求，分成若干道次来进行变薄旋压。道次减薄率过大会造成工件塑流失稳堆积，表面易出现起皮。道次减薄过小会引起工件厚度变形不均，工件内表面变形不充分而出现裂纹。旋压道次减薄率以工件壁厚变形均匀为参考，还应考虑减薄量与旋轮压下台阶的关系，即减薄量≤旋轮压下台阶H。

在总减薄率较大时需多道次旋压成形。坯料为铸态组织，而旋压总减薄率很大时，工件需要中间退火。选择两次退火间的旋压减薄率与旋压道次减薄率时应考虑工件的组织和性能状态。当坯料为铸坯，开坯旋压消除铸态组织的累计减薄

率不宜过大，应以逐渐细化晶粒，多次退火改善组织性能为宜。在多道次旋压的中间热处理过程中，旋压减薄率和旋压道次要根据工件的性能要求来确定。几种铝合金筒形件热旋减薄率与道次可参考表9-2选取。

表9-2 几种铝合金筒形件热旋减薄率与道次

合金	规格/mm	坯厚/mm	压下量/mm	变薄率/%	道次
5A06	$\phi534\times20\times2000$	80	8~12	15~30	6
1A85	$\phi806\times16\times3000$	76	10~17	20~35	5
6063	$\phi237\times10\times1100$	38	5~10	15~30	6
5A02	$\phi406\times8\times3000$	58	3~18	20~35	6

4. 进给率与转速

进给率又称进给比，是芯模每转一圈，旋轮沿工件母线的进给量。

变薄旋压时，进给率对工件直径的胀缩和工件质量均有影响。适量大进给率有助于缩径。小进给率易扩径，表面质量较好。过大的进给率易造成旋轮前材料的堆积，出现起皮。

筒形件变薄旋压的进给率在0.5~4.0 mm/r的范围选取，常用取0.5~2.0 mm/r。在多道次变薄旋压厚管坯时，开始旋压受设备能力限制，进给率不能太大。由此造成工件有一定的扩径量，随后的道次进给率加快可以缩径旋压，改善扩径的不良影响。

在有中间热处理的旋压过程中，热处理后的进给率是控制工件直径，获取高精度旋压件的关键参数。成品旋压前的道次，采用大的进给率，使工件贴模。在成品旋压时，道次进给率较小，使工件略为扩径，有助于脱模和提高表面质量。

转速与进给率相关，转速高则进给率下降，转速低则进给率上升。转速过高易引起机床振动，变形热量增加，需加强冷却。转速过低，为保持一定的进给率，需用低进给速度配合，有时旋压轴向速度易出现爬行现象。

转速与周向旋压线速度相关，通常周向线速度取50~100 m/min，较硬的材料取较小值，较软的材料取较大值。铝合金筒体旋压进给比与转速关系参考见表9-3所示。

表9-3 铝合金筒体旋压进给比与转速

合金	旋轮结构参数	转速 /($n\cdot min^{-1}$)	进给比 /($mm\cdot r^{-1}$)	线速度 /($m\cdot min^{-1}$)
1A85 热旋	$\alpha=20°R=10$ mm	18~22	5~7	57
5A02 热旋	$\alpha=25°R=50$ mm	30	1~2	40
3A21 冷旋	$\alpha=20°R=6$ mm	800	0.5	100

第10章 其他加工方法

除以上几章中介绍的加工成形方法以外，其他加工方法很多，本章只简单介绍比较常见，且与加工有色金属材料较密切的几种加工方法。

10.1 连续挤压

10.1.1 连续挤压的基本原理及特点

1. 连续挤压的基本原理

实现连续挤压，必须满足以下两个基本条件：能对坯料连续的施加足够大的力，以实现挤压变形；被挤压的坯料能无限连续提供，并连续进入挤压的工作区。

为了能对坯料连续施加足够大的力，常用的方法是采用带矩形断面沟槽的运动槽块，如图10－1(a)所示，利用坯料在槽内接触表面上产生的摩擦力来带动坯料向前运动而实现挤压。

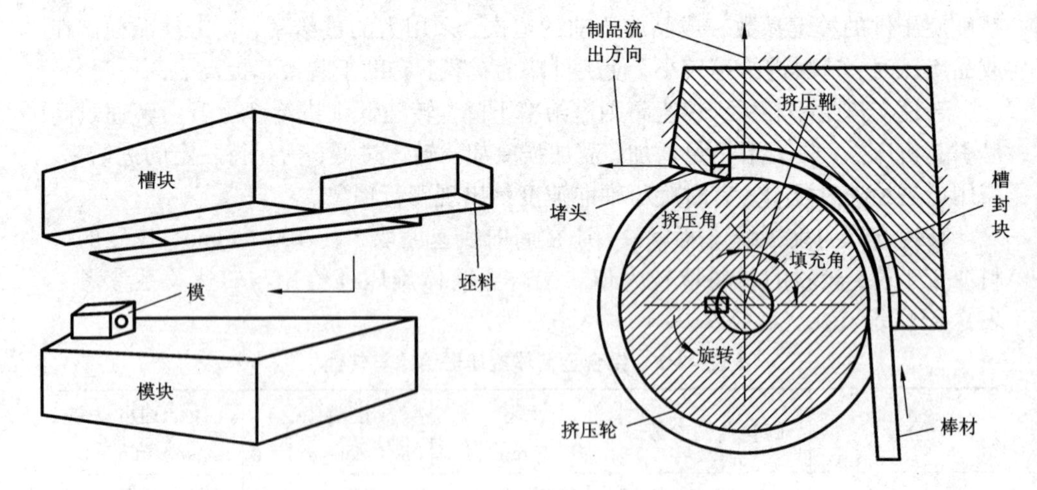

图10－1 Conform连续挤压原理图

为了满足坯料能无限连续提供，其方法之一就是采用槽轮来代替槽块，如

图 10 - 1(b)所示。随着挤压轮的旋转，即可获得“无限”长度的挤压筒，坯料靠不断旋转的挤压轮凹槽带入变形区，通过安装在挤压靴上的模具，实现连续挤压，制品的断面形状由模孔来保证。

Conform 连续挤压的工作区是由挤压轮、挤压模、挤压靴 3 部分组成。挤压时，由挤压轮、挤压模、挤压靴构成为 1/5 ~1/4 圆周长的半封闭圆环形空间(该长度可根据需要进行调整)，以实现常规挤压法中挤压筒的功能。

2. 连续挤压的主要特点

1)连续挤压与常规挤压相比具有以下特点

(1)能耗低。Conform 连续挤压过程中，由于摩擦和变形热的共同作用，可使铝材在挤压前无需加热，直接喂入冷料，而使变形区的温度达到铝材的挤压温度，从而挤压出热态制品。大大降低电耗。估计，比常规挤压可节省约 3/4 的热电费用。

(2)材料利用率高。Conform 连续挤压生产过程中，除了坯料的表面清洗处理、挤压过程的工艺泄漏量，以及工模具更换时的残料外。由于无挤压压余，切头尾量很少，因而材料利用率很高。Conform 连续挤压薄壁软铝合金盘管材时，材料利用率高达 96% 以上。

(3)制品长度大。只要连续地向挤压轮槽内喂料，便可连续不断地挤压出长度在理论上不受限制的产品，可生产长度达数千米乃至万米的薄壁软铝合金盘管材、电磁扁线、铝导线和铝包钢线等。

(4)组织性能均匀。坯料在变形区内的温度与压力等工艺参数均能保持稳定，很类似于一种等温或梯温挤压工艺，正由于连续挤压变形区温度与压力等工艺参数的稳定，使得所挤压的制品组织性能均匀一致。

(5)坯料适应性强。Conform 连续挤压既可以用连铸连轧或连续铸造的铝及铝合金盘圆杆料作坯料，也可以使用金属颗粒或粉末作为坯料直接挤压成材；同时，还可以将各种连续铸造技术与 Conform 连续挤压有机地结合成一体形成 Castex 连铸连挤，直接使用金属熔体作坯料挤压成制品。

(6)生产灵活、效率高。

(7)设备轻巧、占地小、投资少、基础建设费用低、生产环境好且易于实现全过程的自动控制。

2)Conform 连续挤压与常规挤压相比不足之处在于：

(1)对坯料预处理(除氧化皮、清洗、干燥等)的要求高。坯料的表面清洁程度，直接影响到挤压制品的质量，严重时甚至会产生夹杂、气孔、针眼、裂纹、沿焊缝破裂等缺陷。

(2)由于坯料的断面尺寸，挤压制品的断面尺寸受到限制。尽管采用扩展模挤压等方法，Conform 连续挤压法也可生产断面尺寸较大、形状较为复杂的实心或空心型材，但生产大断面型材时 Conform 连续挤压单台设备产量远低于常规正挤压法。

(3)由于难以获得大的挤压比，生产的空心制品在焊缝质量、耐高压性能等方面不如常规正挤压-拉拔法生产的制品好。

(4)挤压轮凹槽表面、槽封块、堵头等始终处于高温高摩擦状态，因而对工模具材料的耐磨耐热性能要求高。

(5)工模具更换比常规挤压困难。

(6)对设备液压系统、控制系统的要求高。

10.1.2 连续挤压的工艺流程及设备

1.连续挤压的工艺流程

以铝材连续挤压为例，一般生产工艺流程为：坯料表面预处理—放料—矫直—在线清洗—连续挤压—制品冷却—张力导线—卷取—检验—包装入库。

2.连续挤压设备

普通 Conform 连续挤压机的设备结构型式主要有立式(挤压轮轴铅直配置)和卧式(挤压轮轴水平配置)两种，其中以卧式占大多数。根据挤压轮上凹槽的数目和挤压轮的数目，挤压机的类型又可分为单轮单槽、单轮双槽、双轮单槽等几种。由于喂料与杆坯预处理等方面的原因，双轮挤压机多采用立式结构。2000 年以前世界上从事 Conform 连续挤压设备生产的厂家主要有英国的霍尔顿机械设备公司、巴布科克线材设备公司和日本的住友重工业公司，其中英国的两家公司所生产的连续挤压设备占世界现有设备的。目前，我国也能生产 Conform 连续挤压机，而且发展迅速，我国制造的连续挤压机已经广泛应用到铝及铝合金、铜及铜合金加工成形中。

3.铝材连续挤压生产线

Conform 铝材连续挤压生产线布置如图 10-2 所示，通常由以下几部分组成：

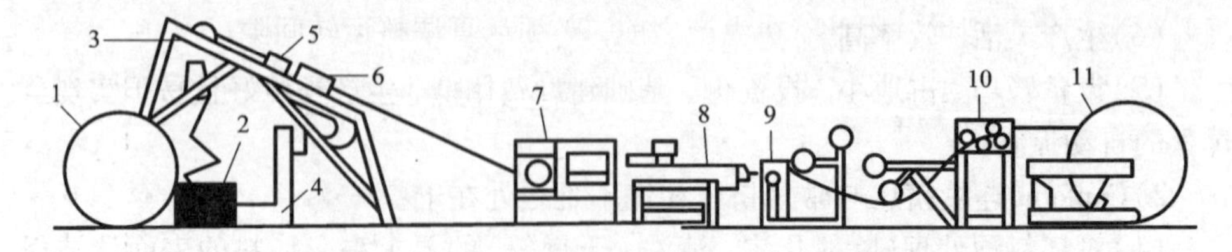

图 10-2 Conform 铝材连续挤压生产线示意图

1—开卷机；2—坯料；3—坯料固定卷盘；4—控制系统；5—矫直机；6—坯料表面处理机组；7—连续挤压机；8—制品冷却系统；9—张力导线；10—检验台；11—卷取机

(1)坯料预处理机组：包括放料、矫直和在线清洗。

(2)Conform连续挤压机主机。

(3)制品后处理机组：包括制品冷却、张力导线和卷取机。

10.1.3 连续挤压加工成形的关键技术控制

1.铝及铝合金盘圆杆料的质量要求控制

Conform连续挤压时，坯料在挤压型腔内受到剧烈的剪切作用，金属流动较紊乱，且挤压模进料孔前的死区很小，很难获得常规正挤压死区阻碍坯料表皮流入制品之中的效果。因此，采用连续杆状坯料(盘杆)挤压时，为了防止坯料表面的油污、氧化皮膜流入制品之中，一般需要对坯料进行预处理。有以铝及铝合金为例，对铝及铝合金盘圆杆料的处理要求是：

(1)要求杆料在生产或储运中表面所沾油污极少。

(2)杆料在生产过程中的高温焦化残迹少，润滑石墨残迹少。

(3)内部夹杂和含气体量低。

(4)表面无严重的宏观裂纹、飞边、轧制花纹、折迭等缺陷。

2.杆料表面处理要求的控制

(1)进入连续挤压变形区的杆料表面干净、干燥，以防止挤压制品出现气泡、气孔和焊合不良等。

(2)连续挤压坯料常用采用的几种杆料表面处理方法有：碱洗、碱洗+钢丝刷、碱洗+超声波在线清洗、碱洗+钢丝刷+超声波在线清洗等4种方法。

3.运转间隙的调整控制

(1)运转间隙是挤压轮面与槽封块弧面之间的间隙，它是连续挤压生产中一个极为重要的工艺因素，直接影响到连续挤压过程的稳定、运行负荷、挤压轮速度、工模具的使用寿命及产品质量等。运转间隙过大，泄铝量大，挤压轮与槽封块之间的摩擦面增大，温升过高；运转间隙过小，当挤压轮、槽封块热膨胀后，容易导致挤压轮与槽封块之间的钢对钢的直接摩擦，损坏轮面、堵头和槽封块，甚至引起运行负荷剧增。因此，在生产之前，必须认真调整运转间隙。

(2)合理的运转间隙控制以挤压轮面与槽封块弧面之间不出现钢对钢的直接摩擦，泄铝量轻微(1%~5%)为原则。挤压过程中，运转间隙的大小是通过靴体底部和靴体背部的垫片厚度来调节，垫片厚度从0.1 mm到1 mm不等。

(3)运转间隙的控制范围为0.8~1.2 mm，第一进料板与挤压轮面的间隙比第三进料板与轮面的间隙大0.2 mm。

(4)一般情况下，材料的变形抗力越大、挤压制品的挤压比越大，其运转间隙应越小，所以在生产不同合金、不同规格的产品时，应及时调整运转间隙，参见表10-3。

表 10－1　铝材连续挤压过程稳定的主要参数

制品规格/mm	主机电流/A	最高挤压轮速/rpm	轮靴间隙调整/mm
$\phi 8 \times 1$	160～170	24	δ
$\phi 10 \times 1$	150～160	24	δ～0.10
D11.5×6.5×1	165～175	22	δ＋0.15
5×22×0.8－5 孔	175～185	20	δ＋0.20
5×44×0.8－15 孔	180～190	18	δ＋0.30

注：δ 为靴体与背门间调整垫的厚度，δ 以连续挤压 $\varphi 8 \times 1$ 纯铝管的轮靴间隙为基准。

(5)实际生产过程中，“后压紧开”启动后，若运行电流超高，工具发出刺耳的声响，或喂料后有泄铝现象，说明运转间隙或工模具装配不当，应立即停机检查，并根据进料板与轮面的接触情况减少或增加调整垫片厚度。

(6)调整运转间隙还应根据工模具，特别是挤压轮的使用时间长短来决定，轮子使用时间长，表面出现磨损，应适当增加调整垫片厚度。

4. 挤压温度－速度关系的控制

Conform 连续挤压过程中，工模具的预热和挤压温度是靠喂入金属与挤压轮之间的摩擦和金属塑性变形热的共同作用而提供的。合理控制连续挤压过程的挤压轮速，对于维持挤压温度的恒定、保证产品组织性能与表面质量、提高工模具使用寿命等，都是十分重要的工艺参数。

(1)升温挤压阶段

每次开始挤压时，都必须间断地向挤压轮槽内喂入短料，让挤压轮在低速(7～8 r/min)下运转升温，以保证工模具逐渐均匀地达到所需的挤压温度，尤其是挤压模腔的温度必须达到挤压温度。升温挤压阶段，挤压轮速不宜太高，否则虽然挤压轮槽温度很快达到挤压温度，但挤压模腔的温度并没有达到所要求的挤压温度，反而会使稳定挤压阶段难以建立。

(2)稳定挤压阶段

影响稳定挤压阶段挤压温度－速度关系的主要因素有：合金性质、制品品种规格、运转间隙、槽封块包角、挤压比和冷却系统冷却强度等。通常稳定挤压过程的主要工艺参数为：轮槽温度为 400～450℃；模口温度为 350～400℃；靴体温度应 <400℃；挤压轮转速应 <24 r/min；制品流出速度应 <70 m/min；运行电流应 <300 A；运行电压应 <400 V。

10.2　旋转锻造

旋转锻造简称旋锻，是模锻的一种特殊形式。它使用一付或多付(最多可达8个)对击的锤头来生产精密轴类件的锻造工艺。锻造时坯料旋转送进，在锤头的打击下达到减小直径，增大长度和成形的目的。

10.2.1　旋锻的特点及工作原理

旋锻兼有脉冲加载和多向锻打两个特点，打击频率很高，可达每分钟 180 ~ 1700 次，摩擦力小，金属变形均匀。由于采用多锤头锻打，使金属在三向压应力下变形，有利于金属塑性的提高。旋锻不仅适用与一般塑性较好的金属材料钢材，也适用于高强度低塑性材料，尤其是被广泛用于锻造塑性小的高温难熔粉末烧结材料和拉拔粘膜严重的钨、钼、钽、铌、锆、铪等稀有金属，以及铝管包覆铝镍粉末之类强度极低的喷涂材料。

旋锻机是旋转锻压机中的一种，它们是锻造与轧制相结合的锻压机械。在旋转锻压机上，变形过程是由局部变形逐渐扩展而完成的，所以变形抗力小、机器重量轻、工作平稳、无震动，易实现自动化生产。这里主要介绍心轴式旋转压力机，即旋锻机，它的基本结构见图 10 - 3 所示。

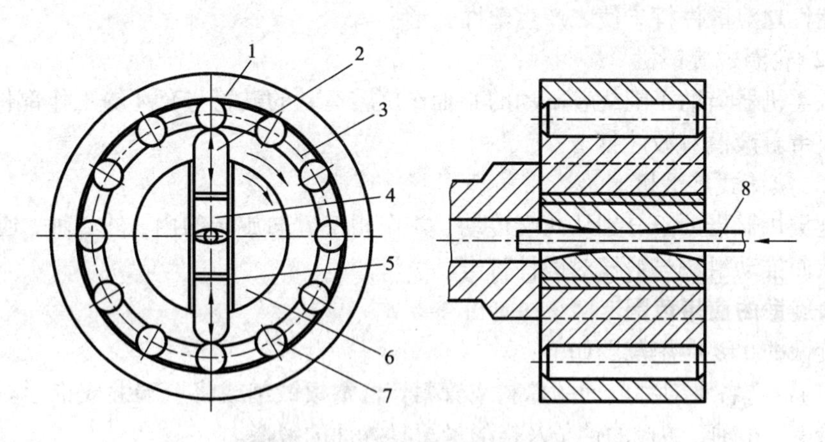

图 10 - 3　旋锻机的结构示意图

1—鼓轮；2—滑块；3—保持器；4—锻模；5—调节垫板；6—心轴；7—圆柱滚子；8—坯料

如图 10 - 3 所示，在固定不动的鼓轮 1 与心轴 6 之间，装配有用保持器 3 固定位置而成偶数的圆柱滚子 7。锻模 4 与调节垫板 5 都固定在滑块 2 上，将它们嵌入心轴端部的径向滑槽中，并可以随着心轴同时旋转。当心轴作旋转运动时，由于离心力的作用，使滑块与锻模沿着滑槽向外运动处于张开状态。当心轴带着滑块旋转到与滚子相接触的位置时，便迫使滑块带着锻模向中心运动，以打击坯料 8 使之产生压缩变形。在全工艺过程中，锻模对锻件的打击是连续不断的。

10.2.2 旋锻的基本分类及应用

1. 旋锻的基本分类

旋锻设备基本上可分为两种：锻模旋转式和锻模不旋转式。从坯料的温度又可将旋锻机分为热旋锻机和冷旋锻机两种。锻模旋转式的旋锻机，主要用于锻打直径 ϕ150 mm 以下的棒料和 ϕ320 mm 以下的管料。锻模不旋转式的旋锻机，由于锻模只在主轴槽中往复运动来锻压制件，因此，它不仅可以锻制对称断面的制品，而且还可以锻制不对称断面的制品。

径向精密锻造机也是一种锻模不旋转的旋锻机，锤头由曲拐连杆机构驱动，通过调整曲拐的偏心距离可以精确控制锻件的尺寸。在径向精锻机上可以锻造直径 400 mm 的实心轴和 600 mm 的空心轴，长度可达 6 m。采用径向精锻可以制造各种实心台阶轴、锥形轴、空心轴、带膛线的枪管和炮管、深孔螺母以及各种薄壁筒形件的缩口和缩径等。

按旋锻机工作机构的运动型式分为 3 类：

(1)心轴式旋锻机

该类机器的心轴作旋转运动，而在其端面滑槽中的滑块与锻模工作部件，则是周期性地对锻件打击使之产生塑性变形。

(2)轮圈式旋锻机

该类机器借助于围绕着不动的心轴作旋转运动的鼓轮与套环等工作部件，推动滑块带着锻模对锻件打击。

(3)滚筒式旋锻机

这类机器借助于分别从两端传动，并作相反方向旋转的内、外心轴，通过滚子等从而推动滑块与锻模对锻件打击。

2. 旋锻的应用范围

旋锻的主要应用范围如下：

(1)锻造各种对称断面的棒料或管料，将整根锻细或将一端锻成锥形。如自行车管架、车轴、纺机的锭子及锥形量刃具等件的锻造。

(2)利用靠模将各种对称断面棒料或管料的中间段锻细或锻成锥形。

(2)将管料一端锻成封闭或将其一端锻成瓶颈状，如氧气瓶的颈部成形。

(4)锻压管件的内螺纹。

(5)锻压断面为方形、四边形或断面不对称的制件。

(6)适用于在车床上不易加工的制件或者为了满足特殊需要而呈空心封闭形制件的锻造。

旋转锻造机能锻出最小直径为0.1~0.15 mm的锻件，直径在160 mm以下的管料或直径在1.5~50 mm棒料可采用冷态锻造。

10.3 层状金属复合材加工技术

层状金属复合材料可以充分发挥不同材料的优良特性，使产品充分满足多方面的使用要求。层状金属的复合方法有很多，最常见的是爆炸复合、液-固复合、热压复合(加热温度接近金属的熔化温度)、冷压复合等。

按复合介面的结合特点，复合方法一般可分为机械结合法与冶金结合法两大类。其中，机械接合法主要有：镶套(包括热装和冷压入)、液压胀形、冷拉拔等方法。而冶金接合法主要有：①爆炸复合；②热压复合；③轧制复合，包括热轧复合，冷轧复合+扩散热处理，固-液相轧制复合；④挤压复合；⑤粉末复合；⑥摩擦焊接；⑦复合铸造，包括包覆铸造、反向凝固、双流铸造、双结晶器铸造。除此之外，对于比较精密的小尺寸制品，也可以采用电镀(电沉积)、溅射、化学气相沉积等方法。

以下主要介绍几种复合的主要方法。

10.3.1 热压复合

生产高精度的层状复合材料板片，可以采用热压复合方法制造复合坯料。热压复合的特点是利用加热和加压的共同作用，使两种或多种材料在界面处发生扩散，使不同的材料牢固地结合在一起。热压在带有加热装置的热压机上进行，对于容易氧化的材料需要在真空下进行热压。热压的主要工艺参数是热压温度、单位面积压力和保温保压时间，其工艺流程如为：板坯准备—表面处理—热压—扩散热处理—后续的热轧和冷轧—消除应力处理。

利用热压复合方法制造高精度层状复合材料的技术关键是：

(1)表面处理技术和防氧化保护技术。复合材料的一个重要问题是界面的结合强度，为保证金属复合的质量，必须确保金属复合面的光洁和活化。通常采用机械处理和化学处理相结合来保证金属表面质量的要求。在表面处理后至复合前，采取在真空或保护气氛内进行保护。

(2)热压参数的确定。正确选择热压温度、压力和保压时间，以得到冶金结合良好的界面，而且不形成脆性的化合物。

(3)轧制工艺的确定。由于大多数产品在热压复合后需要进一步通过轧制来达到最终的尺寸，要合理地选择轧制中各道次的变形量和温度等，才能保证各层均匀变形，复合界面结合良好。

(4)确定最佳热处理工艺参数。根据各层金属不同特性来选择合理热处理工艺方案，促进界面金属的相互扩散，提高界面的结合力。

10.3.2 轧制复合

轧制复合法时，按照坯料有无加热，可分为热轧复合、温轧复合和冷轧复合3种。

热轧复合是双金属板在一定的温度下和巨大轧制压力的作用下，通过变形接合(焊合)成一体。为了提高界面的接合强度，通常需先将金属板的接合面仔细清洗干净，有时还可对接合面进行打磨，提高其粗糙度。将两层或多层金属板组装并定位(例如将各层金属板沿周边焊接，或用机械方法连接)制成复合板坯，然后对复合坯进行加热轧制，直至所需厚度。当界面较清洁时，可获得高性能的复合界面。

热轧复合法的缺点在于，当被复合的材料为铝、钛等活性金属时，易在界面生成脆性金属间化合物。由于坯料的长度受限制，轧制后切头剪边部分所占比例较大，成品率不高。冷轧、温轧复合与热轧复合相比，冷轧复合时界面接合较困难。但由于无加热所带来的界面氧化在界面生成化合物，可以不在真空或保护气氛下进行，同时金属组合的自由度大，而面广。

带材的冷轧复合是采取大变形使两种不同的金属复合在一起的方法，如采用大压下量的轧制连续复合铝－铝合金带材，这种方法要求轧机有足够大的压力，同时在轧制前要对复合表面进行处理，以保证表面清洁和无氧化物。通常，轧制前先将接合面的油脂、氧化物除去，然后将被复合的材料叠在一起进行轧制。为了获得较好的界面接合，轧制压下率通常需要在70%以上。有时，根据使用的要求，还可在复合界面添加有机联结材料。

由于冷轧复合的前处理与轧制均较容易实现连续作业，故可使用卷状坯料(板卷)，以提高生产率与成品率。但冷轧复合时的界面几乎没有扩散效果，要达到完全接合很困难。因此，往往在冷轧复合后施以扩散热处理，提高复合材料的界面接合强度。此外，对于冷轧接合较困难的材料，亦可在轧制复合前进行适当的加热，即采用温轧复合的办法。图10－4为板带材在轧前连续加热(低温)，轧后进行在线连续扩散热处理的轧制复合生产线示意图。

10.3.3 爆炸复合

有些金属在常温下不容易轧制复合，而采用高温轧制复合法又存在坯料前处理复杂，成品率低，或金属之间易发生反应而形成脆性化合物等缺点。采用爆炸成形法进行复合(焊合)，然后再采用常规轧制法(冷轧或热轧)，进行加工可以解决上述问题。

爆炸焊接的原理如图10－5所示。基板平放在沙土堆上，复层板通过软质支

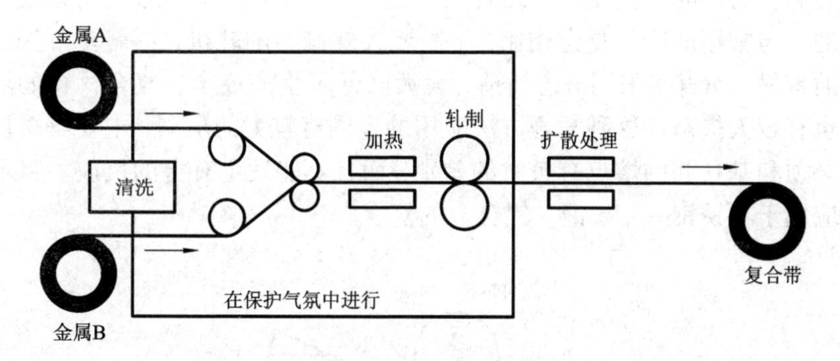

图 10－4　双金属板带材温轧制复合的示意图

撑呈一定角度(1°～3°)支撑在基板上方，复板与基板之间的间隔(利于形成冲击)大约与复板的厚度相等即可。炸药均匀堆放在复板上面，通过引爆在起爆端的雷管，利用爆炸的巨大冲击力以及爆炸位置的迅速和连续传播，在很短的时间(通常为零点几秒)内即可完成整个焊接复合过程。爆炸成形是一种高能高速成形，其瞬时接合压力可高达 10^4 MPa 以上，因而可使界面两侧的原子达到很近的距离，加上接合过程中伴随有塑性变形，有利于界面接合。虽然焊接过程中伴随有高温的产生，但由于复合在很短的时间内完成，能很好地抑制活性金属之间的化学反应。

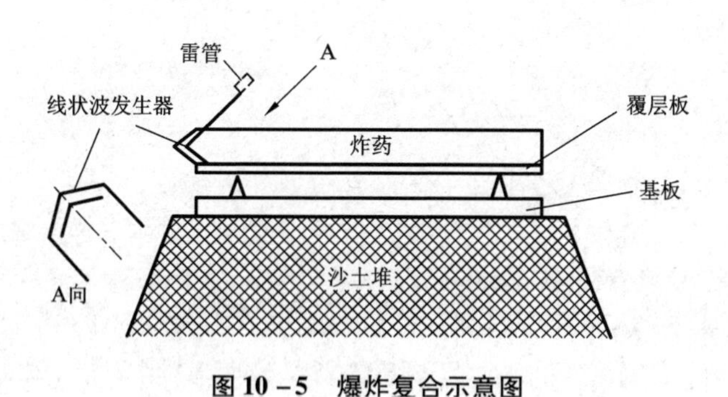

图 10－5　爆炸复合示意图

10.3.4　液－固相轧制复合

液－固相轧制复合法是最近研制开发的一种新复合技术，它将连续铸轧工艺和复合工艺结合在一起，可以连续进行复合制造双金属的长带，参见图 10－6。复合时熔点较高的基材(固相)经表面清理打磨后直接进入复合轧机，熔点较低的覆层材料(液相)熔化后浇在基材上和基材一同进入轧机。覆层材料在复合轧机中凝固并和基材同时发生变形而结合在一起。为了提高结合强度也可以使用特定的助焊剂。与常用的冷轧复合相比，不需要大轧制力的轧机，不需要事先制备覆层材料的带材，而直接采用液态铸造，大大降低了生产成本。复合材料的界面结合强度也有较大提高。这种复合方法应用的范围有较大的限制，主要是覆层材料的熔点必须和基材和的熔点有较大的差别，而且不能发生有害的反应。目前这种技术已应用于不锈钢－铝、钢－铝合金的复合。

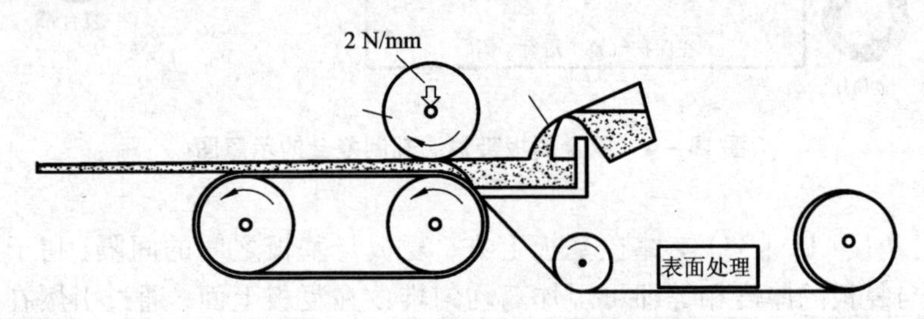

图 10－6　液－固相轧制复合法示意图

第二篇

有色金属材料的组织与性能控制

第 11 章　有色金属特点及其组织性能控制方法

11.1　有色金属特点

钢铁以外的大部分金属材料都是有色金属材料，或称为非铁金属材料。当前全世界金属材料的总产量约 16 亿吨，有色金属材料约占 5%，其中原铝 4340 万吨，精铜矿约 1600 万吨。2012 年我国 10 种主要有色金属（铜、铝、铅、锌、镍、锡、锑、镁、海绵钛、汞）的产量为 3691 万吨，约占我国金属材料总产量的 4.9%，详见表 11－1。

表 11－1　2012 年我国金属材料产量

金属名称	年产量/万吨	占金属材料总产量的比例/%
原铝	1988	2.6
铝材	3074	4.1
精炼铜	606	0.8
铜材	1168	1.6
铅	465	0.6
锌	485	0.6
10 种有色金属合计	3691	4.9
钢	71600	95.1
钢与 10 种有色金属合计	75291	100

在元素周期表中的金属元素，除了铁、锰、铬属于黑色金属以外，其余金属都属于有色金属，其中钾、钠、钙、锶、钡和放射性元素不由有色金属行业统计。有色金属按金属性能可分为有色轻金属、重金属、贵金属、稀有金属和半金属 5 类。

1)有色轻金属

即指密度小于4.5 g/cm³的有色金属，如铝、镁、钾、钠、钙、锶、钡等，这类金属的共同特点是密度小(0.53～4.5 g/cm³)，化学活性大，多用于制造轻合金及做金属热还原剂之用。轻金属主要采用熔盐电解法及金属还原法制取。

2)有色重金属

一般把相对密度在5以上的金属称为重金属。原子序数从23(V)至92(U)的天然金属元素有60种，其中有54种元素相对密度都大于5，因此从相对密度的意义上讲，这54种金属都是重金属。但是在进行工业上的分类时，除了铁、锰、铬等黑色金属外，还有一些划归为稀土金属、难熔金属等，在工业上真正划入重金属的为10种元素：铜、铅、锌、锡、镍、钴、锑、汞、镉和铋。这10种重金属广泛应用到国民经济的各行业，这类金属的冶炼方法各不相同，但基本可分为火法和湿法两种。

3)稀有金属

通常指那些在自然界中含量较小、分布稀散或难以从原料中提取以及研究和使用较晚的金属。根据它们的物理化学性质、原矿的共生关系、生产流程等特点，可划分为以下5个种类。

(1)稀有轻金属：它们的共同特点是密度小，如锂(0.53 g/cm³)、铍(1.85 g/cm³)、铷(1.55 g/cm³)、铯(1.87 g/cm³)。

(2)稀有高熔点金属：它们的共同特点是熔点高(均在1700℃以上)、硬度大和耐腐蚀，如钨、钼、钽、铌、锆、钒、铼等。

(3)稀散金属：它们的特点是在自然界中没有单独矿物和矿床存在，它们是以微量或少量存在于其他元素的矿物中，如镓、铟、铊、锗等。

(4)稀土金属：它们的特点是原子结构相同，其物理化学性质很相近，化学活性很强，几乎能与所有的元素都起作用。稀土金属在地壳中占0.0153%，丰度与锡、银、钴相近。稀土金属包括镧系元素以及与镧系元素性质很相近的共有17种金属，钪、钇、镧、铈、镨、钕、钐、铕、钆、镝、铥、钬、铽、镥、镱、铒、钷。

(5)稀有放射性金属：它们是原子能工业的主要材料，这些元素在矿石中往往是共生的，并常与稀土矿物伴生，如钋、镭、钍、锕、镤、铀以及人造超铀元素镅、锔、锫、锎、锿、镄、钔、锘、铹和放射性元素钫、镎、钚等。

4)贵金属

在地壳中含量极少，如金、银、铂、钯、铑、铱、锇、钌等。

5)半金属

其物理化学性能介于金属和非金属之间，如硅、硒、碲、硼。由于其生产与使用接近有色金属，所以通常将其划分为有色金属工业产品。

11.2　有色金属组织性能的特点

有色金属的种类很多，多数有色金属冶炼比较困难，生产成本较高，其产量和使用量远不如黑色金属多。但是一些有色金属具有某些特殊的物理和化学性能，是黑色金属所不具备、不可替代的，因而使其成为现代工业中一种不可缺少的重要金属材料，支撑着人类社会发展和文明进程，例如：

①铜和铝具有优良的导电性和导热性，广泛应用于电力、电子等行业；

②铝和镁具有材质轻、比强度高等特点，广泛应用于航空、汽车等制造业、3C 产品等；

③钛具有优良的强韧性、耐蚀性、生物相容性等独特的性能，应用于航天、航空、生物材料等高技术领域；

④铌、钒、钛等作为合金元素添加到钢中，能够大幅度提高钢材的性能。

将不同的有色金属按照确定的比例制备成合金，往往在某些方面会得到更加优异的性能，使得有色金属家族变得更加丰富多彩。对其组织性能的研究与控制，是当前金属材料发展的前沿和热点。本篇择其要者，对在国民经济建设和日常生活中应用最为广泛的铝及铝合金、铜及铜合金、钛及钛合金、镁及镁合金等进行介绍，目的是加深读者对这几种主要有色金属的了解，使其更好地为科学技术进步服务。

11.3　有色金属的组织性能控制方法

有色金属及其合金的性能通常是由其组织、结构与生产工艺控制所决定，各种类型的有色金属组织结构千差万别，铝及铝合金、铜及铜合金、镁及镁合金、钛及钛合金的组织特点差别很大，性能要求花样繁多，组织与性能的控制方法各不相同，将在后续章节加以详细介绍。这里仅对常用的几种典型方法加以一般性介绍。

11.3.1　有色金属的合金化

单质的有色金属强度和硬度一般都较低，难以作为工程结构材料使用。人们在长期的实践中发现，向纯金属中加入适量的某些特定的合金元素，然后再经冷变形加工或热处理，可以大幅度地提高合金的力学性能或者其他使用性能。这样的例子在有色金属中有很多，如：

在纯铜中加入锌、锡、银、铝等合金元素后，可获得各式各样的铜合金。在以锌为主要合金元素的黄铜(二元合金)基础上加入一种或几种合金元素构成复杂三元黄铜合金，包括铅黄铜、锰黄铜、铝黄铜、锡黄铜、铁黄铜、硅黄铜、镍黄铜等；在以镍为主要合金元素的白铜中加入第三元素锌、铝、铁、锰，则称为相应的锌白铜、铝白铜、铁白铜、锰白铜；在纯铜中加入除锌和镍以外的其他元素构成青铜，又有锡青铜、铝青铜、铁青铜、铍青铜、硅青铜、铬青铜、镉青铜、镁青铜、镉青铜等青铜家族。铜的合金化，是有色金属通过合金化方式获得所希望性能的典型例证。

在纯铝加入锰、硅、锌、镁、铜合金化以后，铝合金具有高的比强度、比刚度、断裂韧性和疲劳强度，同时还保持了纯铝良好的成形工艺性能和高的耐腐蚀稳定性，成为重要的工程结构材料，广泛应用于航空航天、坦克舰艇、机械、船舶、电子、电力、汽车、建筑等生产行业。

镁和铝的状况类似，在镁中加入铝、锌、锆、锰、硅、稀土元素等，可获得各类镁合金，构成一个庞杂的镁合金体系，使得纯镁的组织和性能得到改善，在各类应用场合中发挥出最佳的效能。

铝是钛合金中最主要的强化元素，几乎所有的钛合金中都含有铝，最多不超过8%，每增加1%的铝，抗拉强度约增加50MPa，此外，铝还能提高钛合金的热稳定性和弹性模量。

目前通过科研工作者的大量研究工作已经开发出很多性能与工艺非常成熟的有色金属合金，但是随着现代科学技术的飞速发展，对有色金属及其合金提出了更高的要求，迫切需要提供满足各种使用条件(高温、高压、高速、低温、强烈腐蚀等)和综合性能(力学性能、物理性能、耐蚀性能、工艺性能等)优异的材料，由此推动了有色金属新合金体系的研制和对原有成熟合金加以改性，进而达到改善有色金属合金性能的目的。

11.3.2 有色金属的热处理

热处理是改善有色金属及其合金工艺性能和使用性能的一种重要手段，通过热处理可以获得优良的组织和性能，更加充分地发挥出材料潜力。对有色金属及其合金最常用的热处理方法有退火、固溶处理(淬火)及时效等，形变热处理也得到了较多的应用。

退火主要用于变形加工产品和铸件，一般说来退火能够消除加工硬化，促进再结晶，控制材料中的织构和残余应力，改善塑性等工艺性能和强韧性等使用性能。

固溶处理(淬火)及时效是有色金属合金进行沉淀强化处理的常用手段。通过固溶处理，控制合金元素在机体金属中的分布状况，达到改善组织和性能的目的，以保证后道工序顺利进行和提高使用性能。

但是有色金属及其合金的热处理原理和特点与钢有很大差异，如对钢进行淬火后其强度和硬度会有明显的提高，但有色金属合金固溶处理后，塑性和抗蚀性一般都有明显提高，而强度的变化则不一样，大多数有所提高，也有的反而降低强度，只有通过随即进行的第二步时效才能使合金得到显著的强化，第一步固溶处理(淬火)只是把合金在高温的固溶体组织固定到室温，获得过饱和状态的固溶体。在后续的章节中将对典型有色金属及其合金的热处理工艺进行具体介绍。

11.3.3 表面处理

除了合金化和热处理以外，有时会对有色金属及其合金进行表面处理，以改善其表面性质和性能，包括外观、耐磨性、耐蚀性、耐热性等性能。

有色金属及其合金主要的表面处理方法有阳极氧化、着色、封孔、静电粉末喷涂、表面激光处理等。国内外普遍采用的电解着色法，把阳极氧化的铝材浸入到含有金属盐的溶液中，在电场的作用下使金属阳离子渗入到氧化膜的针孔内，并在针孔底部还原沉积，从而使氧化膜着色，可以生产青铜色、棕色、灰色等色调；国外开发的新型聚氟系列涂料经美国和日本使用证实，其性能比热固性丙烯树脂和尿脘树脂大有提高，上色性好，美观耐用。

第12章　铝与铝合金组织性能的特点及控制

12.1　铝及铝合金的基本性质

12.1.1　铝的物理性质

纯铝是一种银白色的金属，它以轻且具备一般金属所有特性而著称。铝能够和多种金属构成有用的合金，铝的物理性质如表12－1所示。铝具有良好的导热性和导电性，仅次于银，导热系数是铜的1.5倍，导电系数为铜的3/5。铝具有良好的延展性，可以拉成铝线，压成铝板和铝箔。

表12－1　纯铝的主要物理性能

性能	高纯铝(99.996%)	工业纯铝(99.5%)
晶格常数(20℃)/ $\times 10^{-10}$ m	4.0494	4.04
密度(20℃)/($kg \cdot m^{-3}$)	2.698	2.710
(700℃)/($kg \cdot m^{-3}$)	—	2.373
熔点/℃	660.24	658
沸点/℃	2060	2467
熔解热/($\times 10^5 J \cdot kg^{-1}$)	3.961	3.894
燃烧热/($\times 10^7 J \cdot kg^{-1}$)	3.094	3.108
凝固体积收缩率/%	—	6.6
比热容(100℃)/[$J \cdot (kg \cdot K)^{-1}$]	934.92	964.74
热导率(25℃)/[$W \cdot (m \cdot K)^{-1}$]	235.2	222.6(O状态)
线膨胀系数(20～100℃)/[$\mu m \cdot (m \cdot K)^{-1}$]	24.58	23.5
(100～300℃)/[$\mu m \cdot (m \cdot K)^{-1}$]	25.45	25.6
弹性模量/MPa	—	70000
切变模量/MPa	—	2625

续表 12-1

性能	高纯铝(99.996%)	工业纯铝(99.5%)
声音传播速度/($m \cdot s^{-1}$)	—	约4900
内摩擦/kHz	—	约10^{-3}
电导率/($S \cdot m^{-1}$)	64.94	59(O状态)
	—	57(H状态)
电阻率(20℃)/($\mu\Omega \cdot m$)	0.0267(O状态)	0.02922(O状态)
	—	0.0302(H状态)
电阻温度系数/($\mu\Omega \cdot m \cdot K^{-1}$)	0.1	0.1
体积磁化率/$\times 10^7$	6.27	6.26
磁导率/($\times 10^5 H \cdot m^{-1}$)	1.0	1.0
反射率($\lambda = 2500 \times 10^{-10}$)/%	—	87
($\lambda = 5000 \times 10^{-10}$)/%	—	90
($\lambda = 20000 \times 10^{-10}$)/%	—	97
折射率(白光)	—	0.78~1.48
吸收率(白光)	—	2.85~3.92
辐射能(25℃大气中)/($W \cdot m^{-2}$)	—	0.035~0.06
电化当量/[$g \cdot (A \cdot h)^{-1}$]	—	0.3356

12.1.2 铝的化学性质

铝位于元素周期表中第三周期、第三主族，具有面心立方点阵，无同素异构转变，原子序数13，原子量26.98。外层电子构型为$3s^23p^1$，原子半径0.143 nm，离子半径0.057 nm。铝的化学性质很活泼，化学反应中常常表现为+3价，有时也呈+1价。铝粉可在空气中燃烧，用于烟火制作。金属铝可以从熔融金属铁中夺取少量的溶解氧，使钢中的氧含量降低到合格。在水溶液中，发生化学反应生成拜耳石或一水软铝石。铝能与酸和碱反应，生成相应的铝盐和铝酸盐。但高纯铝不与下列试剂反应：硝酸、硫酸、有机酸等。有机或无机的胶体、碱金属络酸盐、高锰酸钾、过氧化氢等为铝的防腐剂。

按照元素对氯和氧的亲和力来分，铝属于亲氧元素，即氯化铝溶于水后在一定的pH值下就会水解出氢氧化铝。氢氧化铝具有酸碱两性，碱性略强于酸性。氧化物有多种变体，人们最熟悉的是$\alpha-Al_2O_3$和$\beta-Al_2O_3$。自然界中的刚玉为

$\alpha-Al_2O_3$，它不溶于水、酸或碱，抗腐蚀性和电绝缘性好。任何一种水合氧化铝加热至1273 K以上都可得到$\alpha-Al_2O_3$。$\beta-Al_2O_3$不溶于水，但溶于酸或碱，它有多种形体，有一种还具有离子传导能力，故可作为固体电解质。

铝虽然是化学活性很大的金属，但在自然条件下表面会生成一层致密的氧化膜，由于氧化膜的导电率非常低，因此能够阻止阴极反应，提高了铝的抗腐蚀能力。但大气温度、盐分及其他杂质种类的多少，对其影响较大。例如，腐蚀率在田园地区为0.0011 mm/年、海上为0.11 mm/年、工业地区为0.08 mm/年。在碳酸盐、铬酸盐、醋酸盐和硫化物等中性水溶液中，耐蚀性良好，但在氯化物浊水溶液中则变坏。在酸性水溶液中，随氢离子浓度的增加，腐蚀加快。在硫酸、稀硝酸和磷酸中，耐蚀性较差，尤其是在盐酸中，腐蚀更快。在浓硝酸(80%以上)中，由于形成致密而牢固的氧化膜，几乎不受腐蚀。在醋酸等有机酸中，一般有良好的耐蚀性。在碱性水溶液中，由于氧化膜的破坏而受到腐蚀，但在特殊情况下，如在pH值高的硅酸钠溶液中或氨水(pH 13)中，却有较好的耐蚀性。

铝的电极电位较低，在介质中，当与比它活泼的其他金属相接触时，铝会作为阳极而被腐蚀。但这种接触腐蚀与介质的导电率、阴阳极面积比以及极化作用有关。如铝与铜、镍、铅等接触时，若在导电率低的纯水中，几乎是安全的，但在导电率高的酸或盐的水溶液中则会急速腐蚀。

铝本身没有毒性，它与大多数食品接触时溶出量很微小，即使所有的食物都在铝制的容器中烹煮，每人每天也只摄入12 mg铝，人体摄入少量时对健康无妨害，摄入过多的铝会导致衰老等病变。

12.1.3 铝及铝合金的分类

1. 纯铝的分类

纯铝按其纯度分为高纯铝、工业高纯铝和工业纯铝3类。纯铝的牌号是以“铝”字汉语拼音字首“L”和其后面的编号组成。高纯铝的纯度为99.93%～99.996%，用顺序号前面加“0”表示，分为L01～L05五个等级，编号前面的数字“0”表示是高纯铝，后面的数字越小，纯度越低。高纯铝主要应用于科学试验、化学工业和其他特殊要求；工业高纯铝的纯度99.85%～99.9%，采用L0及L00表示，随“0”个数增多，纯度降低，主要用于制造铝箔、包铝及铝合金原料；工业纯铝的纯度为98.0%～99.0%，分为L1～L7 7种牌号，数字越大、纯度越低，导电性、耐蚀性和塑性也愈低。主要用于配制铝基合金和制造导线、电缆和电容器等。表12－2中列出各种纯铝产品的牌号及杂质含量。

表 12－2　纯铝的牌号及杂质含量，ω(%)

牌号	Al(≥)	Fe(≤)	Si(≤)	Fe＋Si(≤)	Cu(≤)	杂质总量(≤)
L05	99.999 9	—	—	—	—	0.001
L04	99.996	0.0015	0.0015	—	0.001 0	0.004
L03	99.990	0.0030	0.0025	—	0.005	0.010
L02	99.970	0.015	0.015	—	0.005	0.030
L01	99.930	0.040	0.040	—	0.010	0.070
L0	99.90	0.060	0.060	0.095	0.005	0.100
L00	99.85	0.100	0.080	0.142	0.008	0.150
L1	99.70	0.16	0.16	0.26	0.010	0.30
L2	99.60	0.25	0.20	0.36	0.010	0.40
L3	99.50	0.30	0.30	0.45	0.015	0.50
L4	99.30	0.30	0.35	0.60	0.050	0.70
L5	99.00	0.50	0.50	0.90	0.020	1.00
L6	98.80	0.50	0.55	1.00	0.10	1.20
L7	98.00	1.10	1.00	1.80	0.05	2.00

2.铝合金的分类

纯铝比较软，富有延展性，易于塑性变形，但是其强度和硬度都很低，难以满足工程结构材料的使用性能要求。人们在生产实践中发现，若向铝中加入硅、铜、镁、锰、锌、锂等合金元素而形成铝合金，则具有较高的强度，使之适宜制造各种机械零件，再经过冷变形加工或热处理，还可以进一步提高强度。这些铝合金仍具有密度小、较高的比强度(即抗拉强度与密度的比值)及良好的导热性等性能。

根据铝合金的成分和生产工艺特点，将铝合金分为变形铝合金和铸造铝合金。变形铝合金和铸造铝合金又可分为可热处理型铝合金和非热处理型铝合金两大类。图 12－1 示出了铝合金的分类图。铝与主要添加合金元素形成的二元相图绝大多数在富铝的一侧为有限固溶体，一般具有图 12－2 所示的形式，在此图上可以直观划分变形铝合金和铸造铝合金的成分范围。状态图上最大饱和溶解度成分 *D* 点是这两类合金的理论分界线。溶质成分低于 *D* 点的合金，在加热到固溶线 *DF* 以上时，可以得到均匀的单相固溶体，其塑性变形能力较大，宜于进行锻造、轧制和挤压等压力加工，故称为变形铝合金。溶质成分高于 *D* 点的合金，由

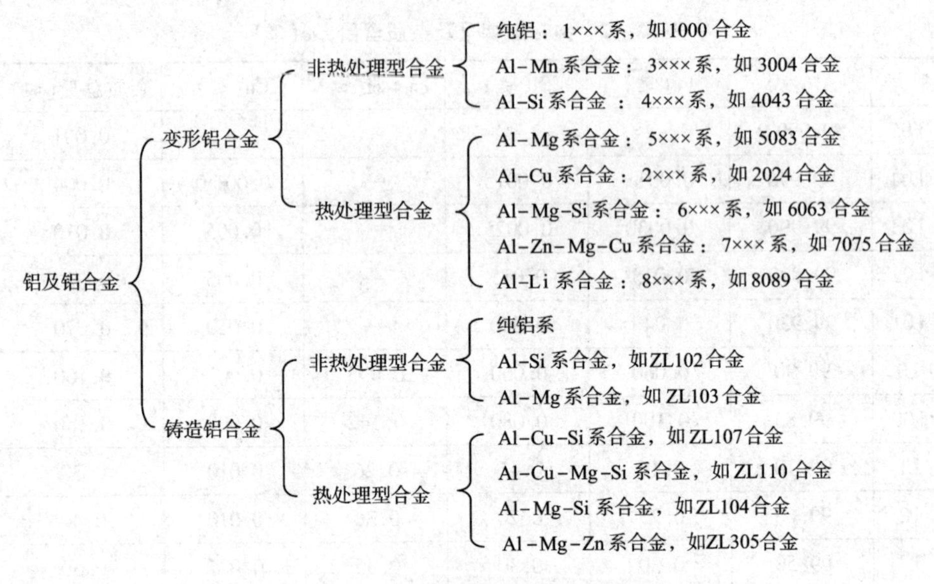

图12－1　铝及铝合金的分类图

于有共晶组织的存在，其熔点低，因而流动性较好，有良好的铸造性能，且高温时强度也较高，可防止热裂现象，宜于进行铸造，故称为铸造铝合金。上述区分并非绝对，有些铝合金，特别是耐热铝合金，尽管溶质成分超过了最大溶解度 *D* 点，但仍可进行压力加工，故仍属变形铝合金。相反，溶质成分位于 *FD* 之间的有些合金，也可用于铸造成形，因此，*D* 点只是个理论上的分界线，不可绝对化。

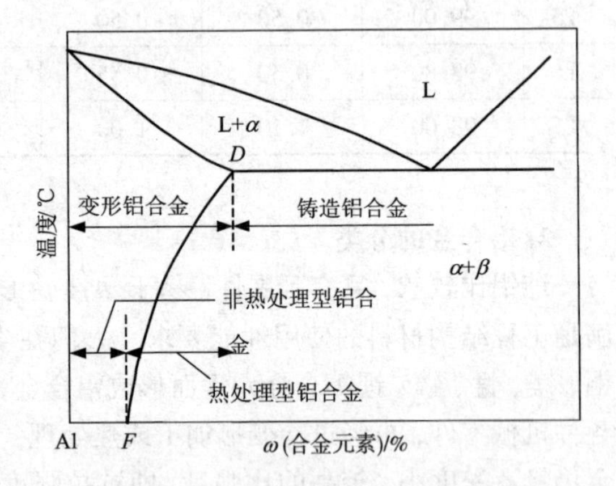

图12－2　以铝为基二元合金相图

3. 变形铝合金的分类

变形铝合金的分类方法很多，目前大部分国家通常按照以下 3 种方法进行分类。

(1)按合金状态图和热处理特点分为：热处理强化型铝合金和非热处理强化型铝合金两类。这两类铝合金的理论分界线是室温下饱和固溶体的极限溶解度，凡溶质成分位于 F 点以左的合金，在固态铝中的溶解度极微(室温下不超过0.03%)。纯铝中含有微量的铁，组织中就会出现硬而脆的化合物 $FeAl_3$，为粗针叶状晶体，使铝的强度和塑性显著降低。硅在铝中以硅晶体存在，呈针状或块状，降低铝的力学性能。铝合金固溶体成分不随温度而变化，故不能借助于时效处理来强化，称为非热处理型铝合金。而溶质成分位于F点以右的合金，其固溶体成分随温度发生变化，可用淬火(固溶化处理)及随后的时效处理强化合金，故称为热处理型铝合金。热处理型铝合金如：纯铝、Al－Mn、Al－Mg、Al－Si系合金。非热处理型合金如：Al－Mg－Si、Al－Cu、Al－Zn－Mg系合金。

(2)按合金性能和用途分为：工业纯铝、光辉铝合金、切削铝合金、耐热铝合金、低强度铝合金、中强度铝合金、高强度铝合金(硬铝)、超高强度铝合金(超硬铝)及铸造铝合金及特殊铝合金等。

(3)按合金中所含主要元素成分分为：工业纯铝(1×××系)，Al－Cu合金(2×××系)，Al－Mn合金(3×××系)，Al－Si合金(4×××系)，Al－Mg合金(5×××系)，Al－Mg－Si合金(6×××系)，Al－Zn－Mg－Cu合金(7×××系)，Al－Li合金(8×××系)及备用合金组(9×××系)。

这3种分类方法各有特点，有时相互交叉，相互补充。在工业生产中，大多数国家按第3种方法，即按合金中所含主要元素成分的4位数码法分类。这种分类方法能较本质的反映合金的基本性能，也便于编码、记忆和计算机管理。我国目前也采用4位数码法分类。

变形铝合金牌号按照GB/T 16474—1996规定，采用2×××至8×××系列表示。牌号第一位数字组别，按铜、锰、硅、镁、锌、其他元素的顺序来确定合金组别；牌号第二位的字母表示原始合金的改型情况，如果牌号第二位的字母是A，则表示为原始合金，如果是B～Y的其他字母，则表示为原始合金的改型合金；牌号的最后两位数字没有特殊意义，仅用来区分同一组中不同的铝合金，例如2A01(旧牌号LY1)表示以铜为主要合金元素的铝合金。

4. 铸造铝合金的分类

铸造铝合金具有与变形铝合金相同的合金体系及相同的强化机理(除应变硬化外)，同样可分为热处理强化型和非热处理强化型两大类。铸造铝合金与变形铝合金的主要差别在于：铸造铝合金中合金化元素硅的最大含量超过多数变形铝合金中的硅含量。铸造铝合金除含有强化元素之外，还必须含有足够量的共晶型元素(通常是硅)，以使合金有相当的流动性，易于填允铸造时铸件的收缩缝。

目前，铸造铝合金在国际上无统一标准。各国(公司)都有自己的合金命名及术语，美国铝业协会的分类法如下：

1××：控制非合金化的成分；

2××：含铜且铜作为主要合金化元素的铸造铝合金；

3××：含镁或(和)铜的铝硅合合；

4××：二元铝硅合金；

5×××：含镁且镁作为主要合金化元素的铸造铝合金，通常还含有铜、镁、铬、锰等元素；

6×××：目前尚未使用；

7×××：含锌且锌作为主要合金化元素的铸造铝合金；

8×××：含锡且锡作为主要合金化元素的铸造铝合金；

9×××：目前尚未使用。

尽管世界各国已开发出了大量供铸造的铝合金，但目前基本的合金只有以下6类：

①Al－Cu 合金；②Al－Cu－Si 合金；③Al－Si 合金；④Al－Mg 合金；⑤Al－Zn－Mg 合金；⑥Al－Sn 合金。

目前应用的铸造铝合金按照加入主要合金元素不同有 Al－Cu、Al－Si、Al－Mg、Al－Re、Al－Zn 五大系列。按照国标 GB/T 8733—2000 规定，铸造铝合金的牌号用“铸铝”二字汉语拼音字首“ZL”后跟三位数字表示，第一位数字代表合金系列，1～5 依次代表 Al－Si、Al－Cu、Al－Mg、Al－Zn、Al－Re 合金系列，另外两位数字为合金顺序号。例如，ZL102 表示 02 号铝－硅系铸造铝合金。常用铸造铝合金的牌号与化学成分见表 12－3。

表 12－3　常用铸造铝合金的牌号及化学成分

序号	合金牌号	主要合金元素含量，ω/%
1	ZL101	Mg 0.2～0.4、Si 6.0～8.0
2	ZL102	Si 10.0～13.0
3	ZL103	Mg 0.35～0.6、Si 4.5～5.5、Mn 0.6～0.9、Cu 1.5～3.0
4	ZL104	Mg 0.17～0.3、Si 8.0～10.5、Mn 0.2～0.5
5	ZL105	Mg 0.35～0.6、Si 4.5～5.5、Cu 1.0～1.5
6	ZL201	Mn 0.6～1.0、Cu 4.5～5.3、
7	ZL202	Mn 0.6～1.0、Cu 4.8～5.3、Ti 0.15～0.35
8	ZL203	Cu4.0～5.0
9	ZL301	Mg9.5～12.5
10	ZL302	Mg10.5～13.0、Si 0.8～1.2、Be 0.03～0.07、Ti 0.05～0.15
11	ZL303	Mg4.5～5.5、Si 0.8～1.3、Mn 0.1～0.4
12	ZL401	Mg 0.15～0.25、Si 1.0～2.0、Mn 0.9～1.2、Cu 3.0～3.4、Re 4.4～5.0、Ni 0.2～0.3、Zr 0.15～0.25
13	ZL501	Zn 7.0～12.0、Mg 0.1～0.3、Si 6.0～8.0

12.2 铝及铝合金组织特点

12.2.1 铝合金的强化

固态铝无同素异构转变，因此不能像钢一样借助于热处理相变强化。合金元素加入铝合金中对铝的强化作用主要表现为固溶强化、沉淀强化、过剩相强化和细晶强化。

1.固溶强化

将合金元素加入到纯铝中后，形成铝基固溶体，导致晶格发生畸变，增加了位错运动的阻力，由此提高铝的强度。合金元素的固溶强化能力同其本身的性质及固溶度有关。表12-4给出了一些合金元素在铝中的极限溶解度和室温溶解度的数据。其中，Zn、Ag、Mg的溶解度较大，超过10%；其次Cu、Li、Mn、Si等，溶解度大于1%；其余各元素在铝中的溶解度则不超过1%。上述各种合金元素加入到纯铝中一般形成有限固溶体，如Al-Cu、Al-Mg、Al-Si、Al-Mn、Al-Li二元合金均为有限固溶体。通常，对同一元素而言，在铝中的固溶度高，获得的固溶强化效果较高。但实际应用中，也并非固溶度愈大愈好，这是由于在一些铝的简单二元合金中，如Al-Zn、Al-Ag合金系，组元间常常具有相似的物理化学性质和原子尺寸，固溶体晶格畸变程度低，导致固溶强化效果不高。因此，铝的强化不能单纯依靠合金元素的固溶强化作用。

表12-4 部分合金元素在铝中的溶解度

合金元素	极限溶解度/%	室温溶解度/%	合金元素	极限溶解度/%	室温溶解度/%
Zn	82.2	< 4.0	Mn	1.8	< 0.3
Ag	55.5	< 0.7	Si	1.65	< 0.17
Mg	17.4	< 1.9	Li	4.2	< 0.85
Cu	5.6	< 0.1	Ca	0.6	< 0.3

2.沉淀强化

单纯的固溶强化效果是有限的，因此铝合金要想获得较高的强度，还得配合其他强化手段，沉淀强化便是其中的主要方法。这种通过热处理实现的强化方式也称时效强化。利用合金元素在铝中具有较大的固溶度，且固溶度随温度降低而急剧减小的特点，将铝合金加热到某一温度后急冷(通称淬火)，得到过饱和固溶体，再将这种过饱和铝基固溶体放置在室温或加热到某一温度，基体中可沉淀出弥散强化相，使合金的强度和硬度随时间的延长而增高，但塑性和韧性降低，人们通常将这个过程称为时效。

时效过程中，铝合金强度和硬度增加的沉淀强化效果与许多因素有关，其中最重要的是强化相的结构和特性，因此要求合金元素在铝中不仅应有较高的极限溶解度和明显的温度关系，而且在沉淀过程中还能形成均匀、弥散的共格或半共格过渡强化相，这类强化相在基体中可造成较强烈的应变场，增加对位错运动的阻力。

Cu，Mg，Zn，Si，Li 等主要添加元素在铝中均有较高的极限溶解度，并随温度的下降而急剧减小，但除铜外，就它们与铝的二元合金而言，沉淀相的强化作用不够明显。这是由于它们与铝形成的沉淀强化相或因共格界面错配度低而使相应的应变场减弱，或因预沉淀阶段短，很快与基体丧失共格关系而形成非共格的平衡相，难以充分满足上述沉淀强化条件。因此，为充分发挥沉淀强化的效能，通常在二元铝合金中加入第三或第四合金组元，构成复杂合金系，如 Al－Cu－Mg，Al－Mg－Si，Al－Zn－Mg，Al－Li－Cu，Al－Cu－Mg－Zn，Al－Cu－Mg－Si，Al－Li－Cu－Mg 等，以形成新的沉淀强化相。

3. 过剩强化相

当铝中加入的合金元素含量超过其极限溶解度时，合金在淬火加热时便有一部分不能溶入固溶体而以第二相出现，称为过剩相。这些过剩相多为硬而脆的金属间化合物，它们在铝合金中起阻碍错位滑移和运动的作用，使合金的强度和硬度提高，而塑性和韧性降低。铝合金中的过剩相在一定限度内，数量越多，其强化效果越好，但当过剩相超过该限度时，合金由于过脆反而导致其强度急剧降低。

过剩相强化是二元铝硅合金的主要强化手段，其过剩相为硅晶体。在该合金中随着硅含量的增加，硅晶体的数量增多，合金的强度及硬度相应提高。当合金中硅含量超过共晶成分时，由于过剩相数量的过多以及多角形的板块初晶的出现，导致合金的强度和塑性急剧下降，因此二元铝硅合金中的含硅量一般不宜超过其共晶成分太多。

4. 细晶强化

在铝合金中添加微量合金元素细化组织是提高铝合金力学性能的另一种手段，细化组织可以是细化铝合金固溶体基体（包括细化晶粒、亚结构及增加位错密度），也可以是细化过剩相。对于不能沉淀强化或沉淀效果不大的铝合金，常采用加入微量合金元素（称为变质剂）进行变质处理而细化组织的方法来提高合金的强度和塑性。例如在铝硅合金中加入微量钠、钠盐或锑作变质剂来细化组织，可使合金的塑性和强度显著提高。对于可沉淀强化的一些铝合金，加入微量 Ti，Zr，Be 或稀土等合金元素后，可形成难熔化合物，在合金结晶时作为非自发晶核，细化基体晶粒，从而提高合金的强度和塑性。同时这些微量元素在合金沉淀强化处理过程中，还能溶入基体强烈提高铝合金的再结晶温度，并可呈弥散第二相析出，有效阻止再结晶过程及晶粒的长大。此外，还可采用快速冷却的方法，增加合金的过冷度，以达到细化晶粒的目的。

除加入合金元素使铝产生强化作用外，铝及铝合金还可借助于在铝基体中生成或加入细小弥散强化质点，及冷变形(或称冷作硬化)的方法进行强化；也可将变形强化与热处理强化方法相结合，进行所谓的形变热处理。这种方法能提高强度，又可增加塑性和韧性，非常适合于沉淀强化相的析出强烈依赖于位错等晶体缺陷的铝合金。

12.2.2　铝合金的铸态组织

在工业生产条件下，合金凝固时的冷却速度为 0.1 ~ 100℃/s，凝固后的铸态组织通常偏离平衡状态。下面以二元共晶系合金为例进行分析。

简单二元共晶系相图及非平衡固相线见图 12 - 3。设有 x_1 成分的合金，在平衡结晶时，α 固溶体成分沿 bd 线变化，并在 d 点结晶完毕，整个组织为成分均匀的固溶体。若在非平衡条件下凝固，则首先结晶的固相与随后析出的固相成分就来不及扩散均匀。在整个结晶过程中，α 固溶体平均成分将沿 bc 线变化，达共晶温度的 c 点后，余下的液相则以 $\alpha+\beta$ 共晶的方式最后结晶。因此，在工业生产非平衡结晶条件下，x_1 合金的组织有枝晶状的 α 固溶体及非平衡共晶组成。合金元素 B 的浓度在枝晶网胞心部(最早结晶的枝晶干)最低，并逐渐向枝晶网胞界面的方向增加，在非平衡共晶中达到最大值[见图 12 - 3(b)]。通常，非平衡共晶中的 α 相依附在 α 初晶上，β 相则以网状分布在枝晶网胞周围，在显微组织中观察不到典型的共晶形态。

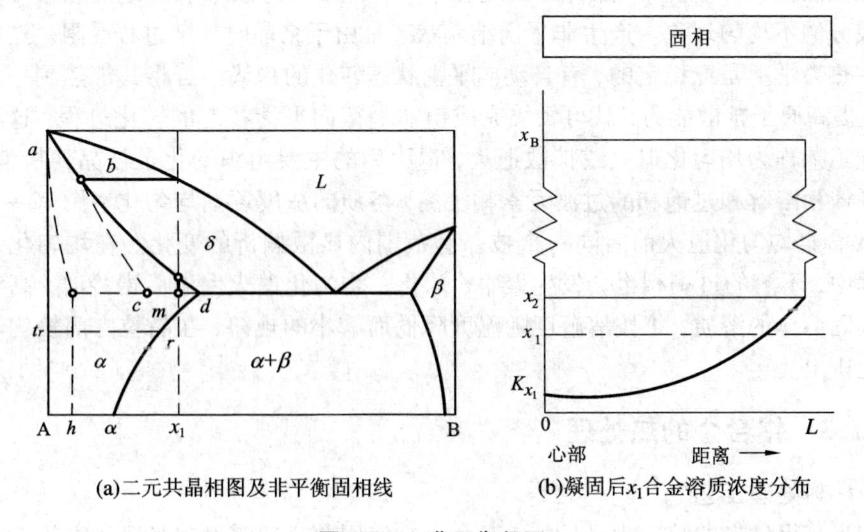

(a)二元共晶相图及非平衡固相线　　(b)凝固后 x_1 合金溶质浓度分布

图 12 - 3　非平衡凝固

变形铝合金一般都有两个以上溶质组元，结晶时的情况较为复杂，但非平衡结晶的规律与二元合金系的一致。由图12－4和图12－5可见，2A12合金半连续铸锭的显微组织中，基体固溶体呈树枝状，在枝晶网胞间及晶界上除不溶的少量金属间化合物外，还出现很多非平衡共晶体。铝合金枝晶组织不那么典型，如果用阳极氧化覆膜并在偏振光下观察，就可以看出每个晶粒的范围及晶粒内的枝晶网胞结构。

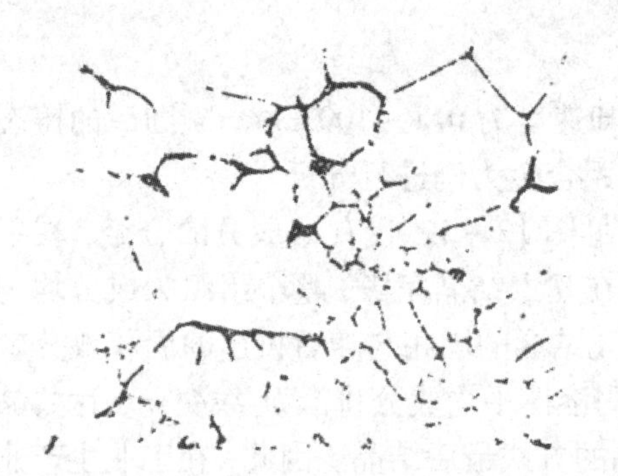

图12－4　2A12合金半连续铸锭的显微组织　（210×）

图12－5　2A12合金半连续铸锭组织电解、抛光、阳极覆膜、偏振光下拍照　（100×）

由于枝晶网胞间及晶界上非平衡共晶（非平衡过剩相）网络较脆，塑性较低，加工性能差，故对热、冷压力加工过程不利。所以，应该采取措施消除铸锭组织及成分的不均匀现象。产生非平衡结晶状态是由于结晶时扩散过程受阻。这种状态在热力学上是亚稳定的，有自动向平衡状态转化的趋势。若将其加热到一定温度，提高原子扩散能力，就可较快完成由非平衡向平衡状态的转化过程，这种热处理工艺称为均匀化退火或扩散退火，退火后的主要组织变化是枝晶偏析消除、非平衡相溶解和过饱和的过渡元素相沉淀，溶质的浓度逐渐均匀化。图12－6为7075合金均匀化退火前后同一个枝晶胞范围内显微偏析的变化。在均匀化退火过程中，不溶的过剩相也会发生聚集、球化。均匀化退火保温后慢冷时，高温下溶入固溶体的溶质，将按溶解度随温度降低而减小的规律，在晶粒内部较均匀的沉淀析出。

12.2.3　铝合金的热处理

1. 热处理工艺

为获得优良的综合力学性能，铝合金在使用前一般需经热处理，主要工艺方法有退火、淬火和时效。退火主要用于变形加工产品和铸件，淬火和时效是铝合

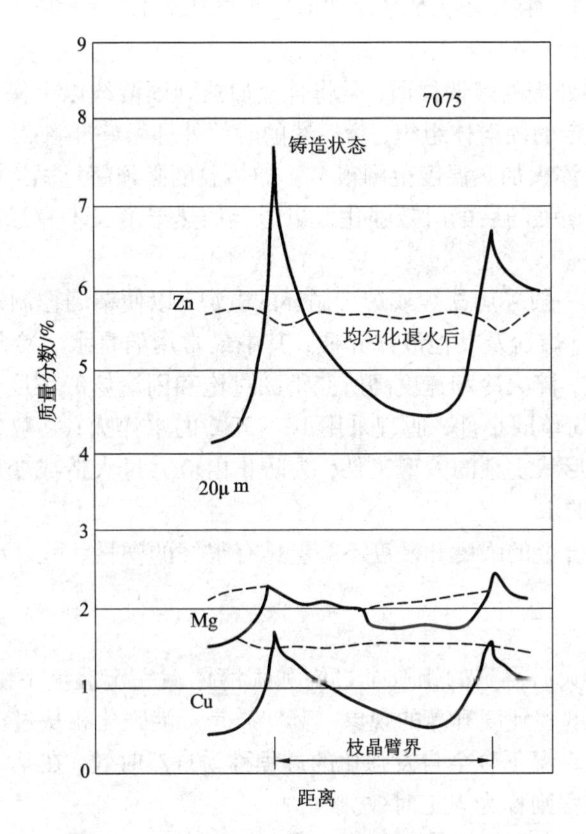

图 12－6　均匀化退火对铸锭显微偏析的影响

金进行沉淀强化处理的具体手段。

1)铝合金的退火

根据目的不同，铝合金的退火规范分为再结晶退火、低温退火和均匀化退火。

(1)再结晶退火。也称完全退火，适用于所有变形铝合金，即将经过变形的工件加热到再结晶温度以上，保温一段时间后空冷，其目的在于消除加工硬化，改善合金的塑性，以便继续进行成形加工，如冷轧板的中间退火。

(2)低温退火。又称不完全退火，即在再结晶温度以下保温后空冷，目的是为了消除内应力，适当增加塑性，以利于随后进行小变形量的成形加工，同时保留一定的加工硬化效果，这是不可热处理强化铝合金通常采用的热处理方法。低温退火温度一般在 180～300℃。

(3)均匀化退火。即扩散退火，是为消除铝合金铸锭或铸件的成分偏析及内应力，提高塑性，降低加工及使用过程中变形开裂的倾向而进行的处理，通常在高温长时间保温后炉冷或空冷。对于要进行时效强化处理的铸件，均匀化退火可与固溶处理合并进行，原因在于淬火加热时即可达到均匀成分和消除应力的目的。

2)淬火

铝合金固溶处理的习惯称谓，是将合金加热到固溶线以上保温后快冷，以得到过饱和、不稳定的固溶体组织，为后续的时效处理做好准备。

一般铝合金淬火加热温度范围很窄。加热温度必须超过固溶线，以获得溶质的最大溶解度，增强随后的时效强化效果。但加热温度又不宜过高，否则会引起过热或过烧。

淬火加热时一般采用盐炉或炉气循环的电炉，以便精确控制炉温。通常的冷却介质为水、油、熔盐及其他液体介质，其中最常用的是水。冷却速度的选择则依据工件的形状，淬火冷却速度高所获得的过饱和固溶体的浓度也高，但内应力大，因此，形状简单的小件，适宜采用 10 ~ 30℃ 的水淬火；一般复杂件，水温为 40 ~ 50℃ 合适；形状复杂的大型工件，为防止内应力过大造成变形及开裂，需要采用 80 ~ 100℃ 的水。

淬火后，铝合金的强度和硬度不高，具有很好的塑性，可以承受一定的压力加工。

3)时效

时效系指淬火后得到的铝合金过饱和固溶体在一定温度下随时间增长而分解，导致合金强度和硬度升高的现象。其实质是沉淀强化相从过饱和固溶体中的析出和长大。在室温下合金自发强化的过程称为自然时效，在某一人工加热温度下进行的时效过程则称为人工时效。

时效过程中，合金的性能随组织的发展而变化。最大时效强化效果对应于过饱和固溶体分解出共格或半共格亚稳平衡过渡相(如 Al－Cu 合金中得 GPⅡ亦称 θ''相，以及 θ'相)的阶段，这些亚稳相的数量越多，弥散度越大，所获得的强化效果就越大。对于充分进行的铝合金时效过程，通常可分为欠时效、峰时效和过时效 3 个阶段，如图 12－7 的硬化曲线所示。峰时效对应于合金获得增强效果最大的阶段，合金的强度和硬度最高，时效组织中的强化相多为亚稳平衡相；在欠时效阶段合金的强度不发生变化或变化很小，为沉淀相过饱和溶质原子偏聚或亚稳相孕育析出时期；过时效阶段合金则发生了明显软化现象，这是由于亚稳相转变为平衡相，与基体脱离共格关系，引起应力场显著下降的结果。通常可将铝合金的上述时效沉淀序列表示为：

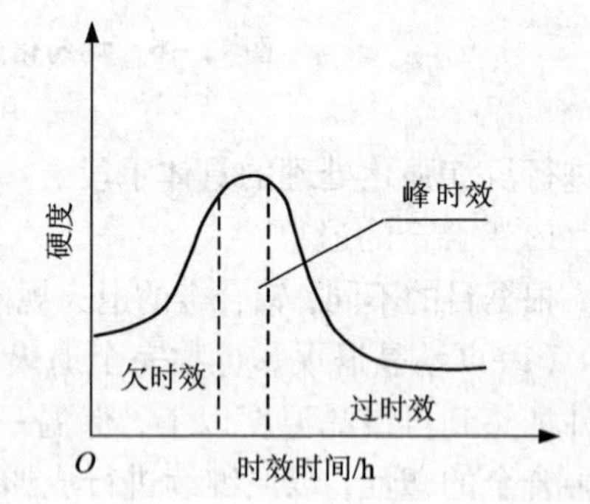

图 12－7　铝合金典型的时效硬化曲线

过饱和固溶体—过饱和原子富聚区—过渡沉淀相(亚稳平衡相)—平衡沉淀相。

除时效时间外，铝合金的时效强化效果还受到时效温度、淬火温度、淬火冷却速度和淬火转移时间以及合金中空位、位错等晶体缺陷的影响。一般来说，时效温度越高，原子的活动能力越强，沉淀相脱溶的速度越快，达到峰时效所需的时间越短，峰值硬度较低温时效的低。淬火温度越高、淬火冷却速度越快、淬火中间转移时间越短，所得到固溶体的过饱和度越大，时效后的强化效果越明显。而合金中的空位和位错密度越大，合金的沉淀速度越快。

2)铝合金的热处理特点

铝合金的热处理强化虽然工艺操作与钢的淬火工艺操作基本上相似，但强化机理与钢有着本质的不同。一般钢经淬火后，硬度和强度立即升高，塑性下降。铝合金则不同，尽管铝合金在淬火加热时，也是由 α 固溶体加第二相转变为单相的 α 固溶体，淬火时得到单相的过饱和 α 固溶体，但它不发生同素异构转变，此期间，由于铝合金中硬而脆的第二相消失，合金塑性有所提高。过饱和的 α 固溶体虽有强化作用，但是单相的固溶强化作用是有限的，所以铝合金固溶处理后强度、硬度提高并不明显，而塑性却有明显提高。铝合金经固溶处理获得的过饱和固溶体。在随后的室温放置或低温加热保温时，第二相从过饱和固溶体中析出，引起强度、硬度以及物理和化学性能的显著变化，这一过程即为时效。因此，铝合金的热处理强化实际上包括了固溶处理与时效处理两部分。

12.2.4 铝合金中的析出物及其形态

1.铝基固溶体

合金元素与铝均形成有限固溶体，主要合金元素在铝中的极限溶解度和室温溶解度见表12－4。其中如锰、镁、锌等二元系均不产生沉淀强化相，主要溶于铝基固溶体，起固溶强化作用。

根据Al－Mg二元相图(见图12－8)，在共晶温度449℃，镁在铝中极限溶解度 ω(Mg)为17.4%；随温度下降，溶解度迅速减小；室温下溶解度小于1.9%。由于 Mg_5Al_8 相析出缓慢，即使在退火态，也易得到过

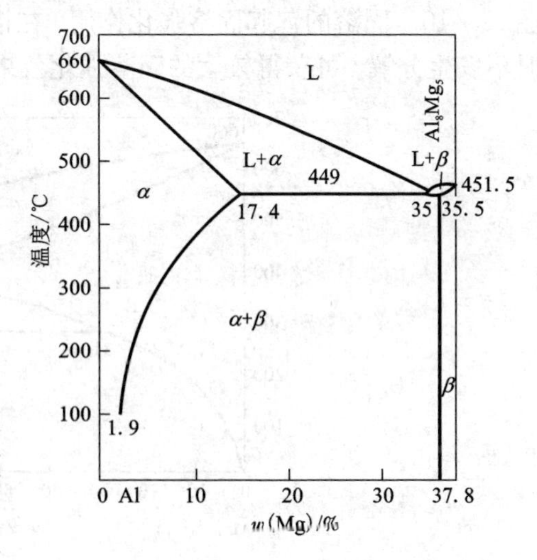

图12－8 铝镁二元相图铝端

饱和固溶体，一般在 ω(Mg) < 6% 均可得到单相 α 固溶体。随着 α 固溶体中 ω(Mg)从 2% 增高至 6%，合金的强度得到提高，而伸长率下降不大。

根据 Al - Mn 二元相图(见图 12 - 9)，在共晶温度 658.5℃，锰在铝中的极限固溶度 ω(Mn)为 1.82%，室温下溶解度约 0.2%。金属间化合物 $MnAl_6$ 不具有沉淀强化效果，弥散的 $MnAl_6$ 可阻止晶粒长大。锰固溶于铝中可提高合金再结晶温度，有一定的固溶强化作用，当 ω(Mn)在 1.0 ~ 1.6% 范围，有较高的强度和良好的塑性。

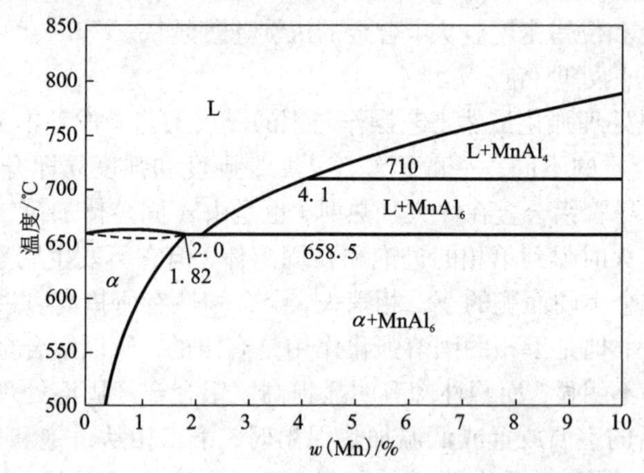

图 12 - 9　铝锰二元相图铝端

在 Al - Zn 二元合金中，不形成金属间化合物。锌在铝中有很大的溶解度，见图 12 - 10。固溶的锌起固溶强化作用，在铝合金中 ω(Zn)可达 13%，在铸造冷却时不发生分解，可获得较大的固溶强化效果，能显著提高合金的强度。

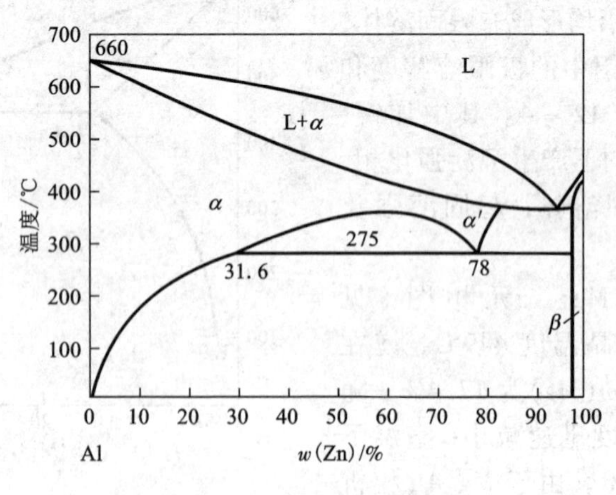

图 12 - 10　铝锌二元相图

2. 铝合金中的沉淀强化相

铝合金中的沉淀强化相应满足以下基本条件：①沉淀强化相是硬度高的质点；②沉淀相在铝基固溶体中高温下有较大的溶解度，随温度降低，其溶解度急剧减小，能析出较大体积分数的沉淀相；③在时效过程中，沉淀相具有一系列介稳相，并且是弥散分布，与基体形成共格，在周围基体中产生较大的共格应变区。

(1) $\theta-CuAl_2$ 相

Al－Cu 相图见图 12－11。铜在 548℃ 共晶温度有极限溶解度 $\omega(Cu)=5.7\%$，而低于 200℃ 的溶解度小于 0.5%，这就产生了沉淀硬化的条件。

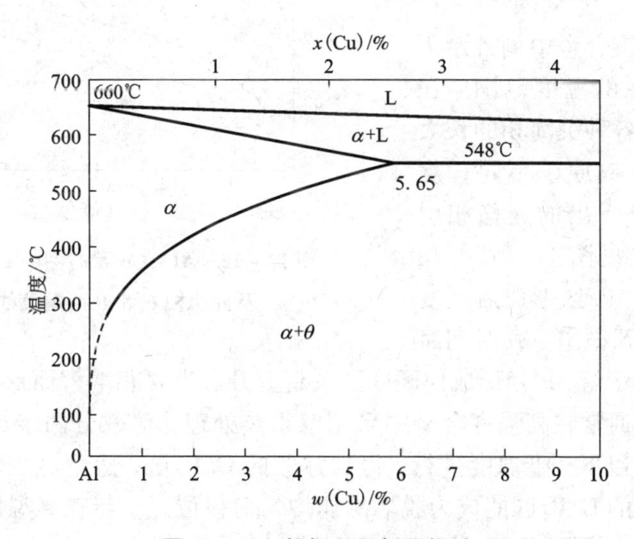

图 12－11 铝铜二元相图铝端

在铝铜过饱和固溶体脱溶分解的过程中，产生一系列介稳相。在自然时效过程中，首先在基体中产生铜原子的富集区(G. P. 区)，其点阵类型未变，仅因铜原子尺寸小而使 G. P. 区点阵产生弹性收缩，与周围基体形成很大共格应变区。G. P. 区呈盘状，只有几个原子层厚，其直径在 25℃ 下约 5 nm，超过 200℃ 就不再出现 G. P. 区。合金在较高温度下时效，G. P. 区尺寸急剧长大，G. P. 区的铜原子进行有序化，形成 θ'' 相。θ'' 相与基体仍然保持完全共格，其点阵常数 $a=0.404$ nm，$c=0.768$ nm，在 c 轴上较铝的 $2c_{Al}=0.808$ nm 略小，产生 4% 的错配度，在基体中产生弹性应变区。随 θ'' 相长大而应变区变得很大，以致由一颗 θ'' 粒子过渡到邻近的 θ'' 粒子，使应变区在整个基体中连成一片。这种畸变区使合金特别是屈服强度显著提高。继续时效，θ'' 相将转变成 θ' 相。θ' 相属于正方点阵，$a=b=0.404$ nm，$c=0.580$ nm，成分接近 $CuAl_2$。θ' 相(001)面与基体(001)面形成共格，而(100)面和基体(010)面为非共格。θ' 相厚度为 10～15 nm，直径 10～600

nm。由于弹性应变区小，合金的强度和硬度下降，合金此时处于过时效阶段。继续时效，θ'相过渡到 θ 相($CuAl_2$)，θ 相与基体完全失去共格关系。铝铜系 θ、θ'、θ''及 G. P. 区溶解度曲线见图 12 - 12。G. P. 区和介稳相 θ''相的溶解度较大，而稳定相 θ 相的溶解度较小。从图 12 - 12 中可知，在铝铜合金中铜含量不同时各相存在的温度范围。在时效过程中，各种沉淀相的长大都引起基体中铜原子不同程度的贫化。同时析出的介稳相引起硬度的变化见图 12 - 13。在 130℃时效，G. P. 区形成后硬度上升，然后达到稳定。长时间时效后，G. P. 区溶解，θ''相形成使硬度又重新上升。当 θ''相溶解而形成 θ'相时，硬度开始下降。通常在高强度合金中采用双重热处理。时效分两步进行；首先 G. P. 区溶解度线以下较低温度进行，得到弥散的 G. P. 区；然后再在较高温度下时效。这些弥散的 G. P. 区能成为脱溶的非均匀形核位置。与较高温度下一次时效相比，两次时效可得到更弥散的时效相的分布。

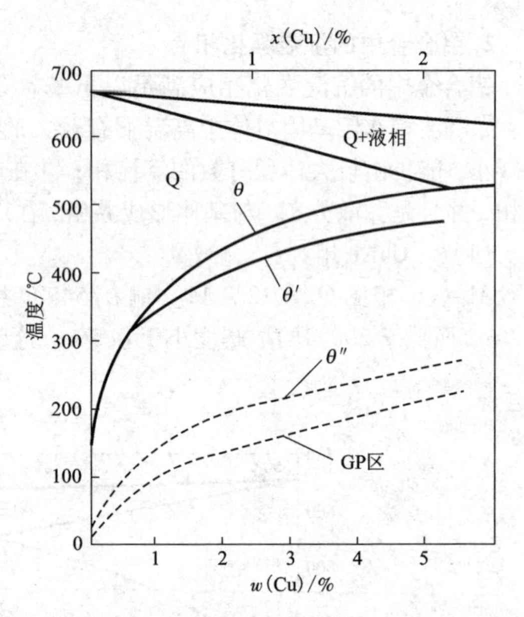

图 12 - 12　Al - Cu 状态图中 G. P. 区及介稳相 θ''和 θ'溶解度线

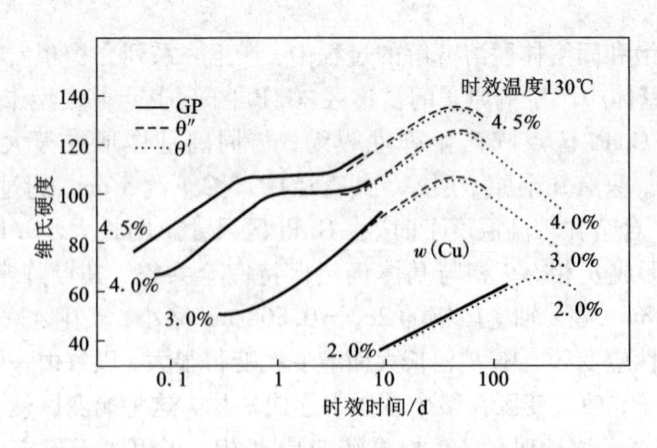

图 12 - 13　在 130℃时效时铝铜合金的硬度与时间的关系

(2)S相(Al_2CuMg)

铝铜镁合金中，当$\omega(Cu)/\omega(Mg)\geqslant 2$时，出现S相(Al2CuMg)。在$\omega(Cu)/\omega(Mg)=2.61$时，全部为S－Al2CuMg相。铝铜镁合金在固溶处理后时效时，在较低温度下铜和镁原子在(210)面上偏聚，形成G.P.区。继续时效，由无序结构转变为有序的S''相，它沿[100]方向长大成为棒状，并与基体保持完全共格。进一步时效，S''相转变为S'相，S'相为斜方晶系，$a=0.405$ nm，$b=0.906$ nm，$c=0.720$ nm。S'相仍与基体保持完全共格，一直长大到大于10 nm仍维持完全共格。S'相继续长大，即与基体失去共格关系而转变成稳定的S相。

(3)$\eta-MgZn_2$相

在铝锌镁系中，会形成$\eta-MgZn_2$相和$T-Al_2Mg_3Zn_3$相等一系列合金相。其中$\eta-MgZn_2$相和$T-Al_2Mg_3Zn_3$相在基体中有很大的溶解度，并随温度降低而急剧减小，见图12－14和图12－15。铝锌镁合金可产生很高的沉淀强化效果。

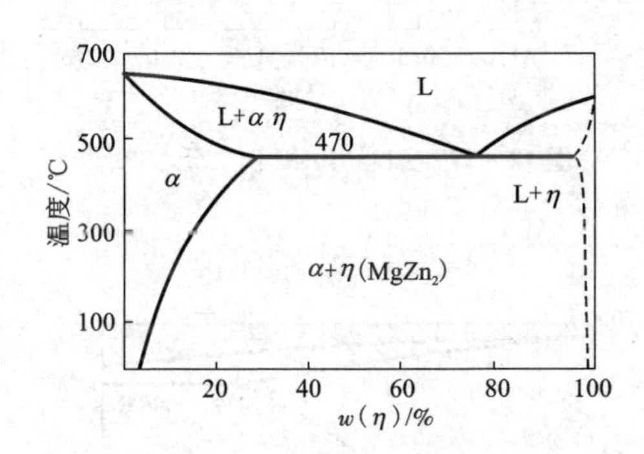

图12－14　Al－$\eta(MgZn_2)$伪二元相图

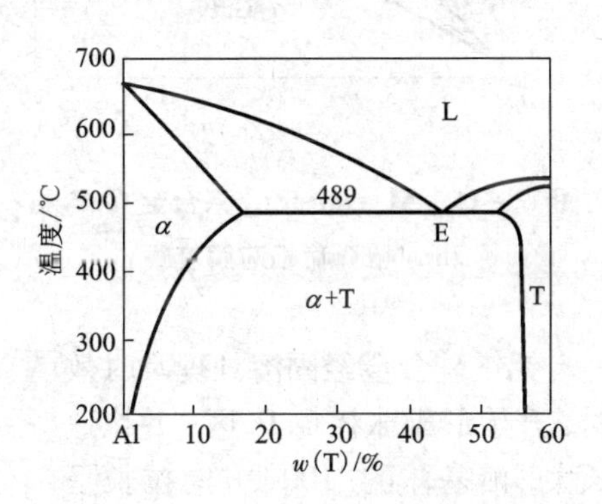

图12－15　Al－$T(Al_2Mg_3Zn_2)$伪二元相

$\eta-MgZn_2$相有一系列介稳沉淀相。经固溶处理和时效时，室温下可形成G.P.区，呈球形，与基体共格，直径为2～3 nm。时效温度升到177℃，直径可长大到6 nm。再升高温度，球状G.P.区在基体的(111)面上长成盘状，厚度无明显变化，在177℃时效700 h，其直径长大到50 nm。继续时效可形成介稳相η'相，η'相与基体保持部分共格，η'相为六方晶系。最后形成稳定的$\eta-MgZn_2$相，它属于六方晶系的拉维斯相。

图12－16为Al－Mg－Zn系的介稳相G.P.区，η'相的介稳相界线和其稳定的温度范围。对Al－5.9Zn－2.9Mg合金的G.P.区，稳定的临界温度为155℃。

(4)β相(Mg_2Si)

在铝镁硅合金中出现β相(Mg_2Si)作为沉淀强化相。由图12－17 Al－Mg_2Si伪二元相图中可见Mg_2Si在铝中极限溶解度$\omega(Mg_2Si)$为1.85%；随温度降低溶解度明显减小，到200℃仅有0.25%。Mg_2Si中$\omega(Mg)/\omega(Si)=1.73$。若合金中

$\omega(Mg)/\omega(Si)>1.73$ 有过剩镁时，将显著降低 Mg_2Si 在铝基固溶体中的溶解度。当 $\omega(Mg)/\omega(Si)<1.73$ 时，过剩硅的存在对此没有影响。

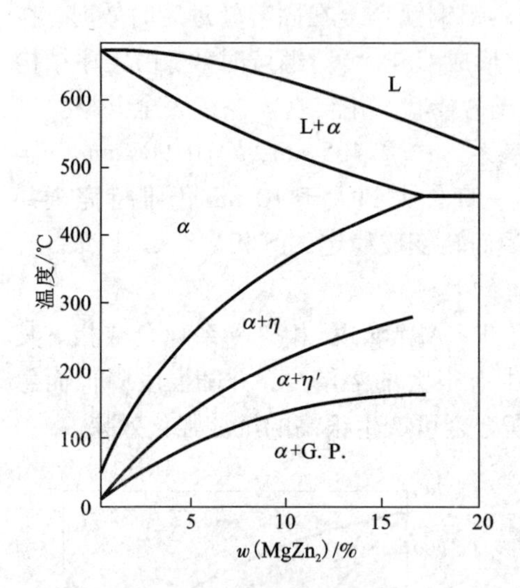

图 12－16　Al－ηMgZn₂ 系合金 G. P. 区和 η′相介稳相溶解度线

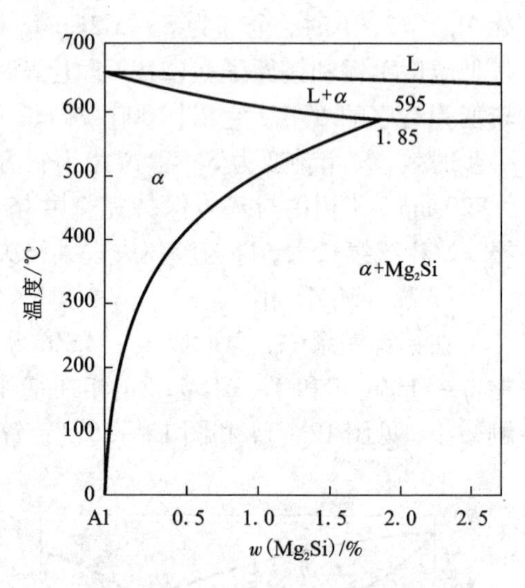

图 12－17　Al－Mg₂Si 伪二元状态图

铝镁硅合金经固溶处理及时效时，开始形成球状 G. P. 区，并快速长大，沿基体的[100]方向拉长呈棒状，成为 β″相，其直径为 1.5～6.0 nm，长度为 15～200 nm。β″相与基体保持完全共格，对基体产生压应力，强化合金。继续时效就形成 β′介稳相，β′相呈杆状，与基体形成部分共格，最后形成稳定相 Mg_2Si。

(5) δ 相(AlLi)

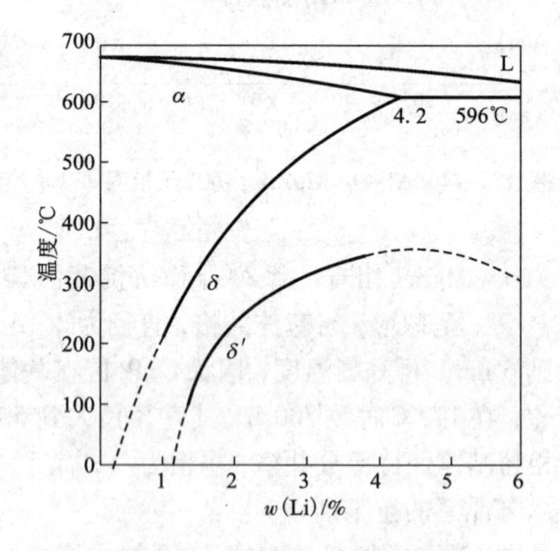

图 12－18　铝锂二元相图铝端

铝锂合金系中铝端相图见图 12－18，锂在共晶温度 596℃时极限溶解度 ω(Li)为 4.2%。随温度降低，锂在铝基固溶体中溶解度急剧降低，从固溶体中析出平衡相为 δ－AlLi 相。若淬火到低温，过饱和固溶体中将发生 δ′相的连续沉淀。δ′相为 Al_3Li，是一种有序共格析出介稳相，具有面心立方点阵，近似 Cu_3Au。δ′－Al_3Li 介稳相的形状是球形，与基体保持完全共格。δ′相的溶解度线见图12－18。δ'相与基体间点阵错配应变小于2%，连续时效时，δ'相质点可长大到0.3 nm而没有破坏完全的共格界面。铝锂合金过时效将导致δ'介稳相的溶解和平衡相δ－AlLi的形核和长大。δ－AlLi相与基体保持半共格。加锆后，通过快速凝固方法能得到更高锆的固溶度，ω(Zr)约0.5%，时效时锆将溶入δ'相，形成δ'－Al_3(Li，Zr)，使δ'相获得更高的稳定性。

3.铝合金共晶中的过剩相

铸造铝合金为获得良好的铸造性能，即液态合金充填铸型型腔的能力，一般希望接近共晶成分。但又希望共晶成分的合金元素含量不太高，既保证形成大量的共晶组织，以满足液态合金的流动性，又不致因共晶中的脆性第二相数量过多而降低合金塑性。共晶中的第二相不溶于铝基固溶体，又称为过剩相，其数量达到一定量可提高合金的强度和硬度。

铝硅合金系是良好的铸造合金系，可利用共晶中的硅晶体来强化合金。铝硅二元相图铝端见图12－19，其共晶成分ω(Si)为12.7%（E点），共晶温度为578℃。共晶组织由α相及硅晶体组成。共晶硅呈粗针状或片状，此时共晶的强度和塑性很低。若使共晶硅细化成粒状，可以显著改善共晶组织的塑性。通常采用变质处理，加入钠盐变质剂，使共晶合金变成由α固溶体和细小的共晶体组成的亚共晶组织，共晶中硅相呈现细粒状。经变质后，Al－Si相图上的共晶温度下降到564℃，共晶成分变为ω(Si)＝14%，见图12－19中d点。

铝铈系铝端也是共晶型相图，共晶成分为ω(Ce)＝10%，含铈量低，共晶温度为638℃，共晶组织由α固溶体和Al_4Ce相组成。Al_4Ce起过剩相强化作用。铝铈合金有较高的高温强度和良好的铸造工艺性能。

4）铝合金中的微量合金相

铝合金中添加微量元素钛、锆和稀土金属，可形成难熔金属间化合物，在合金结晶过程中起非自发形核核心作用，细化晶粒，产生细晶强化。如添加微量钛，可产生高熔点的$TiAl_3$相，由液体中析出，高温下合金非常稳定，在随后包晶反应中$TiAl_3$作为α相结晶的非自发核心。铝钛二元相图铝端见图12－20，与钛同一族的锆和铝生成Al_3Zr，也起同样作用，阻止晶粒粗化。

锰和铬加入铝合金中能形成$MnAl_6$和$Al_{12}Mg_2Cr$，可以作为细化晶粒的第二相。微量稀土金属在铝合金中可形成Al_4RE金属间化合物，如Al－Ce合金中生成Al_4Ce相作为微量相起细化晶粒作用。

TiB_2和TiC_x粒子是更为有效的细化铝合金的微量合金相，特别是TiC_x粒的效果更强，抗细化衰退能力更好。通常在熔体中以加入Al－Ti－B或Al－Ti－C中间合金的方式加入TiB_2或TiC_x微量相。

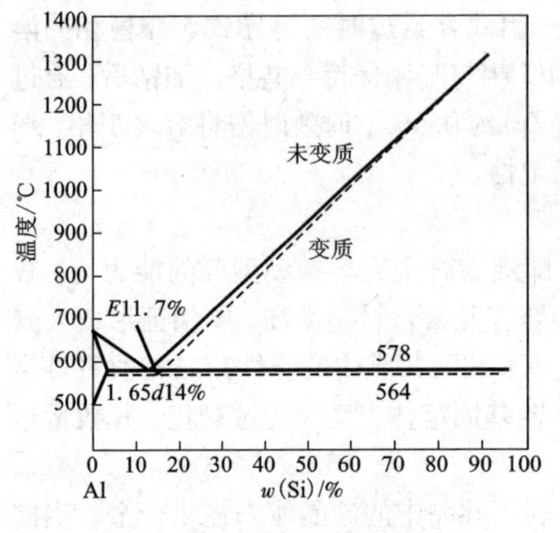

图 12-19 铝硅二元相图铝端

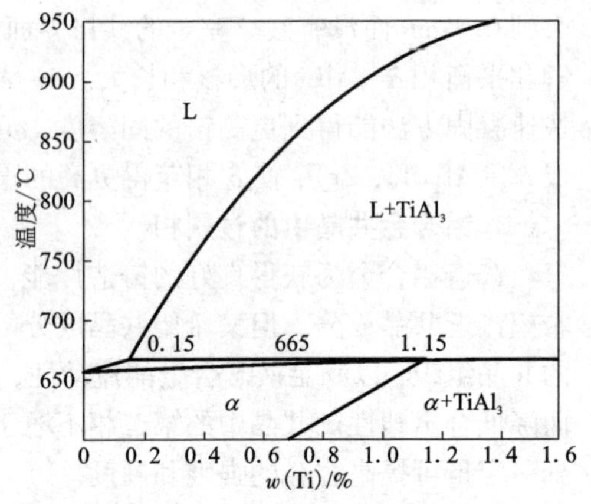

图 12-20 铝钛二元相图铝端

12.3 铝及铝合金的性能及控制

12.3.1 变形铝合金的性能及控制

变形铝合金同铸造铝合金的区别在于，它可以用锻造、轧制、冲压、拉拔和挤压方法进行压力加工。这种合金经热处理后，可以获得良好的力学性能。因此，可用于制造板材、棒材、带材、型材、管材、线材以及其他各种冲压件、锻件等半成品或成品。变形铝合金在军工以及国民经济其他各部门均得了广泛的应用。

1. 1×××系铝合金

该系列产品是纯铝系列。其特征是具有优良的抗腐蚀性能、导电性、导热性及加工性，但是强度小，不适合用作结构材料，通过应变强化，可使工业纯铝强度明显提高，如图 12-21。高纯铝(99.99%以上)的主要工业用途是作高压电容铝箔，对杂质有极严格的要求。工业纯铝主要用作电导体、化工设备和日用品等耐蚀件，更主要的是用作铝合金的基体材料。工业纯铝中杂质含量最高可达1%，随着纯度的降低，强度增加。

该系铝合金中的常见杂质是 Fe 和 Si，还有不同数量的 Ga，Ti，V，Cu，Na，Mn，Ni，Zn 等，它们的含量来源于原料和冶炼工艺等，但通常比 Fe 和 Si 的含量低一个数量级。若改变 Fe，Si 量，Fe/Si 比率或 Al-Fe 和 Al-Fe-Si 的析出状态，可改变其强度、加工性及耐蚀性。从加工性能考虑，往往要求 Fe 和 Si 杂质

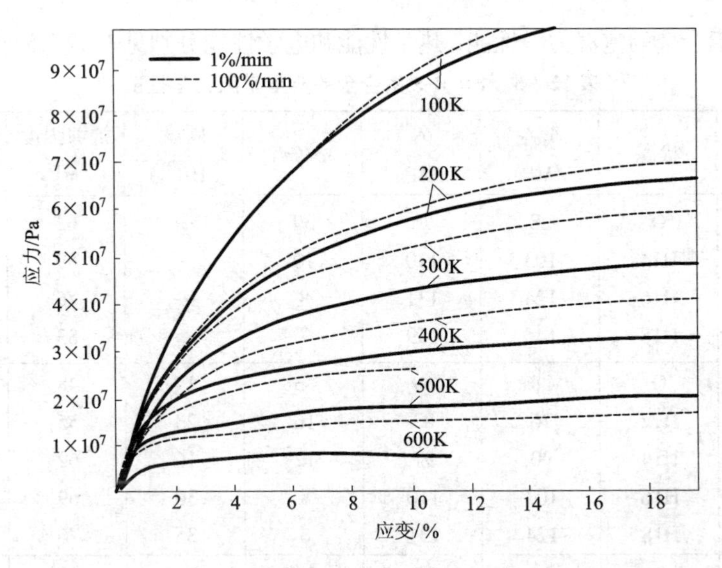

图 12－21　纯铝(99.99%)的应力－应变曲线

含量中，Fe 大于 Si，当 Fe 和 Si 比例不当时，会引起铸锭产生裂纹。对于冷冲压用的纯铝板，也要求 Fe 含量大于 Si 含量。一般要求 Fe/Si 比不小于 3。铁和硅对纯铝(M 状态)抗拉强度和屈服强度的影响见图 12－22。减少 Fe，Si 杂质含量对提高高强铝合金的韧性和耐蚀性有着显著的作用。当前铝合金发展方向：纯净化，细晶化、均质化。其中纯净化目的之一是减小 Fe，Si 杂质含量。我国铝土矿含硅量高，因而我国电解铝中的杂质硅含量高，这是一个有待解决的冶金学课题。

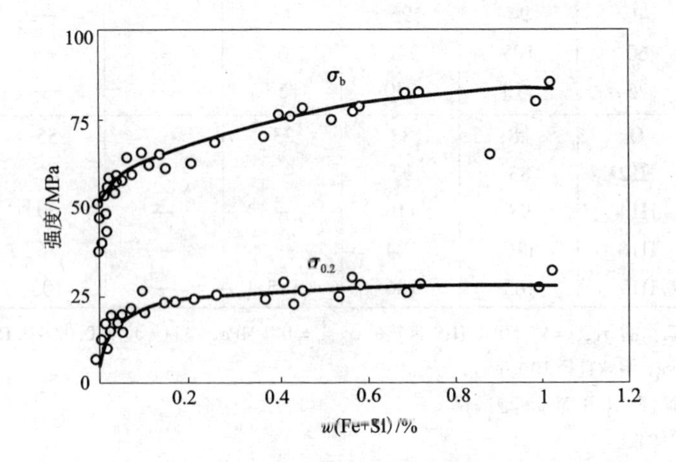

图 12－22　铁和硅对纯铝(M 状态)抗拉强度和屈服强度的影响

该系铝合金的室温力学性能、热学性能和电学性能分别见表 12 - 5 至表 12 - 7。

表 12 - 5　1×××系合金的典型室温力学性能

合金	状态	$A_{p0.2}$ /MPa	σ_b /MPa	δ/%	硬度（HB①）	抗剪强度 /MPa	疲劳强度② /MPa
1050	O	28	76	39	—	62	—
	H14	103	110	10	—	69	—
	H16	124	131	8	—	76	—
	H18	145	159	7	—	83	—
1060③	O	28	69	43	19	48	21
	H12	76	83	16	23	55	28
	H14	90	97	12	16	62	34
	H16	103	110	8	30	69	45
	H18	124	131	6	35	76	45
1100③	O	34	90	35	23	62	34
	H12	103	110	12	28	69	41
	H14	117	124	9	32	76	48
	H16	138	145	6	38	83	62
	H18	152	165	5	44	90	62
1145④⑤	O	34	75	40	—	—	—
	H18	117	145	5	—	—	—
1199	O	10	45	50	—	—	—
	10⑤	57	59	40	—	—	—
	20	75	77	15	—	—	—
	40	94	96	11	—	—	—
	60	105	110	6	—	—	—
	75	113	120	5	—	—	—
1350	O	28	83	23	—	55	—
	H12	83	97	—	—	62	—
	H14	97	110	—	—	69	—
	H16	110	124	—	—	76	—
	H19	165	186	1.5	—	103	—

注：O 状态素箔的 $\sigma_{bmax}=95$ MPa，H19 素箔的 $\sigma_{bmin}=140$ MPa，箔材厚度为 0.02～0.15 mm。

①载荷 500 kg，钢球直径 10 mm。

②$5\times10^8$次循环，R. R. Moore 型试验。

③1.6 mm 厚的板。

④0.02～0.15 mm 的素箔。

⑤指冷加工率（%）。

表 12－6　1××× 系合金的热学性能

合金	液相线温度/℃	固相线温度/℃	线膨胀系数		体膨胀系数/[m^3·(m^3·K)$^{-1}$]	比热容/[J·(kg·K)$^{-1}$]	热导率/[W·(m·K)$^{-1}$]	
			温度/℃	平均值/[μm·(m·K)$^{-1}$]			O 状态	H18 状态
1050	657	646	-50～20 20～100 20～200 20～300	21.8 23.6 24.5 25.5	68.1×10^{-6} (20℃)	900 (20℃)	231 (20℃)	—
1060	657	646	-50～20 20～100 20～200 20～300	21.8 23.6 24.5 25.5	68×10^{-6} (20℃)	900 (20℃)	234 (25℃)	—
1100	657	646	-50～20 20～100 20～200 20～300	21.8 23.6 24.5 25.5	68×10^{-6} (20℃)	904 (20℃)	222 (20℃)	218 (20℃)
1145	657	646	-50～20 20～100 20～200 20～300	21.8 23.6 24.5 25.5	68×10^{-6} (20℃)	904 (20℃)	230 (20℃)	227 (20℃)
1199	660	660	-50～20 20～100 20～200 20～300	21.8 23.6 24.5 25.5	68×10^{-6} (20℃)	900 (20℃)	243 (20℃)	—
1350	657	646	-50～20 20～100 20～200 20～300	21.8 23.6 24.5 25.5	68×10^{-6} (20℃)	900 (20℃)	234 (20℃)	230 (H19)

表 12-7　1×××系合金的电学性能

合金	20℃体积电导率 /%IACS		20℃电阻率 /(nΩ·m)		20℃电阻温度系数 /(nΩ·m·K^{-1})		电极电位[①] /V
	O 状态	H18 状态	O 状态	H18 状态	O 状态	H18 状态	
1050	61.3	—	28.1	—	0.1	—	—
1060	62	61	27.8	8.3	0.1	0.1	-0.84
1100	59	57	29.2	30.2	0.1	0.1	-0.83
1145	61	60	28.3	28.7	0.1	0.1	—
1199	64.5	—	26.7	—	0.1	—	—
1350	61.8	61.0 (H1×)	27.9	28.2 (H1×)	0.1 (各种状态)		-0.84

注：①测定条件：25℃，在 NaCl53 g/L + $H_2O_2$3 g/L 溶液中，以 0.1 N 甘汞电极作标准电极。

2. 2×××系铝合金

2×××系铝合金属于可热处理强化型铝合金，铜是该系合金的主要合金元素，由于含有较多的铜，此系合金的耐蚀性较差，而且在某些情况下还会受到晶间腐蚀，若要置于容易腐蚀的场合，须另外做防蚀处理。焊接性能也较差，在结合时，主要是用铆接、螺栓结合、电阻焊接。但这系列中多数合金具有优良的切削性能，特别是添加铅、铋的 2011 合金，常用来制造机械零件。

铜在铝合金中有一定的固溶强化作用，$CuAl_2$有明显的时效强化作用。Al-Cu 合金中铜含量为 2%～10%，在 4%～6% 时强化效果最好，使合金的强度和硬度提高，但是使伸长率略有下降。Al-Cu 合金具有明显的时效特性，在工业中应用的大多数为含有其他元素的多元 Al-Cu 合金。

向 Al-Cu 合金中添加的主要元素为镁。镁不但提高 Al-Cu 合金的自然时效后的力学性能，特别是对人工时效后强度性能的提高尤为显著，不过伸长率有较大降低。Cu 与 Mg 的比例不同，形成的强化相及其比例也不同。随着 ω(Cu)/ω(Mg) 的减小，所形成强化相的变化趋势如下：

$$\xleftarrow{CuAl_2} 8:1 \xleftrightarrow{CuAl_2\,CuMgAl_2} 4:1 \xleftrightarrow{CuMgAl_2} 1.5:1 \xrightarrow[CuMg_4\,Al_6]{}$$

θ($CuAl_2$) 和 S($CuMgAl_2$) 为该系合金的主要强化相，以 S 相的过渡相(S')的强化效果最好，θ 相的过渡强化相 θ' 稍次，合金中同时出现 S' 和 θ' 时，强化效果最大，S' 还有较好的耐热性能。当 $4 < \omega(Cu)/\omega(Mg) < 8$ 时，可同时形成 $CuAl_2$ 和 $CuMgAl_2$。对于镁含量低的 Al-4% Cu-0.5% Mg(质量)合金，杂质铁及硅的含量一定要搭配好，以免形成 Cu_2FeAl_7，而不形成 α-AlFeSi，降低热处理效果。

Al-Cu-Mg 合金系列，即硬铝系列，这是变形铝合金中十分重要的一类。

其合金成分除了包括主合金元素 Cu、Mg 之外，还含有微量元素 Mn、Cr、Ti、Ag、Ni 以及杂质元素 Fe 和 Si 等。2×××系合金通常都含有少量的锰，主要是为了消除铁的有害影响和提高耐蚀性。锰能阻止铝合金的再结晶过程，提高再结晶温度，并能显著细化再结晶晶粒，改善合金可焊性能，此外，锰还能延迟和减弱 Al-Cu-Mg 合金的人工时效过程，提高合金的耐热强度。在 Mn 和/或 Mg 的含量都增加时，合金的强度增加，但伸长率却有所下降。在铝合金中还没有这样一个合金元素能使合金的强度与塑性都达到最高值。银能提高其强度，镍改善其高温性能。

钛是铝合金中常用的添加元素，主要作用是细化铸造组织和焊缝组织，减小开裂倾向，提高材料力学性能。钛加入铝中形成 Al_3Ti，与熔体产生包晶反应而成为非自发核心，起细化作用。Al-Ti 系产生包晶反应时钛的临界含量约为 0.15%。钛由于加量较少，一般见不到含钛相。

1939 年发明的 2024 合金广泛用于航空航天领域，给飞机结构和性能带来了巨大的变化。为了提高 2024 合金性能，美国从 20 世纪 70 年代以来，通过降低 Fe，Si 杂质含量，改变或添加微量合金元素，开发了 2124，2048，2419，2224，2324，2424 等一系列新合金，并通过热处理工艺的调整，使合金的断裂韧性和抗应力腐蚀性能明显提高。2524 合金是到目前为止，断裂韧性与疲劳性能最高的高强度铝合金，用于制造欧洲空中客车公司的 A380 型客机。2×××系铝合金的电学性能见表 12-8。

表 12-8　2×××系合金的电学性能

合金	20℃体积电导率 /%IACS	20℃电阻率 /(nΩ·m)	20℃电阻温度系数 /(nΩ·m·K⁻¹)	电极电位[1] /V
2011	T3，T4：39 T8：45	T3，T4：44 T8：38	T3，T4，T8：0.1	T3，T4：-0.39 T8：-0.83
2014	O：50 T3，T4，T451：34 T6，T651，T652：40	O：34 T3，T4，T451：51 T6，T651，T652：43	O，T3，T4，T451，T6，T651，T652：0.1	T3，T4，T451：-0.68 T6，T651，T652：-0.78
2017	O：50，158 %IACS(质量) T4：34，108 %IACS(质量)	O：0.035 Ω·mm²/m T4：0.05 Ω·mm²/m	—	—
2024，Alclad 2024	O：50；T3，T36，T351，T361，T4：30，T6，T81，T851，T861：38	O：34；T3，T36，T351，T361，T4：30，T6，T81，T851，T861：45	各状态：0.1	T3，T4，T361：-68 T6，T81，T861：-0.80 Alclad2024：-0.83
2036	O：50；T4：41	O：33；T4：42	O，T4：0.1	-0.75

续表 12-8

合金	20℃体积电导率 /%IACS	20℃电阻率 /(nΩ·m)	20℃电阻温度系数 /(nΩ·m·K^{-1})	电极电位① /V
2048	T851: 42	T851: 40	—	—
2124	O: 50; T851: 39	O: 34.5	O, T851: 0.1	T851: -0.80
2218	T61: 38; T72: 40	T61: 45; T72: 43	T61, T72: 0.1	—
2219, Alclad 2219	O: 44 T31, T37, T351: 28 T62, T81, T87, T851: 30	O: 39 T31, T37, T351: 62 T62, T81, T87, T851: 57	各状态: 0.1	T31, T37, T351: -0.64 T62, T81, T87, T851: -0.80
2319	O: 44	O: 39	2.94×10^{-3}/K	—
2618	T61: 37	T61: 47	T61: 0.1	—
2A01	T4: 40	T4: 39	—	—
2A02	—	T4: 55	—	—
2A06	—	T6: 61	—	—
2A10	—	T6: 50.4	—	—
2A11	O: 45; T4: 30	O, T4: 54	—	—
2A12	O: 50; T4: 30	O: 44; T4: 73	—	—
2A14	T6: 40	T6: 43	—	—
2A16	T6: 61		—	—
2A17	T6: 54		—	—
2A50	—	T4: 41	—	—
2A60	—	T4: 43	—	—
2A70	—	T6: 55	—	—
2A80	—	T6: 50	—	—
2A90		T6: 47	—	—

3. 3×××系铝合金

3×××系铝合金为热处理不可强化的铝合金，含有的主要元素是Mn。此系合金的最大优点是具有良好的耐蚀性能和焊接性能，仅在中性介质中耐蚀性能稍次于铝，在其他介质中的耐蚀性能与纯铝接近。其原因是$MnAl_6$的电极电位与纯铝相近，且Mn对表面氧化膜不起破坏作用，同时还可以消除Fe的有害影响，此外，锰的加入还可通过固溶强化和加工硬化提高合金强度，提高合金的再结晶温度，减少含铁相的脆化作用。向Al-Mn合金中添加少量的铜，可由点腐蚀变成全面的均匀腐蚀，使合金耐蚀性能得到进一步改善。

得到广泛应用的 Al－Mn 合金是 3003 铝合金，具有良好的机械加工性能、抗蚀性能、散热性能以及密度小、强度高等特点，在容器箔、热交换器、飞机油箱、运输液体产品的槽罐、压力罐、化工设备等领域得到广泛应用。在 3003 合金基础上添加大约 1.2% Mg 的合金—3004 铝锰合金由于具有中等强度、良好的深冲成形性和抗腐蚀性，被广泛地应用于包装材料、电灯泡座，特别是在饮料罐领域。

3×××系合金的热学性能、电学性能及典型合金不同高温度下典型力学性能见表 12－9 至表 12－11。

表 12－9　3×××系合金的热学性能

合金	液相线温度/℃	固相线温度/℃	线膨胀系数		体膨胀系数/[m^3·(m^3·K)$^{-1}$]	比热容/[J·(kg·K)$^{-1}$]	热导率/[W·(m·K)$^{-1}$]
			温度/℃	平均值/[μm·(m·K)$^{-1}$]			
3003	654	643	-50～20 20～100 20～200 20～300	21.5 23.2 24.1 25.1	67×10^{-6} (20℃)	893 (20℃)	O：193 H12：163 H14：159 H18：155
3004	654	629	-50～20 20～100 20～200 20～300	21.5 23.2 24.1 25.1	67×10^{-6} (20℃)	893 (20℃)	O：162
3105	657	638	-50～20 20～100 20～200 20～300	21.8 23.6 24.5 25.5	68×10^{-6} (20℃)	897	173
3A21	654	643	-50～20 20～100 20～200 20～300	21.6 23.2 24.3 25.0		1092(100℃) 1176(200℃) 1302(300℃) 1302(400℃)	25℃，H18：156 25℃，H14：164 25℃，O：181 100℃，181 200℃，181 300℃，185 400℃，H18：189

表 12－10　3×××系合金的电学性能

合金	电导率		20℃电阻率		20℃时各种状态电阻温度系数/(nΩ·m·K^{-1})	电极电位①/V
	状态	%IACS	状态	nΩ·m		
3003	O	50	O	34	0.1	3003
	H12	42	H12	41		
	H14	41	H14	42		
	H18	40	H18	43		
3004	O	42	O	41	0.1	未包铝的及包铝合金芯层的：－0.84 7072 合金包铝层的：－0.96
3105	O	45	O	38.3	0.1	－0.84
3A21	O	50		34	0.1	－0.85
	H14	41				
	H18	40				

①测定条件：25℃，在 NaCl 53 g/L + H_2O_3 3 g/L，以 0.1 N 甘汞电极作为标准电极。

表 12－11　3003 及 3004 合金在不同温度时的典型力学性能

温度 ℃	3003 合金				3004 合金			
	状态	σ_b/MPa	$A_{p0.2}$/MPa	δ/%	状态	σ_b/MPa	$A_{p0.2}$/MPa	δ/%
	O				O			
－200		230	60	46		290	90	38
－100		150	52	43		200	80	31
－30		115	45	41		180	69	26
25		110	41	40		180	69	25
100		90	38	43		180	69	25
200		60	30	60		96	65	55
300		29	17	70		50	34	80
400		18	12	75		30	9	90
	H14				H34			
－200		250	170	30		360	235	26
－100		175	155	19		270	212	17

续表 12－11

温度℃	3003 合金				3004 合金			
	状态	σ_b/MPa	$A_{p0.2}$/MPa	δ/%	状态	σ_b/MPa	$A_{p0.2}$/MPa	δ/%
－30		150	145	16		245	200	13
25		150	145	16		240	200	12
100		145	130	16		240	200	12
200		96	62	20		145	105	35
300		29	17	70		50	34	80
400		18	12	75		30	19	90
	H18				H18			
－200		290	230	23		400	295	20
－100		230	210	12		310	267	10
－30		210	190	10		290	245	7
25		200	185	10		280	245	6
100		180	145	10		275	245	7
200		96	62	18		150	105	30
300		29	17	70		50	34	80
400		180	12	75		30	19	90

注：无负载在不同温度下保温 10000 h，然后以 35 MPa/min 的加载速度向试样施加负载至屈服强度，再以 5%/min 的变形速度施加负载，直至试样断裂所得的性能。

4. 4×××系铝合金

4×××系合金属于 Al－Si 系合金，这个系列的合金一般不可热处理强化，Si 能以较大量（12%）加到铝中。含硅量约为 5% 的合金，经阳极氧化后表面呈深灰至炭黑色。Al－Si 变形合金主要是加工成焊料，用于焊接镁含量不高的所有变形铝合金和铸造铝合金；其次是加工成锻件，制造活塞和在高温下工作的零部件。用于轧制钎焊板的变形铝合金的硅含量可高达 12%。

4032 合金既有铸造铝合金的特性，又有变形铝合金的特点，添加 Si 后，抑制它的膨胀性，改善其耐磨性，如再添加一些 Cu，Sn，Ni，Mg 等会改善它的耐热性，常作为耐磨材料制作活塞及在高温工作的其他零件。4043 合金硅含量约为 5.2%，其熔解温度低，可当做焊材。此外，这种合金因它的 Si 粒子分散，在阳极氧化处理后颜色呈灰色状，曾用来做大楼外观格架。

4××系合金的热学性能、电学性能见表12－12和12－13。

表12－12　4××系合金的热学性能

合金	液相线温度/℃	固相线温度/℃	线膨胀系数		体膨胀系数/[m^3·(m^3·K)$^{-1}$]	比热容/[J·(kg·K)$^{-1}$]	热导率/[W·(m·K)$^{-1}$]	
			温度/℃	平均值/[μm·(m·K)$^{-1}$]			O状态	T6状态
4032	571	532	20 －50～20 20～100 20～200 20～300	— 18.0 19.5 20.2 21.0	56×10^{-6}	864	155	141
4043	630	575	20～100	22.0	—	—	—	—

表12－13　4××系合金的电学性能

合金	20℃体积电导率/%IACS		20℃电阻率/(nΩ·m)		20℃时各种状态电阻温度系数/(nΩ·m·K^{-1})		电极电位①/V
	O状态	T6状态	O状态	T6状态	O状态	T6状态	
4032	40	36	43.1	47.9	0.1	0.1	—
4043	42	—	41	—	—	—	—

5. 5××系铝合金

5××系铝合金属于不可热处理强化的铝合金，应用较广，Mg是该系合金中的主要合金元素，当Mg用作主要元素或与Mn一起加入时，能形成具有中等强度或高强度的可加工硬化合金。这个系列的合金具有良好的焊接性能和加工性能，并在海洋空气中具有良好的抗蚀性能，又称为“防锈铝”。该系合金用途包括建筑材料、装饰和装饰镶边、罐头和罐头盖、家用电器、街灯标准件、船舶、低温燃料箱组、吊车部件及汽车结构件等。

镁在铝中的最大固溶度可达17.4%，含Mg最低的5A43合金中Mg含量为0.6%～1.4%，最高的5A13合金中的Mg含量达到9.2%～10.5%，世界上常用变形Al－Mg合金中Mg含量为0.8%～5.2%。Mg在Al中可形成β(Mg_2Al_3)相，起弥散强化作用。随着Mg含量的提高，合金强度提高、塑性下降。当Mg含量大于3.5%时，第二相β(Mg_5Al_8、Mg_2Al_3)往往沿晶界、亚晶界析出，第二相β相对基体α(Al)来说是阳极，优先发生腐蚀，使合金具有很大的晶间腐蚀和应力腐蚀敏感性。在Al－Mg合金拉伸或成形过程中，会出现拉伸变形条纹，即产生吕德斯带，这与应力－应变曲线上观察到的不连续、不平滑现象有关，Al－Mg 合金薄板对吕德斯带特别敏感，为了防止拉伸变形条纹的产生，可用表面光轧或辊轧校平等轻微塑性变形而使位错脱离溶质气团来解决。

Al－Mg 合金中通常还加入少量或微量的 Mn、Cr、Be、Ti 等。Mn 除少量固溶外，大部分形成 $MnAl_6$，可使含 Mg 相沉淀均匀，不但提高合金强度，而且合金抗应力腐蚀能力进一步增强。Mn 提高合金强度的效果比 Mg 大，而且合金的稳定性更高，同时 Mn 还可以提高再结晶温度，抑制晶粒长大，但锰含量多时，提高强度不多，反而使塑性显著降低，尤其是有微量钠存在的情况下，在热轧时会产生“钠脆”现象，所以，此系合金中锰含量均 $<1.0\%$。某些合金添加一定含量的 Cr(如 5052 合金)，不仅有一定的弥散强化作用，同时还可以改善合金的抗应力腐蚀能力和焊接性能，降低焊接裂纹倾向，但其含量一般不超过 0.35%。加入 Ti 主要是细化晶粒。加入微量的 Be(0.0001%～0.005%)，主要是提高合金氧化膜的致密性，降低熔炼烧损，减少铸锭的裂纹倾向，改善加工产品的表面质量。铁、硅、铜、锌等为杂质元素，应严格控制在标准规定的范围内。在铝合金中加入微量稀土元素，可以显著改善铝合金的金相组织，细化晶粒，去除铝合金中气体和有害杂质，减少铝合金的裂纹源，从而提高铝合金的强度，改善加工性能，还能改善铝合金的耐热性和韧性。稀土元素的加入使得稀土铝合金成为一种性能优良、用途广泛的新型材料。研究表明，稀土含量为 0.15 %～0.25 %时，它不仅能细化晶粒，而且能有效地控制枝晶组织的粗化，对后续加工有利。稀土 Ce 的加入使 Al－Mg 合金的晶粒细化，晶界面积增加，宏观韧性增强，合金的疲劳寿命大大增加(1 倍多)，且裂纹扩展速度减缓，试样裂纹更多地穿晶扩展。在 Al－5Mg 合金中采用 Sc 和 Zr 复合微合金化可显著提高合金的强度，其抗拉强度和规定非比例延伸强度增量分别达到 84 MPa 和 91 MPa。5×××系合金电学性能见表 12－14。

6. 6×××系铝合金

6×××系铝合金的主要合金元素是 Mg 与 Si，强化相为 Mg_2Si，Mg 与 Si 的质量比为 1.73:1，可形成(Al)－Mg_2Si 伪二元系。但是在生产实践中难以恰好保持此比例，所以，大部分合金不是 Mg 含量过剩，就是 Si 含量过剩。当 Mg 含量过剩时，会明显减少 Mg_2Si 的固溶度而降低沉淀强化效果，使强度与成形性降低，但合金的抗蚀性好；而适量的过剩 Si 可以细化 Mg_2Si，同时 Si 沉淀后具有强化效果，合金的强度高，但成形性能及焊接性能较低，但过量的 Si 易在晶界偏析引起合金脆化，降低塑性，加入 Cr 和 Mn 有利于减小过剩 Si 的不良作用。有时还添加少量的 Cu 或 Zn，在提高合金强度的同时又不会使其抗蚀性有明显降低；导电材料中有少量的 Cu，以抵消 Ti 及 V 对导电性的不良影响；Zr 或 Ti 能细化晶粒与控制再结晶组织；为改善可切削性能，可加入 Pb 与 Bi。

表 12-14 5×××系合金的电学性能

合金	20℃体积电导率 /%IACS		20℃电阻率 /(nΩ·m)		20℃时电阻温度系数 /(nΩ·m·K^{-1})		电极电位[1] /V
	O 状态	H38 状态	O 状态	H38 状态	O 状态	H38 状态	
5050	50	50	34	34	0.1	0.1	-0.83
5052	35	35	49.3	49.3	0.1	0.1	-0.85
5056[2]	29	27	59	64	0.1	0.1	-0.87
5083	29	29	59.5	59.5	0.1	0.1	-0.91
5086	31	31	56	56	0.1	0.1	-0.86
5154	32	32	53.9	53.9	0.1	0.1	-0.86
5182	31	31	55.6	55.6	0.1	0.1	—
5252	35	35	49	49	0.1	0.1	—
5254	32	32	54	54	0.1	0.1	-0.86
5356	29	—	59.4	—	0.1	0.1	-0.87
5454	34	34	51	51	0.1	0.1	-0.86
5456	29	29	59.5	59.5	0.1	0.1	-0.87
5457	46	46	37.5	37.5	0.1	0.1	-0.84
5652	35	35	49	49	0.1	0.1	-0.85
5657	54	54	32	32	0.1	0.1	—
5A02	40	40	47.6	47.6	0.1	0.1	—
5A03	35	35	49.6	49.6	0.1	0.1	—
5A05	64	64	—	—	0.1	0.1	—
5A01	26	26	71	71	0.1	0.1	—
5A12	—	—	77	77	0.1	0.1	—

Al-Mg-Si 系铝合金的主要组织组成物除 α 固溶体外，还有强化相 Mg_2Si。如果合金含有 Cu 与 Si，则除了 Mg_2Si 外，还可能形成 $Cu_2Mg_8Si_6Al_5$，即至少有一部分 Mg_2Si 为 $Cu_2Mg_8Si_6Al_5$ 取代，后者也有一定的时效硬化能力，同时使合金有自然时效能力。在无 Mn 与无 Cr 的合金中，铁以 $FeAl_3$，$FeAl_6$，$FeMg_3Si_6Al_8$ 等形式存在；在含有 Mn 和 Cr 的合金中，铁与它们形成复杂的化合物。锌溶于固溶体中；硼、钛及锆的量很小，一般不至于形成可见的化合物。该系合金在固溶处理后的时效过程中，其沉淀顺序为：SSSS(过饱和固溶体)—含大量空位的针状G.P.区—内部有序的针状 G.P. 区—棒状的 β'-Mg_2Si 过渡相—板状 β-Mg_2Si 平衡相。G.P. 区平行于 Al 基体的(100)方向，在针状相的周围存在共格应变。

经过几十年的实践应用和筛选，证明 6063，6082，6061 和 6005 等 4 种合金及其变种已经占据了 6×××系合金的统治地位(80% 以上)，它们涵盖了抗拉强度(σ_b)从180~360 MPa整个范围内的所有合金。表4-15列出了常用6××系铝合金型材典型室温力学性能。该系合金中用的最广的是Mg,Si含量低的,且通常不含Mn、Cr等的合金,如多用作挤压材料的6060及6063型合金,它们具有最佳的综合性能与经济性。合金中Fe的最佳含量为0.15%~0.20%,更低,晶粒粗大;更高,对材料的表面处理性能不利,降低表面亮度,甚至出现暗斑、条纹及其他表面缺陷。此类合金的除了形成强化相Mg_2Si,还有一定量的过剩Si,即Mg/Si<1.73。设计该类合金的指导思想是:首先,为满足建筑结构的要求,抗拉强度应达到230 MPa;其次,要有良好的工艺性能。根据经验,其冷却方式最好是先以强大的气流冷却到250℃,冷却速度350~500℃/h,之后停留0.5 h,再用水冷却到50℃。

6082铝合金虽然应用不如6063广泛,但由于其具有较高的强度、良好的耐热性能和加工性能而有其独到的应用领域。广泛应用于航空航天及汽车工业的主要结构材料、大型焊接结构件、航海用零件及模具加工用坯料,车身型材便是一例,具有广阔的应用前景。其合金中Mg与Si的含量比为0.5~1.71,除主要强化相Mg_2Si,还有较多的过剩Si,Mg_2Si的量在0.95%~1.9%之间,抗拉强度达300 MPa左右。

6××系合金的热学性能、电学性能及典型合金室温力学性能见表12-15至表12-18。

表12-15 6×××系合金的热学性能

合金	液相线温度/℃	固相线温度/℃	线膨胀系数		体膨胀系数/[m^3·(m^3·K)$^{-1}$]	比热容/[J·(kg·K)$^{-1}$]	热导率/[W·(m·K)$^{-1}$]		
			温度/℃	平均值/[μm·(m·K)$^{-1}$]			O状态	T4状态	T6状态
6006	654	607	20~100	23.4	—	—	167(T5)		141
6009	650	—	-50~20 20~100 20~200 20~300	21.6 23.4 34.3 25.2	67×10^{-6}(20℃)	897(20℃)	205(20℃)	172(20℃)	180(20℃)
6010[①]	650	585	-50~20 20~100 20~200 20~300	21.5 23.2 34.1 25.1	67×10^{-6}(20℃)	897(20℃)	202(20℃)	151(20℃)	180(20℃)
6061	652	582	20~100	23.6	—	896(20℃)	180(20℃)	154(25℃)	167(25℃)

续表 12-15

合金	液相线温度/℃	固相线温度/℃	线膨胀系数		体膨胀系数/[m³·(m³·K)⁻¹]	比热容/[J·(kg·K)⁻¹]	热导率/[W·(m·K)⁻¹]		
			温度/℃	平均值/[μm·(m·K)⁻¹]			O状态	T4状态	T6状态
6063	655	615	-50~20 20~100 20~200 20~300	21.8 23.4 24.5 25.6	—	900(20℃)	218(25℃)	193(T1) 209(25℃)	201(25℃)
6066	645	563	20~100	23.2	—	887(20℃)	—	—	147(20℃)
6070	649	566	—	—	—	891(20℃)	—	—	172(20℃)
6101	654	621	-50~20 20~100 20~200 20~300	21.7 23.5 24.4 25.4	—	895(20℃)	—	—	218(25℃)
6151	650	588	-50~20 20~100 20~200	21.8 23.0 24.1	—	895(20℃)	205(20℃)	163(20℃)	175(20℃)
6201	654	607	-50~20 20~100 20~200 20~300	21.6 23.4 24.3 25.2	—	895(20℃)	205(T8)(25℃)	—	—
6205	645	613	20~100	23.0	—	—	172(T1)(25℃)	188(T5)(25℃)	—
6262	650	585	20~100	23.4	—	—	172(T9)(20℃)	—	—
6351	650	555	20~80	23.4	—	—	—	—	176(25℃)
6463	654	621	20~100	23.4			192(T1)(25℃)	209(T5)(25℃)	201(25℃)
6A02	—	—	-50~20 20~100 20~200 20~300	21.8 23.5 24.3 25.4	—	798(100℃)	—	155(25℃)	—

表 12－16　6×××系合金的电学性能

合金	20℃体积电导率 /%IACS			20℃电阻率 /(nΩ·m)			20℃时电阻温度系数 /(nΩ·m·K^{-1})			电极电位① /V
	O 状态	T4 状态	T6 状态	O 状态	T4 状态	T6 状态	O 状态	T4 状态	T6 状态	
6005	—	49(T5)	—	—	35(T5)	—	—	—	—	—
6009	54	44	47	31.9	39.2	36.7	0.1	0.1	0.1	—
6010	53	39	44	32.5	44.2	39.2	0.1	0.1	0.1	—
6061	47	40	40	—	—	—	—	—	—	—
6063	58	50(T1) 55(T5)	43(T6、 T83)	30	35(T1) 32(T5)	33(T6、 T83)	—	—	—	
6066	40	—	37	43	—	47	0.1	0.1	—	0.1
6070	—	—	44	—	—	39	—	—	—	0.1
6101	59(T61) 58(T63)	60(T64) 58(T65)	57	29.2 (T61) 29.7 (T65)	28.7 (T64) 29.7 (T65)	30.2	0.1	0.1	0.1	0.1
6151	54	42	45	32	41	38	0.1	0.1	0.1	-0.83
6201	45(T1)	49(T5)	—	37(T1)	35(T5)	—	—	—	—	—
6262	44(T9)	—	—	39(T9)	—	—	—	—	—	—
6351	—		46	—		38	—	—	0.1	—
6463	50(T1)	55(T5)	53(T6)	34(T1)	31(T5)	33(T6)	—	—	0.1	—
6A02	55	45	—	—	—	—	—	—	—	—

表 12－17　典型 6×××系铝合金型材室温力学性能

合金和状态	σ_b/MPa	$A_{p0.2}$/MPa	δ/%
6063－T_4	170	90	22
6063－T_5	185	145	12
6063－T_6	240	215	12
6061－T_4	240	145	22
6061－T_6	310	275	12
6013－T_6	393	365	11
6005－T_5	262	241	9
6066－T_6	395	359	12
6070－T_6	335	241	8
6205－T_5	310	290	11

表 12 - 18　6063 铝合金的典型力学性能

状态	抗拉强度[①] /MPa	屈服强度[①] /MPa	伸长率[①②] /%	硬度[③] (HB)	抗剪强度 /MPa	疲劳强度 /MPa
O	90	48	—	25	69	55
T1	152	90	20	42	97	62
T4	172	90	22	—	—	—
T5	186	145	12	60	117	69
T6	241	214	12	73	152	69
T83	255	241	9	82	152	—
T831	207	186	10	70	124	—
T832	290	269	12	95	186	—

①试验条件：4.9 kN 载荷，直径 10 mm 钢球，施加时间 30s。

②R. R. Moore 试验，5×10^8 次循环。

③过去为 T42 状态。

7. 7×××系铝合金

7×××系铝合金包括 Al - Zn、Al - Zn - Mg 和 Al - Zn - Mg - Cu 合金。含锌的变形铝合金由于存在很强的应力腐蚀裂纹敏感性未能获得商业应用。直至 20 世纪 40 年代初研究者才发现在 Al - Zn - Mg 合金基础上加入 Cu，Mn，Cr 等元素能显著改善该系合金抗应力腐蚀和抗剥落腐蚀的性能，从而开发出 7075 合金。70 年代以后，在 7075 合金的基础上，开发出了几种新合金。例如，为了提高强度，通过增加 Zn，Mg 元素含量，开发出 7178 合金；为了提高塑性和锻件的均匀性，通过降低 Zn 含量，产生了 7079 合金；为了获得良好的综合性能，通过调整 $\omega(Zn)/\omega(Mg)$ 和提高 Cu 含量以及以 Zr 代 Cr，研制出了 7050 合金；在 7050 合金基础上，通过降低 Fe、Si 杂质含量和纯净化手段，开发出了韧性和抗应力腐蚀性能更好的 7175 合金和 7475 合金。90 年代中期，北京航空材料研究所采用常规半连续铸造法试制出 7A55 超高强铝合金，近来又开发出强度更高的 7A60 合金。近年来，国内外均在大力开发高强、高韧、高均匀的新一代高强铝合金，以满足航空、航天等部门的需求。

向含量为 3% ~7.5% Zn 的合金中添加 Mg，可形成强化效果显著的 Mg_2Zn，使合金的热处理效果远远胜过 Al - Zn 二元合金。提高合金中的 Zn、Mg 含量，抗拉强度虽然会得到进一步的提高，但其抗应力腐蚀和抗剥落腐蚀的能力却显著降低。为此，需通过成分调整和热处理工艺控制两方面来平衡这两方面的矛盾。在成分方面，由于抗拉强度和应力腐蚀开裂敏感性都随 Zn、Mg 含量的增加而增加。因此，对 Zn、Mg 总量应加以控制，同时应注意 $\omega(Zn)/\omega(Mg)$。有资料指出：$\omega(Zn)/\omega(Mg) = 2.7 \sim 2.9$ 时，合金的应力腐蚀开裂抗力最大，如图 12 - 23

所示。

在 Al－Zn－Mg 基础上加入 Cu 所形成的 Al－Zn－Mg－Cu 系合金，其强化效果在所有铝合金中是最好的，合金中的 Cu 大部分溶入 $\eta(MgZn_2)$ 相和 $T(Al_2Mg_3Zn_3)$ 相内，少量溶入 α(Al) 内。可按 Zn/Mg 质量比，将此系合金分为 4 类：(1) $\omega(Zn)/\omega(Mg) < 1:6$，主要沉淀相为 Mg_5Al_8，这类合金实际上是 Al－Mg 系合金。(2) $\omega(Zn)/\omega(Mg) = (1:6) \sim (7:3)$，主要沉淀相为 $T(Al_2Mg_3Zn_3)$ 相。(3) $\omega(Zn)/\omega(Mg) = (5:2) \sim (7:1)$，主要沉淀相为 $\eta(MgZn_2)$ 相。(4) $\omega(Zn)/\omega(Mg) > 10:1$，沉淀相为 Mg_2Al_{11}。

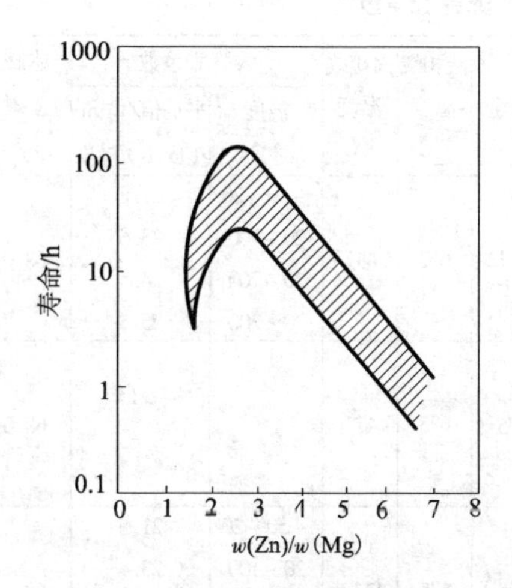

图 12－23 锌、镁比值对 Al－Zn－Mg 合金应力腐蚀开裂敏感性的影响

一般来说，Zn、Mg、Cu 总量在 6% 以下时，合金成形性能良好，应力腐蚀开裂敏感性基本消失。合金元素总量在 6%～8% 时，合金能保持高的强度和较好的综合性能。合金元素总量在 9% 以上时，强度高，但合金的成形性、可焊性、抗应力腐蚀性能、缺口敏感性、韧性、抗疲劳性能等均会明显降低。

7××× 系合金的性能见表 12－19 至表 12－21。

表 12－19 7××× 系合金的热学性能

合金	液相线温度/℃	固相线温度/℃	线膨胀系数		体膨胀系数/[m³·(m³·K)⁻¹]	比热容/[J·(kg·K)⁻¹]	20℃热导率/[W·(m·K)⁻¹]		
			温度/℃	平均值/[μm·(m·K)⁻¹]			O	T53、T63、T5361、T6351	T6
7005	643	604	−50～20 20～100 20～200 20～300	21.4 23.1 24.0 25.0	67.0×10^{-6} (20℃)	875 (20℃)	166	148	137
7039	638	482	20～100	23.4	—	—	125～155		
7049	627	588	20～100	23.4	—	960(100℃)	154(25℃)		
7050①	635	524	−50～20 20～100 20～200 20～300	21.7 23.5 24.4 25.4	68.0×10^{-6}	860(20℃)	180	154(T76、T7651)	157(T736、T73651)

续表 12 - 19

合金	液相线温度/℃	固相线温度/℃	线膨胀系数		体膨胀系数/[m^3·(m^3·K)$^{-1}$]	比热容/[J·(kg·K)$^{-1}$]	20℃热导率/[W·(m·K)$^{-1}$]		
			温度/℃	平均值/[μm·(m·K)$^{-1}$]			O	T53、T63、T5361、T6351	T6
7072	657	641	-50~20 20~100 20~200 20~300	21.8 23.6 24.5 25.5	68.0×10^{-6}	—	227	—	—
7075[②]	635	477			68.0×10^{-6}	960(100℃)	130(T6、T62、T651、T652)	150(T76、T7651)	155(T73、T7351、T7352)
7175[③]	635	477[⑤]	-50~20 20~100 20~200 20~300	21.6 23.4 24.3 25.2	68.0×10^{-6}	864(20℃)	177	142	155(T736、T73652)
7178	629	477[⑤]	-50~20 20~100 20~200 20~300	21.7 23.5 24.4 25.4	68.0×10^{-6}	856(20℃)	180	127(T6、T651)	152(T76、T7651)
7475[④]	635	477[⑤]	-50~20 20~100 20~200 20~300	21.6 23.4 34.3 25.2	68×10^{-6}(20℃)	865(20℃)	177	155(T61、T651)142;155(T761、T7651) 163(T7351)	—
7A03	—	—	20~100 100~200 200~300 300~400	21.9 24.85 28.87 32.67	—	714(100℃) 924(200℃) 1050(300℃)	150(25℃) 160(100℃) 164(200℃) 168(300℃)	— — — —	— — — —
7A04	—	—	20~100 20~200 20~300	23.1 34.3 24.1 26.2	—	—	155(25℃) 160(100℃) 164(200℃) 164(300℃) 160(400℃)	—	—

①经过固溶处理的加工产品的初熔温度为488℃，铸态材料的共晶温度465℃。

②铸态材料的共晶温度477℃，经过固溶处理的加工产品的初熔温度为532℃。

③铸态材料的共晶温度477℃，经过固溶处理的加工产品的初熔温度为532℃。

④经过固溶处理的加工产品的初熔温度为538℃，而共晶温度为477℃。

⑤共晶温度。

表 12－20　7×××系合金的电学性能

合金	20℃体积电导率/%IACS			20℃电阻率/（nΩ·m）			20℃时各种状态电阻温度系数/（nΩ·m·K^{-1}）
	O	T53、T5351 T63、T6351	T6	O	T53、T5351 T63、T6351	T6	
7005	43	38	35	40.1	45.4	49.3	0.1
7039	32～40			—	—	—	0.1
7049	40			43			0.1
7050	47	39.5（T76、T7651）	40.5（T73、T3651）	36.7	43.6（T76、T7651）	42.6（T736、T3651）	0.1
7072	60	—	—	28.7	—		0.1
7075	33（T6、T62、T651、T652）	38.5（T76、T765）	40（T73、T7351、T7352）	52.2（T6、T62、T651、T652）	41.8（T76、T7651）	43.1（T73、T7351、T73652）	0.1 0.1
7175	45	36（T66）	40（T736、T73652）	37.5	47.9（T66）	43.1（T736、T73652）	0.1
7178	46	32（T6、T651）	39（T76、T7651）	37.5	53.9（T6、T651）	44.2（T76、T7651）	0.1
7475	46	36（T61、T651）；42（T7351）	40（T761、T7651）	37.5	47.9（T61、T651）；41.1（T7351）	43.1（T761、T7651）	0.1
7A03	—	—	—	44.0（T4）	—	—	0.1
7A04	30（T4）	—	—	42.0（T4）	—	—	0.1

表 12－21　7075 合金在不同温度下的典型力学性能

温度/℃	抗拉强度①/MPa	屈服强度①/MPa	伸长率②/%	温度/℃	抗拉强度①/MPa	屈服强度①/MPa	伸长率②/%
T6、T651				T73、T7351			
－196	703	634	9	－196	634	496	14
－80	621	545	11	－80	545	462	14
－28	593	517	11	－28	524	448	13
24	572	503	11	24	503	434	13
100	483	448	14	100	434	400	15
149	214	186	30	149	214	186	30
204	110	87	55	204	110	90	55
260	76	62	65	260	76	62	65
316	55	45	70	316	55	45	70
371	41	32	70	371	41	32	70

注：①在所示温度负载保温 10000 h 测得的最低力学性能，先以 35 MPa/min 的应力施加速度试验至屈服强度，而后以 5%/min 的应变速度拉至断裂。

②标距 50 mm。

12.3.2 铸造铝合金的性能及控制

铸造铝合金具有良好的铸造性能、抗腐蚀性能和切削加工性能，可制成各种形状复杂的零件，并可通过热处理改善铸件的力学性能。同时由于熔炼工艺和设备比较简单，成本低，尽管力学性能不如变形铝合金，但在航空航天、船舶、汽车、电器、仪器仪表、日用品等工业领域都得到广泛应用。

1. Al－Si 系铸造铝合金

Al－Si 系铸造合金是一种以硅为主要合金元素的二元或多元合金，一般 Si 的质量分数在 4% ~22%，是铸造铝合金中品种最多、使用量最大的一类工业铸造铝合金，具体化学成分可参考标准 GB/T 1173—1995 和 GB/T 15115—1994。这类铝合金具有优良的铸造性能、高的气密性、良好的耐蚀性和中等的机加工性能，中等的强度和硬度，密度低、线收缩率较小，但是塑性较低，适于铸造在常温下工作、形状复杂的零件。按照合金中 Si 含量多少，可将其分为共晶铝硅合金(ZL102，YL102，ZL108，YL108 和 ZL109)、过共晶铝硅合金(ZL117 和 YL117)和亚共晶铝硅合金(其余合金)。按照用途和生产方式将其分为一般铸造用铝合金和压力铸造用铝合金，分别简称为铸造铝合金和压铸铝合金。

二元 Al－Si 合金虽然有良好的铸造性能、优良的气密性和耐磨性，但强度较低，耐热性能差，往往加入其他合金化元素以改善其性能，在 Al－Si 二元合金中加入适量的 Mg，可显著提高其强度。因加入 Mg 后，可生成 Mg_2Si 相，因而可以通过热处理使合金强化。在 Al－Si 合金中同时加入 Mg 和 Cu，比单独加入其中一种元素所获得的热处理效果要好。在 Al－Si－Mg 系中加入 Cu，随 Cu 含量的增加，合金强度显著增加，伸长率下降，而耐热性能提高。这是因为 Cu 含量增加时，合金中 $\beta(Mg_2Si)$ 相逐渐减少，而出现 $W(Al_xMg_5Si_4Cu_4)$ 和 $\theta(CuAl_2)$ 相。Al－Si－Mg 合金未加 Cu 时其组织为 α + Si + β，加 Cu 后，除上述三相外还将出现 W 相，Cu 含量增加 W 相也增加，当 Cu/Mg 质量比约 2.1 时，β 相将消失，而成为 α + Si + W 三相组织，当 Cu/Mg 质量比大于 2.1 时，除 α + Si + W 外还将出现 θ 相。W 相耐热性最好，β 相耐热性最差。由于希望出现比 β 相耐热的 θ 相。因此常将 Cu/Mg 质量比保持在 2.5 左右。

2. Al－Cu 系铸造铝合金

Al－Cu 系铸造铝合金是一种以铜为主要合金元素的二元或多元合金，一般 Cu 的质量分数在 3% ~11%，其主要强化相是 Al_2Cu，由于 Cu 起固溶强化和析出硬化作用使该系合金在室温和高温下具有极高的强度和高热稳定性，是各类合金中强度最高的一类，而且具有良好的机械加工、阳极化、电镀和抛光等工艺性能和焊接性能，是耐热性能最好的铸造铝合金。但其主要缺点是铸造性能较差，耐蚀性能差，气密性低、密度和热裂倾向大、线膨胀系数也较大。该类合金的重要用途是铸造柴油发动机活塞和航空发动机缸盖等，其应用范围仅次于Al-Si铸造合金。具体化学成分参考标准GB/T 1173—1995。

当Cu的质量分数在4%~5%时合金的热裂倾向最大，超过这个含量时热裂倾向降低。一般控制在5%左右，过低强化不足，过高则固溶处理后的组织中将有未溶的Al_2Cu存在，会降低合金的塑性。Cu含量约为10%的Al_2Cu铸造合金，多用于高温下强度和硬度都要求高的零件。在该系合金中添加Mn，可提高其耐热性能。Mn溶入α固溶体，阻碍Cu原子的扩散，同时可生成$Al_{12}CuMn_2$相，通过热处理使合金强化。加入Ni也可提高其耐热性能。通常还加入Ti或稀土元素以细化晶粒。

3. Al-Mg系铸造铝合金

该系合金中Mg的质量分数为4%~11%，具有较高的力学性能，高的强度、良好的延性、韧性和切削加工性能，加工表面光亮美观，且由于Mg的密度比Al小，故这类合金是现有铝合金中密度最小的，耐腐蚀性能优异，是铸造铝合金中耐蚀性能最好的，可在海洋环境中服役，但长期使用时有产生应力腐蚀倾向。主要缺点是铸造性能差，特别是熔炼时容易氧化和形成氧化夹渣，需要采用特殊的熔炼工艺。Mg含量高的这类合金有自然时效倾向。除用作耐蚀合金外，也用作装饰用合金。

在Al-Mg合金中加入微量的Be，可大大增加合金熔体表面氧化膜的致密度，提高合金熔体表面的抗氧化性能，从而改善熔铸工艺，并能显著减轻铸件厚壁处的晶间氧化和气孔，降低力学性能的壁厚效应。加入微量的Zr，B，Ti等晶粒细化剂，能明显细化晶粒，并有利于补缩，使β相更为细小，提高热处理效果。它们可以单独使用，其中Zr的作用最强。

4. Al-Zn系铸造铝合金

Zn在Al中的最大固溶度达70%，室温时降至2%，室温下没有化合物，因此在铸造条件下Al-Zn合金能自动固溶处理，随后自然时效或人工时效可使合金强度显著提高，节约了热处理工序。这类合金的缺点是铸造性能和耐腐蚀性能较差，密度大(2.9~3.1 g/cm^3)，高温性能差，铸造时容易产生热裂，因而其应用范围受到限制。该类合金可采用砂型模铸造，特别适宜压铸，主要用作压铸仪表壳体类零件。

铸造Al-Zn合金主要有ZL401，ZL401Y和ZL402，其化学成分参看GB/T 1173—1995。二元Al-Zn合金由于强度不高，铸造性能不好、耐蚀性很差，需进一步合金化，加Si可进一步固溶强化，在Al-Zn-Si系合金(如ZL401)中加入Mg，形成Al-Zn-Mg系合金(如ZL402)，强化效果明显。合金加Cr和Mn，可使$MnZn_2$相和T相均匀弥散析出，提高强度和抗应力腐蚀能力。A1-Zn铸造合金中加Ti和Zr可以细化晶粒。

5. 其他铸造铝合金

(1) Al－Re 合金

Al－Re 系铸造铝合金是在铸造铝合金中加入(质量分数)为 4.4% ~5% 的混合稀土、3% ~3.4% Cu、1.6% ~2.0% Si、0.15% ~0.25% Zr 和 0.005% ~0.06% B 等元素，可使铝合金的耐热性能大幅度提高，是铸造铝合金中耐热性能最好的合金，适宜在 400℃高温下较长时间工作，同时还具有良好的铸造性能和气密性，不易产生热裂和疏松，可采用金属型铸造形状复杂的零件。其缺点是室温力学性能较差，成分较复杂，应用上受到一定限制。

目前稀土金属在铸造铝合金中应用的是 4.4% ~5%(质量分数)富 Ce 混合稀土。合金在 T1 状态下使用，处理工艺为 200 ±5℃加热，保温 10 ~15 h，空冷。砂型铸造后经 T1 工艺处理后，其抗拉强度可大于 167 MPa，屈服强度为 156 MPa，伸长率大于 0.5%，硬度大于 70 HBW。金属型铸造后经 T1 工艺处理后，其力学性能提高的更为显著，适用于 400℃下工作的零件。

加入稀土的铸造铝合金，其优越性受到广泛的重视，在工业上的应用日益增多，例如上海内燃机研究所和上海活塞厂研制生产的 66－1 稀土铝合金活塞，其金相组织中除有普通的多元铝硅合金中的组成相外，还出现了块状和条状的铝硅稀土化合物中间相，它区别于硬脆的针状 $\beta(Al_9Si_2Fe_2)$ 相，对铸件脆性影响较小，具有较高的强度和硬度，在高温下具有优良的热强性，提高了合金的室温和高温强度，降低了线膨胀系数，对提高活塞的耐磨性和使用寿命具有良好的效果。加入适量的稀土元素，还能对共晶硅起变质作用，改善合金的铸造性能，减少疏松和气孔的形成，可获得优质铸件。

(2) Al－Li 合金

Al－Li 合金的主要优点是密度小，弹性模量高，可以减轻结构件重量，增加构件的刚度 10% ~15%，此外还可以降低疲劳扩展速率，但铸造铝锂合金的研究和使用还比较少。

国外研究的 3 个铸造铝锂合金：RPP ×1、RPP ×2 和 RPP ×3 已经进行过熔模精密铸造试验，合金与造型材料不反应，铸件具有很好的外表质量。研究的目标是生产一种力学性能相当于 A201.0(T7)的铸造 Al－Li 合金，即抗拉强度不低于 410MPa，屈服强度不低于 345 MPa，伸长率不低于 3%，密度为 2.45 g/cm^3。

(3) 铸造铝基复合材料

铸造铝基复合材料具有比强度高、比模量高、耐磨、耐高温、低的膨胀系数、低的密度和优良的高温蠕变和疲劳强度等特征，是目前主要投入工业应用的金属基复合材料(MMC)。铝基复合材料的增强添加物主要有 SiC，TiC，Al_2O_3 和 C 颗粒、晶须或纤维。液态金属搅拌铸造法是现在工业采用的主要生产颗粒增强铝基复合材料的方法之一，分为漩涡法、复合铸造法和 Duralcon 法 3 种工艺。

铝基复合材料常用的基体合金有：工业纯铝，变形铝合金中的2×××系、7×××系(适用于高强度)和6×××系(适用于耐蚀和加工性)，以及铸造铝合金的Al-Si系。一般不采用含有Mn和Cr的铝合金，以避免生成脆性化合物。铝基复合材料的性能是由成形的SiC的刚度、强度和耐磨性与铝合金的韧性共同作用的，其强度值在一定程度上取决于SiC颗粒分布的均匀性，而SiC的均匀性又取决于铸件凝固速度。快速凝固时可使SiC分布均匀，再经T6工艺处理后可获得良好的综合力学性能，与一般铸造铝合金相比，其耐磨性可提高2.5倍，屈服强度可提高66%，而在333℃时可提高200%以上。铝基复合材料在熔炼过程中必须进行搅拌，以防止SiC分布不均而导致力学性能的恶化和裂纹的产生。

12.4　高强高韧铝合金开发

高强高韧铝合金由于其具有高的比强度和硬度、易于加工、较好的耐腐蚀性能和较高的韧性、耐久且经济等优点而广泛应用于航空航天领域。下面分别介绍几种典型的高强高韧铝合金。

12.4.1　7×××系高强高韧铝合金

7×××系铝合金材料的85%以上用于航空航天器制造领域，仅有少数7N03合金等用于轨道车辆及其他领域。在变形铝合金材料中状态代号最多的是7×××系合金，其次是2×××系合金材料，同时7×××系合金材料都在人工时效状态应用。因此，其基本状态代号皆为T6(固溶处理与人工时效)与T7(固溶处理与过人工时效)。

国内超高强铝合金的研发起步较晚。20世纪80年代初，东北轻合金加工厂和北京航空材料研究所开始研制Al-Zn-Mg-Cu系高强高韧铝合金。目前，在普通7×××系铝合金的生产和应用方面已进入到实用化阶段，产品主要包括7075、7175和7050等合金，用于各种航空器结构件的制造。20世纪90年代中期，北京航空材料研究所采用常规半连续铸造法试制成功了7A55超高强铝合金，近来又开发出强度更高的7A60合金。“九五”期间，在国家攻关和“863”高技术项目的支持下，北京有色金属研究总院和东北轻合金加工厂开展了仿制俄罗斯B96Ц合金成分的超高强7×××系铝合金以及具有更高锌含量的喷射成形超高强铝合金的开发工作，他们分别采用喷射沉积和半连续铸造工艺，制成了各种尺寸的(模)锻件、挤压棒材及无缝挤压管材等，合金的屈服强度已分别达750~780 MPa和630~650 MPa、延伸率则分别达到8%~10%和4%~7%，其中北京有色研究总院用喷射成形技术研制的7000系合金(Al-8.6Zn-2.6Mg-2.2Cu)，其屈服强度为710 MPa，抗拉强度为740 MPa，$\delta=10\%$。

超高强铝合金研制基本上沿着高强度、低韧性→高强度、高韧性→高强度、高韧性、耐腐蚀方向发展，热处理状态则是沿着 T6→T73→T76→T736(T74)→T77 方向发展，在合金设计方面的发展特点是合金化程度越来越高，Fe、Si 等杂质含量越来越低，微量元素添加越来越合理，最终达到大幅度提高合金强度的同时保持合金具有优良的综合性能，用于航空航天的高强高韧铝合金典型性能见表 12－22，主要特点及应用情况见表 12－23。

超高强度 Al－Zn－Mg－Cu 铝合金的合金元素含量高，易偏析，铸坯未溶共晶相多，导致铸坯和热轧开坯易开裂；粗大的结晶相颗粒成为应力集中和裂纹萌生之处，对铝合金的断裂韧性、疲劳性能和应力腐蚀开裂均有显著影响，这是制约该类合金实际应用的瓶颈问题。

表 12－22 高强高韧铝合金的典型性能

合金牌号及热处理状态	$A_{p0.2}$/MPa	σ_b/MPa	δ/%	原始成分
7075－T6	500	570	11	5.6Zn2.5Mg1.6Cu
7050－T736	510	550	11	6.2Zn2.25Mg2.3Cu
7475－T7561	560	590	12	5.7Zn2.25Mg1.55Cu
7055－T77	640	660	10	8.0Zn2.05Mg2.3Cu
7150－T77	614	648	12	6.5Zn2.25Mg2.1Cu
B96Ц－1T2	620	650	7	8.4Zn2.7Mg2.3Cu
B96Ц－3T2	560	590	8	8.1Zn2.1Mg1.7Cu
B96Ц－3T12	620	640	7	8.1Zn2.1Mg1.7Cu

表 12－23 高强高韧 Al－Zn－Mg－Cu 系合金的主要特点及应用情况

牌号	主要特点	主要制品及状态	应用实例
7475	强度、断裂韧性高，抗疲劳性能好	T61、T761 状态薄板，T651、T7651 和 T7351 厚板	飞机机身、机翼蒙皮，翼梁，舱壁，子弹壳
7050	强度高，断裂韧性、抗应力腐蚀和抗剥落性好，淬火敏感性小	T7651、T7451 状态厚板，T76511、T73511 挤压件，T74 模锻件	飞机机身框架，舱壁，机翼蒙皮，加强筋，起落架支撑部件，铆钉
7150	在 T651 状态下强度比 7075 高 10%～15%，断裂韧性高 10%，抗疲劳性能好，两者 SCC 性能相似	T651、T6511、T7751 状态厚板，T7751 状态挤压件	已用于播音 757、767，空中客车 A310 和麦道 MD－11 等飞机的上翼机构，已被用作波音 777 部分结构件
7055	抗压和抗拉强度比 7150 高 10%，断裂韧性、耐蚀性与 7150 相似	T7751 状态厚板和挤压件	被选为波音 777 飞机上翼结构材料

为了适应未来航天航空技术的高速发展，需要积极研究开发高强高韧 Al – Zn – Mg – Cu 系合金材料，作为今后研究的重点，主要应努力提高铝合金的韧性、疲劳特性、耐应力腐蚀开裂性和耐热稳定性。

12.4.2 铝锂合金的强韧性控制

铝锂合金是近年来引起广泛关注的一种新型变形铝合金材料，该系合金的成功研制与应用，标志着半个多世纪以来铝合金领域里的重要发展。铝锂合金具有密度低、比强度高、比模量大、比刚度大、疲劳性能良好、抗腐蚀性能及耐热性好等优点，比强度和比刚度优于硬铝合金及钛合金，用于制造飞机结构件可使飞机减重10% ~20%。铝锂合金作为取代传统铝合金的新型结构材料，在航空航天工业中具有极大的技术经济意义，西方发达国家在商用飞机、苏联在航天飞行器和飞机上已进行了使用，目前包括中国在内的许多国家都投入巨大力量进行研究与开发，以期扩大该新型铝合金的应用范围。

锂是世界上最轻的金属元素，其密度只有0.53 g/cm^3，在铝中每加入1%的锂，可使合金密度减小3%，弹性模量提高6%。锂在铝中有较高的溶解度，并随温度而明显变化，所以铝锂合金具有明显的时效强化效应，属于可热处理强化的铝合金。铝锂合金在时效过程中以弥散质点形式析出的亚稳球形平衡相 δ'（Al_3Li）相为有序超点阵结构，与基体完全共格，对位错运动具有强烈的阻碍作用，是合金中的主要强化相，其典型形貌如图12 – 24所示。但因 δ'相被位错切过后，易产生共面滑移，使位错塞积形成应力集中，引起材料早期失效断裂，因此二元 Al – Li 合金的强度和塑性较低，实际意义不大。在二元 Al – Li 合金中添加 Cu，Mg，Zr，Ag，Cr 等多种合金化元素，可改善合金的综合性能。至今，借助合金化原理，已开发的铝锂合金大致有三个系列，即 Al – Cu – Li 系合金、Al – Mg – Li 系合金和 Al – Li – Cu – Mg – Zr 系合金。

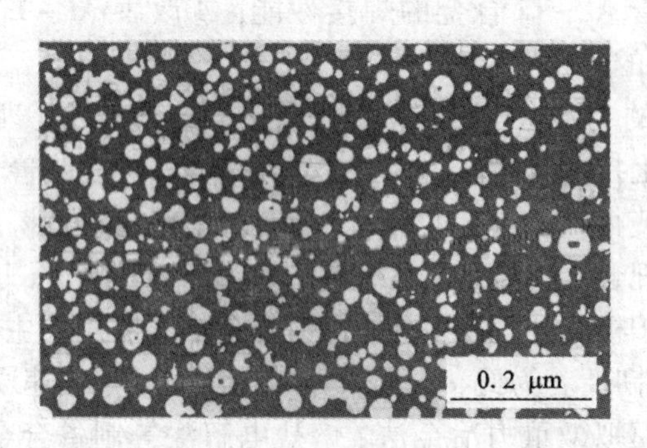

图12 – 24 铝锂合金中 δ'强化相的透射电镜观察结果

（Al – Li – Cu – Mg – Zr 合金 190℃时样品）

Al－Cu－Li系合金是最早研制开发的一类铝锂合金，早在1924年，德国研制出了添加少量Li的scleron合金(Al－1.2Zn－3Cu－0.6Mn－0.1Li)。但是首次得到使用的是1957年美国Alcoa公司研制成功的X2020合金，并引起了各国的关注。1958年，美国将X2020合金用于海军RA－5 Cvigitante飞机机翼蒙皮和水平安定面。苏联在20世纪60年代也研制成功了成分和性能类似于X2020合金的ВАД230(1230)。这类合金的断裂韧性低，疲劳裂纹扩展速度快，对缺口敏感，生产工艺难度大，因而使用有限。Alcoa于1969年停止了X2020合金的生产。X2020合金失败的另一个原因是技术先进性不够，Li的含量仅1%，体积质量下降(3%)和刚度提高(6%)的幅度有限，加之Cu含量达4.5%，合金的体积质量仍然较高。后来得到很好发展的是强塑性配合良好的2090合金。

Al－Mg－Li系中的典型合金是苏联研制的1420合金，主要强化相为δ'相和T1(Al_2MgLi)相，该合金比2020合金体积质量更低而弹性模量更高。同时具有优良的焊接性能和抗腐蚀性，是目前应用最为成熟的Al－Li合金。已成功应用于制造飞机的一些结构件、火箭和导弹的壳体、燃料箱等，取得明显的减重效果。

20世纪70年代爆发的能源危机给航空工业带来了巨大的压力，迫切要求飞机轻量化。复合材料的兴起也给传统铝工业造成潜在的威胁，以及原苏联Al－Li合金在军事飞机的成功应用都刺激了西方政府，Al－Li合金在西方国家也进入了发展繁荣阶段。在20世纪70年代至80年代后期，西方各国研制成功了低密度、中强耐损伤型和高强型等一系列较为成熟的Al－Li－Cu－Mg－Zr系合金产品。其中有：美国Alcoa公司研制的2090，8090合金，英国Alcan公司的8090，8091和8092合金，法国Pechiney公司开发的2091，8090和cp276合金等。这些合金具有密度低、弹性模量高等优点，其主要目标是直接代替航空航天飞行器中采用的传统铝合金2024，7075等。

近年来Al－Li合金的发展呈现以下趋势：①超强、超韧性方向发展；②超低密度化发展；③改善Al－Li合金的焊接性能；④改善Al－Li合金的各向异性；⑤改善Al－Li合金的热稳定性。

合金性能提高的主要途径有：①微合金化；②形变热处理；③纯净化；④再结晶、在不同方向上拉伸或冷轧、减小变形量等方法可以改善合金的各向异性。

由于锂活泼，使得铝锂合金的冶炼和加工工艺比较复杂，但通过采取一些相应的保护措施，铝锂合金仍可采用常规的设备和工艺进行压力加工、热处理、机加工、表面涂层及阳极化处理。目前，铝锂合金扩大应用的主要障碍是该类合金的低塑性和低断裂韧性。为此，人们采用铸造冶金法、快速凝固和粉末冶金法、喷射沉积成形法、模拟微重力冶金法、熔盐电解法等制备合金，提高材料纯度、添加微量元素及稀土元素、优化热处理工艺等一系列方法，来改善合金的塑性和韧性，以期提高合金的综合性能，扩展该系合金的应用领域。

第 13 章　铜及铜合金组织性能的特点及控制

13.1　铜及铜合金性能和分类

13.1.1　物理性质

1. 颜色

纯铜液态下表面呈油绿色，固态下呈玫瑰红色，表面形成 Cu_2O 氧化膜后外观呈紫红色，故又称紫铜；又因纯铜是用电解法获得的，又称电解铜，进一步氧化后变成 CuO，表面为黑色。当铜表面被酸性液体侵蚀后，将形成复盐，主要颜色为黑褐色、蓝绿色；铜中加入不同合金元素后，可以呈现玫瑰红、金黄、浅黄、青色、白色和银白色；铜表面经化学处理后，可以按照人们所希望的色泽变化，常见的色泽有古铜、天蓝、果绿等颜色，在建筑屋顶时被采用。

2. 密度

铜的理论密度 20℃时为 8.932 g/cm³，1913 年国际电化学协会(IEC)确定工业铜的标准密度为 8.89 g/cm³，液态铜的密度为 7.99 g/cm³，铜的密度因状态和温度不同而变化，加工铜的密度高于铸态铜。含铜 99.999% 的加工产品在 20℃时的密度为 8.958 g/cm³，而铸态为 8.3 ~ 8.7 g/cm³，对于电解精铜可取均值 8.5 g/cm³；铜的密度随温度升高而降低。加工纯铜的密度与温度关系见表 13 - 1。

表 13 - 1　加工纯铜密度与温度的关系

状态	固态				液态	
温度/℃	20	900	1000	1084.5	1084.5	1200
密度/(g · cm⁻³)	8.93	8.68	8.47	8.32	7.99	7.80

3. 导电、导热性

铜最优异的品质是有极高的导电和导热性能，仅次于银。工程界通常把铜的电导率作为比较标准，1913 年国际电技术委员会制定了国际软铜电导率标准(IACS)，确定含铜 99.90%、退火状态软铜、20℃时的电导率为 58.0 S · m/mm²，电阻率为 1.7421 μΩ · cm。

金属的导电性可用电阻率来评价，它是金属的固有属性。随着温度升高，铜的电阻率增加，电导率降低，纯铜不同温度下的电阻率见表 13－2。

表 13－2　高纯铜在不同温度下的电阻率

温度/℃	20	100	200	300	400	460	1084.5（固态）	1084.5（液态）	1100	1340	1450
ρ/（μΩ·cm）	1.684	2.250	2.360	3.664	4.371	4.750	10.20	31.30	21.43	23.39	24.22

随着冷加工变形量的增大，铜的电阻上升，这是由于塑性变形引起铜晶格畸变，组织缺陷增多所致，其增量 P 可大致按式(13－1)估算：

$P=\sigma_b/157$（冷加工铜的抗拉强度一般为 $\sigma_b=315\sim470$ MPa）　(13－1)

电导率随冷拉截面收缩的增大而下降：面缩率为 25%，50%，75% 和 87.5% 时对应的电导率降低百分比为 1.5% IACS，2.0% IACS，2.3% IACS 和 2.6% IACS。此外，影响铜电阻率的主要因素还有外来杂质的多少，元素本身性质等，其中 As，Ti，Bi，P 等元素会引起铜的电阻率强烈降低。

铜的导热性能与导电性能相似，影响导热性能的诸因素与导电性能相同；由维德曼－夫兰兹定律可知，热导率与电导率成正比。随着铜及其合金在热交换过程中的广泛应用，人们对铜的导热性能研究日益深入，铜中加入其他合金元素都会降低铜的热导率，纯铜不同温度下的热导率见表 13－3，可以看出，铜的热导率随温度的升高而降低。

表 13－3　纯铜在不同温度下的热导率

温度/℃	－256	－160	－73	0	100	321	667
λ/[W·(m·K)$^{-1}$]	约 5024	450	402	392	380	130	130

4. 磁性

铜是抗磁体，是优良的磁屏蔽材料。常温下铜的磁化率为 -0.085×10^{-6}/g，温度对其磁化率的影响不大，但铁能提高其磁化率，对于抗磁用途的铜及铜合金而言，都应严格控制铁的含量；铜对光的反射率随着光的波长减小而下降，发射率随着温度升高而增加。

5. 摩擦系数

在无润滑条件下，纯铜与各种材料间的摩擦系数见表 13－4

表 13-4　纯铜与各种材料间的摩擦系数

接触材料	滑动	静止
碳钢	0.53	0.36
铸铁	1.05	0.29
玻璃	0.68	0.53

6. 弹性模量

20℃时纯铜的弹性模量为 105 ~ 137 GPa，切变模量为 38 ~ 48 GPa，再结晶铜的弹性模量见表 13-5。

表 13-5　20℃时再结晶铜的弹性模量和泊松系数

材料	弹性模量 E/GPa	切变模量 G/GPa	压缩模量 K/GPa	泊松系数 μ
退火软化电解铜	125	46.4	139	0.35

铜的其他主要物理性质列于表 13-6。由于其具有良好的导电性、导热性和塑性，并兼有耐蚀性和焊接性，它是化工、船舶和机械工业中的重要材料。纯铜的抗拉强度较低，但比纯铝高，并在低温下具有足够的强度和塑性，故广泛应用与深度冷冻工业中。

表 13-6　铜的物理性质

性能	数值	性能	数值
熔点/℃	1083	熔点时的粘度/(mPa·s)	4 ~ 4.5
沸点/℃	2500	熔点时的表面张力/(mN·m^{-1})	1285
比热容/[J·(kg·K)$^{-1}$]	388	线膨胀系数(0 ~ 100℃)/ ℃$^{-1}$	17.0×10^{-6}
标准电极电位/V	+0.345	线膨胀系数(0 ~ 25℃)/ ℃$^{-1}$	16.5×10^{-6}
电阻温度系数(0 ~ 100℃)	0.00393	线膨胀系数(1000℃)/ ℃$^{-1}$	20.3×10^{-6}

13.1.2　化学性质

铜是元素周期表中第 IB 族元素，原子序数为 29。铜有 11 种同位素，其中 ^{63}Cu 和 ^{65}Cu 无放射性，天然丰度分别为 69.09% 和 30.91%。放射性同位素是在加速器或原子反应堆中用高能粒子进行轰击产生的。铜原子容易失去一个电子形成亚铜离子(Cu^{+})或两个电子形成铜离子(Cu^{2+})，故铜形成化合物是以呈现一价或二价的氧化态进行，但由正二价氧化状态的化合物比由正一价氧化态形成的化合物稳定。

铜具有高的正电位，Cu^{+} 和 Cu^{2+} 离子的标准电极电位分别为 +0.522 V 及 +0.345 V，在水中不能置换氢，在大气、纯净水、海水、非氧化性酸、碱、盐溶液、有机酸介质和土壤中具有优良的耐蚀性。但是铜易氧化，生成 CuO 和 Cu_2O，在 100℃大气中表面形成黑色的单斜晶格的 CuO，温度高于 200℃时氧化加剧，在高温下氧化速度会显著增快，生成正方晶格的致密的红色 Cu_2O 膜，不形成 CuO，因为它在高温下分解为游离氧和 Cu_2O。Cu_2O 有毒，广泛应用于舰船和海洋工程，被用作船底漆，防止寄生的动植物在船底生长，各种细菌在铜制品表面不能存活，具有优良的抗海洋生物附着能力。铜在氧化剂、氧化性酸中发生去极化腐蚀，如在硝酸、盐酸中被迅速腐蚀，当大气和介质中含有氯化物、硫化物、含硫气体、含氨气体时，铜的腐蚀加剧。暴露在潮湿的工业大气中的铜制品表面，很快失去光泽，形成碱式硫酸铜或碳酸铜（$CuSO_4 \cdot 3Cu(OH)_2$、$CuCO_3 \cdot Cu(OH)_2$），制品表面颜色一般经历红绿色、棕色、蓝色等变化过程，大约 10 年之后，铜制品表面会被铜铝所覆盖。铜表面的碱性化合物也可与氧发生反应，最初生成一价铜盐，而后氧化成二价铜盐，转为 Cu^{2+}，进入溶液，使铜腐蚀。氨、氯化铵、氰化物、汞盐的水溶液、湿的卤素等都能强烈的腐蚀铜。铜的耐腐蚀性能见表 13－7。杂质和合金元素对 Cu 的氧化速度影响很大，As，Cr，Mn，Ce 等显著提高其高温氧化速度，而 Al，Be，Mg 等对铜的高温氧化速度没有明显影响，因为它们可与铜形成坚固的氧化膜。

表 13－7　铜的耐腐蚀性能

介质	耐蚀程度	介质	耐蚀程度	介质	耐蚀程度	介质	耐蚀程度
工业气氛	◎	苦味酸、黄色炸药	×	氯化钡	○	潮湿的氨	×
大陆气氛	◎	硬脂酸	◎	氯化钙	○	干燥的氨	◎
海洋气氛	◎	草酸	◎	氯化铝	○	乙醇、乙醚	◎
天然气	◎	油酸	○	硫酸铵	△	乙酸乙酯	◎
氧	◎	酒石酸	◎	硫酸铜	○	酮、丙酮	◎
氢	◎	甲酸	○	硫酸镁	◎	汽油、苯、甲苯	◎
乙炔	×	柠檬酸	◎	硫酸铁	×	轻油	◎
硝酸	×	乳酸	◎	硫酸亚铁	○	重油	◎
盐酸	△	苯甲酸	◎	硫酸钠	◎	松节油	◎
40% 硫酸	○	醋酸	◎	硫酸钾	◎	棉籽油	◎

续表 13－7

介质	耐蚀程度	介质	耐蚀程度	介质	耐蚀程度	介质	耐蚀程度
40%～80%硫酸	△	氢氧化钠	×	硝酸钠	○	亚麻油	○
80%～95%硫酸	○	氢氧化钾	○	硝酸铜	△	肥皂溶液	◎
亚硫酸	○	氢氧化铝	◎	碳酸钾	◎	盐水	○
无水氢氟酸	○	氢氧化铵	×	碳酸钙	×	污水	◎
含水氢氟酸	△	氢氧化钡	◎	碳酸钠	◎	冷凝水	◎
硼酸	◎	氢氧化钙	◎	氯化钠、氯化钾	×	酸性矿井水	△
石炭酸	△	氢氧化镁	◎	重铬酸钠	×	海水	○
氯醋酸	○	氯化钠	○	次氯酸钠	○	饮用水	◎
铬酸	×	氯化钾	○	潮湿的漂白粉	○	水蒸气	◎
磷酸	○	氯化铵	×	生石灰	◎	水煤气	○

注：◎表示耐蚀，好用；○表示轻度腐蚀，可用；△表示腐蚀较重，尚可用；×表示剧烈腐蚀，不可用。

13.1.3　金属学特征

铜在固态下原子呈规则排列，晶格为面心立方晶体结构(fcc)，每一个铜原子周围有 12 个相邻的铜原子以等距离周期性的围绕，这种结晶构造是自然界结晶构造中对称性最高的一种，有 12 个滑移系，具有优良的塑性变形能力，铜的晶格常数在 18℃时为 0.36074 nm，晶格常数随着温度升高而增加，见表 13－8。铜中扩散系数 D_0与扩散激活能 Q 见表 13－9。

表 13－8　不同温度下铜的晶格常数

温度/K	0	291	573	773	944	1044	1144
晶格常数/nm	0.35957	0.36074	0.36260	0.36308	0.36526	0.36603	0.36683

表 13－9　铜中的扩散系数 D_0与扩散激活能 Q

温度/℃	$D_0/(cm^2 \cdot s^{-1})$	$Q/(kJ \cdot mol^{-1})$	注
685～1062	0.468	197.99	纯铜内自扩散
270～650	0.011	38.64	氢在电解铜中扩散
600～950	0.748	193.20	氧在电解铜中扩散

13.1.4 铜及铜合金分类

铜及铜合金具有一系列的优良性能：电导率与热导率高、抗腐蚀性能强、加工成形性能好、强度适中等，在全球经济各行业中广泛应用。铜合金的分类方法基本有按合金系、功能和材料成形方法3种。

按合金系划分可分为非合金铜和合金铜，非合金铜又称紫铜或纯铜，其他铜合金则属于合金铜。纯铜根据其含氧量和生产方法的不同分为高纯铜、韧铜、脱氧铜和无氧铜。合金铜根据化学成分特点分为黄铜、青铜和白铜3大类。黄铜是以锌为主要合金元素的铜合金，因色黄而得名，又分为普通黄铜（或称简单黄铜）和特殊黄铜（或称复杂黄铜）两大类。普通黄铜为简单二元铜锌合金，只是在锌含量上有所差别；特殊黄铜是在二元铜锌合金基础上加入一种或几种合金元素的复杂黄铜合金，包括铅黄铜、锰黄铜、铝黄铜、锡黄铜、铁黄铜、硅黄铜、镍黄铜等。白铜是以镍为主要合金元素的铜合金，当镍含量达到一定数量后（质量分数约为20%）呈银白色。除普通白铜外，若加入第三元素锌、铝、铁、锰，则称为相应的锌白铜、铝白铜、铁白铜、锰白铜。而除锌和镍以外的其他元素为主要合金元素的铜合金为青铜，因其颜色发青而得名，包括锡青铜、铝青铜、铁青铜、铍青铜、硅青铜、铬青铜、镐青铜、镁青铜、镉青铜等。

按材料成形方法可将铜合金分为变形铜合金和铸造铜合金。除高锡、高铅和高锰的专用铸造铜合金外，大部分铜合金既可作变形铜合金，也可作铸造铜合金。通常，变形铜合金都可以用于铸造，而许多铸造合金却不能进行锻造、挤压、轧制、深冲和拉拔等变形加工。变形铜合金和铸造铜合金也可以细分为变形用紫铜、黄铜、青铜和白铜以及铸造用紫铜、黄铜、青铜和白铜。

按功能划分为导电导热用铜合金、结构用铜合金、耐蚀铜合金、耐磨铜合金、易切削铜合金、弹性铜合金、阻尼铜合金、艺术铜合金和形状记忆铜合金等。

我国铜及铜合金的分类更习惯于按第一种方法进行分类，分为紫铜、黄铜、青铜和白铜。

13.2 黄铜的组织、性能与控制

Cu－Zn二元铜合金称为普通黄铜，在Cu－Zn二元铜合金基础上添加一些Sn、Al、Pb等合金元素的复杂黄铜合金称为特殊黄铜。普通黄铜的牌号以“黄”字的汉语拼音字母“H”加数字表示，数字代表铜的质量分数，如H62表示$\omega(Cu)=62\%$和$\omega(Zn)=38\%$的普通黄铜；特殊黄铜的牌号以“H”加主添加元素的化学符号再加铜的质量分数和主添加元素质量分数表示，如HMn58－2表示含$\omega(Cu)=58\%$、$\omega(Mn)=2\%$、其余为Zn的特殊黄铜；此外，对于铸造黄铜，需在其牌号前加“铸”字的汉语拼音字母“Z”。Cu – Zn 系铜合金是应用最广的铜合金，它不仅具有良好的力学性能、加工性能、抗海水和耐大气腐蚀性能，而且容易熔化进行铸造和加工成板、管、棒等型材，因此被广泛应用于机械制造和电动机零件。

13.2.1　铜锌合金组织

普通黄铜是含有质量分数为 10% ~50% 的 Cu – Zn 二元铜合金，图 13 – 1 为 Cu – Zn 二元系相图。由图可见，Zn 能大量固溶于铜，由液相→固相转变为包晶反应，平衡状态下相图包含五个包晶转变、一个共析转变和一个有序无序转变（454 ~468℃由无序固溶体 $\beta \rightleftarrows$ 有序固溶体 β' 转变），依成分不同在固态下有 α，β，γ，δ，ε 和 η6 个固溶体相，不同相的结构特征见表 13 – 10。工业用黄铜的含 Zn 量一般不超过 50%，常见的主要有 α，β，γ3 个相。

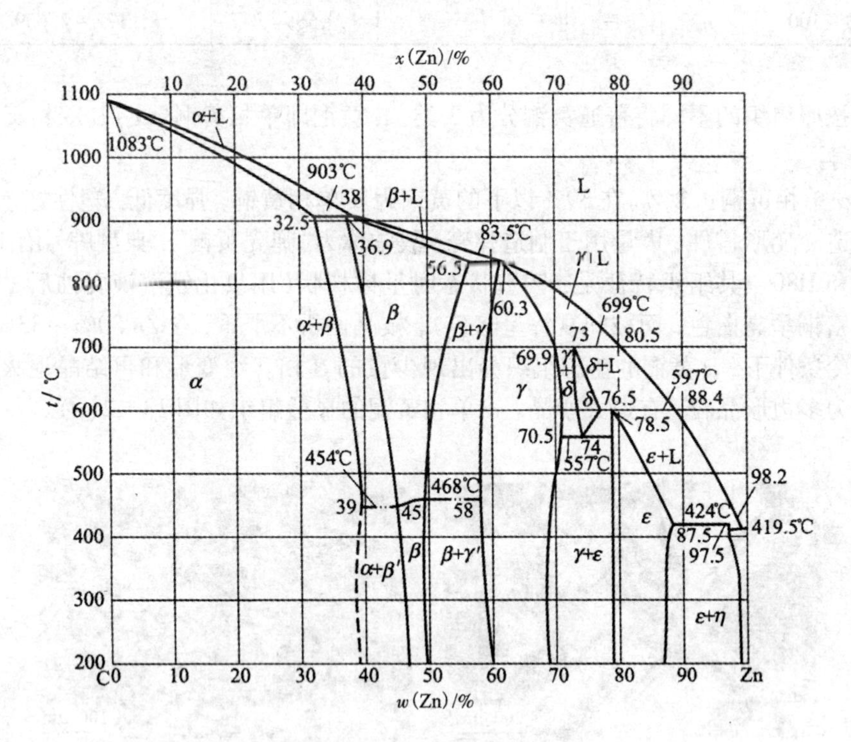

图 13 – 1　Cu – Zn 合金相图

表 13－10　Cu－Zn 系合金不同相的结构特征

x(Zn)/%	相名	电子化合物		晶格类型	晶格常数/Å
		分子式	价电子数/原子数		
0～38	α	—	—	面心立方	3.608～3.693
45～49	β, β'	CuZn	3/2	无序体心立方 有序体心立方	2.942～2.949
56～66	γ	Cu_5Zn_8	21/13	有序体心立方	8.83～8.85
74.5～75.4	δ	$CuZn_5$	7/4	有序体心立方	3.006(650℃时)～ 3.018(640℃时)
77～86	ε	$CuZn_3$	7/4	密集六方	2.74～2.76
98～100	η	—	—	密集六方	2.172～2.659

按照组织的不同将普通黄铜分为 3 类：α 黄铜即单相黄铜、$\alpha+\beta$ 双相黄铜和 β 黄铜。

α 单相黄铜：含 Zn 在 39% 以下的黄铜为 α 单相黄铜，强度低，塑性好，常用于制造冷变形零件，大量用于制造弹壳，故常称为"弹壳黄铜"，典型牌号有 H68、H70 和 H80。其组织特征是：铸造状态时呈树枝状(用氯化铁溶液腐蚀后，枝晶主轴富铜呈亮白色，而枝间富锌呈暗色)，枝晶偏析不严重，含 Zn 30%～33% 时，在快冷条件下，α 黄铜的铸态组织会出现少量的 β 相。经变形和再结晶退火，其组织为多边形晶粒，有退火孪晶。α 单相黄铜的显微组织如图 13－2(a)。

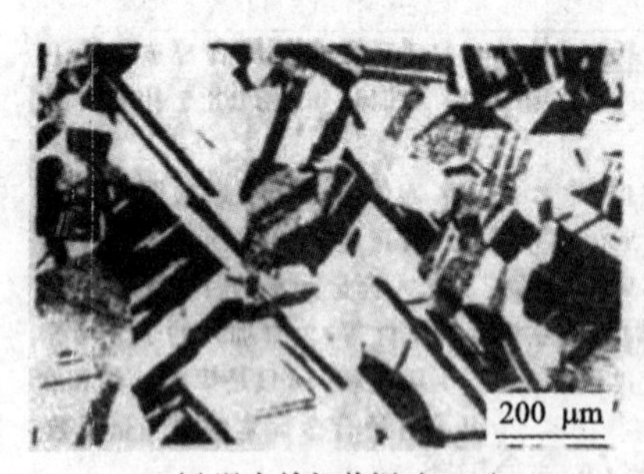

(a)退火单相黄铜（H68）

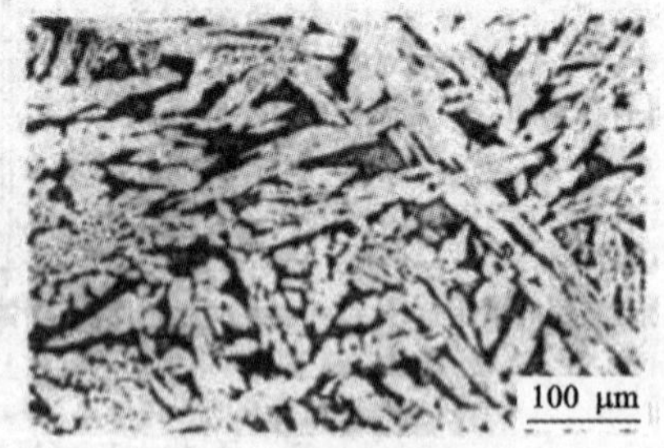

(b)铸态两相黄铜（H62）

图 13－2　单相及两相黄铜的显微组织

$\alpha+\beta$ 双相黄铜：含 Zn 量为 39%～45% 的黄铜为 $\alpha+\beta$ 双相黄铜，强度高，室温塑性差，高温塑性好，适于热压力加工，常轧成棒材、线材、管材，用于制作水管、油管和散热器等，典型牌号有 H62 和 H59。图 13－2(b) 为两相黄铜的显微组织，其组织中 α 相呈针状，冷速愈大，α 相愈细愈长，为亮白色的固溶体，β 相呈黑色，是以 CuZn 为基的有序固溶体。加工和退火状态，α 显示双晶，β 则不是。β 黄铜仅用作焊料，在铸造状态下为 β 晶粒组织。

13.2.2　铜锌合金性能与控制

1. 力学性能

普通黄铜的性能与 Zn 的质量分数、机械加工及热处理工艺等因素有密切的关系。图 13-3 给出了 Zn 的质量分数与普通黄铜力学性能的关系。在锌的质量分数小于 32% 时，平衡状态下合金中的锌完全固溶于铜中，形成 α 单相固溶体，黄铜的强度和塑性都随着锌含量的增加而提高；当锌的质量分数为 30% ~32% 时，具有最高的塑性，延伸率达 58%。当锌的质量分数超过 32% 以后，合金组织中除 α 固溶体外，还会出现脆性 β' 相，导致合金塑性急剧下降，而强度继续升高；当锌的质量分数达到 45% ~47% 时，合金全部为 β' 相，合金的强度和塑性都很低，无实用价值。因此，工业用黄铜中锌的质量分数均控制在 50% 以下。典型黄铜的低温、室温和高温力学性能分别见表 13-11 至表 13-13。

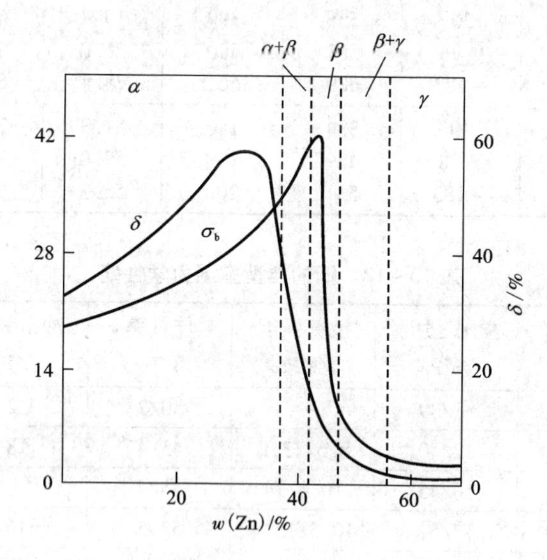

图 13-3　Zn 的质量分数对普通黄铜力学性能的影响

表 13-11　铜的典型低温力学性能

合金、成分及状态	温度 /℃	抗拉强度 /MPa	屈服强度 /MPa	伸长率 /%	面缩率 /%	维氏硬度 (HV)
H70(69.56%Cu, 余量Zn) 加工和退火的	20	358	198	49	77	—
	-40	383	189	58	77	—
	-120	429	196	55	78	—
	-180	515	189	75	73	—
H70(71.6Cu%, 余量Zn) 加工和退火的	18	291	67	82.6	76.4	—
	0	300	69	79.7	78.7	—
	-30	303	73	75.9	79.7	—
	-80	341	86	74.5	80.0	—
H68(67Cu% Cu, 余量Zn) 550℃退火2h	20	400	275	50.4	72.0	77
	-78	429	306	49.8	76.6	86
	-183	535	400	50.8	70.7	100
H68(67% Cu, 余量Zn) 冷加工40%的	20	601	592	6.3	66.5	142
	-78	648	643	7.8	71.5	149
	-183	720	712	10.1	66.5	172
H59(H60, 60%Cu, 余量Zn) 冷加工25%的	20	558	399	19.8	65.5	160
	-78	581	420	21.0	67.7	160
	-183	689	561	24.4	64.1	181
H59(H60, 60%Cu, 余量Zn) 550℃退火2h	20	384	140	51.3	75.5	95
	-78	429	158	53.0	74.6	104
	-183	531	200	55.3	71.0	142

表 13-12　铜的典型室温力学性能

合金	抗拉强度 /MPa	屈服强度 /MPa	疲劳强度 /MPa	伸长率 /%	冲击韧性 /J	布氏硬度 (HB)
H96	24/45	—/39	—	50/2	22	—
H90	26/48	12/40	8.5/13.6	45/4	18	53/130
H85	28/55	10/45	10.6/14	45/4	—	54/126
H 80	32/64	12/52	10.5/15.4	52/5	16	53/145
H 75	34~42/59~68	10~12/51~57	12/15	58~66/5~7	—	—
H 70	32/66	9.0/52	9/14	53/3	17	—/150
H 65	32/70	—	12/13.5	48/4	—	—
H 62	33/60	11/50	12/15.4	49/3	14	56/164
H 59	39/50	15/20	12/18.2	44/10	14	—/163

注：斜线右方为加工率约50%的硬材料的性能，左方的为600℃左右退火的软状态材料的性能。

表13－13　简单黄铜的典型高温力学性能

合金	温度/℃	抗拉强度/MPa	伸长率/%	布氏硬度(HB)	冲击韧性/J
H90	100	270	48	53	18
	200	260	48	50	16
	300	260	50	48	15
	500	210	—	46	9
H80	100	310	52	53	16.0
	200	300	51	51	15
	300	280	47	48	13.5
	500	270	39	44	5.0
H59	100	360	57	56	7.0
	200	320	55	56	6.6
	300	210	48	43	4.0
	500	16	—	23	3.0

2.抗腐蚀性能

黄铜的耐蚀性与纯铜接近，在干燥的大气和一般介质中的抗蚀性比铁和钢好，但在海水中耐蚀性稍差。黄铜最常见的两种腐蚀形式是脱锌和应力腐蚀破裂(或称“应力腐蚀”、“季节性破裂”简称“季裂”或“自动破裂”简称“自裂”)

脱锌是指黄铜在酸性或盐类溶液中，由于锌优先溶解受到腐蚀，使工件表面残存一层多孔(海绵状)的纯铜而使黄铜遭受破坏的现象。常在含锌较高的α黄铜，特别是$\alpha+\beta$黄铜中出现。事实证明含锌量大于15%的黄铜脱锌严重，脱锌后强度损失也大。脱锌的原因是锌的标准电位低于铜的标准电位。黄铜在含氧的中性盐类水溶液中，首先是锌离子呈阳极反应而溶解，铜则呈多孔薄膜残留在黄铜表面。这时，黄铜表面就构成原电池，从而进一步加速了黄铜的腐蚀过程，黄铜是阳极，溶解成锌离子和铜离子，铜离子在溶液中达到一定浓度后，又在阴极重新沉淀，锌离子则在阴极与还原的氧形成电离平衡，因此，锌不沉淀，造成脱锌腐蚀。

脱锌分为均匀的层状脱锌和局部的栓状脱锌，前者易出现于海水中，使材料壁厚减薄，但在较长的时间内尚不致使材料穿孔破坏；后者易出现于淡水中，可使栓状铜块突然剥落，形成穿孔腐蚀。为防止黄铜脱锌，可采用低锌黄铜[如$\omega(Zn)<15\%$]、加入少量砷(0.02%～0.05%)或添加元素镁，形成致密的MgO薄膜，或者同时加入硼。

应力腐蚀破裂是由于塑性加工等带来的残留应力在潮湿大气中，特别是在含氨盐的大气、汞和汞盐溶液中受腐蚀而产生的应力腐蚀开裂现象。含锌量愈高，所受应力愈大，在腐蚀介质中破裂前的持续时间愈短，当含锌量达35% ~40%时，黄铜的应力腐蚀破裂敏感性最大。低锌黄铜多沿晶界产生应力腐蚀破裂，而高锌黄铜则多产生穿晶破裂。

为避免应力腐蚀破裂，所有冷加工的黄铜，均应在260 ~300℃及时进行去应力退火或用电镀层(如镀锌、镀锡)加以保护。

3. 导电性能

典型普通黄铜的导电性和导热性能参数见表13 -14。

表13 -14　典型黄铜的导电性能参数

合金牌号		H96	H90	H85	H80	H75	H70	H68
热导率/[W·(m·K)$^{-1}$]		243.9	187.6	151.7	141.7	120.9	120.9	116.7
导电率/%IACS		57	44	37	32	30	28	27
电阻率/(μΩ·m)	固态	0.031	0.040	0.047	0.054	0.057	0.062	0.064
	液态	0.24	0.27	0.29	0.33	—	0.39	—
电阻温度系数/℃$^{-1}$		0.0027	0.0018	0.0016	0.0015	—	0.0015	0.0015

特殊黄铜中除锌外，常加入的合金元素有Mn，Al，Pb，Sn，Si，Fe，Ni等，形成锰黄铜、铝黄铜、铅黄铜、锡黄铜等。这些元素的加入除均可提高合金的强度外，其中的Al，Sn，Mn，Ni可提高黄铜的抗蚀性和耐磨性，Mn提高耐热性，Si改善铸造性能。特殊黄铜中的合金元素的作用见表13 -15，常见黄铜的化学成分和力学性能见表13 -16。

表13 -15　特殊黄铜中合金元素的作用

合金元素	作用
铅	能改善黄铜的切削加工性能，降低零件的表面粗糙度，也能提高耐磨性，但对黄铜强度影响不大，使塑性稍有降低，复杂黄铜中铅含量为0.3% ~3.0%
铝	铝易形成氧化膜，能改善黄铜的耐蚀性；提高黄铜强度、硬度和屈服极限，但降低塑性。能显著改善黄铜的铸造性能，但会恶化复杂黄铜焊接性，也对压力加工带来困难。压力加工用的特殊黄铜中含铝量一般 <4%，铸造特殊黄铜含铝量 <7%

续表 13 – 15

合金元素	作用
锡	能稍微提高黄铜强度和硬度，能抑制黄铜脱锌，黄铜含 1% Sn 能显著提高黄铜对海水及海洋大气的耐蚀性，加入锡的量一般应控制在 <1.5%
硅	硅含量 2.5% ~4.0%，能降低黄铜的应力腐蚀敏感性，提高黄铜抗应力腐蚀破裂的能力和在大气和海水中的耐蚀性，同时改善黄铜在焊接过程的氧化与阻止锌的挥发
锰	能提高黄铜的强度、硬度、弹性极限，而不降低塑性。还能提高黄铜在海水、氯化物和过热蒸汽中的耐蚀性。但锰含量不能过高，否则会降低黄铜的塑性变形能力，一般含锰量在 1% ~4%
铁	黄铜中的铁以 $FeZn_{10}$ 析出，能促使晶粒细化，提高黄铜的力学性能和改善黄铜的减摩性能，但对提高黄铜的耐蚀性不利，铁和锰配合使用，可以改善耐蚀性，铁含量 <1%
镍	镍含量一般 <6.5%，镍能提高黄铜的力学性能，改善压力加工工艺性能，提高耐蚀性和热强性

表 13 – 16 常用特殊黄铜的化学成分与力学性能

合金类别	牌号	化学成分，ω/%	力学性能		
			σ_b/MPa	δ/%	硬度(HB)
锡黄铜	HSn90 – 1	Cu89 ~91、Sn0.9 ~1.1，其余为 Zn	(M)270	35	—
铅黄铜	HPb59 – 1	Cu57 ~60、Pb0.8 ~0.9，其余为 Zn	400	45	90
铝黄铜	HAl59 – 3 – 2	Cu57 ~60、Al2.5 ~3.5、Ni2.0 ~3.0，其余为 Zn	380	50	75
锰黄铜	HMn58 – 2	Cu57 ~60、Mn1.0 ~2.0，其余为 Zn	400	40	85

注：M 为退火状态。

13.3 青铜的组织、性能与控制

青铜是铜合金中综合性能最好的合金，因该类合金中最早使用的铜锡合金呈青黑色而得名。人们习惯将 Cu – Zn 和 Cu – Ni 合金以外的铜合金称为青铜，并通常在青铜合金前面冠以“青”字汉语拼音的字首“Q”加主要合金元素的名称及质量分数表示，铸造用青铜则在其相应的牌号前冠以“Z”，ZQSn6 代表含锡量为6%的铸造锡青铜合金。由于青铜合金中，工业用量最大的是锡青铜和铝青铜，强度最高的是铍青铜，这里分别重点介绍。

13.3.1 锡青铜的组织、性能与控制

以锡为主加元素的铜合金称为锡青铜，工业锡青铜除锡之外，还含有一定量的磷、锌、铅、镍等元素，这类合金不但具有高的耐蚀性与耐磨性，而且有较好的力学性能和工艺性能。

图 13－4 为 Cu－Sn 二元合金相图，由图看出其具有两个明显特点。在工业上具有实用价值的含锡质量分数小于20%范围内，相图存在一个包晶转变和三个共析转变，分别发生在799℃，586℃，520℃和350℃，反应为 $\alpha+L\rightarrow\beta$、$\beta\rightarrow\alpha+\gamma$、$\gamma\rightarrow\alpha+\delta$ 和 $\delta\rightarrow\alpha+\varepsilon$，但在实际工业生产中，350℃下的共析反应是极其困难的，只有当合金在70%～80%的变形和长时间（数千小时）的退火才能出现其共析组织，在一般的退火状态下只有 $\alpha+\delta$ 共析组织。Sn 在 Cu 中的最大固溶度为15.8%，100℃以下的固溶度小于1.2%，在平衡状态下，锡青铜中有 α、β、γ、δ、ε 相等，其结构特征见表 13－17，但在工业条件下，一般为 $\alpha+(\alpha+\delta)$ 相组织，δ 相为一个硬脆相；固相线与液相线垂直距离大，凝固范围宽达150℃之多，因此金属流动性差，枝晶偏析严重，随着结晶过程的进行，液态铜锡合金中锡含量逐渐提高，这种高锡含量的金属液体，在收缩压力作用下，可以沿着晶界反流至铸锭表面，形成锡青铜特有的反偏析，这种呈白色的反偏析物基本由 δ 相组成。

表 13－17 Cu－Sn 合金相图中 Cu 侧相结构及其特征

相名称	晶格类型	晶格常数 $/\times10^{-10}$m	固溶体类型	特征
α	面心立方	3.7053	Cu	质软，有极好的塑性
β	体心立方	2.981～2.991	Cu_5Sn（电子化合物）	在高温下稳定，温度下降迅速分解，有热塑性
γ	复杂立方	2.981～2.991	$Cu_{31}Sn_8$（电子化合物）	在高温下稳定，温度下降迅速分解
δ	复杂立方	17.951～17.96	$Cu_{31}Sn_8$（电子化合物）	性质硬而脆，共析分解极慢
ε	正方	$a=4.328$ $b=5.521$ $c=33.25$	Cu_3Sn（电子化合物）	由 δ 相共析分解得到，但当 Sn 的质量分数小于 20% 的合金因相分解极慢，实际上无 ε 相

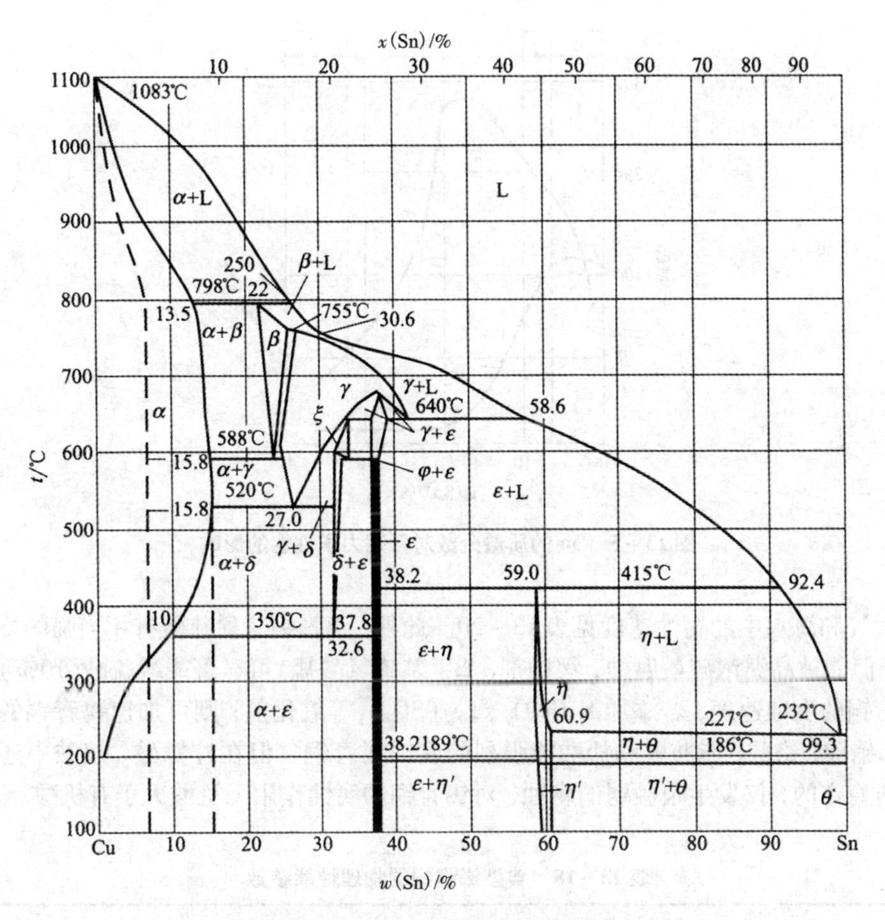

图 13-4　Cu-Sn 二元合金相图

含锡量对青铜性能的影响见图 13-5，结合相图看出，当 Sn 的质量分数小于 5%~7% 时，处于 α 相单相区，退火后可得到等轴的 α 单相组织，随着含锡量的增加，由于 Sn 在 Cu 中的固溶强化作用，使合金强度和塑性均上升，当 Sn 的质量分数超过 7% 时，组织中出现硬而脆的 (α+δ) 共析体，使合金塑性下降，而抗拉强度则继续升高；当 Sn 的质量分数达到 20% 时，由于共析体 (α+δ) 数量太多，合金已完全变脆，抗拉强度迅速降低，而伸长率下降趋于平缓。故工业用锡青铜的锡含量大多在 3%~14%，Sn 的质量分数小于 5%~7% 的锡青铜经变形退火后呈单相组织，适于冷加工用；当 Sn 的质量分数高于 5%~7% 时，适于热加工用；当 Sn 的质量分数高于 10% 时，一般只用于铸造。

常见锡青铜的物理性能、力学性能见表 13-18 和表 13-19。锡青铜在海水与大气环境中性能非常稳定，对海水的抗腐蚀性能优于紫铜和黄铜，典型锡青铜

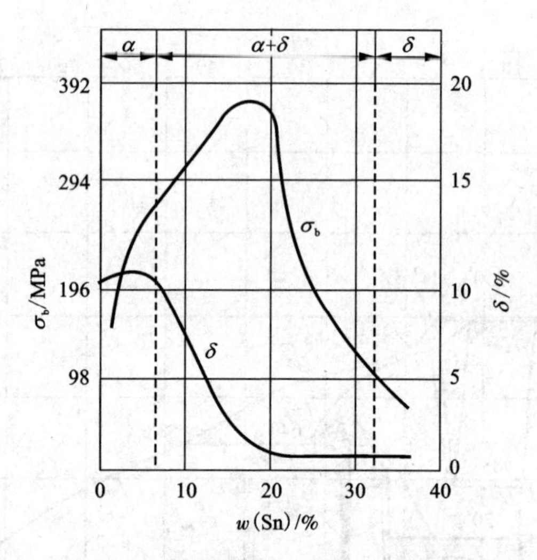

图 13－5 Sn 的质量分数对青铜力学性能的影响

在大气和海水中的腐蚀速度见表 13－20。此外，锡青铜对稀硫酸有相当强的抗蚀性，但能被高温浓硫酸腐蚀，缓蚀剂(苯甲基硫氢酸盐)可显著减缓硫酸(10%)对锡青铜的腐蚀速度，若添加 $K_2Cr_2O_7$、$Fe_2(SO_4)_3$ 等氧化剂，则可加速锡青铜的腐蚀，硝酸、铬酸、脂肪酸和盐酸能强烈的腐蚀锡青铜。但在柠檬酸、蚁酸中还是口语稳定的，仅发生很微弱的腐蚀，对锡青铜的腐蚀作用无机酸大于有机酸。

表 13－18 典型锡青铜的物理性能参数

合金牌号	QSn 4－3	QSn 4－4－2.5	QSn 4－4－4	QSn 6.5－0.1	QSn 6.5－0.4	QSn 7－0.2	QSn 4－0.3
热导率(20℃) /[W·(m·℃)$^{-1}$]	83.74	83.74	83.74	59.50	50.24	50.24	83.74
电阻率(20℃) /[Ω·mm^2·m^{-1}]	0.087	0.087	0.087	0.128	0.176	—	0.091
线膨胀系数 α(20～100℃) /×10^{-6}℃$^{-1}$	18.0	18.2	18.2	17.2	19.1	17.5	17.6

表 13－19　典型锡青铜的室温力学性能

合金	状态	抗拉强度 /MPa	屈服强度 /MPa	伸长率 /%	冲击韧性 /J	布氏硬度 (HB)	摩擦系数	
							Ⅰ	Ⅱ
QSn 4－3	铸件	200～300	65	15	40	6070	—	—
	软态	350	—	40	40	60	—	—
	硬态	550	—	4		160	—	—
QSn 4－4－2.5 QSn 4－4－4	铸件	190	100	11	25	67	—	—
	软态	300～350	130	35～45	20	60	0.016	0.26
	硬态	550～650	280	2～4	—	160～180	0.016	0.26
QSn 6.5－0.1	软态	350～450	590～650	60～70	—	70～90	0.01	0.12
	硬态	700～800		7.5～12	—	160～200	0.01	0.12
QSn 6.5－0.4	铸件	250～350	140	15～30	50～60	—	—	—
	软态	350～450	200～250	60～70	—	70～90	0.01	0.12
	硬态	700～800	590～650	7.5～12	—	160～200	0.01	0.12
QSn 7－0.2	软态	360	230	64	178	75	—	—
	硬态	550	—	15	70	180	0.0125	0.20
QSn 4－0.3	软态	340	—	52	—	55 70		—
	硬态	600	350	8	—	160～180	—	—

注：①表中软态为退火，硬态为加工率 50%。

②摩擦系数中Ⅰ为有润滑剂，Ⅱ为无润滑剂。

表 13－20　典型锡青铜在大气和海水中的腐蚀速度

合金	田园大气	海洋大气	城市工业大气	天然海水	人造海水	
					20℃	40℃
Cu－5% Sn	0.00015	0.0010	0.0015	0.020	—	—
Cu－8% Sn	0.0008	0.0020	0.0018	—	—	—
Cu－10% Sn	—	—	—	0.016	—	—
QSn 4－3	—	—	—	0.022	0.030	0.07
QSn 4－4－2.5	—	—	—	0.028	0.031	0.07
QSn 4－0.3	—	—	—	0.030	—	—
QSn 6.5－0.4	—	—	—	0.040	—	—
QSn 6.5－0.1	—	—	—	0.030	—	—

在室温 NaOH 溶液中的腐蚀速度为 0.25 mm/a，在室温氨液中的腐蚀速度为 1.27 ~ 2.54 mm/a，在乙醇溶液中的腐蚀速度小于 0.0025 mm/a，甲醇液能较强烈的腐蚀锡青铜，含氧化盐(如硫酸铁)的矿泉水对锡青铜的腐蚀甚剧。

锡青铜在低速的干燥和潮湿的水蒸气中的腐蚀速度小于 0.0025 mm/a，但流速大时，腐蚀速度上升，可达 0.9 mm/a；在压力不超过 20 MPa，温度低于 250℃的过热蒸汽中也是相当耐蚀的。锡青铜实际上不与 Cl，Br，F 及其氢化物、干燥的 CO_2发生反应。不过温度高时，Cl，Br，I 可与锡形成挥发性化合物，而使锡青铜的腐蚀明显加快。常温下，氧与锡青铜不起反应。干燥的 SO_2也不与锡青铜反应，若有水汽存在，其腐蚀速度可达到 2.5 mm/a。锡青铜在无水 CCl_4和氯乙烷中的腐蚀速度小于 0.0025 mm/a，有水分时腐蚀速度可达到 1.27 mm/a，在 100℃的湿硫化氢蒸气中的腐蚀速度为 1.3 mm/a，锡青铜在硝酸亚汞溶液中有很强的应力腐蚀开裂倾向。

13.3.2 铝青铜的组织、性能与控制

以铝为主加元素的铜合金称为铝青铜，可以分为简单铝青铜和复杂铝青铜，二元铜铝合金称为简单铝青铜，加入铁、锰、镍等合金元素形成复杂铝青铜。图 13 - 6 为 Cu - Al 二元相图，由图看出，铝在铜中有很大的固溶度，最大固溶量可达 9.4%。

含铝量小于 7.4% 的铜合金在固态下均为单相 α 固溶体，它是铝溶于铜中的固溶体，面心立方晶格，性能软而塑性高，易于成形加工；含铝量在 7.4% ~ 9.4% 的合金在 565 ~ 1036℃ 为 $\alpha+\beta$ 组织，β 相为电子化合物 Cu_3Al 为基的固溶体，在高温下很稳定，有很高的硬度和良好的塑性。但在生产条件下，$\beta \to \alpha$ 转变不完全，总会或多或少保留一部分 β 相，随后发生 $\beta \to \alpha+\gamma_2$ 共析分解，γ_2 相为电子化合物 $Cu_{32}Al_{19}$ 为基的固溶体，具有复杂立方晶格，性能硬而脆，由 β 相共析反应生成，呈层片状组织，在此之后该相发生有序化转变。含铝量 9.4% ~ 15.5% 的合金缓慢冷却到 565℃ 发生 $\beta \to \alpha+\gamma_2$ 共析分解，含铝量在 10% ~ 11.8% 的亚共析铝青铜在生产的快速冷却过程中，β 相发生无扩散相变，形成与钢的马氏体组织类似的针状亚稳定 β' 相和马氏体组织。铝含量大于 11.8% 的铝青铜最初由 β 固溶体过渡到有序固溶体 β_1，然后随合金中铝含量的增加再转变成针状 β' 马氏体、$\beta'+\gamma'$ 混合物或针状 β' 马氏体。因此，他们在淬火后大都为 β' 马氏体组织。

铝青铜中铝的质量分数应该控制在 12% 以下。工业上，压力加工用铝青铜中的质量分数一般小于 5% ~ 7%，含铝量高于 7% 的铝青铜则用于热加工和铸造。含铝质量分数较大的铝青铜可采用淬火或回火等热处理手段进行强化。

铝青铜具有高的强度、冲击韧性、疲劳强度和耐磨性，受冲击时不产生火花，在大气、海水、碳酸及多数有机酸溶液中耐蚀性极高，在一些硫酸盐、氢氧化钠、

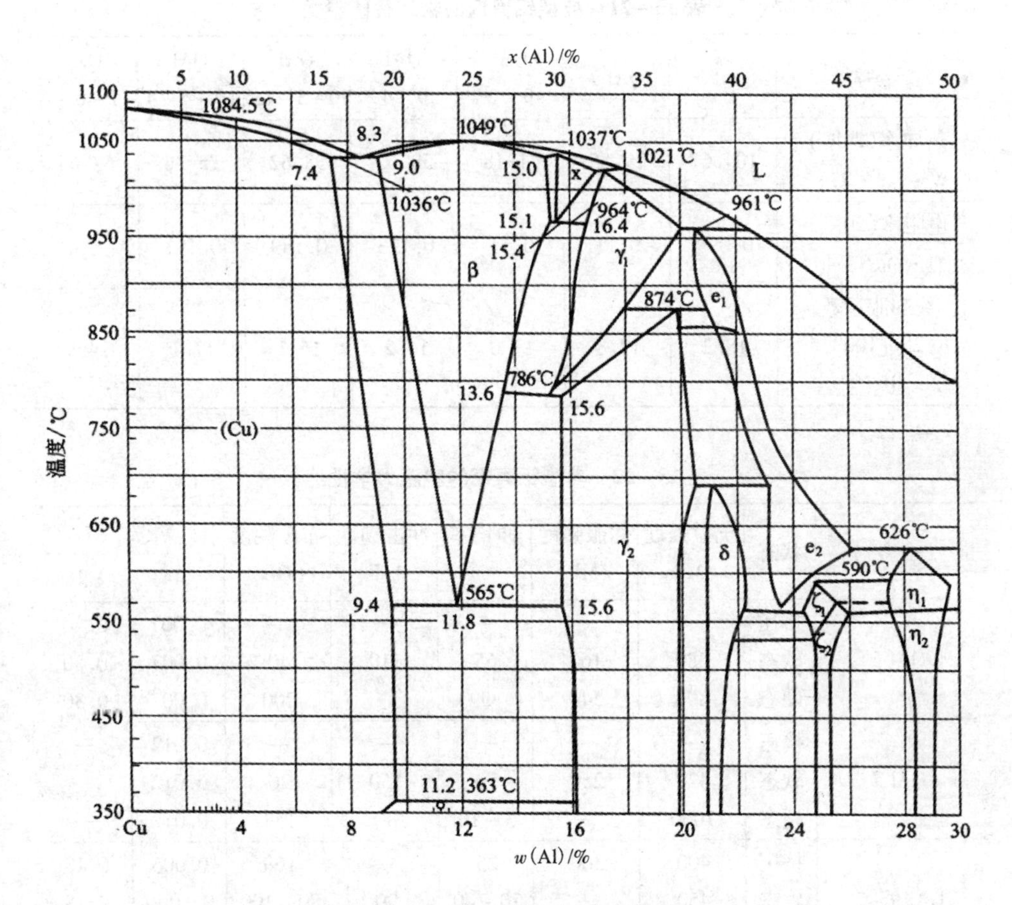

图 13-6　Cu-Al 二元合金相图

酒石酸等溶液中也有相当强的抗蚀性等优点，并且有高的热稳定性，这是由于在铝青铜表面上有一层致密的保护氧化物膜，能大大减缓高温氧化速率。同时，铝青铜的结晶间隔小，流动性好，缩孔集中，铸件致密度高。因此，铝青铜是无锡铝青铜中应用最广的一种合金，主要用来制造耐磨、耐蚀和弹性零件，如齿轮、摩擦片、涡轮弹簧及船舶中的特殊设备。表 13-21 和表 13-22 为典型铝青铜的力学性能和物理性能。

表 13－21　典型铝青铜的物理性能参数

合金牌号	QAl 5	QAl 7	QAl 9－2	QAl 9－4	QAl 10－3－1.5	QAl 10－4－4	QAl 11－6－6
热导率(20℃)/[W·(m·℃)$^{-1}$]	104.67	79.55	71.18	58.62	58.62	75.36	63.64
电阻率(20℃)/(Ω·mm^2·m^{-1})	0.099	0.11	0.11	0.123	0.189	0.193	—
线膨胀系数 α(20～100℃)/×10^{-6}℃$^{-1}$	18.2	17.8	17.0	16.2	16.1	17.1	14.9

表 13－22　典型铝青铜的室温力学性能

合金	状态	抗拉强度/MPa	屈服强度/MPa	伸长率/%	冲击韧性/J	布氏硬度(HB)	摩擦系数	
							Ⅰ	Ⅱ
QAl 5	挤压	—	—	—	—	—	0.007	0.30
	软态	380	160	65	110	60	0.007	0.30
	硬态	800	540	5	—	200	0.007	0.30
QAl 7	挤压	—	—	—	—	—	0.012	—
	软态	420	250	70	150	70	0.012	—
	硬态	1000	—	3～10	—	154	0.012	—
QAl 9－2	挤压	400	300	25	—	160	0.006	0.18
	软态	450	—	20～40	90	80～100	0..006	0.18
	硬态	600～800	300～500	4～5	—	160～180	0.006	0.18
QAl 9－4	挤压	550	300	12	—	140	0.012	0.18
	软态	500～600	200	40	60～70	110	0.004	0.18
	硬态	800～1000	350	5	—	160～200	0.004	0.18
QAl 10－4－4	挤压	700	—	6	—	200	0.013	0.20
	软态	600～700	330	35～45	30～40	140～160	0.013	0.20
	硬态	900～1100	550～600	9～15	—	180～225	0.013	0.20
QAl 10－3－1.5	挤压	650	—	—	—	160	0.01	0.20
	软态	500～600	210	20～30	60～80	125～140	0.012	0.21
	硬态	700～900	—	9～12	—	160～200	0.012	0.21

13.3.3　铍青铜的组织、性能与控制

铍青铜是含铍1.7%～2.5%的铜合金。铜内添加少量的铍即能使合金性能发生显著变化。图13－7为铜－铍二元合金铜侧相图，由图看出，在866℃时Be在Cu中有较高的溶解度，达2.7%，发生包晶反应$L_{4.3\%Be}+\alpha_{2.7\%Be}\rightarrow\beta_{4.2\%Be}$，随着温度降低溶解度急剧减小，在室温时仅为0.2%，所以该合金是典型的淬火时效强化型合金。在二元相图的铜角部分仅有α、β、γ3个相。α相是以铜为基的固溶体，具有面心立方晶格，硬度低，塑性好。β相是以电子化合物$CuBe_2$为基的无序固溶体，具有体心立方晶格，高温稳定性好，在605℃时发生共析反应$\beta_{6.0\%Be}\rightarrow\alpha_{1.6\%Be}+\gamma_{11.3\%Be}$。而$\gamma$相是以CuBe为基的有序固溶体，具有体心立方晶格，硬度高，脆性大。含2%铍的合金在结晶凝固时，由于偏析的影响，在高温时得不到单相α组织，由树枝状的α相和枝晶间隙的β相组成。随着温度的降低，α相中析出二次β相；在605℃发生共析反应；随着温度的降低，α相中析出呈点状分布的二次γ相。由于工业生产中冷速较快，共析反应不能充分进行，在室温下仍保留着较多的β相。在热挤压成棒材或热轧成板材时，β相沿变形方向呈不同程度的条带状分布。由于β相硬度较高，尤其是冷变形后硬度(HV)可达340～400，脆性较大，当β相呈条链状和条带状分布时，会导致应力集中。实践表明，有条链状和条带状分布的β相存在时，会使合金的弹性迟滞增大，加工变形时容易产生裂纹，一般来说合金中铍含量愈低，β相愈细小，分布愈均匀。我国加工铍青铜中铍含量控制在1.7～2.0%。

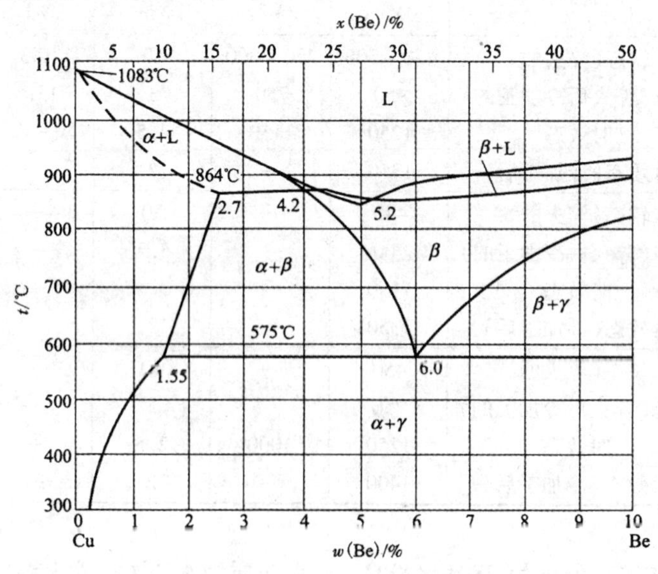

图13－7　Cu－Be系铜侧相图

铍青铜经淬火加时效处理后可以获得很高的强度、硬度、弹性极限和疲劳极限，抗拉强度可达1250～1500 MPa，硬度(HBW)为350～400，远远超过其他所有铜合金，甚至可以和高强度钢相媲美。与此同时，铍青铜还具有很好的耐磨性、耐蚀性及耐低温等特性，且导电性、导热性能优良，无磁性，受冲击时不产生火花。因此，铍青铜是工业上用来制造高级弹簧、膜片、膜盒等弹性元件的重要材料，还可用于制作高速、高温和高压下工作的轴承、衬套、仪表齿轮等耐磨零件及换向开关、电接触器和防爆工具等。

工业铍青铜的主要牌号有 QBe2、QBe1.7 和 QBe1.9。其物理性能和力学性能见表13－23和13－24。QBe1.7 和 QBe1.9 中加入了 Ti 元素，含量为0.1%～0.25%，减少了贵重金属铍的含量，改善了工艺性能，提高了周期强度，减少了弹性滞后，还保持了很高的强度和硬度。

表13－23 典型铍青铜的物理性能参数

合金牌号	热导率(20℃) /[W·(m·℃)$^{-1}$]	电阻率(20℃) /[Ω·mm^2·m^{-1}]	线膨胀系数 α/×10^{-6}℃$^{-1}$	
			20～100℃	20～300℃
QB2	104.67	0.1～0.068	16.6	17.6

表13－24 典型铍青铜的室温力学性能

合金	状态	抗拉强度 /MPa	屈服强度 /MPa	伸长率 /%	冲击韧性 /J	布氏硬度 (HB)
QB2	软态(淬火的)	450～500	250～300	40	143	90
	硬态(淬火后冷加工的)	950	750	3	13.5	250
	时效态	1250	1150	2.5	—	375
	时效态(冷加工后)	1350	—	2	—	400
QBe1.7	软态(淬火的)	440	—	50	—	85
	硬态(淬火后冷加工的)	700	—	3.5	—	220
	时效态	1150	—	3.5	—	360
	时效态(冷加工后)	1350	—	3	—	375
QBe1.9	软态(淬火的)	450	—	40	—	90
	硬态(淬火后冷加工的)	750	—	3	—	240
	时效态	1250	1000	2.5	—	380
	时效态(冷加工后)	1400	—	2	—	400

铍青铜的淬火温度为780～800℃，淬火介质为水，注意淬火温度既不能过高也不能过低，若淬火温度过高，会引起晶粒急剧长大恶化合金成形后的表面质量

和力学性能，甚至出现过热现象，使合金变脆而容易开裂，淬火温度过低，富铍相不能充分固溶于基体中，而且分布不均匀；时效温度为350~500℃，如时效温度低，不能得到充分沉淀硬化，硬度低，时效温度过高，晶界反应严重，形成过时效状态，硬度迅速下降。铍青铜淬火后得到的过饱和固溶体很软，在室温下放置不会发生自然时效过程，可以方便的进行拉拔、轧制等冷加工，因此铍青铜的半成品多在淬火态供应，制造成零件后不再进行淬火，直接进行时效。淬火态铍青铜的塑性较高，但切削性能不好，有时为改善切削性能，可在淬火后先进行一次半时效处理，切削加工后再进行完全时效。

但铍的密度低、熔点高，属于硬而脆的稀有金属，价格昂贵，铍及其氧化物有剧毒，在熔炼过程中需要严格采取防护措施，铍青铜熔炼制备困难，因此，铍青铜是一种价格较高的金属材料，限制了铍青铜的使用。

铍青铜对各种大气都有很强的抵抗能力，即使在高温下其氧化速度也比紫铜及某些铜合金小。在海水及淡水中的腐蚀速度很小，并耐冲击腐蚀，是制造船舰零部件和电缆增音器外壳的良好材料，QBe2合金在中等流速海水中短期工作的腐蚀速度一般为0.025~0.050 mm/a，这是由于随着工作时间的延长，在工件上形成一层腐蚀产物和微生物的原因。

铍青铜的晶间腐蚀倾向小，但由于潮湿氨和空气的作用，处于受力状态的铍青铜件也会产生应力腐蚀破裂。卤素气体在高温时会引起铍青铜中的富铍组分优先腐蚀，氟等对铍青铜的腐蚀需有一定的湿度。铍青铜在氯化物和硫化物环境中不会发生应力腐蚀开裂，在硫化氢中会产生全面腐蚀。

塑料对铍青铜的腐蚀决定于其挥发物的性质，燃烧聚氯乙烯和室温硫化硅铜会排放对铜合金有腐蚀作用的烟气，树脂、乙缩醛、尼龙66、聚四氟乙烯等不腐蚀铍青铜。不过，工业聚合物可能含有阻燃剂有机化合物，对铍青铜有腐蚀作用，某些聚合物可释放碱金属离子而腐蚀铍青铜。

13.4　白铜的组织、性能与控制

白铜是Ni的质量分数小于50%的铜镍合金，分为简单白铜和特殊白铜。铜镍二元合金称为简单白铜，其牌号为“白”字汉语拼音字首“B”加镍含量表示；在简单白铜合金的基础上添加其他合金元素的铜镍合金称为特殊白铜，其牌号以“B”加特殊合金元素的化学符号及代表镍的质量分数和特殊合金元素的质量分数表示。

图13－8为Cu－Ni二元合金相图。由图看出，铜与镍能无限互溶形成连续固溶体，故白铜合金的组织均呈单一的α相，具有面心立方晶格，所以这类铜合金不能经热处理强化，主要借助于固溶强化和加工硬化来提高力学性能。当温度

低于322℃时，存在一个亚稳分解的相当宽的成分－温度区域，向Cu－Ni合金中添加第三元素，如Fe，Cr，Si，Ti，Co，Sn等，可改变亚稳分解的成分区域范围和位置，同时也可改善合金的某些性能。在20℃和－273℃时含镍68.5%和含镍41.5%的合金发生铁磁转变，合金具有磁性。随着镍含量的增加，合金的强度略有增长，而塑性略有下降，导电性和导热性下降，塑性加工工艺性能变坏。表13－25和表13－26为简单白铜的典型力学性能和物理性能。

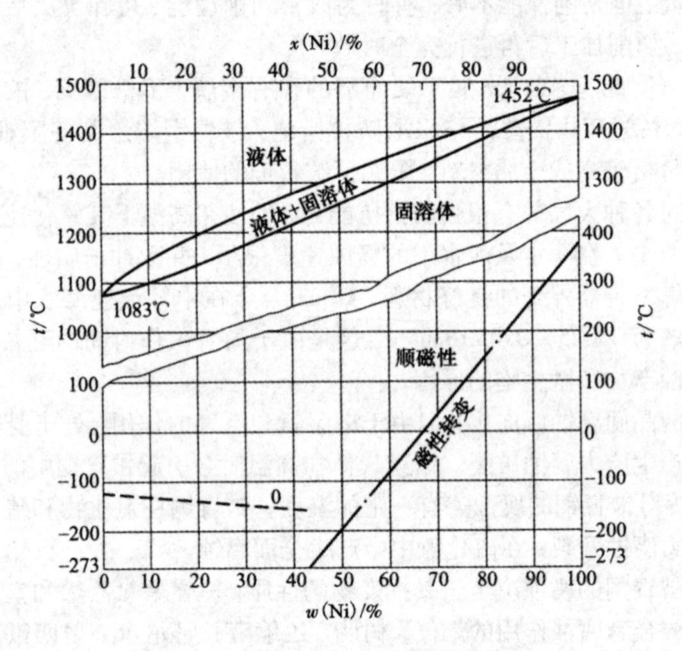

图13－8　Cu－Ni系相图

表13－25　典型简单白铜的力学性能

合金	抗拉强度/MPa		伸长率/%		布氏硬度(HB)
	软状态	硬状态	软状态	硬状态	
B0.6	250～300	450(加工率80%)	<50	2(加工率80%)	50～60
B5	270(板)	470(板)	50(板)	4(板)	38(软状态)
B19	400	800(加工率80%)	35	5(加工率60%)	70(软状态)
B30	380	—	23	—	—

表13－26　典型简单白铜的物理性能

合金牌号	热导率(20℃)/[W·(m·K)$^{-1}$]	电阻温度系数/℃$^{-1}$	电阻率(20℃)/nΩ·m	比热容(20℃)/[J·(kg·K)$^{-1}$]	线膨胀系数(20℃)/[μm·(m·K)$^{-1}$]	弹性模量/GPa
B5	130.0	—	70	—	16.4	—
B19	38.5	0.00029(100℃) 0.000199(300℃) 0.000127(500℃)	289	378	16.0	140
B30	36.8～37.3	—	—	387	15.3	150

简单白铜具有较高的耐蚀性和抗腐蚀疲劳性能，且冷、热加工工艺性能优良，主要用于制造蒸汽和海水环境中工作的精密仪器、仪表零件、冷凝器和热交换器，常用合金有B5、B19和B30等。特殊白铜主要为锌白铜和锰白铜，锰白铜具有电阻高和电阻温度系数小的特点，是制造低温热电偶、热电偶补偿导线及变阻器和加热器的理想材料，其中最常用的是称为康铜的BMn40－1.5锰白铜和又名考铜的BMn43－0.5锰白铜。典型白铜在不同介质中的耐蚀性能见表13－27。

表13－27　典型白铜在不同介质中的耐蚀性能

介质名称	w(浓度)/%	温度/℃	B19	BFe30－1－1	BMn43－0.5
			腐蚀速度/(mm·a^{-1})		质量损失/[g·m^{-2}·(24h)$^{-1}$]
工业区大气			0.0022	0.002	—
海洋大气			0.001	0.0011	—
农村大气			0.00035	0.00035	—
淡水			0.03	0.03	—
海水				0.13～0.03	0.25
蒸汽凝结水			0.1	0.08	—
蒸汽凝结水	含$CO_2$30%			0.3	—
水蒸气(干或湿的)				0.0025	—
硝酸	50			6.4(mm/24h)	—
盐酸(2 mL溶液)	25			2.3～7.6	—
盐酸	1	20	0.3		—

续表 13-27

介质名称	w(浓度)/%	温度/℃	B19	BFe30-1-1	BMn43-0.5
			腐蚀速度/($mm \cdot a^{-1}$)		质量损失/[$g \cdot m^{-2} \cdot (24h)^{-1}$]
盐酸	10	20	0.8		—
硫酸	10	20	0.1	0.08	1.0
亚硫酸	饱和溶液		2.6	2.5	—
氢氟酸	38	110	0.9	0.09	—
氢氟酸	98	38	0.05	0.05	—
氢氟酸(无水)			0.13	0.008	—
磷酸	8	20	0.58	0.5	—
醋酸	10	20	0.028	0.025	—
柠檬酸	5	20	0.02		0.05
酒石酸	5	20	0.019		
脂肪酸	60	100	0.066	0.06	
氨水	7	30	0.5	0.25	—
苛性钠(苛性碱)	10~50	100	0.13	0.005	—
碱	2		—	—	0.05

13.5 新型铜合金开发

为满足微电子、航天和航空等高技术对铜合金提出的既要具有高导电、导热性，又要具有高强度和良好高温性能的需求，近年来研制开发了许多新型铜合金，主要包括弥散强化型高导电铜合金、高弹性铜合金、复层铜合金、铜基形状记忆合金和球焊铜丝等。

13.5.1 弥散强化型高导电铜合金

弥散强化铜合金是一类具有优良综合物理性能和力学性能的新型结构功能材料，它兼具高强度、高导电性能和良好的抗高温软化能力。其强化相粒子多为熔点高、高温稳定性好、硬度高的氧化物、硼化物、氮化物、碳化物，并且这些细小的颗粒较易获得。这些强化相粒子以纳米级尺寸均匀弥散分布于铜基体内，它们与析出强化型铜合金时效析出的金属间化合物粒子不同，在接近于铜基体熔点的高温下也不会溶解或粗化，因此可以有效地阻碍位错运动和晶界滑移，提高合金的室温和高温强度，同时又不明显降低合金的导电性，且耐磨耐蚀性能也较好。目前，研究的最充分的是 $Cu_Al_2O_3$系。图 13－9 为 Al_2O_3的加入量(体积分数，%)对弥散强化铜合金性能的影响。

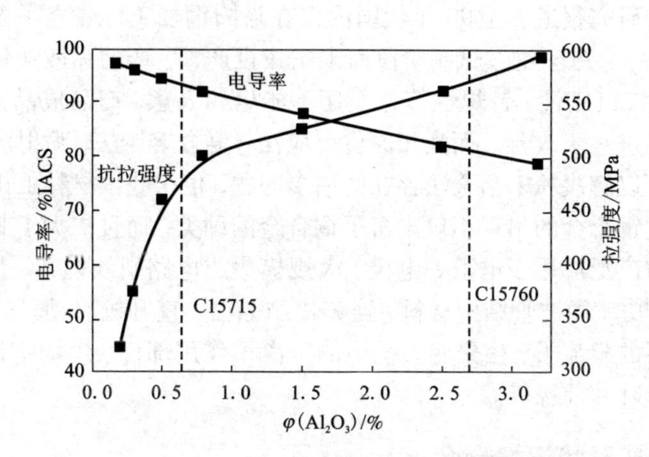

图 13－9　Al_2O_3弥散强化铜合金的性能

弥散强化铜合金性能的提高取决于均匀弥散在铜基体中的氧化物颗粒种类、粒度、形态和分布，弥散的质量在很大程度上取决于制备工艺。

弥散强化铜合金的制备工艺主要包括内氧化法、机械合金化法、化学沉淀法、反应烧结法、自蔓延高温合成法、复合铸造法、喷射沉积法和液相合金混合原位反应法。内氧化法是弥散强化铜合金最成熟的制备工艺，复合材料的强度远远高于其他工艺法复合材料的强度，但内氧化法需要解决的难题是如何方便的控制内氧化反应所需氧量。复合铸造法工艺简单，生产成本低，能较好解决强化相偏析问题。由于与铸造技术相结合，适应了复合材料大规模工业化生产的趋势，有较大的发展前景。

沉淀强化和多元微合金化是提高高强高导铜合金性能的有效途径，材料复合化是高强高导铜合金的发展方向。复合强化能同时发挥基体和强化相的协同作用，又具有很大的设计自由度。复合强化不会明显降低铜基体的导电性，由于强化相的作用还改善了基体的室温及高温性能，成为获得高强度导电铜基材料的主要强化手段，代表高强高导铜合金的发展方向。

国外对内氧化法的研究在 20 世纪 50 年代后开始进入实用阶段，70 年代美国已成功地应用内氧化法进行工业化生产。当时的 SCM 公司已形成月产 18t、3 种牌号(GLIDCOP 系列)$Cu_Al_2O_3$的生产规模，其产品主要用作电焊电极。目前美国、俄国、英国、日本等国弥散强化铜合金的生产已有相当的工业规模，并制定了相应的产品标准。但该产品仍被列为专利产品，生产工艺仍然保密。而内氧化法仍是目前工业生产弥散强化铜的主要方法。我国对此类材料的研究起步较晚，70 年代才开始正式立项，由洛阳铜加工厂和中南矿冶学院合作研究，到 80 年代末 90 年代初才有天津大学、大连铁道学院、河北工业大学、沈阳工业大学等单位对该类材料的研究报道。至 90 年代国内仅在洛阳铜加工厂建立了第一条小规模的中试线，但一直处于继续试制阶段而未正式投产，生产的弥散强化铜合金材料在烧氢膨胀性、气密性、钎焊性等方面还不能尽如人意，产品成品率低，各项性能指标均有待进一步改善。而液相原位反应法、复合熔铸法、喷射沉积法等先进的制备工艺可以解决粉末冶金法存在的诸多问题，值得我国材料工作者借鉴。

弥散强化铜合金的出现不仅丰富了铜合金的种类，而且扩大了其使用的温度范围。它已被广泛应用于电阻焊电极、大规模集成电路引线框架、灯丝引线、电触头材料、大功率微波管结构材料、连铸机结晶器、直升机启动马达的整流子及浸入式燃料泵的整流子、核聚变系统中的等离子作用部件、燃烧室衬套、先进飞行器的机翼或叶片前缘等。

13.5.2 铜基形状记忆合金

形状记忆合金(Shape Memory Alloy，简称 SMA)是一种具有形状记忆效应的功能材料。形状记忆效应(Shape Memory Effect，简称 SME)最早于 1932 年由美国人 A. Olander 在 Au - Cd 合金中发现。1951 年美国哥伦比亚大学的 L. C. Chang 和 T. A. Read 在 Au - Cd 合金中最早观察到形状记忆效应。1962 年美国海军军械所的 W. J. Burhler 等在 Ti - Ni 合金中发现了 SME 后，SMA 的应用才进入了新的阶段。近年来，SMA 已广泛应用于航天及原子能工程、自动控制系统、仪器仪表和生物医用等领域。

SME 是热弹性马氏体相变的结果。具有热弹性马氏体相变的固体材料，处于马氏体状态时，进行一定限度的变形或变形诱发马氏体后，在随后的加热过程中，材料会完全恢复到变形前的状态和体积，这种现象称为 SME。具有 SME 的合金称为 SMA。SMA 应具备如下 3 个条件：①马氏体相变是热弹性的；②马氏体点阵的不变切变为孪变，亚结构为孪晶或层错；③马氏体属于对称性低的点阵结构，而母相晶体为对称性高的立方点阵结构，并且大都是有序的。SMA 有单程、双程和全程记忆 3 种。单程记忆为不可逆记忆效应，回复力大；双程记忆兼有高温和低温的形态，温度升降可逆的反复；全程记忆为加热时为高温相形状，冷却时则与高温相形状相同但方向相反。

铜基 SMA 中常见的是 CuZnAl 系和 CuAlNi 系合金。CuZnAl 系合金的成分为 60% ~ 80% 的 Cu，其余成分为不同比例的 Zn 和 Al。CuAlNi 系合金的成分为

14% ~14.5%的 Al，3% ~ 4.5%的 Ni，其余为 Cu。表 13 –28 示出了 CuZnAl 系和 CuAlNi 系合金的性能。

铜基形状记忆合金的制备方法有粉末冶金法、快速凝固法、喷着法、熔炼法等。粉末冶金法是事先将已知相变温度的两种合金粉末混合，然后进行烧结，这样能准确地获得预先设定的相变温度。此法的优点是可以获得微细晶粒和高的疲劳强度和疲劳寿命；缺点是成本较高。快速凝固法炼制 CuSn，CuZnAl，CuAlNi 等合金，晶粒粒径可达几个微米，记忆特性的稳定性也好。缺点是只能做成薄带形状。迄今为止，最常用的还是熔炼法，铜基形状记忆合金的熔炼方法有别于普通铜合金，主要是对成分的控制精度、材料的均匀性要求很高。所以在熔炼时，不论是对原料、熔炼炉、溶剂和记测装置，还是对熔炼温度、熔炼时间和熔炼时的环境气氛等各个方面，都有严格要求。

表 13 –28　典型铜基形状记忆合金的性能

合金	熔点 /℃	密度 /(kg·m³)	电阻率 /(10⁻⁶Ωm)	热导率/[W·m℃)⁻¹]	屈服强度 /MPa	抗拉强度 /MPa	特殊情况 膨胀率/%
CuZnAl	950 ~ 1020	7800 ~ 8000	0.07 ~ 0.12	120	150 ~ 300	700 ~ 800	10 ~ 15
CuAlNi	1000 ~ 1050	7100 ~ 7200	0.1 ~ 0.14	75	150 ~ 300	1000 ~ 1200	8 ~ 10

铜基 SMA 具有良好的 SME 和相变伪弹性，单晶试样表现得更突出。但在实际中还存在一些必须解决的问题，首先要解决的是它的形状记忆特性的稳定性问题。随着热循环次数的增加、变形次数的增加等，都会使其形状记忆特性发生变化，甚至衰减、消失。铜基 SMA 的马氏体在反复的正逆相变过程中，合金内会导入位错，反复热循环次数越多，位错密度也越大。位错密度的增大使合金的相变温度和相变温度范围都发生变化，即热循环对铜基合金的记忆特性稳定性有很大的影响。当反复利用 SME 时，反复进行加热恢复形状，冷却后再次变形。由于应力不同，有时出现在随后形状恢复量随变形反复次数增加而减小的现象。研究表明，CuZn 基二元合金位错移动应力较低，滑移变形容易，而 CuAlNi 合金的滑移应力较大，对反复变形较稳定。但多晶 CuAlNi 合金仅 9 次变形就断裂了。单晶 CuAlNi 合金的断裂寿命超过 400 次，约为 CuZn 基合金的一半。这是由于晶界上的应力集中所致。

13.5.3　球焊铜丝

球焊铜丝是日本最近为代替半导体连接用球焊金丝而开发的高技术铜合金产品。随着电子工艺技术的不断发展，人们对芯片的性能要求越来越高。在芯片内连技术领域，金丝球焊技术不能完全满足更小、更细、更快、更高可靠性的高性能要求。铜丝球焊技术可以在保证金丝球焊现有优势的基础上，使芯片的使用寿命更长、性能更稳定、运行速度更快，因而具有更为广泛的应用领域。铜丝球焊技术可以使焊点更小、引脚间距更细、芯片反应速度更快，因此在精密封装中也具有很好的应用前景。

键合过程中铜球内部晶粒组织将发生变化。Cohen、Huang 等人研究发现铜丝在形球过程中将经历一个快速溶化、凝固的过程。凝固后铜球将由大尺寸的柱状晶粒组成。焊点形成过程中铜球内部中心的柱状晶粒在键合压力、能量的作用下不发生变形，而周围的晶粒则沿着焊点外形发生弯曲，铜球在受挤压时发生了金属流动，如图 13－10 所示。另外，球焊过程中超声能量使铜球焊点内部晶粒组织细分并出现滑移带。细分组织、滑移带表明铜球在键合过程中遭受高能冲击并使铜球焊点硬化。

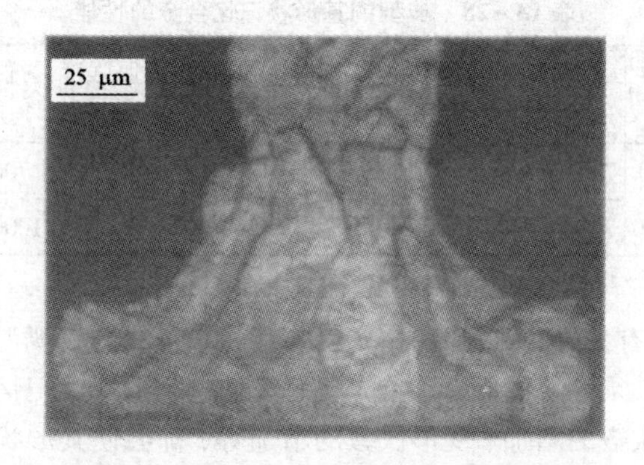

图 13－10　第一焊点截面微观组织结构

第 14 章　钛与钛合金组织性能的特点及控制

14.1　钛的基本特性

14.1.1　钛的化学性能

钛是元素中期表中第四周期的副族元素，原子序数是 22，原子核由 22 个质子和 20～32 周中子组成。现已发现钛有 13 种同位素，其中稳定同位素 5 个，其余 8 个为不稳定的微量同位素。

在较高温度下，钛可与许多元素和化合物发生反应。钛与单质元素发生的反应可分为以下 4 类，如图 14－1 所示。

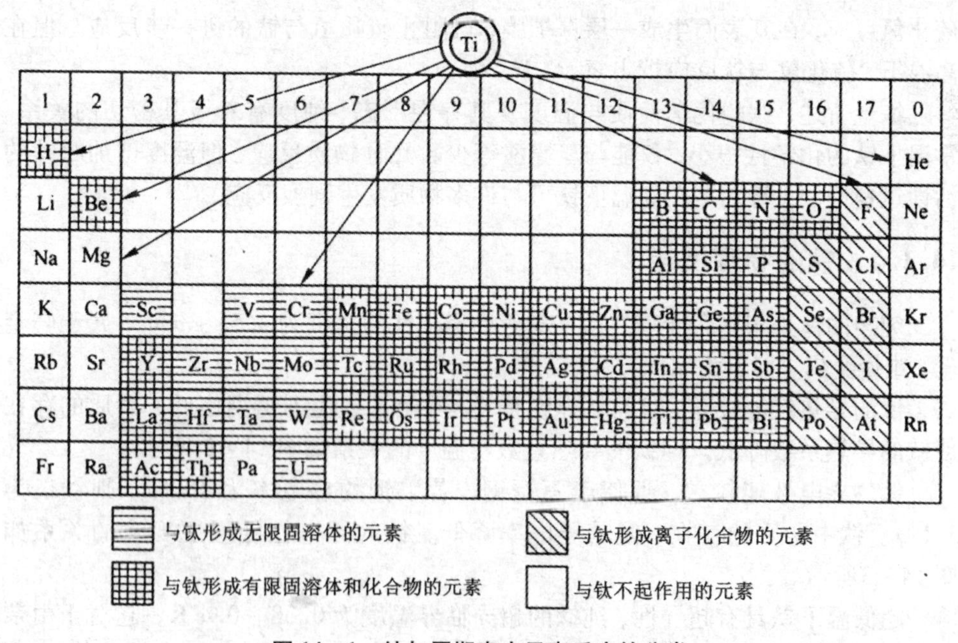

图 14－1　钛与周期表中元素反应的分类

第一类，卤素和氧族元素与钛生成共价键与离子键化合物；

第二类，过渡元素、氢、铍、硼族、碳族和氧族元素与钛生成金属间化合物和有限固溶体；

第三类，锆、铪、钒族、铬族、钪元素与钛生成无限固溶体；

第四类，惰性气体、碱金属、碱土金属、稀土元素（除钪外），锕、钍等不与钛发生反应或基本上不发生反应。

钛与化合物的反应如下：

钛与无水的氟化物及其水溶液在低温下不发生反应，仅与高温下熔融的氟化物发生显著的反应；酸性氟化物溶液，如 KHF_2 会严重地侵蚀钛，在酸性溶液中，加入少量的可溶性氟化物，则可大大增加酸对钛的侵蚀作用，如在硝酸、高氯酸、磷酸、盐酸、硫酸溶液中加入少量可溶性氟化物，则这些酸对钛的腐蚀速度大为加快。但如果加入大量的氟化物到硫酸中，反应会阻止硫酸对钛的腐蚀。

各种无水的氯化物，如镁、锰、铁、镍、铜、锌、汞、锡、钙、钠、钡和 NH_4^+ 的氯化物及其水溶液，都不与钛发生反应，钛在这些氯化物中具有很好的稳定性。但钛与100℃以上的25%氯化铝溶液发生反应。当温度升高至200～300℃以上时，钛在氯化物中的稳定性下降。熔融的氯化物和蒸汽在氧存在时，与钛发生反应。

钛与浓度低于5%的稀硫酸反应后在钛表面生成保护性氧化膜，可保护钛不被稀硫酸继续侵蚀。但浓度高于5%的硫酸与钛会发生明显的反应。常温下钛与硫化氢反应，在其表面生成一层保护膜，可阻止硫化氢与钛的进一步反应。但在高温下，硫化氢与钛反应析出氢。

综上所述，钛的化学性质与温度及其存在形态、纯度有着极其密切的关系。常温下钛的化学性很小，仅能与氢氟酸等少数几种物质反应，但温度增加时钛的活性迅速增加，特别是在高温下钛可与许多物质发生剧烈反应。

14.1.2 钛的物理性能

纯净的钛是银白色金属，具有灰色光泽。钛的密度为4.51 g/cm³，属于轻金属，难熔金属，熔点为1668±5℃。

钛的导热性能较差，且与其纯度有关，导热系数比不锈钢略低。杂质的存在使钛的导热系数降低。纯钛的导热系数与温度的关系如图14－2所示。

钛的导电性能较差，近似于不锈钢。若以铜的导电率为100%，则钛仅为3.1%。钛中杂质的存在，使其导电率降低。钛的导电性随温度变化的关系如图14－3所示。

超低温下钛具有超导性，纯钛的超导临界温度为0.38～0.4 K。它对于由杂质或冷加工所引入的晶格内应变是极其敏感的，属于“硬超导体”。

钛为顺磁性物质。它的磁化率随温度的升高而增加。钛的磁导率为1.0004 H/m。

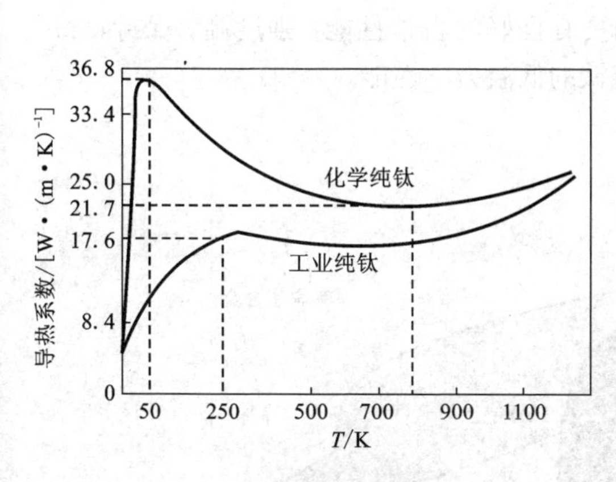

图 14-2 钛的导热系数与温度关系

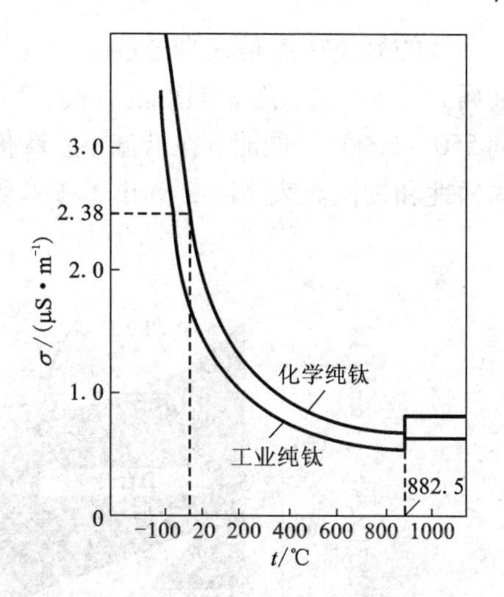

图 14-3 钛的导电性与温度的关系

14.1.3 钛的力学性能

高纯钛具有良好的塑性，但杂质超过一定量时，变得硬而脆。工业纯钛在冷变形过程中，没有明显的屈服点，其屈服强度与抗拉强度接近，在冷变形过程中有产生裂纹的倾向。工业纯钛具有极高的冷加工硬化效应，因此可利用冷加工变形工艺进行强化。当变形度大于 20% ~30% 时，强度增加速度减慢，塑性几乎不变。工业纯钛与高纯钛(99.9%)相比强度明显提高，而塑性显著降低，二者的力学性能数据列于表 14-1。

表 14-1 纯钛的力学性能

性能	高纯钛	工业纯钛
抗拉强度 σ_b/MPa	250	300 ~ 600
屈服强度 $A_{p0.2}$/MPa	190	250 ~ 500
伸长率 δ/%	40	20 ~ 30
断面收缩率 ψ/%	60	45
体弹性模量 K/GPa	126	104
正弹性模量 E/GPa	108	112
切变弹性模量 G/GPa	40	41
泊松比 μ	0.34	0.32
冲击韧性 α_k/(MJ·m^{-2})	≥2.5	0.5 ~ 1.5

钛的另一特点是在高温能保持比较高的比强度，如图 14－4 所示。作为难熔金属，钛熔点高，随着温度的升高，其强度逐渐下降，但是，其高的比强度可保持到 550～600℃。同时，在低温下，钛仍具有良好的力学性能：强度高，保持良好的塑性和韧性。表 14－2 列出了工业纯钛的低温力学性能。

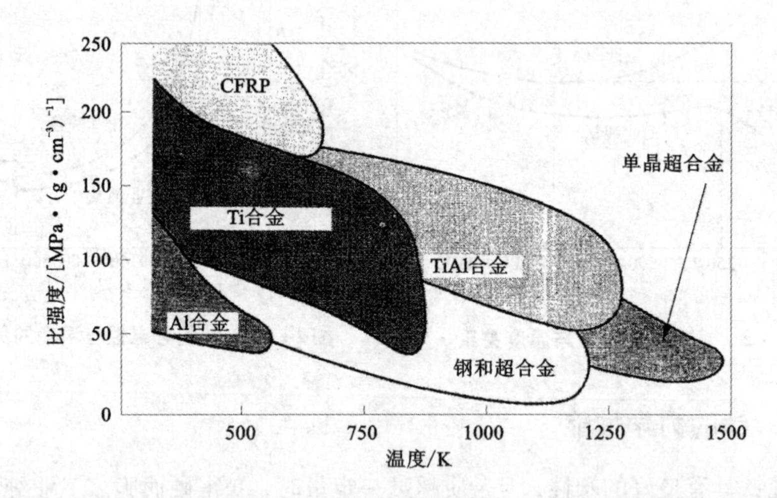

图 14－4　几种结构材料与钛合金及钛铝化合物的比强度－使用温度关系比较

表 14－2　工业纯钛的低温力学性能

温度/℃	抗拉强度 σ_b/MPa	屈服强度 $A_{p0.2}$/MPa	伸长率 δ/%	断面收缩率 ψ/%
20	520	400	24	59
－196	990	750	44	68
－253	1280	900	29	64
－269	1210	870	35	58

14.2　钛合金的分类及组织性能

14.2.1　钛合金的分类及牌号

1. 钛合金的分类

钛合金有不同分类方法，按亚稳定状态相组成可分为 α、近 α、($\alpha+\beta$)、近 β、亚稳定 β 和 β 型等钛合金；按退火后的组织特点可分为 α、$\alpha+\beta$ 和 β 型钛合金三大类。

α 型钛合金的性能特点是：密度小，可热处理强化，有很好的热强度和热稳定性，高温性能好，焊接性能好，是耐热 Ti 合金的主要组成部分，但常温强度低，塑性不够高。

$(\alpha+\beta)$型钛合金的性能特点是：可热处理强化，常温强度高，中等温度耐热性也不错，但组织不稳定，焊接性能良好，强度及淬透性随β稳定元素的增加而提高。

β钛合金是发展高强度钛合金潜力最大的合金，其性能特点是：合金化的过程中加入大量β稳定元素，空冷或水冷在室温能得到全由β相组成的组织，通过时效处理可以大幅度提高强度。β钛合金的另一个特点是室温强度较低，冷成形和冷加工能力强。由于β相浓度高，M_s点低于室温，淬透性高，大型工件也能淬透。缺点是β稳定元素浓度高，铸锭时易于偏析，性能波动大。另外β相稳定元素多系稀有金属，价格昂贵，组织性能也不稳定，工作温度不能高于 300℃，故这种合金的应用受到一定限制。

2. 钛合金的牌号

美、英、俄、法、日各国钛合金的编号多为生产厂自订，名目繁多。有些公司直接采用元素的化学符号和数字代表所加合金元素及其含量，如 Ti－6Al－4V(相当我国牌号 TC4)。这样的牌号能表明合金的成分，但成分多时，牌号很长。我国的钛合金牌号用 TA、TB 和 TC 分别表示α型、β型和$(\alpha+\beta)$型合金，其中第一个字母“T”是钛的汉语拼音的第一个字母的大写，表明属性为钛及钛合金；大写汉语拼音字母 A、B 和 C 分别表示α型、β型和$(\alpha+\beta)$型合金的合金类型。牌号 TA、TB 和 TC 后跟一个代表合金顺序的数字，如 TA7，TC4、TB2 等。国内铸造合金牌号是在合金牌号前加一个“Z”字母，其他符号相同，如 ZTA1，ZTA7 和 ZTC4 等。

各国钛合金牌号与我国钛合金牌号对照如表 14－3 所示。

表 14－3　钛合金各国牌号对照

标准 合金类	中国	苏联	美国	英国	德国	法国	日本
	GB	ГОСТ	ASTM	IMI	BWB	NF	JIS
工业纯钛	TA0						
	TA1	BT1－0	Ti－35A	IMI115	LW3.7024	T－35	KS50
	TA2	BT1－1	Ti－50A	IMI125	IW3.7034	T－40	KS60
	TA3	BT1－2	Ti－65A	IMI135			KS85
α 钛合金	TA4	48－T2					
	TA5	48－OT3					
	TA6	BT5	Ti－5Al－				
	TA7	BT5－1	2.5Sn	IMI317		TA－5E	
	TA8	BT10					

续表 14-3

合金类 \ 标准	中国 GB	苏联 ГОСТ	美国 ASTM	英国 IMI	德国 BWB	法国 NF	日本 JIS
β钛合金	TB1	BT15					
	TB2						KS115AS
	TB3						
α+β钛合金	TC1	OT14-1		IMI315			ST-A90
	TC2	OT4					
	TC3	BT6C					
	TC4	BT6	Ti-6Al-4V	IMI318	LW3.7164	T-A6V	
	TC5	BT3					
	TC6	BT3-1					
	TC7	AT6					
	TC8	BT8					
	TC9		Ti-6Al-6V-2Sn			T-A6V6Sn2	
	TC10						

14.2.2 钛合金中合金元素及组织性能

1. 钛合金中合金元素作用的分类

根据各种合金与钛形成相图的特点，及对钛的同类异形转变的影响，加入钛中的合金元素可分成：提高 $\alpha \rightleftharpoons \beta$ 转变温度的 α 稳定元素；降低 $\alpha \rightleftharpoons \beta$ 转变温度的 β 稳定元素；对同素异形转变温度影响很小的中性元素。

(1) α 稳定元素

能提高 β 相变温度的元素，称为 α 稳定元素，它们在周期表中的位置离钛较远，与钛形成包析反应。这些元素的电子结构、化学性质与钛的差别较大。

铝是最广泛采用的、唯一有效的 α 稳定元素。钛中加入铝，可降低熔点和提高 β 转变温度，在室温和高温都起到强化作用。此外，加铝也能减小合金的比密度。含铝量达 6% ~7% 的钛合金具有较高的热稳定性和良好的焊接性。添加铝在提高 β 转变温度的同时，也使 β 稳定元素在 α 相中的溶解度增大。因此铝在钛合金中的作用类似碳在钢种的作用，几乎所有钛合金中都含有铝。

除铝外，镓、锗、氧、氮、碳也是 α 稳定元素。镓属于稀贵元素，其应用仍处于研究阶段。氧、氮、碳一般为杂质元素，很少作为合金的添加元素使用。

(2) 中性元素

对钛的 β 转变温度影响不明显的元素，称为中性元素，如钛同族的锆、铪。

中性元素在 α、β 两相中有较大的溶解度，甚至能够形成无限固溶体。另外，铈、镧、镁等，对钛的 β 转变温度影响也不明显，也属于中性元素。

钛合金中常用的中性元素主要为锆和锡，它们可以提高 α 相强度，同时也能提高其热强度，但强化效果低于铝，对塑性的不利作用也比铝小，这有利于压力加工和焊接。适量的铈、镧等稀土元素，也有改善钛合金高温拉伸强度及热稳定性的作用。

(3)β 稳定元素

降低钛的 β 转变温度的元素，称为 β 稳定元素。根据相图特点，又可分为 β 同晶元素和 β 共析元素。

β 同晶元素包括如钒、钼、铌、钽等，它们在周期表上的位置靠近钛，具有和钛相同的晶格类型，能与 β 钛无限互溶，而在 α 钛中具有有限溶解度。由于 β 同晶元素的晶格类型与 β 钛相同，它们能以置换的方式大量溶入 β 钛中，产生较小的晶格畸变，因此在起到强化合金的同时可以保持较高的塑性。含同晶元素的钛合金，不发生共析或包析反应而生成脆性相，组织稳定性好。因此 β 同晶元素在钛合金中被广泛应用。

β 共析元素有锰、铁、铬、硅、铜等，它们在 α 和 β 钛中均具有有限溶解度，但在 β 钛中的溶解度较大，以存在共析反应为特征。按共析反应的速度，又可分为慢共析元素和快共析元素。慢共析元素有锰、铁、铬、钴和钯等，它们的加入使钛的 β 相具有很慢的共析反应，反应在一般冷却速度下来不及进行，因而慢共析元素与 β 同晶元素的作用类似，对合金产生固溶强化作用。快共析元素有硅、铜、镍、银、钨、铋等，在 β 钛中形成的共析反应速度很快，在一般冷却速度下可以进行，β 相很难保留到室温。共析分解所产生的化合物都比较脆，但在一定的条件下，一些元素的共析反应可用于强化合金，尤其是提高其热强性。

β 稳定元素的加入，可稳定 β 相，随其含量的增加 β 转变温度降低。当 β 稳定元素含量达到某一临界值时，较快冷却速度能使合金中的 β 相保留到室温，这一临界值称为“临界浓度”，用 C_k 表示。临界浓度可以衡量各种 β 相稳定元素稳定 β 相的能力，元素的 C_k 值越小，其稳定 β 相的能力越强。各种 β 稳定元素的 C_k 值见表 14 -4。

表 14 -4　常用 β 稳定元素的 C_k 值

合金元素	Mo	V	Nb	Ta	Mn	Fe	Cr	Co	Cu	Ni	W
$w(C_k)$%	11	14.9	28.4	40	6.5	5	6.5	7	13	9	22

2.合金元素对钛合金组织结构和性能的影响

钛合金中各种合金元素，如 Al, V, Sn, Zr, Mo, Cu 等，它们可以对钛合金进行强化，改善钛合金性能。

(1) Al 是工业上应用最广泛的元素，同时铝也是钛合金中最重要的强化元素。铝具有显著的固溶强化作用，它在 $\alpha-Ti$ 中的固溶度大于在 $\beta-Ti$ 中的固溶度，并提高 α/β 相互转变的温度，扩大 α 相区，属于 α 稳定化元素。当合金中 Al 的质量分数在 7% 以下时，随 Al 含量的增加，合金的强度提高，而塑性无明显降低。而当 Al 的质量分数超过 7% 后，由于合金组织中出现脆性的 Ti_3Al 化合物，使塑性显著降低，故 Al 在钛合金中的质量分数一般不超过 7%。

(2) V(Mo、Nb、Ta)是钛合金中广泛应用的一种合金元素，它与 $\beta-Ti$ 属于同晶元素，具有 β 稳定化作用。钒在 $\beta-Ti$ 中无限固溶，而在 $\alpha-Ti$ 中也有一定的固溶度。钒具有显著的固溶强化作用，在提高合金强度的同时，能保持良好的塑性。钒还能提高钛合金的热稳定性。为淬火成 β 组织，钽的浓度不应小于 50%。钽对钛来说是“软”强化剂：无论常温还是高温，它使钛的强度提高不大。总体来说 Mo, Nb, Ta 在钛合金中的性质和作用与钒相似。

(3) Cu 属于 β 稳定化元素。钛合金中的铜有一部分以固溶状态存在，另一部分形成 Ti_2Cu 或 $TiCu_2$ 化合物，$TiCu_2$ 具有热稳定性，起到提高合金热强化性的作用。由于铜在 α 相中的固溶度随温度的降低而显著减小，故可以通过时效沉淀强化来提高合金的强度。

(4) Si 的共析转变温度较高(860℃)，加硅可改善合金的耐热性能，因此在耐热合金中常添加适量硅，加入硅量以不超过 α 相最大固溶度为宜，一般为 0.25% 左右。由于硅与钛的原子尺寸差别较大，在固溶体中容易在位错处偏聚，阻止位错运动，从而提高耐热性。对钛镍形状记忆合金加入硅元素后，将对组织转变行为和力学性能产生较大的影响。

(5) Zr, Sn 它们是常用的中性元素，在 $\alpha-Ti$ 和 $\beta-Ti$ 中均有较大的溶解度，常和其他元素同时加入，起补充强化的作用。尤其在耐热合金中，为保证合金组织以 α 相为基，除铝以外，还须加锆和锡来进一步提高耐热性，同时对塑性不利影响比铝小，使合金具有良好的压力加工性和焊接性能。和铝一样，锡和锆能抑制 ω 相的形成，并且锡能减少对氢脆的敏感性。在钛锡合金中，当锡超过一定浓度也会形成有序相 Ti_3Sn，降低塑性和热稳定性。

(6) Mn, Fe, Cr 它们强化效果大，见表 14－5，稳定 β 相能力强，密度比钼、钨小，故应用较多，是高强亚稳定 β 型钛合金的主要添加剂。但它们与钛形成慢共析反应，在高温长期工作条件下，组织不稳定，蠕变抗力低。当同时添加 β 同晶型元素，特别是钼时，有抑制共析反应的作用。

表14-5 钛中加入1%(w)合金元素增加的强度值

元素	α稳定元素	中性元素		β稳定元素						
	Al	Sn	Zr	Mn	Fe	Cr	Mo	V	Nb	Si
$\Delta\sigma_b$/MPa	50	25	20	75	5	65	50	35	15	12

以上合金元素在钛合金中的作用归纳起来有以下几点：

①起固溶强化作用。提高室温抗拉强度最显著的是铁、锰、铬、硅；其次为铝、钼、钒；而锆、锡、钽、铌的强化效果差。

②升高或降低相变点，起稳定α相或β相的作用。

③添加β稳定元素，增加合金的淬透性，从而增强热处理强化效果。

④铝、锡、锆有防止ω相形成的作用，稀土可抑制α_2相析出；β同晶元素有阻止β相共析分解的作用。

⑤加铝、硅、锆、稀土元素等可改善合金的耐热性能。

⑥加钯、钌、铂等提高合金的耐腐蚀性和扩大钝化范围。

14.3 钛合金的组织性能及控制

14.3.1 α型钛合金组织性能特点及性能控制

退火组织为以α钛为基体的单相固溶体的合金称为α钛合金。

1. 组织性能特点

α钛合金主要特点是高温性能好，组织稳定，焊接性和热稳定性好，是发展耐热钛合金的基础，一般不能热处理强化(Ti-2Cu合金除外)。α钛合金退火后的组织除杂质元素造成的少量β相外，几乎全是α相。

TA4～TA6是Ti-Al系二元合金，铝在500℃以下能显著提高合金的耐热性，故工业用钛合金大多数都加入一定量的铝，但温度大于500℃以后，Ti-Al合金的耐热性显著降低，故α钛合金的使用温度一般不能够超过500℃。

在Ti-Al合金中加入少量的中性元素Sn，在不降低塑性的条件下，可进一步提高合金的高、低温强度。Ti-5Al-2.5Sn就是加入少量Sn的TA6合金，由于Sn在α和β相中都有较高的溶解度，能进一步固溶强化α相，只当w(Sn)>18.5%时才能出现Ti_3Sn化合物，所以添加2.5%Sn的TA7合金仍是单相α合金。

2. 组织性能控制

对于α钛合金，一般室温组织基本上全是α相，只是随从单相β相区冷却下来的冷却速度不同，得到不同形态的α相及不同晶粒尺寸的α相。因此可以通过控制加工过程和热处理过程工艺获得不同的组织。在 α 相区进行塑性加工和退火处理，可得到细的等轴晶组织。如果自 β 相区缓冷，α 相则转变为魏氏组织；如果是高纯合金，这种组织还可出现锯齿状 α 相；当有 β 相稳定元素或杂质 H 存在时，片状 α 相还会形成网篮状组织；自 β 相区淬火可以形成针状六方马氏体 α'。

α 钛合金的力学性能对显微组织虽不甚敏感，但自 β 相区冷却的合金，抗拉强度、室温疲劳强度和塑性要比等轴晶粒组织低。另一方面，自 β 相区冷却能改善断裂韧性和有较高的抗蠕变能力。

14.3.2 $\alpha+\beta$ 型钛合金组织性能特点及性能控制

退火组织为 $\alpha+\beta$ 相的合金称为 $\alpha+\beta$ 两相合金。

1. 组织性能特点

$\alpha+\beta$ 钛合金的性能特点是：可热处理强化，强度及淬透性随 β 稳定元素的增加而提高，可焊性较好，TC4ELI 合金有良好的超低温韧性，β 加工的 TC4ELI 合金有良好的损伤容限性能。

$\alpha+\beta$ 合金的显微组织较复杂，归纳起来有：在 β 相区锻造或加热后缓冷的魏氏组织；在两相区锻造或退火的等轴晶粒的两相组织；在 $(\alpha+\beta)/\alpha$ 转变温度附近锻造和退火的网篮组织。

$\alpha+\beta$ 钛合金的力学性能与组织间的关系也较复杂。合金的抗拉强度对退火组织和锻造温度不甚敏感。

Ti－6Al－4V 合金在 $\alpha+\beta$ 相区锻造和退火得到的等轴晶粒组织，塑性比较高，而在 β 相区锻造后空冷，在 705℃退火的组织是魏氏组织，有高的断裂韧度和疲劳强度。这说明疲劳裂纹沿魏氏组织的 α 相扩展，通路曲折，速度慢，这点与 α 合金的魏氏组织有高的疲劳强度是一致的。

2. 组织性能控制

Ti－Al－V 系合金工厂退火的温度强度高，但塑性、断裂韧性低，其他退火可改善塑性、断裂韧性及裂纹扩展抗力。预先 β 退火后，在进行两相区加热处理也可以大大改善合金的断裂韧性和抗蠕变性能。固溶时效可以提高合金的抗拉强度，但损失断裂韧性。

$\alpha+\beta$ 两相合金的疲劳性能还受到 α 和 β 两相的形貌和排列状态的强烈影响。层片状、等轴状和双态组织（初生 α 相位于层状机体中）都会产生。双态组织也被看成是双相组织。β 相的晶粒尺寸，α 和 β 层片晶团的尺寸，以及层状组织中 α 相的层片宽度是层状组织的重要结构参数。双态组织的附加参数还有晶粒尺寸和初生 α 相的体积分数。表 14－6 列出了 α 相层片宽度和 α 晶粒尺寸不同的 Ti－6Al－4V 合金的典型拉伸性能。

表 14－6　Ti－6Al－4V 合金中典型显微组织的拉伸性能(24h/500℃)

显微组织	$A_{p0.2}$/MPa	ε_F
细小层片状, 0.5 μm①	1040	0.20
层片状, 1 μm①	980	0.25
粗大层片状, 10 μm①	935	0.15
细小等轴状, 2 μm②	1170	0.55
等轴状, 6 μm②	1120	0.49
粗大等轴状, 12 μm②	1075	0.38
双态, 6 μm③, 40% α_p	1110	0.55
双态, 25 μm③, 40% α_p	1075	0.45

注: ①α 相层片宽度; ②α 相晶粒尺寸; ③α 相晶粒尺寸

这些显微组织的高周疲劳行为如图 14－5 所示。将层状组织中的 α 相片层宽度从 10 μm 减小到 0.5 μm 可以使疲劳强度从 480 MPa 提高到 675 MPa。类似地，将等轴状组织的晶粒从 12 μm 减小到 2μm 可以使疲劳强度从 560 MPa 提高到 720 MPa。对于双态组织而言，将层片状机体中的 α 相片层宽度从 1 μm 减小到 0.5 μm 可使疲劳强度从 480 MPa 提高到 575 MPa。

14.3.3　β 型钛合金组织性能特点及性能控制

β 合金定义为含有足够的 β 稳定化元素以抑制合金淬火至室温过程中发生马氏体转变的一类合金。

1. 组织性能特点

β 钛合金中加入了大量的 β 稳定元素，空冷或水冷在室温能得到全由 β 相组成的组织，通过时效处理可以大幅度提高强度。β 钛合金可以在淬火条件下进行冷成形，之后进行时效处理。

β 钛合金具有最高的强度/质量比，优异的强度、韧性和抗疲劳性能等优点，但 β 钛合金密度大，加工范围小，成本较高。

2. 组织性能控制

β 钛合金在 β 相转变温度以上进行固溶处理会生成粗大的 β 相晶粒。在稍低于 β 相转变温度下固溶处理时会析出初生 α 相(α_p)。热处理温度可以控制 α_p 相的体积分数，而锻造和轧制变形会影响 α_p 相的形状。未加工时 α_p 相为针状，随着热加工量的增加，α_p 相转变为球状。

在锻造时，从 β 相锻造温度冷却以及热处理过程中，晶界是薄片状 α 相析出

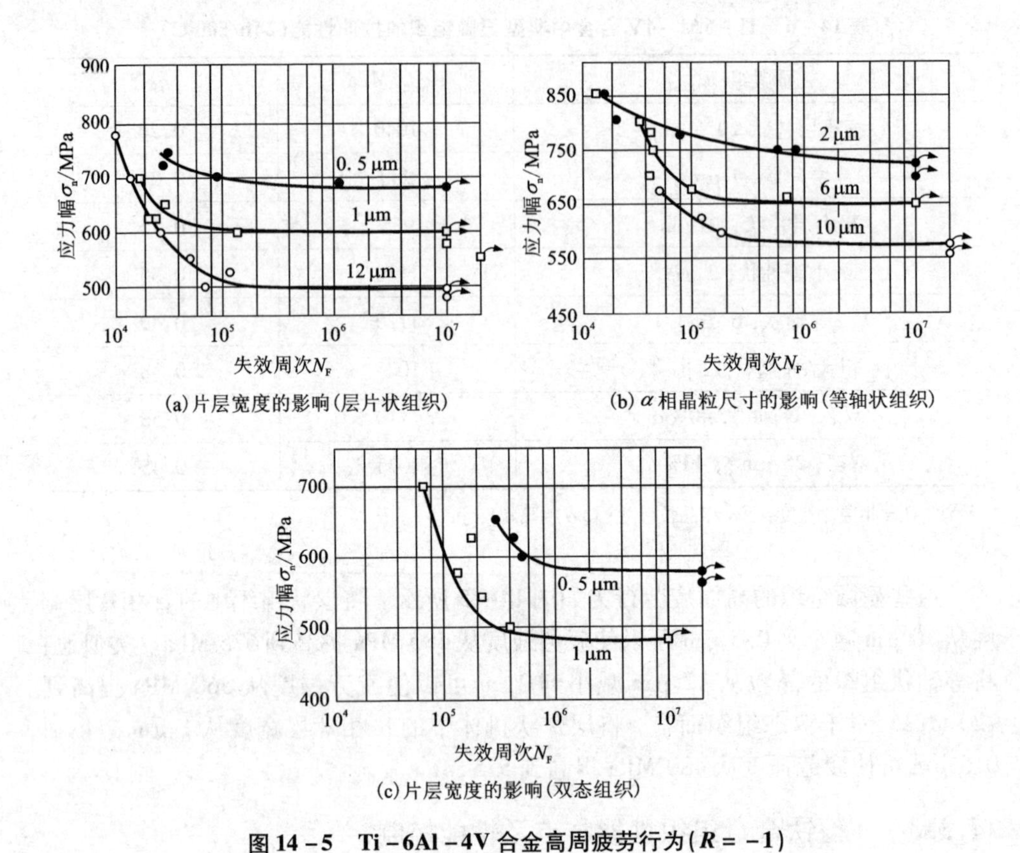

(a)片层宽度的影响(层片状组织)

(b) α 相晶粒尺寸的影响(等轴状组织)

(c)片层宽度的影响(双态组织)

图 14-5　Ti-6Al-4V 合金高周疲劳行为($R=-1$)

的择优位置。从β相区快速冷却可以抑制有害的晶界α相的析出。由于大横截面的工件不可能实现这一点，因此通过后续在α/β区域加工来破碎晶界α相薄片。

在较低温度下，典型温度为400~600℃，β合金中会析出细小弥散分布的次生相α(α_s)。α_s相的强化效果显著，其效果取决于α相的体积分数和尺寸，而这两个因素又受时效温度和时间以及固溶处理温度的控制。α_s沉淀相可以均匀析出，如在贫β合金 Ti-10-2-3 中的情形，也可在富β合金如β-C 或 Ti-15-3 中非均匀析出。在后一种情况中α_s相首先从晶界处开始析出，然后在晶内析出，留下某些未时效的局部区域。冷加工通常会强化时效效应，并使α_s相的分布更加均匀。

β合金的塑性随着时效时间的延长显著降低，图 14-6 为 Ti-10-2-3 合金的断裂伸长率与屈服强度之间的关系曲线。初生α相(α_p)也对塑性产生影响，α_p相粗话以及从球状转变为针状会导致 Ti-10-2-3 的塑性降低如图 4-40 所示。产生这种现象的原因是软态α_p相的“有效”尺寸或滑移距离的增加有利于早期裂纹形核。在保持宏观屈服强度恒定的条件下增加 α_p 相的体积分数(较低的固溶处理温度)会降低合金的塑性，如图 14－6。为了获得不相上下的屈服应力，在软态 α_p 相体积分数较高的显微组织中 β 相必须被时效到较高强度，而这反过来有有利于裂纹形核。时效处理条件不变时，α_p 相体积分数的增加会降低合金的强度并提高塑性，如表 4－58 所示。

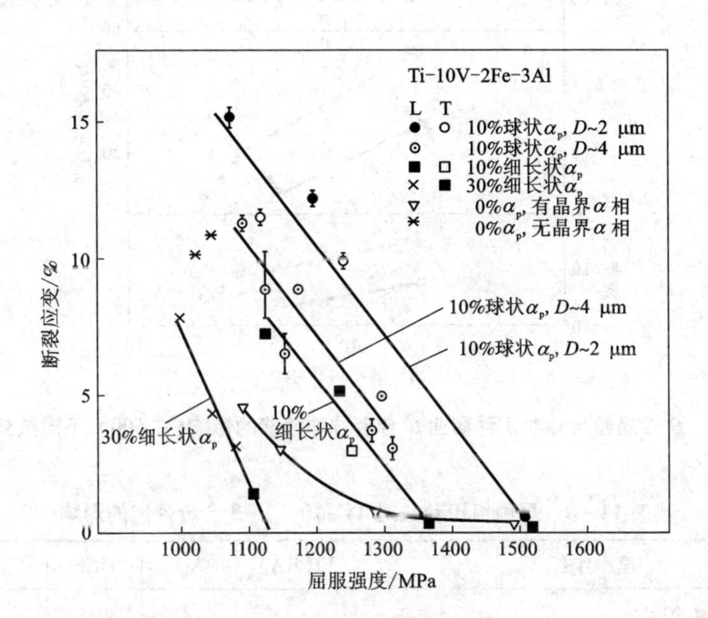

图 14－6　显微组织不同的 Ti－10－2－3 合金的断裂伸长率与屈服强度之间的关系

表 14－7　两种 Ti－10－2－3 合金经相同时效处理后的性能

α_p 相体积分数 /%	屈服强度 σ_s /MPa	断裂韧性 K_{IC} /(MPa · $m^{1/2}$)	真实断裂应变
10	1402	20	0
30	1101	34	0.04

晶粒尺寸和晶界的影响是相互的，这些因素不会影响合金的强度，但是会显著影响合金的塑性对于 Ti－10－2－3，Ti－15－3 和 β－C 合金，细化晶粒可以提高合金的塑性，如图 14－7。

不同显微组织参数对合金拉伸性能的影响见表 14－8。

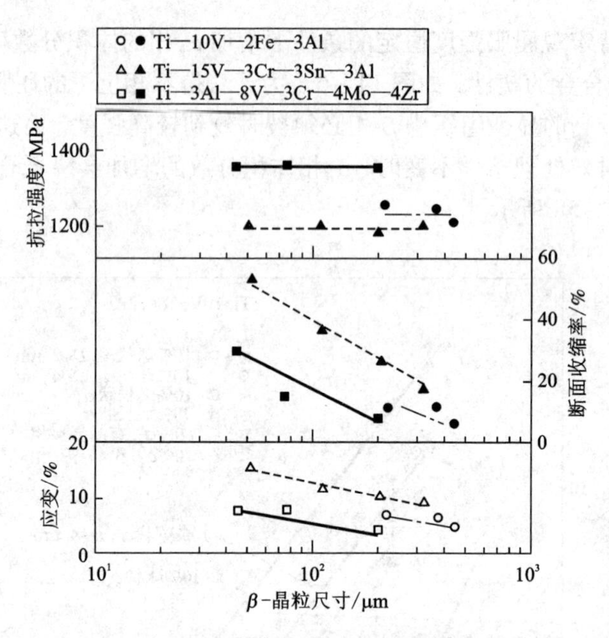

图 14-7 β 相晶粒尺寸对 3 种商业 β 合金拉伸性能的影响(在 500℃下时效处理 8 h)

表 14-8 显微组织参数对 Ti-10-2-3 合金性能的影响

显微组织	El(RA)	K_{IC}	HCF	FCP(临界区)
次生 α 相(α_s相)				
增加体积分数(σ_s↑)	—	—	+	○(-)
减小尺寸(σ_s↑)	—	—	+	○(-)
不均匀分布(例如优先在晶界处形成)			—	○
初生 α 相(α_p相)				
体积分数增加(10% ~30%)σ_s 不变	—	—		○
相同时效处理(σ_s↓)	+	+		
形貌(球状 ~ 细长状)	—	+		○(-)
尺寸(例如 2 ~4 μm)	—	○		○
晶界 α 相(GBα 相)	—	○(-)	—	○
β 晶粒尺寸(大 ~ 小)	+			○
穿晶断裂		○		○
沿晶断裂	○(+)	+/—	+	

注: El(RA)—断裂伸长率(断面收缩率); K_{IC}—断裂韧性; HCF—高周疲劳; FCP—疲劳裂纹扩展。+—改善; -—恶化; ○—无影响。

β 合金延长时效时间会显著降低合金的断裂韧性，如图 14－8 为 Ti－10－2－3 合金不同显微组织下断裂韧性和屈服强度之间的关系。

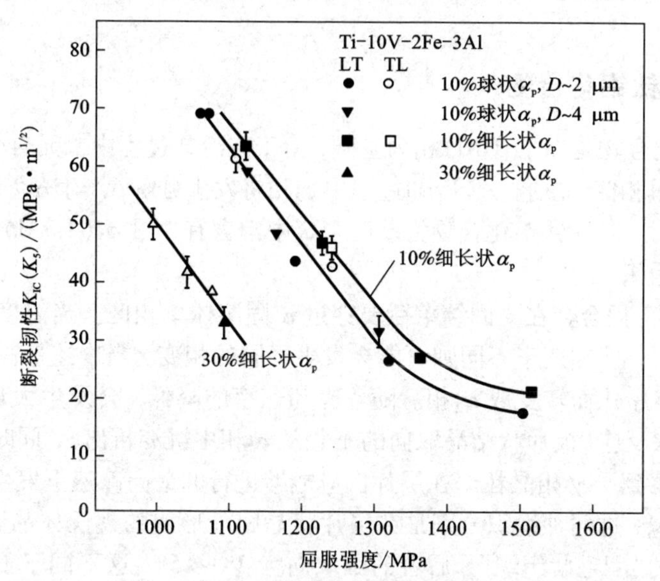

图 14－8　Ti－10－2－3 合金断裂韧性与屈服强度之间的关系

关于 α 相(α_p)对合金韧性影响的研究较多，当 α_p 相从细长条形转变为球状时韧性会降低；屈服强度恒定时，增加 α_p 相的体积分数会使韧性急剧降低，如图 14－9。时效处理相同时，增加 α_p 相体积分数可以提高合金的韧性。

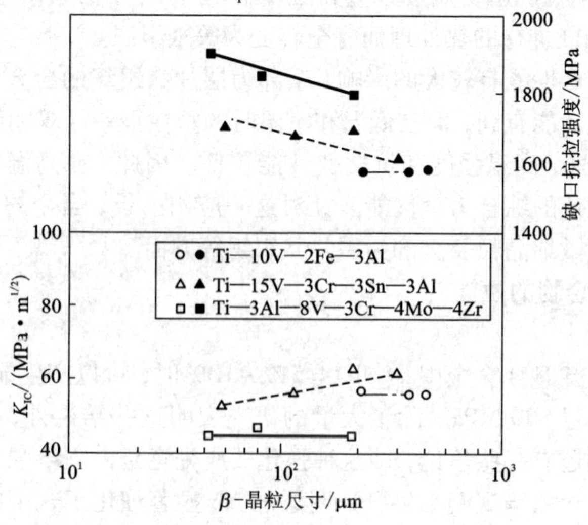

图 14－9　β 晶粒尺寸对 3 种商业 β 合金的缺口抗拉强度和断裂韧性的影响

14.4 钛铝金属间化合物

14.4.1 γ钛铝化合物

γ钛铝化合物是以γ(TiAl)相为基础，由于在冷却过程中二元合金γ(TiAl)穿过α固溶体单相区，在进一步冷却过程中α相将发生分解，产生α_2(Ti3Al)相，因此工程应用时，以γ钛铝化合物为基的合金中常含有少量α_2(Ti3Al)相。

1. 显微组织

γ(TiAl)工程合金在凝固结束后要穿过α固溶体单相区。当温度降到α相转变温度以下时，冷却速率不同则可能会发生不同的相变，当冷速最高时α相不会分解，但会有序化而转变成α_2相。随着冷却速率的降低，会发生大量的α→γ转变，即层片状反应(板片状结晶取向的γ相从α相中沉淀析出)，同时在非常低的冷速下还观察到了γ相晶粒。在层片反应能够进行的最高冷速下发生的层片反应产生两种组织，这两种组织分别是在层片状晶团中形成的魏氏体晶团，以及由γ相层片构成的"羽毛状组织"，后者的微取向为2°~15°，这不同于下面描述的普通取向关系。而且，层片状显微组织形成后继而发生不连续粗化反应，这种反应将有可能显著改变合金的显微组织。根据现有知识，层间距细小的层片状显微组织和细小晶团尺寸可以得到最佳的力学性能。然而很少有人研究可能形成的显微组织之间在最终性能方面存在的差异。

图14－10为热挤压材料，合金铸锭中存在的层片状显微组织可以通过在$\alpha_2+\gamma$或$\alpha+\gamma$相区进行的热处理而完全转变为等轴组织。

合金的组织对性能有较大的影响，全部为层片状组织的合金对高温强度、断裂韧性和抗蠕变性能有利，但在低温和室温时的塑性很差。双相组织对拉伸塑性有利，但断裂韧性、高温强度和抗蠕变性能较低。因此，在高温应用时，层片状合金可能具有最佳的综合力学性能。针对这一应用前景，当今的工艺研究中，有很多集中在获得微细晶粒及全部为层片状组织等方面。

2. γ钛铝化合物的性能

1)力学性能

研究表明，当TiAl合金中x(Nb)=5%~10%时，可以产生显著的强化效果，屈服强度可以超过800 MPa。除了大量的研究表明这一结论外，关于Nb的强化效应的本质问题还有一些争论，即这种强化效应究竟是由固溶强化还是结构变化而导致的。电子显微镜观测结果已证明添加Nb显著细化了合金的组织。特别是显微组织中层片的间距非常小，σ_2相层片的密度很高。这使得合金中的各种界面密度很高，这些界面可以阻碍位错滑移和机械孪生。高Nb含量合金的典型组织

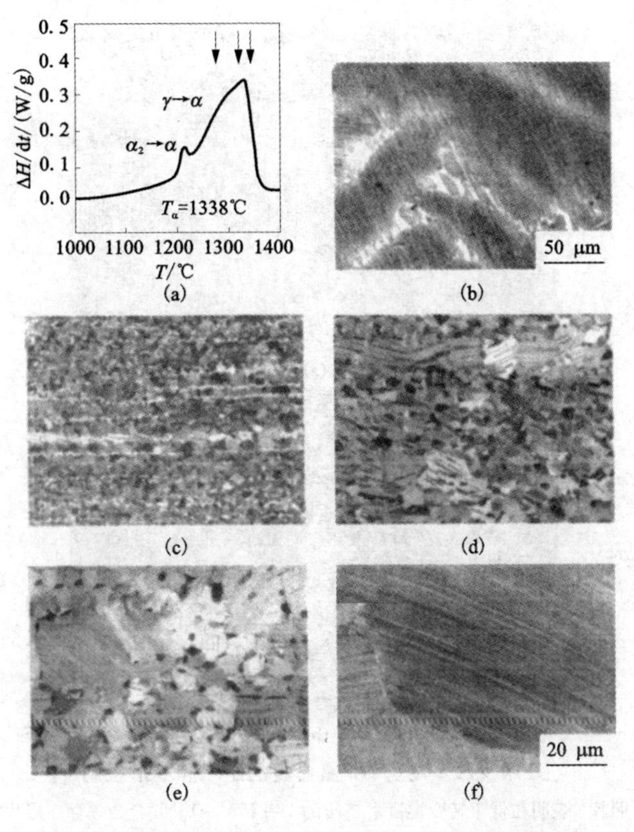

图 14-10　Ti-45Al-(5~10)Nb-X 合金中的相变

(a)以 20 K·min^{-1} 加热速度得到的 DSC 曲线，箭头表示(d)~(f)所示样品选择的热处理温度；(b)~(f)该合金不同组织的 SEM 图像；(b)铸锭材料；(c)在稍高于共析温度下挤压的材料完全再结晶后形成的等轴晶组织；以及挤压态材料在 1280℃(d)，1320℃(e)，1340℃(f)下热处理后的组织

及变形特征如图 14-11 所示。鉴于这些发现，Ti-45Al-(5~10)Nb 型合金的高流变应力可以由 Hall-Petch 机制进行合理解释。

TiAl 合金可以通过氧化物、氮化物、硅化物和碳化物的沉淀强化来明显改善合金的强度和蠕变抗力。强化效果关键取决于沉淀相粒子的尺寸和分布。从此方面来看，碳化物、氮化物和硅化物颗粒只有通过合金成分均匀化和时效处理得以最佳分布后，它们的作用才有意义。

2)抗蠕变性

在很多高温应用中，例如燃气涡轮机，使用温度以及工作效率受材料蠕变特征的限制。设计一般以特定部件在期望的寿命内所允许的最大蠕变变形量为基础，如 0.1% 或 1%。在此方面，大部分的 γ(TiAl)基合金不如镍基超合金，即使在此时把材料密度因素考虑进去也是如此。这种抗蠕变性方面的不足限制了钛铝

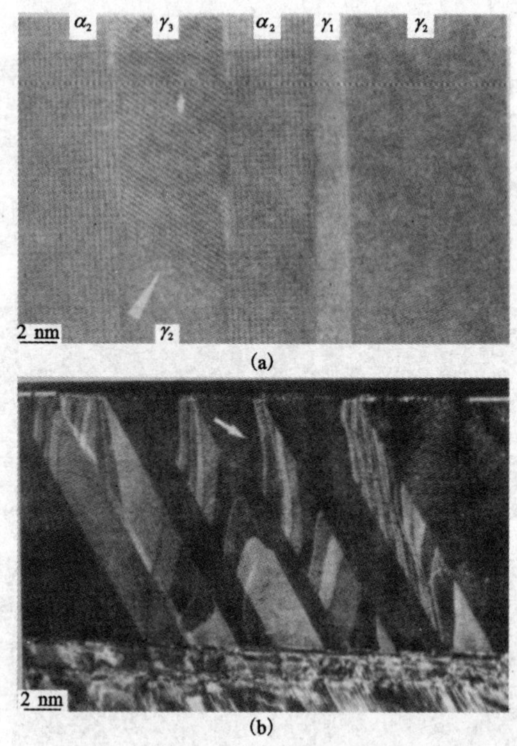

图 14－11　高含 Nb 量合金的组织和变形机制

(a)高分辨率 TEM 照片，表明在低于转变温度下挤压的 Ti－45Al－10Nb 合金中存在层片状组织。观察到了很小的层片间距，高密度的 α_2 层片，界面台阶和单个 γ 层片的区域边界。(b) Ti－45Al－10Nb 合金在 T＝973 K下压缩到应变 $\varepsilon=3\%$ 时形成的变形孪晶。孪晶不全位错(箭头所指)在层片边界处塞积。

化合物替代超合金。对于这个问题很多科学家对此进行了研究。合金的蠕变性能同时取决于合金的成分和组织，通过优化这两个因素，合金的蠕变性能可以得到明显改善。

图 14－12 给出了在 700℃，采用低应力 $\sigma_a=80\sim140$ MPa 获得较低应变速率条件下双相合金的蠕变曲线。与其他力学性能相同，γ(TiAl)基合金的蠕变特征对组织的特征和尺寸很敏感。全层片组织具有最佳的蠕变抗力。由于具有全层片状组织的合金的最大蠕变应变取决于温度和应力，它的大小可以超过双相合金。层状合金的最大蠕变速率高与层片界面处的位错增值有关。双相合金的蠕变行为对工艺条件和细小的显微组织敏感，如图 14－12(b)所示，该图对不同组织的工业合金的蠕变曲线进行了对比。不同的层片组织 1 和 3，其层片间距显著不同，这可能是蠕变行为存在差异的主要原因，细小的层片间距对良好蠕变抗力有利。而且，合金的制备工艺 1 为熔模铸造后快冷，这可能产生很大的过饱和空位浓度。因此这种快的蠕变速率可部分地归因于位错与点缺陷之间的相互作用。

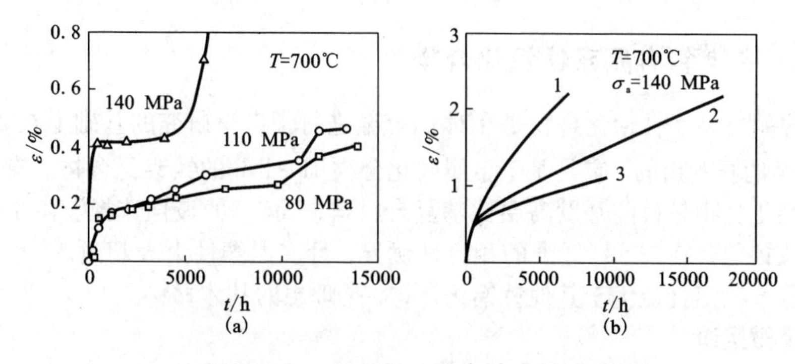

图 14-12　双相钛铝化合物的蠕变特性

(a) Ti-48Al-2Cr，双相组织，含有大体积分数的层片晶团。(b) Ti-47Al-3.7 (Nb，Mn，Cr，Si)-0.5B，1—熔模铸造，近层片状组织，层片间距 0.1~1.5 μm；2—熔模铸造+HIP，双态组织；3—熔模铸造+HIP+热处理，热处理温度 $T_a+\Delta T=1380$℃，近层片状组织，层片间距 10 nm~0.5 μm。

3) 裂纹扩展和断裂韧性

像其他的金属间化合物一样，TiAl 化合物具有低温和室温脆性，这使得材料的塑性加工、机加工和装卸很困难。合金的断裂行为对组织非常敏感。在双相组织合金中，晶间断裂和解理断裂是主要的断裂机制，而在层状合金中界面分层、穿层断裂和层片晶团脱黏是重要的失效机制。

图 14-13 为两种不同组织形态的双相合金的断裂韧性与温度的关系。由图得出层片组织合金的断裂韧性高于等轴组织合金。这主要归功于剪切带的形成和微裂纹屏蔽作用。裂纹穿过层片扩展可以用裂纹尖端与层片边界间的各种交互作用来描述，包括裂纹偏转和裂纹尖端被固定，从而有更多的曲折裂纹路径相互穿越。在裂纹尖端前沿形成了塑性区域，该区域通常会涉及到数个层片范围并由变形孪晶和位错组成。

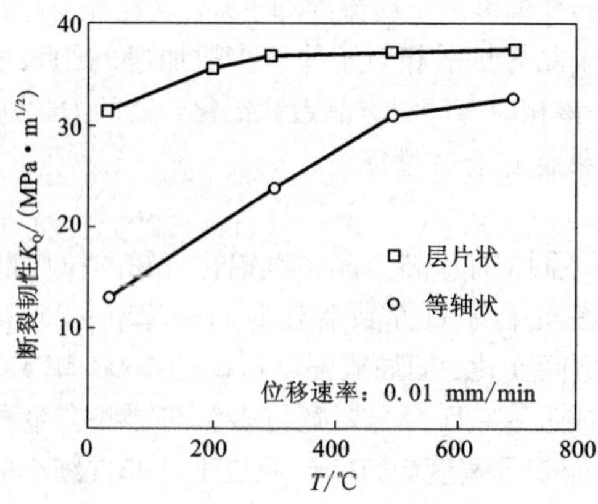

图 14-13　Ti-47Al-2Cr-0.2Si 合金的断裂韧性 K_Q 与温度之间的关系

14.4.2　有序斜方晶系钛铝化合物

有序斜方晶系钛铝化合物是在对 α_2 合金进行了广泛研究的基础上在 20 世纪 90 年代早期开发出的，它是基于金属间化合物 Ti_2AlNb 的钛铝化合物。有序斜方晶系钛铝化合物是目前开发高温钛基复合材料（TMC_s）的最佳选择。由于有序斜方晶系钛铝化合物与 SiC 纤维的相容性优异，且室温塑性大大超过 3%，因而有序斜方晶系钛铝合金优于其他钛铝化合物，是理想的基体材料。

1. 显微组织

根据加工方法和后续热处理工艺的不同，有序斜方晶系钛铝化合物的显微组织可在很宽的温度范围内发生变化。对于有序斜方晶系钛铝化合物而言，通过传统的高应变率锻造工艺可将粗大的铸态组织转变为细小的等轴状组织。

热加工过程中通过再结晶可获得细小的等轴状显微组织，在此基础上通过额外的热处理工艺可以得到均匀的显微组织以获得所期望的最终性能。与传统钛合金相似，通过适当的热加工可以获得等轴状、细小层片状（双态的）和粗大层片状的显微组织。在高达 700℃的高温下实际应用时要求显微组织具有稳定性。此外热处理过程中大型工件通常只能获得有限的冷却速率。图 14 - 14(a) 至图 14 - 14(c) 所示为长期使用的有序斜方晶系 Ti - 22Al - 25Nb 合金 3 种典型的均匀显微组织，其热稳定性温度高达 700℃，所需的热加工参数可以转化到大尺寸零件上。由于 Ti - 22Al - 25Nb 合金冷却时通过 $\alpha_2 + \beta_0$ 相区，同时如上所述相应的相变动力学过程缓慢，因此图 14 - 14(a) 至图 14 - 14(c) 中所有的显微组织均为三相混合物。部分显微组织的平均晶粒尺寸范围是从 3 μm（等轴状）至 30 μm（双态），最大可达到 200 μm（粗大层片状）。双态组织在 T_β - 20℃下进行固溶处理的过程中，初生 α_2 相颗粒阻碍了 β_0 相的晶粒生长，需要 8% ~ 12%（体积分数）的弥散分布的 α_2 相颗粒。以 1 K/min 速率从 β 转变温度以上缓慢冷却下来，会在先前存在的 β_0 相中生成粗大的次生 O 相板条，由于晶界扩散相对于体积扩散加速，因此还会形成厚的晶界 α_2 相，如图 14 - 14(d)，该相对有序斜方晶系钛铝化合物的力学性能十分有害。

2. 有序斜方晶系钛铝化合物性能

1) 拉伸性能

根据显微组织的不同，有序斜方晶系钛铝化合物的拉伸性能在一个很宽的范围内变化。就简单的三元有序斜方晶系合金 Ti - 22Al - 25Nb 而言，其室温断裂伸长率可在 0 ~ 16% 之间变化，而屈服强度可高达 1600 MPa 或低至 650 MPa，该变化范围比 γ - TiAl 或近 α - Ti 合金要宽得多。与这些合金种类相比，有序斜方晶系钛铝化合物有可能获得宽度为 50 nm 及以下的非常细小的次生相板条。有序斜方晶系合金中高的 Nb 含量会减缓大块材料中的扩散过程，并导致相变过程缓慢。因此，即使是以 10 K/min 的较低冷却速率缓慢冷却也足以将高温 β_0 相完全

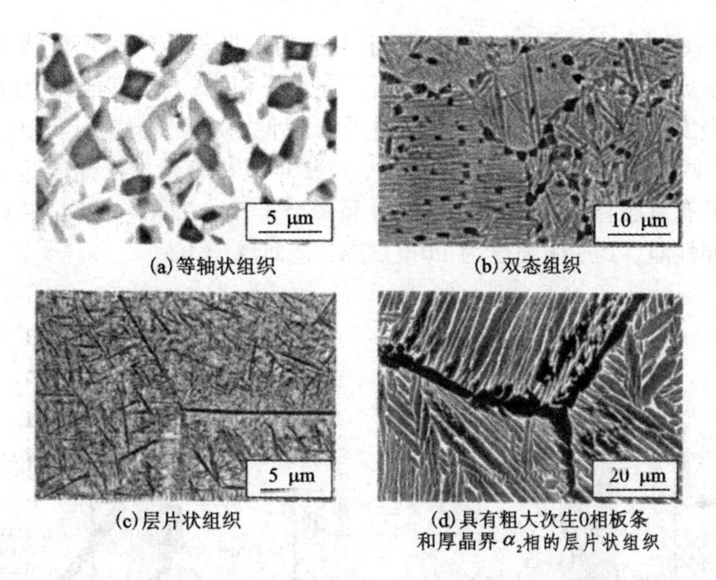

(a) 等轴状组织　(b) 双态组织

(c) 层片状组织　(d) 具有粗大次生O相板条和厚晶界 α_2相的层片状组织

图 14 - 14　热加工并完全再结晶的有序斜方晶系钛铝化合物的典型组织

保留下来。由于过饱和β_0相中形成 O 相不要求长距离的扩散，所以随后的低温时效会析出非常细小的有序斜方晶系次生相板条。可是，这种显微组织在高温下不稳定。在 Ti 22Al - 25Nb 合金中，热稳定性温度达到 700℃的显微组织一般可以获得高达 1100 MPa 的室温屈服强度。其他热稳定的显微组织，例如细晶等轴状或粗晶层片状组织的屈服强度较低，在 700 ~ 950 MPa 之间。

就断裂伸长率而言，有序斜方晶系合金不同于其他任何钛铝化合物。只有有序斜方晶系合金在具有粗晶层片状显微组织时还可以获得 13% 左右的高的室温塑性，这清楚表明了 O 相的本征塑性高于 α_2 相。但是一个重要的假设是转变后的β/β_0晶粒强度低，即有序斜方系次生板条尺寸粗大。在粗晶层片状材料中通过减小板条尺寸来提高强度最终会导致低能沿晶断裂，沿晶界析出的 α_2 相将促进这一过程的发生。减少晶界 α_2 相的热加工工艺将同时提高具有层片状显微组织的有序斜方晶系合金的强度和塑性。含氧量和 β_0 相含量是控制有序斜方晶系合金塑性的其他主要参数。氧是脆性 α_2 相的强稳定化元素，如果其含量超过 1000 mg/kg 左右，则会显著降低不同显微组织合金的断裂伸长率。塑性 β_0 相的含量达到 15%（体积分数）左右可以减小界面处的应力集中效应。如果在这些应变不协调性高的局部区域中不存在 β_0 相，那么在低应变水平下裂纹就从 O/O 界面出萌生。β_0相的体积分数受加工工艺和化学成分（主要是 Al 含量）的控制。因此，对于具有足够塑性和热稳定性的近平衡态显微组织而言，其铝含量需保持在 x(Al) = 25% 以下。此外，目前已有的三元(Ti_3Al + Nb)基和 Ti_2AlNb 基合金的拉伸性能数据也清楚表明在 x(Nb) = 11% ~ 27% 范围内增加 Nb 含量可同时提高断裂伸长率和屈服强度如图 14－15。由于上述的不良显微组织特征或导致脆性相析出的化学成分不均匀性通常会降低断裂伸长率和(或)抗拉强度，因此断裂伸长率和屈服强度值可作为衡量特定材料质量的标准。如果要同时获得高强度和高断裂伸长率，则合金的显微组织必须均匀，这样可以显著延迟拉伸试验过程中裂纹的萌生。具有双态显微组织的有序斜方晶系合金 Ti－22Al－25Nb 具有最佳的综合室温拉伸性能，其屈服强度为 1100 MPa，延伸率为 4%。

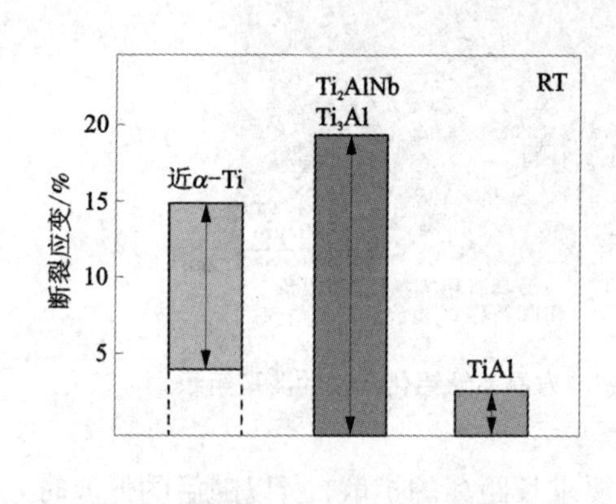

(a)不同显微组织的典型塑性范围

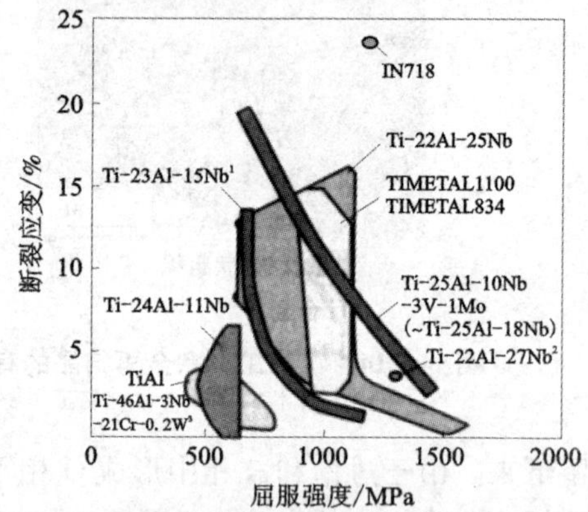

(b)不同成分和显微组织的伸长率与屈服强度之间关系

图 14－15　有序斜方晶系钛铝化合物与近 α－Ti、Ti_3Al 基和 TiAl 基合金室温拉伸性能比较

有序斜方晶系 Ti－22Al－25Nb 合金的比高温抗拉强度如图 14－16 所示。与最新一代的近 α－Ti 合金相比，简单三元 Ti－22Al－25Nb 合金虽然密度较大，但是其比屈服强度较高。然而如前所述，在高温下长期使用时还需要考虑显微组织的热稳定性。如图 14－16 所示，若只考虑热稳定的显微组织，则 Ti－22Al－25Nb 合金在密度修正的基础上只能获得略高于第三代 TiAl 基合金(如 Ti－46.5Al－3.0Nb－2.1Cr－0.2W)的比屈服强度值。此外，有序斜方晶系合金的最高使用温度比 γ－TiAl 合金的大约低 70～90℃，这主要是由于环境的影响。

2)蠕变性能

有序斜方晶系钛铝化合物的蠕变性能受显微组织的强烈影响，其基本影响趋势与钛合金和其他钛铝化合物相似。

就 Ti－22Al－25Nb 合金而言，细晶等轴状显微组织的蠕变速率高，而粗晶层片状显微组织可使最小蠕变速率降低两个数量级，如图 14－17；层片状显微组织和主要蠕应变低于等轴状显微组织。根据表观激活能和蠕变指数的计算值，晶界滑动是 650℃时双相材料的主要蠕变机制，而位错攀移机制控制了具有层片状组织的 Ti－22Al－25Nb 合金在 200～400 MPa 应力范围内的蠕变变形。不同有序斜

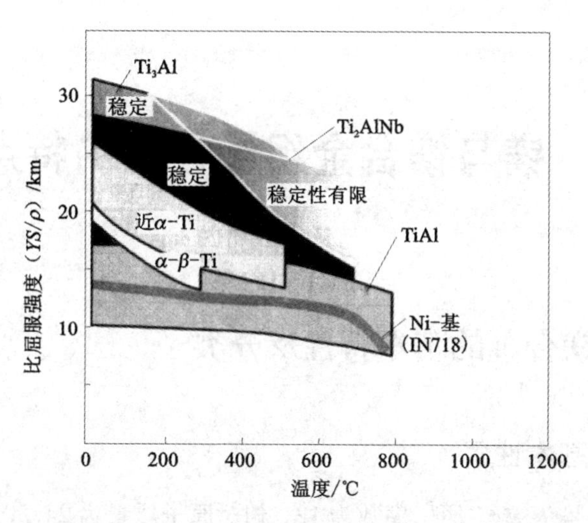

图 14 - 16　钛铝化合物与近 α - Ti 合金、Ti_3Al 基合金和 Ni 基合金的比屈服强度与温度的关系

方晶系合金与 Ti_3Al 合金及传统钛基合金的对比研究表明，有序斜方晶系合金分别具有最高的晶界扩散激活能和晶格自扩散激活能。因此，O 相合金的最小蠕变速率低于传统钛合金，且与显微组织无关，如图 14 - 17。在较高的应力水平下，受位错控制的蠕变占主导地位，从而 O 相的体积分数变得更加重要。随着显微组织中 O 相体积分数的增加，合金的抗蠕变性逐渐提高。在低应力至中等应力范围内，晶粒尺寸对合金最小蠕变速率的影响高于相的成分、体积分数或形貌。因此，采用有序斜方晶系合金设计存在蠕变极限的应用时需特别注意晶粒度。

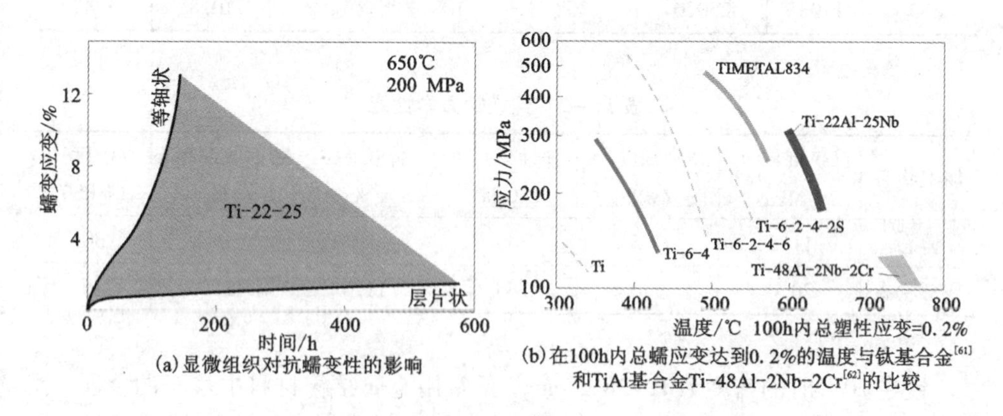

(a) 显微组织对抗蠕变性的影响　(b) 在100h内总蠕应变达到0.2%的温度与钛基合金[61]和TiAl基合金Ti-48Al-2Nb-2Cr[62]的比较

图 14 - 17　三元有序斜方晶系合金 Ti - 22Al - 25Nb 的蠕变性能

在设计发动机中的旋转部件时通常将蠕应变控制在 0.4% 以下，而有序斜方晶系合金的主要蠕变区域内一般可获得这样的应变，尤其在较高应力水平下。

第15章　镁与镁合金组织性能的特点及控制

15.1　镁及镁合金的基本特性及分类

15.1.1　镁的基本性质

镁的元素符号为Mg，原子序数为12，相对原子质量为24.3050，电子结构为$1s^2 2s^2 2p^6 3s^2$，位于元素周期表中第三周期第二族。镁的晶体结构为密排六方，在25℃时的晶格常数为：$a = 0.3202$ nm，$c = 0.5199$ nm；晶胞的轴比为$c/a = 1.6327$。配位数等于12时的原子半径为0.162 nm。镁的其他一些重要的物理参数及力学性能见表15-1和表15-2。

表15-1　纯镁的一些重要物理参数

熔点/℃	沸点/℃	燃烧热/($kJ \cdot kg^{-1}$)	熔化热/($kJ \cdot kg^{-1}$)	感应电流透入深度/μm			
				1 MHz	10 MHz	100 MHz	1000 MHz
650	1103	25020	368	108	34.2	10.8	3.42

表15-2　纯镁的力学性能

加工状态	抗拉强度σ_b/MPa	屈服强度σ_s/MPa	弹性模量E/GPa	伸长率δ/%	断面收缩率φ/%	硬度(HBS)
铸态	11.5	2.5	45	8	9	30
变形状态	20.0	9.0	45	11.5	12.5	36

镁在20℃时的密度为1.738 g/cm³，是常用金属结构材料中最轻的金属，镁的这一特征与其优越的力学性能相结合成为大多数镁基结构材料的应用基础。镁在20℃时的体积热容为1781 J/($dm^3 \cdot K$)，相对来说，镁的体积热容比其他所有金属的都低。此外，合金元素对镁热容的影响不大，因此镁及其合金的一个重要特性是加热升温与散热降温都比其他金属快。

多晶体的镁在常温下塑性变形时仅限于基面$\{0001\} < 11\bar{2}0 >$滑移及锥面$\{10\bar{1}2\} < 10\bar{1}1 >$孪生，因此与面心立方结构的铝及体心立方结构的铁相比，其塑性较差。纯镁单晶体的临界切应力只有$(48 \sim 49) \times 10^5$ Pa，纯镁多晶体的强度和硬度也很低，因此都不能直接用作结构材料。纯镁的工程应用很少，主要以多元合金形式应用。固溶强化和沉淀强化是镁合金的主要强化手段。

镁是一种非常活泼的金属，镁在所有结构金属中具有最低的电位，即镁对其他结构金属都呈阳性。镁在无水条件下氧化成 MgO 薄膜，有水条件下生产 $Mg(OH)_2$。表面膜可减少或防止镁的进一步氧化，但与铝和钛相比，镁的保护膜致密性较差且易被穿透，保护基体的效果较差。

镁合金在振动时有较好的吸收能量的能力，表现出高的阻尼本领，是优良的减震材料。此外镁是所有结构金属中最易加工的材料，加工镁合金所需的能量大约只有铝合金的一半。与加工铝合金相比，切削镁合金的硬质合金刀具寿命可提高 5 ~ 10 倍，且镁合金零件的表面光洁度较好。

15.1.2　镁合金的特点

在纯镁中加入某些有用的合金元素可获得不同的镁合金，它们不仅具有镁的各种特性，而且能大大改善镁的物理、化学和力学性能，扩大其应用领域。目前，已开发出了几十种不同性能的镁合金，形成了镁合金体系。大多数镁合金具有以下特点：

(1)镁合金的密度为 1.74 ~ 1.85 g/cm^3，比铝合金轻 36%，比锌合金轻 73%，仅为钢铁的 1/4 左右，因而其比强度和比刚度较高。采用镁合金制造零部件，可减轻结构重量，降低能源消耗，减少污染物排放，增大运输机械的载重量和速度。

(2)镁合金的比弹性模量与高强度铝合金、合金钢大致相同，用镁合金制造刚性好的整体构件，十分有利。

(3)镁合金弹性模量较低，而其抗振动阻尼容量较高，因而冲击能量的吸收性能好；在相同的载荷下，减振性是铝的 100 倍、钛合金的 300 ~ 500 倍，故在驱动和传动部件上大量应用。

(4)镁合金在高温及常温下都具有一定的塑性，因此可用压力加工的方法获得各种规格的棒材、管材、型材、锻件、模锻件和板材以及压铸件、冲压件和粉材等。

(5)镁与铁的反应低，熔炼时可采用铁坩埚，熔融镁对坩埚的侵蚀小，压铸时对压铸模的侵蚀小，与铝合金压铸相比，压铸模使用寿命可提高 2 ~ 3 倍，通常可在 20 万次以上。镁合金压铸件的最小壁厚可达 0.6 mm，而铝合金的为 1.2 ~ 1.5 mm。镁的结晶潜热比铝的小，在模具内凝固快，生产率比铝压铸件的高出

40% ~50%，最高可到两倍。

(6)镁合金具有优良的切削加工性能，镁合金切削时对刀具的消耗很低，切削消耗功率很低。镁合金、铝合金、铸铁、低合金钢切削同样零件消耗的功率比值为1∶1.8∶3.5∶6.3。

(7)镁合金电磁屏蔽性能和导热性均较好，适合于制造发出电磁干扰的电子产品的壳、罩，尤其是紧靠人体的手机外壳。

(8)镁合金有较高的尺寸稳定性，稳定的收缩率，铸件和加工件尺寸精度高，除 Mg - Al - Zn 合金外，大多数镁合金在热处理过程中及长期使用中由于相变而引起的尺寸变化接近于零，适合做样板、夹具和电子产品外罩。

(9)与塑料类材料相比，镁合金具有可回收性。这对降低制品成本、节约资源、改善环境都是有益的。

与其他合金材料相比，镁合金存在如下缺点：

(1)镁的化学活性很强，在空气中容易氧化，易燃烧，且产生的氧化膜疏松，所以在熔炼镁合金时要采取防止氧化的措施。

(2)镁的电极电位很低，易产生电化学腐蚀。

(3)镁合金的抗盐水腐蚀能力差，因此必须进行防腐处理。

(4)镁合金对缺口的敏感性比较大，易造成应力集中。在125℃以上的高温条件下，多数镁合金的抗蠕变性能较差，在选材和设计零件时应考虑这一点。

(5)镁合金铸件的综合成本比铝合金高，加工件的价格远远高于铝合金。

15.1.3 镁合金的分类

镁合金的分类方法有3种，即按化学成分、成形工艺和是否含锆3种原则分类。

根据化学成分，镁合金可分为含铝镁合金和不含铝镁合金两大类。以五个主要元素 Mn、Al、Zn、Zr 和稀土为基础，组成基本镁合金系：Mg - Mn，Mg - Al - Mn、Mg - Al - Zn - Mn、Mg - Zr、Mg - Zn - Zr、Mg - RE - Zr、Mg - Ag - RE - Zr、Mg - Y - RE - Zr。Th 也是镁合金的一种主要合金元素，组成合金系：Mg - Th - Zr、Mg - Th - Zn - Zr、Mg - Ag - Th - RE - Zr。但因 Th 具有放射性，基本不再使用。

按成形工艺，镁合金可划分为铸造镁合金和变形镁合金两大类，参见图15 -1。两者没有严格的区分，铸造镁合金 AZ91，AM20，AM50，AM60，AE42 等也可以作为变形镁合金。

按是否含有锆，镁合金可分为含锆镁合金和不含锆镁合金两大类。

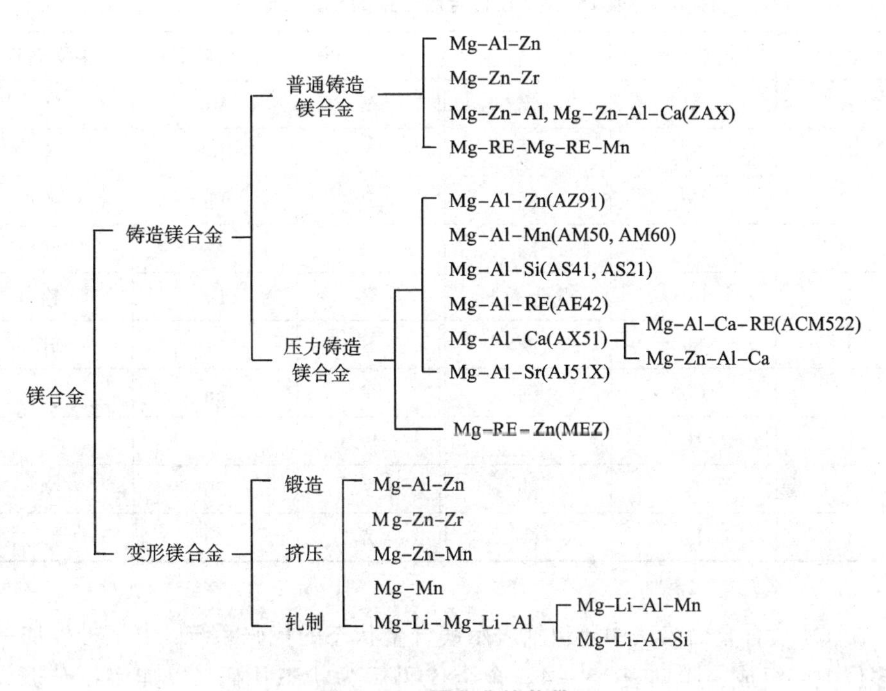

图 15－1　镁合金的分类

15.1.4　镁合金的牌号与化学成分

不同的国家有不同的镁合金命名体系。目前，国际上常采用美国试验材料协会（ASTM）使用的方法来表示镁合金。按 ASTM 规定，镁合金名称由字母－数字－字母 3 部分组成。第一部分由两种主要合金元素的代码组成，按含量的高低顺序排列，元素代码见表 15－3。第二部分由这两种元素的质量分数组成，按元素代码顺序排列。第 3 部分由指定的字母如 A、B 和 C 等组成，表示合金发展的不同阶段。大多数情况下，该字母表征合金的纯度，区分具有相同名称、不同化学组成的合金。“X”表示该合金仍是实验性的。例如：AZ91D 是一种含铝约为 9%（质量分数），锌约为 1%（质量分数）的镁合金，是第 4 种登记的具有这种标准组成的镁合金。ASTM 规定该合金的化学组成为：$w(Al)=8.3\%\sim9.7\%$；$w(Zn)=0.35\%\sim1.0\%$；$w(Si)\leqslant0.10\%$；$w(Mn)\leqslant0.15\%$；$w(Cu)\leqslant0.30\%$；$w(Fe)\leqslant0.005\%$；$w(Ni)\leqslant0.002\%$；其他不大于 0.02%。Fe、Cu 和 Ni 降低镁合金的抗蚀性，因而需要严格控制其含量。

表 15－3　镁合金牌号中的元素代码

英文字母	元素符号	中文名称	英文字母	元素符号	中文名称
A	Al	铝	M	Mn	锰
B	Bi	铋	N	Ni	镍
C	Cu	铜	P	Pb	铅
D	Cd	镉	Q	Ag	银
E	RE	混合稀土	R	Cr	铬
F	Fe	铁	S	Si	硅
G	Ca	钙	T	Sn	锡
H	Th	钍	W	Y	钇
K	Zr	锆	Y	Sb	锑
L	Li	锂	Z	Zn	锌

ASTM 镁合金命名法中还包括表示镁合金状态的代码系统，由字母外加一位或多位数字组成，详见表 15－4。合金代码后为状态代码，以连字符分开，如 AZ91C－F 表示铸态 Mg－9Al－Zn 合金。常见的压铸镁合金和变形镁合金的化学成分分别见表 15－5 和表 15－6。

表 15－4　镁合金牌号中的状态代码

代码	状态
F	铸态
O	退火、再结晶(对锻制产品而言)
H	应变硬化状态
T	热处理至除 F、O 和 H 之外的状态
W	固溶处理(不稳定状态)
H1，加上一位或多位数字	仅应变硬化状态
H2，加上一位或多位数字	应变硬化，然后再部分退火
H3，加上一位或多位数字	应变硬化，然后再经稳定化处理
T1	冷却后自然时效状态
T2	退火状态(仅指铸件)
T3	固溶处理后冷加工状态

续表 15-4

代码	状态
T4	固溶处理状态
T5	冷却并人工时效状态
T6	固溶处理并人工时效状态
T7	固溶处理并经稳定处理状态
T8	固溶处理、冷加工并人工时效状态
T9	固溶处理、人工时效和冷加工状态
T10	冷却、人工时效和冷加工状态

表 15-5　常用压铸镁合金的化学成分，w/%

合金	Al	Zn	Mn	Si	Cu	Ni	Fe	其他
AZ91D	8.3~9.7	0.35~1.0	0.15~0.50	≤0.01	≤0.030	≤0.002	≤0.005	≤0.02
AM60B	5.5~6.5	≤0.22	0.24~0.50	≤0.10	≤0.010	≤0.002	≤0.005	≤0.02
AM50A	4.4~5.4	≤0.22	0.26~0.60	≤0.10	≤0.010	≤0.002	≤0.004	≤0.02
AM20	1.7~2.5	≤0.20	≥0.20	≤0.05	≤0.008	≤0.001	≤0.004	≤0.01
AS41B	3.5~5.0	≤0.12	0.35~0.70	0.50~1.5	≤0.020	≤0.002	≤0.0035	≤0.02
AS21	1.9~2.5	0.15~0.25	≥0.20	0.7~1.2	≤0.008	≤0.001	≤0.004	≤0.01
AE42	3.6~4.4	≤0.20	≥0.10	2.0~3.0 (RE)	≤0.040	≤0.001	≤0.004	≤0.01

表 15-6　常用变形镁合金的化学成分，w/%

合金	Al	Zn	Mn	Si	Cu	Ni	Fe
AZ31B	2.5~3.5	0.7~1.3	≥0.2	≤0.30	≤0.05	≤0.005	≤0.005
AZ61A	5.8~7.2	0.4~1.5	≥0.15	≤0.30	≤0.05	≤0.005	≤0.005
AZ80A	7.8~9.2	≥0.5	0.2~0.8	≤0.30	≤0.05	≤0.005	≤0.005
M1A			≥1.20	≤0.30	≤0.05	≤0.005	
ZK60A		4.8~6.2	Zr≥0.45				

中国的镁合金牌号由两个汉语拼音和阿拉伯数字组成，前面汉语拼音将镁合金分为变形镁合金(MB)、铸造镁合金(ZM)、压铸镁合金(YM)和航空镁合金。

例如 1 号铸造镁合金为 ZM1，2 号变形镁合金为 MB2，5 号压铸镁合金为 YM5，5 号航空铸造镁合金为 ZM－5。表 15－7 和表 15－8 分别列出了中国变形镁合金与铸造镁合金的牌号和化学成分。表 15－9 列出了中国镁合金牌号与美国镁合金牌号的对照。

表 15－7　中国变形镁合金的牌号和主要化学成分

合金牌号	主要成分，w/%						杂质（不高于），w/%						
	Al	Mn	Zn	Ce	Zr	Mg	Al	Cu	Ni	Zn	Si	Be	其他杂质
MB1	—	1.3～2.5	—	—	—	余量	0.3	0.05	0.01	0.3	0.15	0.02	0.2
MB2	3.0～4.0	0.15～0.5	0.2～0.8	—	—	余量	—	0.05	0.005	—	0.15	0.02	0.3
MB3	3.5～4.5	0.3～0.6	0.8～1.4	—	—	余量	—	0.05	0.005	—	0.15	0.02	0.3
MB5	5.5～7.0	0.15～0.5	0.5～1.5	—	—	余量	—	0.05	0.005	—	0.15	0.02	0.3
MB6	5.0～7.0	0.2～0.5	2.0～3.0	—	—	余量	—	0.05	0.005	—	0.15	0.02	0.3
MB7	7.8～9.2	0.15～0.5	0.2～0.8	—	—	余量	—	0.05	0.005	—	0.15	0.02	0.3
MB8	—	1.5～2.5	—	0.15～0.35	—	余量	0.3	0.05	0.01	0.3	0.15	0.02	0.3
MB15	—	—	5.0～6.0	—	0.3～0.9	余量	0.05	0.05	0.005	0.1（Mn）	0.05	0.02	0.3

表 15－8　中国铸造镁合金的牌号和主要化学成分

合金牌号	化学成分①，w/%										
	Al	Mn	Si	Zn	RE②	Zr	Ag	Fe	Cu	Ni	杂质总量
ZM1				3.5～5.5	—	0.5～1.0	—		0.10	0.01	0.30
ZM2				3.5～5.0	0.75～1.75	0.5～1.0	—		0.10	0.01	0.30
ZM3				0.2～0.7	2.5～4.0②	0.4～1.0			0.10	0.01	0.30
ZM4				2.0～3.0	2.5～4.0②	0.5～1.0			0.10	0.01	0.30
ZM5	7.5～9.0	0.15～0.5	0.30	0.2～0.8	—	—		0.06	0.20	0.01	0.50
ZM6				0.2～0.7	2.0～2.8③	0.4～1.0	—		0.10	0.01	0.30
ZM7				7.5～9.0	—	0.5～1.0	0.6～1.2		0.10	0.01	0.30
ZM10	9.0～10.2	0.1～0.5	0.30	0.6～1.2	—	—	—	0.06	0.20	0.01	0.30

注：①可以加入不大于 0.002% 铍。

②RE 为含铈量 45% 的混合稀土。

③含钕量不小于 85% 的混合稀土金属，其中钕加镨不少于 95%。

表15－9　中国镁合金牌号与美国镁合金牌号的对照

种类	系列	化学成分 $w/\%$					
		中国	美国	Al	Mn	Zn	其他
变形镁合金	Mg－Mn	MB1	M1	0.20	1.30～2.50	0.3	—
		MB8	M2	0.20	1.30～2.20	0.3	0.15～0.35Ce
	Mg－Al－Zn	MB2	AZ31	3.0～4.0	0.15～0.50	0.2～0.8	
		MB3	—	3.7～4.7	0.30～0.60	0.8～1.4	
		MB5	AZ61	5.5～7.0	0.15～0.50	0.5～1.5	
		MB6	AZ63	5.0～7.0	0.20～0.50	2.0～3.0	
		MB7	AZ80	7.8～9.2	0.15～0.50	0.2～0.8	
	Mg－Zn－Zr	MB15	ZK60	0.05	0.10	5.0～6.0	0.30～0.90Zr
铸造镁合金	Mg－Zn－Zr	ZM－1	ZK51A	—	—	3.5～5.5	0.5～1.0Zr
		ZM－2	ZE41A	—	0.7～1.7RE	3.5～5.0	0.5～1.0Zr
		ZM－4	EZ33		2.5～4.0RE	2.0～3.0	0.5～1.0Zr
		ZM－8	ZE63		2.0～3.0RE	5.5～6.5	0.5～1.0Zr
	Mg－RE－Zr	ZM－3	—	—	2.5～4.0RE	0.2～0.7	0.3～1.0Zr
		ZM－6	—		2.0～2.8RE	0.2～0.7	0.4～1.0Zr
	Mg－Al－Zn	ZM－5	AZ81A	7.5～9.0	0.2～0.8	0.15～0.5	

15.2　铸造镁合金的组织、性能及控制

按加工方式、产品的品种与用途，镁合金可分为铸造镁合金和变形镁合金，两者在组织与性能方面有些差异，但没有铸造铝合金和变形铝合金之间的差异大，如Mg－Al系合金中，既包括铸造镁合金又包括变形镁合金，是目前牌号最多，应用最广泛的镁合金系列。

镁合金的铸造成形工艺主要有砂型铸造、金属型铸造、熔模铸造、挤压铸造、低压铸造和高压铸造，其中应用最为广泛的是传统的高压铸造工艺，而其未来的发展则更多地偏向挤压铸造、半固态压铸、真空压铸、充氧压铸等铸造成形工艺。

铸造镁合金占整个镁合金产品用量的70%，而压铸是镁合金铸造最主要的成形工艺，世界上镁合金铸件总产量的93%是用压铸工艺生产的，这主要是由于镁合金具有很好的压铸工艺性能，其主要优点如下：

①镁合金液黏度低，流动性好，易于充满复杂型腔，用镁合金可以很容易生产出壁厚为1.0~2.0 mm的压铸件，最小壁厚可达0.6 mm，而铝合金压铸件的最小壁厚则是2.3~3.5 mm。

②镁合金压铸件的尺寸精度比铝压铸件高50%。

③镁合金压铸件的铸造斜度为1.5°，而铝合金为2°~3°。

④镁合金的熔点和结晶潜热都比铝合金低，压铸过程中对模具冲蚀比铝合金小，且不易粘型，其模具寿命可比铝合金件长2~4倍。

⑤镁合金压射周期比铝合金短，因而生产率可比铝合金提高25%。

⑥镁合金铸件的加工性能优于铝合金铸件，镁合金铸件的切削速度可比铝合金件提高50%，加工耗能比铝合金低50%。

通常所说的压铸(Die Casting)是指高压铸造，以区分重力铸造和低压铸造。目前，应用最广泛的压铸镁合金是Mg-Al系合金。常用的4个压铸镁合金系为:

①Mg-Al-Zn(AZ)系列镁合金。

②Mg-Al-Mn(AM)系列镁合金。

③Mg-Al-Si(AS)系列镁合金。

④Mg-Al-RE(AE)系列镁合金。

下面分别介绍这4种常见的压铸镁合金系的组织、性能及应用。

15.2.1 AZ系铸造镁合金的组织、性能及控制

铝与镁形成有限固溶体，Mg-Al合金相图如图15-2所示。根据Mg-Al合金相图，Mg-Al系铸造合金组织在平衡状态下是由α相和β($Mg_{17}Al_{12}$)相组成的。$Mg_{17}Al_{12}$相为体心立方(bcc)晶体结构，其点阵常数为a=1.05438nm。β相的数量随铝含量的增加而增多。Mg-Al合金相图中虚线表示界限尚不确定，在共晶温度437℃时的溶解度为12.7%(质量分数，以下同)。溶解度随温度降低而显著减小，在室温时约为2%。铝含量(质量分数)大于6%的合金为热处理可强化合金。但商业镁合金中铝含量一般不超过10%。铝的加入可以有效提高合金的强度和硬度，改善合金的铸造性能。含铝约为6%的镁合金具有最佳强度和韧性的配合。

AZ系镁合金是在Mg-Al合金的基础上形成的一种高强度铸造合金。AZ系镁合金具有比较均衡的铸造性能和力学性能，较高的屈服强度同时具有耐盐雾腐蚀能力，适合制造形状较复杂的薄壁压铸件，如离合器壳体等。AZ系镁合金的缺点是其耐热性能差，工作温度不能超过150℃。

AZ系镁合金的典型牌号是AZ91D，其化学成分见表15-10。AZ91D是高纯耐腐蚀镁合金，严格规定了合金杂质的质量分数，其铁、镍、铜的质量分数仅为一般合金的1/10，合金中几乎没有Al_3Fe，Mg_2Cu，Mg_2Ni等阴极相的存在，大大

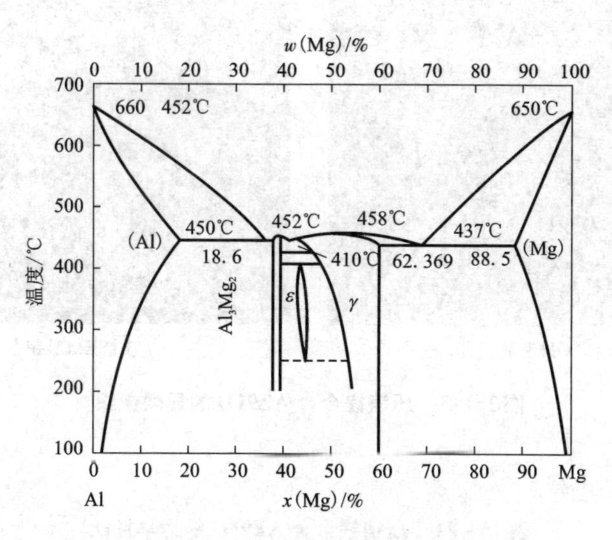

图 15－2　Mg－Al 二元合金相图

提高了合金的耐蚀性，其抗腐蚀能力明显高于 380 铝合金和碳钢。

表 15－10　压铸镁合金 AZ91D 的化学成分，w/%

Al	Zn	Mn	Si	Cu	Ni	Fe	其他
8.3～9.7	0.35～1.0	0.15～0.50	≤0.01	≤0.030	≤0.002	≤0.005	≤0.02

压铸镁合金 AZ91D 的显微组织如图 15－3 所示。可以看出，压铸组织比较细密，组织由 α－Mg 相和 β 相组成。基体为 α－Mg 相[图 15－3(a)中的白色组织]，它是 Al 和 Zn 在 Mg 中的固溶体，与镁具有相同的晶体结构。β 相呈网状分布在 α 颗粒周围。Mg－Al－Zn 合金组织常出现晶内偏析，先结晶部分 Al 含量较多，后结晶部分 Mg 含量较多。晶界 Al 含量较高，晶内 Al 含量较低；表层 Al 含量较高，里层 Al 含量较低。有研究表明，随 AZ91D 压铸件厚度的增加，铸件的抗拉强度及蠕变抗力降低。此外，由于冷却速度的不同，导致压铸件表层组织致密、晶粒细小；而芯部组织晶粒比较粗大。因而表面硬度明显高于心部硬度。浇注温度、型温、压射比压等压铸工艺参数通过影响压铸件表面及心部组织而影响其性能。压射比压越大，组织越致密；型温过高将导致表面硬化层减薄且芯部组织粗大。

压铸镁合金 AZ91D 的力学性能见表 15－11。AZ91D 镁合金是商用压铸镁合金中强度最高的。

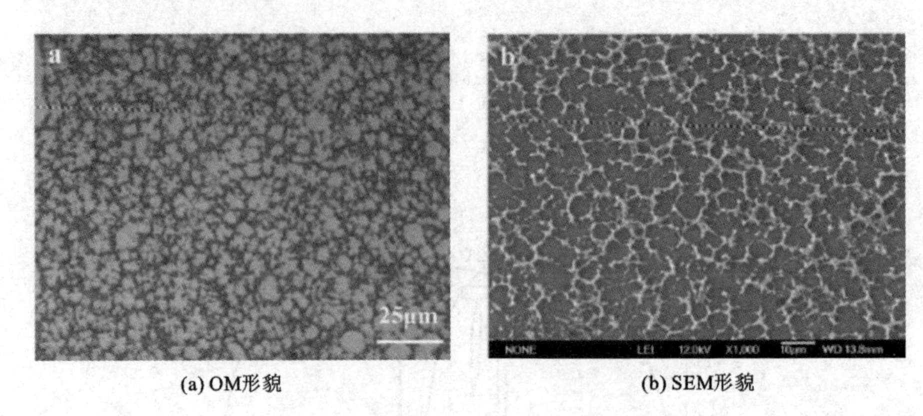

(a) OM形貌 (b) SEM形貌

图 15－3　压铸镁合金 AZ91D 的显微组织

表 15－11　压铸镁合金 AZ91D 的力学性能

σ_b/MPa	$A_{p0.2}$/MPa	δ/%	E/GPa	$\alpha_{k①}$/J
250	160	7	45	9

①无缺口夏氏冲击试验。

AZ91D 通过添加质量分数 0.2% 的 Mn 来提高防腐蚀性能，使其成为应用于室温条件下最基本的压铸镁合金。AZ91D 通常用于阀套、离合器支架、转向盘柱、凸轮盖、支架、离合器壳、手动变速箱壳体及其他汽车用零部件。

除了 AZ91D 之外，AZ 系的其他铸造镁合金也有着广泛的用途。例如，AZ42 可以用于制造变速箱外壳和气缸盖；AZ91B 可用于制造刹车及离合器踏板支架；AZ41 和 AZ63 主要用于铸造牺牲阳极。

15.2.2　AM 系铸造镁合金的组织、性能及控制

AM 系镁合金具有较高的韧性、较高的塑性，适合制造受冲击的零部件，如汽车轮毂等。AM 系镁合金由于含铝量较低，使合金中含铝的二次化合物相的析出量减少，故该系合金具有优良的塑性和韧性，强度则有所降低。主要合金为 AM60B，AM50A 和 AM20。

合金 AM60B，AM50A 和 AM20 被用于以下情况：既要求优良的延展性、韧性和抗冲击性，同时具有相当高的强度、卓越的抗蚀性。表 15－12 列出了 AM60B，AM50A 和 AM20 的化学成分。在其添加的主要合金元素中，铝通过固溶强化形成沉淀析出相，提高镁合金的强度和耐蚀性，降低塑性；锰在镁合金中抑制铁元素的活性，有效提高镁合金的耐蚀性，而且本身也起一定的固溶强化作用；少量添

加锌可以显著改善镁合金的铸造性能；硅在晶界上与镁形成起钉扎作用的金属间化合物 Mg_2Si，提高合金的室温强度和高温蠕变强度。其中 AM60B 为高纯牌号，与 AZ91D 一样具有优良的耐蚀性能，用于要求较高塑性、冲击韧性和耐蚀性的场合代替 AZ91D 合金，制作经受冲击载荷、安全性能要求较高的零部件。

表 15-12 常用 AM 系压铸镁合金的化学成分，w/%

合金	Al	Zn	Mn	Si	Cu	Ni	Fe	其他
AM60B	5.5~6.5	≤0.22	0.24~0.5	≤0.10	≤0.010	≤0.002	≤0.005	≤0.02
AM50A	4.4~5.4	≤0.22	0.26~0.6	≤0.10	≤0.010	≤0.002	≤0.004	≤0.02
AM20	1.7~2.5	≤0.20	≥0.20	≤0.05	≤0.008	≤0.001	≤0.004	≤0.01

应指出的是，压铸工艺不同，其对应的镁合金的显微组织也是不同的。图 15-5 为 AM60B 在常规压铸工艺条件下的显微组织。可见，在常规压铸工艺条件下，AM60B 合金的铸态组织中，狭长的 $\beta-Mg_{17}Al_{12}$ 相以不连续的网状分布在初生 $\alpha-Mg$ 相固溶体的基体上，而 Mn-Al 相则弥散分布在 α 相基体上。在共晶体的周围出现呈片状的二次 $\beta-Mg_{17}Al_{12}$ 析出相，二次 $\beta-Mg_{17}Al_{12}$ 析出相通常优先从 α 相晶界析出，有时也从晶粒内缺陷部位析出，由于固态下原子的扩散能力小，析出相不易长大，一般比较小。在图 15-4 中，白色的为 α 相，暗黑色的为 β 相，弥散分布的黑色小点为 Mn-Al 相。

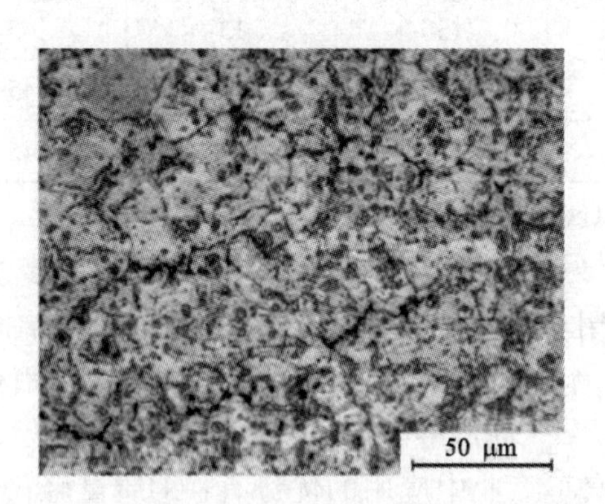

图 15-4 AM60B 在常规压铸工艺条件下的显微组织

图 15-5 为 AM60B 合金在触变压铸工艺条件下的铸态显微组织。从图中可以看出，AM60B 在触变压铸工艺条件下的铸态组织主要由球状初生 $\alpha-Mg$ 颗粒（图示 α_1）及其间二次凝固组织组成。初生 $\alpha-Mg$ 颗粒主要有两种形态：一是颗

粒内存在二次凝固组织，这在半固态时表现为小“液池”，此种居多；二是极少数初生颗粒内不出现二次凝固组织。在二次凝固区，共晶($\alpha+\beta$)组织呈不规则连续网状，同时存在尺寸较初生 $\alpha-Mg$ 颗粒小的“次 $\alpha-Mg$”颗粒(图示 α_s)。

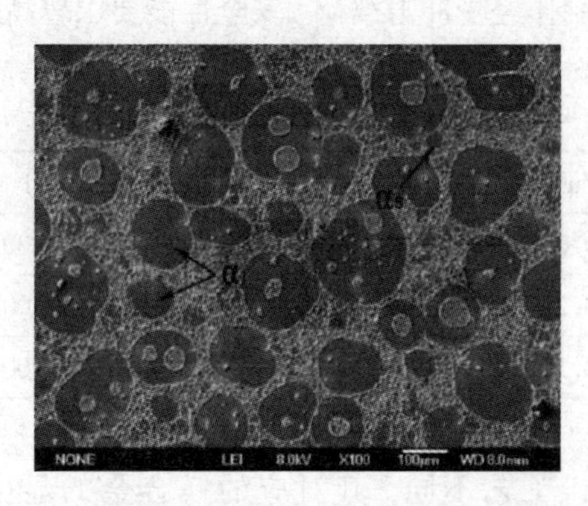

图 15-5 AM60B 在触变压铸工艺条件下的显微组织

AM60B，AM50A 和 AM20 的力学性能见表 15-13。可见随铝含量的降低，屈服强度和抗拉强度下降，但塑性和冲击韧性有所升高。

表 15-13 常用 AM 系压铸镁合金的力学性能

合金	σ_b/MPa	$A_{p0.2}$/MPa	δ/%	E/GPa	α_k[①]/J
AM60B	240	130	13	45	12
AM50A	230	125	15	45	18
AM20	210	90	20	45	18

注：①无缺口夏氏冲击试验。

一般来说，汽车用非承重镁合金零件材料采用 AZ91D，而汽车承重镁合金零件一般采用韧塑性较高的 AM60B 和 AM50B，主要包括：踏板托架、方向盘、车梁、座椅、油箱刹车系统、轮毂等。

AM 系镁合金在汽车工业中应用的优势有：①质量轻；②产品高度集成化，可将原设计中 30～60 个零件集成为一片式铸件；③由于 AM 系镁合金伸长率高，可增加部件抗冲击能力；④可降低部件组装和加工费用；⑤有效减少汽车的振动与噪声；⑥产品回收率高，有利于降低成本；⑦增加了产品设计中的灵活性。

德国大众汽车公司率先采用 AM 系镁合金制作了仪表盘基座，代替以往使用的钢制部件，起到了显著的减重效果，简化了结构。AM 系镁合金塑性较好，伸长率可达到6%以上，这种合金的零部件在承受冲击时仅会产生变形而不容易断裂。日本丰田公司最先在其车型中应用AM系镁合金制造轮毂、转向盘及操作杆等部件。而德国奔驰公司则最早将AM系镁合金用于生产车座架、背架及安全带支架。目前，AM系镁合金车座支架产品的发展趋势是继续发挥其质量轻、性价比好、抗冲击力强的优势，并进一步改善这些性能，逐步取代塑料、钢铁等材料。

15.2.3　AS系铸造镁合金的组织、性能及控制

AS系列镁合金具有较好的韧性、强度、可塑性、抗蠕变性，但其充型性较差，常用于制造工作温度较高的发动机零件，如发动机曲轴等。

目前用于汽车结构件的镁合金中，AZ和AM这两种系列镁合金占90%左右，但是AZ和AM系镁合金的力学性能在高于120~130℃时急剧下降。这是因为镁合金的蠕变主要是借助于晶界滑动，而$Mg_{17}Al_{12}$的熔点约为460℃，在不高的温度下即为一软质相，因而不能有效钉扎晶界造成。Mg-Al合金中加入1%的钙，可以提高合金的蠕变强度，但是钙含量超过1%合金具有热裂倾向。降低铝含量和加入硅，也可以改变蠕变强度，从而开发了AS系镁合金，如AS41A、AS41B、AS21等(其化学成分和力学性能分别见表15-14和表15-15)。这是因为Al含量降低使$Mg_{17}Al_{12}$数量减少，同时Si与Mg结合生成细小的硬质相Mg_2Si，阻碍了晶界滑动，从而提高了蠕变抗力。因此AS系列镁合金成为了传统的高温压铸镁合金。但应注意的是，添加Si只在压铸件中有效，在一般的砂型铸造中，由于有粗大的汉字状Mg_2Si相析出，导致在析出相与基体之间的界面上容易产生裂纹，最终导致力学性能的显著降低。

表15-14　常用AS系压铸镁合金的化学成分，w/%

合金	Al	Zn	Mn	Si	Cu	Ni	Fe	其他
AS41A	3.7~4.8	≤0.10	0.22~0.48	0.60~1.4	≤0.04	≤0.01	—	≤0.30
AS41B	3.5~5.0	≤0.12	0.35~0.7	0.50~1.5	≤0.02	≤0.002	≤0.0035	≤0.02
AS21	1.9~2.5	0.15~0.25	≥0.20	0.7~1.2	≤0.008	≤0.001	≤0.004	≤0.01

表15-15　常用AS系压铸镁合金的力学性能

合金	σ_b/MPa	$A_{p0.2}$/MPa	δ/%	E/GPa	$\alpha_k^{①}$/J
AS41A	240	140	15	45	16
AS21	220	120	13	45	12

注：①无缺口夏氏冲击试验。

AS41B 镁合金的蠕变强度在 170℃以下范围内优于 AZ91D 和 AM60B，同时具有较好的伸长率、屈服强度和极限抗拉强度。由于铝含量较低，AS41B 要求较高的铸造温度。AS21 具有较低的铝含量，蠕变性能优于 AS41A 和 AS41B，但是其铸造性能较差。

图 15－6 为 AS41 镁合金的铸态组织照片，可见铸态组织由 $\alpha-Mg$ 基体(白色)、$\beta-Mg_{17}Al_{12}$ 相和 Mg_2Si 相组成，其中 $\beta-Mg_{17}Al_{12}$ 相沿晶界以半连续网状分布(黑色)，Mg_2Si 相则以颗粒状或汉字状或颗粒加汉字状形态存在。

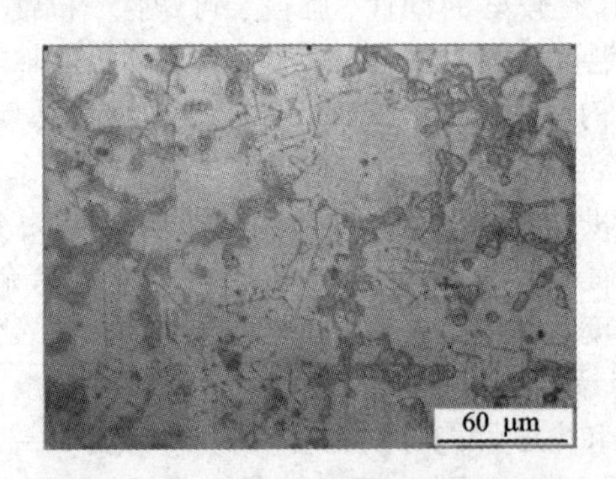

图 15－6　AS41 镁合金的铸态组织

经固溶、时效处理后 AS41 镁合金的组织形态和铸态相比有比较明显的差别(见图 15－7)，其中溶解于 $\alpha-Mg$ 基体中的 $Mg_{17}Al_{12}$ 相以细小的颗粒状析出并在晶界和晶内弥散分布；汉字状 Mg_2Si 相尺寸减小，且部分形成颗粒状组织，这种形态将有利于提高合金的力学性能。

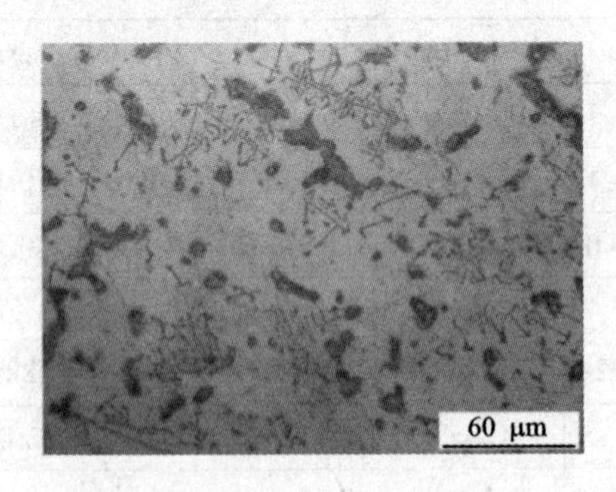

图 15－7　经固溶、时效处理后 AS41 镁合金的铸态显微组织

近年来的研究发现，在含 Si 镁合金中加入碱土元素 Ca 可以改善 Mg_2Si 相的形态，从而提高合金性能。图 15 - 8(a) 为 AS21 合金的铸态组织照片，可见 AS21 合金中除了初生的 α - Mg 枝晶外，Mg_2Si 相由于生长成发达的树枝晶而呈粗大汉字状，β - $Mg_{17}Al_{12}$ 相则因低的 Al 含量而数量很少并以点状分布于基体上。图 15 - 8(b) 至图 15 - 8(d) 为加入 Ca 后合金的显微组织，可以看出，Ca 对汉字状 Mg_2Si 相有明显的变质作用。加入 0.12% Ca，Mg_2Si 相正交十字形树枝晶变短，枝晶间距由 14μm 减小到 8μm，Mg_2Si 相整体尺寸也变小，由 47μm 减小到 15μm。这表明了 Ca 的加入有效地抑制了凝固过程中 Mg_2Si 相呈树枝晶的生长方式。加入 0.25% Ca，Mg_2Si 相由汉字状完全转变为 6μm 的均匀弥散分布的颗粒状。加入 0.5% Ca，Mg_2Si 相颗粒相长大成 12μm 的粗大块状，且分布极不均匀，团聚现象明显。以上的分析表明，AS21 合金中加入 0.25% Ca 获得了最佳变质效果。

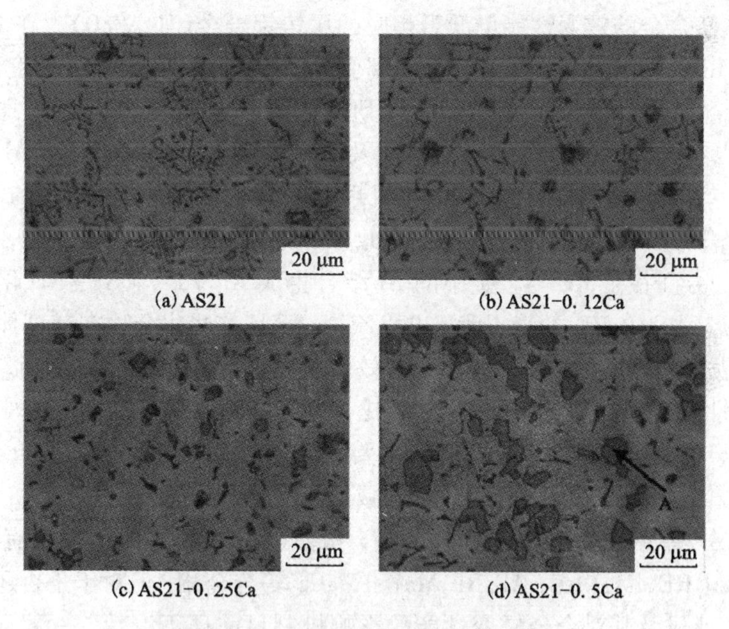

(a) AS21　(b) AS21-0.12Ca

(c) AS21-0.25Ca　(d) AS21-0.5Ca

图 15 - 8　AS21 镁合金的显微组织

图 15 - 8(d) 中箭头 A 所指块状 Mg_2Si 相内部发现细小的黑色质点，SEM 形貌[图 15 - 9(a)]显示内部存在一个形核核心。EDS 分析表明该形核核心含 Mg, Ca, Si 3 种元素，经进一步分析可知，块状 Mg_2Si 相的形核核心为 $CaSi_2$ 相。

目前，AS41 合金已被大众公司大量用于“甲壳虫”系列汽车发动机和空冷汽车发动机曲轴箱及风扇护风罩和电机支架等零部件，通用汽车公司也已将该合金用于叶片导向器和离合器活塞等上。

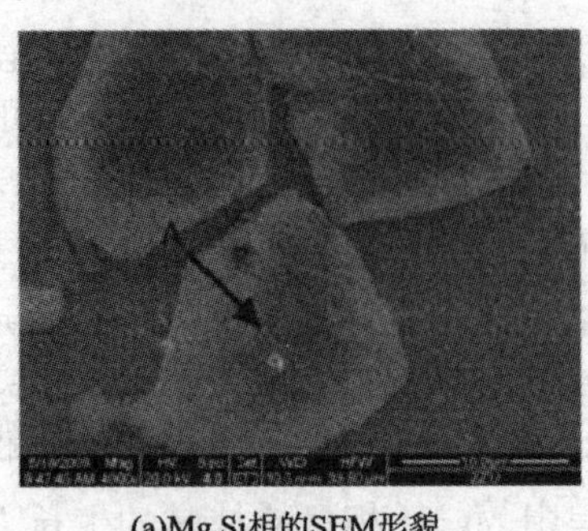

(a)Mg_2Si相的SEM形貌

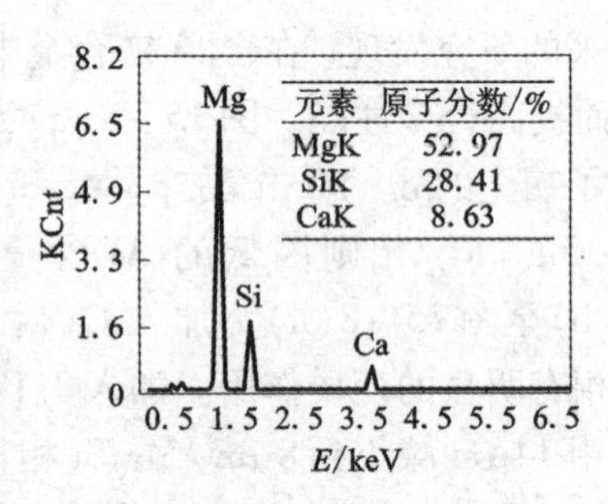

(b)图a中A点EDS成分分析

图15－9　Mg_2Si相的SEM形貌及其形核核心的EDS成分分析

15.2.4　AE系铸造镁合金的组织、性能及控制

AS系镁合金的蠕变性能仍低于相应的压铸铝合金(如A380)。在Mg－Al合金中添加RE，可以进一步提高合金的蠕变性能，如AE42，其蠕变强度优于Mg－Al－Si合金，且具有较好的综合性能。研究表明，在Mg－Al合金中添加一定量的RE可以有效提高镁合金的高温性能及抗蠕变性能，特别是对于Al含量小于4%的Mg－Al合金。该系合金的强化机理一方面在于RE与合金中的Al结合生成$Al_{11}RE_3$等Al－RE化合物而减少了$Mg_{17}Al_{12}$相的数量，有利于提高合金的高温性能；另一方面在于RE与合金中的Al结合生成$Al_{11}RE_3$等Al－RE化合物具有较高的熔点(如$Al_{11}RE_3$的熔点为1200℃等)，而且这些化合物在镁基体中的扩散速度慢，表现出很高的热稳定性，可有效钉扎住晶界而阻碍晶界滑动，从而使合金的高温性能得到提高。与AS系列相比，AE系列中的RE较AS系列中的Si对于提高合金的高温性能更为有效，这主要是由于Al－RE化合物较Mg_2Si相的作用更大和合金组织中$Mg_{17}Al_{12}$相数量的减少。

对于AE系耐热镁合金中的合金相，虽然目前知道可能出现的有$Mg_{17}Al_{12}$，$Al_{11}RE_3$，Al_2RE，$Mg_{12}RE$，$Al_{10}RE_2Mn_7$和$MgCe_2$等合金相，但对于是否还有其他的Al－RE相形成及其对合金蠕变性能的影响机制目前还不清楚。一般而言，在稀土加入量较少时，AE系合金中RE优先与Al结合而不会与Mg形成化合物相或Mg－Al－RE三元相。但当$RE/Al_{(w)}$大于1.4时，除形成$Al_{11}RE_3$相和其他富RE的Al－RE相(如Al_2RE等)外，还会形成富RE的$Mg_{12}RE$相，并且含Mn时，RE与Mn、Al还会形成团状三角系晶体结构的$Al_{10}RE_2Mn_7$相。此外，在Mg－1.3RE二元合金中也观察到了细小分散的$MgCe_2$相并且发现Mn能抑制其粗化。

尽管AE系合金(如AE42)的高温性能好、抗腐蚀能力强，并且具有中等强度，但仍然存在不少的问题需要解决：

(1)由于合金的铝含量相对较低，并且与RE形成Al－RE化合物还会进一步损耗基体中的含铝量，因此 AE 系合金流动性差，压铸时粘模倾向严重，铸造性能不好。

(2)由于慢的冷却速率将导致粗大的 Al_2RE 等 Al－RE 化合物产生，使合金的力学性能降低，因此仅适用于冷却速率较快的压铸件，而无法用于砂型铸造等工艺。

(3)由于稀土添加量大，熔体处理复杂，成本高。

目前，已报道的 AE 系耐热镁合金的主要牌号有 AE21，AE41 和 AE42，其中 AE42 具有最好的耐热性能和抗蠕变性能。AE42 的化学成分和力学性能分别见表 15－16 和表 15－17。

表 15－16　压铸镁合金 AE42 的化学成分，$w/\%$

Al	Zn	Mn	RE	Cu	Ni	Fe	其他
3.6～4.4	≤0.20	≥0.10	2.0～3.0	≤0.04	≤0.001	≤0.001	≤0.01

表 15－17　压铸镁合金 AE42 的力学性能

σ_b/MPa	$A_{p0.2}$/MPa	δ/%	E/GPa	$\alpha_{k①}$/J
230	145	11	45	12

1 无缺口夏氏冲击试验。

图 15－10(a)为 AE42 合金的铸态组织图片，可见 AE42 合金中分布着大量沿晶界析出的针状中间相和少量的粒状中间相。图 15－10(b)为这两种形态的中间相的放大。能谱分析表明这 2 种相都含有 Mg，Al，La 和 Ce 等元素，但是其中的 Al 和 La 的含量相差很大(见表 15－18)，结合相图和 X－Ray(见图 15－11)的分析结果，可以确定大量的针状相是 $Al_{11}La_3$ 相，由于 Ce 和 La 的化学性质非常接近，有的文献将 AE42 中的这种中间相写成 $Al_{13}RE_3$，这里的 RE 是指(La＋Ce)。从成分分析可知，少量的粒状相可能是 Al_2La，由于其含量较少，故没有相应的衍射峰在 XRD 图谱中显示出来。

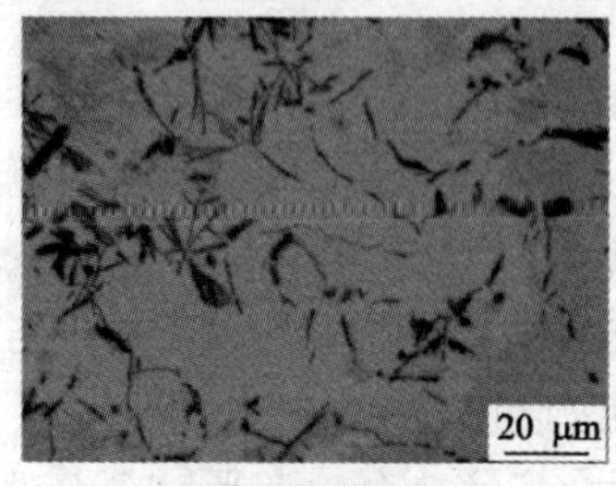

(a)光学显微照片

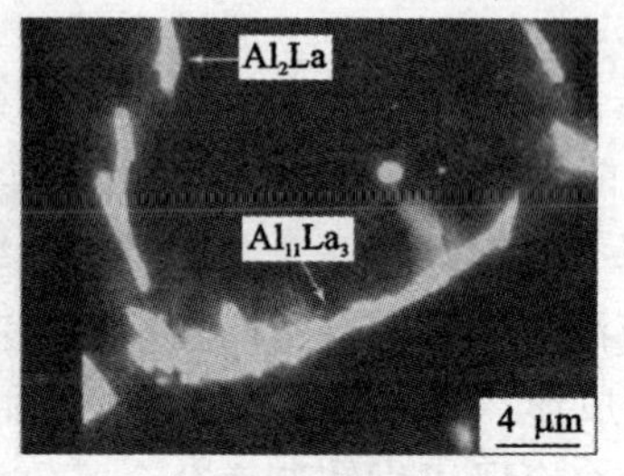

(b)SEM显微照片

图 15－10　AE42 合金的显微组织

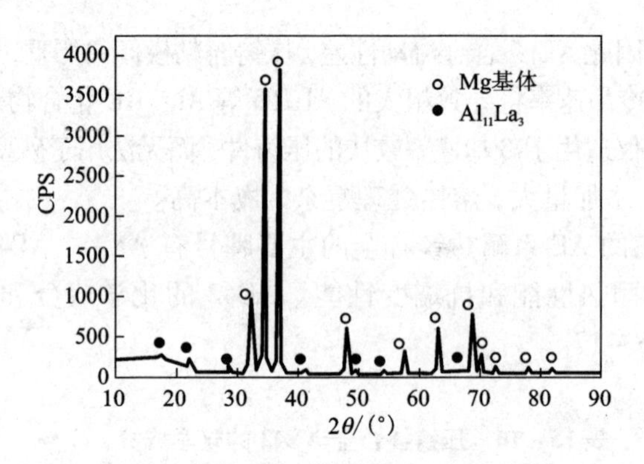

图 15-11　AE42 合金的 X-Ray 图谱

表 15-18　AE42 合金中析出相成分的能谱分析结果

相的形貌	相的名称	w(Mg)/%	w(Al)/%	w(Ce)/%	w(La)/%
针状	$Al_{11}La_3$	6.42	39.77	8.47	51.34
粒状	Al_2La	5.35	20.33	9.01	68.95

AE 系合金主要用于生产汽车动力系统零件。例如，AE42 合金适用于 150℃环境下使用的工件，目前该合金已被 GM 公司用于生产汽车变速箱壳体。2005年，Hydro 镁业开发出了一种新型的 AE44 高温抗蠕变镁合金发动机托架替代铝合金压铸件，可提供与铝合金相同的韧性，成功地进行了台架试验和汽车确认试验，并通过所有测试，已大量用于多种牌号的汽车。AE 系合金同样在生物医学领域有着一定的应用，临床医学试验表明，将 AE21 合金制成可降解血管支架是可行的。

15.3　变形镁合金的组织、性能及控制

当前镁合金产品以铸造件特别是压铸件为主。然而，镁合金铸件存在晶粒粗大、力学性能较差、易产生缺陷等缺点，大大限制了镁合金的应用范围。通过塑性加工可以有效地改善镁合金的微观组织，提高材料的力学性能。变形镁合金的塑性成形方法与变形铝合金的塑性成形方法基本相同，常用的成形方法有：挤压成形、锻造成形、轧制成形、等温成形和超塑性成形等方法。

许多镁合金既可做铸造镁合金又可做变形镁合金。变形镁合金经过挤压、轧制和锻造等工艺后具有比相同成分的铸造镁合金更高的力学性能，如图 15-12。变形镁合金制品有轧制薄板、挤压件(如棒、型材和管材)和锻件等。这些产品具

有更低成本、更高强度和延展性以及多样化的力学性能等优点。其工作温度不超过 150℃。

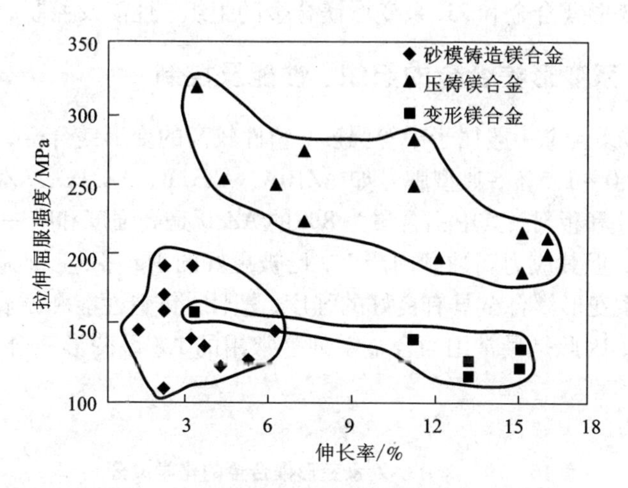

图 15－12 铸造镁合金与变形镁合金力学性能比较

由于镁具有密排六方晶体结构，在室温条件下变形只有基面{0001}产生滑移，滑移系数仅为 3 个，晶面产生滑移的可能性相当有限，因而导致镁合金的塑性很低，冷态下变形十分困难，必须升高成形温度以实现镁合金的塑性成形。当成形温度升高到 180～240℃之间时，随着孪晶的形成而有更多的附加滑移面产生，即仅次于基面的$\{10\bar{1}1\}$、$\{10\bar{1}2\}$晶面先后产生滑移，使镁合金的塑性得到很大提高；而温度进一步升高达到300℃以上，即可出现再结晶过程，使镁合金具有更好的成形性能。因此，镁合金的塑性成形加工一般均是在热态条件下完成的。由于镁合金的上述变形特点，变形镁合金产品质量具有如下特性：

①六方晶体结构的 Mg 晶体弹性模量(E)各向异性不明显，织构对塑性加工产品的 E 值影响不大。

②挤压温度较低时，{0001}和$<10\bar{1}0>$倾向于与挤压方向平行；轧制时基面{0001}倾向于与板面平行，$<10\bar{1}0>$与轧向一致。

③压应力与基面{0001}平行时易生孪晶，所以 Mg 合金受压应力时纵向屈服强度比受拉应力时低。两种屈服强度的比值在 0.5～0.7 之间，所以结构设计(包括抗弯性能设计在内)时要考虑抗压强度的影响。因此，这个比值是评价 Mg 合金质量的一项重要指标，但该值因合金而异，并且随晶粒变细而增大。

④Mg 合金用卷筒卷取时，能产生交变的拉、压应变，在受压应变时则产生大量孪晶，使抗拉强度明显降低。

变形镁合金主要有 Mg－Al，Mg－Zn，Mg－Mn，Mg－Zr，Mg－RE，Mg－Li 等

合金系。其中，最常用的合金系是以 Mg－Al 和 Mg－Zn 为基础的 Mg－Al－Zn 和 Mg－Zn－Zr 三元系镁合金，也就是人们通常说的 AZ 系列和 ZK 系列。下面将主要介绍 AZ 系变形镁合金和 ZK 系变形镁合金的组织、性能及控制。

15.3.1 AZ 系变形镁合金的组织、性能及控制

AZ 系变形镁合金一般属于中等强度，塑性较高的变形镁合金，铝含量为 0～8%，锌含量为 0～1.5%，典型牌号如 AZ10A，AZ31B，AZ31C，AZ61A 和 AZ80A 等，可用于锻件和板材，其中铝含量为 8% 的 AZ80 是高强度和唯一可进行淬火时效强化的合金，但其应力腐蚀倾向严重，已被更好的 Mg－Zn－Zr 系合金取代。

由于 AZ 系变形镁合金具有良好的强度、塑性、铸造性能和耐腐蚀综合性能，而且价格较低，因此是最常用的合金系列。常用的 AZ 系变形镁合金的化学成分见表 15－19。

表 15－19 常用 AZ 系变形镁合金的化学成分 $w/\%$

合金	Al	Zn	Mn	Si	Cu	Ni	Fe
AZ31B	2.5～3.5	0.7～1.3	0.20～0.35	≤0.10	≤0.05	≤0.005	≤0.005
AZ31C	2.4～3.6	0.5～1.5	0.15～0.35	≤0.10	≤0.10	≤0.03	—
AZ61A	5.8～7.2	0.4～1.5	0.15～0.35	≤0.10	≤0.05	≤0.005	≤0.005
AZ80A	7.8～9.2	0.2～0.8	0.12～0.35	≤0.10	≤0.05	≤0.005	≤0.005

前已提及，镁合金的塑性成形方法主要有挤压成形、锻造成形、轧制成形、等温成形和超塑性成形等，镁合金经不同的成形工艺变形后，其显微组织是不同的，下面简要介绍 AZ 系变形镁合金的铸态组织、挤压态组织和轧态组织。

1) AZ 系变形镁合金的铸态组织

AZ31B 镁合金是使用最为广泛的镁合金，其铸态显微组织如图 15－13 所示，除 α－Mg 基体外，在晶界和枝晶间还有少量第二相 $Mg_{17}Al_{12}$[图 15－13(a)的黑色相，图 15－13(b)中的白色相]。从图 15－13(b)可以看出，在白色的 $Mg_{17}Al_{12}$ 周围存在颜色较深的 α－Mg，这就是 α－Mg 与 $Mg_{17}Al_{12}$ 的离异共晶组织，在晶界处 $Mg_{17}Al_{12}$ 呈粗大的骨骼状。

AZ31B 镁合金在变形过程中，晶界处粗大的 $Mg_{17}Al_{12}$ 容易破裂形成裂纹源，产生裂纹。此外，由于非平衡凝固以及溶质再分配，在铸锭中形成晶内偏析和区域偏析。铸锭的这种成分和组织上的不均匀性势必造成材料性能的不均匀性，为了改善铸锭化学成分和组织的不均匀性，以提高其工艺塑性，需要对铸锭进行均匀化退火。黄光胜等的研究结果表明，AZ31B 镁合金铸锭的均匀化退火工艺为

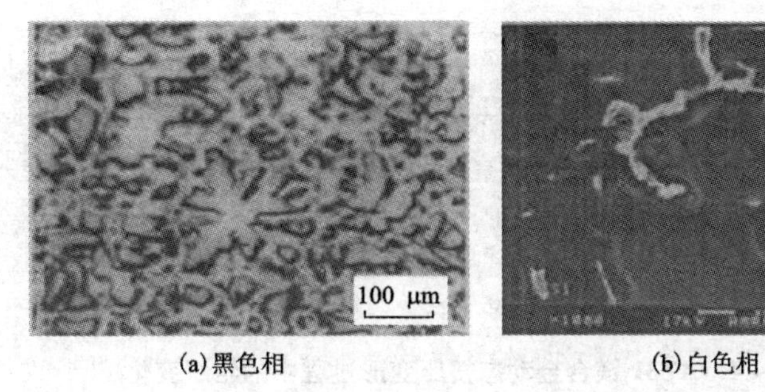

(a)黑色相　　(b)白色相

图 15－13　AZ31B 镁合金的铸态显微组织

400℃ ×15h。而冯康等研究表明，铸轧态的 AZ31B 薄板适宜的均匀化退火工艺为400℃ ×2h，与铸造 AZ31B 镁合金均匀化退火工艺相比，大大缩短了保温时间，减少了能源消耗，提高了生产效率。

2) AZ 系变形镁合金的挤压态组织

在镁合金的挤压过程中，其动态变形过程大致分为 3 个区域：初始区、变形区和稳态区，分别对应着不同的组织。翟亚秋等对 AZ31 镁合金挤压棒材的研究表明，在初始区棒料仍保持铸态组织，由粗大的 α － Mg 树枝晶和分布其间的 α － Mg + $Mg_{17}Al_{12}$共晶体组成[如图 15 － 14(a)所示]，枝晶形态十分发达，晶粒尺寸为 112 ~400 μm；图 15 － 14(b)为变形区近稳态区组织，图中存在大量无序流线，流线弯曲度大、方向不定且长短不一，很显然这种组织特征是在挤压力作用下破碎的树枝晶晶臂发生滑移、转动的结果；图 4 －75(c)为稳态区纵断面组织，可见沿挤压方向分布的剪切条纹平行流线清晰可见，在平行流线上分布着大量细小的等轴晶粒。显然材料在挤压过程中发生了动态再结晶，平行流线可能是变形纤维在再结晶组织中的再现。晶粒间几乎看不到 α － Mg + $Mg_{17}Al_{12}$共晶组织，这是因为经过大的挤压变形后，铸态组织中的共晶体发生破碎，离散分布于 α 固溶体中。

3) AZ 系变形镁合金的轧态组织

图 15 －15 为 AZ31B 镁合金板材冷轧前后的组织，其中图 15 －15(a)为冷轧前完全再结晶状态的组织，晶粒大小存在一定的不均匀性；当变形量较小时(如 2%)，观察不到孪晶；累计变形量为 8% 的组织，可以看见少量的孪晶[如图 15 －15(b)所示]，随着变形量的增加，组织中孪晶逐渐增加；而当变形量增加到 25% 时则出现大量的孪晶，如图 15 －15(c)所示，此时已出现边裂；当冷轧变形量达到 55% 时，除了晶粒有明显的拉长外，孪晶非常多，而且极不均匀，如图 15 －15(d)，此时在轧件中部可以观察到大量的裂纹。因此在 AZ31B 镁合金冷轧时应严格控制道次压下量

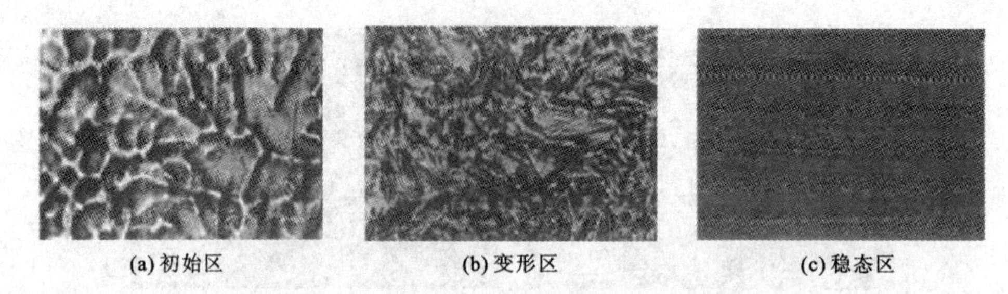

(a) 初始区 (b) 变形区 (c) 稳态区

图 15－14　AZ31 镁合金动态挤压变形过程中的组织变化

和累计压下量，通常轧制的道次变形量不超过 5%，一个轧程的总变形量不超过 25%。

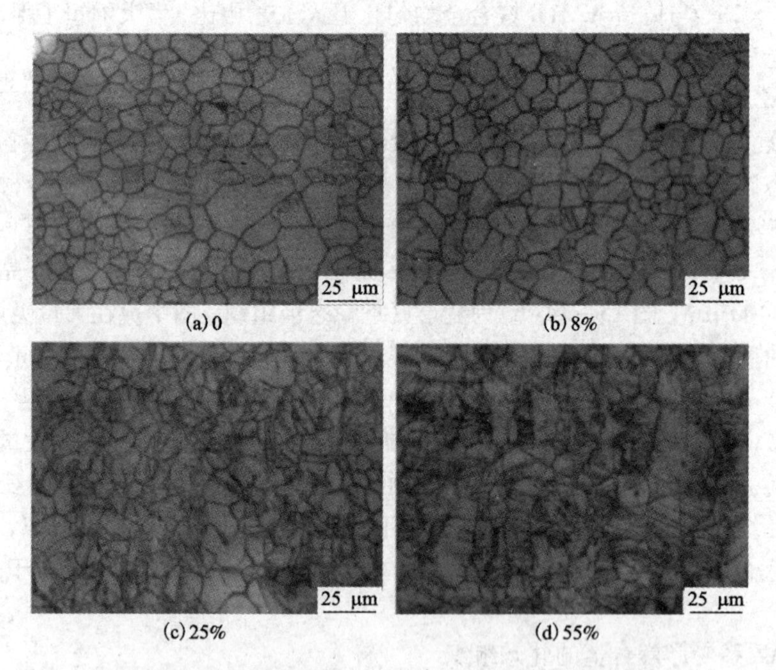

(a) 0 (b) 8% (c) 25% (d) 55%

图 15－15　AZ31B 镁合金不同变形量下冷轧态的组织

AZ 系变形镁合金的典型性能见表 15－20 至表 15－23。可以看出，合金成分是影响性能的基础。随着铝含量的升高，其强度升高，但其延伸率下降。比较 AZ31B、AZ61A 和 AZ80A 合金，AZ80A 有最高的强度，而 AZ31B 和 AZ61A 有较高的塑性。从低温性能数据可看出，随温度的降低，材料的强度大幅度升高，而塑性则大幅度降低。

表15－20　AZ系变形镁合金的室温力学性能

合金	抗拉强度/MPa	屈服强度/MPa			50 mm标距的延伸率/%	剪切强度/MPa	硬度(HB①)
		拉伸	压缩	支撑			
锻件							
AZ31B－F	260	170	—	—	15	130	50
AZ61A－F	295	180	125	—	12	145	55
AZ80A－T5	345	250	195	—	6	160	72
AZ80A－T6	345	250	170	—	11	172	75
挤压棒材和型材							
AZ31B－F	255	200	97	230	12	130	19
AZ61A－F	305	205	130	285	16	140	20
AZ80A－T5	380	275	240	—	7	165	24
板材							
AZ31B－H24	290	220	180	325	15	160	73

注：①硬度测试条件：500 g负荷，10 mm球体。

表15－21　AZ系挤压镁合金的低温性能

合金	温度/℃	抗拉强度/MPa	屈服强度/MPa	延伸率/%
AZ31B－F	21	268	200	12.0
	－18	276	228	11.8
	－46	285	241	11.2
	－78	299	262	10.5
	－196	386	334	4.8
	－251	426	348	4.0
AZ61A－F	21	310	229	12.6
	－18	321	251	12.0
	－46	330	264	11.0
	－78	338	278	9.9
	－196	399	331	3.8
	－251	462	354	2.4

表 15-22　AZ31B 板材的低温性能

合金状态	温度/℃	抗拉强度/MPa	屈服强度/MPa	延伸率/%
AZ31B-O	21	255	145	26.0
	-18	268	154	16.0
	-46	278	156	15.5
	-78	290	164	12.8
	-196	363	183	6.2
	-251	419	205	4.6
AZ31B-H24	21	288	203	12.7
	-18	305	221	8.7
	-46	308	224	8.0
	-78	320	227	6.4
	-196	390	252	2.6
	-251	455	277	2.0

表 15-23　AZ 系变形镁合金的韧性

合金	状态	温度/℃	抗拉强度/MPa			摆锤式冲击试验 V 形切口/J	K_{IC}/(ksi·in$^{1/2}$)①
			无切口试样	切口试样	比值		
挤压材							
AZ31B	F	25				3.4	25.5
AZ61A	F	25				4.4	27.3
AZ80A	F	25	317	234	0.75	1.3	26.4
	T5	-195	420	172	0.40	—	—
		25	345	152	0.45	1.4	15.75
	T6	-195	448	97	0.22	—	—
		25	—	—	—	1.4	—
板材							
AZ31B-O	—	24	262	214	0.83	5.9	—
	—	-196	400	228	0.53	—	—
AZ31B-H24	—	24	283	228	0.81	—	26
	—	-196	414	165	0.40	—	—

注：①ksi 为非法单位，1 ksi · in$^{1/2}$ = 1.097 MPa · m$^{1/2}$。

AZ 系变形镁合金在汽车工业和 3C 产品（Computer, Communication, Consumer Electronic Product）上有着广泛的应用。例如，AZ31 镁合金可以用于制造车体部件，如门框/内门框、尾板、车顶框/车顶板、遮阳蓬顶、反射镜框、车门手柄、加油器盖等；AZ31 镁合金还可以用于制造底盘部件，如车轮、ABC 固定架、刹车板支架、刹车/加速器支架、刹车/离合器支架和刹车踏板臂等。此外，AZ31B 镁合金还可以用于生产手机外壳。AZ31 镁合金和 AZ61 镁合金还可以用于制造低电位镁合金牺牲阳极。

15.3.2　ZK 系变形镁合金的组织、性能及控制

ZK 系变形镁合金是目前常用的高强度变形镁合金。在 ZK 系镁合金中，Zn 起到固溶强化和时效强化作用，还可以增加熔体的流动性及提高合金的耐腐蚀性；Zr 在合金凝固过程中可以作为异质形核核心，此外 Zr 还会降低合金元素扩散速度，阻止晶粒长大，从而使材料组织得到细化。ZK 系镁合金的变形能力不如 AZ 系镁合金，一般采用挤压工艺生产，典型合金为 ZK60 镁合金，ZK60A 的化学成分见表 15－24。

表 15－24　ZK60A 的化学成分，$w/\%$

Al	Zn	Zk	Si	Cu	Ni	Fe
—	4.8～6.2	≥0.45	—	—	—	—

ZK60 镁合金是在 20 世纪 40 年代末首次开发成功的，20 世纪 60 年代后期进入工程应用领域。镁合金中应用最为广泛的是铸造成形的 AZ91 镁合金和用于变形的 AZ31 镁合金，然而这些合金的强度都不够高，在许多要求镁合金具有高强度的情况下难以得到广泛的应用。因此，作为变形镁合金中强度最高的 ZK60 镁合金便开始崭露头角。ZK60 镁合金是现有商用镁合金中强度最高的一种，也是几乎所有材料中比强度最高的一种。ZK60 镁合金是一种可热处理强化的高强镁合金，通过形变和热处理可明显改变其微观组织和性能，ZK60 镁合金挤压时效后其抗拉强度超过 300MPa。从比强度看，该强度相当于在航空航天领域广泛应用的 7075 或 7475 高强铝合金 420MPa 的强度值。然而 ZK60 镁合金并不是无懈可击的材料，它还存在凝固区间大，共晶温度偏低，凝固时显微偏析严重，疏松缩孔明显，铸造性能差等诸多缺点，从而使其应用受到一定的限制。

ZK60 镁合金的铸态显微组织如图 15－16 所示，可见 ZK60 镁合金的铸态组织主要由基体 α 相和共晶组织组成。共晶产物沿晶界或枝晶边界分布。共晶组织中有片层状、鱼骨状、颗粒状等多种形态。麻彦龙等研究表明，共晶组织主要

由 $\alpha-Mg$ 和不规则形状的 MgZn 相组成。而何运斌等的研究则表明，ZK60 镁合金铸态主要相组成为 $\alpha-Mg$ 和 Mg_7Zn_3，另外还有少量的 MgZn 相和 $MgZn_2$ 相。

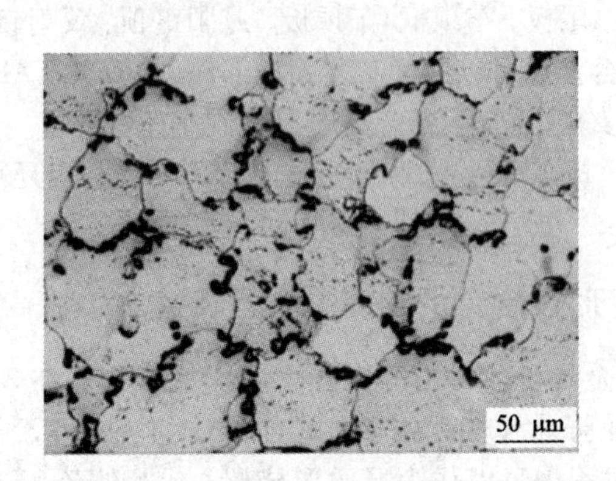

图 15－16　ZK60 镁合金的铸态显微组织

ZK60 镁合金挤压型材多采用半连续铸造生产的铸棒坯，在铸造过程中，由于非平衡结晶所带来的各种偏析和存在于晶界及枝晶网络上的金属间化合物，铸坯的化学成分和组织很不均匀，造成热塑性的降低和加工性能的削弱。为改善铸锭化学成分和组织上的不均匀性，提高其成形性，需要在铸造后对铸坯进行均匀化退火处理。何运斌等研究表明，均匀化温度对均匀化效果的影响比均匀化时间的影响要大得多。均匀化温度越高，化合物溶解越充分，残留相越少，这是因为温度是影响扩散速度的最主要因素，温度越高，原子越容易迁移，扩散系数和扩散速度也越大，达到均匀化所需的时间也就越短。ZK60 镁合金适宜的均匀化处理制度为 400℃ ×12 h。

ZK60 镁合金铸锭经 400 ~450℃ 均匀化退火 12 h 后，在 300℃ 进行挤压，挤压后的显微组织见图 15 －17，合金中的晶粒沿变形方向被拉长，呈现出明显的变形组织形貌特征。此外，由于挤压变形是在较高温度下进行的，容易在热变形过程中产生动态再结晶（DRX），发生动态再结晶的晶粒夹杂在变形比较严重的晶粒间，一般比较细小，经过挤压变形后的组织由于动态再结晶，晶粒获得了细化。同时由于挤压效应的存在，合金的力学性能明显提高，尤其在挤压态下合金的硬

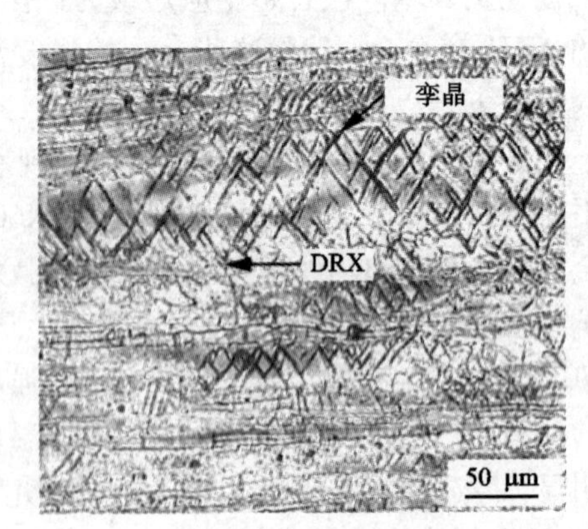

图 15－17　ZK60 镁合金经挤压后的显微组织

度和强度的提高是很明显的。图 15 - 18 为 ZK60 镁合金在挤压状态下的 TEM 显微组织照片，可见经过挤压后，ZK60 镁合金内部存在位错和孪晶，这是 ZK60 镁合金经过挤压后强度和硬度获得提高的原因。

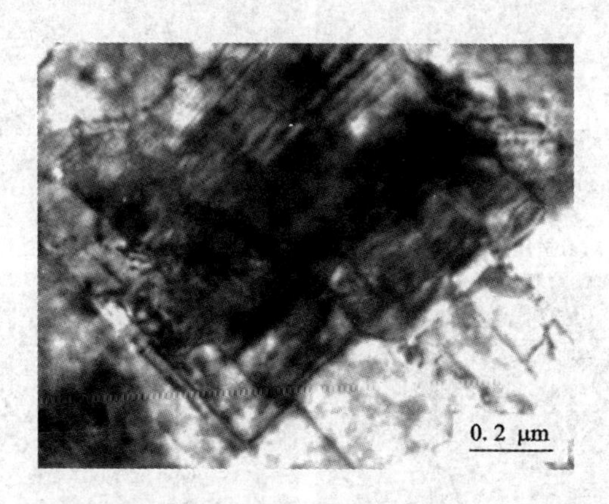

图 15 - 18　ZK60 镁合金经挤压后的 TEM 形貌

ZK60 镁合金经过挤压变形后，一般还要进行后继的时效处理，以改善其力学性能，后继的时效处理主要以 T5 处理和 T6 处理为主。图 15 - 19(a) 为 ZK60 镁合金挤压态的显微组织，可见在粗大的变形晶粒周围，分布着许多细小的再结晶晶粒，形成所谓的项链状组织。此外在挤压组织中还可以观察到明显的孪晶形貌。T5 态合金晶粒组织与挤压态相似，合金组织也主要由粗大的变形晶粒和细小的再结晶晶粒组成，但再结晶晶粒稍微有所长大，而且孪晶组织消失[如图 15 - 19(b)所示]。T6 态合金的晶粒形貌如图 15 - 19(c)所示，由于经过高温固溶处理，合金发生了再结晶，晶粒趋向于等轴化。与挤压态相比，合金的晶粒组织得到一定程度的细化，但由于挤压态晶粒组织很不均匀，这种晶粒组织遗传到固溶时效合金，因此 T6 合金的晶粒组织也是不均匀的。图 15 - 19(d) 为双时效态的晶粒组织形貌，合金晶粒组织与 T6 态相似，但晶粒有所长大。进一步的力学性能测试结果表明，ZK60 镁合金经过 T5 时效处理后，合金的屈服强度和伸长率都得到提高，而 T6 时效处理对合金的强度和伸长率影响不大，双级时效可明显提高合金的强度，但伸长率稍有降低。而余琨等的研究则表明，T5 处理和 T6 处理均能提高 ZK60 镁合金挤压后的屈服强度，不过 T5 处理后强度要高一些，这与 T5 状态下合金中析出强化相分布更加密集和细小有关；T6 处理时，由于第二相自身尺寸以及相互间距都较大，因此强化效果反而不如 T5 处理状态。

ZK 系变形镁合金的典型性能见表 15 - 25 至表 15 - 27。

(a) 挤压态　(b) 挤压后T5处理

(c) 挤压后T6处理　(d) 双级时效处理

图 15－19　ZK60 镁合金在不同状态下的显微组织

表 15－25　ZK 系变形镁合金的室温力学性能

合金	抗拉强度 /MPa	屈服强度/MPa			50 mm 标距的延伸率/%	剪切强度 /MPa	硬度 (HB①)
		拉伸	压缩	支撑			
锻件							
ZK31－T5	290	210	—	—	7	—	—
ZK60A－T5	305	215	160	285	16	165	65
ZK61－T5	275	160	—	—	7	—	–
挤压棒材和型材							
ZK21A－F	260	195	135	—	4	—	—
ZK31－T5	295	210	—	—	7	—	—
ZK40A－T5	275	255	140	—	4	—	—
ZK60A－T5	230	285	250	405	11	180	82

注：①硬度测试条件：500 g 负荷，10 mm 球体。

表15－26　ZK60A挤压镁合金的低温性能

合金	温度/℃	抗拉强度/MPa	屈服强度/MPa	延伸率/%
ZK60A－T5	21	363	305	9.0
	－18	410	343	6.4
	－46	419	359	5.2
	－78	438	372	4.1
	－196	476	410	2.0
	－251	490	425	1.7

表15－27　ZK60A变形镁合金的韧性

合金	状态	温度/℃	抗拉强度/MPa			摆锤式冲击试验V形切口/J	Kic/(ksi·$in^{1/2}$)①
			无切口试样	切口试样	比值		
挤压材							
ZK60A	T5	25	352	338	0.96	3.4	31.4
		0	—	—	—	2.2	—
		－78	—	—	—	2.2	—
		－195	510	310	0.61	—	-

注：①ksi为非法单位，1 ksi · $in^{1/2}$ =1.097 MPa · $m^{1/2}$。

第三篇

数值模拟技术在控制加工中的应用

第 16 章　数值模拟技术及在控制加工中的意义

满足需求的有色金属零件是需要通过一定的加工成形方法来获得需要的形状、尺寸及性能要求。如何最有效的进行加工成形，这是我们的目标。传统的方法是依靠经验的累积或在一定经验的基础上进行试验研究，获得解决方案。随着科学技术的进步，数值模拟技术的发展，数值模拟(仿真)技术在一定的程度上可以替代传统的试验研究。数值模拟技术具有高效、节能、节材等特点，已经在国民经济建设中获得广泛的应用。

16.1　有限单元法数值模拟技术

16.1.1　有限单元法的基本思想

有限元法本质上是一种求解微分方程组近似解答的手段，有限单元法的核心思想是将连续的求解区域离散为一组有限个、且按一定方式相互联结在一起的单元的组合体。由于单元能按不同的联结方式进行组合，且单元本身又可以有不同形式，因此可以模型化几何形状复杂的求解域。有限单元法作为数值分析方法的另一个重要特点是利用在每一个单元内假设的近似函数来分片地表示全求解域上待求的未知场函数。单元内的近似函数通常由未知场函数或其导数在单元的各个节点的数值和其插值函数来表达。这样一来，一个问题的有限元分析中，未知场函数或及其导数在各个节点上的数值就成为新的未知量(也即自由度)，从而使一个连续的无限自由度问题变成离散的有限自由度问题。一经求解出这些未知量，就可以通过插值函数计算出各个单元内场函数的近似值，从而得到整个求解域上的近似值。显然随着单元数目的增加即单元尺寸的缩小，或者随着单元自由度的增加及插值函数的提高，解的近似程度将不断改进。如果单元是满足收敛要求的，近似解最后将收敛于精确解。

16.1.2　有限单元法求解的几个步骤及基本流程

1. 有限单元法的求解的几个步骤

一般说来，有限单元法的求解思路包括以下几个步骤：

(1)用假想的线或面将连续体离散成有限个单元，这些单元具有简单的形状。

(2)假设这些单元在且仅在其边界上的若干个离散节点处互相铰链连接，将这些节点的位移(或速度)作为问题的基本未知量。

(3)选择适当的插值函数，以便由每个单元的节点位移(或速度)唯一地确定该单元内的位移(或速度)分布。

(4)利用位移(或速度)函数对坐标的偏导数可根据节点位移(或速度)唯一地确定一个单元中的应变(或应变速率)分布。由单元的应变(或应变速率)以及材料的本构关系，可确定单元的应力分布。

(5)根据虚功原理可建立每个单元中节点位移(或速度)与节点力之间的关系，即建立单元刚度矩阵。

(6)将每个单元所受的外载荷根据作用力等效的原则移置到该单元的节点上，形成等效节点力。

(7)按照各节点整体编号及节点自由度的顺序，将各单元的刚度矩阵迭加，组装成问题的整体刚度矩阵。

(8)根据边界节点不许满足的位移(或速度)条件，修改整体刚度矩阵。

(9)求解整体刚度矩阵，得到节点位移。

(10)根据求得的节点位移(或速度)计算各个单元的应变(或应变速率)和应力。

2. 有限单元法数值模拟的基本操作流程

图 16－1 所示是有限元数值模拟的基本操作流程框图。

16.2 金属塑性成形过程的数值模拟

塑性成形过程中一个十分复杂的问题是材料变形，在求解这类问题时需要联立求解 16 个微分方程组。从理论上说是可以联立求解 16 个微分方程组，但实际上很困难，只有在几种简单情况下才能求出解析解。应用塑性有限元法能获得近似解，但计算工作量很大。随着计算机技术的发展，有限元法在塑性加工成形中的应用越来越广泛。目前，数值模拟技术已不仅可以模拟金属加工过程的流场、温度场、应力场以及显微组织的变化，还可预测金属加工过程的缺陷形成，这对加工过程的工艺设计与优化具有一定的指导作用。

在塑性加工成形中，根据应用和处理方法的不同，有限元法可分为：弹塑性有限元法、刚塑性有限元法、粘塑性有限元法。也可分为：小变形的塑性有限元法和有限变形的塑性有限元法。

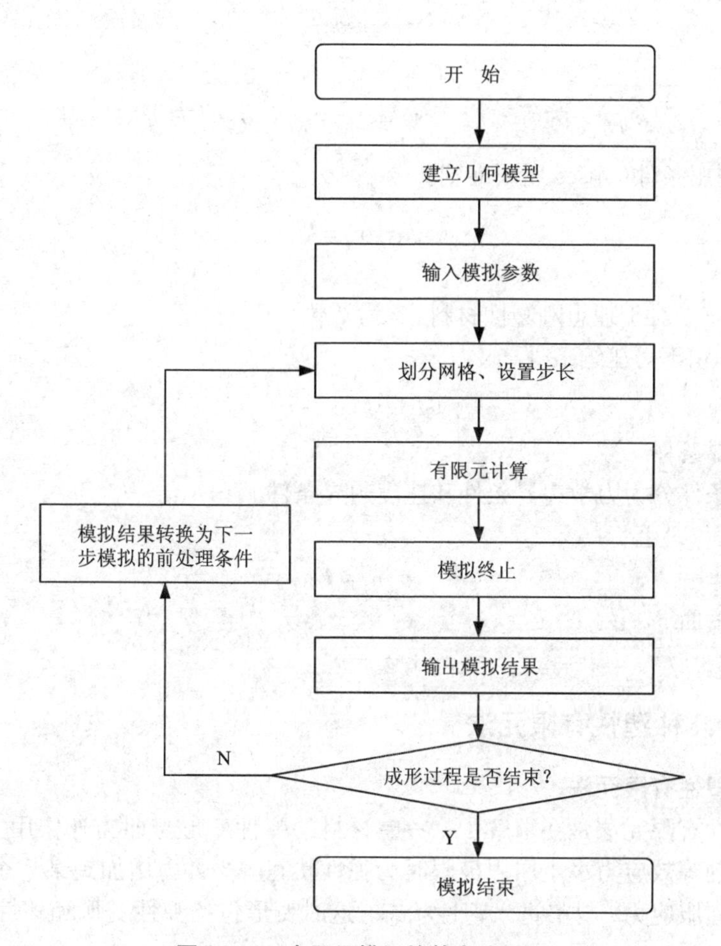

图 16-1　有限元模拟的基本流程图

16.2.1　金属塑性变形的基本理论

金属在塑性变形时应满足下列塑性力学基本方程和边界条件。

1. 塑性力学的基本方程

(1)微分平衡方程组

$$\sigma_{ij,j}=0 \tag{16-1}$$

(2)几何方程

$$\dot{\varepsilon}_{ij}=\frac{1}{2}(u_{i,j}+u_{j,i}) \tag{16-2}$$

(3)本构关系(Levy - Mises 方程)

$$\dot{\varepsilon}_{ij} = \frac{3}{2}\sigma'_{ij} \tag{16-3}$$

式中：$\dot{\bar{\varepsilon}} = \sqrt{\frac{2}{3}\dot{\varepsilon}_{ij}\dot{\varepsilon}_{ij}}$ 为等效应变速率；$\bar{\sigma} = \sqrt{\frac{3}{2}\sigma'_{ij}\sigma'_{ij}}$为等效应力。

(4)屈服条件(Mises 屈服准则)

$$\frac{1}{2}\sigma'_{ij}\sigma'_{ij} = k^2 \tag{16-4}$$

式中：$k = \frac{\sqrt{3}}{}$，对于理想刚塑性材料，k 为常数。

(5)体积不可压缩条件

$$\dot{\varepsilon}_v = \dot{\varepsilon}_{ij}\delta_{ij} = 0 \tag{16-5}$$

2.边界条件

边界条件分为力学边界条件和速度边界条件。

在力面 SF 上：

$$\sigma_{ij}n_j = F_i \tag{16-6}$$

在速度面 Su 上：

$$u_i = \bar{u}_i \tag{16-7}$$

16.2.2 几种塑性有限元法

1.弹塑性有限元法

弹塑性有限元法是在求解中，考虑材料的弹性变形。即当外作用力较小时，变形体内的等效应力小于屈服极限时为弹性状态。当外力增加到某一个值，等效应力达到屈服应力，材料进入塑性状态，这时变形包括弹性变形和塑性变形两部分，即：

$$d\{\varepsilon\} = d\{\varepsilon\}_e + d\{\varepsilon\}_p \tag{16-8}$$

通常假设，材料在弹性阶段应力与应变关系符合虎克定律，进入塑性状态后符合普兰德特尔罗伊斯假设。

1)弹性变形阶段

在弹性阶段，应力和应变的关系是线性的，应变仅决定于最后的应力状态，与变形过程无关，并且一一对应，有下列全量形式。

$$\{\sigma\} = [D]_e\{\varepsilon\} \tag{16-9}$$

式中：$[D]_e$ 为弹性矩阵，对于各向同性材料，由广义虎克定律可得

$$[D]_e = \frac{E}{1+\nu}\begin{bmatrix} \frac{1-\nu}{1-2\nu} & \frac{\nu}{1-2\nu} & \frac{\nu}{1-2\nu} & 0 & 0 & 0 \\ \frac{\nu}{1-2\nu} & \frac{1-\nu}{1-2\nu} & \frac{\nu}{1-2\nu} & 0 & 0 & 0 \\ \frac{\nu}{1-2\nu} & \frac{\nu}{1-2\nu} & \frac{1-\nu}{1-2\nu} & 0 & 0 & 0 \\ 0 & 0 & 0 & \frac{1}{2} & 0 & 0 \\ 0 & 0 & 0 & 0 & \frac{1}{2} & 0 \\ 0 & 0 & 0 & 0 & 0 & \frac{1}{2} \end{bmatrix} \tag{16-10}$$

式中：ν 为泊松比。

(2)弹塑性阶段

当材料所受外力达到一定值时，等效应力达到屈服极限。应力与应变之间的关系由弹塑性矩阵$[D]_{ep}$决定，根据推导弹塑性矩阵为：

$$[D]_{ep} = [D]_e - [D]_p \tag{16-11}$$

其中

$$[D]_p = \frac{9G^2}{(H' + 3G)\overline{\sigma}^2}\begin{bmatrix} S_x^2 & S_x S_y & S_x S_z & S_x \tau_{xy} & S_x \tau_{yz} & S_x \tau_{zx} \\ & S_y^2 & S_y S_z & S_y \tau_{xy} & S_y \tau_{yz} & S_y \tau_{zx} \\ & & S_z^2 & S_z \tau_{xy} & S_z \tau_{yz} & S_z \tau_{zx} \\ & & & \tau_{xy}^2 & S_x \tau_{yz} & S_x \tau_{zx} \\ & & & & \tau_{yz}^2 & S_x \tau_{zx} \\ & & & & & \tau_{zx}^2 \end{bmatrix} \tag{16-12}$$

2. 黏塑性有限元法

有些金属在塑性变形时，特别是在高温变形时，变形速度与屈服极限和硬化情况有密切关系，这种性能称为黏塑性。黏塑性材料可分作 3 类：(1)黏弹塑性材料，材料在弹性变形和塑性变形阶段都具有黏性；(2)弹黏塑性材料，材料在发生塑性变形以后才具有黏性；(3)刚黏塑性材料，弹性变形可以忽略的黏性材料。一般黏塑性材料的屈服极限随着变形速度的增加而升高。

1)弹黏塑性材料的本构关系

如材料在弹性阶段的黏性现象不明显，可忽略不计，则可使问题大为简化。为了计算方便，将应变速率分为弹性和非弹性两部分，即：

$$\dot{\varepsilon}_{ij} = \dot{\varepsilon}_{ij}^{e} + \dot{\varepsilon}_{ij}^{p} \tag{16-13}$$

式中：$\dot{\varepsilon}_{ij}^{p}$为非弹性部分，它是材料黏性和塑性的共同效应。

由于不考虑材料弹性阶段的黏性，初始屈服准则即静态屈服准则，应用 *Mises* 屈服准则的弹黏塑性材料的本构方程为：

$$\dot{\varepsilon}_{ij}=\frac{1}{2G}\dot{S}_{ij}+\frac{1-2\nu}{E}\dot{\sigma}\delta_{ij}+\frac{3}{2}\frac{\dot{\varepsilon}^{p}}{\sigma}S_{ij} \tag{16-14}$$

等式两边对时间是非齐次的，这就是弹黏塑性材料本构关系的特点。

2)刚黏塑性的本构关系

刚黏塑性是在弹性变形很小时，并将其忽略后而得到。有人忽略了弹黏塑性材料的弹性变形，并将材料看作非牛顿流体，而提出了刚黏塑性材料的本构方程。根据推导，刚黏塑性的本构方程为：

$$\dot{\varepsilon}_{ij}^{p}=\gamma^{o}\langle(\sqrt{3J_2}-\sigma_{s})^{n}\rangle\frac{\sqrt{3}}{2\sqrt{J_2}}S_{ij} \tag{16-15}$$

式中：γ^{o} 和 n 需要由实验来确定。

3.刚塑性有限元法

刚塑性有限元法是基于小应变的位移关系，但忽略了塑性变形中的弹性变形，而考虑了材料在塑性变形时的体积不变条件。它可用来计算较大变形的问题，所以近年来发展迅速，现在已广泛应用于分析各种金属塑性成形过程。

刚塑性有限元法也是利用有限元法获得近似解。但刚塑性有限元法的理论基础是变分原理，它认为在所有动可容的速度场中，使泛函取得驻值的速度场就是真实的速度场。根据这个速度场可以计算出各点的应变和应力。刚塑性有限元法按照处理方法的不同分成如下 5 种：流函数法；拉格朗日乘子法；罚函数法；泊松系数 ν 接近 0.5 法；材料有可压缩性法。

(1)不完全的广义变分原理

前面提到，求解塑性变形问题时，直接求解满足边界条件的微分方程组是非常困难的。广义变分原理能将求解微分方程的问题转化为求泛函极值的变分问题。因泛函取极值时，函数必然满足相应的欧拉方程。因此，可以构造一个泛函，使它的欧拉方程是需要求解的微分方程组，这样就把求解微分方程的问题转化为求泛函极值的变分问题。

刚塑性有限元法借助于变分原理可求出近似解，对变形场的位能泛函进行变分，当变分取得驻值时，变形场满足运动方程和力学边界条件。处理体积不变条件的方法有两种：一是在假设初始速度场时，除了满足速度边界条件外，还应严格的满足体积不变条件，这种方法给假设初始速度场带来困难。另一种方法是假设的初始速度场只满足速度边界条件，而对体积不变引入约束条件，即拉格朗日乘子进行有条件变分，这种方法在运算中较易实现。这种把体积不可压缩条件用拉格朗日乘子引入泛函中去，但不是把所有条件引入泛函的变分称之为不完全的广义变分，目前已得到广泛应用。所建立的泛函为：

$$\varphi = \sqrt{2}k\iiint_v \sqrt{\dot{\varepsilon}_{ij}\dot{\varepsilon}_{ij}}\mathrm{d}V - \iint_{s_p} p_i v_i \mathrm{d}S + \iiint_v \lambda\dot{\varepsilon}_{ij}\delta_{ij}\mathrm{d}V - \iiint_v F_i v_i \mathrm{d}V \quad (16-16)$$

(2) 刚塑性有限元法的计算公式

为了导出有限元计算公式，将上式改写成矩阵形式，得：

$$\varphi = \sqrt{2}k\iiint_v \sqrt{\{\dot{\varepsilon}\}^t\{\dot{\varepsilon}\}}\mathrm{d}V - \iint_{s_p}\{v\}^t\{p\}\mathrm{d}S + \iiint_v \lambda\{\dot{\varepsilon}\}^t\{C\}\mathrm{d}V - \iiint_v \{F\}^t\{v\}\mathrm{d}V \quad (16-17)$$

求解前需对变形体进行离散化，即划分成 M 个单元、N 个节点。因集合成的方程组是非线性的方程组，求解时还需要对方程组进行线性化。通常求解非线性问题的一种常用方法是摄动法，这种方法是先假设一个初始解，根据这个解求出修正量，利用修正量修改原初始解，再由修正后的解求出新的修正量，这样反复迭代来逼近真解。采用这种求解方法就能把非线性方程组化为线性方程组来求解。

设有一个初始速度场 $\{u\}$ 和相对应的速度增量 $\{\Delta u\}$，则每次迭代之间的速度有下列关系：

$$\{u\}_n = \{u\}_{n-1} + \{\Delta u\} \quad (16-18)$$

线性化以后获得的刚塑性有限元求解方程为：

$$[S]_{n-1}\begin{Bmatrix}\{\Delta u\} \\ \lambda\end{Bmatrix}_n = \{R\}_{n-1} \quad (16-19)$$

求解真实速度场时采用迭代法，其迭代的收敛判据取范数比 $\|\{\Delta u\}\| / \|\{u\}\|$，当范数比小于某一定值，如 0.00001 时，认为泛函已收敛。收敛时的速度场为真实的速度场，可根据这个速度场求出应变分布和应力分布。

16.3　数值模拟在控制加工中的意义

实践表明：数值模拟技术在塑性加工中的应用，能实现塑性加工过程的数值仿真试验，能获得大量的塑性变形过程中的信息，如：金属塑性变形过程的金属流动规律；变形过程中每一瞬间的应力－应变场分布；变形材料及工模具的温度变化；工模具的受力情况；变形体可能产生的缺陷倾向等等。

因此，通过模拟计算获得的大量信息，人们可以进行不同加工方法效果的比较、加工成形过程的控制参数优化。从而，大大提高了人们在选择塑性变形方案、加工参数的选择的主动性和有效性。

目前，数值模拟技术已经广泛应用于有色金属材料塑性加工成形的工艺分析、过程优化，这为有色金属材料的控制加工技术的发展提供了强有力的手段。详见下章的实际应用的实例。

第 17 章　数值模拟在控制加工中的应用

17.1　轧制成形过程的数值模拟实例

17.1.1　蛇形轧制超厚板的数值模拟研究

1. 概述

现代航空制造业发展对大型、整体式铝合金结构件提出了紧迫需求，而目前我国铝合金铸锭的最大厚度为 610 mm，如果终轧厚度为 250 mm，在普通轧制条件下总变形量仅为 59%，而使芯部充分变形所需要的变形量至少为 80%。由此可见，在厚板轧制中，普通的轧制方法在较小的压下量下很难保证得到变形充分的芯部组织，所以有必要在超厚板轧制中应用新的轧制方法。

异步轧制是在板带轧制中应用比较广泛的一种轧制方法。其主要特点是：在轧制过程中保持上、下轧辊的表面线速度不同。这种轧制方法的优点是：由于上、下工作辊表面线速度不等，在变形区内形成有表面接触摩擦力反向的区段(即所谓“搓轧区”)，这就改变了变形区中的应力状态，达到降低轧制压力、增加剪切变形、提高轧制精度的目的。但是在厚板轧制中，异步轧制由于上、下轧辊线速度不同，轧件在出口侧会向速度较慢的一侧轧辊弯曲，造成板材的平直度较差，并且对后续道次轧制的咬入造成困难。蛇形轧制是对异步轧制进行改进，将上、下轧辊的中心线在水平方向进行一定量错位，这样的改进可抑制轧板的弯曲。例如，轧制过程中如果下轧辊线速度大于上轧辊，则轧件在出口侧将会向上发生翘曲，将上轧辊沿轧制方向上的出口侧进行一定量的错位，这将会对向上翘曲的轧件施加一个下压力，这将有效地抑制轧件的翘曲现象。蛇形轧制方法可为加工成形高强、高韧铝合金超厚预拉伸板提供思路。

本节采用弹塑性有限元方法建立了蛇形轧制热力耦合有限元模型，研究了蛇形轧制过程中错位量对轧板平直度、异步比等效应变量的影响规律，并对普通轧制、和蛇形轧制在垂直和水平方向的轧制力进行了对比。从而，为制定蛇形轧制提供有效的控制参数，图 17 – 1 为不同轧制方法的示意图。

2. 有限元计算模型

基于拉格朗日方法的带有内热源的不可压缩材料非稳态温度场 – 力耦合的能

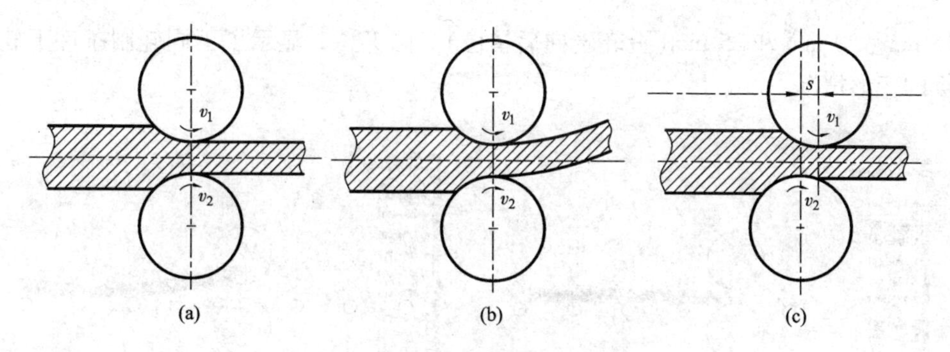

图 17－1　不同轧制方法示意图

量守恒方程为：

$$\int_V \rho v_i \frac{\partial v_i}{\partial t}\mathrm{d}V + \int_V \rho \frac{\partial U}{\partial t}\mathrm{d}V = \int_V \rho(\overline{Q} + b_i v_i)\mathrm{d}V + \int_S (P_i v_i - H)\mathrm{d}S \qquad (17-1)$$

式中：v_i 为速度场；U 为物体内能；$\overline{Q}$ 为物体质量热流；b_i 为物体质量力；P_i 为单位面积上的边界力，H 为边界 S 上的单位面积的热流强度。

有限元模型中采用的轧件材质为 7075 铝合金，关于 7075 铝合金的材料热物理参数和力学性能参数可参见相关资料。屈服准则采用 Von－Mises 准则，流动准则为 Prandtl－Reuss 准则，硬化方式为等向硬化。计算模型采用更新的 Lagrange 算法。模拟中板坯的初始温度 410℃。换热系数：轧件与轧辊之间取 50 kW/(m^2·℃)；轧件与传送辊之间取 4 kW/(m^2·℃)；轧件与空气之间取 30 W/(m^2·℃)。模型中所用的其他参数如表 17－1 所示。

表 17－1　模拟中所用的参数

项目名称	参数	参数值	项目名称	参数	参数值
轧辊半径/mm	R	525	板料尺寸/mm	$a \times b$	3000×300
上轧辊转速/(r·s^{-1})	ω_u	3.05～4.4	下轧辊转速/(r·s^{-1})	ω_d	3.05～4.4
传送辊半径/mm	r	120	传送辊转速/(r·s^{-1})	ω_1	10
传送辊间距/mm	d	1000	板与传送辊摩擦系数	μ_1	0.3
网格划分数	$n_1 \times n_2$	100×10	板与轧辊摩擦系数	μ_2	0.4

3. 计算结果及分析

1）错位量对蛇形轧制轧板弯曲情况的影响

选择板料的原始厚度为 300 mm，压下量为 50 mm；普通轧制上、下轧辊的转动速度都为 3.05 r/s；异步轧制上轧辊速度为 3.05 r/s，下轧辊速度为 3.2 r/s；蛇形轧制上轧辊速度为 3.05 r/s，下轧辊速度为 3.2 r/s，错位量分别为 10 mm、

15 mm、20 mm 和 25 mm(上轧辊向后错位)。图 17 - 2 显示了不同轧制条件下轧板的变形情况。

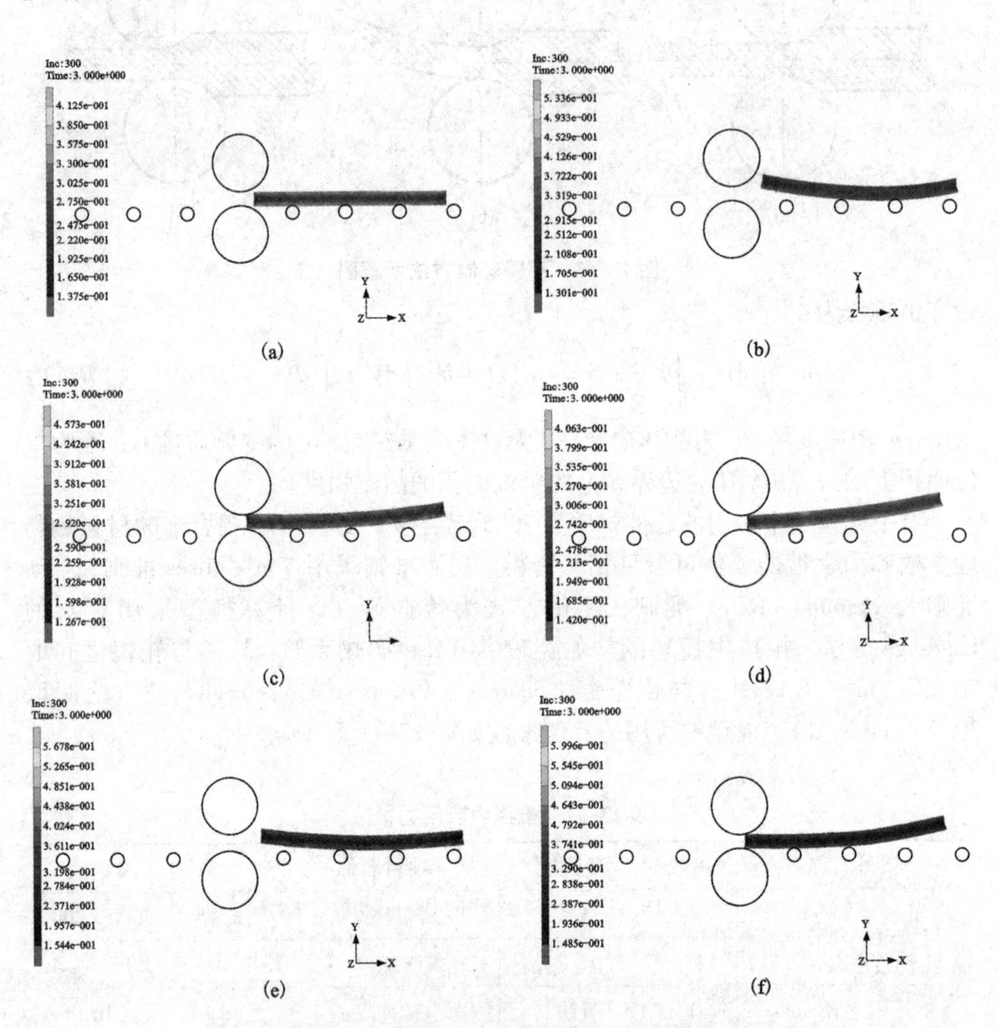

图 17 - 2 不同轧制条件下轧板的变形情况

通过对图 17 - 2 不同轧制条件下轧板的变形情况对比可看出，异步轧制[图 17 - 2(b)]和普通轧制相比[图 17 - 2(a)]平直度较差；随着错位量的增加，轧板的平直度会逐渐改善，当错位量为 15 mm 时[图 17 - 2(d)]，轧板的平直度达到最好情况。如果继续增加错位量，轧板的平直度反而会降低[图 17 - 2(e)]、[图 17 - 2(f)]。

2)异步比对轧板等效应变量的影响

选择板料的原始厚度为 300 mm，压下量为 50 mm，上轧辊速度为固定的

3.05 r/s，异步比分别为1.05、1.15和1.25。如图17－3显示了不同异步比下蛇形轧制后轧板等效应变量对比。

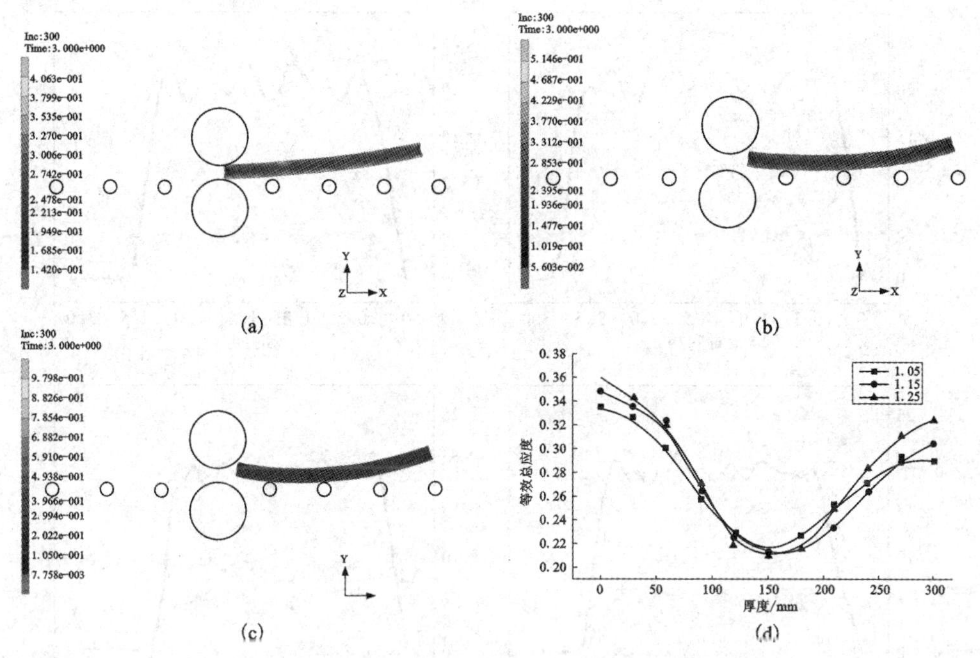

图17－3 不同异步比下蛇形轧制后轧板等效应变量对比

从不同异步比下等效应变分布情况图17－3可见，各种轧制条件下，应变量最大的地方主要是轧板上下表面及其附近区域，轧板芯部都是应变量最小的地方。增加异步比，表面及附近的应变量增加，但是芯部的应变量随异步比的变化不是很明显。而且随着异步比的增加，从表面到芯部应变量的减小速度会增加。总体来说，随着异步比的增加，表面和芯部附近的应变量都会有所增加，总的应变量也会增加。这样就会明显改善芯部附近的组织，对材料的整体性能都有所提高。如果在较大异步比下进行多道次轧制，芯部的应变量会得到较大程度的提高。

3）不同轧制条件下垂直和水平方向轧制力对比

选择板料的原始厚度为300 mm，压下量为50 mm；普通轧制上、下轧辊速度都为3.05 r/s；蛇形轧制下轧辊速度固定为3.05 r/s，异步比分别为1.05、1.15和1.25。图17－4是不同情况的垂向轧制力对比。由图可得，在相同压下量下，普通轧制过程中平均垂向轧制力最大，达到21 kN/mm。蛇形轧制平均轧制力比普通轧制小，在异步比为1.05的情况下，平均垂向轧制力为20 kN/mm左右。并且随着异步比增大平均垂向轧制力有所减小，当异步比为1.15的情况下，平均垂向轧制力为19 kN/mm，当异步比为1.25情况下平均垂向轧制力降为17 kN/mm左右。因此，蛇形轧制有明显降低垂向轧制力的作用。这是由于上、下轧辊表面线速度不同，对轧板产生了搓擦作用，增加了剪切变形，改变了变形区中的应力状态。

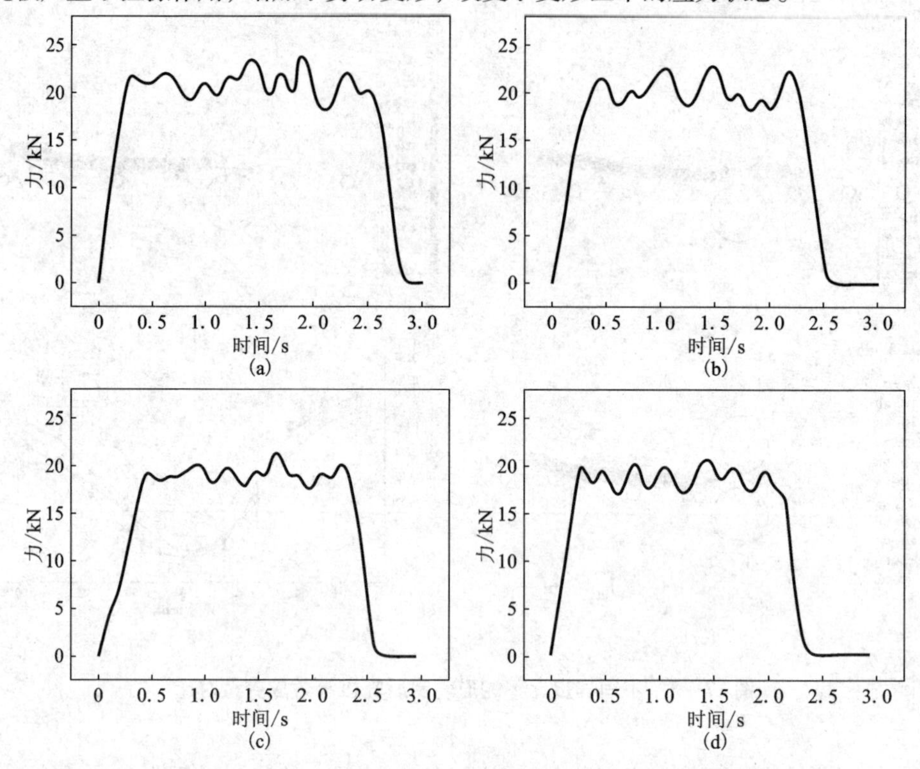

图 17－4　不同轧制条件下轧制过程中的垂向轧制力对比

图 17－5 为不同轧制方法下水平轧制力变化情况。普通轧制的平均水平轧制力约为 2.8 kN/mm；蛇形轧制异步比为 1.05 的情况下，平均水平轧制力约为 3.2 kN/mm；异步比为 1.15 的情况下，水平的平均轧制力约为 3.5 kN/mm；异步比为 1.25 的情况下，平均水平轧制力约为 3.9 kN/mm。由此可见，随着蛇形轧制会增加水平轧制力，并且随着异步比的增加，水平轧制力会升高。这是由于异速比增加，上、下轧辊速度差增加，对轧板的搓擦程度加大，剪切变形增加，因此水平轧制力升高。

4. 模拟结论

模拟获得了大量的数据和变形规律，这些数据为选择加工控制参数提供了有效的依据，具体如下。

(1) 在一定的异步比下，适当增加错位量可增加轧板的平直度，当轧板的平直度达到最佳状态后继续增加错位量，轧板的平直度反而会变差。

(2) 增加异步比可增加表面及芯部附近轧板的应变量，也会增加轧板总的应

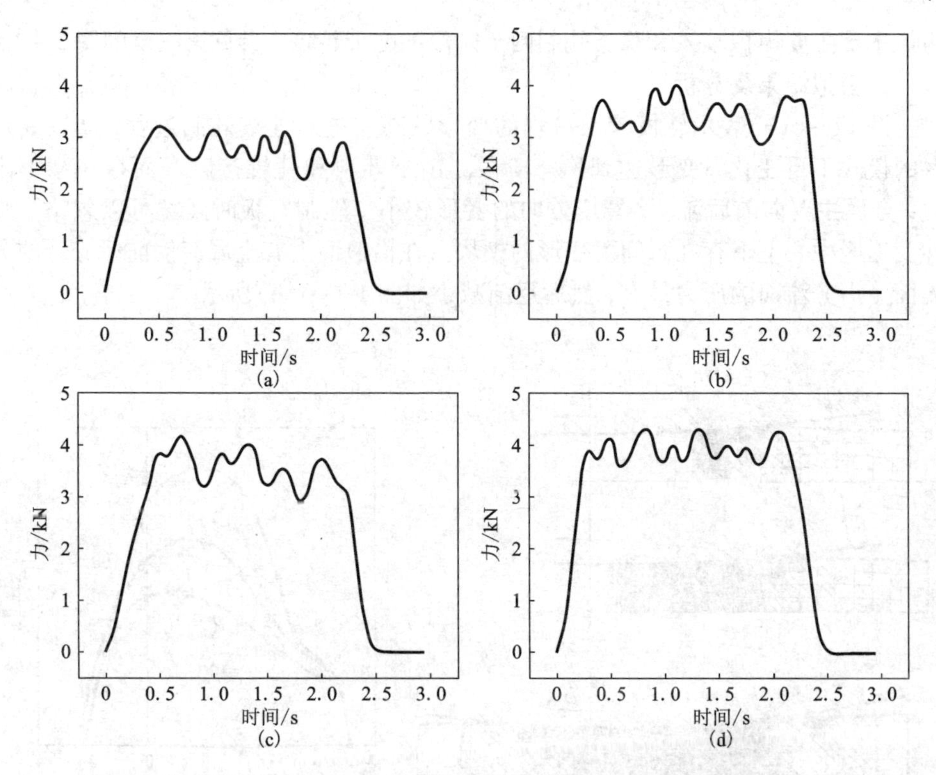

图 17－5　不同轧制条件下轧制过程中的水平轧制力对比

变量，可以通过多道次轧制达到改善芯部组织，提高轧板的整体性能的目的。

(3)在相同的压下量下，蛇形轧制的垂向轧制力比普通轧制的轧制力低，而水平轧制力比普通轧制的轧制力高，而且随着蛇形轧制异步比的增加，垂向轧制力会降低，水平轧制力会增加。

17.1.2　平轧过程的数值模拟研究

1. 概述

轧制(平轧)是应用最广泛的加工成形方法。根据加工材料的特点和材料加工的不同阶段，轧制加工的温度是不一样的，需要控制的主要参数也不尽相同。热轧的主要控制参数是：铸锭(坯料)加热温度、热轧温度、热轧速度、热轧压下制度等；冷轧的主要控制参数是：轧制速度、压下制度、板型控制等。根据数值模拟的特点，轧制变形过程的模拟主要是对轧制速度、轧制压下、轧制过程的温度变化等参数的分析研究。

轧制过程一般分为坯料咬入和稳态轧制两个阶段。坯料的咬入是坯料和转动的轧辊接触后由表面摩擦力带入轧辊辊缝逐步压缩变形，咬入需要足够的摩擦力。本节主要模拟咬入和稳态轧制两个阶段的变形特点，参见第三章的图 3 - 2。

2. 模拟结果及分析

图 17 - 6(a)表示轧板咬入过程的变形状态。进入连续轧制过程，塑性变形区的模式不再变化，变形达到稳态阶段。由于坯料和轧辊接触表面存在摩擦阻力，金属主要向前后流动，宽度方向的变形较小。轧制宽板时展宽可以忽略。塑性变形区中心上下存在瞬间不变形的楔块。在横截面上有金属流动前后分开的分流面。沿分流面的压力最大，然后逐渐减小如图 17 - 6(b)所示。

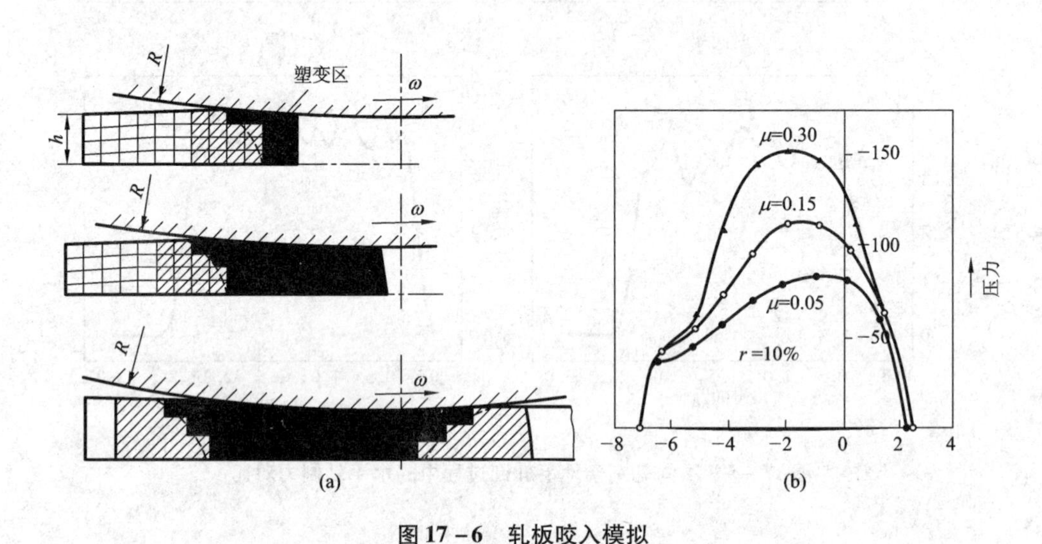

图 17 - 6　轧板咬入模拟

模拟计算获得了稳定轧制过程的应变分布，图 17 - 7(a)和图 17 - 7(b)分别是平轧变形的网格变形和应变速率分布，由图可以看到变形集中在塑性变形区的进口附近。

17.2　挤压成形过程的数值模拟实例

17.2.1　5 种不同型线凹模挤压过程的数值模拟

1. 概述

生产中主要采用圆锥模挤压。但是对于难变形金属材料的挤压，模具型线的设计将起到重要的作用，合理的设计模具型线能大大改善变形金属的流动均匀性，提高材料的工艺塑性，降低挤压压力。因此，研究不同型线凹模挤压过程的金属流动具有重要的意义。

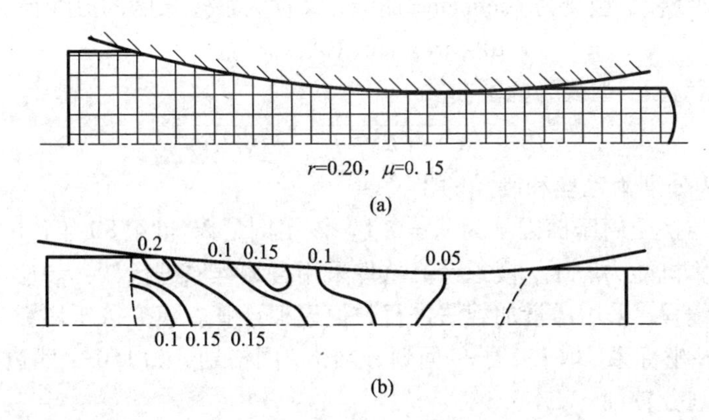

图 17－7　平板轧制塑变区的变形及应变速率分布

2. 模拟参数及网格划分

模拟挤压材料为工业纯铝，坯料直径为 Φ34 mm，分别采用 5 种不同型线凹模将坯料挤压成为 Φ20 棒料，挤压模具的凹模高度均为 24 mm，五种不同型线凹模的曲线形状如图 17－8 所示。

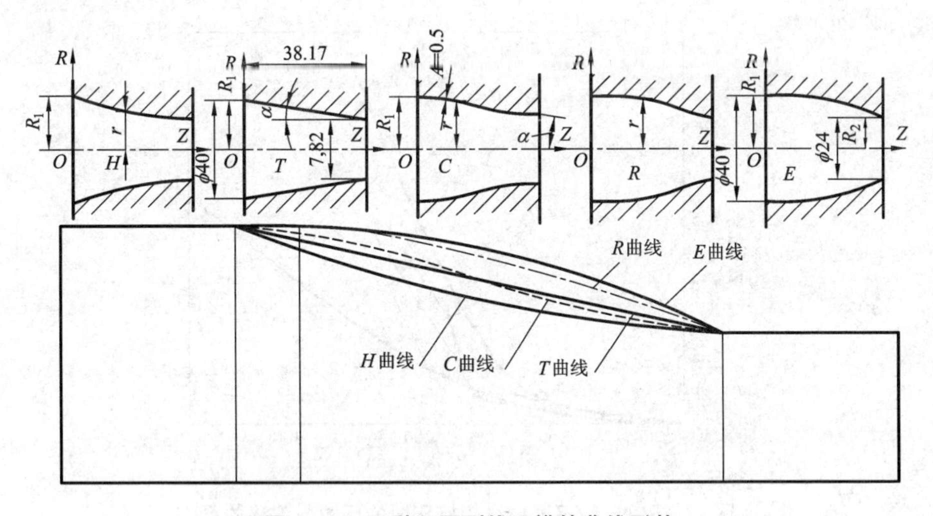

图 17－8　5 种不同型线凹模的曲线形状

5 种凹模曲线的特点及数学方程为：

(1) T 型线模，型线为圆锥曲线。

(2) H 型线模，又称为等应变曲线，其特点是：

$$\varepsilon_z = \text{const} \tag{17-2}$$

(3) C 型线模，型线为正弦曲线。

(4)R 型线模，型线为 Richmond 曲线，又称为最短长度的流线模。

$$dZ/dR = \tan(10° + \pi/4) \tag{17-3}$$

(5)E 型线模，型线为椭圆曲线

$$R = \sqrt{R_1^2 - (R_1^2 - R_2^2) \cdot (Z/H)^2} \tag{17-4}$$

式中：R_1、R_2分别为毛坯和制品的半径。

设坯料与挤压筒摩擦因子为 $m = 0.1$。该实例是 20 世纪 80 年代的应用实例，由于当时计算机能力有限，模拟计算软件采用自编程序进行计算。应用弹塑性有限元法进行编程，采用增量加载法进行数值模拟计算。模拟挤压坯料是轴对称圆棒，采用圆柱坐标系，取1/2 子午面划分网格，网格划分为150 个四边形单元，坯料边缘网格划分较细。

3. 模拟结果及分析

数值模拟计算获得大量信息，部分结果如下。

(1)数值模拟结果给出了 5 种不同曲线模挤压时的压力与位移的关系曲线，如图 17－9 所示。由图线可以看出 R 型线与 C 型线模挤压时压力最低，E 型线模压力最高。

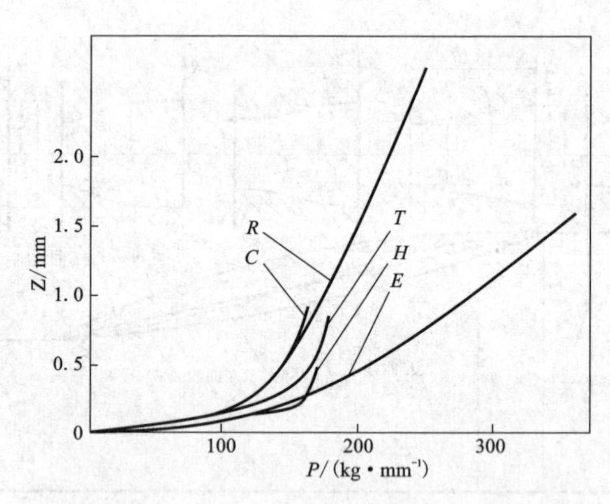

图 17－9　五种不同曲线模挤压时的压力与位移关系

(2)数值模拟给出了 5 种不同曲线模挤压时的应力和应变场分布，图 17－10 是 5 种不同曲线模挤压时的应力和应变分布(σ_z、σ_r、σ_θ、τ_z、σ_m、$10 \times \Delta\bar{\varepsilon}/\Delta\bar{\varepsilon}_{max}$)，图 17－11 是五种不同曲线模挤压时的轴向应力分布。

由模拟结果显示：余弦曲线模模挤压时应变分布最为均匀，采用这种型线凹模挤压时，所需的压力也最小。

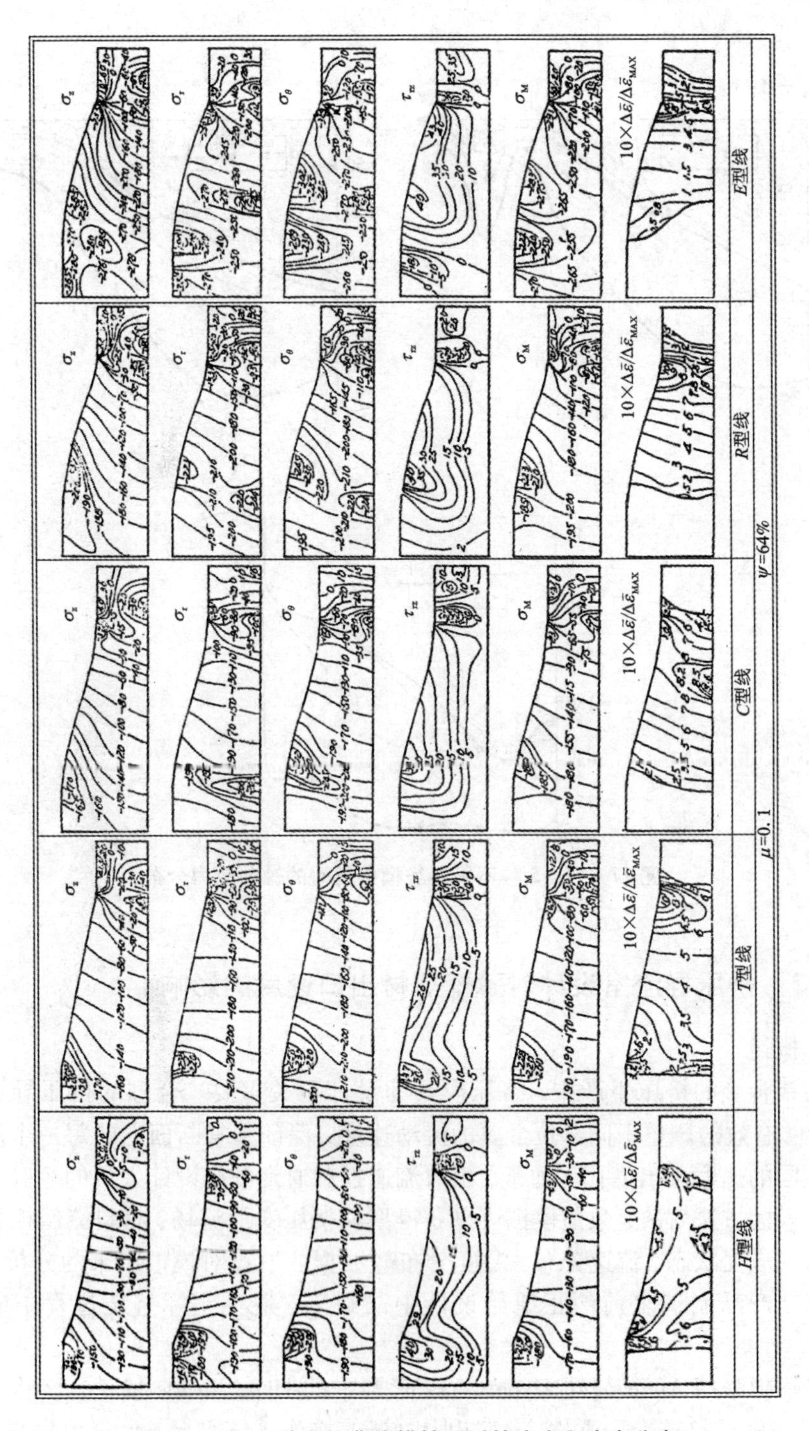

图 17－10　5 种不同曲线模挤压时的应力和应变分布

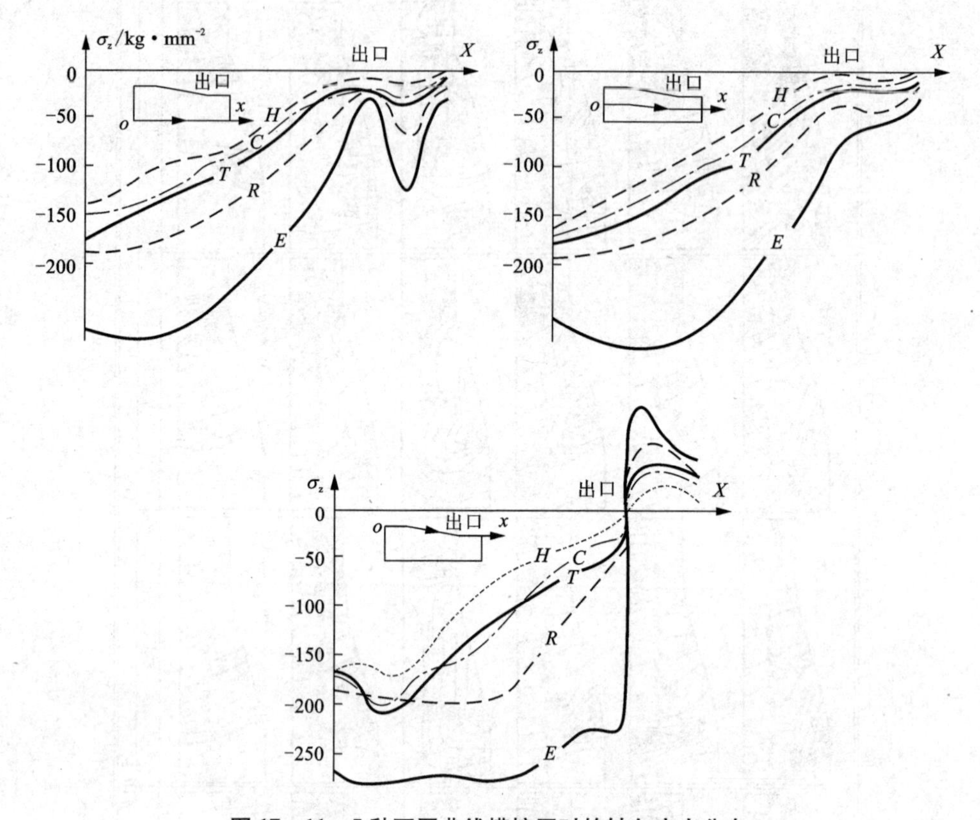

图 17－11　5 种不同曲线模挤压时的轴向应力分布

17.2.2　挤压导流室设计对薄壁型材出口速度的影响

1. 概述

在铝合金的挤压生产中，挤压模具的设计至关重要。合理的挤压导流室设计，能够有效的调整不同部位金属的流动速度，保证型材断面上的每一个质点以基本相同的速度流出模孔。通常，出口流速控制通常依靠设计人员的经验和反复试模修模的方法解决，数值模拟可以获得型材挤压变形流场、材料流经模具各点的应力－应变状态、流速分布、温度分布等数据。通过对模拟结果的分析，设计者可以在产品制造之前纠正原始设计中的缺陷，避免实际挤压过程中的各种缺陷。

本模拟采用 Altair 公司 Hyperworks 家族中的 HyperXtrude 软件，该软件是基于 ALE 算法的挤压专用软件，软件利用 Linux 操作系统平台，计算效率高，并配合专业的网格划分模块——HyperMesh，具有能胜任非常复杂的铝型材挤压过程模拟。

2. 模拟参数选择

TABLE 1. 所设计铝型材的外型尺寸如图 17－12 所示。挤压材料为 6063 铝合金，模具材料为 H13 钢。6063 铝合金的性能参数：杨氏模量 4×10^{10} Pa；泊松比 0.35；密度 2700 kg/m^3；导热系数 198 W/(m · k)；比热 900 J/(kg · k)。H13 钢的性能参数：杨氏模量 2.1×10^{11} Pa；0.35 泊松比；密度 7870 kg/m^3；导热系数 24.3 W/(m · k)；比热 460 J/(kg · k)。模拟挤压工艺参数为：坯料长度 180 mm；坯料直径 90 mm；坯料温度 480 ℃；模具温度 450℃；挤压垫速度 3 mm/s。

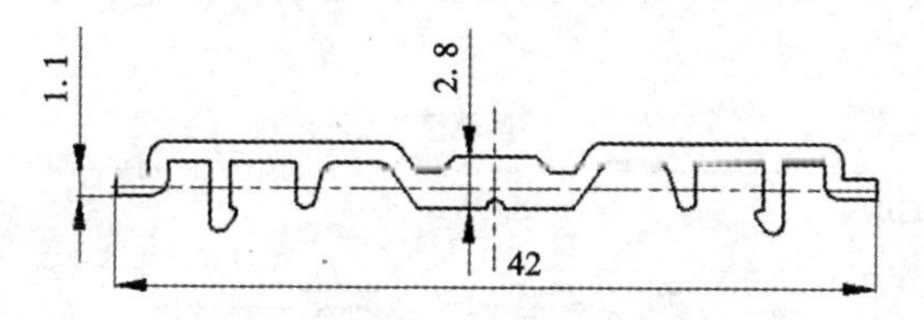

图 17－12　铝型材的外形尺寸/mm

挤压材料在工作带处于热变形过程，采用的摩擦模型为 Coulomb 模型，摩擦系数取 0.3。模具与挤压金属接触的前端面、导流室壁面等其他表面采用粘着模型，即与模具表面接触的铝金属完全粘着在模具表面没有相对流动。型材工作带处的网格尺寸为 0.22 mm，使型材壁厚最薄处至少有 5 层网格，保证模拟计算的精度。其他位置的网格尺寸介于 0.22～6 mm 之间，距离工作带越远，网格的尺寸越大，网格总数为 20 万。

3. 模拟结果优劣的衡量标准

出口流速图对型材质量至关重要，而出口流速图中最准确反应整个截面上流速是否均匀的指标就是流速均方差 S. D. 。因此，本研究工作的结果优劣的衡量标准采用流速均匀度指标，即 Z 向流速均方差 S. D. 。由此，将各次模拟结果中出口截面上的网格各节点的 Z 向出口速度按公式(17－5)进行统计计算，可得各次优化结果的流速均方差 S. D. 。

$$\mathrm{S.D.}=\sqrt{\frac{\sum_{i=1}^{n}(v_i-\bar{v})^2}{n}} \tag{17-5}$$

式中：n 为出口截面内网格节点的个数；v_i 为出口截面上第 i 个节点的流速；$\bar{v}$ 为出口截面上所有节点的平均流速。

4. 各工艺参数对流速的影响

1）型材在导流室中的位置对流速的影响

薄壁型材的挤压，模具一般都采用具有导流室的结构，通常，将型材断面的质心放置于导流室的中心位置。模拟型材具有中间厚两边薄，整体呈蝶形剖面，两翼区的筋条与翼板等厚，如图17－13所示。该型材不仅壁厚不均匀，各区域的质心也不在同一水平线上，将整个型材断面的质心放置于导流室的中心位置不一定效果最好，需要进行分析比较。首先，将模拟型材放置在不同位置时的稳态挤压过程，得到各位置对应的出口流速图。然后根据流速图中各节点的流速计算出流速均方差，以此作为衡量各位置流速均匀程度的标准。

图17－13中的A点为型材的翼板边缘厚度中心在纵轴上的对应点；B点为整个型材断面的质心；C点为型材两翼区的质心；D点为型材中心区的质心。

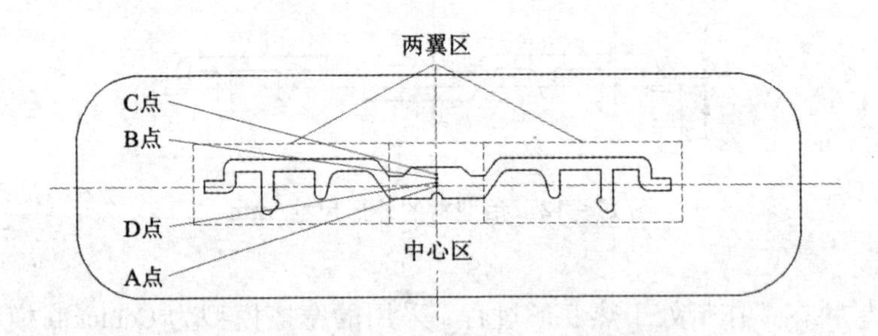

图17－13　型材的各点、各区域的位置

以导流室中心与A点的距离为横坐标，以统计所得的出口流速均方差为纵坐标，可得图17－14所示曲线。图中，第一点为型材的两翼质心C点与导流室中心重合时的出口流速均方差；第二点为整个型材的质心B点与导流室中心重合时的均方差；第三点为A点下移0.4 mm时的均方差；第四点为A点与导流室中心重合时的均方差；第五点为A点上移0.4 mm时的均方差。

分析图3可知，第1、5点的流速最不均匀，出口流速均方差在24 mm/s以上，第2、3、4点流速相对均匀，出口流速均方差在18.8～19.6 mm/s之间，其中第3点的流速均方差最小，为18.8 mm/s。也就是说，当导流室的中心介于型材的A点和B点之间时，均方差大致相同；当导流室的中心偏离AB之间时，均方差将陡然上升。即型材位置在导流室中的某一区域内变化，流速均匀程度相差不大，但超出了一定的范围，将使流速均匀程度迅速恶化。

由此可得，在设计断面不对称、壁厚不等型材的模具时，将型材断面的质心放置于导流室的中心位置不一定效果最好。

2）型材的厚度差异与质心偏离对流速的影响

所设计型材在图17－13所示的常规导流室中流速不均匀程度较大，出口流速均方差最小也在18.8 mm/s以上。此型材流速不均匀的原因主要有两种观点，

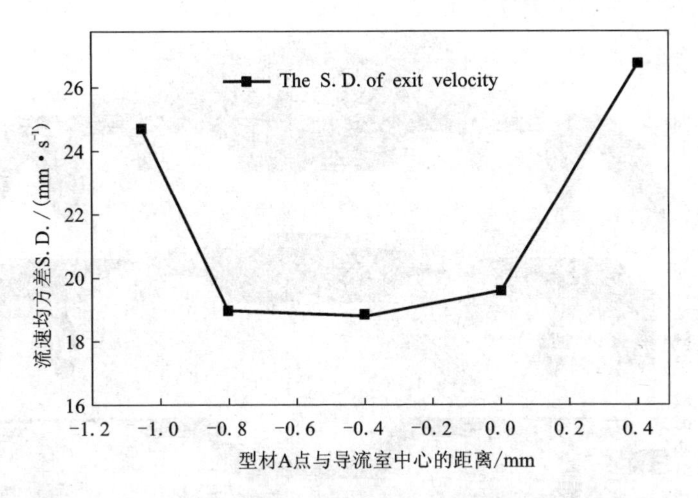

图 17－14　型材在导流室中的位置与流速均方差的关系曲线

一种观点认为，型材中心区的壁厚是两翼区的 2.5 倍，由于壁厚差异导致流速不均匀；另一种观点认为，型材中心区的质心 D 点与两翼区的质心 C 点偏离 0.9 mm，是由于型材各部分的质心不在同一水平线上导致的流速不均匀。为了搞清楚何者是影响流速的主要原因，设计了图 17－15 所示的 3 种型材进行模拟分析。型材 1 将中心区向上移 0.9 mm，使中心区与两翼区的质心重合，用以探讨消除质心偏离，只有壁厚差异影响因素的情况下流速的均匀程度；型材 2 将中心区的壁厚设计成与两翼区相等，用以探讨消除壁厚差异，只有质心偏离影响因素的情况下流速的均匀程度；型材 3 将中心区设计成与两翼区等厚，并且没有质心偏离，用以探讨消除壁厚差异和质心偏离两个影响因素情况下流速的均匀程度。4 次模拟实验皆以型材质心作为导流室中心，模拟结果的 Z 向出口流速图如图 17－16 所示。

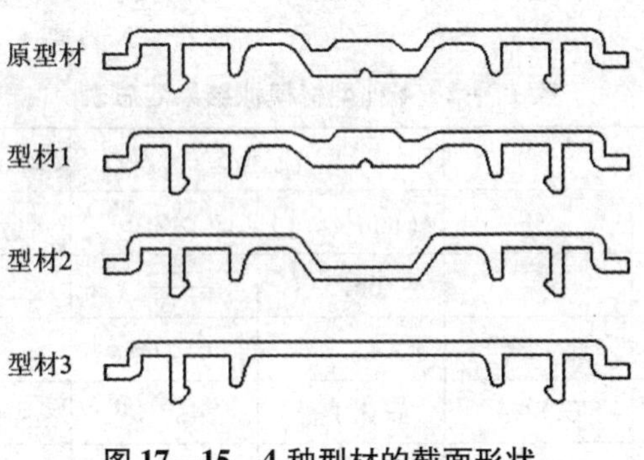

图 17－15　4 种型材的截面形状

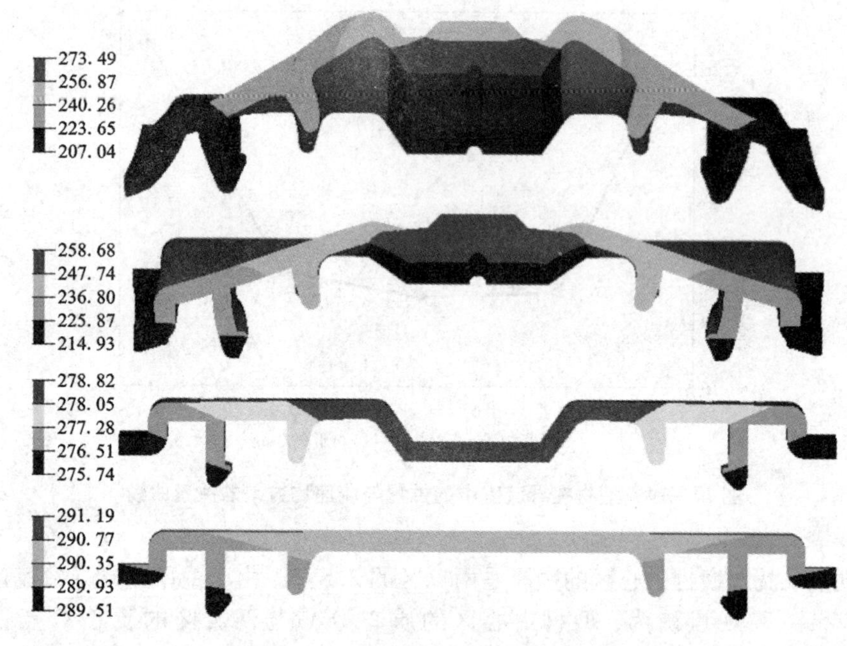

图 17－16　4 种型材的 Z 向出口流速图

由 4 种型材的模拟结果可得到表 17－2。型材 1 与原型材相比，消除了质心偏离，流速均方差下降了约 40%；同样，型材 3 与型材 2 相比，也消除了质心偏离，流速均方差下降了约 50%。可见，质心偏离这一影响因素对流速均匀程度的影响约为 40～50%。型材 2 与原型材相比，消除了壁厚偏差，流速均方差下降了约 96%；同样，型材 3 与型材 1 相比，也消除了壁厚偏差，流速均方差下降了约 97%。可见，壁厚差异这一影响因素对流速均匀程度的影响约为 96% 左右。型材 3 的结果证明，当消除了质心偏离和壁厚差异这两个主要影响因素后，流速均匀程度大为改善，两个因素共同作用对流速的影响约为 98%。

表 17－2　4 种型材模拟结果汇总表

	S. D.		流速差		最大变形	
	/(mm · s^{-1})	/%	/(mm · s^{-1})	/%	/mm	/%
原型材	18.9	—	66.5	—	9.5	—
型材 1	11.3	59.8%	43.7	65.7%	5.3	55.8%
型材 2	0.72	3.8%	3.1	4.7%	0.4	4.2%
型材 3	0.36	1.9%	1.7	2.5%	0.15	1.6%

可总结如下，壁厚差异和质心偏离两者对流速均匀程度都有很大的影响，但壁厚差异的影响更大，设计模具时需着重考虑。质心偏离影响次之，但其影响也不可忽视。并且型材如果同时具有壁厚差异和质心偏离两个不利因素，二者联合对流速的影响更大。这与实际生产中的结论相吻合，挤压生产中，对于各部分壁厚相差较大的型材，往往需要应用额外的阻流措施，才能保证型材出口流速均匀。而对于质心偏离的型材，多数通过对模具稍加修整即可。

5. 阻流块对流速的影响

生产中，对于断面壁厚尺寸相差较大，形状复杂的型材，仅通过工作带调整流速是远远不够的，还需要借助于其他手段。对于如图 1 所示壁厚相差 1.5 倍，断面对一个坐标轴不对称的型材，生产中常采用阻流块调整其流速。阻流块是在模具的工作端面上为减慢局部金属的流速、增大金属的流动阻力而设置的一段凸台，其结构相对独立，因此易于添加、修改、去除，是生产中处理壁厚相差较大型材最常用的调节流速措施之一。

1）阻流块的形状和位置对流速的影响

在导流室中设置如表 17－3 所示的 4 种阻流方案，4 次模拟实验皆以型材质心作为导流室中心，各模拟结果对应的流速均方差，如图 17－17 所示。

表 17－3　4 种阻流块的结构尺寸表

		长/mm	宽/mm	高/mm	距离工作带/mm
方案 a	左阻流块	9	2	2	1
方案 b	左阻流块	9	4	4	1
	右阻流块	9	2	2	1
方案 c	左阻流块	13	4	4	1
	右阻流块	9	2	2	1
方案 d	左阻流块	9	4	4	0.5
	右阻流块	9	2	2	1

由图 17－17 可见，阻流块能将流速均方差从 18.9 mm/s 降到 3.3 mm/s，效果相当明显。方案 a 只增加了单侧的阻流块，流速均方差从 18.9 mm/s 降到 13.3 mm/s，流速有改善但不明显。方案 b 增加了双侧的阻流块，并将左侧阻流块高度和宽度加倍，流速均方差降到 3.6 mm/s，可见在双侧的阻流块的夹击下，型材中心区流速改善很明显。方案 c 将左侧阻流块的长度增加 4 mm，流速均方差不降反升为 4.6 mm/s，可见阻流块加长并未使型材中心区的流速改善，这可能与挤压过

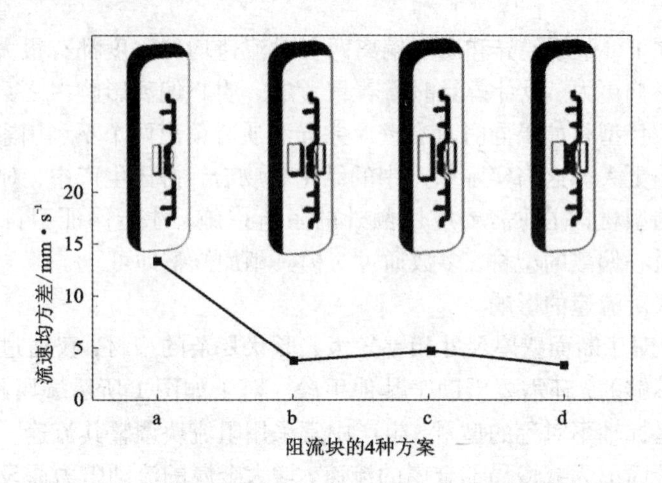

图 17-17　阻流块的不同形状、位置对应的流速均方差曲线

程中金属流在阻流块附近的重分配有关。方案 d 将左侧阻流块尺寸恢复为 9 mm，并将距离工作带尺寸缩小为 0.5 mm，流速均方差比第 2 点的 3.6 mm/s 略有下降，为 3.3 mm/s，可见将阻流块靠近型材，可以略微改善流速，但效果不很明显。

2)阻流块的高度对流速的影响

阻流块对流速的调节效果相当明显，是生产中处理壁厚相差较大型材经常应用的调节流速的手段，但在薄壁型材的导流室中设置如图 6 所示结构独立的阻流块存在如下 3 个缺点：

①虽可以大大降低流速不均匀程度，但降到某一范围后很难再降低；

②对于薄壁型材，导流室宽度较狭窄，增加阻流块后，需要加工很多细小特征，给工艺带来困难；

③阻流块高度宽度之比一般小于 1.5，受导流室宽度限制，不可能很高，因此对流速的调节范围有限。

当阻流块受尺寸限制而无法扩展高度宽度时，可以设置与导流室壁连体的阻流结构，如图 17-18 所示。本节着重探讨此种连体阻流块的高度对流速的影响。高度不同的阻流块对应的流速的均方差如图 17-18 所示。可见，阻流块越高，流速均方差越小，表明阻流块的增高对出口流速的改善有帮助。但连体阻流块的高度受导流室高度的限制不能无限增高。要想使流速更加均匀，尚需调节阻流块的宽度。

3)阻流块的宽度对流速的影响

连体阻流块结构中，除了高度能够影响流速外，宽度也是影响流速的重要因素。本节中型材的两翼区的质心 C 点与导流室中心重合，两阻流块高度 6 mm，着重探讨连体阻流块的宽度对流速的影响。

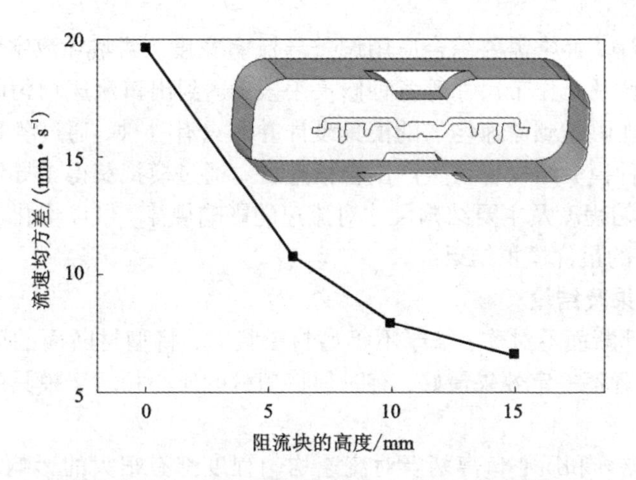

图 17－18　阻流块高度与流速均方差的关系曲线

如图 17－19 所示，随着上下阻流块的宽度的增加，流速均方差从 24.7 mm/s 降到 0.02 mm/s，又突然升高到 43.7 mm/s。这表明，调节连体阻流块的宽度能够完全消除流速不均匀，但如果超过了宽度最佳值，流速均匀程度将迅速恶化。调节连体阻流块的宽度是本章各方法中唯一能够通过单一因素的调节即可完全消除流速不均匀的方法。

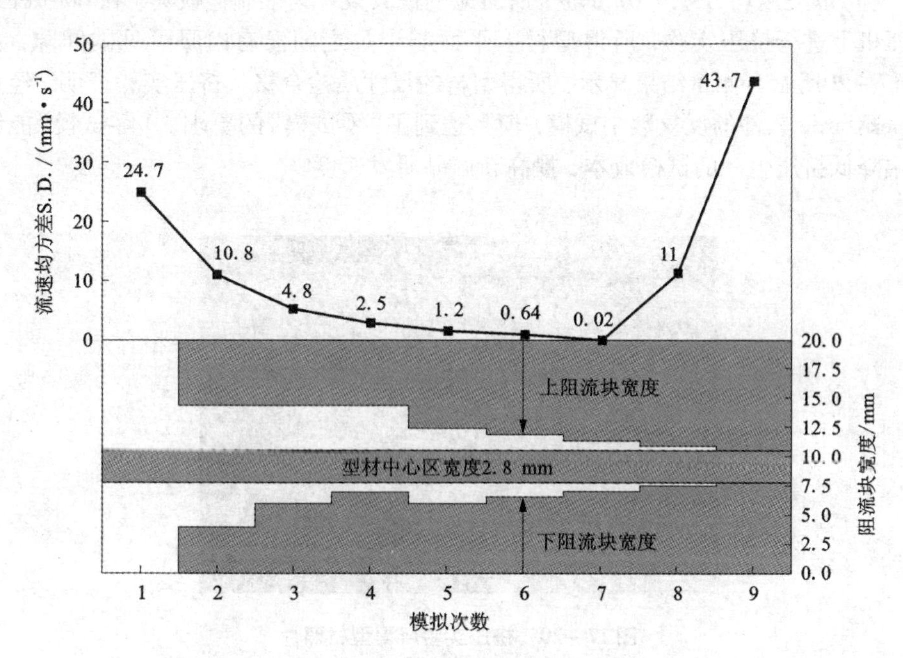

图 17－19　阻流块宽度与流速均方差的关系曲线

实际生产中，经常需要综合应用调整导流室宽度、调整导流室深度、调整阻流结构大小、调整工作带尺寸等各种修模手段，达到出口流速均匀的目的。对于某特定型材，能够达到流速均匀的模具设计并非只有一种，通过各种调节手段的综合应用，多种模具结构皆可生产出合格型材。通过模拟获得了导流室各种设计方案的流速均匀程度及主要结构尺寸对流速的影响规律，可以优化出流速均方差为0.02 mm/s 的最优模拟结果。

6. 实验结果及结论

(1)在设计断面不对称、壁厚不等型材模具时，将型材断面的质心放置于导流室的中心位置不一定效果最好，有时须将型材的质心相对于模具的中心作一定距离的移动。

(2)壁厚差异和质心偏离两者对流速均匀程度都有很大的影响，但壁厚差异的影响更大；如果同时具有壁厚差异和质心偏离两个不利因素，二者联合对流速的影响更大。

(3)独立结构阻流块的应用能使流速均方差大大降低，但受到尺寸和加工工艺的限制，很难完全消除流速不均匀。

(4)连体阻流块的高度调节对出口流速的改善作用很大，但阻流块受导流室高度的限制不能无限增高。

(5)以流速均方差0.02 mm/s 所对应的模具设计为准制作模具，在600t 卧式挤压机上进行挤压实验，所得型材上平面与卡尺之间没有肉眼可见的间隙，如图17－20所示。测量结果显示，所得型材的尺寸质检合格。挤压实验证明，经过HyperXturde 软件的反复数字试模，模具达到了“零试模”的要求。“零试模”能够大幅降低挤压生产的试模成本，提高新产品研发速度。

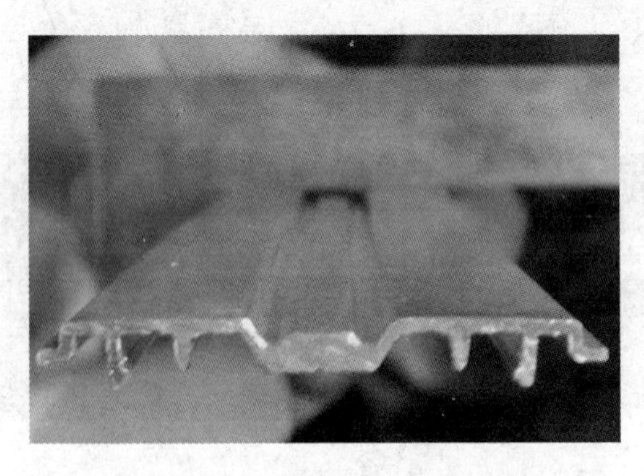

图17－20　挤压实验所得型材照片

17.2.3　蝶形模挤压过程数值模拟研究

1. 概述

蝶形模是一种新型结构的铝型材挤压模具。与传统模具不同，蝶形模圆形分流桥中心部位较低，用来减少突破挤压力，并帮助金属流入中心进料口。同时分流桥设计为弯曲的弓形，改善了桥下金属的流动，从而使挤压生产力和多孔分流模的使用性能得到大幅提高，图 17 – 21 为应用在 9000 MN 挤压机上的蝶形模具结构。

图 17 – 21　应用在 9000 MN 挤压机上的蝶形模具

蝶形模(Butterfly Die)的概念最早是在 20 世纪 90 年代由意大利人提出，后来通过美国铝业公司的资深专家进一步开发，在 Almax – Mori 等公司逐渐得到应用。后来意大利的 AlumarSrl 公司也加入到了蝶形模具的开发中。蝶形模具已被 AlumarSrl 公司和 Almax – Mori 等公司的大多数欧洲客户普遍认同并采用。然而，国内目前尚未发现生产蝶形模具的厂家和任何研究报告，在蝶形模具挤压生产过程及模具结构设计方面的研究仍为空白。

本文将在 Simufact9.0 软件平台上，采用基于欧拉网格描述的有限体积法对蝶形模具非稳态挤压过程进行数值模拟研究，详细分析蝶形模挤压过程中金属的流动变形行为，并与传统分流组合模挤压过程中金属的流动、挤压力、模具应力及变形进行对比，为蝶形模具结构设计及开发提供指导。

2. 有限模型的建立

以壁厚为 3 mm，截面外形尺寸为 66 mm × 36 mm 的矩形方管为例，建立蝶形模具结构设计如图 17 – 22 所示。同时，为了更好地研究对比蝶形模与传统模挤压过程中金属的流动变形行为，设计了一套传统的分流组合模，如图 17 – 23 所示。为了便于对比分析金属流动、挤压力大小及模具应力场分布，蝶形模与传统模的分流孔面积、分流桥宽度、焊合室面积及高度都基本一致。

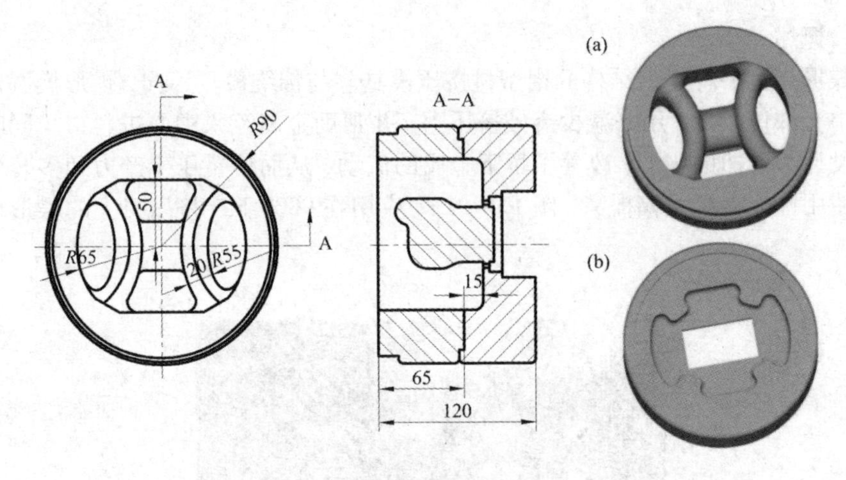

图 17－22　蝶形模结构设计示意图

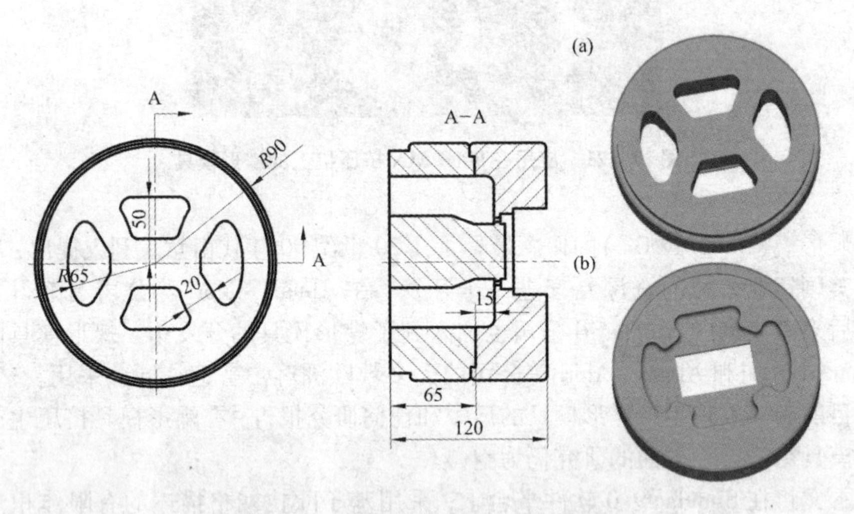

图 17－23　传统模结构设计示意图

基于 Simufact9.0 软件平台，采用欧拉网格描述的有限体积法，建立蝶形模挤压数值模拟模型。由于型材截面对称，为节省计算时间及成本，取其 1/4 进行计算。与 Lagrange 网格描述的有限元法不同，有限体积法采用 Euler 网格描述。Euler 网格固定在空间不动，材料流动时，网格并不变化，无论材料发生多大的变形，不需进行网格重划，避免了 Lagrange 网格由于畸变导致网格不断重划分引起的计算精度降低问题。而且材料的流动边界能够与其自身的边界接触并融合在一起，解决了有限元模拟分流组合模挤压时由于网格的自接触引起网格摺叠而无法计算的问题。

选取挤压筒直径为 Φ140 mm，挤压比为 25.1。坯料材料为 Al6061 铝合金，模具材料采用 H13 钢。在铝型材挤压模拟中常采用剪切摩擦模型，$f = mk$，f 是摩擦应力，k 是剪切屈服应力，m 是摩擦因子。铝型材成形一般采用热挤压，且坯料与工模具之间没有润滑。在高温高压下，坯料与工模具之间几乎粘着在一起，其摩擦因子取 0.8；由于工作带光滑且长度较短，挤压时坯料与工作带之间有一定的滑动，因此取其摩擦因子为 0.4。数值模拟中的挤压工艺：坯料初始温度为 480 ℃；模具预热温度为 450℃；挤压速度为 10 mm/s。

3. 模拟结果与分析

1) 挤压过程中金属流动

图 17 - 24(a) 所示为传统模挤压过程中金属的流动。图中可以看出，在挤压开始阶段，坯料在挤压力的作用下被分流桥直接劈分为 4 股金属，然后流入分流孔中，直到 $S = 32.2281$ mm 时分流孔中的金属接触到焊合室底部，开始向径向流动填充焊合室，分流的金属在焊合室的高温高压下重新融合在一起，最终完全挤出工作带形成挤压产品。

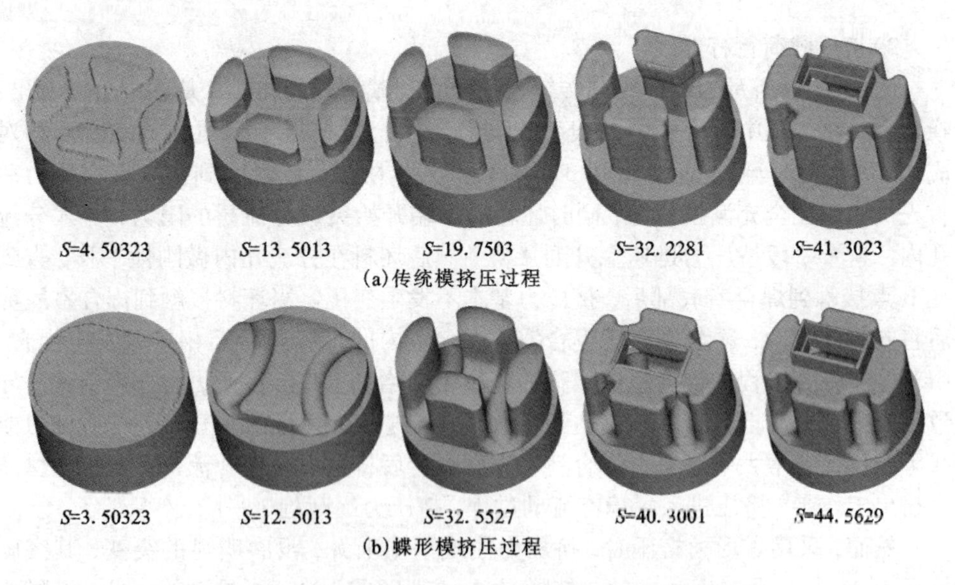

图 17 - 24　传统模与蝶形模挤压过程中金属的流动比较

与传统模具挤压不同，蝶形模具挤压过程中金属的流动如图 17 - 24(b) 所示。从图中可以看出，在开始挤压阶段当 $S = 3.50323$ mm 时，坯料首先填充上模下沉部分，如图 17－25 所示；当 $S=12.5013$ mm 时，坯料填充满上模下沉部分开始接触到圆形分流桥，随着挤压的继续进行，流动金属被中间分流桥劈分为 4 股金属；当 $S=32.5527$ mm 时，坯料已完全进入分流孔中，之后与传统分流模一样，金属流入焊合室融合在一起，然后挤出工作带。正是因为蝶形模的分流桥中心下沉，使得金属开始挤压的流动阻力明显减低，其次，蝶形模具的圆形分流桥也使金属的摩擦面积显著降低，金属的变形更加均匀。

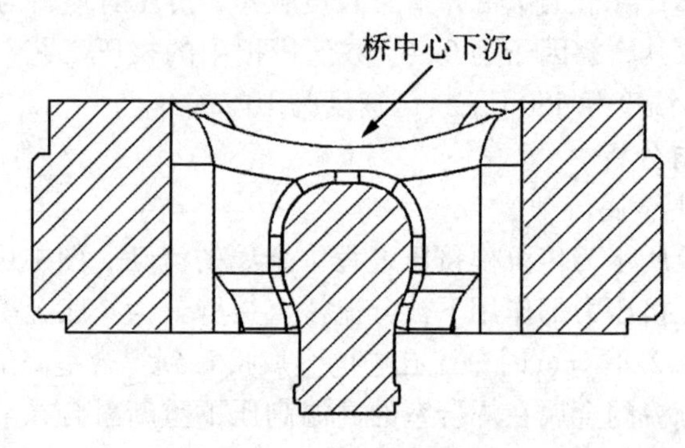

图 17－25　上模截面图

2）挤压载荷行程曲线

图 17－26 所示为蝶形模与传统模挤压过程载荷行程曲线。从图中可以看出，在整个挤压过程中，挤压力曲线变化与分流组合模挤压中金属的流动变形相对应，主要经过分流、焊合、成形 3 个阶段。开始阶段，坯料受到挤压杆的压力后首先被镦粗完全充满挤压筒，同时坯料的下端开始突破分流桥的阻力，流入分流孔内。这个阶段挤压力迅速上升到 A 点，然后坯料在分流孔内做刚性平移，直到在 B 点接触到焊合室底部后，挤压力基本不发生变化。当坯料接触到焊合室底部后将向侧向流动，逐渐填充满焊合室，焊合室内的金属开始互相接触发生焊合。由于金属焊合过程中焊合室内累积的金属不断增加，其静水压力也不断升高，导致挤压力也急剧上升，在 C 点达到峰值，由于这一过程极为短暂，所以挤压力曲线上升梯度非常大。坯料在焊合室中完全焊合后将从下模模孔流出，随着型材完全挤出工作带，挤压进入了稳态流动过程，挤压力逐渐趋于平稳。

然而，采用蝶形模挤压时，挤压力曲线平稳上升，没有明显的突变，其突破挤压力 A_2 点仅为 100 kN，较传统模具 A_1 点为 360 kN 有了显著的将低，下降约 72.2%，减少了开始挤压阶段坯料对模具的冲击。且最大挤压力也有所降低，传统模具最大挤压力 C_1 点为 1910 kN，蝶形模 C_2 点为 1580 kN，下降约 17.3%。由于蝶形模具模桥中心部分下沉，坯料开始发生变形的阻力较传统模具减小，因此，蝶形模的突破挤压力较传统模有明显的降低。其次，由于蝶形模的分流桥为

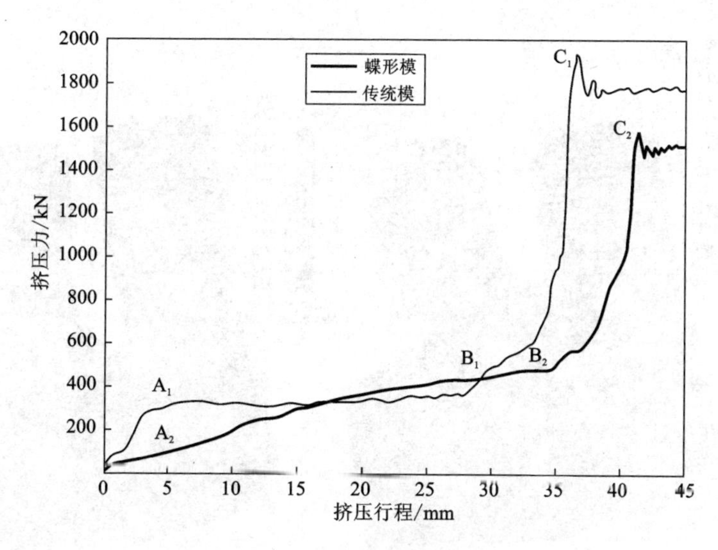

图 17－26 挤压载荷行程曲线比较

弓形，且桥上端为圆形，同时坯料、下沉部分及分流孔组合在一起，改善了桥下隐蔽部分金属的流动，使得桥下死区减少，金属的变形更加均匀，因此，蝶形模的最大挤压力较传统模有所降低。

3）不同变形阶段的速度场分布

图 17－27 为蝶形模挤压过程中不同变形阶段坯料的速度场分布。当 $S=29.765$ mm 时，坯料被分流桥劈分后进入分流孔内，各分流孔中心金属由于受到的摩擦力较小，因此流速明显快于分流孔边缘处的金属流速，造成分流孔中心部分金属凸起。由于上模上端的阻碍及挤压筒内壁的摩擦作用，坯料将在挤压筒底部沿着边缘部分形成一个死区，此处金属的流动速度几乎为零，不参与变形。同时，与分流桥上部接触的金属因分流桥的阻碍作用流动速度有所减缓。随着挤压的继续进行，当 $S=39.3615$ mm 时，分流孔的金属开始接触到焊合室底部，端部金属受到模具限制，沿挤压方向的流动受阻，金属的流动速度降低。当 $S=42.2405$ mm 时，接触到焊合室底部的金属被迫产生侧向流动，在焊合室底部转角处形成第二个死区。金属在径向速度明显升高，金属将填充满焊合室，同时剪切变形加剧，将进入成形阶段。当 $S=45.8449$ mm 时，坯料将完全挤出工作带，焊合面上的金属停止径向流动开始沿挤压方向迅速流出模孔，这时流出模孔的金属流速达到最大值，型材断面出口速度均匀为 138 mm/s。

图 17－28 为坯料完全挤出工作带达到稳态阶段时蝶形模与传统模速度场矢量分布图对比。图中可以看出，在挤压过程中坯料与模具接触的地方都有两个明显的死区，一个是沿着焊合室底部边缘形成的 I 死区，一个是分流桥上端对坯料

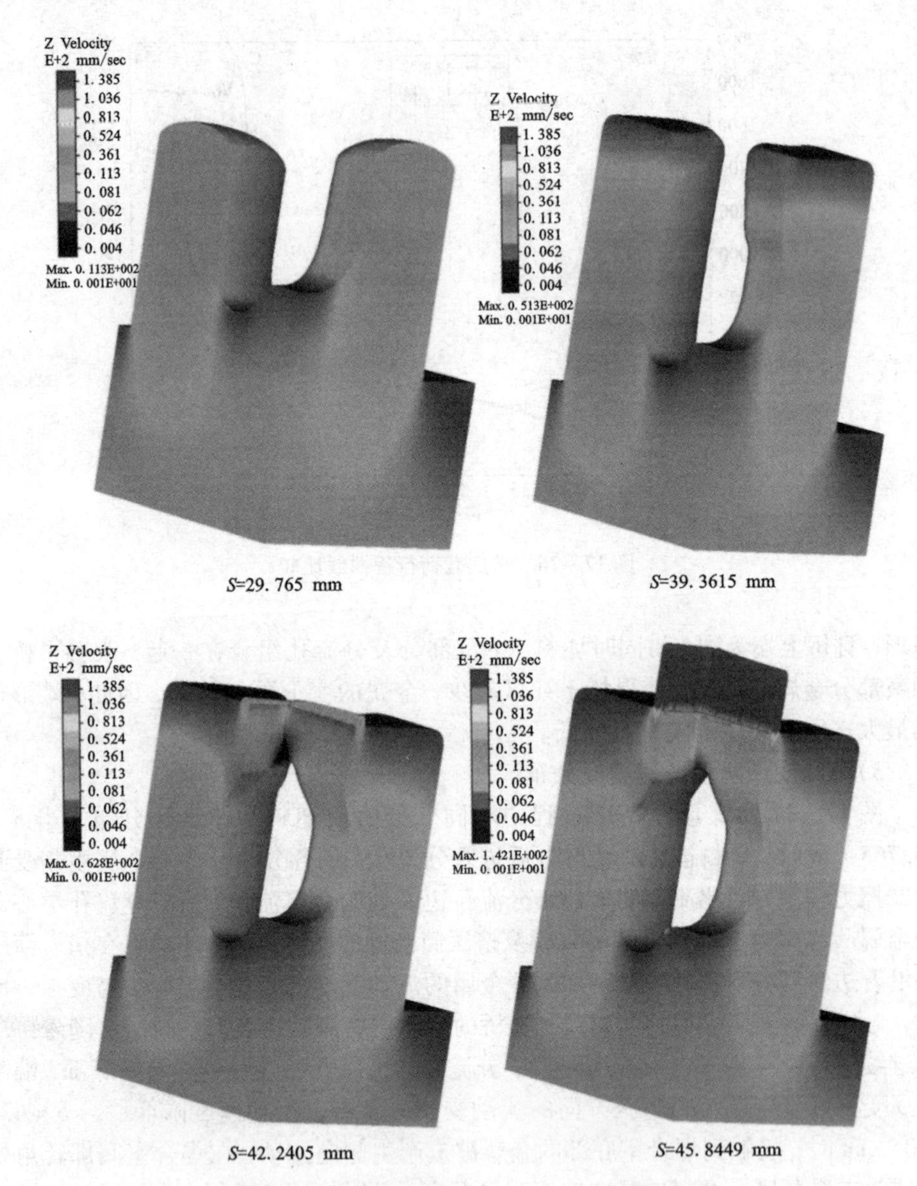

图 17－27　不同变形阶段金属的速度场分布

流动的阻碍形成的Ⅱ死区。由于蝶形模的分流桥上端为圆形，且分流桥中心下沉，使其对金属流动的摩擦阻力较传统模显著减小，因此，蝶形模死区Ⅱ的体积较传统模小。其次，由于蝶形模的分流桥形状为弓形，且采用两级分流结构，改善了桥下及焊合室内金属的流动，因此，蝶形模死区Ⅰ的体积也较小。

4)模具应力分析对比

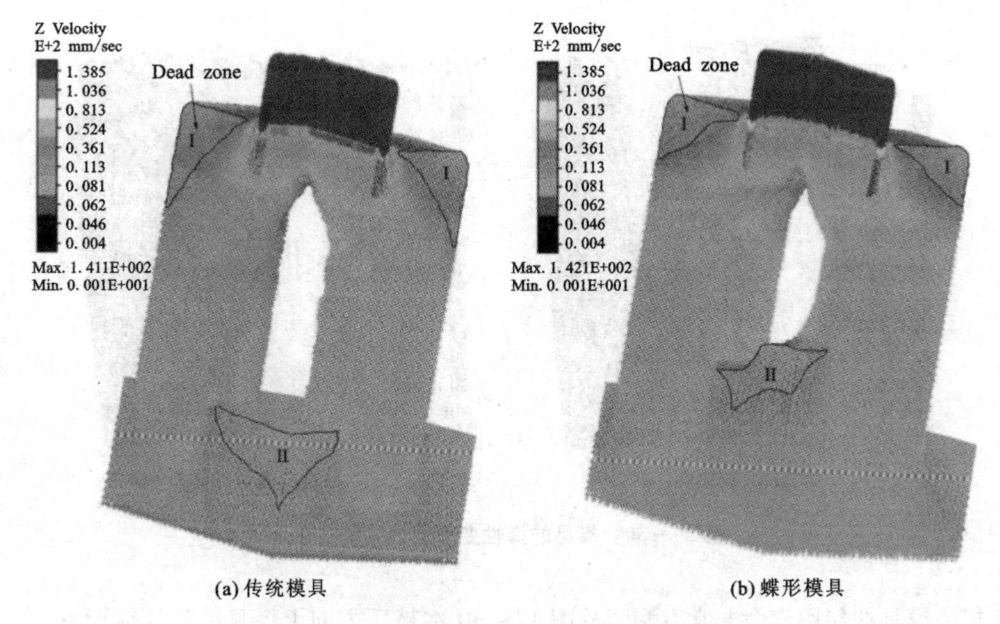

(a) 传统模具　　　　(b) 蝶形模具

图 17－28　稳态挤压阶段速度矢量图对比

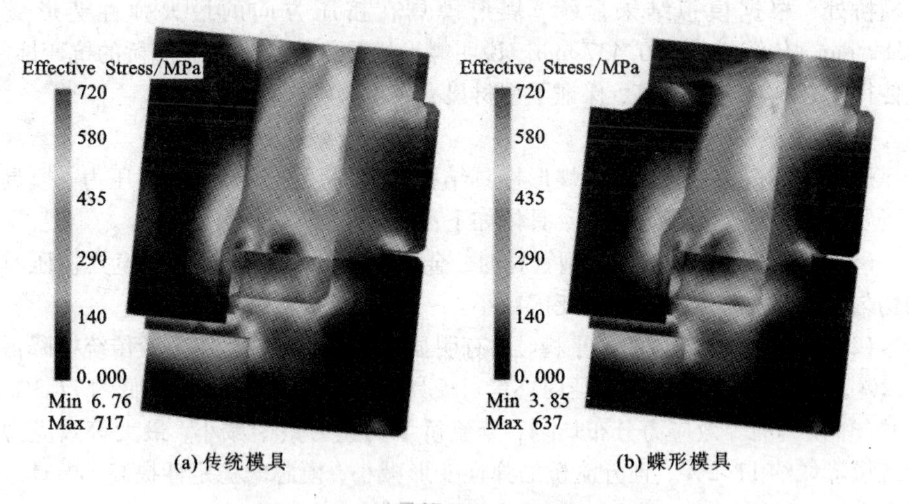

(a) 传统模具　　　　(b) 蝶形模具

图 17－29　模具等效应力分布图对比图

图 17－29 所示为传统模及蝶形模在稳态挤压过程中模具等效应力分布图。从图中可以看出，在挤压过程中，模具的等效应力分布很不均匀，在模芯根部与分流桥下部连接处应力集中明显，因此，在挤压过程中容易产生裂纹，这与实际生产出现的情况完全吻合。根据模拟结果可知，蝶形模在挤压中模具的最大等效应力为 642 MPa，较传统模具的 717 MPa 有了显著的降低，下降约 11.2%，这对

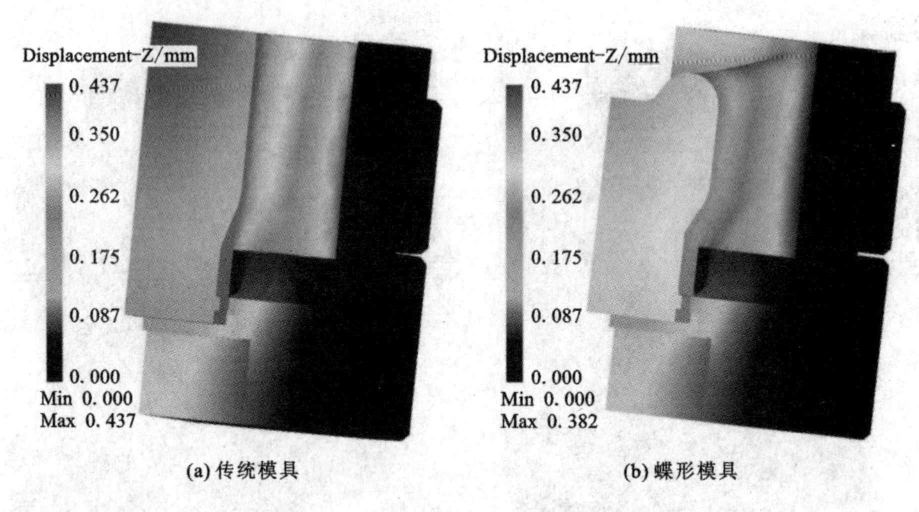

(a) 传统模具　　(b) 蝶形模具

图 17－30　模具的弹性变形量分布图对比

提高模具的使用寿命非常有利。从图 17－30 在挤压方向上模具的弹性变形分布图可以看出，在挤压过程中模具的最大弹性变形出现在靠近挤压筒中心部位的上模模桥处，根据模拟结果显示，蝶形模具在挤压方向的最大弹性变形量为 0.382 mm，传统模具为 0.437 mm。说明蝶形模具结构提高了分流桥的抗弯性能，且使得模芯的稳定性提高，保证了型材尺寸精度。

4. 结论

通过数值模拟结果表明：蝶形模具结构对模具中金属流动、挤压力、模具应力场及弹性变形都有显著影响，具体如下：

(1)采用蝶形模具挤压方型管材时，金属的流动及变形较传统模具挤压时更加均匀，分流桥上端及焊合室死区减小。

(2)蝶形模挤压载荷曲线平稳，没有明显的突变，突破挤压力较传统模降低约 72.2%，有效地降低了开始挤压时坯料对模具的冲击，最大挤压力降低约 17.3%。

(3)模具的等效应力分布均匀，分流桥下的应力集中减小，最大等效应力较传统模降低约 11.2%，且分流桥的弹性变形减小，模芯的稳定性提高，模具寿命提高。

17.2.4　大型车辆铝型材挤压分流模的优化设计

1. 概述

现今的高速列车车厢结构都是采用大型铝型材经拼装焊接而成，如图 17－31 所示。图 17－32 是典型的 GDX－11 车辆底板型材，属于多孔空心型材。复杂型材的挤压成形，最关键的技术问题就是挤压模具的设计和制造。生产这类型材，一般采用分流组合模进行挤压生产，此类型材在挤压生产及模具设计中具有以下技术难点：

(a)车厢内部

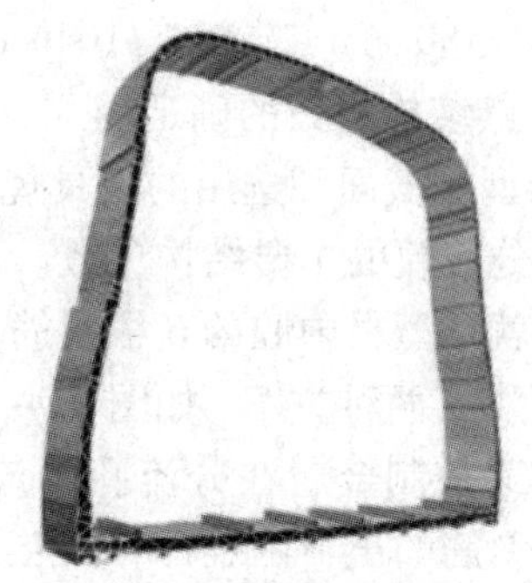
(b)横断面

图 17－31　高速列车

(a)车厢内部；(b)横断面

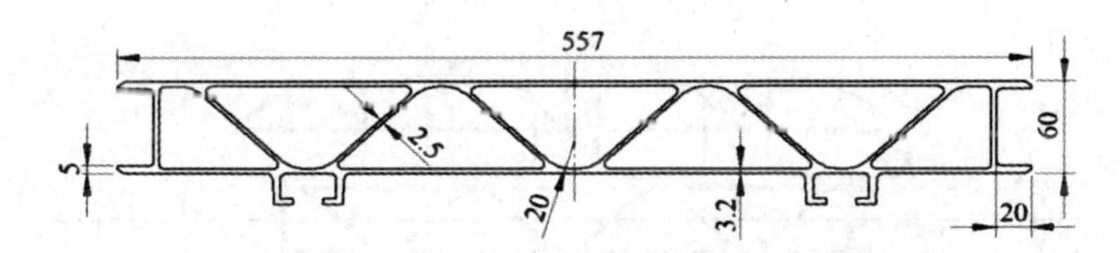

图 17－32　GDX－11 车辆底板型材截面尺寸

(1)典型的扁宽薄壁空心型材，宽 557 mm，高 60 mm，断面积为 59.88 cm^2。型材宽厚比很大，靠近挤压筒边缘部分，成形非常困难。

(2)壁厚很薄，最薄处尺寸只有 2.5 mm，且为不易填充的斜筋，斜筋长度达 456 mm，上下两个大面的壁厚为 3.2 mm。由于型材厚度较大，更加增大了中间斜筋处金属的填充，使得此处型材成形困难。

(3)型材断面比较复杂，共有 7 个空心孔，局部壁厚差较大，但形状对称，对金属流动有一定的好处。

(4)供货长度达到 25～28 m，且对外型尺寸精度及形位公差要求非常严格。要求装饰面平面间隙小于 2 mm；纵向弯曲在全长上不大于 6 mm；侧向弯曲度在全长上不大于 4 mm；扭拧度在全长上不大于 4 mm。这些都给模具设计与制造带来很大的难度。

2. 模具结构设计

1)模具规格的确定

平台获取此型材截面信息后，经过自动计算，选择 80/95 MN 油压机，采用扁挤压筒和分流组合模挤压，扁挤压筒的内孔尺寸为670 mm × 270 mm，模具外径是ϕ900 mm，模具由上下模、模垫、专用前环组成，总装备厚度为760 mm。模具外形尺寸分别为：上模：ϕ900 mm × 190 mm；下模：ϕ900 mm × 140 mm；模垫：ϕ900 mm × 180 mm；前环：ϕ1046 mm × 250 mm。

2）模具结构参数的确定

根据型材截面和选用的模具规格，结合工艺数据库的相关设计准则和经验知识，确定分流模的主要结构参数。对于GDX－11型材，主要考虑金属流动较困难的部位，就是型材内腔的6根斜筋、两边的立筋以及两端头部分。在分流孔布置上平台提供了两种方案，如图17－33所示。一种是采用上下对称布置，对称分流孔布置容易控制金属在分流孔的流动以及模孔尺寸的精度，且模具受力比较均匀，但是斜筋的出料困难，主要依靠引流孔及引流槽补充；另一种是采用上下不对称布置，每个分流孔正对斜筋的部位，以便金属能直接充填进去，减少斜筋流动阻力，但分流孔数目增加，增加了焊缝的数量。为了控制金属流速均匀、减少焊缝，以第一种方案为基础进行分流模的设计。

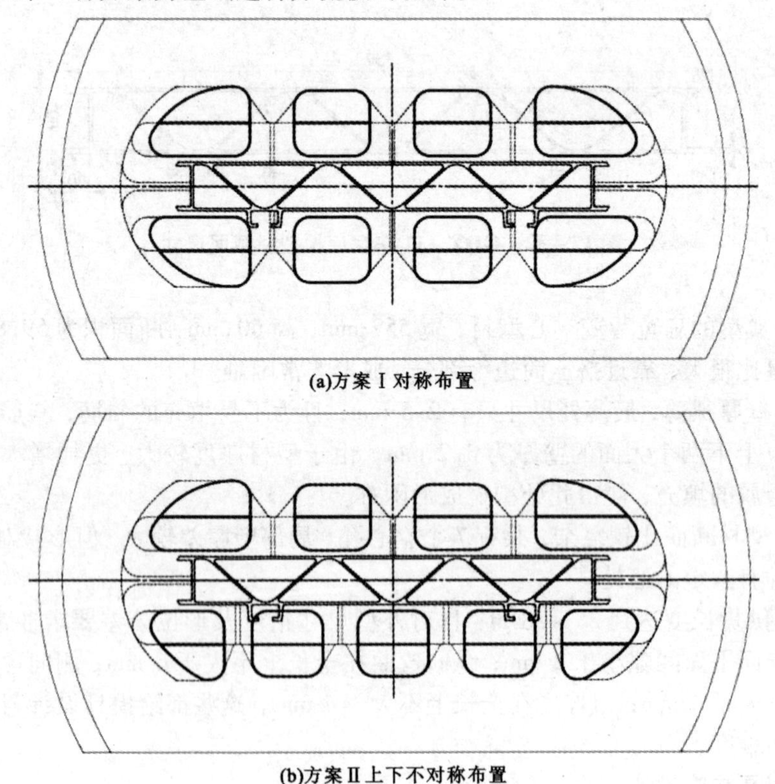

(a)方案Ⅰ对称布置

(b)方案Ⅱ上下不对称布置

图17－33　分流孔布置方案图

在设计 GDX－11 模具的焊合室时，为了提高型材两端金属的流速及焊合质量，采用上下焊合方式，上模两端沉桥 15 mm，下模焊合室深度为 40 mm。同时为了提高焊合室的金属流动及减少死区，采用双级焊合结构。具体的模具结构设计如图 17－34 所示，模孔工作带的设计如图 17－35 所示。同时在斜筋工作带上方开挖高 39 mm、宽 15 mm、长约 70 mm 的引流孔以增加斜筋处的流速。挤压坯料为 Al6061 扁锭，尺寸为 655 mm×250 mm，挤压比为 28.2。

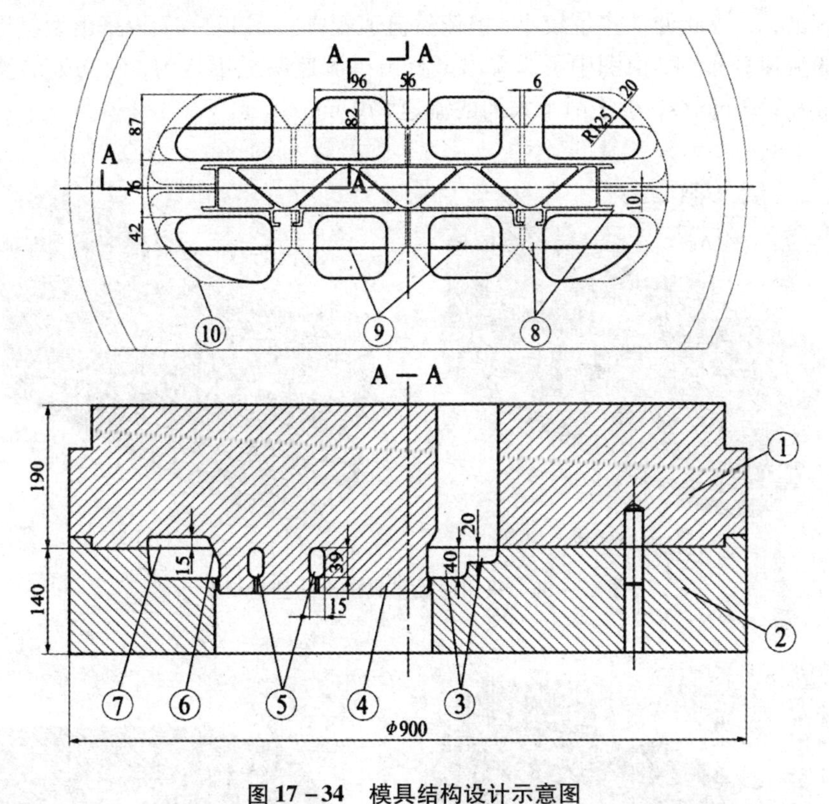

图 17－34　模具结构设计示意图

1—上模；2—下模；3—台阶式焊合室；4—模芯；5—引流孔；6—锥式斜拉；7—上模沉桥；8—桥位；9—分流孔；10—分流孔扩展处

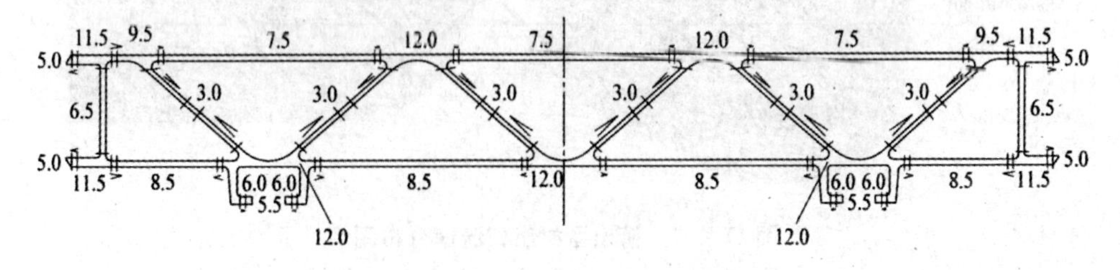

图 17－35　模具工作带长度设计图

3. 模拟结果及优化

1)第一次模具优化设计

经过数值模拟，图 17 - 36 为采用初始模具结构挤出的 GDX - 11 型材料头，从图中可以看出，型材两个大面及 6 个斜筋已基本成形，但斜筋 B_1、B_2及 B_3的速度较 2 个大面仍然很慢，且大面 A_1和 A_2处的型材正对分流孔，流速较其他部位较快，造成此处型材凸起变形。同时，由于 C 处立筋处于分流桥之下，且距离型材中心较远，尽管此处工作带较小，但依然流速较慢。图 17 - 37 为挤出型材出口处金属的流速分布图，由图中可以看出型材出口流速明显不均匀，斜筋处的流速最慢，约为 350 mm/s，小于两个大面的流速 570 mm/s。

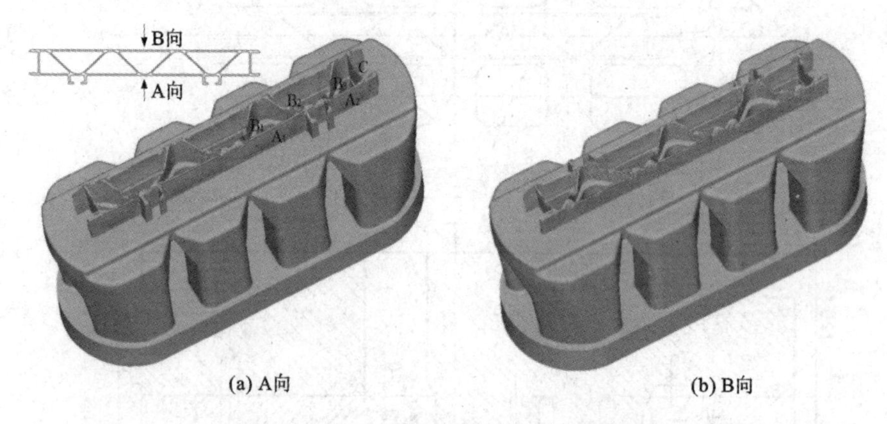

图 17 - 36　采用原始模具挤出的型材料头

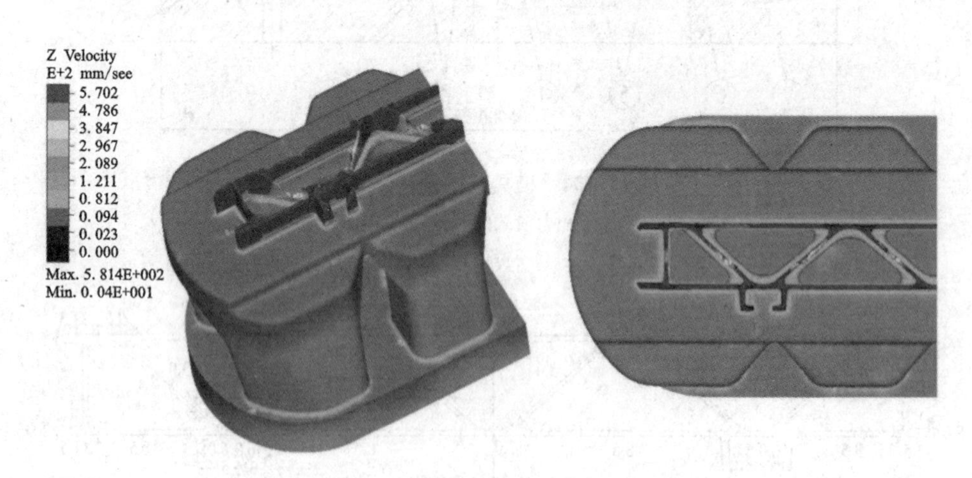

图 17 - 37　挤出型材出口流速分布图

GDX - 11 型材属典型的大型扁宽复杂截面型材，挤压过程中金属的流动十分不均匀，很难一次成形挤出合格产品，通常需要多次修模。针对此种情况，将数值模拟结果返回到平台的优化设计系统，得到修改方案如下：将原来 15 mm × 39 mm 的引流孔增大为 20 mm × 39 mm，如图 17 - 38 所示。同时将大面 A_1 和 A_2 处的工作带长度从 8.5 mm 增加到 9.0 mm，以减低此处金属的流速。减小 C 处工作带长度从 6.5 降到 5.5 mm，以增大桥下立筋处金属的流动速度。

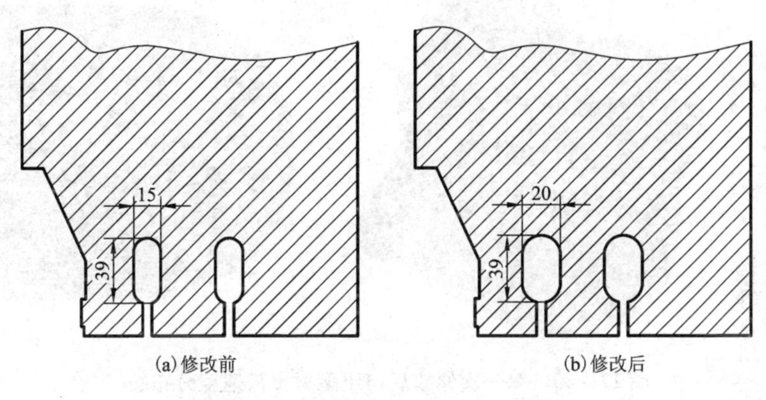

(a) 修改前　　(b) 修改后

图 17 - 38　模具修改前后的对比图

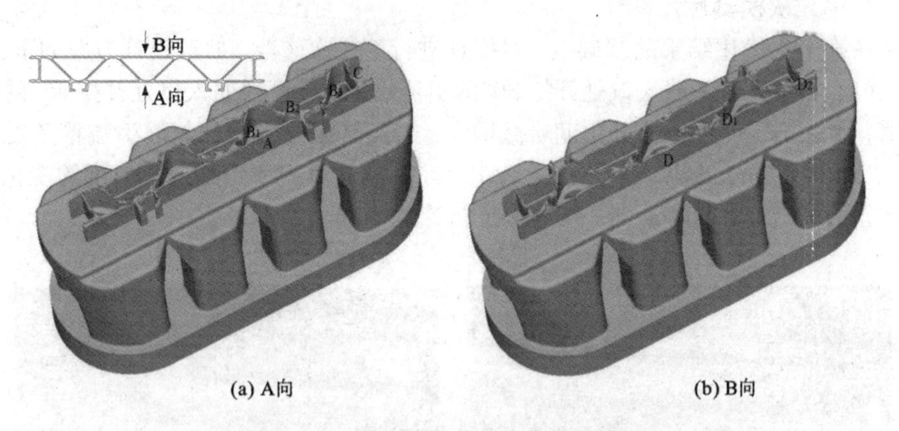

(a) A向　　(b) B向

图 17 - 39　第一次修模后挤出的型材料头

优化完成后重新进行模拟，挤出型材料头如图 17 - 39 所示。图中可以看出大面 A 处的流速明显改善，没有出现向外凸起的现象，说明此处工作带的调整比较合理。斜筋 B_1、B_2、B_3 以及立筋 C 处的流速较修模前有所改善，从图 17 - 40 第一次修模后挤出型材出口流速分布图可以看出，斜筋的速度分布不均匀，靠近挤压筒中心的斜筋速度 V_{B_1} 最大，约为 420 mm/s，远离挤压筒中心的斜筋速度 V_{B_2} 最小，约为 385 mm/s，仍然小于两个大面的速度 570 mm/s。立筋 C 处的速度达到550 mm/s，与大面速度基本相等。大面D局部不平整，与斜筋交接处D_1、D_2流动较快，主要是此处的壁厚较大，且直接正对分流孔，因此流速较快，需对模具进行再次优化。

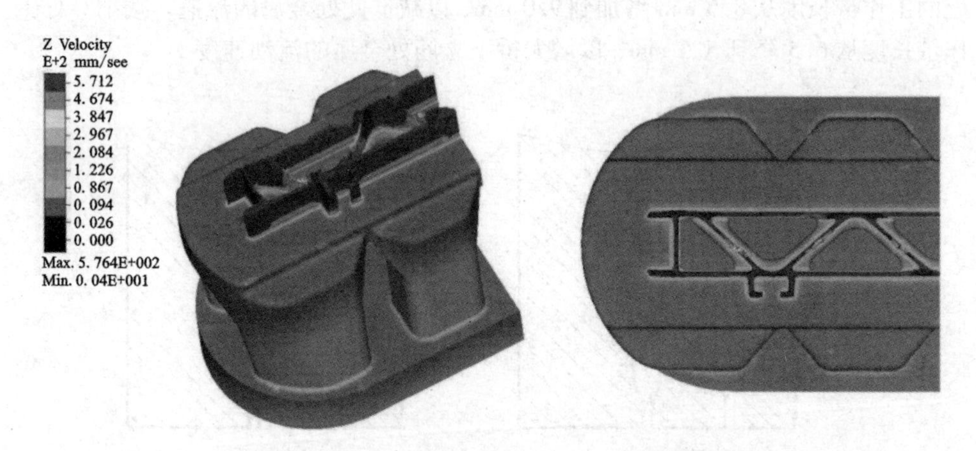

图17-40　第一次修模后挤出型材出口速度分布图

2)第二次模具优化设计

在第一次优化结果的基础上，对模具进行第二次修改，修改设计方案如下：

(1)在A大面斜筋入口处开挖30°的引流槽，D大面斜筋入口处开挖45°的引流槽，靠近挤压筒中心部分角度略微增大，远离挤压筒中心的斜筋引流槽角度较小，以促进斜筋处的流动，如图17-41所示。通过开挖引流槽及其角度的变化来增加斜筋的流速，同时达到平衡各斜筋流速均匀的目的。

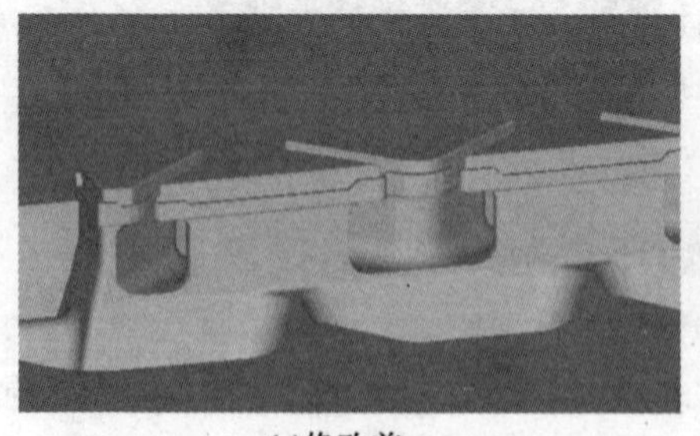

(a)修改前

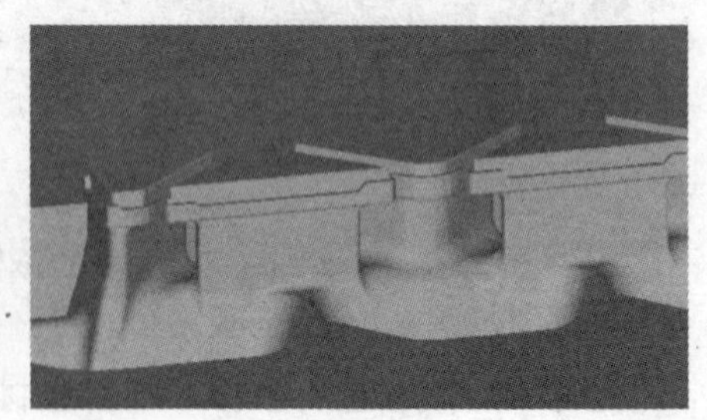

(b)修改后

图17-41　引流槽修改示意图

(2)增加斜筋与大面D交接部分工作带的长度，从12 mm增加到13 mm，以减缓此处金属的流动，迫使金属向阻力较小的两端部位流动，从而使整个断面上金属流动趋于均匀。

模具经过第二次修模后重新进行数值模拟，模拟挤出型材料头如图 17－42 所示。图中可以看出，挤出型材料头基本平整，两个大面速度均匀，但斜筋速度仍然较慢。从图 17－43 挤出型材出口速度场分布可以看出，各斜筋流出速度均匀，大约为 510 mm/s，较修模前的 420 mm/s 有明显的改善，说明通过开挖引流槽对斜筋流速有显著影响，但斜筋速度仍然小于两个大面的速度 570 mm/s，需继续进行优化。斜筋与大面 D 交接处的速度减小，整个大面上的速度较均匀，说明对此处工作带的修改比较成功。

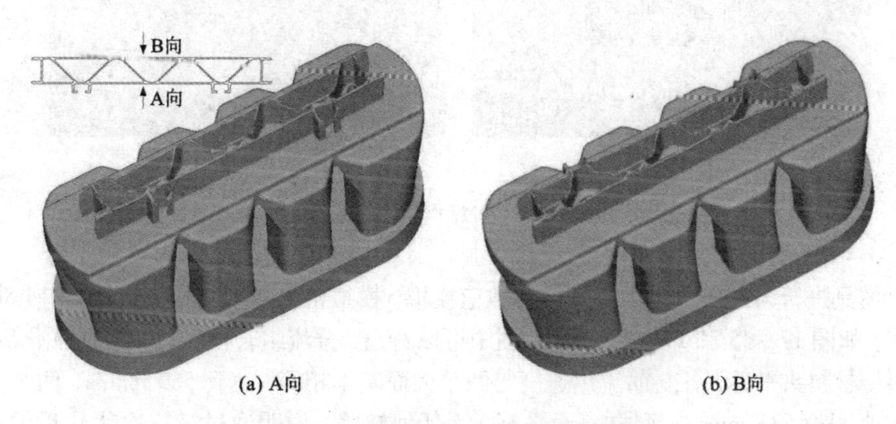

(a) A向　　　　(b) B向

图 17－42　第二次修模后挤出的型材料头

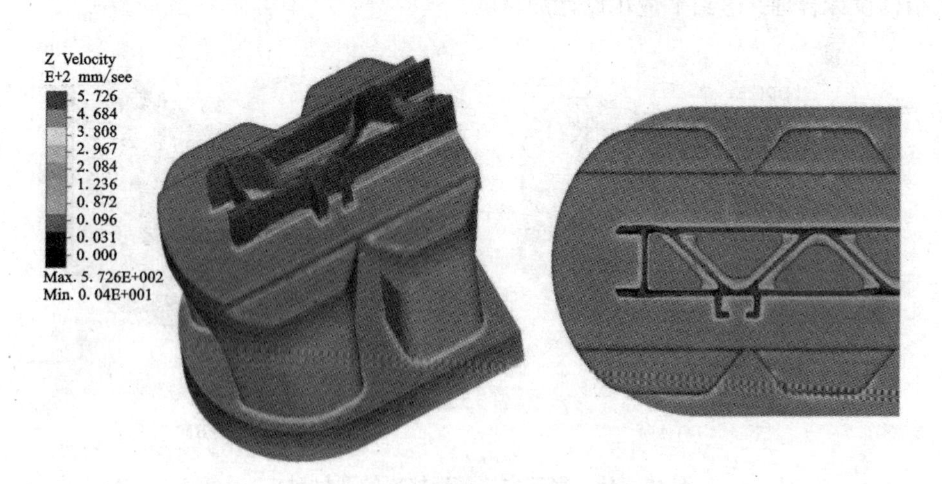

图 17－43　第二次修模后挤出型材出口速度分布图

3）第三次模具优化设计

通过第二次优化后，挤出型材料头基本平整，出口速度比较均匀，但斜筋处的流速依然较慢，小于大面金属的流速。由于斜筋的壁厚较小，且处于分流桥下，供料非常困难，且此处为焊合线位置，斜筋的供料及流速直接决定着型材的性能，尽管第二次修模在斜筋入口处开挖引流槽，依然没有解决斜筋的供料问题，因此，经过平台的分析，需继续加大引流槽的宽度，以增加斜筋处金属的供料和流速，具体的优化方案如图 17-44 所示。

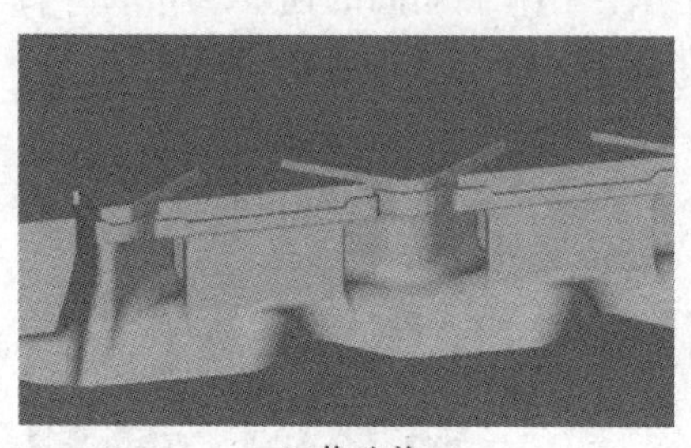

(a)修改前

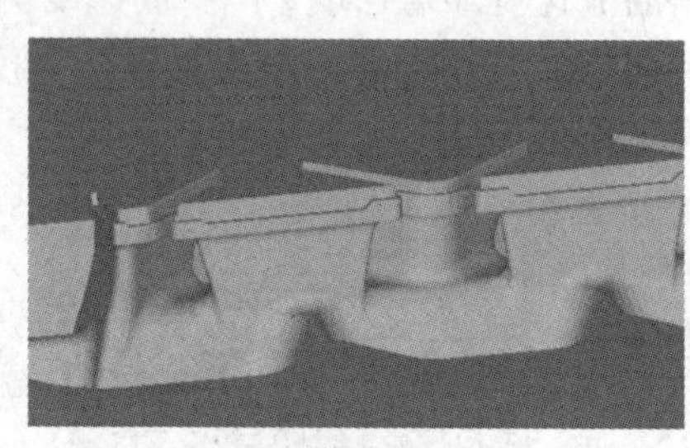

(b)修改后

图 17-44　引流槽修改示意图

模具进行第三次优化后重新进行数值模拟，模拟挤出的型材料头及出口速度场分布，如图 17-45 和 17-46 所示。图中可以看出，分流组合模经过第三次优化后，挤出型材料头平整，各斜筋流出速度与两个大面基本相等，达到 560 mm/s，两个大面的速度为 571 mm/s；型材表面平整，无任何缺陷，说明通过第三次优化后的模具结构设计合理，达到了优化设计的目的。

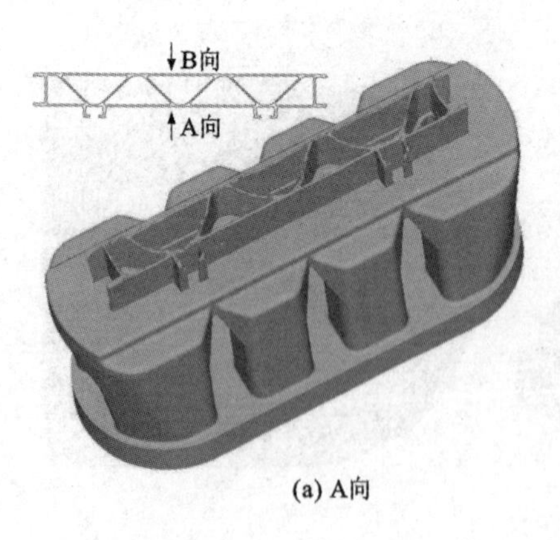

(a) A向

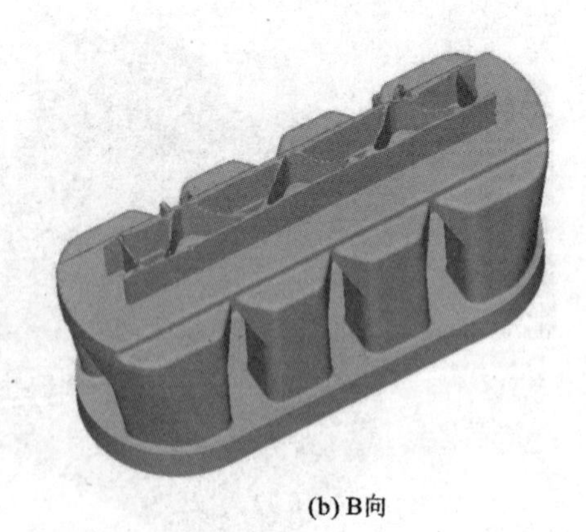

(b) B向

图 17-45　第三次修模后挤出的型材料头

4. 模拟结果的验证

对该型材挤压模具优化后的结果，采用试验验证的方法考察模拟结果。挤压

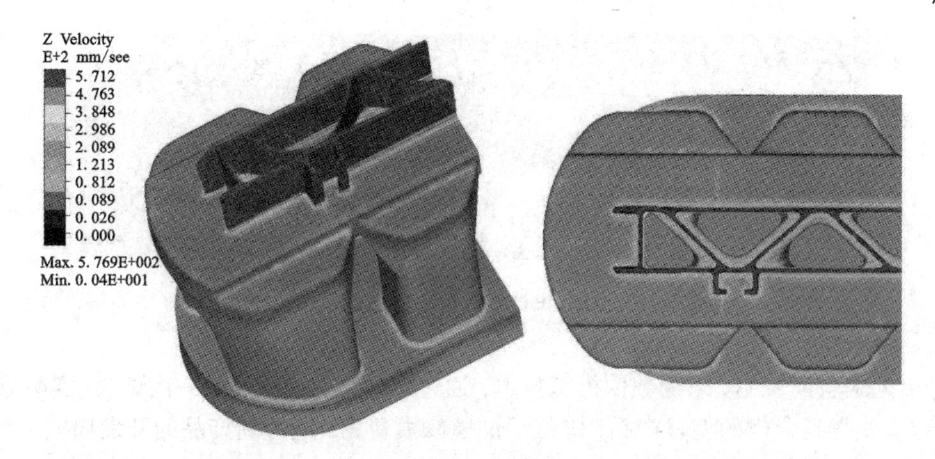

图 17 - 46　第三次修模后挤出型材出口速度分布图

实验在 90 MN 卧式挤压机上进行，试验挤压机图 17 - 47 所示。实验所得挤压料头的形状如图 17 - 48 所示，实际挤出的型材截面如图 17 - 49 所示，所得型材外观没有可见的扭曲，两个大平面平直度较高，6 个斜筋处的焊合位置未见有扭曲现象。对其进行尺寸检验显示，型材壁厚尺寸皆在图纸要求的公差范围以内，经拉校等后续工艺后即为合格产品。

图 17 - 47　大型材挤压实验用 90 MN 卧式挤压机

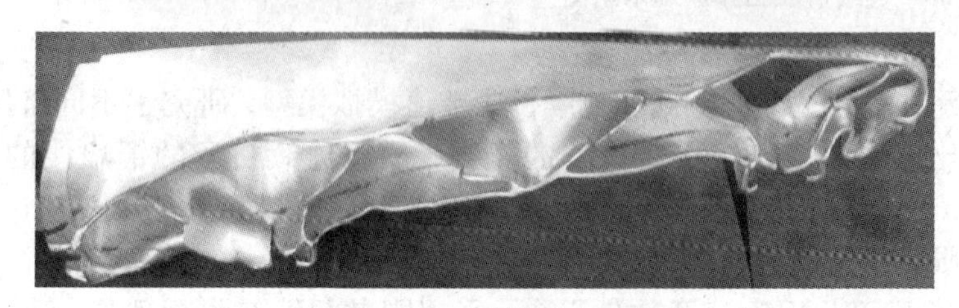

图 17 - 48　试模料头形状

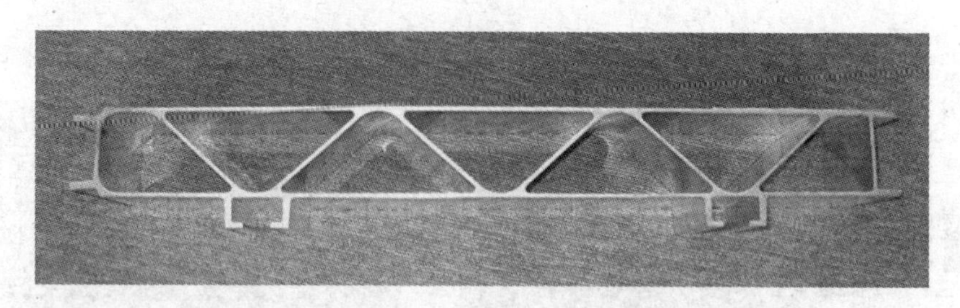

图 17-49　最优设计模具挤出的质量合格的型材

试验验证表明，采用数值模拟技术，通过数值优化，只经过一次试模（实际修模）后就得到合格的型材产品，降低了试模修模费用，缩短新产品的开发周期，大幅提高企业的生产效率。

17.3　连续挤压过程数值模拟实例

本节将讨论大宽厚比薄铜扁线连续挤压过程中挤压轮转速研究。

1. 概述

连续挤压技术具有制品长度不受限制、低能耗、低成本和高度自动化等优点，受到广泛的关注，其工作原理如图 17-50 所示。其工作原理是坯料在其与挤压轮槽间摩擦力的作用下被带入由挤压轮槽、腔体和堵头围成的挤压腔内，最后流经挤压模成形为挤压制品。随着国产连续挤压机的成功研制，运用连续挤压法生产铜扁线得到了迅速推广，铜扁线截面形状如图 17-51 所示。

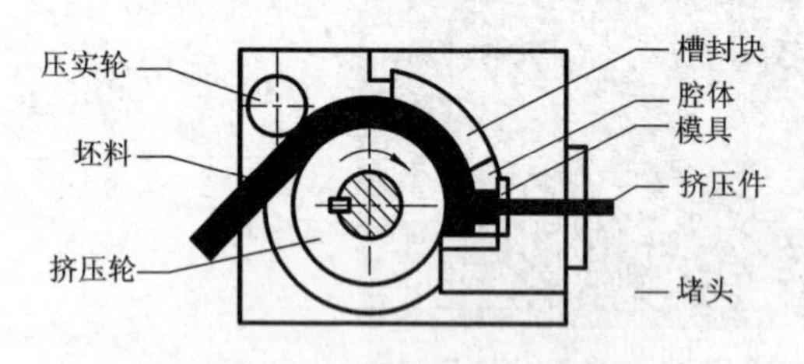

图 17-50　连续挤压工作原理示意图

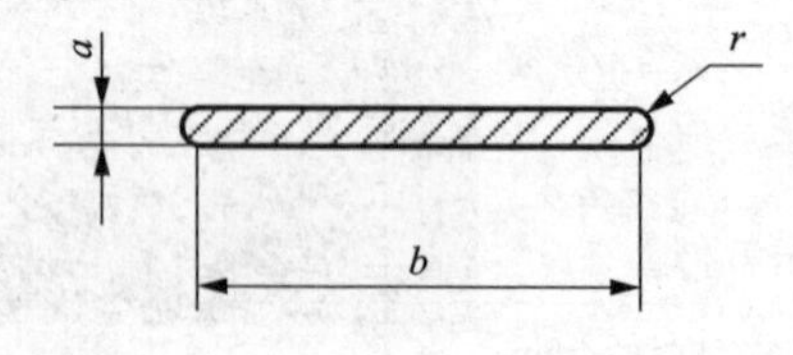

图 17-51　铜扁线截面图

本节建立了大宽厚比铜扁线连续挤压数值模拟模型，研究了不同挤压轮转速对大宽厚比薄铜扁线连续挤压过程的影响。模拟连续挤压的铜扁线的规格为：$a=1.15$ m，$b=20$ mm，$r=0.5$ mm，宽厚比达到了 17.4。

2. 有限元模型的建立

本文基于 DEFORM-3D 软件平台，采用刚黏塑性有限元理论，建立了大宽厚比薄铜扁线连续挤压数值模型，如图 17-52 所示。为了节省了计算机存储的空间和缩短了有限元求解的时间，只造出整个系统实体的一半即可。模拟过程中，忽略整个系统的辐射传热；考虑到挤压过程中系统在挤压轮边界处进行冷却，假设挤压轮处边界温度恒定与热交换系数已知；对于槽封块、模具、堵头和腔体边界则同时考虑热交换过程和热传导过程。表 17－4 为铜扁线连续挤压过程中所用的参数。

本节取 4 种挤压轮转速的情况进行研究，即 $\omega=0.4188$ r/s；$\omega=0.6282$ r/s；$\omega=0.8376$ r/s；$\omega=1.047$ r/s 时对铜扁线的连续挤压过程进行了模拟。

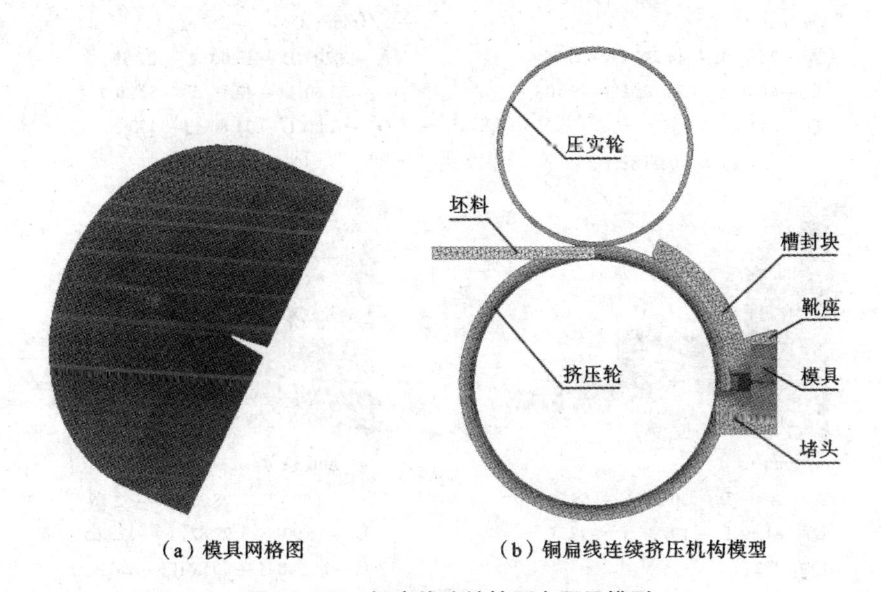

（a）模具网格图　　（b）铜扁线连续挤压机构模型

图 17－52　铜扁线连续挤压有限元模型

表 17－4　模拟所用参数

参数	数值	参数	数值
坯料材料	纯铜	界面热传导系数/[W·(m·K)$^{-1}$]	397
坯料的直径/mm	12.5	坯料与挤压轮之间的摩擦系数	0.9
挤压轮半径/mm	170	坯料与腔体、模具之间的摩擦系数	0.3
模具材料	H13	坯料与模具之间的摩擦系数	0.3
泄料间隙/mm	0.5	坯料的初始温度/℃	20

3. 模拟结果及分析

1）不同挤压轮转速下的速度场

图 17－53 所示为不同挤压轮转速下挤压金属的速度分布。

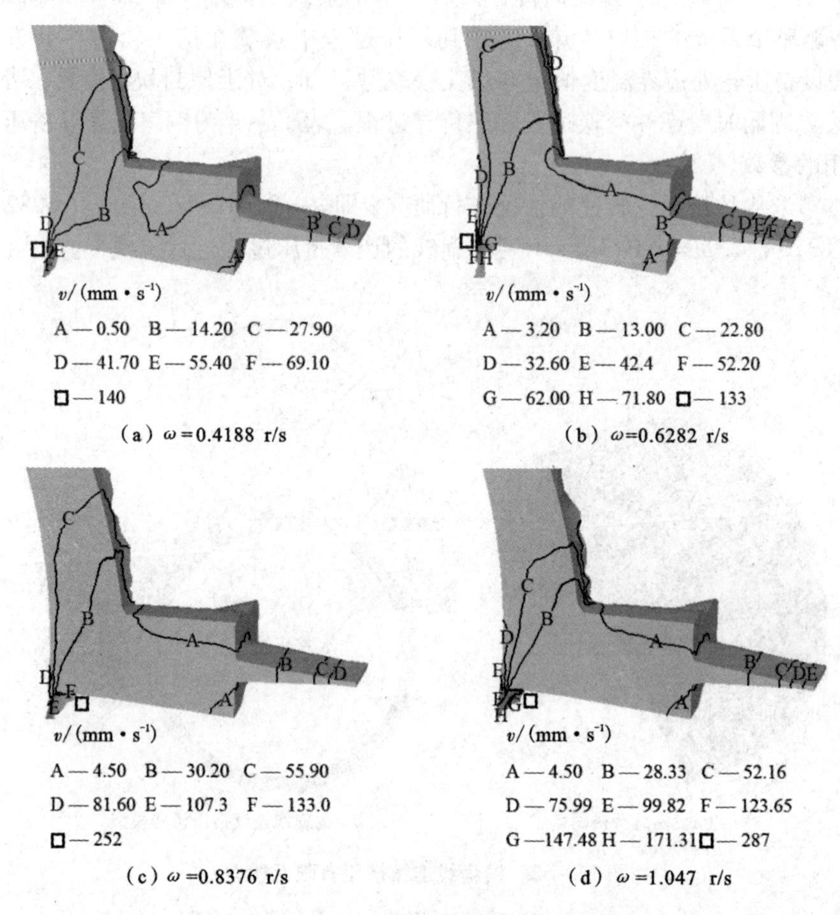

(a) ω=0.4188 r/s　(b) ω=0.6282 r/s

(c) ω=0.8376 r/s　(d) ω=1.047 r/s

图 17-53　不同挤压轮转速下的速度场

从图中可以看出，随着挤压轮转速的提高，金属在模具出口处的流速随着挤压轮转速的提高逐渐增加，在所选的4种挤压轮转速的模具出口处金属的流速分别为：41.7 mm/s，62 mm/s，81.6 mm/s和99.82 mm/s，因此随着挤压轮转速的提高生产效率得到了提高。但是，随着挤压轮转速的提高，在相同的挤压轮转速增量下模具出口处金属的速度增量逐渐减小，由此可以看出在挤压过程中，坯料与挤压轮之间出现了滑动，并且挤压轮转速越高，它们之间的滑动越明显，从而加快了对挤压轮槽的磨损。因此，从保护工模具方面来讲，生产过程中挤压轮转速不易太高。

同时，从图中可以看出，在入模口上下两端的区域内形成变形“死区”，这些变形“死区”的存在可以使一些氧化物残留在挤压腔中，防止氧化物进入制品内部，提高了产品质量。在挤压过程中，随着挤压轮转速的提高，模具入口端金属的变形“死区”逐渐减小，这不利于产品质量的提高。因此，从保证大宽厚比铜扁线生产的产品质量来讲，生产过程中挤压轮转速越低越好。

2)不同挤压轮转速下的等效应变速率场

图 17－54 所示为不同挤压轮转速下金属的等效应变速率场分布。从模拟结果可以看出，等效应变速率的变化主要集中在泄料间隙、模具出口以及靴座扩展入口的转角处，随着挤压轮转度的提高，各处金属的等效应变速率均有不同程度的提高。在所选的 4 种挤压轮转速下，对应的泄料间隙处的等效应变速率分别为 25.3 s^{-1}，36.4 s^{-1}，71.7 s^{-1}，92.7 s^{-1}；模具出口处的等效应变速率分别为 3.9 s^{-1}，4.0 s^{-1}，7.5 s^{-1}，12.0 s^{-1}。其中泄料间隙处等效应变速率随挤压轮转速的增加变化较大，但模具出口处金属的等效应变速率变化相对较小。

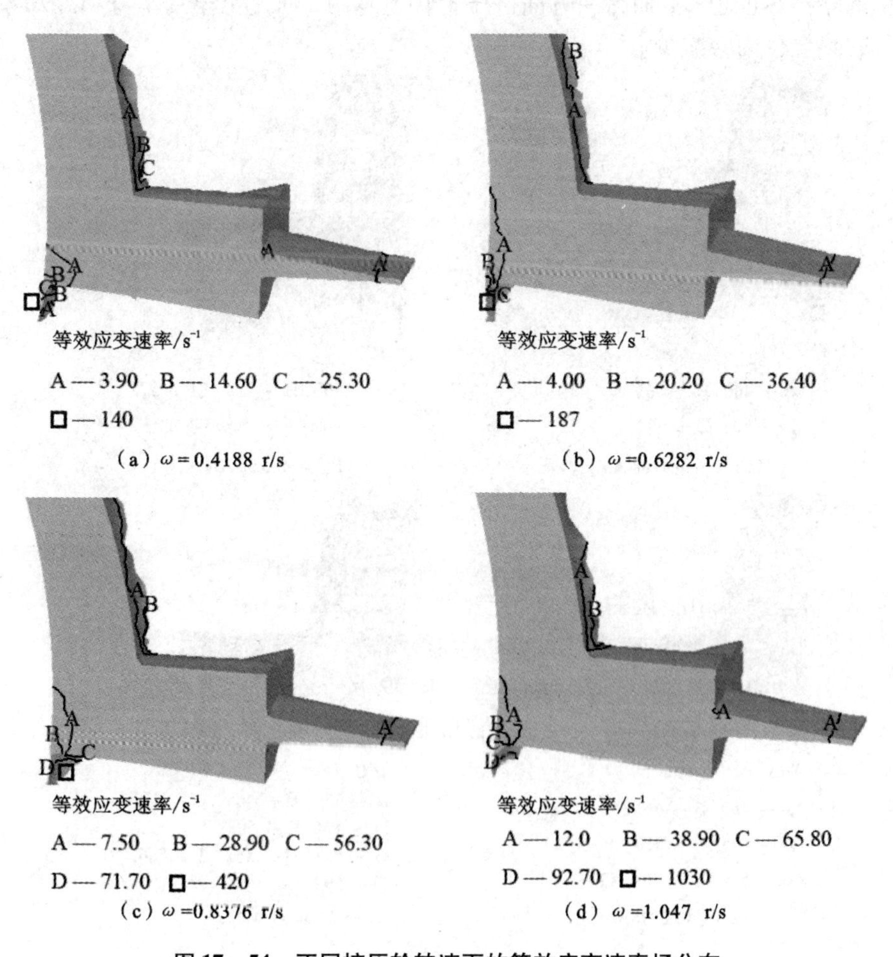

图 17－54　不同挤压轮转速下的等效应变速率场分布

3）不同挤压轮转速下的温度场分布

与常规挤压工艺相比，连续挤压成形过程的一个突出特点是坯料无需预热，工作过程中靠摩擦热和塑性变形功的作用使坯料的温度逐渐升高。因此，在连续挤压的形变理论研究中，温度场的研究是一个很重要的环节。图 17－55 所示为不同挤压轮转速下金属的温度场分布。从图中可以看出，在铜扁线的连续挤压过程中，由于摩擦热和塑性变形功的作用，金属的温度增加显著。挤压轮转速越高，金属的温度越高，在所选的 4 种挤压轮转速下，出模口处金属的温度依次为：481℃，507℃，524℃，552℃，堵头附近的温度依次为：503℃，522℃，539℃，566℃。这是由于随着挤压轮速的升高，单位时间内金属的变形量增大，产生的热量增加；同时，挤压轮转速越高坯料与挤压轮之间的滑动越明显，单位时间内产生的摩擦热也越多，而另一方面挤压轮转速越高，通过工模具本身和冷却系统散失的热量反而会减少。

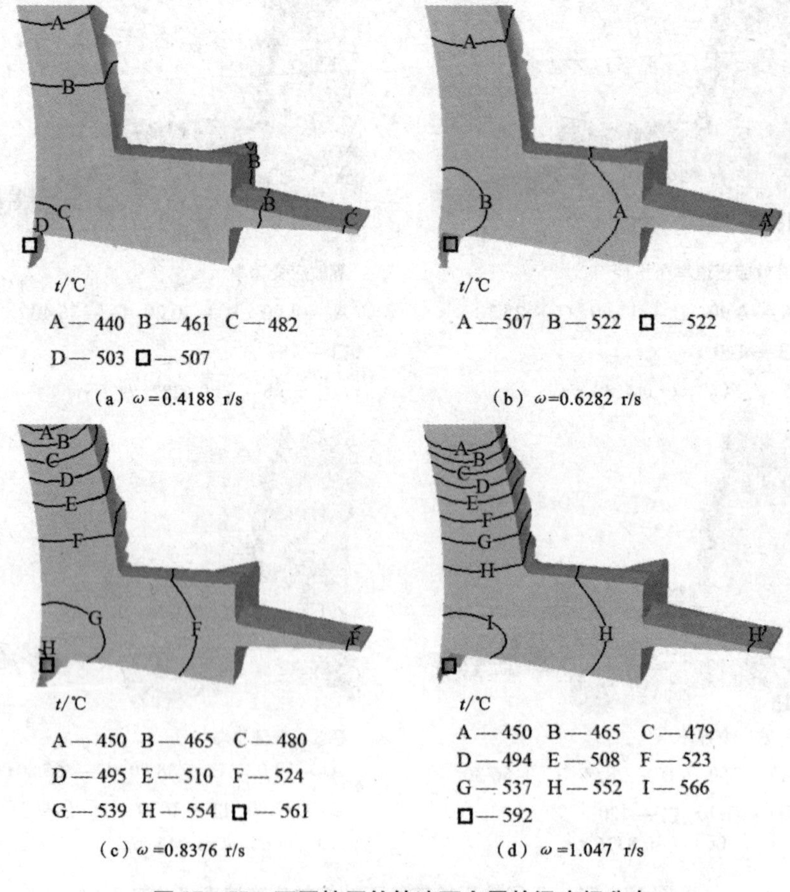

图 17－55　不同挤压轮转速下金属的温度场分布

4）不同挤压轮转速对金属塑性变形能力的影响

静水压力的变化影响材料的塑性。压应力有利于抑制或消除晶体中由于塑性变形引起的各种微观破坏；同时压应力也能抵消由于变形不均匀所引起的附加拉应力。所以金属所受的静水压力越大，塑性就越好。

本节通过模拟得到不同挤压轮转速下的静水压力分布，如图 17－56 所示，从而可以看出挤压轮转速对金属塑性的影响。从图中可以看出，在这 4 种挤压轮转速下，模具出口处对应的金属静水压力分别为：－157 MPa，－190 MPa，－165 MPa 和－115 MPa。所以说，随着挤压轮转速的提高金属的塑性先增后降，当转速为 0.6282 r/s 时，金属在模具出口处的静水压力最大，所以此时金属的塑性最佳，金属在模具出口处产生裂纹的可能性最低。

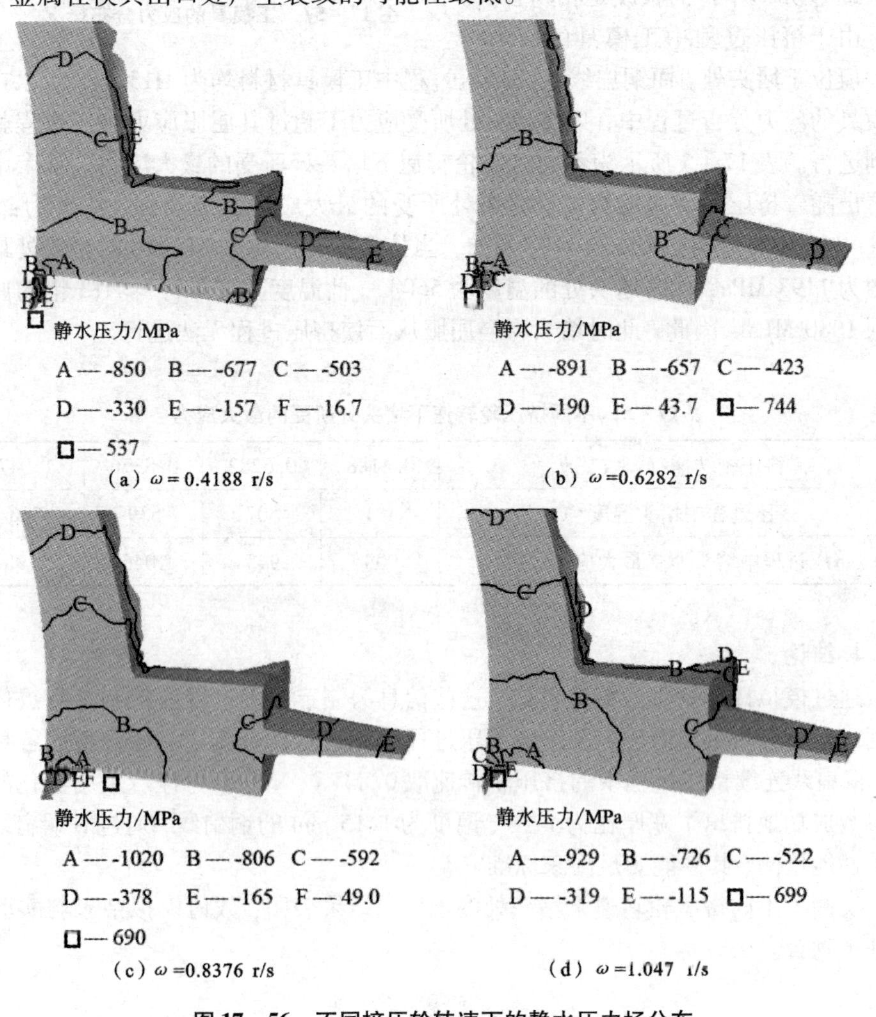

（a）ω = 0.4188 r/s　（b）ω = 0.6282 r/s

（c）ω = 0.8376 r/s　（d）ω = 1.047 r/s

图 17－56　不同挤压轮转速下的静水压力场分布

5）不同挤压轮转速下堵头所受的最大应力

图 17 - 57 是当 $\omega = 0.8376$ r/s 时铜扁线连续挤压过程中工模具的应力分布情况。从图中可以看出，在连续挤压过程中工模具的应力主要集中在堵头、挤压轮槽、腔体和模具所围成的挤压腔内。在挤压过程中堵头前端靠近挤压轮槽底部的区域所受应力最大，这与实际生产中堵头最容易"塌陷"而报废是相吻合。

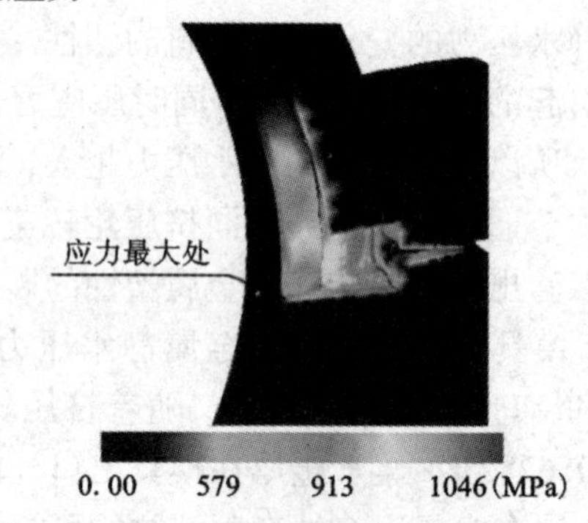

图 17 - 57　工模具的应力分布情况

由于挤压过程中工模具的应力最大值位于堵头处，而铜扁线连续挤压过程中工模具材料均为 H13 钢，所以在对工模具的应力分析过程中，只要堵头处所受应力不超过其屈服应力挤压过程就能顺利进行。表 17 - 5 所示为不同挤压轮转速下堵头处所受的最大应力。从表中可以看出随着挤压轮转速的提高，堵头处所受的最大应力逐渐增加，依次为：908 MPa，945 MPa，1046 MPa 和 1198 MPa。当挤压轮转速为 1.047 r/s 时堵头处最大应力为 1198 MPa；此时堵头处的温度为 560℃，此温度下堵头材料 H13 钢的屈服极限 1080 MPa。因此，此时堵头将会屈服从而使挤压过程无法进行。

表 17 - 5　不同挤压轮转速下堵头处所受的最大应力

挤压轮转速/($r \cdot s^{-1}$)	0.4188	0.6282	0.8376	1.047
挤压过程中堵头温度/℃	481	507	539	566
挤压过程中堵头所受最大应力/MPa	908	945	1046	1198

4. 结论

通过模拟计算获得大量的信息，这些信息为制定加工过程的控制参数提供了根据。通过分析可以看出，在保证挤压过程顺利进行的前提下，综合考虑各种因素，铜扁线连续挤压过程中的挤压轮转速取 0.8376 r/s 左右为佳。采用优化的工艺参数成功地挤出了宽厚比为 17.4、厚度为 1.15 mm 的铜扁线，通过对铜扁线进行了性能检测，其性能满足国家标准。

实测了不同挤压轮转速下堵头处的温度，结果表明：数值模拟结果与实验结果基本吻合。

17.4　锻造变形过程的数值模拟实例

锻造可分为自由锻和模锻。自由锻灵活，适合于小批量生产，模锻是大批量制造中小型锻件的主要塑性成形方法。它是汽车和拖拉机等工业的重要生产部门。模锻时，金属的流动是在锻模型腔控制下发生变形的。流动模式主要有两种：一种是坯料在锻模压力作用下，高度压缩而直径增大的镦粗型。另一种是坯料的局部被压缩，而另一部分高度增加或挤出凸筋的挤入型。有的外形复杂锻件是由两种变形模式综合而成的。有些模锻件的工艺规程由多个工步组成，先用自由锻工步制坯，再经过预锻和终锻，最后切边和校正。前后工步需要良好配合，否则容易出现折叠或充不满而造成废品。

模锻工步按照锻模结构和使用的模锻设备不同，又分为开式模锻和闭式模锻。下面是两种模锻工步变形状态的有限元数值模拟实例。

17.4.1　开式模锻的变形模拟

1. 开式模锻终锻的特点

开式模锻终锻时，锻件的外周或内孔在上下锻模分模面上形成毛边，然后在切边模上切除。带有凸台或凸筋的锻件，其凸台或凸筋的形成要靠周围的金属产生足够的压力将金属挤入凸台或凸筋来充满。

2. 开式模锻带凸台锻件的数值模拟结果及分析

图 17－58 是数值模拟开式模锻带凸台锻件的变形和金属流动情况，当上模向下行程，坯料外周镦粗，形成压力，将中心部分金属挤入模槽。图 17－59 是数值模拟上模行程 4 mm 时，凸台锻件的等效应变分布情况。

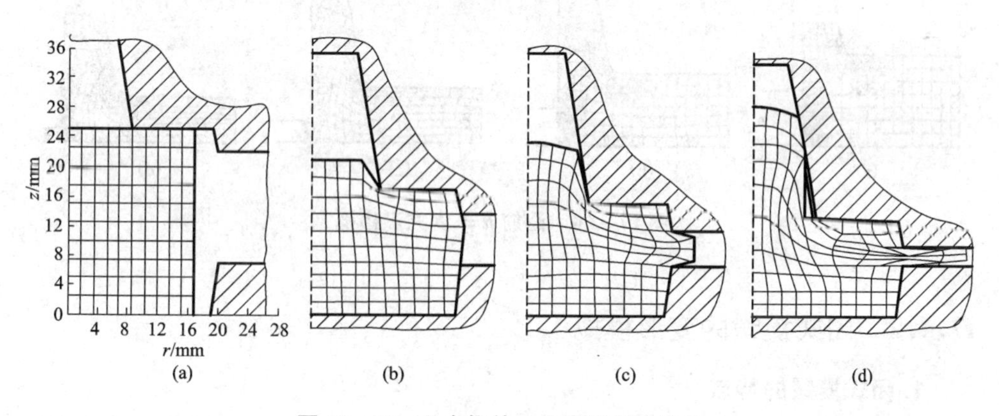

图 17－58　凸台锻件开式模锻变形模拟

开式模锻带凸筋的锻件时，凸筋的充满靠周围金属在足够的压力下将金属挤

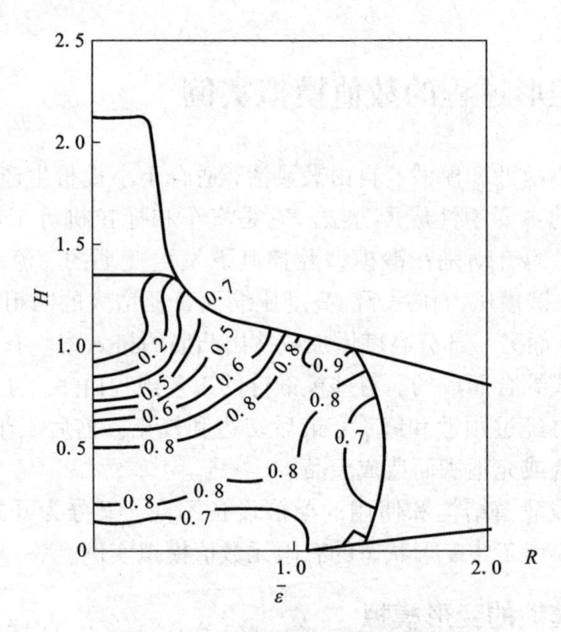

图 17-59　凸台锻件的等效应变分布

入。为此坯料要有足够的宽度，如宽度不足，挤入金属很薄，容易形成折迭。图 17-60是凸筋充满过程的模拟。模拟结果表明，在开式模锻生产中，经常采用自由锻制坯和预成形，而后用开式模锻终锻，然后切边校正的多工步工艺规程。模拟和实验结果表明：表示带凸筋锻件模锻时，根据凸筋高 h 和宽 b 的比值，要设计合适的坯料形状和预锻工步，否则会充不满或发生折迭，参见图 17-61。

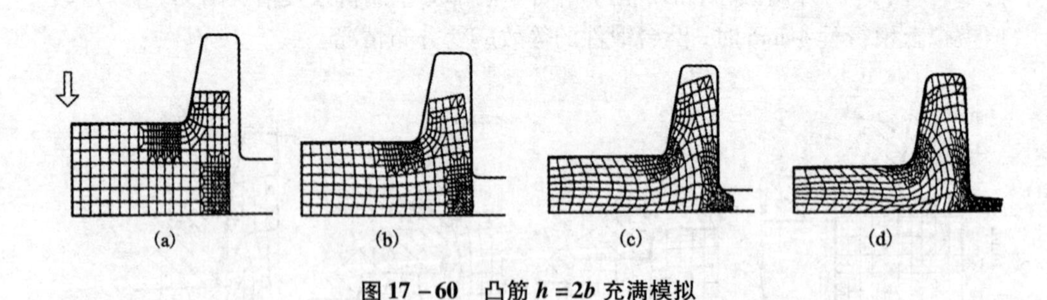

图 17-60　凸筋 $h=2b$ 充满模拟

17.4.2　闭式模锻的变形模拟

1. 闭式模锻的特点

闭式模锻是精密模锻的主要变形工步。闭式模锻在终锻时，锻件的周边不出现毛边，只在锻件端面留下很少的切削余量。为控制锻件的尺寸精度，除了模具

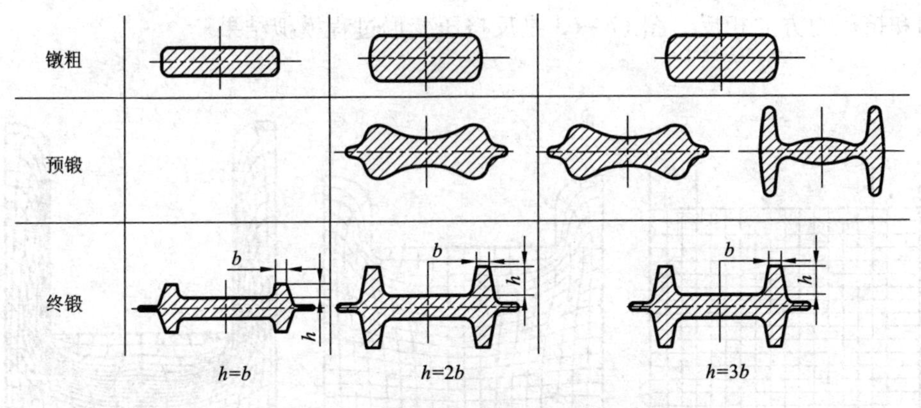

图 17－61　凸筋不同高宽比和制坯工步

设计合理，制造精密外，坯料下料也要精确，表面粗糙度要小，并且在变形过程中还要控制温度波动，坯料放入模内要有对中定位措施。

2. 几种闭式模锻的数值模拟结果及分析

挤压是闭式模锻常用的变形工步。挤压可分为正挤压、反挤压和正反复合挤压。

正挤压是挤压模内的坯料在冲头压力作用下，金属从凹模流出，流动方向和作用力方向相同，图 17－62 是正挤压过程的变形模拟。

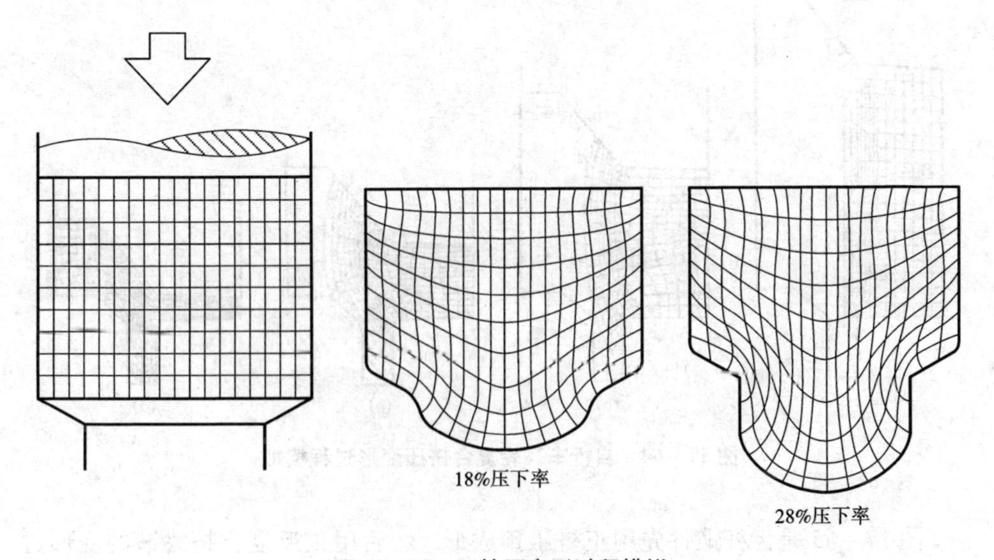

图 17－62　正挤压变形过程模拟

反挤压是挤压模内的坯料在冲头压力作用下，金属从冲头周围流出，流动方向和挤压力方向相反。图 17 - 63 是反挤压变形过程模拟结果。

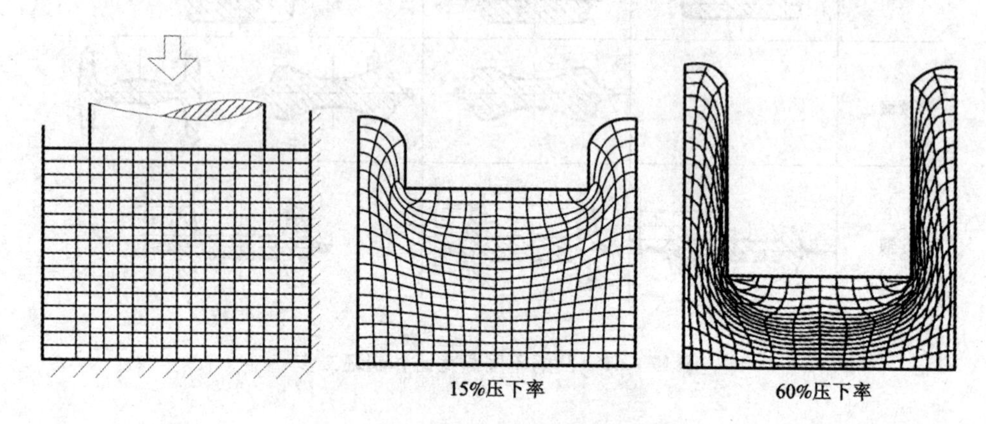

图 17 - 63　反挤压变形过程模拟结果

正反复合挤压是挤压模内的坯料在冲头压力作用下，金属分别向正反两个方向流动。变形过程存在一个分流面。为使两部分金属分配合理，需要对坯料和模具进行优化设计。图 17 - 64 是自行车飞轮复合挤压时金属形成内外环圈的变形过程模拟。

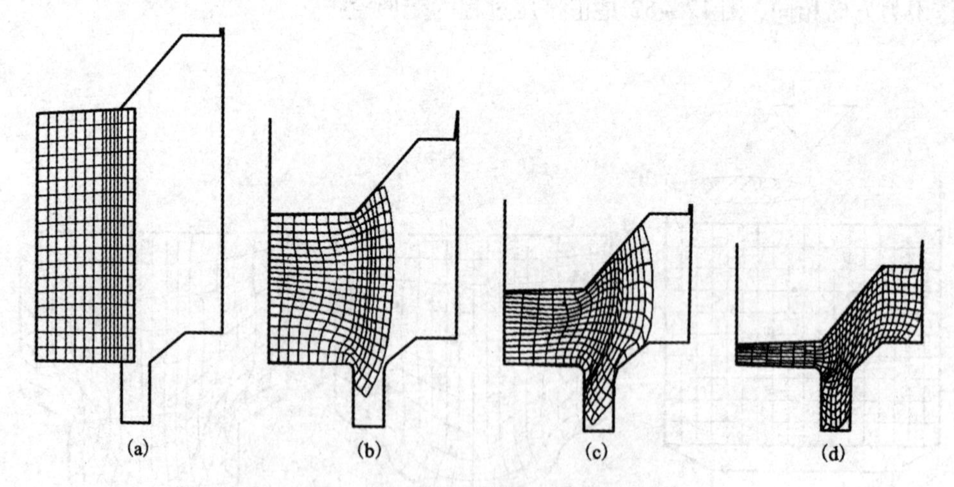

图 17 - 64　自行车飞轮复合挤压变形过程模拟

图 17 - 65 是齿杆锻件先用正挤压预成形，然后用正反复合挤终锻的变形过程模拟。

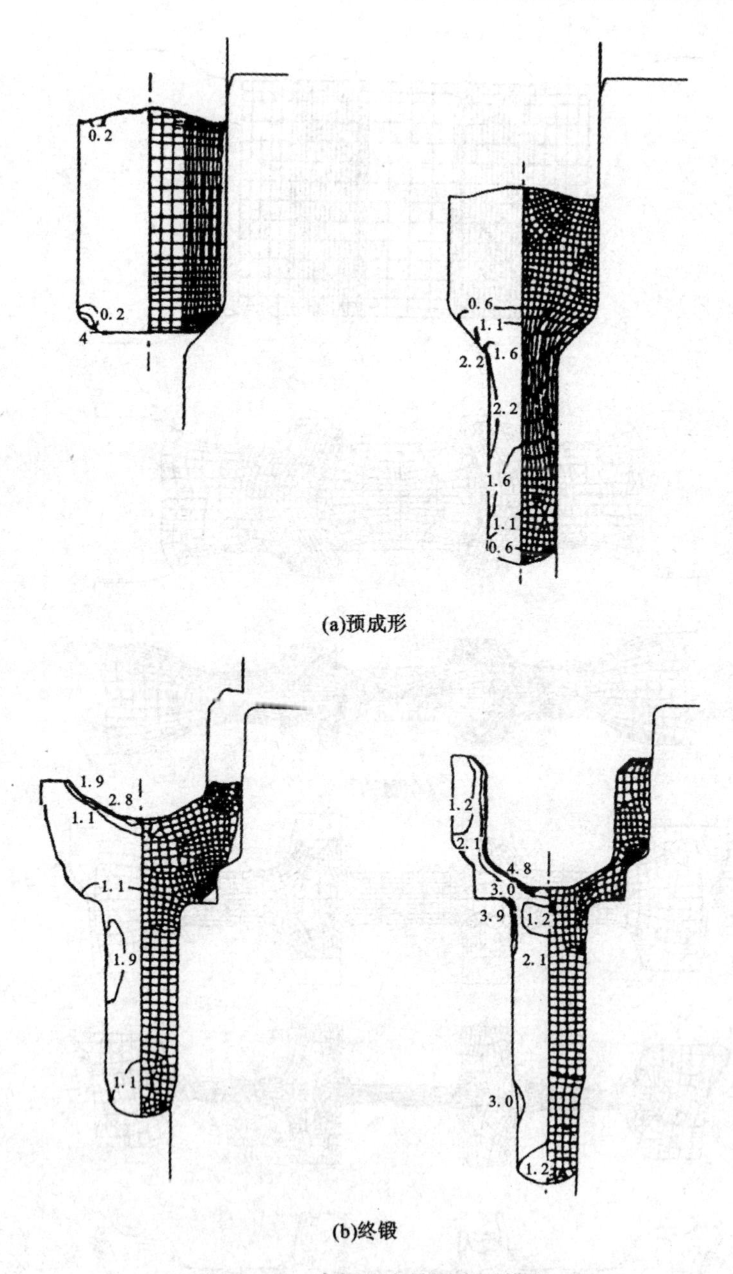

(a)预成形

(b)终锻

图 17 – 65　齿杆复合挤压变形模拟

17.4.3　火车车轮成形过程的数值模拟

火车车轮锻坯的成形过程是采用预锻成形和终锻成形两步进行，对该成形过程的数值模拟结果见图 17 – 66 所示。

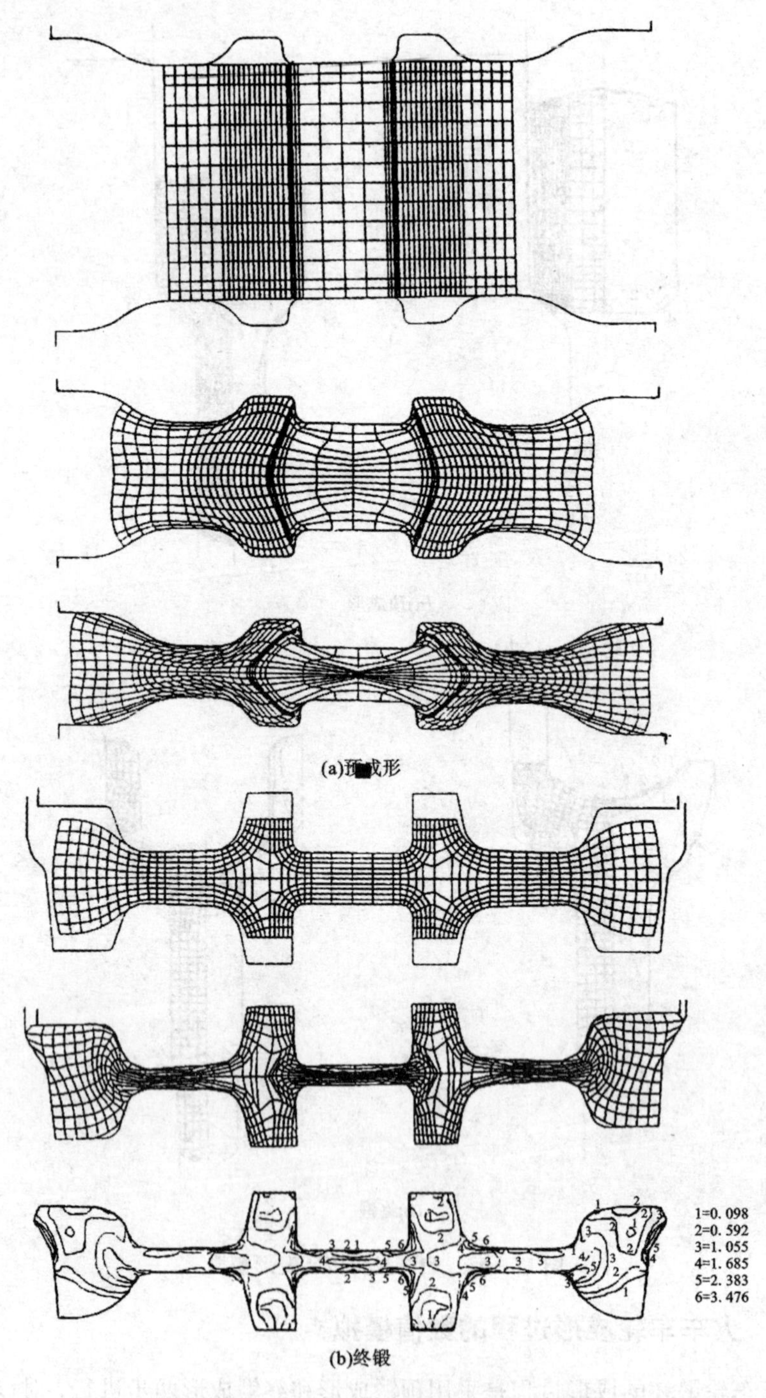

(a)预成形

(b)终锻

图 17－66　火车车轮锻压过程的变形模拟

参考文献

[1] 谢水生，刘静安，黄国杰，李雷. 铝加工技术问答[M]. 化学工业出版社，2013. 3

[2] 魏长传，付垚，谢水生，刘静安. 铝合金管、棒、线材生产技术[M]. 冶金工业出版社，2013. 3

[3] 谢水生，李兴刚，王浩，张莹. 金属半固态加工技术[M]. 冶金工业出版社，2012. 6

[4] 刘静安，谢水生. 铝加工缺陷与对策问答[M]. 化学工业出版社，2012. 7，39. 2

[5] 刘静安，张宏伟，谢水生. 铝合金锻造生产技术[M]. 冶金工业出版社，2012. 6

[6] 周鸿章，谢水生. 现代铝合金板带－投资与设计、技术与装备、产品与市场[M]. 冶金工业出版社，2012. 4

[7] 刘静安，单长智，侯绎，谢水生. 铝合金材料主要缺陷与质量控制技术[M]. 冶金工业出版社，2012. 3

[8] 刘静安，闫维刚，谢水生. 铝合金型材生产技术[M]. 冶金工业出版社，2012. 1

[9] 刘静安，谢水生. 铝合金材料应用与开发[M]. 冶金工业出版社，2011. 6

[10] 谢水生，李强，周六如. 锻压工艺及应用[M]. 国防工业出版社 2011. 1

[11] 吴朋越. 铜扁线及空心型材连续挤压的数值模拟和实验研究. 北京有色金属研究总院博士论文[D]. 北京：北京有色金属研究总院，2006

[12] 侯波，李永春，李建荣，谢水生. 铝合金连续铸轧和连铸连轧技术[M]. 冶金工业出版社 2010. 8

[13] 张翥，谢水生. 钛材塑性加工技术[M]. 冶金工业出版社，2010. 6，33. 1

[14] 谢水生，李雷. 金属塑性成形的有限元模拟技术及应用[M]. 科学出版社，2008. 3

[15] 徐河，刘静安，谢水生. 镁合金制备与加工技术[M]. 冶金工业出版社，2007. 3，91. 4

[16] 肖亚庆，谢水生，刘静安. 铝加工技术实用手册[M]，冶金工业出版社，2004. 8，202. 8

[17] 刘静安，谢水生. 铝合金材料的应用与技术开发[M]. 冶金工业出版社，2004. 1，48. 8

[18] 林治平，谢水生，程军. 金属塑性成形的试验方法[M]. 冶金工业出版社，2002. 6

[19] 谢水生，黄声宏. 半固态金属加工技术及其应用[M]. 冶金工业出版社，1999. 9

[20] 谢水生，王祖唐. 金属塑性成形工步的有限元数值模拟[M]. 冶金工业出版社，1997. 9

[21] 温景林. 金属挤压与拉拔工艺学[M]. 东北大学出版社，1996. 12

[22] 杨丁. 铝合金纹理蚀刻技术[M]. 化学工业出版社，北京，2007

[23] 潘复生，张丁非. 铝合金及应用[M]. 化学工业出版社，北京，2006
[24] 有色金属及其热处理编写组. 有色金属及其热处理[M]. 国防工业出版社，1981
[25] 王志成. 火车车轮制造优化新工艺试验研究和数值模拟. 清华大学博士学位论文[D]. 北京：清华大学，1993
[26] 耿浩然，滕新营，王艳，等. 铸造铝、镁合金[M]. 化学工业出版社，北京，2007
[27] 丁惠麟，辛智华. 实用铝、铜及其合金金相热处理和失效分析[M]. 机械工业出版社，2008，北京
[28] 戴永年. 金属及矿产品深加工[M]. 冶金工业出版社，2007，北京
[29] 闫康平. 工程材料[M]. 化学工业出版社，北京，2009
[30] 崔忠圻. 金属学与热处理[M]. 机械工业出版社，2003，北京
[31] 黎文献. 有色金属材料工程概论[M]. 冶金工业出版社，2007，北京
[32] И. Н. 弗利德良捷尔. 高强度变形铝合金[M]. 吴学译. 上海科学技术出版社，1963
[33] 甄丽萍. 工程材料基础[M]. 冶金工业出版社，2007，北京
[34] 于晗，孙刚. 金属材料及热处理[M]. 冶金工业出版社，2008，北京
[35] 谌峰，王波. 工程材料与热加工工艺[M]. 西北大学出版社，2007
[36] 王晓敏. 工程材料学[M]. 哈尔滨工业大学出版社，2005，哈尔滨
[37] 于钧，王宏启，魏明贺，等. 机械工程材料[M]. 冶金工业出版社，2008，北京
[38] 耿香月，赵乃勤. 工程材料学[M]. 天津大学出版社，2002，河北
[39] Н. Н. 鲁勃佐夫. 有色金属铸造手册(铝镁合金异型铸造)[M]. 机械工业出版社，1968，北京
[40] 刘显东，王祝堂. 解读航空航天 7×××系铝合金材料的状态[J]. 轻合金加工技术，2011，39(5)，26－28
[41] 霍红庆，郝维新，耿桂宏. 航天轻型结构材料－铝锂合金的发展[J]. 真空与低温，2005，11(2)，63－69
[42] 隗东伟，王立波，阎明杰. 机械工程材料及热加工基础[M]. 化学工业出版社，北京，2008
[43] 余岩. 工程材料与加工基础[M]. 北京理工大学出版社，北京，2007
[44] 刘平，任凤章，贾淑果，等. 铜合金及其应用[M]. 化学工业出版社，北京，2007
[45] 朱祖泽，贺家齐. 现代铜冶金学[M]. 科学出版社，北京，2003
[46] 钟卫佳，马可定，吴维治，等. 铜加工技术实用手册[M]. 冶金工业出版社，北京，2007
[47] 刘培兴，刘晓瑭，刘华鼐. 铜与铜合金加工手册[M]. 化学工业出版社，北京，2008
[48] 王吉会，姜晓霞，李诗卓. 黄铜脱锌腐蚀机理的研究进展[J]. 材料研究学报，1999，13(1)

[49] 吴承建，陈国良，强文江，等. 金属材料学[M]. 冶金工业出版社，北京，2009

[50] 戴启勋，程晓农. 金属材料学[M]. 化学工业出版社，北京，2005

[51] 李英龙，李体彬. 有色金属锻造与冲压技术[M]. 化学工业出版社，北京，2008

[52] 吴朋越，谢水生，鄢明，程磊，黄国杰，铜扁线连续挤压过程温度场的数值模拟[J]. 锻压技术，2007，32(3)：46－49

[53] 周彦邦. 钛合金铸造概论[M]. 北京：航空工业出版社，2000

[54] 莫畏. 钛[M]. 北京：冶金工业出版社，2008

[55] C. 莱茵斯，M. 皮特尔斯. 钛与钛合金[M]. 陈振华等译. 北京：化学工业出版社，2005

[56] G. T. Terlinde, T. W. Duerig, J. C. Williams. Microstructure, tensile deformation and fracture in aged Ti－10V－2Fe－3Al[J]. Met. Trans., 1983, 14A: 2101

[57] R. R. Boyer, G. W. Kuhlman. Processing properties relationship of Ti－10V－2Fe－3Al[J]. Met. Trans., 1987, 18A: 2095

[58] G. T. Terlinde, H. J. Rathjen, K. H. Schwalbe. Microstructure and fracture toughness of the aged β－Ti alloy Ti10V－2Fe－3Al[J]. Met. Trans., 1988, 1037

[59] Y. W. Kim. Microstructural evolution and mechanical properties of a forged gamma titanium aluminidealloy[J]. Acta Metal. Mater., 1992, 40(6): 1121

[60] J. D. H. Paul, F. Appel, R. Wanger. The compression behaviour of niobium alloyed γ－titanium alumindies[J]. Acta Mater., 1998, 46(4): 1075

[61] J. N. Wang, T. G. Nieh. The role of ledges in creep of TiAl alloys with fine lamellar structures [J]. Acta Mater., 1998, 46(6): 1887

[62] F. Herrouin, D. H. Hu, P. Bowen, et al. Microstructural changes during creep of a fully lamellar TiAlalloy[J]. Acta Mater., 1998, 46(14): 4963

[63] R. W. Hayes, P. L. Martin. Tension creep of wrought single phase γ TiAl[J]. Acta Metal. Mater., 1995, 43(7): 2761

[64] H. Oikawa. Creep in titanium aluminides[J]. Mater. Sci. Eng., 1992, 153A: 427

[65] K. Maruyama, R. Yamamoto, H. Nakakuki, et al. Effects of lamellar spacing, volume fraction and grain size on creep strength of fully lamellar TiAlalloys[J]. Mater. Sci. Eng., 1997, 239－240A: 419

[66] K. S. Chan, Y. W. Kim. Influence of microstructure on crack－tip micromechanics and fracture behaviors of a two－phase TiAlalloy[J]. Metall. Trans., 1992, 23A(6): 1663

[67] K. S. Chan. Toughening mechanisms in titanium aluminides[J]. Metall. Trans., 1993, 24A(3): 569

[68] C. J. Boehlert. Microstructure, creep, and tensile behavior of a Ti－12Al－38Nb (at. %) be-

ta + orthorhombic alloy[J]. Mater. Sci. Eng., 1999, 267A(1): 82

[69] J. Kumpfert, Y. W. Kim, D. M. Dimiduk. Effect of microstructure on fatigue and tensile properties of the gamma TiAl alloy Ti-46. 5Al-3. 0Nb-2. 1Cr-0. 2W[J]. Mater. Sci. Eng., 1995, 193-193A: 465

[70] 李杉，卫英慧，侯李锋，等. 压铸镁合金 AZ91D 在不同溶液中腐蚀行为的研究[J]. 机械工程与自动化, 2010, (6): 88-90

[71] 郭洁，唐舟，朱伟. 表面改性在医用镁及镁合金材料研究中的应用[J]. 生物骨科材料与临床研究, 2009, 6(4): 38-41

[72] 田政，宋波，刘勇兵. AM 系镁合金在汽车工业中的应用与发展[J]. 汽车工艺与材料, 2004, (7): 21-23

[73] 阎峰云，张玉海，工艺参数对压铸 AM60B 合金微观组织的影响[J]. 铸造技术, 2008, 29(1): 1563-1566

[74] 黄海军，陈体军，马颖，等. 触变成形 AM60B 镁合金组织研究[J]. 铸造, 2011, 60(2): 129-135

[75] 陈力禾，赵慧杰. 镁合金压铸在汽车工业中的应用[J]. 铸造, 1999, 48(10): 45-57

[76] Srinivasan A, Pillai U T S, Swaminathan J, et al. Observations of microstructural refinement in Mg-Al-Si alloys containing strontium[J]. J Mater Sci, 2006, 41: 6087-6089

[77] 乐启炽，张志超，崔建忠，等. 超声孕育处理对 AS41 镁合金凝固组织的影响[J]. 中国有色金属学报, 2010, 20(5): 813-819

[78] 林强，黄伟九，王国. AS41 耐热镁合金的摩擦学行为研究[J]. 有色金属加工, 2010, 39(6): 11-14

[79] 王岩，戚文军，郑飞燕. Ca、Sr 对 AS21 镁合金显微组织的影响[J]. 铸造, 2010, 59(7): 658-661

[80] 杨明波，潘复生，张静. Mg-Al 系耐热镁合金的开发及应用[J]. 铸造技术, 2005, 26(4): 331-335

[81] 刘子利，丁文江，袁广银，等. 镁铝基耐热铸造镁合金的进展[J]. 机械工程材料, 2001, 25(11): 1-4

[82] 薛山，孙扬善，丁绍松. Ca 和 Sr 对 AE42 合金蠕变性能的影响[J]. 东南大学学报, 2005, 35(2): 261-265

[83] 张佳，宗阳，付彭怀. 镁合金在生物医用材料领域的应用及发展前景[J]. 中国组织工程研究与临床康复, 2009, 13(29): 5747-5750

[84] 张津，章宗和，镁合金及应用[M]. 北京：化学工业出版社, 2004

[85] Avedesian M M, Baker H. ASM Specialty Handbook - Magnesium and Magnesium Alloys[M].

New York: ASM International, 1999

[86] 黄光胜, 汪凌云, 黄光杰, 等. 均匀化退火对 AZ31B 镁合金组织与性能的影响[J]. 重庆大学学报, 2004, 27(11): 18-21

[87] 冯康, 赵红阳, 胡林. 双辊铸轧 AZ31B 镁合金薄板的均匀化退火工艺[J]. 材料热处理, 2007, 36(8): 5-8

[88] 翟亚秋, 王智民, 袁森, 等. 挤压变形对 AZ31 镁合金组织和性能的影响[J]. 西安理工大学学报, 2002, 18(3): 254-258

[89] 黄光胜, 徐伟, 黄光杰, 等. AZ31B 镁合金冷轧及退火后的组织与性能[J]. 金属热处理, 2009, 34(5): 18-20

[90] 潘复生, 韩恩厚, 等. 高性能变形镁合金及加工技术[M]. 北京: 科学出版社, 2007

[91] 李琳琳, 张治民. 镁合金塑性成形技术及其在汽车工业中的应用[J]. 有色金属加工, 2005, 34(6): 35-37

[92] 赵阔, 张莉, 孙扬善, 等. Y 对 ZK60 镁合金组织与性能的影响研究[J]. 中国材料进展, 2009, 28(7~8): 72-77

[93] 麻彦龙, 潘复生, 左汝林. 高强度变形镁合金 ZK60 的研究现状[J]. 重庆大学学报, 2004, 27(9): 80-85

[94] 麻彦龙, 左汝林, 汤爱涛, 等. ZK60 镁合金铸态显微组织分析[J]. 重庆大学学报, 2004, 27(8): 52-56

[95] 何运斌, 潘清林, 刘晓艳, 等. ZK60 镁合金均匀化过程中的组织演变[J]. 航空材料学报, 2011, 31(3): 14-20

[96] 孔晶, 侯文婷, 彭勇辉, 等. T 型通道挤压变形 ZK60 镁合金的组织与力学性能[J]. 中国有色金属学报, 2011, 21(6): 1199-1204

[97] 彭建, 张丁非, 杨椿楣. ZK60 镁合金铸坯均匀化退火研究[J]. 材料工程, 2004, (8): 32-35

[98] 余琨, 黎文献, 王日初. 热处理工艺对挤压变形 ZK60 镁合金组织与力学性能的影响[J]. 中国有色金属学报, 2007, 17(2): 188-192

[99] 何运斌, 潘清林, 覃银江, 等. 热处理工艺对变形 ZK60 镁合金组织与性能的影响[J]. 金属热处理, 2011, 36(1): 52-56

[100] XieShuisheng, Y. C. Lam, Zhang Xinquan, P. F Thompson, Numerical Simulation of the Forging Process by a Rigid - Plastic Finite Element Method, The Sixth International Conference in Australia on Finite Element Methods. 1991. 790-93

[101] Wang Zhutang, XieShuiosheng, Jin Qijang, An Elasto - Plastic Finite Element Analysis Hydrostatic Extrusion With Various Mathematically Contoured Dies, Proceedings of 24th Inter. MT-

DR Conference, Manchester, 1983. 8. P51 - 58

[102] 谢水生，王祖唐，金其坚，弹塑性有限元法分析不同型线凹模静液挤压时的应力和应变状态，机械工程学报，1985，21(2)：13 - 27

[103] 谢水生，王祖唐，凹模型线对挤压过程影响的数值模拟和试验研究，机械工程学报，1988，24(2)

[104] Lei Cheng, ShuishengXie, Youfeng He, Guojie Huang, Yao Fu. Finite volume simulation in porthole dies extrusion of aluminum profiles[J]. Advanced Materials Research Vols. 2011, 291 - 294: 290 - 296

[105] Fu Yao, XieShuisheng, XiongBaiqing, Huang Guojie, Cheng Lei. Effect of Rolling Parameters on Plate Cur vature during Snake Rolling. Journal of Wuhan University of Technology - Mater. Sci. Ed. Apr. 2012, 247 - 251

[106] 付垚，谢水生，黄国杰，程磊. 高强高韧铝合金厚板的蛇形轧制技术. 铝加工. 2012，2：18 - 22

[107] 程磊，谢水生，黄国杰，和优锋. 焊合室高度对分流组合模挤压成形过程的影响[J]. 稀有金属，2008，32(4)：442 - 446

[108] Peng LIU, Shuisheng XIE, Lei CHENG. Die optimal design for a large diameter thin - walled aluminum profile extrusion by ALE algorithm. Advanced Materials Research. 2011, 306 - 307: 459 - 462

[109] Lei Cheng, ShuishengXie, Youfeng He1, Guojie Huang1 and Yao Fu1, Finite volume simulation in porthole dies extrusion of aluminum profiles, Advanced Materials Research Vols. 2011, 291 - 294: 290 - 296

[110] He Youfeng, XieShuisheng, Cheng Lei, etc. FEM simulation of aluminum extrusion process in porthole die with pockets[J]. Transactions of Nonferrous Metals Society of China, 2010, V20 (6): 1067 - 1071

[111] 刘鹏，谢水生，程磊，等. 导流室设计对薄壁铝型材挤压出口速度的影响[J]. 塑性工程学报，2010，V17(4)：27 - 30

[112] 程磊，谢水生，和优锋，等. 空心铝型材蝶形模挤压技术的应用[J]. 锻压技术，2011，(1)：13 - 16

[113] 5. Peng Liu, ShuishengXie, Youfeng He, etc. Numerical simulation and die optimal design of a large diameter thin - walled aluminum profile extrusion[C]// The Second International Conference on Information and Computing Science, 2009, 378 - 381

[114] 和优锋，谢水生，程磊，等. CPU 散热片挤压过程的数值模拟及模具优化[J]. 锻压技术，2009，34(4)：126 - 129

[115] 吴朋越，谢水生，程磊. 不同阻碍角下大宽厚比铜扁线连续挤压过程数值模拟[J]. 有色金属，2009，3：37 - 40

[116] 吴朋越，谢水生，吴予才，程磊，黄国杰，和优锋，不同靴座扩展出口宽度下大宽厚比铜扁线连续挤压过程的数值模拟，机械科学与技术，2008，27(2)：260 - 264

[117] 程磊，谢水生，黄国杰，吴朋越，和优锋. 分流组合模挤压铝合金口琴管的数值模拟[J]. 塑性工程学报，2008，15(4)：131 - 136

[118] 程磊，谢水生，黄国杰，吴朋越，和优锋. 分流组合模挤压过程的有限元分步模拟[J]. 系统仿真学报，2008，24(20)：6603 - 6606

图书在版编目(CIP)数据

有色金属材料的控制加工/谢水生,刘相华编著.
—长沙:中南大学出版社,2013.12
ISBN 978-7-5487-1019-6

Ⅰ.有... Ⅱ.①谢...②刘... Ⅲ.有色金属-金属加工
Ⅳ.TG146

中国版本图书馆 CIP 数据核字(2013)第 287308 号

有色金属材料的控制加工

谢水生　刘相华　编著

□责任编辑　刘颖维
□责任印制　文桂武
□出版发行　中南大学出版社
社址:长沙市麓山南路　邮编:410083
发行科电话:0731-88876770　传真:0731-88710482
□印　　装　长沙超峰印刷有限公司

□开　　本　720×1000 1/16 □印张 28.75 □字数 562 千字
□版　　次　2013 年 12 月第 1 版 □2013 年 12 月第 1 次印刷
□书　　号　**ISBN 978-7-5487-1019-6**
□定　　价　**128.00** 元